아보카도
식품안전기사 실기
2025년
— 필답형

2025년 아보카도 식품안전기사 실기(필답형)

초판 1쇄 발행 2025년 1월 15일

지은이 민찬규
펴낸이 장길수
펴낸곳 지식과감성#
출판등록 제2012-000081호

교정 한장희
디자인 및 편집 지식과감성#
검수 이주희
마케팅 김윤길, 정은혜

주소 서울시 금천구 벚꽃로298 대륭포스트타워6차 1212호
전화 070-4651-3730~4
팩스 070-4325-7006
이메일 ksbookup@naver.com
홈페이지 www.knsbookup.com

ISBN 979-11-392-2335-4(13570)
값 41,000원

- 이 책의 판권은 지은이에게 있습니다.
- 이 책 내용의 전부 또는 일부를 재사용하려면 반드시 지은이의 서면 동의를 받아야 합니다.
- 잘못된 책은 구입하신 곳에서 바꾸어 드립니다.

지식과감성#
홈페이지 바로가기

아보카도
식품안전기사 실기

2025년

필답형

민찬규 지음

지식과감성#

Prologue 프롤로그

    2020년부터 식품기사 2차 시험이 필답형으로 변경되면서 시험문제 난도가 높아졌고, 이에 따라 자격증 시험을 준비하는 수험생들이 많은 어려움을 겪고 있다. 또한 2025년부터는 식품기사 시험이 식품안전기사 시험으로 변경되면서 식품 안전과 관련된 내용을 많이 포함시키는 것으로 변경되었다. 본 수험서는 이러한 식품안전기사 필답형 시험에 효과적으로 대비할 수 있도록 다음과 같이 작성하였다.

(1) 기존의 식품기사 필답형 출제 문제를 분석해 보면, 기출문제(30~45%), 기출문제를 변형한 문제(20~35%), 새로운 문제(20~35%) 등이 복합적으로 출제되고 있다. 이를 고려할 때, 기출문제만을 공부해서는 합격하기가 쉽지 않음을 알 수 있다. 따라서 식품학 관련 이론 공부가 필수적이다. 본 수험서는 이러한 점을 고려하여 필답형 출제 기준에 맞추어 식품화학, 식품위생 및 안전, 식품의 가공 및 저장, 식품 관련 법률, 식품공전(식품시험법) 등을 기초로 하여 이론을 체계적으로 정리하였다.

① 2025년부터 식품안전기사 시험으로 변경됨에 따라 출제 범위에 포함되는 식품위생검사, 신제품 개발, 품질관리 및 개선, 식품의 트렌드 등과 관련된 내용을 알기 쉽게 정리하여 수록하였다.

② 기출문제에 대한 이론 관련 내용은 밑줄로 표시하여 가독성을 높였고, 필요한 부분은 그림, 그래프 등을 다수 포함하여 쉽게 이해할 수 있도록 하였다.

③ 식품시험법(식품공전) 분야는 내용이 매우 어렵기 때문에, 보충 설명을 통하여 핵심적인 개념을 이해할 수 있도록 하였다.

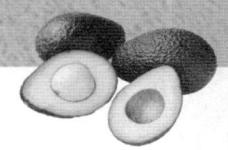

⑵ 필답형 시험은 기출문제뿐만 아니라 기출문제를 변형한 문제도 다수 출제됨에 따라 본 수험서는 <u>2004년 이후 모든 필답형 기출문제를 분야별, 유형별로 정리하여 수록하였다.</u>
　① 기출문제 풀이 및 해설은 세부적으로 작성하여 혼자서 공부하는 데 도움이 되도록 하였다.
　② 필답형 시험문제 중 일부 문항은 1차 필기시험 문제와 유사하게 출제되고 있다. 따라서 1차 필기시험 문제 중에서 다수의 예상 문제를 수록하여 이에 대비할 수 있도록 하였다.
⑶ 이러한 여러 가지 특징을 종합해 볼 때, 필자는 이 책이 <u>'식품학 이론+기출문제+예상문제'</u> 등 필답형 시험 준비에 많은 도움이 될 수 있을 것으로 생각한다.
⑷ 본 수험서는 지면상 한계로 인하여 모든 내용을 세부적으로 다루는 데 한계가 있을 수밖에 없었다. 따라서 부족한 부분은 인터넷 강의(에어클래스, www.airklass.com)를 통하여 보강하고자 하였다.

필자는 본 수험서가 식품안전기사 필답형 시험을 준비하는 수험생들에게 많은 도움이 될 수 있을 것으로 생각하며, 또한 이 책 한 권으로 식품안전기사 필답형 시험에 합격할 수 있을 것으로 기대한다. 마지막으로 정성스럽게 책을 만들어 준 **'지식과감성#' 출판사 장길수 대표님**께 감사의 말씀을 전하고 싶다.

식품기술사 아보카도

Contents 목차

프롤로그   4

🥑 제1장 식품 화학

제1절 식품의 수분
- 1-1. 식품의 구성 성분 및 수분   12
- 1-2. 등온흡(탈)습곡선   16

제2절 단백질, 효소
- 2-1. 단백질 및 아미노산   22
- 2-2. 효소   31

제3절 지질
- 3-1. 지질(지방질)   38
- 3-2. 불포화지방산의 종류   41
- 3-3. 지방의 물리적, 화학적 특성   42
- 3-4. 유지의 변질(산패)   47
- 3-5. 유지의 산패측정 방법   48
- 3-6. 산화방지제   53
- 3-7. 유지의 제조   56

제4절 탄수화물
- 4-1. 탄수화물   61
- 4-2. 전분의 변화   67
- 4-3. 전분의 당화율에 따른 분류   73
- 4-4. 감미료   75

제5절 비타민, 무기질
- 5-1. 비타민, 무기질   80

제6절 식품의 색, 맛, 향
- 6-1. 식품의 색   83
- 6-2. 갈변반응   88
- 6-3. 식품의 맛   92
- 6-4. 맛의 역치, LOD, LOQ   96
- 6-5. 기호식품(녹차, 커피)   99
- 6-6. 식품의 냄새   102
- 6-7. 크로마토그래피   103
- 6-8. 크로마토그래피의 용어 및 효율   107
- 6-9. 크로마토그램을 이용한 농도 계산   111

제7절 식품의 물성 및 유화
- 7-1. 식품의 물성   115
- 7-2. 뉴턴 및 비뉴턴유체   118
- 7-3. 레이놀즈수   124
- 7-4. 유화의 원리   125

제8절 식품의 관능검사
- 8-1. 관능검사   129
- 8-2. 관능검사의 척도   131
- 8-3. 관능검사의 방법   134

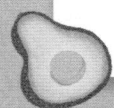

제2장 식품의 안전성

제1절 미생물과 식중독

- 1-1. 미생물   144
- 1-2. 미생물의 분류   157
- 1-3. 곰팡이와 곰팡이 독   158
- 1-4. 세균(bacteria)   163
- 1-5. 오염(위생)지표세균 및 미생물 검사법   165
- 1-6. 식중독   169
- 1-7. 세균성 식중독   171
- 1-8. 독소형 식중독   175
- 1-9. 바이러스성 식중독   181
- 1-10. 바이러스성 가축전염병   183
- 1-11. 자연독, 알러지성 식중독   188
- 1-12. 집단급식소의 식품위생   189
- 1-13. 인수공통 전염병   192

제2절 식품의 안전성 평가

- 2-1. 식품위생   194
- 2-2. 환경오염에서 유래하는 유독성분   196
- 2-3. 식품의 제조·가공·조리 과정에서 생성되는 유해물질   201
- 2-4. 식품의 안전성 평가   206
- 2-5. 독성시험법   210
- 2-6. 소비기한(Shelf life)   215
- 2-7. 유전자재조합식품   223
- 2-8. 식품첨가물   224

제3절 HACCP, 식품안전관리인증

- 3-1. HACCP 및 선행요건   233
- 3-2. 국제 식품안전인증기구   251
- 3-3. 식품이력추적제도, 농식품 국가인증 제도   253

제4절 건강기능식품

- 4-1. 식품(food)   258
- 4-2. 건강기능식품   259
- 4-3. 건강기능식품의 표시, GMP   263
- 4-4. 고령친화식품   264

제5절 식품 관련 법규

- 5-1. 식품위생법   268
- 5-2. 식품공전 및 식품첨가물공전   271
- 5-3. 식품 일반의 기준 및 규격   277
- 5-4. 식품의 포장 용기   288
- 5-5. 식품 등의 표시 및 광고   295
- 5-6. 부당한 표시 또는 광고 행위   303

제3장 식품의 가공 및 저장

제1절 식품의 가공

- 1-1. 식품의 가공   310
- 1-2. 세척, 분쇄   311
- 1-3. 혼합 및 성형   316
- 1-4. 기계적 분리 및 막 분리   317

제2절 식품의 살균
- 2-1. 식품의 가열살균　　　　　　　　323
- 2-2. 식품의 가열살균 방법　　　　　　325
- 2-3. 열교환기　　　　　　　　　　　329
- 2-4. 전자기파를 이용한 살균　　　　　334
- 2-5. 방사선 조사식품　　　　　　　　335
- 2-6. 기타 살균 기술 및 방법　　　　　337

제3절 식품의 건조
- 3-1. 식품의 건조　　　　　　　　　　343
- 3-2. 건조기의 종류　　　　　　　　　348
- 3-3. 건조과정이 식품의 품질에 미치는 영향　351
- 3-4. 증류, 농축　　　　　　　　　　　357
- 3-5. 추출　　　　　　　　　　　　　359

제4절 식물성 단백질 가공
- 4-1. 쌀 가공　　　　　　　　　　　　363
- 4-2. 밀가루 가공　　　　　　　　　　364
- 4-3. 빵 제조공정　　　　　　　　　　373
- 4-4. 제면　　　　　　　　　　　　　376
- 4-5. 두부 제조 및 대두단백 가공　　　379
- 4-6. 간장 제조법　　　　　　　　　　384

제5절 동물성 단백질 가공
- 5-1. 대사활동에 따른 근육의 변화　　389
- 5-2. 육류의 구성 성분　　　　　　　391
- 5-3. 근육의 사후변화　　　　　　　　395
- 5-4. 어육류　　　　　　　　　　　　397
- 5-5. 우유　　　　　　　　　　　　　401
- 5-6. 우유 가공품　　　　　　　　　　405

제6절 과채류 가공
- 6-1. 잼류의 가공　　　　　　　　　　409
- 6-2. 과일음료(주스, 농축주스)　　　　413
- 6-3. 허들 테크놀로지, 최소가공　　　415

제7절 유산균, 발효식품
- 7-1. 발효와 효모의 특성　　　　　　419
- 7-2. 유산균의 종류 및 특성　　　　　420
- 7-3. 술의 발효 및 제조　　　　　　　425
- 7-4. 식초, 김치의 발효　　　　　　　432

제8절 염지 및 훈연식품
- 8-1. 염장 및 염지식품　　　　　　　　437
- 8-2. 훈연　　　　　　　　　　　　　440

제9절 식품의 저장
- 9-1. 식품의 저장　　　　　　　　　　443
- 9-2. 과채류의 특성 및 저장 방법　　　443
- 9-3. 식품의 변질 원인 및 판정방법　　448

제10절 통조림, 레토르트식품
- 10-1. 통조림, 병조림 제조공정　　　　451
- 10-2. 레토르트식품　　　　　　　　　454
- 10-3. 통조림 식품의 저장 중 변패　　458

제11절 냉장, 냉동식품
- 11-1. 상의 변화, 물의 상평형 곡선　　462
- 11-2. 냉동 및 냉동 사이클　　　　　　464
- 11-3. 식품의 동결과정　　　　　　　　468
- 11-4. 냉동식품　　　　　　　　　　　473

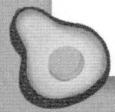

| 11-5. 저온에 의한 식품저장방법 | 473 | 11-6. 냉장, 냉동 중 식품의 품질변화 | 475 |
| 11-7. 저온유통체계, 식품의 해동 | 479 | | |

제12절 식품의 포장
| 12-1. 식품의 포장 | 482 | 12-2. 포장재의 종류 | 482 |
| 12-3. 식품의 포장방법 | 485 | | |

제4장 식품의 연구개발 및 품질관리

제1절 식품의 연구개발
| 1-1. 식품산업 트렌드 | 492 | 1-2. 식품의 연구개발 | 495 |
| 1-3. 품목제조보고서 작성 | 496 | | |

제2절 식품의 품질 및 위생관리
| 2-1. 식품의 품질관리 | 500 | 2-2. 제조물책임법, Recall 제도 | 502 |
| 2-3. 식품공장의 위생관리 | 507 | | |

제5장 식품의 시험법

제1절 시험의 일반원칙
| 1-1. 시험의 일반원칙 | 514 | 1-2. 검체의 채취 및 취급 방법 | 519 |
| 1-3. 식품의 일반시험법 | 522 | | |

제2절 식품성분 시험법
2-1. 식품성분 시험법	525	2-2. 수분, 조단백질, 탄수화물 시험법	528
2-3. 지질 시험법	539	2-4. 원유 및 우유 시험법	546
2-5. 미량 영양성분 시험법	549		

제3절 미생물 시험법
3-1. 미생물 시험법	552	3-2. 세균 시험법	557
3-3. 대장균군 시험법	562	3-4. 식중독균 시험법	563
3-5. 식품 중 유해물질 시험법	571		

제4절 화학 계산의 기초이론
| 4-1. 화학 계산의 기초이론 | 573 | | |

참고문헌　585

제1장
식품 화학

제1절 식품의 수분

1-1. 식품의 구성 성분 및 수분

1. 식품

1) **정의** : 식품위생법에서는 식품이란 '모든 음식물(의약으로 섭취하는 것은 제외)'로 정의하고 있다. 따라서 인간이 먹을 수 있는 천연물, 가공 및 요리를 통해 섭취할 수 있는 모든 재료를 의미한다.

2) **식품의 구성 성분**

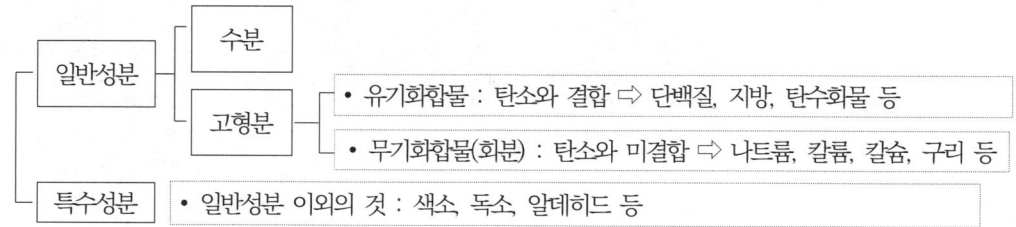

2. 수분

1) **식품 중의 수분** : 수분은 식품 내 성분 중에 가장 많이 함유되어 있다.
2) **자유수, 결합수** : 식품 중의 수분은 자유수와 결합수가 존재한다. 따라서, 식품 중에 함유된 수분의 함량은 자유수와 결합수의 합으로 표시할 수 있다.

자유수(free water)	결합수(bound water)
• 식품 성분과 결합되어 있지 않고 자유롭게 이동할 수 있는 일반적인 물 성분 • 대기압에서 100℃ 이상 가열하거나 건조시킬 때, 쉽게 증발 • 0℃ 이하에서 동결함 • 염류, 당류 등을 녹이는 용매로 작용 • 미생물이 번식에 이용 가능	• 식품 성분인 단백질, 탄수화물 등과 단단하게 결합하고 있어 자유롭게 움직이지 못하는 물 • 식품 성분과 수소결합을 하고 있어 자유수보다 밀도는 높고, 수증기압은 낮음 • 대기압 100℃ 이상에서 가열 또는 건조해도 제거되지 않음 • -18℃에서 잘 얼지 않음 • 식품 성분의 용매로 작용하지 못함 • 미생물의 증식, 효소작용에 이용할 수 없음

(1) 자유수는 식품 내에서 이동이 자유로운 물로, 미생물은 자유수를 이용하여 증식 등을 할 수 있다. 그러나 결합수는 식품 성분과 단단하게 결합되어 있어 미생물이 이용할 수 없다. 따라서 식품 내 자유수의 함량이 많을수록 쉽게 변질되며, 결합수의 함량이 많을수록 미생물의 증식은 억제된다.

(2) 과일즙에 설탕을 첨가하면 삼투압에 의해 자유수가 감소하고, 설탕 분자가 세포 내에서 물 분자와 수소결합을 통하여 결합수로 전환된다. 따라서 과즙 내 자유수 감소로 수분활성도가 낮아져 저장성이 향상된다.

3. 수분활성도(Aw)

1) **정의** : 수분활성도는 어떤 온도에서 순수한 물의 수증기압(P_0)에 대한 식품 중 물(자유수)의 수증기압(P)의 비로 나타낸다. Aw=P÷P_0 (식품 수증기압÷물의 수증기압)

   (1) 수분활성도는 식품 중에서 미생물이 이용할 수 있는 자유수(일반적인 물)의 비율이 얼마 정도 되는가를 표시하는 것이다. 단위는 없다.

   > Aw = P / P_0 = M_w/(M_w+M_s)
   > ※ P(식품의 수증기압), P_0(물의 수증기압), M_w(물의 몰수), M_s(용질의 몰수)

   (2) 미생물은 생육이 가능한 최저 수분활성도가 있다. 세균은 Aw 0.9 이상이 되어야 생존할 수 있으며, 그 이하가 되면 생존하기 어렵다. 미생물들의 생육 가능한 최저 수분활성도는 다음과 같다.

미생물의 종류	곰팡이	내건성곰팡이	효모	내삼투압성효모	세균
수분활성도(Aw)	0.80	0.65	0.88	0.60	0.91

2) 순수한 물의 수분활성도는 1.0이다(P=P_0). 모든 식품은 자유수로만 구성되어 있지 않고 단백질, 지방 등의 성분과 같이 존재하므로 결합수와 함께 존재한다. 식품 중의 수분함량은 자유수(물)와 결합수의 합으로 계산되므로, 모든 식품의 수분활성도는 0~1.0까지의 범위 내에 있게 된다.

3) 수분활성도(Aw)를 구할 때, 필요한 공식 : 수분활성도는 몰수를 이용하여 계산하며, 단위는 없다.

   > ① 수분활성도(Aw) = P / P_0 = M_w/(M_w+M_s)
   >   P(식품의 수증기압), P_0(물의 수증기압), M_w(물의 몰수), M_s(용질의 몰수)
   >   ┌ ③ 식품 내 수분함량(%) = 자유수 + 결합수 ⇨ 100% - 식품의 성분량
   > ② 수분활성도를 구하기 위해서는 식품 중의 수분함량을 알고 있어야 함
   >   ↳ 수분활성도 계산 : 소수성 물질(물에 녹지 않는 지용성 비타민, 지방산 등)은 계산에서 제외
   > ④ 몰(mol) : 물질의 질량(g)을 측정하는 단위 [분자 1몰 → 분자량만큼의 질량(g)을 의미]
   >   ※ 물(H_2O, 분자량 18) : 1몰은 18g   산소(O_2, 분자량 32) : 1몰은 32g
   > ⑤ 몰수 = $\frac{질량}{분자량}$ ⑥ 원자량(단위 없음) : H(1), C(12), N(14), O(16)
   >   ⑦ 물(H_2O) 분자량은 18, 설탕($C_{12}H_{22}O_{11}$) 분자량은 342

■ 기출문제

1. 자유수에 대하여 설명하시오. 〈2009-2회〉

• 자유수 : 식품 중에 존재하는 일반적인 물 성분으로 미생물의 성장과 증식에 이용할 수 있는 수분. 자유수가 많으면 미생물이 이용할 수 있어 쉽게 부패한다.

2. 수분활성도의 정의, 수분활성도를 구하는 공식 2가지를 쓰고, 수분 30%와 설탕 25%를 함유하고 있는 식품의 수분활성도를 구하시오. (단, 분자량은 물 18, 설탕 342)
〈2015-3회, 2016-3회, 2018-2회, 2020-3회, 2022-1회, 2022-2회〉

• 수분활성도(A_w) 정의 : 어떤 온도에서 순수한 물의 수증기압(P_0)에 대한 식품 중 물(자유수)의 수증기압(P)의 비
• 수분활성도(A_w) = P/P_0 = $M_w / (M_w + M_s)$
※ P(식품의 수증기압), P_0(물의 수증기압), M_w(물의 몰수), M_s(용질의 몰수)
• 몰수 = (질량 ÷ 분자량)이고, 물(H_2O)은 18g/mol, 설탕($C_{12}H_{22}O_{11}$)은 342g/mol이므로,

$$A_w = \frac{P}{P_0} = \frac{M_w}{(M_w + M_s)}$$

$$= \frac{(30/18)}{(25/342) + (30/18)} = 0.958$$

3. 액상 식품의 조성을 확인하였더니, 포도당(M_w 180)이 18%, 비타민 A는 5.5%(M_w 286), 비타민 C(M_w 176)는 1%, 스테아린산(M_w 284)은 3.5%, 나머지는 물(M_w 18)이었다. 이때 식품의 수분활성도를 계산하시오.
〈2020-1회, 2021-3회〉

• 물의 함량 = 100 - 식품의 성분량
= 100 - (18 + 5.5 + 1 + 3.5) = 72g
• 수분활성도 : 수분함량을 계산하는 것이므로, 물에 녹지 않는 소수성 물질인 비타민 A와 스테아린산은 제외한다.

$$A_w = \frac{P}{P_0} = \frac{M_w}{(M_w + M_s)}$$

$$= \frac{(72/18)}{(18/180) + (1/176) + (72/18)} = 0.97$$

4. 액상 식품의 조성을 확인하였더니, 포도당(Mw 180) 10%, 비타민 C(Mw 176) 5%, 전분(Mw 3000000) 50%, 물(Mw 18) 35%인 식품이었다. 이때 식품의 수분활성도를 계산하시오. 〈2005-1회, 2020-4회〉

- 수분활성도 : 수분활성도는 단위 없음

$$Aw = \frac{P}{P_0} = \frac{Mw}{(Mw+Ms)} =$$

$$\frac{(35/18)}{(10/180)+(5/176)+(50/3000000)+(35/18)}$$

$$= 0.96$$

5. 설탕 60%인 용액이 있다. 이 용액의 수분활성도를 구하시오. 〈2021-2회, 2023-2회〉

- 수분함량 = 100-60(설탕 60%) = 40g
- 분자량 : 설탕(342), 물(18)이고,
  몰수 = (질량 ÷ 분자량)으로 계산
- ∴ Aw = (40/18) ÷ [(40/18) + (60/342)]
  = 0.926 ≒ 0.93

6. 20%의 포도당, 소금, 설탕을 수분활성도가 높은 순서대로 나열하시오.
〈2010-3회, 2015-2회, 2021-3회〉

- 정답 : 설탕 > 포도당 > 소금
- ※ 분자량이 클수록 수분활성도가 높다. 분자량은 설탕(342), 포도당(180), 소금(58.5)
- ※ 수분활성도(Aw) = P/P_0 = Mw / (Mw+Ms)를 이용하여 계산하면,
  설탕(0.98), 포도당(0.97), 소금(0.93)

7. A와 B는 같은 수분함량이다. 그런데 보존기간은 A가 훨씬 길다. 수분활성도를 이용하여 그 이유를 설명하시오. 〈2012-1회〉

- 식품 중의 수분함량 = 자유수 + 결합수
- 이유 : 자유수가 많을수록 수분활성도가 높아지므로 저장성이 떨어진다. A 식품의 보존기간이 길다는 것은 자유수가 적어(또는 결합수의 함량이 많아) 수분활성도가 낮기 때문이다.

■ 예상문제

1. 수분활성도(Aw)를 낮추어 식품을 저장하는 방법 3가지를 쓰시오. 〈필기 기출〉

- 건조법, 농축법, 염장법, 당장법, 동결저장법

1-2. 등온흡(탈)습곡선

1. 등온흡(탈)습곡선

1) **식품의 평형수분함량** : 식품 내 존재하는 수분함량은 외부의 온도와 습도에 따라 계속 변한다. 식품은 대기 중의 습도가 낮으면 식품 내에 있는 수분을 증발시키고, 대기 중 습도가 높으면 수분을 흡수한다. 이러한 현상은 대기 중의 수증기 분압과 식품 내의 수분 증기압이 같아질 때까지 계속 발생한다. 이를 식품의 평형수분함량이라 한다.

2) **등온흡습(탈습)곡선** : 어떤 온도에서 대기 중의 상대습도와 식품의 평형수분함량 간의 관계를 나타낸 그래프를 말한다. 가로축에는 상대습도(또는 수분활성도)를 표시하고, 세로축에는 식품의 평형수분함량을 표시하여 대기 중의 상대습도 증감에 따른 식품의 평형수분함량의 증감을 그래프로 그린 것이다. 식품의 수분함량 변화에 따라 대부분 역 S자 곡선으로 나타난다. 식품의 저장 중 변화를 예측하는 데 이용한다.

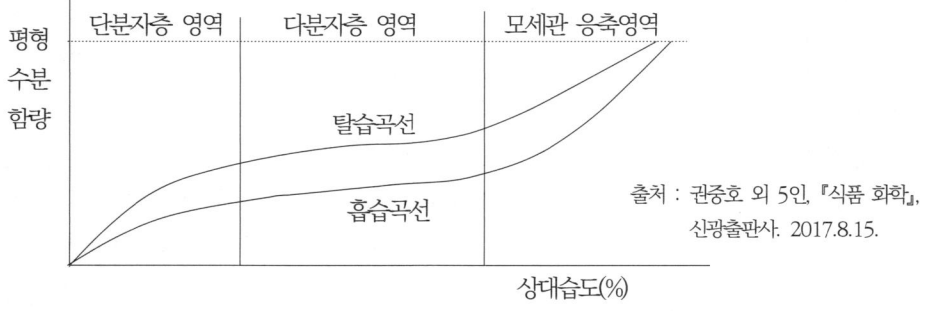

출처 : 권중호 외 5인, 『식품 화학』, 신광출판사. 2017.8.15.

(1) **단분자층 영역** : 식품에서 물 분자가 단백질, 아미노기 등과 강하게 결합되어 있는 결합수 상태이다. 등온흡습곡선에서 첫 번째 변곡점에 해당하는 부분으로, 물 분자는 결합수 상태로 있기 때문에 이동이 어렵다. 따라서 미생물도 수분을 이용할 수 없다. 식품이 물 분자로 완전히 덮여 있지 않아 수분의 보호막이 없기 때문에 지방 식품은 공기와 접촉하여 산패가 발생한다. 수분활성도는 **대략 0.3~0.4 정도이다.**

(2) **다분자층 영역** : 단분자층 영역 위에 물 분자들이 더 많은 층으로 덮여 있는 상태이다. 물 분자들이 수소결합을 하고 있지만, 외측에 있는 물 분자는 결합력이 약해져 액화되면서 자유도가 커지는 영역이다. 식품 속의 **수분활성도가 대략 0.6~0.75 정도의 수준**으로 식품저장에 안전성이 높은 영역이다. 수분활성도가 0.6~0.65 수준을 유지하는 건조식품의 경우 이 영역으로 평형수분함량을 유지하는 것이 좋다. 지방 성분은 물 분자들이 지방 식품의 금속이온을 녹여 지방과 반응하기 때문에 산패는 증가한다.

(3) **모세관 응축영역** : 다분자층 수분함량 영역보다 많은 수분함량을 갖는 영역으로 식품 속의 수분은 거의 자유수 상태이다. 따라서 식품 속에 있는 수분은 용매로 작용하여 화학반응이 용이하고, 미생물들도 수분을 이용할 수 있으며, 효소반응도 촉진된다. **Aw는 대략 0.85 이상이다.** 이 영역에서는 식품의 품질변화가 쉽게 일어난다. 과채류가 쉽게 변질되는 것은 이 영역에 속하기 때문이다. 그러나 지방은 산소와의 접촉이

차단되어 산패 가능성이 낮아진다.

2. 히스테리시스(hysteresis, 이력현상)

1) **정의** : 이론적으로 등온흡습곡선과 등온탈습곡선은 일치해야 하지만, 실제로는 이 두 곡선은 일치하지 않는다. 이러한 차이가 발생하는 현상을 히스테리시스라 한다. 히스테리시스는 식품의 수분과 성분 간의 결합력, 식품 성분들의 조직구조 상태, 외부 온도 등에 따라 달라진다.

2) **발생원인** : 식품 표면의 모세관에 있는 수분은 탈습 시 수분이 증발하고 나면 모세관이 응축된다. 이로 인하여 흡습 시에는 탈습되었던 수분을 전량 흡수하지 못하기 때문에 탈습과 흡습의 차이가 발생한다. 탈습곡선과 흡습곡선 간의 간격 차이(히스테리시스)는 굴곡점에서 가장 크게 일어난다.

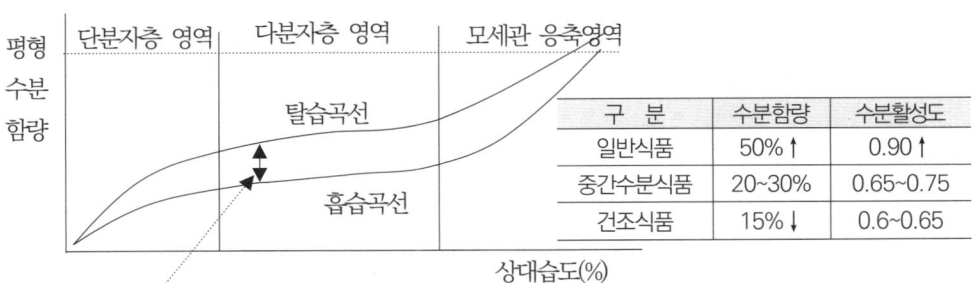

- 히스테리시스(hysteresis, 이력현상) : 등온흡습곡선과 등온탈습곡선이 일치하지 않는 현상
  (1) 식품 표면의 모세관에 있는 수분 : 탈습 시 → 수분이 증발하고 나면 모세관이 응축됨
  (2) 흡습 시 : 탈습 시 나갔던 수분이 모세관 응축으로 전량 흡수되지 못하면서 차이 발생

3) **히스테리시스의 영향 요인**
   (1) 식품의 구조와 물리·화학적 성질(자유수·결합수의 비율 등) : 식품의 수분과 각 성분들의 결합력, 식품 성분들의 조직구조 상태에 따라 다르게 나타난다.
   (2) 외부의 온도가 증가하면, 히스테리시스는 감소한다.
   (3) 식품을 장기간 저장할 경우, 히스테리시스는 증가한다.

3. 유리전이온도(Tg : glass transition temperature)

1) **정의** : 온도의 변화에 따라 고분자물질(딱딱한 성질)이 고무처럼 변하기 시작하는 시점의 온도

2) 모든 물질은 고체, 액체, 기체상을 가진다. 물질은 열을 가하면 일정 온도 이상에서 고무질과 같은 성질로 변하는데, 이 온도를 유리전이온도라 한다. 유리전이온도보다 더 높은 열을 가하면 액체(녹는점)로 변한다.

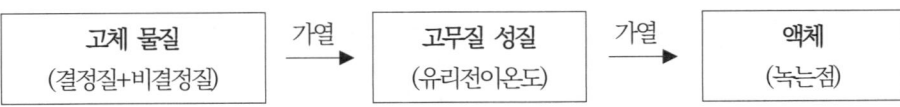

3) 식품과 같은 고분자물질은 결정질과 비결정질로 구성되어 있다. 식품을 가열하면 결정질 물질(단백질, 탄수화물 등)보다 수분과 같은 비결정질인 물질이 먼저 고무처럼 변하기 시작하고, 그 이후에 결정질 물질이 고무처럼 변하게 된다. 따라서 자유수의 함량(비결정질 물질)이 많아지면 유리전이온도는 낮아진다. 즉, 낮은 온도에서 유리전이온도가 형성된다.

■ 기출문제

1. 등온흡습곡선, 이력현상의 정의를 쓰시오.
   〈2019-3회〉

   - 등온흡(탈)습곡선 : 어떤 온도에서 대기 중의 상대습도와 식품의 평형수분함량 간의 관계를 나타낸 그래프
   - 이력현상 : 이론적으로 등온흡습곡선과 등온탈습곡선은 일치해야 하지만, 실제로는 이 두 곡선은 일치하지 않음. 두 그래프의 간격 차이를 히스테리시스(이력현상)라고 함.

2. 등온흡습곡선의 정의를 쓰고, 그래프상 가로축과 세로축의 의미를 표시하여 그래프를 그리고, 중간수분식품의 흡습곡선을 그리시오.
   〈2007-3회, 2009-1회, 2020-2회〉

   - 등온흡(탈)습곡선 : 어떤 온도에서 대기 중의 상대습도와 식품의 평형수분함량 간의 관계를 나타낸 그래프
   - 그래프 : 가로축(상대습도), 세로축(식품의 평형수분함량)

   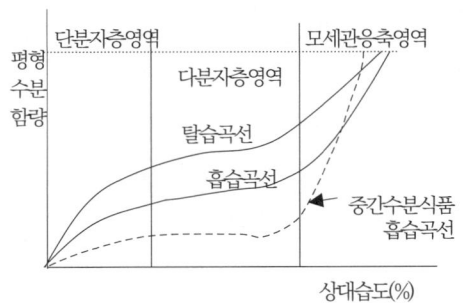

   - 중간수분식품의 흡습곡선
     ◦ 중간수분식품 : Aw 0.65~0.75이고, 수분함량은 대략 20~30% 정도. 대표적인 식품은 양갱, 곶감, 조미오징어 등
     ◦ 등온흡습곡선 : 수분함량이 적기 때문에 다분자층 중간 정도의 영역까지는 낮게 유지하다가 모세관 응축영역 이전부터 급격하게 상승하는 곡선을 보인다. (위 그래프 참조)

3. 다음은 3가지 유형의 등온흡(탈)습곡선을 나타낸 것이다. 이 중에서 단백질이 가장 많은 식품의 유형을 선택하고(1, 2, 3), 그 식품 유형에서 수분활성도와 자유수의 특성에 대하여 서술하시오. 〈2023-1회〉

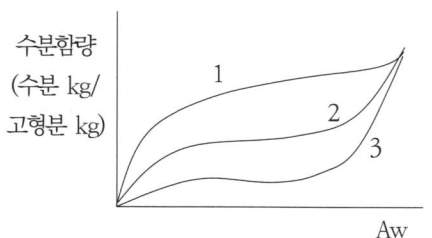

- 유형 : 1
- 수분활성도와 자유수의 특성 : 단백질의 함량이 많은 식품은 수화(자유수와 결합할 수 있는 작용기 많음)가 빠르게 발생하여 수분활성도가 증가하는 초기에 가파르게 상승하는 형태를 띤다.
※ 유형 1(단백질 함량이 많은 식품), 유형 2(일반적인 식품), 유형 3(탄수화물 함량이 많은 식품)
※ 유형 3 : 탄수화물 함량이 많은 식품은 당 성분이 일정 부분까지는 수분을 흡수하지 않다가 수분활성도(자유수가 많아지면)가 높아지는 단계에서는 가파르게 상승하는 형태를 보인다.

4. 수분함량 moisture(수분), sorption(흡착), isotherm(등온식) 그래프에서 0.1g/g-solid(고체)일 때, 서로 다른 제품 2개를 한곳에 넣고 밀봉 및 포장하였을 때, 수분이동에 대하여 설명하시오. 〈2020-3회, 2023-2회〉

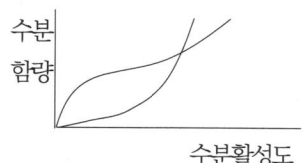

- 수분이동 : 수분함량(수분활성도)이 높은 제품(식품)에서 낮은 제품(식품)으로 이동한다.

5. 아래의 (   )에 알맞은 내용을 보기에서 골라서 쓰시오. 〈2021-3회〉

식품에서 수분함량이 많으면 유리전이온도(Tg : glass transition temperature)는 (   ).
〈보기〉 높아진다 / 낮아진다.

- 유리전이온도 : 낮아진다.
※ 유리전이온도(Tg) : 온도의 변화에 따라 고분자 물질(딱딱한 성질)이 고무처럼 변하기 시작하는 시점의 온도
※ 식품을 가열하면 단백질과 탄수화물 등과 같은 결정질 물질보다 수분과 같은 비결정질인 물질이 먼저 고무처럼 변하기 시작하면서 활성화되므로 자유수의 함량이 많아지면 유리전이온도는 낮아진다(낮은 온도에서 유연성을 나타내기 시작한다).

6. 츄잉껌의 제조과정 중 유리전이온도를 조절할 수 있다면, 어떤 온도 조건에 유리전이온도를 두어야 하는지 쓰시오. 〈2022-3회〉

• 유리전이온도 : 사람의 체온(36.5℃) 정도
※ 사람의 체온 정도에서 유리전이온도(고무와 같이 변하는 온도)를 두어야 츄잉껌과 같은 성질을 갖게 된다.

■ 예상문제

1. 식품의 히스테리시스의 영향 요인을 설명한 것이다. 보기 내용 중에서 ( )에 알맞은 내용을 채우시오
   ① 식품의 히스테리시스 현상은 외부의 온도가 올라가면, 히스테리시스는 ( ) 한다.
   ② 식품을 장기간 저장할 경우, 히스테리시스는 ( )한다.
   〈보기〉 감소, 증가, 평형상태를 유지

① 감소
② 증가

제2절 단백질, 효소

2-1. 단백질 및 아미노산

1. 단백질의 구성

1) 단백질은 **탄소(C), 수소(H), 산소(O), 질소(N), 황(S)**으로 이루어져 있으며, 지질이나 탄수화물과 다르게 질소와 황 성분을 함유하고 있다. 단백질은 생물체의 신체를 구성하는 주요 성분이며, 생체 조절작용과 면역 등의 역할도 담당한다.

2) **아미노산과 단백질** : 아미노산은 단백질을 구성하는 기본 단위로, 아미노기($-NH_2$)와 카르복실기($-COOH$)를 갖는 양성화합물이다. 단백질은 20여 종의 아미노산이 결합되어 있는 고분자화합물로서 단백질을 가수분해하면 펩티드 결합이 분해되어 아미노기(NH_2)와 카르복실기($-COOH$)가 생성된다.

2. 필수아미노산, 제한아미노산

1) **필수아미노산** : 식물이나 미생물은 필요한 단백질을 스스로 합성할 수 있지만, 동물은 체내에서 일부 아미노산만을 생성한다. 사람이 체내에서 단백질을 만들기 위해서는 20개의 아미노산이 필요하다. 이 중에서 체내에서 합성하지 못하는 아미노산은 음식물을 통해서 섭취해야만 한다. 이러한 아미노산을 필수아미노산이라 한다. 필수아미노산에는 트레오닌(threonine), 발린(Valine), 라이신(lysine), 메티오닌(methionine) 등 9종류가 있다. 곡류에 부족한 아미노산은 라이신, 트레오닌, 트립토판 등이 있다.

2) **불필수 아미노산** : 체내에서 합성이 가능한 아미노산을 말한다. 불필수 아미노산도 체내에서는 필수아미노산과 같은 역할을 하며 글루탐산, 알라닌, 아스파라진, 글리신 등이 있다. 불필수 아미노산은 아미노기 전달반응(글루탐산 아미노기 상실 → 케토산 → 케토산 + 아미노기 → 새로운 아미노산)에 의해 생성된다.

3) **제한아미노산** : 단백질의 영양가가 높으려면 단백질을 구성하는 각 아미노산이 필요한 만큼 적절하게 함유되어 있어야 한다.

   (1) 단백질을 구성하는 20개 아미노산 중에서 어느 하나라도 필요한 양보다 적으면 다른 아미노산이 충분해도 부족한 아미노산으로 인하여 단백질의 영양가가 저하된다. 이렇게 부족한 아미노산을 제한아미노산이라고 한다.

   (2) 필수아미노산 중에서 가장 부족한 아미노산을 제1제한 아미노산, 2번째 부족한 것을 제2제한 아미노산이라 한다. 일반적으로 제1제한 아미노산은 트립토판(tryptophan), 라이신(lysine), 메티오닌(methionine), 트레오닌(threonine) 등과 같은 필수아미노산이 제한아미노산이 되는 경우가 많다.

3. 단백질의 구조

1) **단백질** : 단백질은 20가지의 아미노산들이 펩티드 결합을 한 고분자화합물이다. 펩티드 결합이란 하나의 아미노산 카르복실기(-COOH)와 또 다른 아미노산의 아미노기(NH₂)가 반응하면서 물 한 분자를 잃고(탈수) 축합하여 아미드(-CO-NH-) 형태로 결합한 화합물이다.

2) **단백질의 구조**

   (1) **단백질의 1차 구조** : 단백질은 20가지의 아미노산이 펩티드 결합(아미노기+카르복실기 결합)을 한 고분자화합물이다. 모든 단백질은 자신만의 특정한 아미노산 배열 순서를 갖는데 이를 단백질의 1차 구조라 한다. 이와 같이 단백질은 각각 고유한 아미노산 서열을 갖고 있으므로 단백질의 1차 구조는 단백질의 구조와 기능을 결정한다.

   ① 단백질의 생합성은 DNA가 가진 유전정보(염기서열)를 mRNA에 전달하는 전사과정으로 시작된다.

   ② mRNA는 DNA 유전정보에 맞추어 상보적으로 결합할 수 있는 코돈(코드)을 형성하고, 단백질 생합성 장소인 리보솜으로 이동한다. rRNA는 단백질이 합성되는 리보솜을 구성하는 RNA이다.

   ③ tRNA는 리보솜으로 mRNA의 코돈에 상보적으로 결합할 수 있는 안티코돈(코드)을 운반하며, 꼬리에는 안티코돈에 대응하는 아미노산을 가져온다. 이러한 과정의 반복을 통하여 폴리펩티드 결합을 형성하면서 단백질이 생성된다. 즉 DNA의 염기 배열순서에 따라 단백질의 구조와 기능이 결정된다.

   (2) **단백질의 2차 구조** : 단백질의 2차 구조는 아미노산-아미노산 간의 수소결합에 의해 만들어진 입체구조이다. 수소결합은 단백질 분자 내에 있는 아미노산의 양전하와 또 다른 아미노산의 음전하 부분이 서로 당김으로써 분자를 꼬이는 모양이나 병풍 모양처럼 만든다. 이것을 단백질의 2차 구조라 한다. 입체구조는 모양에 따라 α-나사구조, β-구조(병풍구조), 랜덤한 구조를 이룬다. 2차 구조의 수소결합 상태가 변하게 되면 단백질의 변성이 일어난다.

   (3) **단백질의 3차 구조** : 단백질의 3차 구조란 폴리펩티드 사슬의 아미노산 간 수소결합(2차 구조)을 통해 일정한 모양을 만들면서, 수용액 상에서 소수성 부위는 물을 피해 안쪽에 위치하고 친수성 부위는 바깥쪽에 위치하는 형태의 꼬부라지거나 접힌 공간구조를 만들어 안정화를 취하는 것을 말한다.

   ① <u>3차 구조는 polypeptide 사슬의 **수소결합뿐만 아니라 이황화결합(S-S결합), 이온결합, 소수성결합**</u> 등에 의해서 휘어지고 구부러지거나 서로 묶여서 안정화된다. 이러한 3차 구조에 의해 단백질의 형태가 정해지는데, 구부러지거나 서로 묶인 모양의 공간구조가 둥근 공 모양이면 구상 단백질, 섬유가 얽혀 있는 모양이면 섬유상 단백질이라 한다.

   ② 구상 단백질 : 단백질의 폴리펩티드 사슬이 α-나사구조로 서로 꼬여 있는 구형 모양의 3차원적인 구조를 말한다. 섬유상 단백질에 비하여 결합력은 약하다. 생명현상과 관련된 알부민, 글로불린, 카세인, 헤모글로빈, 효소단백질 등이 해당된다.

   ③ 섬유상 단백질 : peptide 사슬이 β-구조의 지그재그 모양으로 섬유상 다발 형태의 3차원적 구조를 가지는 것을 말한다. 콜라겐, 젤라틴, 케라틴 등이 있다. 치아, 근육, 뼈 등을 구성하는 단백질이다. 인체 내에

는 섬유상 단백질을 분해하는 효소가 없기 때문에 분해하지 못한다.

(4) **단백질의 4차 구조** : 단백질의 3차 구조가 2개 이상 모인 구조를 말한다.

4. 단백질의 분류

1) **단순단백질** : 아미노산만으로 구성된 단백질로 알부민, 글로불린, 글루텐, 프롤라민으로 구분한다.

2) **복합단백질** : 단순단백질에 비단백성 물질이 결합되어 있는 단백질로 인단백질, 지단백질, 당단백질, 색소단백질, 금속 단백질로 구분된다.

3) **유도단백질** : 단순단백질이 물리적, 화학적 변화를 받은 것으로 1차, 2차 유도단백질로 구분된다. 펩톤, 젤라틴 등이 있다.

5. 단백질의 성질

1) **양성전해질** : 단백질은 아미노산과 마찬가지로 분자 안에 아미노기(NH_2)와 카르복실기(-COOH)를 동시에 가지는 양성전해질이다. 따라서 산성용액에서는 양이온($-NH_3^+$)으로, 알칼리성 용액에서는 음이온($-COO^-$)으로 존재한다.

2) **전기영동** : 용액 중에 있는 단백질과 아미노산은 등전점보다 산성 쪽에서는 양이온, 알칼리성 쪽에서는 음이온으로 하전한다. 이러한 단백질 용액에 (+), (-)의 전극을 연결하면 단백질(또는 아미노산)의 하전과는 반대 방향으로 이동하는 데 이러한 현상을 전기영동이라 한다.

〈양성전해질 특성〉

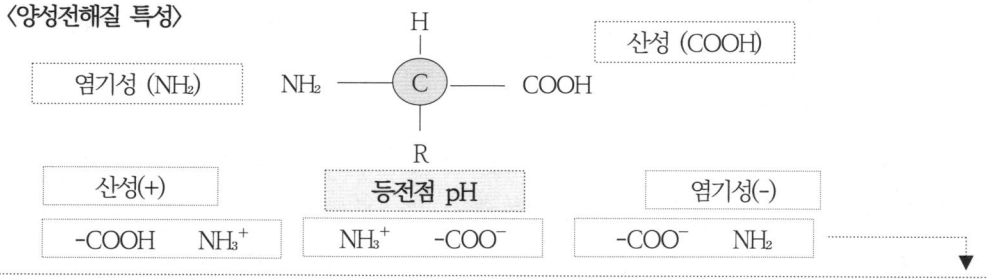

- **양성전해질** : 등전점(pH 4.6)보다 산성 쪽에서는 양이온(+), 알칼리성 쪽에서는 음이온(-) 성질을 가짐
- **전기영동** : 단백질(아미노산)에 (+) 또는 (-) 전극을 연결하면, 하전과는 반대 방향으로 이동하는 현상
- **등전점** : 분자 속에서 양하전과 음하전이 중화되어 전기적으로 중성이 되는 pH. 전하는 0
  ※ 단백질의 등전점 : pH 4~6 ⇨ 등전점 공식 = (pK_1 + pK_2) ÷ 2   ※ Ka(산 해리상수)
  - 기포성, 흡착성, 침전 : 증가   • 용해도, 팽윤력, 점도, 보수성 : 최소
    ↳ 두부, 치즈 등 : 단백질의 응고성(침전성)을 이용한 식품
  ※ **염용(salting in)** : 단백질 등에 소량의 염을 첨가하면 용해도가 증가하는 현상
  ※ **염석(salting out)** : 단백질 수용액에 다량의 염(전해질)을 첨가하여 침전시키는 것

3) **등전점** : 단백질과 같이 양성전해질의 특성을 갖는 물질이 일정 pH 농도에서는 그 분자 속의 양하전과 음하전이 완전히 중화되어 전기적으로 중성이 된다. 따라서 이 농도의 pH에서는 하전은 0으로 되어 양극이나 음극으로 이동하지 않는다. 이때의 pH 값을 등전점이라 한다. 단백질의 등전점은 식품마다 다르지만, 일반적으로 pH4~6이다.

(1) 등전점에서 아미노산은 콜로이드 상태를 유지하지 못하고 침전한다. 따라서 용해성은 최저로 된다. 각각의 단백질이나 아미노산은 침전되는 pH가 다르므로 등전점을 이용하여 단백질이나 아미노산의 분리 및 정제에 활용한다. 두부를 만들 때 간수(황산칼슘)를 사용하는 것은 염석의 한 예이다. 단백질(아미노산)은 등전점에서 용해도, 팽윤력, 점도, 보수성이 최소가 된다.

(2) 등전점에서는 단백질 분자 간의 결합으로 부피가 줄어들어 내부 마찰력이 크게 감소한다. 따라서 기포성, 흡착성, 침전 등은 증가한다.

♣ 산해리 상수(Ka)를 이용한 등전점 계산 : 등전점(PI) = $(pK_1 + pK_2) \div 2$

4) **용해성** : 단백질은 펩티드결합에 의한 것으로 분자량이 매우 크다. 따라서 수용액은 콜로이드상(에멀션)을 나타내며, 반투막은 통과하지 못한다.

(1) <u>염용(salting in)</u> : 단백질은 대부분 물에 잘 녹지 않는다. 그러나 단백질에 일정 농도의 묽은 염류를 첨가하면 물에 녹는다. 이러한 현상을 염용이라 한다.

(2) <u>염석(salting out)</u> : 단백질 수용액에 다량의 염(전해질)을 첨가하면 용해도가 감소하여 침전(응고)한다. 이러한 현상을 염석이라 한다.

5) **응고성** : 가열, 산, 레닌 효소, 알코올 등에서 응고성을 보인다.

6. 단백질의 품질평가

1) 단백질의 품질을 평가하는 방법에는 생물가와 화학적 방법(아미노산 스코어)이 있다.

2) **단백질의 생물가** : 단백질은 지방이나 탄수화물과 다르게 질소(N) 성분을 함유하고 있다. 이를 고려하여 평가하는 방법이다.

(1) 단백질의 생물가 : 체내에 흡수된 질소량 중에서 체내에 유지된 질소량의 비율

(2) 생물가 = 〈섭취한 질소 - (대변으로 배설된 질소) - (소변 중의 질소)〉 ÷ (섭취한 질소-대변으로 배설된 질소) × 100

3) **아미노산 스코어(amino acid score)** : 측정하는 식품의 가장 부족한 아미노산, 즉 제1제한아미노산의 함량을 고려하여 평가하는 방법

(1) 국제연합식량농업기구(FAO)에서 정한 해당 아미노산의 표준 함량을 기준으로 평가한다. FAO에서 정한 해당 아미노산의 표준 함량으로 해당 식품의 단백질이 가지는 제1제한아미노산의 함량을 나눈 값이다. 단백가는 달걀이 100, 쇠고기 81, 우유 78 등으로 나타난다.

(2) 단백가(%) = [식품 단백질 1g 중 제1제한아미노산 함량(mg) ÷ FAO의 표준아미노산 조성 1g 중 해당 필수아미노산량(mg)] × 100

4) **단백질 효율**(protein efficiency ratio, PER)[1] : 단백질의 품질을 평가하는 생물학적 방법으로 단백질의 섭취량 대비 실험동물의 체중 증가량으로 나타낸다.

(1) 'PER = (체중 증가량 ÷ 단백질 섭취량)'으로 구한다.

(2) 단백질 이외의 다른 영양소가 함유되어 있는 사료에, 확인하고자 하는 단백질을 첨가하여 일정 기간 사육하고 체중의 증가량을 확인한다. 양질의 단백질일수록 체중은 증가한다.

【기출문제】 FAO에서 정한 표준단백질은 다음 표와 같다. 쌀 단백질 아미노산 함량이 아래와 같을 때 쌀 단백질의 아미노산가를 구하시오.

구분	표준단백질	쌀 단백질
이소루신	270	280
류신	306	520
라이신	270	210
메티오닌	270	270
페닐알라닌	180	190
트레오닌	180	220
트립토판	90	80
발린	270	370

- 아미노산가(%) = [식품 단백질 1g 중 제1제한 아미노산 함량(mg) ÷ FAO의 표준아미노산 조성 1g 중 해당 필수아미노산량(mg)] × 100
 = (210 ÷ 270) × 100 = 77.78%

7. 단백질의 변성

1) 단백질의 변성이란 단백질의 1차 구조는 변하지 않고, 2차 및 3차 구조가 파괴되어 식품 성분에 변화가 일어나는 것을 말한다. 단백질의 2차 구조는 아미노산-아미노산 간의 수소결합으로 만들어지며, 이 수소결합에 의해 꼬이는 모양이나 병풍 모양을 만든다. 이 수소결합이 파괴되면 공간구조인 3차 구조도 변하면서 단백질의 변성이 일어난다. 단백질의 2차 및 3차 구조는 가열, 건조, 산, 알칼리, 중금속, 효소 등에 의하여 발생한다.

2) **단백질의 변성 결과**

(1) 용해도 감소, 점도 증가 : 구상단백질이 물에 용해되면 폴리펩티드 사슬구조가 파괴됨에 따라 내부에 있던 소수성기가 표면으로 노출된다. 이로 인하여 단백질의 친수성이 감소하면서 용해도가 감소한다.

(2) 콜라겐은 섬유상 단백질로 불용성이지만 물과 함께 가열하면 근절 길이가 수축되고, 사슬구조가 절단되면서 점성을 가진 젤라틴으로 변한다.

(3) 효소, 항원, 항체의 활성 소실 : 단백질인 효소, 항원, 항체는 90℃ 정도로 가열하면 활성이 소실된다.

---

[1] 농촌진흥청, 농업용어사전. http://www.rda.go.kr

(4) 소화율 향상 : 단백질을 가열하면 2차 구조를 유지하고 있는 폴리펩티드 사슬이 풀리면서 효소작용을 받기 쉬워져 소화율이 높아진다. 그러나 과도한 가열은 소화율을 저하시킨다.

(5) 갈변현상 및 영양가 감소 : 단백질이 변성되면 원래의 형태를 잃고 모양, 색, 점도, 맛, 영양가 등이 변한다. 육류는 당과 단백질의 상호반응으로 갈변현상이 나타나며, 라이신 등의 아미노산이 파괴되어 영양가가 감소한다.

3) 단백질의 물리적 변성

(1) **가열에 의한 변성** : 단백질의 가열 변성은 가장 보편적인 현상으로, 단백질이 변성되면 응고형태로 나타난다. 이것은 단백질 분자가 변성된 후 분자 간 상호결합을 하기 때문이다. 이러한 열변성을 이용한 식품에는 삶은 달걀, 두부, 갈비, 생선묵 등이 있다. <u>단백질의 가열 변성은 온도, 물, 산, pH, 전해질(염분), 당, 지방 등에 영향을 받는다.</u>

① 온도 : 식육, 어육 등의 액토미오신(actomyosin), 미오신(myosin)은 60~70℃에서 변성되어 응고된다. 온도가 높을수록 변성은 빠르게 일어난다.

② 수분 : 단백질은 친수성으로 수분이 많은 상태에서 가열하면 물 분자운동이 활발해지면서 단백질의 폴리펩티드 사슬(수소결합)을 절단하기 쉽다. 따라서 단백질 주위에 수분이 많으면 낮은 온도에서, 수분이 적으면 고온에서 응고되면서 변성된다.

③ pH, 당 성분 : 단백질은 등전점인 pH4.6에서 가장 쉽게 응고된다. 치즈는 우유 단백질인 카세인에 산을 첨가하여 pH 4.6으로 만들어 응고시킨다. 또한, 단백질에 설탕을 넣고 가열하면 응고 온도가 높아지며, 메일라드 반응으로 갈변현상을 일으킨다.

④ 금속염 : 단백질은 인산염, 황산염, 염소화합물 등과 같은 전해질이 있으면 가열 시 응고가 촉진된다. 계란찜을 만들 때 소금의 첨가, 두부를 만들 때 응고제를 첨가하는 것은 이런 이유 때문이다.

(2) **동결 변성** : 육류, 어류 단백질은 동결되면 얼음결정에 의해 폴리펩티드 사슬의 수소결합이 파괴되면서 변성이 일어난다. 단백질의 변성이 발생하면, 물과 친수성이 약해지면서 보수성이 저하된다. 이러한 결과는 동결되었던 육류나 어류를 해동시킬 경우, 수분을 흡수하지 못하여 드립이 발생하는 원인으로 작용한다.

4) 단백질의 화학적 변성요인

(1) 산 또는 알칼리에 의한 변성 : 단백질은 양성전해질이므로 용액에 산 또는 알칼리를 가하면 (+), (-)전하로 인해 단백질이 등전점인 pH 4.6 부근에 도달하여 응고 및 변성된다. 치즈를 만들 때, 유산균(젖산균)을 생육(스타터 첨가)시키면 pH가 낮아지면서 빨리 응고된다.

(2) 금속이온에 의한 변성 : 단백질은 금속이온이 있을 때 변성이 촉진된다. 칼슘이나 마그네슘 이온은 단백질의 카르복실기(-COOH)와 결합하여 응고된다.

(3) 효소에 의한 변성 : 우유를 치즈로 만들 때 사용하는 방법이다. 우유 단백질인 카세인은 칼슘과 인을 함유하고 있다. 레닌 효소는 κ(카파)-카세인과 결합하여 파라-카세인이 되면서 응고된다.

■ 기출문제

1. CH$_2$(NH$_2$)COOH(글리신) 등전점 곡선이다. B, D 지점의 이온식을 쓰시오. 〈2010-2회, 2021-2회, 2024-3회〉

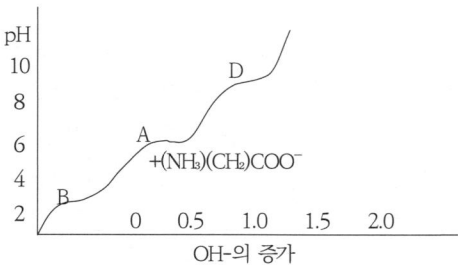

- B : OH-의 첨가가 적을 때,
  $^+$(NH$_3$)(CH$_2$)COOH
- D : OH-의 첨가가 많을 때,
  (NH$_2$)(CH$_2$)COO$^-$

※ 아미노산의 양성전해질 특성 : 산에서는 양이온(+), 알칼리에서는 음이온(-)의 성질을 가짐

2. 두부 제조 시 사용되는 원료 콩의 pH를 측정하였더니 5.5였다. 이 콩을 두부 제조 시 사용할 수 있는지에 대한 여부와 그 이유를 쓰시오. 〈2008-1회〉

- 콩 원료 : 두부 제조에 사용 불가
- 이유 : 단백질은 등전점인 pH4.5에서 침전 → 원료 콩의 pH가 5.5이므로 침전이 발생하지 않아 두부를 제조하는 원료 콩으로 사용하기 어렵다.

3. 단백질을 합성하는 RNA 종류를 보기에서 골라 쓰시오. 〈2023-3회〉

- DNA 유전정보를 전달 (   )
- 20가지 아미노산을 운반하는 역할 (   )
- 리보솜에서 단백질을 합성 (   )

〈보기〉 ㉠ mRNA ㉡ tRNA ㉢ rRNA

- ㉠, ㉡, ㉢

4. 단백질 3차 구조에서 side chain을 형성하는 힘 3가지를 쓰시오. 〈2011-1회, 2022-2회〉

- 수소결합, 이황화결합(S-S결합, Disulfide 결합), 이온결합, 소수성결합

5. 염석(salting out), 염용(salting in)을 단백질과 관련하여 쓰시오. 〈2020-3회〉

- 염용(salting in) : 단백질에 소량의 묽은 염류 용액을 첨가하면 용해도가 증가하는 현상
- 염석(salting out) : 단백질 수용액에 다량의 염(전해질)을 첨가하면, 용해도가 감소하여 단백질이 침전(응고)되는 현상

6. 단순단백질, 복합단백질, 유도단백질을 보기에서 골라 쓰시오. 〈2022-2회〉

   〈보기〉 알부민, 인단백질, 젤라틴, 당단백질, 프롤라민, 펩톤

   - 단순단백질 : 프롤라민, 알부민
   - 복합단백질 : 당단백질, 인단백질
   - 유도단백질 : 펩톤, 젤라틴

7. FAO에서 정한 표준단백질은 다음 표와 같다. 쌀 단백질 아미노산 함량이 아래와 같을 때 쌀 단백질의 아미노산가를 구하시오. 〈2022-2회〉

구분	표준단백질	쌀 단백질
이소루신	270	280
류신	306	520
라이신	270	210
메티오닌	270	270
페닐알라닌	180	190
트레오닌	180	220
트립토판	90	80
발린	270	370

   ※ 아미노산가 : 국제연합식량농업기구(FAO)에서 정한 해당 아미노산의 표준 함량으로 식품의 단백질이 가지는 제1제한아미노산의 함량을 나눈 값.

   ※ 쌀 단백질 중 제1제한아미노산 : 표준단백질 대비 가장 적은 단백질 ⇨ 라이신(차이 60)

   - 아미노산가(%) = [식품 단백질 1g 중 제1제한아미노산 함량(mg) ÷ FAO의 표준아미노산 조성 1g 중 해당 필수아미노산량(mg)] × 100
   = (210 ÷ 270) × 100 = 77.78%

8. 단백질 열변성의 3가지 요인과 열변성에 의한 단백질 변화를 쓰시오. 〈2012-1회〉

   - 요인 : 온도, 수분, pH, 당 성분, 금속이온
   - 단백질의 변화 : 용해도 감소, 점도 증가, 효소활성의 감소, 갈변현상, 영양가 감소

9. 단백질의 열변성 요인 3가지를 쓰고, 각 조건에 맞는 열변성에 의한 단백질 변화에 미치는 영향을 쓰시오. 〈2021-3회〉

   ① (인자) : (영향)
   ② (인자) : (영향)
   ③ (인자) : (영향)

   ① 온도 : 단백질은 60~70℃에서 변성되어 응고됨. 온도가 높을수록 변성이 빠르게 일어난다.
   ② 수분 : 단백질은 주위에 수분이 많으면 낮은 온도에서, 수분이 적으면 고온에서 응고되면서 변성된다.
   ③ pH : 단백질은 등전점인 pH4.6에서 가장 쉽게 응고된다.
   ④ 당 : 단백질에 설탕을 넣고 가열하면 응고 온도가 높아지며, 메일라드 반응으로 갈변현상을 일으킨다.
   ⑤ 금속염 : 단백질은 인산염, 황산염, 염소화합물 등과 같은 전해질이 있으면 가열 시 응고가 촉진된다.

10. 육조직의 콜라겐(collagen)을 뜨거운 물로 가열 시 변화되는 물질(성분)을 쓰고, 그 성분이 각각 뜨거운 물과 찬물에서 존재하는 상태를 쓰시오. 〈2021-1회〉

- 콜라겐(가열) → 젤라틴으로 변함
- 젤라틴 : 더운물로 가열 시 졸(Sol)이 되고, 찬물에서는 겔(Gel) 상태로 존재함.
- ※ 졸(Sol) : 콜로이드상에서 유동성이 있는 것
  겔(Gel) : 콜로이드상에서 유동성이 없는 것

■ 예상문제

1. 단백질의 성질 중 전기영동과 등전점의 정의를 쓰시오.

- 전기영동 : 용액 중에 있는 단백질과 아미노산은 등전점보다 산성 쪽에서는 양이온, 알칼리성 쪽에서는 음이온으로 하전한다. 이러한 단백질 용액에 (+), (-)의 전극을 연결하면 단백질 또는 아미노산의 하전과는 반대 방향으로 이동하는 현상
- 등전점 : 단백질과 같이 양성전해질의 특성을 갖는 물질이 일정 pH 농도에서는 그 분자 속의 양하전과 음하전이 완전히 중화되어 전기적으로 중성이 되는데, 이때의 pH 값

2. 단백질의 등전점에서 일어나는 변화 중 증가하는 것과 감소하는 성질을 쓰시오.

- 증가 : 기포성, 흡착성, 침전 등
- 감소 : 용해도, 팽윤력, 점도, 보수성 등

3. 글라신(Glycine) 수용액의 HCl과 NaOH 수용액으로 얻은 적정곡선에서 pK_1=2.4, pK_2=9.6일 때 등전점을 구하시오. 〈필기 기출〉

- 등전점 = $(pK_1+pK_2) \div 2$
  = $(2.4+9.6) \div 2 = 6.0$

4. 단백질을 순수하게 분리하는 방법 3가지를 쓰시오. 〈필기 기출〉

- 전기영동법, 초원심분리법, 크로마토그래피

2-2. 효소

1. 효소의 특징

1) 정의 : 생물체가 생명 활동을 유지하기 위해서는 영양소를 섭취하고, 이를 통하여 에너지를 획득하며, 불필요한 물질을 체외로 배출한다. 이러한 생체 내의 복잡한 과정은 생체 내에서 화학반응을 통하여 이루어지는데, 이렇게 특정 화합물에 대하여 화학반응이 쉽게 일어나도록 촉매 역할을 하는 것이 효소이다.

2) 효소는 세포의 모든 대사과정에서 적절한 촉매작용을 통하여 생명 유지를 위한 속도를 조절한다. 즉, 효소가 생물체 내에서 산화, 환원, 분해, 합성 등의 여러 가지 생화학 반응속도를 조절함으로써 정상적인 생명 활동이 유지되는 것이다.

3) 효소의 특징

(1) 효소는 기질 이외의 다른 물질과는 결합하지 않는 기질특이성이 있다. 기질특이성이란 일반적으로 한 종류의 효소가 한 종류의 기질에만 작용하는 것을 말한다.

(2) 효소는 온도가 높아지면 반응속도가 빨라지지만, 수용성 단백질 성분이므로 70~80℃로 가열 시 변성되어 활성을 잃는다.

(3) 효소의 반응속도와 안정성은 pH에 의해서 크게 영향을 받는다. 각 효소는 최적의 pH에서 안정성과 최대 반응성을 갖는다.

(4) **저해제(inhibitor)** : 효소의 작용을 저해하는 물질을 말한다. 어떤 물질이 효소 또는 기질과 결합하면 효소의 작용을 억제하는데, 이 물질을 저해제(억제제)라고 한다. 저해제의 종류는 다음과 같다.

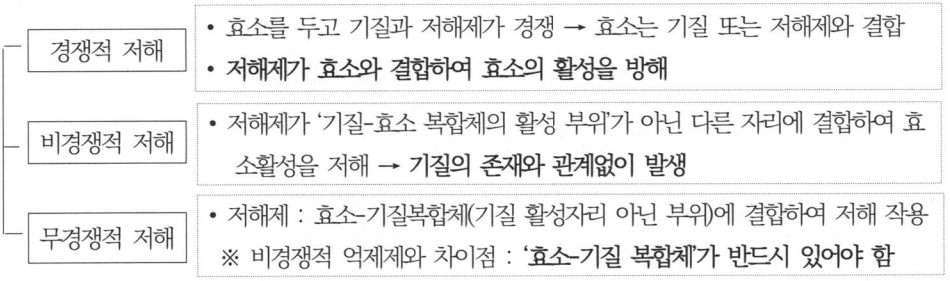

2. 효소의 분류

1) 제1군 산화환원효소 : 생체 물질의 산화환원반응을 촉매하는 효소로서, 다른 화합물을 환원시키면서 한 화합물을 산화시키는 것을 촉매하는 효소이다. 이 효소에는 탈수소효소, 산화효소, 환원효소, 카탈라아제, 페록시다아제 등이 있다.

2) **제2군 전이효소** : 전이효소는 1개의 탄소기, 알데히드기 또는 케톤기, 인산기, 아미노기 등을 한 기질로부터 다른 기질로 전달하는 반응을 촉매한다. 아미노산과 케토산이 전이되도록 만드는 아미노산 전이효소가 있다.

3) **제3군 가수분해효소** : 고분자화합물을 가수분해하여 저분자로 만드는 효소를 말한다. 생체 물질 내에서의 가수분해는 섭취한 음식물(고분자화합물)을 저분자화합물로 분해시켜 소화가 잘되도록 하므로 소화효소라고도 한다. 펩티다아제, 프로테아제, 아밀라아제, 에스테라아제, 리파아제, 글리코시다아제 등이 있다.

4) **제4군 탈리효소(분해효소)** : 가수분해에 의하지 않고 기질에서 물, 암모니아, 카르복실기, 알데히드기 등을 분리하고 기질에 이중결합 또는 이중결합에 이들을 첨가하는 반응을 촉매한다. 아스파타아제, 카르복실라아제 등이 있다.

5) **제5군 이성화효소** : 특정한 이성체를 다른 이성체로 상호교환시키는 반응을 촉매하는 효소이다. 화학식은 같지만 분자구조가 다른 이성질체로 바꾸는 효소로 포도당을 과당으로 전환시킬 때 사용된다. 글루코스이소메라제 등이 있다.

6) **제6군 합성효소(연결효소)** : ATP에서 인산기를 떼어내면서 방출되는 에너지를 이용하여 어떤 두 분자를 연결시키는 반응을 촉매하는 효소이다.

3. 전분분해효소

1) α-아밀라아제, β-아밀라아제, 글루코 아밀라아제가 있으며, 전분을 가수분해하여 포도당, 맥아당, 식혜, 물엿 등을 만드는 데 이용한다.

2) 전분이 효소에 의해 포도당으로 변환되는 과정은 다음과 같다.

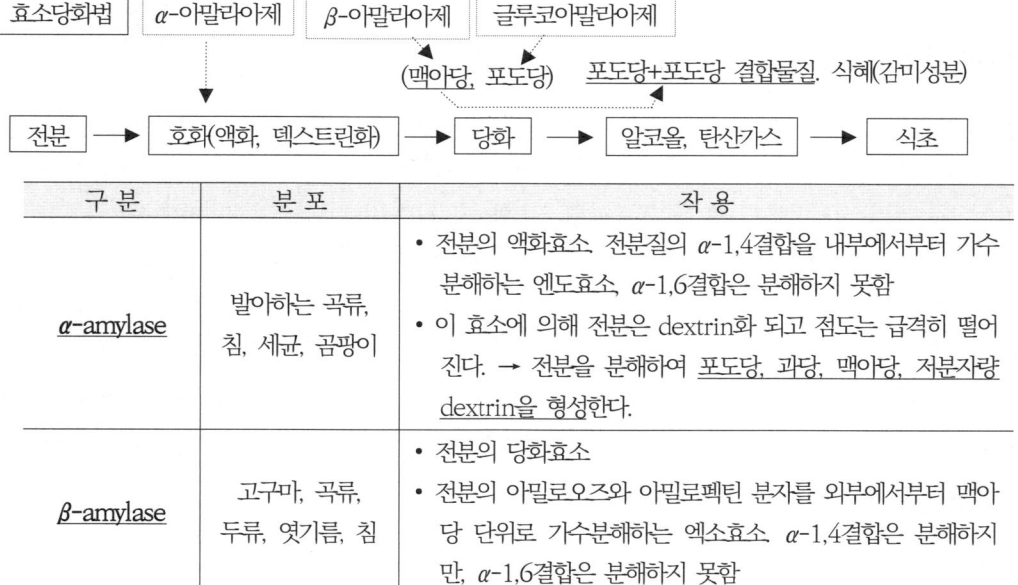

구 분	분 포	작 용
α-amylase	발아하는 곡류, 침, 세균, 곰팡이	• 전분의 액화효소, 전분질의 α-1,4결합을 내부에서부터 가수분해하는 엔도효소, α-1,6결합은 분해하지 못함 • 이 효소에 의해 전분은 dextrin화 되고 점도는 급격히 떨어진다. → 전분을 분해하여 포도당, 과당, 맥아당, 저분자량 dextrin을 형성한다.
β-amylase	고구마, 곡류, 두류, 엿기름, 침	• 전분의 당화효소 • 전분의 아밀로오즈와 아밀로펙틴 분자를 외부에서부터 맥아당 단위로 가수분해하는 엑소효소, α-1,4결합은 분해하지만, α-1,6결합은 분해하지 못함

| Gluco-amylase | 곰팡이, 효모, 세균, 동물의 간에 많이 함유 | • 전분의 당화효소
• 아밀로오즈와 아밀로펙틴 분자의 α-1.3, α-1.4, α-1.6결합을 전분 분자의 바깥에서부터 순서대로 가수분해
→ 직접 포도당을 생성하는 엑소효소 |

3) 효소 중에서 어떠한 결합을 내부에서부터 분해하는 효소를 엔도엔짐(endo-enzyme), 외부에서부터 분해하는 효소를 엑소엔짐(exo-enzyme)이라고 한다.

> ♣ 효소의 추출과 정제 : 효소는 생체에 의해 생산되는 촉매로서 단백질로 구성되어 있다. 효소를 추출할 때 추출 및 정제 조작이 부적절하면 단백질이 변성되어 효소가 불활성화되므로 주의할 필요가 있다. 효소의 추출법에는 <u>마쇄법, 자기소화법, 동결융해법, 초음파 파쇄법</u> 등이 있다.

4. 고정화 효소(Immobilized enzyme)

1) **정의** : 고정화 효소란 효소를 반응시킨 후 기질이나 생성물과 분리하여 재이용 또는 연속적인 반응에 사용할 수 있도록 효소를 일정한 공간에 넣어 쉽게 분리할 수 있는 상태로 만들어 놓은 것을 말한다.

2) **효소를 고정화시키는 방법** : <u>담체결합법, 가교법, 포괄법</u> 등

  (1) 담체결합법 : 효소를 물에 녹지 않는 불용성의 담체(셀룰로오스 등)에 물리·화학적 방법으로 결합시키는 방법으로 반복 사용할 수 있도록 만든 것이다.

  (2) 가교법 : 시약을 사용하여 효소 간 가교(결합)화하여 불용화시키는 방법이다.

  (3) 포괄법 : 격자법(gel 구조 안에 효소를 고정하는 방법), 마이크로캡슐법(마이크로캡슐 안에 봉입하는 방법) 등이 있다.

3) **고정화 효소의 장점** : 효소를 반복적으로 사용하여 효소 이용효율이 높음. 반응조작 시마다 효소의 재생산 불필요, 연속반응이 가능하여 반응시간 단축 가능, 반응생성물의 순도 및 수량을 높일 수 있음. 반응기를 소형화할 수 있으며, 조작이 간편함

5. 효소의 반응속도

1) **정의** : 효소는 기질과 1:1로 결합하는 기질특이성이 있다. 효소가 기질의 농도에 따라 어떠한 반응속도를 나타내는지를 확인하여 효소와 기질의 친화도를 나타낸 곡선을 효소의 반응속도 곡선이라 한다.

2) **반응속도 곡선** : 기질의 농도(가로축)에 따라 효소의 반응속도(세로축)를 그래프로 그린 것을 말한다.

  (1) 효소는 기질과 1:1로 결합하기 때문에 기질의 농도가 많을 경우, 일정 수준까지는 기질의 농도에 비례하여 반응속도가 증가하지만, 효소가 기질과의 결합이 포화상태가 되면 기질의 농도와 관계없이 반응속도는 증가하지 않는다. 이 상태를 Vmax라고 한다.

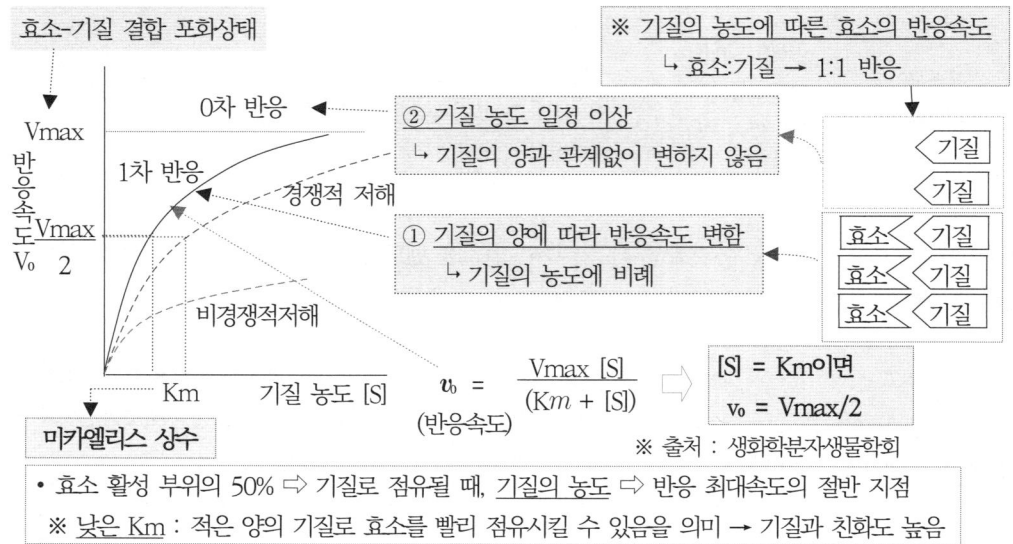

- 효소 활성 부위의 50% ⇨ 기질로 점유될 때, 기질의 농도 ⇨ 반응 최대속도의 절반 지점
- ※ 낮은 Km : 적은 양의 기질로 효소를 빨리 점유시킬 수 있음을 의미 → 기질과 친화도 높음

(2) 미카엘리스 상수(Km) : 효소 활성부위의 50%가 기질로 점유될 때, 기질의 농도를 말한다. 즉 반응 최대속도의 절반 지점(Vmax/2)에서의 농도를 의미한다. 이 값을 통하여 효소와 기질의 상호작용 속도를 판단할 수 있다.

① 낮은 Km 값 : 기질의 양이 적어도 기질과 효소가 빠르게 반응할 수 있음을 의미한다. 따라서 효소가 기질과 친화도가 높다는 것을 의미한다.

② 높은 Km 값 : 기질의 양이 많아야 기질과 효소가 반응할 수 있음을 의미한다. 따라서 효소가 기질과 친화도(결합력)가 높지 않음을 의미한다.

③ 최대반응속도를 Vmax, 기질 농도가 [S]일 때의 반응속도를 v라고 하면, 그래프에서

$$v = \frac{Vmax \times [S]}{(Km + [S])}$$ 로 나타낼 수 있다.

여기서 Km = [S]라고 하면, 반응속도(v) 값은 '반응속도(v) = Vmax/2' 값으로 표현된다.[2]

(3) 경쟁적 저해 : 효소를 두고 기질과 저해제가 경쟁하는 것으로, 기질 대신 저해제가 효소와 결합하여 효소의 활성을 방해한다. 기질의 농도를 높여 주면, 저해 효과는 감소하게 된다. 따라서 기질의 농도를 높여 주어야 (Km 값의 증가를 의미) Vmax/2에 도달할 수 있다. 그러나 최대 반응속도(Vmax)는 변하지 않는다.[3]

(4) 비경쟁적 저해 : 기질의 존재와 관계없이 저해가 발생하므로, 기질의 농도를 높여 주어도 저해는 계속 발생한다. 따라서 기질의 농도(Km 값의 증감)와는 관계가 없고, 최대 반응속도(Vmax)만 감소한다.

---

[2] 생화학분자생물학회, 생화학백과, http://ksbmb.or.kr
[3] 위의 자료

■ 기출문제

1. 물엿의 액화와 당화 시 첨가하는 효소를 쓰시오. ⟨2005-3회, 2014-3회, 2019-1회⟩

   • 액화 : α-amylase
   • 당화 : β-amylase

2. 다음의 효소가 식품 가공에서 활용되는 분야를 각 1가지씩 쓰시오. ⟨2013-2회⟩

   • α-amylase : 물엿 제조
   • β-amylase : 식혜, 제빵, 주정 발효
   • glucoamylase : 포도당 제조

3. 효소의 기질, 생성물에 관한 설명이다. ( ) 안을 채우시오. ⟨2008-2회, 2011-1회⟩

효소 이름	기질	생성물
(α-amylase)	전분	덱스트린
(β-amylase)	덱스트린	맥아당
(Invertase)	설탕	포도당, 과당
Lactase	유당	(갈락토오스, 포도당)
Lipase	지방	(지방산, 글리세롤)

4. 맥아당(maltose)과 유당(lactose)을 가수분해하는 효소를 하나씩 쓰시오. ⟨2022-3회⟩

구 분	가수분해효소
맥아당(maltose)	( )
유당(lactose)	( )

   • 맥아당 : maltase
   • 유당 : lactase
   ※ β-amylase : 전분을 가수분해하여, 맥아당으로 만드는 효소

5. 제조과정에서 작용하는 효소에 알맞은 선을 연결하시오. ⟨2023-2회⟩

제조과정	효소
① 자당 → 포도당 + 과당	ⓐ 포도당 산화효소
② 전분 → 덱스트린	ⓑ 펙티나아제
③ 과산화수소	ⓒ 카탈라아제
④ 과일주스 청징	ⓓ 아밀라아제
⑤ 포도당 정량	ⓔ 인버타아제

   ① 자당 → 포도당 + 과당 ⇨ ⓔ 인버타아제
   ② 전분 → 덱스트린 ⇨ ⓓ 아밀라아제
   ③ 과산화수소 ⇨ ⓒ 카탈라아제
   ④ 과일주스 청징 ⇨ ⓑ 펙티나아제
   ⑤ 포도당 정량 ⇨ ⓐ 포도당 산화효소
   ※ 포도당 산화효소 : glucose oxidase(글루코스 옥시다아제)

6. 식품에 glucose oxidase를 첨가했을 때의 효과를 쓰시오. 〈2004-1회, 2006-2회〉		• 효과 : 갈변 방지, 산소 제거, 식품 고유의 맛과 색 유지 ※ 글루코스 옥시다아제 : 포도당이 글루콘산(gluconic acid)이 되는 반응을 촉매하는 효소. 안정성이 높아 식품에 첨가하여 갈변 방지, 통조림 또는 청주 제조 시 산소 제거 등으로 식품의 변질 방지. 포도당, 혈당 등의 정량에 이용
7. 균체 내의 효소추출법에 대해 쓰시오. 〈2006-3회〉		• 마쇄법 : 적당량의 완충액과 함께 모터 등으로 조직을 마쇄하여 세포막을 파괴함으로써 세포액을 조직 외로 추출 • 자기소화법 : 균체에 톨루엔(toluene)을 첨가하여 20~30℃를 일정하게 유지하면서 자기소화를 시켜 균체 외로 추출 • 동결융해법 : 드라이아이스로 동결시키고 상온에서 융해를 4~5회 반복하면, 세포막이 파괴되어 용출 • 초음파 파쇄법 : 100~600MHz의 초음파를 사용하여 세포막과 원형질막에 변화를 주어 추출
8. 고정화 효소를 제조하는 방법 3가지를 쓰시오. 〈2016-1회〉		• 담체결합법, 가교법, 포괄법
9. 아미노산을 하루에 50ton 생산하려고 하는데 100㎥짜리 발효조를 몇 개 사용해야 하는지 계산하시오. (단, 발효되는 정도 60%, 최종농도 100g/L, Cycle 30시간) 〈2012-1회, 2020-2회〉		※ 단위를 맞추기 위해, 단위 환산 필요 $1㎥ = 1,000L \Rightarrow 100㎥ = 100,000L$ $1ton = 1,000,000g \Rightarrow 50ton = 50,000,000g$ ※ 하루(1day) = 24h $\Rightarrow 30h(시간) = 1.25day$ • $\dfrac{100,000L \times 60\% \times 100g/L}{1.25 \ day} \times x(발효조)$ $= 50,000,000g/day$ $\Rightarrow 4,800,000 \times x = 50,000,000$ $\therefore$ 발효조(x) = 10.42대 $\Rightarrow$ 11대 필요

10. 미하엘리스 멘텐식에서, Km의 정의를 쓰고, Km 값이 높은 것과 낮은 것에 대한 의미를 설명하시오. 〈2021-2회〉	• Km의 정의 : 미카엘리스 상수로 기질 농도에 따른 효소의 친화력 정도를 말함 • Km값이 낮은 경우 : 효소가 기질에 대한 친화성이 높다는 것을 의미 • Km값이 높은 경우 : 효소가 기질에 대한 친화성이 낮다는 것을 의미 ※ Km값이 낮은 경우 : 효소가 기질의 양이 적어도 잘 결합한다는 의미(친화성이 좋음을 의미)

11. 아래 주어진 미하엘리스-멘텐식에 대한 값을 구하시오. 〈2020-3회〉
 	
① v = [S] × Vmax ÷ ⟨[S] + Km⟩이고, [S] 값은 2.5×10^{-5}이다. Vmax가 75.0일 때, Km 값을 구하시오
② Km = [S]일 때, 반응속도(v) 값을 구하시오
③ 이 효소반응에 경쟁적 저해제가 첨가되었을 때, Km과 Vmax는 어떻게 변하는지 쓰시오
	① Km = [S]이므로 → 2.5×10^{-5}
	② Km = [S]일 때,
	  반응속도(v) = [S]×Vmax ÷ ⟨[S] + Km⟩에서 Km = [S]이므로,
	  v = (S×Vmax)/2S = Vmax/2
	  Vmax = 75.0로 주어졌으므로,
	  ∴ v = 37.5
	③ Km은 증가하고, Vmax는 일정하다.

■ 예상문제

1. 전분을 효소로 분해하여 포도당을 제조할 때 사용하는 미생물 2가지와 해당하는 효소를 1가지씩 쓰시오. 〈필기 기출〉	• 미생물(Aspergillus) → 효소(α-amylase), 미생물(Rhizopus) → 효소(glucoamylase) ※ 전분 : α-아밀라아제 → 액화 → β-아밀라아제(물엿), 글루코아밀라아제(포도당) → 당화(물엿, 포도당) → 효모(발효) → 알코올, 탄산가스
2. Aspergillus 속 배양물에서 얻을 수 있는 효소로, 식물 세포막 구성성분 사이의 결합을 분리 또는 약화시켜 식물조직을 연화시키는 작용을 하는 효소를 쓰시오. 〈필기 기출〉	• pectinase ※ 펙틴 : 과육의 조직을 유지하는 성분. 과일이 성숙해지면 펙티나아제 효소가 펙틴을 분해하여 과일 조직을 연화시킴

제3절 지질

3-1. 지질(지방질)

1. 지질의 구성, 기능 및 특성

1) 지방은 탄수화물, 단백질과 함께 3대 영양소 중의 하나이다. 탄소(C), 수소(H), 산소(O)로 구성된 화합물로 물에 잘 녹지 않고 에테르, 알코올 등의 유기용매에는 잘 녹는다. 지질은 중성지방, 인지질, 스테로이드 등을 포함하는 개념이다.

2) 지질의 기능

(1) 에너지 저장과 생성 : 생체 내에서 지방은 에너지원으로 사용하고 남으면 지방조직에 저장된다. 저장된 지방은 생체가 에너지가 필요할 때, 지방조직에 있는 지방을 지방산과 글리세롤로 분해하여 혈중에 공급하여 에너지를 얻는다. 탄수화물과 단백질은 4kcal/g, 지방은 9kcal/g의 열량을 낸다.

(2) 생체막의 구성성분(조직지방) : 지방은 생체막 구성에 중요한 역할을 한다. 인지질은 세포막의 50~60%를 구성하며, 뇌의 80%도 지방으로 구성되어 있다.

(3) 장기 보호 및 체온조절(축적지방) : 피하지방은 체온을 유지하며, 충격을 흡수하여 몸을 보호하는 역할을 한다.

(4) 신호전달 기능 : 콜레스테롤은 다양한 스테로이드호르몬의 전구체로 작용한다.

3) **유지 중의 탄화수소류** : 스쿠알렌(상어간유), 지용성 비타민(A, D, E, K), 카로틴 등이 있다.

2. 중성지방(Triglyceride, 유지)의 분자구조

1) **정의** : 지질은 중성지방, 인지질, 스테로이드 등으로 구성되어 있다. 지방은 세포 내에서 합성된 지방산과 글리세롤이 에스터결합을 통해 중성지방으로 변한다. 이러한 중성지방은 글리세롤과 3개의 지방산이 에스터결합을 이루고 있는 트리글리세리드(중성지방) 형태이다. 따라서 중성지방을 가수분해하면 글리세롤과 지방산으로 분해된다.

2) **분자구조** : 글리세롤은 3가 알코올($C_3H_5(OH)_3$)로 글리세롤 1개 분자(-OH)에 지방산 1~3개 분자가 결합할 수 있다. 중성지방은 글리세롤 1분자에 지방산이 3개 결합한 트리글리세리드(중성지방)로 지방의 대부분을 차지한다.

3. 지질(지방)의 분류

1) **단순지질** : 지질 중 탄소, 수소, 산소 이외의 원소를 함유하지 않는 것으로, 지방산이 알코올류(글리세린,

알코올, 콜레스테롤)와 에스터 결합한 물질이다. 주로 에너지원, 신체 보호작용을 한다. 지방, 지방산, 왁스, 스테로이드 등이 있다.

2) **복합지질** : 지방산과 알코올류(글리세롤 등) 이외에 다른 성분을 포함한 지방을 말한다.

(1) 인지질(phospholipid, 포스포리피드) : 글리세롤+지방산 2개+인산기 1개가 결합되어 있는 화합물. 인산기에 붙어 있는 콜린의 성질에 따라 인지질의 종류가 결정된다.

(2) 당지질(glycolipid) : 당 + 지질이 공유결합하고 있는 화합물로 척추동물의 신경세포, 세포막 등을 구성하고 있다.

(3) 지단백질(lipoprotein) : 지질단백질은 지질 + 단백질이 결합하고 있는 것을 말한다. 리포프로테인이라고 한다. 지단백질은 체내에서 합성된 콜레스테롤과 중성지방을 수송한다. 혈장에 있는 콜레스테롤은 지용성이기 때문에 수용성인 단백질과 결합해야 운반이 가능하다. 지단백질은 단백질의 밀도 차이에 따라 초저밀도 지질단백질(VLDL), 저밀도 지질단백질(LDL, 유해한 지단백질), 고밀도 지질단백질(HDL, 유익한 지단백질) 등으로 분류한다.

4. 지방산(fatty acid)

1) 지방산은 유지를 구성하고 있는 중요 성분으로 4~24개의 **탄소 원자를 갖는 긴 사슬로 한쪽 끝에는 메틸기($-CH_3$), 다른 한쪽 끝에는 카르복실기(R-COOH)를 가지는 산**이다. 탄소수에 따른 지방산은 탄소수가 4개 이하면 저급지방산(단쇄지방산), 5~12개는 중쇄지방산, 12개 이상은 고급지방산(장쇄지방산)으로 분류한다.

2) 지방산의 유형 및 분류

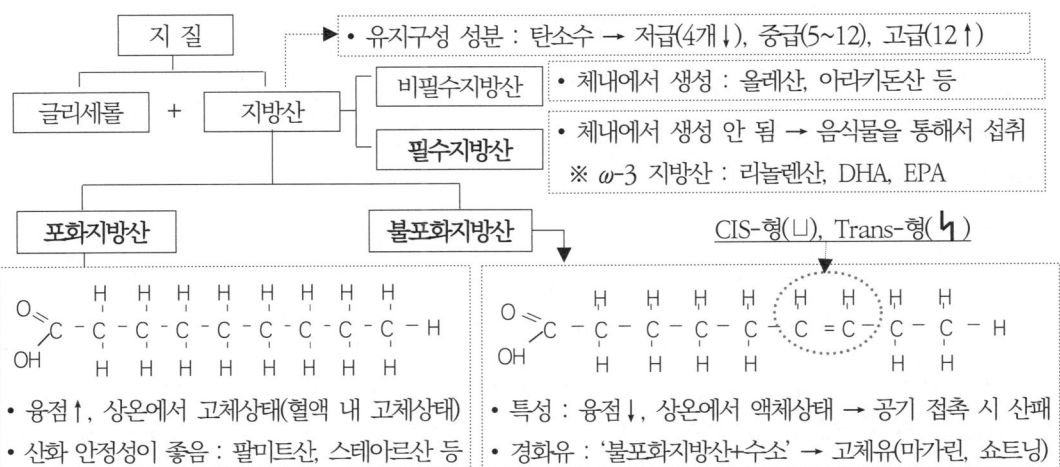

(1) **포화지방산** : 탄소-탄소 간의 단일결합(C-C-C)만으로 이루어진 지방산을 말한다. 포화라는 의미는 탄소 곁가지에 수소가 꽉 차서 더 이상 결합할 수 없음을 뜻한다. 포화지방산은 높은 융점을 가지고 있어 상온에서 고체상태로 존재한다. 포화지방산은 불포화지방산에 비해 융점이 높고, 산화 안정성이 좋다. 주요 포화지방산에는 팔미트산, 스테아르산 등이 있다.

(2) **불포화지방산** : 탄소-탄소 간의 이중결합(-C=C-)을 한 개 이상 가지며, 이중결합이 파괴되면 수소 원자를 더 받을 수 있으므로 '불포화'라고 한다.

① 낮은 융점을 가지고 있어 상온에서 액체상태로 존재한다. 포화지방산에 비해 융점이 낮고, 공기와 접촉 시 산화(산패)되기 쉽다.

② 불포화지방산에 수소를 첨가하면 탄소 간의 이중결합이 파괴되면서 더 이상 수소를 받아들일 수 없는 포화지방으로 바뀐다. 따라서 불포화지방산의 산화 방지 및 보존성 향상을 위하여 불포화지방산에 수소를 첨가하여 경화유(고체유)로 만들어 활용한다. 이를 경화반응이라 하며, 마가린, 쇼트닝 제조 시 이용한다.

♣ **필수지방산** : 체내에서 지방산은 탄수화물, 알코올, 단백질 등이 대사 작용을 거쳐서 만들어진다. 그러나 일부 지방산은 체내에서 자체적으로 생산이 되지 않아 외부 음식물을 통하여 공급받아야 한다. 이러한 지방산을 필수지방산 또는 비타민 F라고 한다.

1. 대표적인 필수지방산은 리놀레산, 리놀렌산, DHA, EPA 등이 있다.
2. 필수지방산의 특성은 불포화지방산과 같이 상온에서 액체상태를 유지하며, 산소와 접촉하면 쉽게 산화되기 때문에 수소 첨가반응을 통하여 경화유를 만들어 이용한다.

5. 트랜스지방산(Trans-Fatty-acid, 전이지방산)

1) 트랜스지방이라 함은 트랜스 구조를 1개 이상 가지고 있는 비공액형의 모든 불포화지방을 말한다. 불포화지방산은 탄소-탄소 간 이중결합 좌우에 수소 원자가 결합한 형태에 따라 시스형(Cis) 지방산과 트랜스형(Trans) 지방산으로 구분한다.

$$-\overset{H}{\underset{}{C}}=\overset{H}{\underset{}{C}}- \quad -\overset{H}{\underset{}{C}}=\overset{}{\underset{H}{C}}- \qquad C=C-C=C- \qquad C=C=C-C-C=$$

⟨시스형 (ㄴ)⟩ ⟨트랜스형 (↳)⟩   ⟨공액형 : 이중결합 규칙적⟩ ⟨비공액형 : 이중결합 불규칙적⟩

2) **시스(Cis) 지방산, 트랜스(Trans)지방산**

(1) 시스 지방산 : 자연에 존재하는 불포화지방산은 대부분 시스결합 형태로 되어 있고, 융점이 낮아 상온에서 액체상태로 존재하며, 공기 중의 산소에 의해 쉽게 산화된다. 많은 식물성유지가 여기에 속한다.

(2) 트랜스지방산 : 시스 불포화지방산을 고온 가열 또는 수소를 첨가하면 '트랜스결합' 형태로 바뀐다.

3) **트랜스지방산을 만드는 목적** : 식물성 기름(시스형 지방산)은 액체상태로 공기 중 산소에 의해 쉽게 산화되어 산패된다. 이를 방지하고 보존성을 높이기 위하여 고체형태(경화)로 가공한다. 시스형 지방산에 수소를 첨가하면 고체상태의 트랜스지방산으로 전환된다. 마가린과 쇼트닝 제조과정에 이용하는 방법이다.

3-2. 불포화지방산의 종류

1. 리놀레산 (linoleic acid) : 이중결합수 2개

1) 탄소수는 18개이고, 2개의 이중결합을 가진 불포화지방산으로 체내에서 합성하지 못하므로 리놀렌산과 함께 대표적인 필수지방산이다. 콩기름, 면실유 등에 많이 함유되어 있으며, 동물의 체내에서는 인지질을 구성하는 지방산으로만 약간 존재한다.

2) 리놀레산은 대사 작용을 통하여 γ-리놀렌산(ω-6 지방산), 아라키돈산으로 전환된다. 물에 녹지 않고, 에테르 및 알코올에는 녹으며 공기 중의 산소와 접촉 시 산화되기 쉽다. 피부나 모발에 윤기를 주며 부족할 경우 탈모, 습진, 여드름 등의 피부에 장애가 나타날 수 있다.

〈불포화지방산의 'ω' 분류법〉

- ω 분류법 : 지방산→카르복실기(-COOH), 메틸기(CH$_3$) 함유
  ↳ 메틸기 부착 탄소로부터 몇 번째 탄소에 첫 번째 이중결합이 있는가에 따라 분류

- 탄소의 이중결합 위치에 따라 구분 : ω-3 지방산(리놀렌산, DHA, EPA),
  ω-6 지방산(리놀레산, 아라키돈산), ω-9 지방산(올레산)

- 올레산 : 탄소수 18개, 이중결합 1개 → 동식물 널리 존재, 흔한 지방산 ⇨ 올리브(75% 이상), 땅콩(50% 이상 함유)
- 리놀레산 : 탄소수 18개, 이중결합 2개 → 콩기름, 면실유에 함유 ⇨ γ-리놀렌산(ω-6 지방산), 아라키돈산 전환
- 리놀렌산 : 탄소수 18개, 이중결합 3개 → 등푸른생선에 다량 함유, 뇌 기능에 중요, 콜레스테롤 저감 효과

2. 리놀렌산 (linolenic acid) : 이중결합수 3개

1) **리놀렌산** : 탄소수 18개, 이중결합수 3개(Cis형)를 가진 불포화지방산이다. 리놀렌산은 대두유, 아마유 등에 함유되어 있다. 무색, 무취이며 물에는 녹지 않고 유기용제에 녹는다. 리놀렌산은 산소와 접촉 시 쉽게 산화하여 산패된다. 콩기름을 저장할 때 경화유를 만드는 이유는 시스형 구조를 트랜스 구조로 변화시켜 산패를 방지하기 위함이다.

2) **DHA, EPA** : 오메가-3 지방산에는 리놀렌산, DHA, EPA가 있다. 사람은 DHA, EPA를 외부로부터 섭취해야 하므로 필수지방산이다. 연어, 참치, 고등어, 꽁치 등 한류성 등푸른생선에 풍부하게 함유되어 있다.

  (1) DHA(도코사헥사인산, Docosa-hexaenic Acid) : 뇌, 신경, 망막 등의 기능 유지에 필수적이며, 인간의 뇌 조직 지방세포에 10% 정도 함유되어 있다. 따라서 뇌 기능에 중요한 역할을 한다. DHA는 기억력과 학습 능력이 좋아지고, 노인성 치매 예방, 혈중 콜레스테롤을 낮추는 효과와 심장병, 고혈압 예방, 심근경색, 염증, 암 발생 등의 억제에 도움을 준다.

(2) EPA(Eicosa- pentaenic Acid, 에이코사펜타인산) : 콜레스테롤 개선 및 혈액의 원활한 흐름에 도움을 주어 심장병, 고혈압, 심근경색, 뇌경색, 암 예방 등의 효과가 있다.

3. 아라키돈산(arachidonic acid) : ω-6 지방산

1) 탄소수 20개, 이중결합이 4개인 불포화지방산으로, 오메가(ω) 탄소로부터 6번째 탄소에 이중결합이 있는 ω-6 지방산이다. 포유동물의 뇌, 근육, 간에 많이 존재하며, 세포막을 구성하는 인지질에 많이 함유되어 있다. 식물성 식품에는 옥수수기름, 낙화생기름에 많이 함유되어 있다. 체내에서 생성되므로 필수지방산은 아니다.

2) 아라키돈산은 뇌에 많이 함유되어 있어 뇌 기능과 관련이 있다. DHA와 함께 두뇌 신경을 발달시켜 주고 망막 기능을 유지하며, 부족하면 조울증이나 알츠하이머병에 걸릴 수 있다.

4. 올레산(oleic acid) : ω-9 지방산

1) 올레산은 탄소수가 18개이고, 탄소 간 이중결합수가 1개인 불포화지방산이다. 동물의 체내에서 생성되는 지방산으로 글리세롤과 에스터를 형성하여 피하지방이나 간에 저장된다. 체내에서 자체 생산되기 때문에 비필수지방산이다.

2) 동식물에 널리 존재하며, 식품 속에 있는 지방 중에서 가장 흔한 지방산이다. 올리브유에 대량 함유(75% 이상)되어 있다. 땅콩기름에는 50% 이상, 소, 돼지 등 동물유지에도 함유되어 있다. 올레산에 NaOH, KOH가 첨가하면 비누화 반응이 일어나므로 비누의 원료로 이용된다.

3-3. 지방의 물리적, 화학적 특성

1. 물리적 특성

1) **용해성** : 지방은 물에 녹지 않지만, 유기용매인 에테르, 벤젠 등에는 잘 용해된다.

2) **융점(녹는점)**
  (1) **동질다형 현상** : 동질다형현상이란 단일화합물이 2개 이상의 결정형을 갖는 현상을 말한다. 유지는 단일화합물이지만 여러 중성지방의 혼합물로 다양한 온도에서 녹기 때문에 2개 이상의 결정형을 갖는다.
  (2) 유지는 불포화지방산의 함량이 많을수록 녹는점이 낮아진다. 따라서 불포화지방산 함량이 많은 식물성유지는 상온에서 액체, 포화지방산 함량이 많은 동물성유지는 상온에서 고체로 존재한다.

3) **발연점(smoke point)** : 유지를 가열할 때, 유지의 표면에서 엷은 푸른 연기가 지속적으로 발생할 때의 온도를 말한다.

4) **연소점** : 유지의 연소가 계속적으로 이루어지는 액체의 최저온도를 말한다. 발연점이 높을수록 연소점도 높다. 인화점은 한 번 불이 붙고 꺼져도 무방하지만, 연소점은 지속적으로 연소가 이루어지는 온도이다.

5) 인화점 : 휘발성 증기가 공기와 혼합되어 발화되는 온도를 말한다. 발연점이 높을수록 인화점도 높다.

6) 유화성 : 유지는 분자 중에 글리세롤의 히드록시기(-OH) 및 지방산의 카르복실기(-COOH)가 에스터결합을 한 물질로 소수성기가 표면에 노출되어 있어 물에 녹지 않는다. 소수성기만 노출되어 있는 유지에 계면활성제(친수성기와 소수성기를 동시에 함유한 물질)를 넣고 강하게 교반하면 콜로이드 상태(에멀션)가 된다.

> ♣ **동질다형현상 (polymorphism)** : 동질다형현상은 같은 화학조성을 갖는 물질임에도 화학조성의 미세한 차이에 의해 복수의 다른 결정형을 갖는 현상을 말한다. 동질이상, 다형이라고도 한다.
> 1. 유지의 동질다형 현상 : 유지는 성질이 다른 많은 수의 중성지방(트리글리세리드)의 혼합물로 되어 있어 각각 다른 온도에서 결정성을 갖는 현상이 발생한다.
> 2. 활용 : 유지의 물성 개량에 활용. 에스테르교환반응 등을 통해 가소성이 넓은 쇼트닝, 마가린 제조

2. 유지의 발연점(Smoke point)

1) 발연점 : 유지를 고온으로 가열 시 유지의 표면에서 푸른 연기가 엷게 발생할 때 온도를 말한다.

2) 발연점에 영향을 주는 요인

  (1) 유리된 지방산 함량이 많을수록 발연점이 낮다.

  (2) 용기의 표면적이 넓으면 발연점이 낮아진다.

  (3) 유지에 이물질이 많이 혼합되어 있으면 발연점이 낮아진다. 따라서 튀김 시 기름을 여러 번 사용하지 말고, 자주 교체해 주어야 한다.

  (4) 가열에 의한 유지의 중합체 형성 시 발연점이 낮아진다.

3. 화학적 성질

1) 검화가(비누화가) : 유지 1g을 완전히 검화(비누화)시키는 데 필요한 수산화칼륨(KOH)의 mg수로 나타낸다. 이때 비누를 형성하지 않는 물질은 불검화물이라 한다. 검화가(비누화가)는 지방산의 분자량에 반비례한다. 즉 저급지방산이 많을수록 검화가는 높아지고, 고급지방산일수록 검화가는 낮아진다.

2) 유리지방산(Free fatty acid)의 함량 : 유지를 수분 존재하에 가열하면 가수분해를 일으켜 지방산과 글리세롤로 분해된다. 유리지방산이란 유지가 가수분해되어 생기는 지방산으로 글리세롤과 결합하고 있지 않은 지방산을 말한다. 신선한 유지는 유리지방산을 함유하고 있지 않다. 그러나 지방이 가열이나 산패로 인하여 분해되면 유리지방산의 함량은 증가한다.

3) ester value (에스터값) : 유지 1g 중에 함유된 에스터(지방산+글리세롤)를 완전히 검화하는 데 필요한 수산화칼륨(KOH)의 양을 mg 단위로 나타낸 수이다. 유지 중에 에스터화된 지방산을 확인하기 위한 것이며, 보통 검화가와 산가의 차이로 나타낸다. 유리지방산이 없는 순수한 유지는 비누화값과 에스터값이 같아

지나, 유리지방산을 함유한 유지의 에스터값은 비누화값보다 작아진다.

4) **라이헤르트 마이슬가(ReichertMeissl value)** : 지방 5g을 알칼리로 비누화하여 수용성의 휘발성 지방산을 중화하는 데 필요한 KOH의 mg수를 말한다. 일반적인 유지는 1.0 이하이며, 버터는 26~32, 마가린은 0.55~5.5이다. 버터의 유사품으로 사용되는 유지는 이 값이 작다. 따라서 버터의 위조 여부를 확인할 수 있다.

5) **경화(수소화) 반응** : 불포화지방산은 상온에서 액상을 띠기 때문에 포화지방산에 비해 산화되기 쉽다. 이러한 불포화지방산에 수소를 첨가하면 탄소 간의 이중결합이 단일결합으로 전환되면서 고체지방인 포화지방으로 전환되는 수소화반응이 일어난다. 이렇게 만든 지방을 경화유라고 한다.

■ 기출문제

1. 상어 간유와 식물성유지에 많이 함유되어 있는 불포화 탄화수소를 쓰시오. 〈2014-3회〉

- 공통 함유 성분(불포화 탄화수소) : 스쿠알렌
- ※ 공통 함유 불포화지방산 : 올레산
- ※ 상어 간유 : 스쿠알렌 등의 탄화수소, 지방 성분의 팔미트산, 올레산, 콜레스테롤 등 함유
- ※ 식물성유지 : 올레산 다량 함유, 미량의 스쿠알렌 등의 탄화수소 함유

2. 다음 중 중성지질에 대한 설명으로 틀린 것을 고르고, 그 이유를 쓰시오. 〈2022-1회〉

① 중성지질은 하나의 boiling point와 melting point를 가진다.
② 글리세롤 1분자, 지방산 3개가 에스터 결합한 물질이다.
③ 포화지방산은 탄소수가 많을수록 잘 녹지 않는다.
④ 불포화지방산은 자연에서 대부분 cis형으로 존재한다.
⑤ 다가불포화지방산은 천연에서 비공액형으로 존재하는 경우가 대부분이다.

- 정답 : ①
- 중성지질(triglyceride) : 여러 개의 지방산으로 구성된 혼합물로 동질다형 현상을 갖는다. 따라서 여러 개의 끓는점과 녹는점을 가진다.

3. 지질의 특성 중 동질다형현상이 무엇인지 쓰고, 버터의 경우 이 현상이 일어나는 이유와 융해 시 변화에 대하여 쓰시오.
〈2009-2회, 2020-1회〉

- 동질다형현상 : 같은 화학조성을 갖는 물질임에도 화학조성의 차이에 의해 여러 개의 다른 결정형을 갖는 현상
- 발생 이유 : 버터 등과 같이 유지를 포함하는 물질은 성질이 다른 많은 수의 중성지방(트리글리세리드)의 혼합물로 되어 있어 각각 다른 온도에서 결정성을 갖는 현상이 발생
- 융해 시 변화 : 고체 유지를 가열하여 녹이고 이를 냉각하면 다시 고체 유지가 된다. 이를 다시 가열하여 녹이면 융해되지만, 처음보다 융점이 높아진다. 이를 급속히 냉각시키면 다시 고체 유지가 되고, 이를 가열하여 융해시키면 융점은 전자보다 낮아진다.

4. 품질 열화를 최소화하기 위한 방법을 아래에서 주어진 각 항목별로 쓰시오. 〈2012-3회〉
   ① 튀김유 회전속도 관리 :
   ② 튀김 온도관리 :
   ③ 튀김 설비 관리 :

① 튀김유 회전속도 관리 : 튀김유는 여러 번 사용하지 말고 자주 갈아준다. 정제도 높은 유지 사용

② 튀김 온도관리 : 감압하에서 튀김 실시(낮은 온도에서 튀김 가능), 발연점이 높은(180~200℃) 유지를 사용

③ 튀김 설비 관리 : 깨끗한 환경을 유지하여 이물질이 혼입되지 않도록 관리

※ 품질 열화 : 식품의 품질이 고온의 열에 의해 변화되는 현상

5. 다음은 식품 튀김 시 변화에 대한 내용이다. 옳은 것은 ○, 옳지 않은 것은 ×를 하시오. 〈2024-1회〉

   ① 식품 내 수분에 의해 중성지질이 가수분해되어 유리지방산이 증가한다. ( )
   ② 고온에서 유지를 이용하여 튀긴 식품의 중합체 생성량은 감소한다. ( )
   ③ 불포화지방산이 산소와 결합하여 지방의 산화가 증가하면 극성물질 생성이 감소한다. ( )
   ④ 중성지질이 가수분해될수록 점도가 높아지고 색이 옅어진다. ( )
   ⑤ 식품의 수분함량은 튀긴 식품의 유지 흡수량과 관계없다. ( )

① ○
② × : 고온 가열 시 중합체 생성량 증가
③ × : 극성물질의 생성 증가
④ × : 점도가 높아지고, 색이 흑색으로 변함
⑤ × : 수분함량과 유지 흡수량은 반비례 관계

■ 예상문제

1. 식품 등의 표시 기준상 "트랜스지방"의 정의는 다음과 같다. ( )를 채우시오 〈필기 기출〉

   트랜스지방이라 함은 트랜스 구조를 ( )개 이상 가지고 있는 ( )의 모든 ( )을 말한다.

• 1개, 비공액형, 불포화지방

3-4. 유지의 변질(산패)

1. 유지의 변질

1) 유지나 유지 식품을 공기 중에 저장하면 산소, 빛, 열, 세균, 효소, 습기 등의 작용에 의해 천천히 산화되어 불쾌한 냄새와 떫은맛을 띠게 되는데, 이와 같이 지방 성분이 변질되는 것을 산패라고 한다. 산패한 유지가 불쾌한 냄새를 내는 것은 주로 **유리된 저급지방산 및 알데히드**에 의한 것이다. 산패는 식품의 품질 저하를 가져오고 아미노산 및 필수지방산의 파괴, 색깔의 변화, 독성 생성 등 좋지 않은 영향을 미친다.

2) 식품의 산패 방지 : 산화방지제 사용, 서늘한 곳에 보관, 장기간 보관 금지, 가열한 기름의 재사용 금지 등.

2. 산패의 분류 : 4종류가 있음

1) **가수분해적 산패** : 유지가 물, 산, 알칼리, 효소에 의해서 지방산과 글리세롤로 분해되어 산패되는 것을 말한다. 탄소수가 적은 저급지방산이 지방산과 글리세롤로 분해되면, 휘발성이 있는 저급지방산에 의해 산패 및 불쾌취가 발생된다. 뷰티르산이 대표적이다. 가수분해적 산패는 저급지방산이면서 수분함량이 많은 우유, 치즈, 버터 등에서 주로 발생한다.

2) **산화적 산패(자동산화)** : 산화적 산패란 지방이 공기 중에 있는 산소와 접촉하여 발생하는 산패를 말한다. 가장 보편적인 산패로 모든 지방질 식품의 저장 시 매우 중요한 요소이다. 이중결합이 있는 불포화지방산의 경우에는 공기 중의 산소와 접촉하여 중간생성물인 과산화물을 생성하고, 최종적으로 카르보닐화합물인 알데히드류 및 케톤류 등 불쾌한 냄새를 유발하는 물질을 생성하면서 산패를 일으킨다. 산화가 시작되면 연쇄반응을 일으키면서 자동으로 산화가 진행되므로 자동산화라고 한다. 자동산화는 열, 광선, 금속이온 등이 존재하면 산화가 촉진된다.

   (1) 초기반응 : 유지에서 초기반응은 유지분자 또는 금속이온, 색소 등과 같은 불순물들이 가열, 산소, 빛 에너지에 의해 활성화되어 free radical(유리기)을 형성한다.

   RH → R·+H· 생성

   (2) 전파반응(연쇄반응) : 생성된 자유라디칼은 불포화지방산의 이중결합을 가진 자유라디칼과 상호반응하여 알릴(allyl) 라디칼을 형성하고, 이것은 공기 중의 산소와 결합하여 peroxy radical(과산화기, 페록시 라디칼)을 형성한다. 페록시 라디칼은 이중결합을 가진 다른 유지와 상호반응하여 중간생성물인 과산화물을 생성하고 연쇄반응을 한다.

   (3) 종결반응 : 중간생성물인 Hydro-peroxide(과산화물)는 여러 가지 분해 과정을 거쳐 → 최종 산화생성물인 카르보닐화합물(알코올, 알데히드, 케톤 등) 생성 → 불쾌한 냄새와 맛 발생 → 산패의 직접적인 원인으로 작용한다.

3) **변향에 의한 산패(reversed flavor)** : 콩기름, 리놀렌산을 함유한 유지의 경우에는 자동산화에 의한 산패가

일어나기 전에 풋내나 비린내 같은 냄새를 발생한다. 이러한 현상을 변향이라고 한다. 변향은 산화되기 이전에 저급 알데히드가 생성되어 냄새를 갖는 것이고, 자동산화가 진행되면 카르보닐화합물인 알데히드가 생성되어 발생하는 산패와 구분된다.

4) 가열 중합에 의한 산패 : 일반적으로 100℃ 이하 온도에서 일어나는 것을 자동산화라고 하며, 그 이상의 고온에서의 발생하는 산화를 가열 산화라고 한다. 유지의 중합체 형성은 유지를 가열하였을 때, 가장 많이 형성되기 때문에 가열 중합에 의한 산패라고 한다. 가열 산패에 의한 중합체는 유지 색을 흑색으로 변하게 하며, 거품 및 점도의 증가로 발연점 저하 및 산, 알코올, 알데히드 등의 휘발성물질을 생성한다. 가열 산패를 방지하기 위해서는 조리할 때 유지를 필요 이상으로 가열하지 않는 것이 좋다.

3. 유지 산패 요인 및 억제 방법

1) 물리적 요인

(1) 온도 : 저장 온도가 높아지면 산화 속도가 빨라진다. 따라서 유지는 서늘한 곳에 저장하는 것이 좋다.

(2) 광선 : 유지에 광선이나 자외선을 조사하면 라디칼 생성을 촉진하여 과산화물의 생성과 함께 유지의 산화를 촉진시킨다. 따라서 유지는 빛이 차단된 서늘한 곳에 저장할 필요가 있다.

(3) 수분 : 식품에서 다분자층 영역보다 많은 수분함량을 유지하면, 수분이 유지와 공기의 접촉을 차단하게 되므로 지방의 산패를 방지할 수 있다.

2) 화학적 요인

(1) 효소 : 리파아제, 리폭시게나아제 효소 등에 의해 산패가 발생한다. 리폭시게나아제는 식물계에 널리 분포하며, 유지의 자동산화를 촉진한다. 효소는 가열처리를 통하여 불활성화시키면 효소에 의한 산패를 방지할 수 있다.

(2) 불포화지방산 : 이중결합을 가지고 있는 불포화지방산(주로 식물성유지)은 포화지방산보다 더 산화하기 쉽다. 따라서 요오드가가 높은 지방산(이중결합이 많은)일수록 산화하기 쉽다.

(3) 금속 : 구리, 철, 망간 등의 중금속은 미량이라도 자동산화 중 생성된 과산화물의 분해를 촉매하고 자유라디칼을 발생하여 연쇄적인 산화 반응을 촉진시킨다. 합성산화방지제인 BHA, BHT 등을 사용하여 산화를 방지할 수 있다.

3-5. 유지의 산패측정 방법

1. 관능검사 및 물리적 방법

1) 관능검사에 의한 측정 : 유지 식품을 접시에 담아 60~63℃를 유지하고 있는 항온실에 넣고 수시로 관능검사를 실시하면서, 시간을 측정하여 산패의 발생이나 유도기간을 추정하는 방법이다. 'Oven test'가 대표적이다. 빵, 케이크, 비스킷 등과 같은 제과 및 제빵공업에서 많이 사용한다.

2) 물리적 방법(산소 흡수속도 측정) : 유지의 산소 흡수속도는 산패 발생 시기 전후에 급격하게 증가한다. 따

라서 밀폐 용기 내에 산소와 유지를 함께 넣고, 유지가 산소를 흡수한 정도를 측정하여 유지의 산패 시기를 측정하는 방법이다.

2. 화학적 방법

1) <u>산가 (Acid Value)</u> : 유지 1g 중에 함유되어 있는 유리지방산을 중화하는 데 필요한 KOH(수산화칼륨)의 mg수로 표시한 것이다. 산가는 유지의 품질 또는 유지의 정제도, 정제상태, 사용내력, 계속 사용 가능 여부를 판단하는 지표로 활용된다. 유지의 산가가 높다는 것은 유리된 지방산의 함량이 많아 유지가 변질되었음을 의미한다. 중성지방(Triglyceride)이 여러 요인에 의해 가수분해되면 유리지방산과 글리세롤이 생성되며, 생성된 유리지방산의 함량을 적정하여 산패를 측정한다.

2) <u>요오드가 (Iodine Value)</u> : 요오드가는 유지 100g에 흡수되는 요오드의 g수로 표시한다. 수소 또는 요오드는 이중결합을 가진 지방과 쉽게 반응한다. 요오드가가 지방의 이중결합과 쉽게 반응하는 성질을 이용하여 유지에 있는 불포화지방산의 이중결합 수치를 확인하는 방법이다.

 ⑴ <u>요오드값이 높다는 것은 유지 중에 이중결합이 많다는 것이므로, 이는 불포화지방산임을 의미한다.</u> 이 수치를 적용하여 식물유지는 건성유(요오드가 130 이상), 반건성유(요오드가 100~130), 불건성유(요오드가 100 이하)로 분류한다. 건성유는 불포화지방으로 반응성이 풍부하고 쉽게 산화되어 포화지방으로 변한다. 반면, 불건성유는 포화지방으로 산화 안정성이 있다.

 ⑵ 리놀레산(이중결합 2개), 리놀렌산(이중결합 3개) 등 불포화지방산을 많이 함유한 식물성유지는 올레산(이중결합 1개) 등에 비하여 요오드값이 높다. <u>유지를 고온에서 가열 또는 자동산화가 진행되면 불포화지방산이 분해되므로 요오드가는 낮아진다.</u>

3) <u>과산화물가 (Peroxide Value, POV)</u> : 과산화물가는 유지 1kg에 함유된 과산화물의 mg당량수로 표시하며, 과산화물가는 요오드를 이용하여 적정한다. 자동산화의 초기 단계에서 과산화물의 생성속도는 감소속도보다 크기 때문에 과산화물가는 증가한다. 그렇지만 산화가 진행됨에 따라 과산화물이 축적되면 생성속도에 비해 분해속도가 더 크기 때문에 과산화물가는 감소한다. 따라서 <u>과산화물가는 유지의 자동산화 초기 단계에서 신뢰성이 높다.</u> 과산화물가가 크면 유지의 산패 정도가 심하고 안정성이 낮다는 것을 의미한다.

4) <u>TBA가 (Thiobarbituric acid Value, 티오바르비투르산가)</u> : TBA값은 유지의 산패과정에서 발생하는 2차 생성물인 말론알데히드와 티오바르비투르산 용액을 가열할 때, 적색이 나타나는 것을 이용한 비색정량방법이다. 적색이 진하게 나타나면 말론알데히드(Malon-aldehyde)가 많음을 의미하며, 적색이 진할수록 유지는 산패된 것으로 판단한다. <u>TBA값은 유지 1kg에 함유되어 있는 말론알데히드의 몰수로 표시한다.</u> 카르보닐화합물은 과산화물가와 같이 산화과정 중간에 증가하였다가 감소하지 않는다. 따라서 TBA값은 유지가 산화될수록 그 값이 계속 증가한다. 육류지방질의 산패 여부 판단에 이용한다.

5) <u>총 카르보닐화합물 측정(Carbonyl가)</u> : 총 카르보닐화합물 측정법은 산패과정의 최종산화생성물인 카르보닐화합물이 발생하는 냄새를 화학적으로 분석하는 방법이다. 카르보닐가는 유지를 가열하여 산화된 총 카르보

닐화합물의 값을 측정(냄새)하여 산패 정도를 측정하는 것이다. 따라서 자동산화 과정의 중간생성물인 과산화물을 정량하는 과산화물가나 특정한 카르보닐화합물만을 대상으로 산패를 측정하는 TBA와 차이가 있다.

6) **활성산소법(Active oxygen method, AOM법)** : 여러 가지 다양한 유지를 97℃로 가열한 수용액 내의 테스트 튜브에 넣고 2.33m/sec의 속도로 공기를 불어 넣어 산패를 일으킨 다음, 일정한 간격으로 과산화물가(POV)를 측정하여 유지 산패의 유도기간을 측정하는 방법이다. 활성산소법은 유지의 유도기간을 측정하는 것이 아니라 여러 가지 다양한 유지의 산패 안정성을 비교하기 위해서 유도기간을 측정하는 것이다.

■ **기출문제**

1. 비누화가(검화가)의 정의를 쓰고, A가 B보다 비누화가(검화가)가 2배 더 클 때, 고급지방산은 A와 B 중에서 어디에 더 많은지 쓰시오. 〈2022-3회〉

   - 정의 : 유지 1g을 완전히 검화(비누화)시키는 데 필요한 수산화칼륨(KOH)의 mg수
   - 고급지방산 함유량이 많은 유지 : B
   ※ 비누화가(검화가) : 지방산의 분자량에 반비례한다. 즉 저급지방산이 많을수록 검화가는 높아지고(A), 고급지방산일수록 검화가는 낮아진다(B).

2. 유지의 산패측정 요소인 TBA가에 대해서 설명하시오. 〈2008-2회, 2016-3회〉

   - TBA가 : 유지의 산패 측정 방법
   - 측정법 : 유지의 산패에서 발생하는 2차 생성물인 말론알데히드(Malon-aldehyde)와 티오바르비투르산(TBA) 용액을 가열하면 적색을 형성하는데, 이때 발생한 적색의 강도를 이용하여 산패를 측정하는 방법. 적색의 강도를 말론알데히드(Malon-aldehyde)의 생성량으로 간주, 적색이 강할수록 산패한 유지로 판단

3. 유지를 고온 가열할 때 발생하는 물리적, 화학적 현상 2가지씩 쓰시오. 〈2012-1회, 2021-1회〉

   - 물리적 현상 : 유지 색이 흑색으로 변하고 거품 및 점도 증가
   - 화학적 현상 : 유지의 가열 산패 발생 및 산, 알코올, 알데히드 등의 휘발성물질 생성

4. 요오드가의 정의와 목적을 쓰고, 다음의 요오드가 값 중 어느 것이 융점이 낮은지 쓰시오. (A : 60, B : 120) 〈2008-3회, 2016-1회〉

   - 요오드가 : 유지 100g에 흡수되는 요오드의 g수로 표시
   - 목적 : 유지의 불포화도를 측정하는 데 사용
   - 융점이 낮은 것 : B
   ※ 요오드가가 높을수록 불포화도가 높으며 융점이 낮다.

5. 온도에 따른 유지고형분 함량에서 아래와 같이 요오드가가 90(A), 110(B), 140(C)으로 나타났다. 이 중 요오드가가 높은 것과 그 의미, 요오드가가 높은 유지의 특성을 설명하시오. 〈2005-2회〉

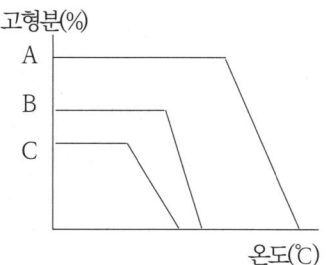

- 요오드가가 높은 것 : C
- 의미 : 불포화지방산의 이중결합 수가 많음
- 요오드가가 높은 유지의 특성
  ① 불포화지방산 함유량이 많음 : 반응성이 풍부하고 쉽게 산화된다.
  ② 유지를 고온 가열 또는 자동산화가 진행되면 불포화지방산 분해로 요오드가는 낮아진다.
※ 요오드가 : 유지의 불포화도 측정에 이용
※ 요오드가가 낮은 유지 : 포화지방으로 녹는점이 높으며, 상온에서 고체상 형태(A 그래프)
※ 요오드가가 높은 유지 : 이중결합수가 많아 녹는점이 낮다. 상온에서 액상 형태(C 그래프)

6. 경화대두유의 특성에 따른 고형지방산(SFI)의 그래프이다. ①~④ 중에서 요오드가가 가장 낮은 것을 고르고, 그 이유를 쓰시오 〈2024-1회〉

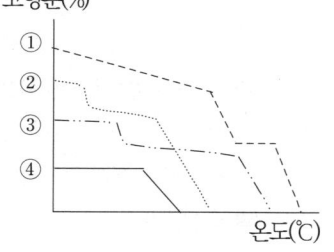

- 요오드가가 가장 낮은 것 : ①
- 이유 : 요오드가가 낮다는 것은 녹는점(융점)이 높다는 것으로, 포화지방이라는 의미이다. ①번 그래프의 녹는점이 가장 높기 때문에 요오드가가 가장 낮은 경화유이다.

※ 해설 : 유지의 녹는점은 고유값이 아니라 범위값을 갖는다. 좌측 그래프에서 각 그래프의 하강지점이 녹는점이며, 유지에 따라 녹는점이 여러 개 있을 수 있다.

7. 다음의 (   )에 알맞은 내용을 채우시오. 〈2014-3회〉

> 유지의 요오드가는 (①)을(를) 측정하는 것이고, (②)는 버터 진위 판단, (③), (④)는 불포화지방산 개수나 분자량을 측정할 수 있다. 또한 (⑤) 측정을 통하여 초기 부패 정도를 알 수 있다.

① 유지의 불포화도
② 라이헤르트 마이슬가(Reichert-Meissel가)
③ 비누화가
④ 검화가
⑤ 과산화물가

3-6. 산화방지제

1. 항산화 원리

1) **활성산소(Free radical)** : 산소에 의해 생성되는 불안정한 물질로 체내에 활성산소가 많아지면 여러 가지 질병이나 암 발병 및 노화가 촉진된다. 또한, 식품 내에서 활성산소가 많아지면 단백질과 지방의 세포막을 파괴하여 품질이 저하된다. 따라서 식품의 변질을 방지하기 위해서는 활성산소를 제거하는 것이 필요하다.

2) **항산화제** : 활성산소에 작용하여 이들의 기능이 제대로 작동하지 못하도록 지연하거나 제거하는 역할을 하는 것을 말한다. 천연산화방지제와 합성산화방지제가 있다.

3) **산화방지상승제(synergist, 시너지스트)** : 자신은 항산화력이 없거나 약한 물질로서 항산화제와 함께 사용하여 항산화제의 효과를 강화하는 물질을 말한다. 산성 물질이 많으며 아스코르브산(비타민 C), 구연산, 주석산, 레시틴, 중합인산염, 솔비톨, 당알코올 등이 있다.

2. 산화방지제의 종류

1) **천연산화방지제**

   (1) 아스코르브산(비타민 C) : 고추, 브로콜리, 감귤류 등에 다량 함유되어 있다. 강한 환원성이 있어서 산화방지제로 사용되며, 육류의 갈변을 막기 위해 가공식품 등에 사용된다.

   (2) 토코페롤류(비타민 E) : 지용성 비타민. 세포 내 불포화지방산들의 산화를 방지하여 세포가 손상되는 것을 막아준다. 계란, 대두, 야채류, 곡류 등에 함유되어 있다.

   (3) 베타카로틴 : 당근, 고구마, 오렌지 등 녹황색 과채류에 많이 함유되어 있다. 분자구조가 이중결합으로 되어 있어 쉽게 산화된다.

   (4) 고시폴(gossypol) : 면실유에 함유되어 있다. 강한 산화방지력을 갖고 있으나, 독성이 매우 강하여 정제과정에서 반드시 이를 제거해야 한다.

2) **화학합성품 산화방지제**

   (1) 합성산화방지제는 지용성과 수용성이 있다.
   ① 지용성 : BHA, BHT, TBHQ, 아스코르빌 에스터 등이 있다.
   ② 수용성 : 에리쏘르빈산나트륨, EDTA 등이 있다. EDTA는 공기 중에서 안정하여 식품 제조공정에서 금속이온 제거에 많이 활용된다.

   (2) 식약처 고시에서 정하고 있는 합성산화방지제 : 디부틸히드록시톨루엔(BHT), 부틸히드록시아니솔(BHA), 터셔리부틸히드로퀴논(TBHQ), 몰식자산프로필(PG), 이디티에이·이나트륨(EDTA), 이디티에이·칼슘이나트륨(EDTA2)

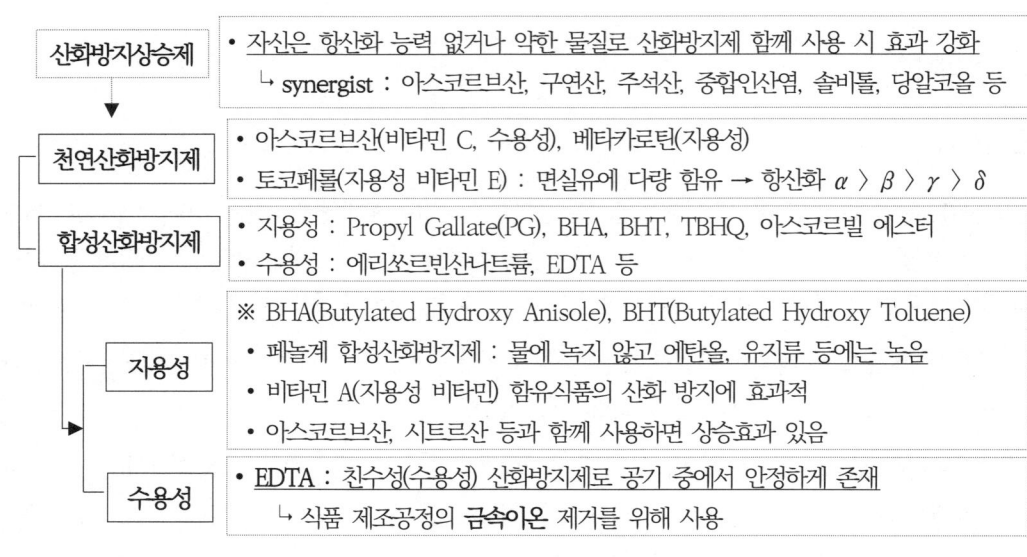

■ 기출문제

1. 다음 식품 중 기능성 성분에 대한 것으로 틀린 것을 고르고, 그 이유를 쓰시오. 〈2023-2회〉

   ① 참깨의 리그난은 세사민과 세사몰린이 다량 함유되어 있고, 세사몰은 미량 있다.
   ② 참기름의 세사몰은 세사몰린이 열 분해되어 생성된다.
   ③ 토코페롤은 유지의 주요 산화방지제로 α, β, γ, δ의 4가지 형태가 존재한다.
   ④ 콩의 이소플라본은 배당체 및 비배당체 형태로 존재한다.
   ⑤ 양파의 퀘르세틴은 비배당체로 다량 존재하고, 퀘르세틴의 배당체인 루테인은 미량 존재한다.

- 정답 : ⑤
- 이유 : 퀘르세틴의 배당체는 루틴이다.
- ※ 루테인은 카르티노이드계 색소 성분

■ 예상문제

1. 산화방지상승제(synergist, 시너지스트)의 정의와 해당 종류(물질) 3가지를 쓰시오.

- 정의 : 자신은 항산화력이 없거나 약한 물질로서 항산화제와 함께 사용하여 항산화제의 효과를 강화하는 물질
- 종류 : 아스코르브산(비타민 C), 구연산, 주석산, 레시틴, 중합인산염, 솔비톨, 당알코올 등

3-7. 유지의 제조

1. 유지의 제조과정 중 전처리

1) 식용 유지의 원료는 콩, 유채, 쌀겨, 참깨, 땅콩 등의 식물성 원료와 동물성 지방조직 등을 이용한다. 식용 유지의 제조는 **전처리 공정, 유지 추출, 유지의 정제과정**을 거친다.

   (1) 유지원료의 전처리 : 품질 좋은 유지를 만들기 위해서 원료와 함께 섞여 있는 불순물의 제거와 채유 수율을 높이기 위한 껍질 제거 및 열처리 등을 수행한다.

   (2) 유지의 채취 : 지방 성분을 함유하고 있는 동·식물성 원료로부터 다양한 방법으로 기름 성분을 추출하는 것이다. 식물성유지는 과실이나 배유 등에서 채취하며, 동물성은 지육, 뼈 등으로부터 채취한다.

   (3) 유지의 정제 : 채유된 유지에는 자체의 불순물인 단백질, 색소, 점질물 외에 채유공정에서 혼입된 먼지, 섬유질 등이 함유되어 있다. 유지의 정제 목적은 유지에 함유된 불순물 제거 및 침전물 형성을 방지하고, <u>단백질, 유리지방산 등이 분해 또는 산화되면 기름의 색깔이 변하고, 불쾌취 발생, 품질 저하를 유발하기 때문에 이러한 각종 불순물을 제거하여 식용에 적합한 유지를 만들기 위한 것이다.</u>

2) **식물 원료의 전처리**

   (1) 정선 및 탈피 : 원료와 함께 섞여 있는 흙, 모래, 금속조각 등을 제거하는 작업이다. 자력선별기, 체 등을 이용하여 제거한다. 채유율을 높이기 위해서는 열처리한 다음, 콩의 수분함량을 조절하여야 한다.

   (2) 콩의 전처리 공정 : 열처리 → 분쇄 → 탈피 → 수분조절 → 압편

   ① 열처리 및 분쇄 : 열처리는 분쇄 전에 실시하며, 60~75℃에서 20~30분간 실시한다. 열처리 목적은 착유율을 높이고 분쇄할 때 미세한 먼지가 생기지 않도록 하기 위함이다.

   ② 압편 : 분쇄한 콩은 건조시켜 수분함량이 2~10% 되도록 한 다음, 압편기(익스펠러, expeller)에 넣는다.

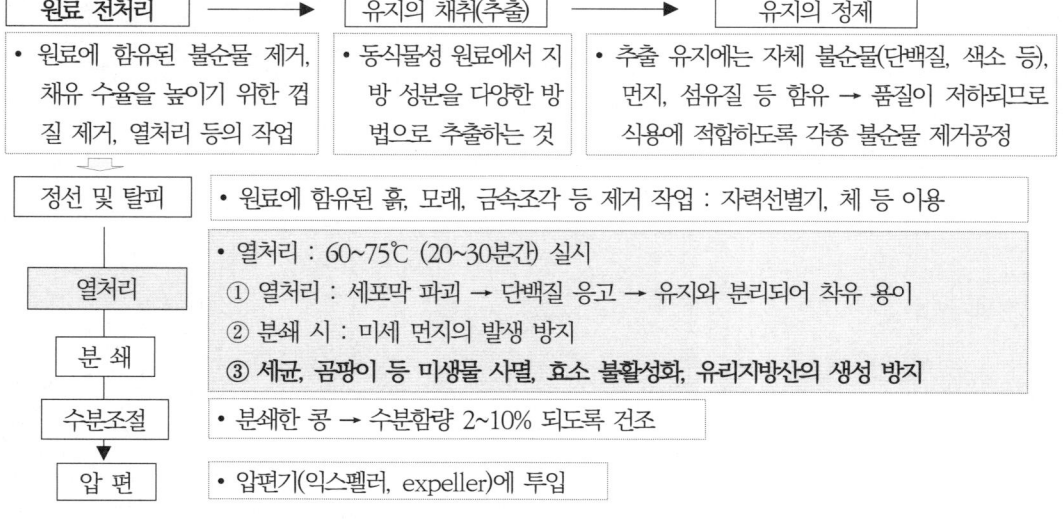

2. 유지 추출법(유지 채취법)

1) **용출법(랜더링법, rendering)** : 육류나 어류 등 동물성 원료에 있는 지방 성분을 가열하거나 뜨거운 물(또는 증기)을 이용하여 녹여 내는 방법이다. 용출법은 유지 함량이 많은 동물성 지방조직에 적용한다.

　(1) **건식용출법** : 가열과 압착을 통해 동물의 결체조직으로부터 지방을 분리하는 것이다. 지방조직을 솥에 넣고 직화불 또는 간접가열로 약 110℃ 정도 높여 지방을 녹여 낸다. 착유 후 결체조직에 잔존하는 기름은 압착기를 이용하여 착유한다.

　(2) **습식용출법** : 유지를 물과 함께 솥에 넣거나 수증기를 불어넣고 가열한 다음, 공기를 제거하여 유지를 추출하는 방법이다. 수득률이 70~99%로 높고, 채취한 기름의 품질도 우수하다.

2) **압착법** : 식물성 원료를 파쇄 후 가열 및 기계의 압력을 이용하여 채유하는 방법이다. 식물성 원료 중 수분 및 유지 함량이 많은 원료에 적용한다. 유지 함량이 적은 원료는 추출법을 이용한다. 유채유, 참기름 등 보통 정제하지 않는 유지를 채유할 때 많이 사용한다.

3) **용매추출법** : 유지원료를 휘발성 용매(헥산, 에테르, 아세톤 등)로 처리하여 유지를 녹여 내는 방법이다. **유지성분 추출률이 99.5% 정도로 높아 유지함유량이 20% 이하인 대두유 착유에 효과적**이다. 유지함유량이 높은 원료는 용제 소요량이 많아 비경제적이다. 압착법에 비해 설치비용이 많이 들고, 채취한 기름에 불순물의 함량이 많지만 수율이 높아 많이 활용된다.

3. 식용 유지의 정제공정

1) **유지의 전처리 (채유, 침전, 여과)** : 채유한 유지에는 불용성 및 가용성 불순물이 함유되어 있다. 불용성인 모래, 먼지, 흙 등은 침전, 여과, 원심분리, 가열 등의 물리적인 방법으로 제거할 수 있다. 그렇지만 유지 중에 녹아 있는 가용성 불순물인 유리지방산, 색소, 냄새 물질 등은 물리적인 방법으로 모두 제거되지 않으므로 탈검, 탈산, 탈색, 탈납, 탈취 등의 화학적인 방법을 통하여 정제한다.

2) **탈검(Degumming)** : 유지 중에 녹아 있는 콜로이드성 불순물(단백질, 검질 등)을 제거하기 위해 실시하는 공정을 말한다. 단백질, 탄수화물 등은 수용성으로 온수나 수증기를 넣으면 응고하므로 원료유를 60~80℃ 상태에서 물(1~3%)을 첨가하여 교반 및 응고시킨다. 응고된 물질은 원심분리를 통해 분리한다.

3) **탈산(Deacidification)** : 원유 중에 함유된 유리지방산을 제거하는 공정이다. 수산화나트륨(NaOH)을 원료 유지에 가하여 '유리지방산 + NaOH → 비누화' 형태로 중화 및 침전시켜 분리한다.

4) **탈색(bleaching)** : 카로티노이드, 엽록소 등의 각종 색소 물질을 제거하여 유지의 색을 맑게 하는 공정을 말한다. 흡착제나 고온(230~240℃로) 감압하에 활성백토를 넣고 교반하면 색소 성분이 백토에 흡착된다.

5) **탈납(Winterization)** : 탈납은 유지가 상온에서 고체지방으로 변하는 것을 방지하기 위하여 고체지방 성분을 미리 제거하는 과정이다. 탈취과정 전에 수행한다. 생으로 먹는 샐러드유는 낮은 온도(냉장고 등)에서 보관할 때 결정이 석출되어서는 안 된다. 이를 위해 기름을 미리 낮은 온도에서 고융점글리세리드(고체유)를

결정화하여 석출시키고, 이것을 여과하여 액상으로 분리하는 작업을 하는 것이다. 이러한 과정을 탈납이라 한다.

6) **탈취(Deodorization)** : 원유에 함유되어 있는 저급지방산, 알데히드, 케톤, 아민류 등의 휘발성물질은 불쾌한 냄새를 발생하므로, 이를 제거하는 공정이다. 불쾌한 냄새는 원유의 품질에 많은 영향을 미친다. 탈취는 감압상태에서 220~250℃로 가열한 유지에 수증기를 흡입시켜 휘발성물질을 제거한다.

4. 유지의 물성 개량 방법

1) **가공 목적** : 유지는 여러 가지 지방산으로 이루어진 트리글리세리드(중성지방) 혼합물이다. 이러한 유지의 성분 중에서 어떤 특정한 목적에 알맞은 성질이나 형체를 갖도록 가공하여 필요한 성질을 갖는 유지를 만들어 활용하는 것을 말한다. 유지의 물성 개량을 위해서는 일반적으로 수소첨가, 에스터 교환반응, 급냉 또는 교반 등의 방법을 이용한다.

2) <u>**수소첨가에 의한 경화유 제조**</u> : 불포화지방인 식물성 지방은 액체 상태로 공기 중의 산소에 의해 쉽게 산화되어 산패될 수 있다. 이를 방지하고 보존성 향상을 위하여 고체형태(경화)로 가공한다.

   (1) 불포화지방산에 수소를 첨가하면 탄소 간의 이중결합이 모두 없어지면서 더 이상 수소를 받아들일 수 없어 고체인 포화지방으로 바뀐다. 이러한 반응을 경화(수소화)라고 하며, 생성된 유지를 경화유라 한다.

   (2) 제조공정 : 촉매제로 니켈, 구리 등을 첨가하고, 150~200℃의 온도와 1.5~3atm 정도로 압력을 높이고 <u>수소를 첨가한 다음, 혼합하여 반응시킨다.</u> 수소를 첨가하면 불포화 결합은 트랜스지방산으로 변화된다.

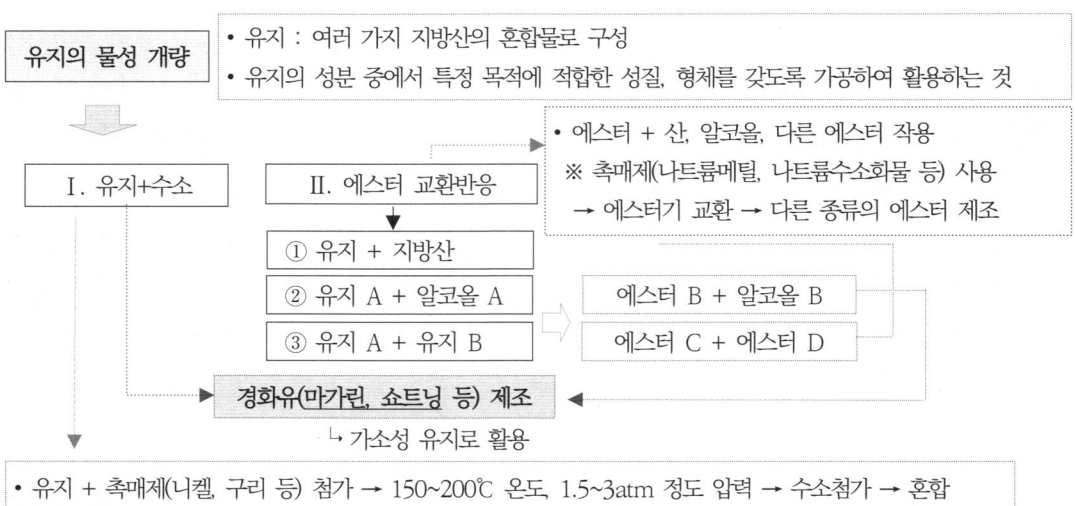

3) **에스터 교환반응(에스테르 교환반응)** : 에스터에 산, 알코올 또는 다른 에스터를 작용시켜, 에스터를 구성하는 산기 또는 알킬기를 교환시켜 다른 종류의 에스터를 만드는 반응이다. 마가린이나 쇼트닝 등 가소성 유지 제조에 이용된다. 유지의 에스터 반응은 3가지 형태가 있다.

(1) 산 가수분해반응 : 유지에 산(지방산)을 작용시켜 반응을 일으킨다.
(2) 알코올 분해반응 : 유지에 알코올을 작용시키는 것으로, 황산을 촉매로 이용한다. 에스터 A+알코올 A → 에스터 B+알코올 B 생성
(3) 에스터 교환반응 : 유지에 다른 에스터(유지)를 작용시키는 것으로, 에스터 상호교환이라 한다. 에스터 A+ 에스터 B → 에스터 C+에스터 D 생성[4]

4) 에스터 상호교환은 나트륨메틸, 나트륨수소화물 등을 촉매제로 사용한다. 유지를 가열하여 촉매제를 첨가하면 에스터 교환반응이 일어난다.

5) **에스터 교환반응의 활용** : 에스터 교환을 시킨 유지의 경우에는 원료유보다 저온에서는 고체지방이 감소하고, 고온에서는 고체지방이 증가하여 가소성 범위가 넓어진다. 튀김 등에 사용하는 쇼트닝, 마가린 등의 제조에 이용된다.

5. 고체지방지수(Solid Fat Index, SFI)

1) 유지는 유지를 구성하고 있는 결정구조에 따라 녹는점이 달라진다.

(1) 같은 지방산이라고 하더라도 어떤 형태로 존재하느냐에 따라 결정구조가 달라진다. 즉, 유지의 녹는점은 고유값을 갖는 것이 아니고 범위값을 갖는다.
(2) 고체 유지를 가열하면 액체상으로 변해 가면서 고체-액체상이 공존하는 영역이 생긴다. 이는 유지의 녹는점이 범위값을 가지고 있기 때문이다.

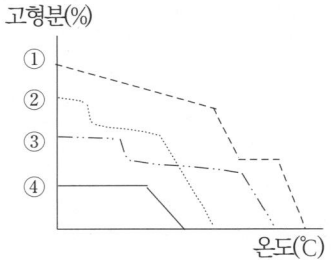

2) 고체지방지수(또는 고체 함량지수, Solid Fat Index, SFI) : 일정 온도에서 유지가 갖는 고체상태와 액체상태의 비율값으로 나타낸다. 쇼트닝이나 마가린은 15~25%가 적당하다.

고체지방지수	5% 이하	15~25%	40% 이상
내 용	너무 연하여 사용 제한	적당	가소성 상실

---

4) 대한화학회, 화학백과, http://new.kcsnet.or.kr

■ 기출문제

1. 헥산의 식품공전 상 정의와 용도에 대해 쓰시오.
   〈2007-1회, 2015-3회〉

   • 정의 : 석유 성분 중에서 n-헥산의 비점 부근에서 증류하여 얻어진 것
   • 용도 : 추출 용제
   ※ 헥산(헥세인) : 식용유지 제조 시 유지성분의 추출, 건강기능식품의 기능성 원료 추출 또는 분리에 사용

2. 유지 정제공정 중 탈검의 목적을 쓰시오.
   〈2007-3회〉

   • 목적 : 단백질, 검질류(인지질) 등이 분해되면 기름에 불순물이 생성되고, 불쾌취 발생, 품질이 저하되므로 이를 응고시켜 제거한다.

3. 대두유를 부분 경화유로 만들 때 트랜스지방이 생성되는 경화 공정에 대해서 간략히 설명하시오.
   〈2007-1회〉

   • 불포화지방산 + 수소첨가 → 불포화지방산이 고체인 포화지방(트랜스지방산)으로 변함
   • 제조공정 : 촉매제로 니켈, 구리 등을 첨가하고, 150~200℃ 온도와 1.5~3atm 정도의 압력을 유지한 상태에서 수소를 넣고 혼합하여 반응시킨다.

4. 탈산공정을 거친 지방 5,000kg을 지방 무게 2%만큼의 활성백토를 이용하여 탈색하였다. 탈색 후 지방함량이 30%인 폐백토를 얻었을 때, 유지의 손실률은 얼마인가? (단, 탈색 전 활성백토의 수분함량은 10%였고, 탈색 후 수분함량은 0%가 되었다). 〈2016-1회〉

   • 활성백토 무게 : $5,000kg \times 2\% \times 90\% = 90kg$
   ※ 수분함량이 10%이므로, 90%는 활성백토
   • 폐백토의 지방량 : 탈색 후 수분함량 0%, x(유지량), 고형분량이 90kg이므로,

   $$\frac{x}{90+x} \times 100 = 30\%$$

   x (유지량) = 38.57kg

   ∴ 유지 손실률 = $\frac{\text{손실된 유지}}{\text{원래의 유지}} \times 100$

   $= \frac{38.57}{5,000} \times 100 = 0.77\%$

제4절 탄수화물

4-1. 탄수화물

1. 개요 및 정의

1) 탄수화물은 탄소(C), 수소(H), 산소(O)의 세 원소로 이루어져 있는 화합물로서 탄소에 물이 결합한 수화된 모습이다. 대표적인 탄수화물로는 포도당, 녹말, 셀룰로오스 등이 있다.

2) 생명체는 주로 탄수화물, 단백질, 지질, 핵산 등의 화합물로 구성되어 있다. 탄수화물은 자연계에서 발견되는 가장 많이 발견되는 분자로 단백질, 지방과 함께 3대 영양소이다.

3) 탄수화물의 종류

분류		종류
단당류	오탄당	디옥시리보오스, 리보오스, 자일로스, 아라비노오스
	육탄당	포도당, 과당, 갈락토스, 만노스
소당류	이당류	설탕, 맥아당, 유당, 트레할로스
	삼당류	라피노스
다당류	단순다당류	전분(녹말), 덱스트린, 셀룰로오스, 글리코겐
	복합다당류	펙틴, 검류(로커스트콩검, 알긴산, 카라기난)
당유도체	당알코올	솔비톨, 자일리톨, 만니톨, 말티톨, 에리쓰리톨
	아미노당	글루코사민

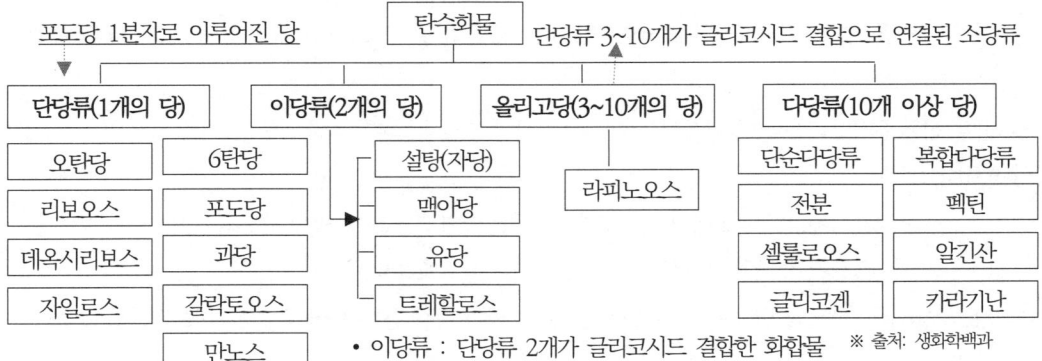

※ 출처: 생화학백과

(1) 식품의 표시제도 : 식품 내에 존재하는 모든 단당류와 이당류의 합을 표시한다.

(2) 히드록시기(-OH) : 친수성으로 물에 잘 녹는 성질을 갖는다.

2. 단당류(monosaccharidies)

1) 단당류는 포도당 한 분자로 이루어진 당으로 탄수화물 중 가장 간단한 탄수화물이다. 단당류는 산, 알칼리, 효소 등에 의해서 더 이상 가수분해되지 않는다.

2) **포도당의 구조** : 포도당은 탄수화물의 한 종류로 탄소(C) 하나에 물(H_2O) 하나의 비율로 분자가 구성되어 있다. 포도당은 **사슬형 구조와 고리형 구조가 평형상태로 존재**하며, 사슬형 구조는 매우 불안정하여 대부분 포도당은 고리형 구조로 존재한다.

〈포도당의 사슬형 구조〉　　〈포도당의 고리형 구조〉

출처 : https://www.sangji.ac.kr

3) **단당류의 종류**

  (1) 단당류는 탄소수에 따라 3탄당~9탄당까지 분류된다.

  (2) 5탄당(pentose) : 5탄당은 탄소수가 5개인 당이다. 자연계에서 유리 상태로 존재하는 경우는 드물고, 주로 다당류나 핵산을 구성하는 성분으로 존재한다.

  (3) 6탄당 : 히드록시기(-OH) + 알데히드기(-CHO) 또는 케톤기(-CO)가 결합한 헤미아세탈 결합으로 이루어져 있다. 분자 내에 하나의 알데히드(-CHO)를 가지는 형태이면 알도스, 분자 내에 하나의 케톤기(C=O)를 가지는 형태이면 케토스라 한다. 알도스 형태인 것은 포도당, 갈락토오스, 만노스 등이 있고, 과당은 케토스의 형태를 가진다.

  (4) 6탄당은 식품에서 유리 또는 결합상태로 많이 존재하며 포도당, 과당, 갈락토오스 등 식품 성분으로서 중요한 당이다.

   ① 포도당(glucose) : 채소나 과일에 많고, 특히 포도에는 무게의 20%로 많이 함유되어 있다. 사람의 혈액에는 약 0.1% 정도가 혈당의 형태로 존재하며, 생체 내의 에너지 급원이다.

   ② 과당(fructose) : 과일과 꿀 속에 존재하는 당으로 단맛이 가장 강하다. 체내에서는 포도당처럼 글리코겐으로 변한다.

   ③ 갈락토오스(galactose) : 포도당과 결합하여 유당(lactose)의 형태로 존재한다. 포도당보다 단맛은 적다.

> ♣ **환원당** : 유리 알데히드기(-CHO) 또는 유리 케톤기(-CO)가 있어 환원제로 작용할 수 있는 당
> 1. 알데히드기(-CHO)가 노출된 당으로 반응성이 매우 좋음 : 식품의 맛, 갈변현상에 영향을 줌
> 2. 모든 단당류 : 히드록시기(-OH) + 알데히드기(-CHO) 또는 케톤기(-CO) 결합 → 헤미아세탈 결합으로 구성. 수용액에서 1번 탄소의 고리 구조가 열리면서 알데히드기(-CHO)가 노출되어 반응성이 증가하면서 환원성을 가진다.
> 3. 소(이)당류 : 맥아당, 유당, 말토올리고당 등은 환원당
> 4. <u>설탕(포도당 + 과당으로 결합된 이당류) : 비환원당</u> → 포도당과 과당이 글리코시드 결합을 하면서 알데히드기(-COH)를 사용하므로 열린 구조를 갖지 않는다. 따라서 비환원당이다.

3. 소당류(Oligosaccharide)

1) 정의 : 탄수화물은 자연계에 단당류로도 존재하지만, 대부분 2개 이상의 당이 중합하여 존재한다. 단당류 2~10개 정도가 글리코시드 결합한 탄수화물을 소당류라 한다. 글리코시드 결합은 당의 히드록시기(-OH)가 다른 분자(당 또는 비당류)의 -OH기와 결합하면서 축합에 의해 물 분자가 제거되면서 새로운 물질을 생성하는 결합을 말한다.

2) 이당류 : 단당류 분자 2개가 글리코시드 결합한 화합물을 말한다.

 (1) 자당(설탕, sucrose, 슈크로즈) : 포도당과 과당이 글리코시드 결합으로 연결되어 있다. 대표적인 감미료로 감미도의 기준 물질이다. 사탕수수, 사탕무에 많으며, 비환원당이다.

 (2) 맥아당(말토스, maltose) : 포도당 2분자가 글리코시드 결합으로 만들어진 환원당이다. 전분을 산이나 효소로 처리하여 얻는다. 식혜의 주요 감미 성분이다.

 (3) 젖당(락토스, lactose) : 포도당과 갈락토오스가 글리코시드 결합으로 만들어진 유당이다. 포유동물의 젖에 함유되어 있다.

 (4) 트레할로스 : 식물이나 미생물 등에 널리 존재하며, 비환원성 당류로 갈변현상이 발생하지 않는다.

3) 올리고당(Oligosaccharide) : 단당류가 2개 이상 결합하여 된 당으로 정확한 정의는 없지만, 보통 단당류가 3개 이상 10개 이내로 연결된 소당류를 말한다. 특징은 다음과 같다.

 (1) 설탕과 비슷한 특성을 가져 설탕 대체물질로 사용 : 단맛은 설탕보다 낮음

 (2) 기능 : 난소화성 물질로 충치 예방, 장내 유익균의 증식인자(프리바이오틱스)로 이용

 (3) 비발효성, 보습성, 침투성, 청량감, 변색 방지 등의 기능 → 건강기능식품 원료로 사용

4. 다당류(Polysaccharide)

1) 정의 : 다수의 단당류가 글리코시드 결합으로 연속적인 결합을 하고 있는 중합체로, 가수분해될 때 10분자 이상의 단당류를 생성하는 탄수화물이다. 대표적인 다당류로 녹말, 글리코겐, 셀룰로오스가 있다.

2) 다당류의 종류

구 분	내 용
단순다당류	• 같은 종류의 단당류로 구성된 당류. 녹말(전분), 글리코겐, 덱스트린 등
복합다당류	• 종류가 다른 2가지 이상의 단당류로 구성된 당류. 헤미셀룰로스, 펙틴류, 키틴, 천연의 검질 등

5. 당 유도체

1) 정의 : 유도체란 분자의 일부분이 다른 성분으로 바뀐다는 의미이다. 단당류의 히드록시기(-OH)는 다양한 기능기로 치환될 수 있다. 대표적인 당 유도체로는 배당체, 아미노당, 당알코올 등이 있다.

2) 당 유도체의 종류

- **배당체**
  - 당의 히드록시기(-OH) + 아글리콘(당 이외의 -OH) → 글리코시드 결합
  - ※ 포도당 + 아글리콘(당 이외의 -OH) 결합 ⇨ 글루코시드(glucoside) 결합
- **아미노당**
  - 단당류의 2번 위치의 히드록시기(OH)가 아미노기(NH_2)로 치환된 당
    ↳ 게, 새우 등의 갑각류 껍질을 구성하는 다당체 → 키틴
- **당알코올**
  - 단당류의 카르보닐기(>C=O) + 수소첨가 반응(환원) → 히드록시기(-OH)로 전환된 화합물로 히드록시기(-OH)가 2개 이상인 알코올. 감미도는 설탕의 50~90% 정도

구 분	내 용
D-sorbitol	• D-glucose(포도당)에 수소를 첨가하여 만든 당알코올. 감미도(설탕의 약 50%) • 체내 흡수속도가 느려 설탕처럼 인슐린을 급격하게 상승시키지 않아 당뇨병 환자의 감미료로 사용
자일리톨 (Xylitol)	• 자작나무에서 추출한 자일란, 옥수수의 헤미셀룰로오스 등을 주원료로 금속 촉매하에 수소를 첨가하여 제조 • 단맛이 설탕의 90%로 당알코올 중에 가장 강함. 입안에서 시원한 청량감을 준다. 설탕과 달리 인슐린 분비를 촉진하지 않고 혈당을 급격히 상승시키지 않아 당뇨병 환자의 감미료로 사용 • 충치 예방에 도움. 추잉껌, 초콜릿, 잼, 젤리 등에 사용
만니톨 (Mannitol)	• Mannose에 수소를 첨가하여 제조 • 당뇨병 환자 감미료, 습기를 흡수하지 않아 희석제, 부형제로 이용

■ 기출문제

1. 탄수화물 중 5탄당 3가지를 쓰시오. 〈2008-3회〉

- 리보오스(Ribose), 자일로스(Xylose), 아라비노오스(Arabinose), 디옥시리보스

2. 다음 화학식에 맞는 당류의 이름을 쓰고, 환원당(또는 비환원당) 여부를 쓰시오.
〈2020-2회, 2023-2회〉

① ($C_6H_{12}O_6$)

② ($C_6H_{12}O_6$)

③ ($C_6H_{12}O_6$)

④ ($C_{12}H_{22}O_{11}$)

① 글루코오스(포도당) : 환원당
② 글루코오스(포도당) : 환원당
③ 푸룩토오스(과당) : 환원당
④ 수크로오스(설탕, 자당) : 비환원당

※ 이성질체 : 포도당과 과당은 이성질체로 분자식은 같으나 구조, 기능, 특성은 다름

3. D-Glucose에서 2번째 탄소의 구조가 다른 에피머(epimer)는 무엇인지 쓰고, 해당 에피머를 Fisher 법으로 구조식을 그리시오. 〈2021-2회〉

- 에피머 : D-Mannose
- Fisher 구조식

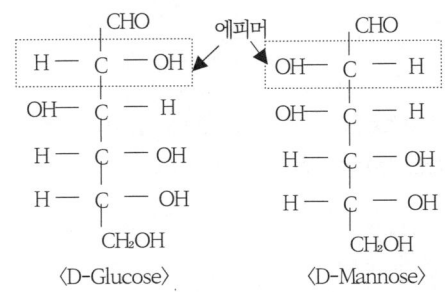

⟨D-Glucose⟩ ⟨D-Mannose⟩

※ 에피머 : 1개의 부제탄소에 대하여만 입체 배치가 다른 것(2번 탄소, -OH기 입체 배치가 다름)

4. 다당류에는 단순다당류와 복합다당류가 있다. 각각의 정의를 쓰고, 이 중에서 전분, 펙틴은 어디에 속하는지를 쓰시오. 〈2022-1회〉	• 단순다당류 : 같은 종류의 단당류로 구성된 당류. 전분(포도당+포도당) • 복합다당류 : 종류가 다른 2가지 이상의 단당류로 구성된 당류. 펙틴

5. 설탕 25kg을 물 75kg에 녹였다. 이 설탕 용액의 당도, %, 몰분율을 구하시오. 〈2008-3회〉	• 당도 = 용질 ÷ (용매 + 용질) × 100
	  = 25÷(25/75)×100 = 25%(°Bx)
	• % : [25/(25 + 75)] × 100 = 25%
	※ '몰분율 = (특정 용질의 몰수÷전체 용액의 몰수)', '몰수 = (질량÷분자량)'
	① 설탕의 몰수 = (25/342) = 0.0730
	② 물의 몰수 = (75/18) = 4.1666
	• 설탕의 몰분율 = 0.0730 ÷ (0.0730+4.1666)
	  = 0.017

■ 예상문제

1. 식품에서 환원당의 역할과 환원당의 종류 3가지를 쓰시오 〈필기 기출〉	• 역할 : 감미 등의 식품의 맛에 영향을 주며, 아미노기와 결합하여 메일라드 반응을 일으키는 환원제로 작용하여 갈변의 원인이 된다. • 종류 : 포도당, 맥아당, 유당, 말토올리고당 등
2. 당알코올 (Sugar alcohol) 종류 3가지를 쓰시오.	• D-sorbitol(솔비톨), 자일리톨(Xylitol), 만니톨(Mannitol), 에리스리톨(Erithritol), 말티톨(Maltitol)
3. D-sorbitol을 상업적으로 이용할 때 합성(제조)하는 방법을 쓰시오 〈필기 기출〉	• 인공적으로 D-glucose(포도당)에 수소 촉매반응을 통하여 제조

4-2. 전분의 변화

1. 전분의 정의 및 구조

1) 전분은 식물의 씨, 뿌리, 줄기, 열매 등에 함유된 중요한 저장물질이며, 고등동물에서도 탄수화물의 영양원으로서 중요한 물질이다.

2) 쌀의 주성분인 **전분(녹말)은 아밀로오스와 아밀로펙틴**으로 구성된 혼합물이다.

   (1) amylose : 포도당이 α-1.4 결합한 직선상의 사슬구조로 되어 있어 입체결합력이 약하다. 수용액에서 물에 분산되어 콜로이드 용액(sol)을 만들기 쉽고, 불안정하여 침전도 용이하며, 노화되기도 쉽다. 따라서 amylose 함량이 많은 전분일수록 호화도 쉽고 노화도 더 빨리 일어난다.

   (2) amylopectin : 포도당이 나뭇가지 형태인 α-1.6 결합으로 되어 있어 입체결합력이 강하다. 따라서 콜로이드 용액으로 만들기 어렵고, 노화되기도 어렵다.

2. 전분의 호화

1) 전분의 호화

   (1) 생전분의 결정형 구조는 아밀로펙틴의 사슬들이 규칙적으로 배열되면서 사슬 간의 수소결합으로 강하게 연결되어 있다. 따라서 전분 입자를 물에 풀어도 잘 녹지 않는다. 그러나 전분에 물을 가하여 가열하면 전분 입자 간의 수소결합이 약해지고, 물 분자들이 사슬 간 공간으로 침투하면서 결정형 구조가 파괴된다.

   (2) 전분의 호화 : 전분에 물을 넣고 가열하면 입자가 팽창하면서 결정형 구조가 파괴되어 점성이 강한 액체가 되는 것을 말한다. α-전분이라고도 한다. α-전분(호화된 전분)은 효소가 쉽게 작용할 수 있어 소화가 잘된다.

2) 전분의 호화(α-화) 과정 : 수화 → 팽윤 → 전분 입자의 붕괴

3) 호화에 미치는 영향 요인

   (1) 전분 입자의 크기 및 종류 : 전분은 입자의 크기가 클수록 호화가 빠르다. 전분 입자의 크기는 감자가 가장 크고, 쌀이 가장 작다. 따라서 감자전분은 끓는 물만 가해도 호화가 일어나는 반면, 쌀은 물을 가하고 가열해야만 호화가 일어난다.

   (2) 온도와 수분 : 호화 최저온도는 60℃ 정도이다. 온도가 높을수록 호화시간은 단축된다. 온도에 따른 쌀의 호화시간은 70℃에서는 3~4시간, 100℃에서는 20분 정도 걸린다. 수분함량이 60% 이상이면 수화가 촉진된다.

   (3) pH : 알칼리일수록 전분의 팽윤 및 호화를 촉진한다. 전분 현탁액에 수산화나트륨(NaOH)을 첨가하면 호화가 촉진된다.

   (4) 염류 : NaOH, KOH 등의 염류는 수소결합에 영향을 주어 팽윤작용 및 호화를 촉진한다. 그러나 황산염은 호화를 억제한다.

3. 전분의 노화

1) **전분의 노화(또는 β화)** : 호화된 전분(α-전분)을 실온에 두면, 점차 굳어져서 β-전분(생전분) 형태의 구조로 되돌아가는 현상을 말한다.

   (1) 전분의 노화는 호화를 통해 약해진 전분 분자들 사이의 수소결합이 시간이 지나면서 다시 형성되는 것이다. 즉, <u>불규칙적으로 배열되어 있던 α-전분의 구조가 시간이 지나면서 부분적으로 규칙적인 배열의 micelle 구조로 되돌아가는 현상</u>이다.

   (2) 호화된 전분이 노화되면 구조가 규칙적인 배열로 바뀌어 효소의 작용을 받기가 어려워진다. 따라서 소화가 잘 안된다. 밥, 빵, 떡 등이 다시 굳어지는 것은 전분의 노화 현상 때문이다.

2) **노화의 영향 요인**

요 인	내 용
전분 입자의 크기 및 종류	• 전분 입자의 크기가 작을수록 노화 속도가 빠르다. 전분 입자의 크기는 쌀이 가장 작고, 감자가 제일 크다. → 감자보다는 밥의 노화 속도가 빠르다.
수분함량	• 수분함량이 30~60%일 때 노화되기 쉽다. 수분함량이 60% 이상 또는 30% 이하에서는 노화가 어렵다.
온도	• 노화는 -7~10℃에서 잘 발생한다. 밥이나 빵을 냉장실 안에 두면 노화되기 쉽다. 그러나 60℃ 이상 또는 -20℃ 이하에서는 노화가 거의 일어나지 않는다.
pH	• 알칼리 pH에서는 노화가 느리지만, 산성 pH에서는 노화가 빨리 진행된다.
염류	• NaOH, KOH 등의 염류는 수소결합에 영향을 주어 수화 및 호화를 촉진한다. 반면, 황산마그네슘($MgSO_4$)은 노화를 촉진한다.

3) **노화 억제 방법**

구 분	내 용
수분함량 조절	• 수분함량 60% 이상 또는 30% 이하에서는 잘 일어나지 않음 • 수분함량 10~15% 이하에서는 거의 일어나지 않음
온도 (냉동법)	• -20℃ 이하에서는 전분 분자들의 이동이 어려워 노화 미발생 ※ 효과적인 노화 방지법 : 식품을 -20℃ 이하, 수분함량이 15% 이하가 되도록 조절
설탕의 첨가	• 설탕은 수용액에서 수화되어 탈수제로 작용. 설탕의 농도가 높을수록 탈수작용이 심화되고, 전분의 유효 수분함량이 감소되어 노화가 억제됨
유화제의 사용	• 유화제를 사용하면 아밀로오스 간의 결합을 방지하여 빵이나 과자류 등의 노화를 억제함 기름에 지진 떡 등은 노화가 늦게 발생함

> ♣ **전분의 호정화 (dextrinization)** : 호화와 호정화는 전분에 물을 첨가한 상태에서 가열하느냐, 물을 첨가하지 않고 가열하는가로 구분한다.
> 1. 호정화 : 전분에 물을 가하지 않고 고온(180℃ 이상), 고압으로 처리하는 것을 말한다.
> 2. 열에 의해 부분적으로 글리코시드 결합이 분해되어 가용성의 dextrin으로 변화됨으로써 소화율이 향상된다. 미숫가루, 팝콘 등이 대표적이다.

4. 고구마 전분의 제조

1) **고구마** : 전분의 함량은 17~24%로 높은 편이다.

2) **제조공정** : 고구마 → 세척 → 마쇄(소석회 첨가) → 사별(체를 이용 분리) → 전분유 → 분리 → 건조 → 전분

3) **석회 처리 이유** : 고구마에는 펙틴(pectin)이 함유되어 있어, 마쇄 시 점성이 발생하므로 사별 조작을 방해하고, 전분 입자의 침전을 지연시킬 수 있다.

  (1) 석회는 펙틴질과 결합하여 펙틴산석회염을 형성함으로써 전분 가루의 사별을 용이하게 하고, 전분 입자의 침전을 통하여 분리를 쉽게 해 준다.

  (2) 고구마를 분쇄하면 pH가 저하되므로, 소석회를 첨가하여 알칼리성이 되도록 한다. 이를 통하여 고구마의 갈변을 유발하는 폴리페놀이 전분 입자에 흡착되는 것을 방지할 수 있고, 백색을 유지할 수 있다.

5. 변성전분

1) **정의** : 천연 전분의 물리적 특성을 물리적, 화학적, 효소적 방법으로 처리하여 변형시킨 것을 말한다. 변성전분으로 만들면 점성, 접착성, 투명도, 호화 및 노화의 성질이 변하게 된다. 이를 이용하여 식품의 증점제, 열화 방지제, 보수제 등의 용도로 활용한다.

2) **가공방법에 따른 분류**

구 분	내 용
산가공전분	• 산을 이용하여 전분 분자의 글리코시드 결합을 부분적으로 가수분해한 전분
산화전분	• 전분을 산화제인 염소산, 차아염소산나트륨(NaClO), 하이포아염소산 등의 용액으로 처리하여 만든 전분
가교전분	• 천연 전분의 (-OH)기와 작용할 수 있는 화합물(OH)을 반응시켜 서로 가교화한 전분
덱스트린류	• 전분에 물을 가하지 않고 160℃ 이상으로 가열하여 만든 전분
호화전분	• 전분에 물을 넣고 가열하여 호화시킨 후 건조기로 건조한 전분

6. 저항전분(resistant starch)

1) **정의** : 일반 전분은 체내에서 쉽게 소화, 흡수되어 이용될 수 있다. 그렇지만 저항전분은 체내의 소화효소

에 의해 잘 분해되지 않는 전분을 말한다. 저항전분은 소화효소인 아밀라아제가 포도당으로 분해하지 못하므로 체내에 흡수되지 않고, 대장에서 세균에 의해 분해된다. 따라서 대장에서 프리바이오틱스(prebiotics)로 작용하고, 변의 부피를 증가시켜 배변 활동에 도움을 준다. 대장암, 비만, 당뇨병 예방 효과가 있다.

2) 저항전분(resistant starch)의 종류

구 분	내 용
저항전분 1형	• 세포벽이 있어 소화가 어려운 전분. 도정하지 않은 통곡류, 콩류 등이 있다.
저항전분 2형	• 날것일 때는 저항성 전분이 많지만 숙성되면 저항성 전분이 사라지는 종류 • 생감자 전분, 덜 익은 바나나 전분, 옥수수 전분 등이 있다.
<u>저항전분 3형</u>	• 조리 후 따뜻할 때는 저항성 전분 함량이 적지만 식히면 많아지는 종류 • 감자, 쌀, 빵 등을 가열조리 한 다음, 냉각하면 생성된다.
저항전분 4형	• 화학적으로 제조한 변성전분. 가교결합 전분

■ 기출문제

1. starch 호화에 영향을 미치는 요인과 호화전분의 노화 억제 방법을 수분, 온도, 첨가물의 관점에서 쓰시오. 〈2020-2회, 2024-2회〉

   - 호화에 영향을 미치는 요소 : 전분 입자의 크기와 종류, 온도, 수분함량, pH, 염류 등
   - 노화 억제법
     ① 수분함량 조절 : 60% 이상 또는 30% 이하
     ② 온도 조절 : -20℃ 이하 냉동저장
     ③ 첨가물 : 설탕의 첨가, 유화제의 사용

2. 전분의 노화원리에 대한 구조적(화학적) 변화와 억제방법을 쓰시오.
   〈2007-3회, 2014-1회, 2019-2회〉

   - ※ 노화 : 호화된 전분을 실온에 두면, 점차 굳어져 β-전분(생전분) 형태의 구조로 되돌아가는 현상
   - 화학적 구조의 변화 : 노화는 호화과정을 통해 약해진 전분 분자들 사이의 수소결합이 시간이 지나면서 다시 형성되는 것으로, 불규칙적으로 배열되어 있던 α-전분의 구조가 시간이 지나면서 부분적으로 규칙적인 배열의 micelle 구조로 돌아가는 현상
   - 억제 방법 : 수분함량 조절(60% 이상 또는 30% 이하), 온도 조절(-20℃ 이하 냉동저장), 설탕의 첨가, 유화제의 사용

3. 고구마 전분에 소석회를 첨가하여 pH가 염기성으로 변했을 때의 장점 3가지를 쓰시오.
   〈2005-1회, 2006-3회〉

   ① 마쇄 이후 첨가한 석회는 펙틴질과 결합하여 전분 가루의 사별을 쉽게 함
   ② 전분 입자를 침전하게 함으로써 분리 용이
   ③ 소석회를 첨가하여 고구마를 갈변시키는 폴리페놀이 전분 입자에 흡착되는 것을 방지함으로써 백도를 유지

4. 난소화성 전분(resistant starch, RS)의 종류 중에서 RS 3형의 생성 원리를 쓰시오. 〈2023-2회〉

   - 생성 원리 : 감자, 쌀, 빵 등을 가열조리 한 다음, 냉각하면 생성된다.
   - ※ 저항전분 3형(RS 3형) : 조리 후 따뜻할 때는 저항성 전분 함량이 적지만 식히면 저항전분이 많아지는 종류

■ 예상문제

1. X-선 회절도의 정의와 전분에서 호화전분의 간섭도 상태를 설명하시오.

- X-선 회절법 : 결정구조를 갖는 단백질(전분)과 같은 물질에 X-선을 조사하여 X-선이 휘는 모양을 관측하여 결정구조를 확인하는 것
- 호화전분(α-전분) : 전분 입자의 구조가 파괴되어 불명료한 X-선 회절도(V형)를 나타낸다.
- ※ 노화전분(β-전분)의 X선 간섭도 : 전분 종류와 관계없이 B형 간섭도를 나타낸다.

2. (   )전분이란 천연 전분의 물리적 특성을 물리적, 화학적, 효소적 방법으로 처리하여 변형시킨 것을 말한다. 이렇게 만든 전분의 종류 2가지만 쓰시오.

- 변성전분
- 산가공전분, 산화전분, 가교전분, 덱스트린류, 호화전분

4-3. 전분의 당화율에 따른 분류

1. 당화율(Dextrose equivalent, DE)

1) **당화율** : 전분이 가수분해되어 당화된 비율

2) **표시법** : '당화율(DE) = 직접환원당(포도당) ÷ 고형분 × 100', 고형분 중 포도당의 비율을 보통 DE로 나타낸다. 전분 자체의 당량은 0이고, 순수한 포도당의 당량은 100이다.

3) **당화율** : 맥아당은 35~50%, 액상포도당(시럽)은 55~56%, 고형포도당은 80~85%, 정제포도당은 97~98%, 결정형 포도당은 100%이다.

4) **DE 증가** : DE가 증가할수록 감미도, 삼투압, 방부효과는 증가한다. 반면, 빙점과 점도는 낮아지고, 침전이 용이해진다.

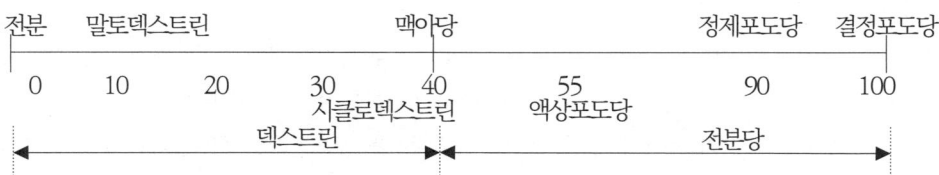

※ DE 증가 : 당 성분의 증가로 감미도, 삼투압, 방부효과 증가, 빙점과 점도는 낮아짐, 침전 용이
※ 전분 분해 시 분자량의 크기 : 전분 - 덱스트린 - 올리고당(시클로덱스트린) - 맥아당 - 포도당

2. 당화율에 따른 분류

1) **덱스트린** : 녹말(전분)을 산, 열, 효소 등으로 가수분해시킬 때, 전분에서 맥아당의 중간단계에서 생기는 여러 가지 가수분해 산물을 덱스트린이라 한다. 덱스트린은 일반적으로 당화율이 10~50% 정도이며, 맥아당은 35~50% 정도이다. (위 그림 참조)

  (1) 덱스트린은 사무용 풀, 제과용 부형제 등으로 사용된다.

  (2) 공업적 제조법 : 가산배소법, 건식배소법, 습식제조법

2) **말토덱스트린** : DE 10~20의 저당화 액당. 전분보다는 작고 말토올리고당(시클로덱스트린)보다는 큰 분자를 가진 분해 산물을 말한다. 전분 성질에 가까운 백색 분말로 냄새와 단맛은 없다. 부형제나 냉동식품, 껌 등의 피막 형성제로 사용하여 외관을 개량하고 변성을 방지한다.

3) **시클로덱스트린(Cyclodextrin)** : DE 30~40의 저당화 액당. 말토올리고당이 대표적이다. 흰색의 결정 또는 결정성 가루로 냄새가 없고, 말토덱스트린보다는 단맛이 약간 있다. 시클로덱스트린의 용도는 다음과 같다.[5]

  (1) 안정화 : 산화되기 쉬운 비타민, 물 및 열에 불안정한 물질에 대한 안정화 작용을 하여 착향료 및 착색료의

---
[5] 강영희, 『생명과학대사전』, 아카데미서적, 2008.

안정제로 사용한다.

  (2) 불휘발성화 : 향료, 정유, 향신료 등 휘발성물질의 휘발을 방지하고, 생선 냄새 등의 불쾌취를 없애 준다. 기능성 음료, 알코올 냄새 제거, 어육제품의 탈취제 등으로 사용한다.

  (3) 물성의 개선 : 식품 가공 시 텍스처 향상, 풍미 향상, 색소의 마스킹 효과 용도로 사용

  (4) 난용성 및 불용성 물질의 가용화 : 지방산, 유지 등의 유화작용. 아이스크림, 치즈 등의 유화제로 사용

3. 전분당(starch sugar, 물엿)

1) 전분당은 전분을 가수분해하여 얻어진 감미료를 말한다. 물엿(맥아당), 분말포도당, 고형포도당, 결정포도당 등을 총칭하는 말이다. 전분당은 물에 녹으면 단맛을 낸다. 전분의 당화 방법에는 산을 이용한 방법과 효소에 의한 가수분해 방법이 있다.

2) 산당화법 : 전분 – 전분유 – 산분해 – 알칼리 – 중화 – 냉각 – 여과 – 예비농축 – 탈색 – 탈염 – 정제 – 농축 – 제품

  (1) 전분을 뜨거운 물에 녹여 전분유로 만든 후, 산을 가하고 30~40분 가열하여 당화시킨 뒤 냉각한다. 수산화나트륨(또는 탄산나트륨)을 이용하여 중화 후 냉각하여 침전물을 여과 및 예비농축한다. 가수분해 과정에서 착색되므로 활성탄 2~3%를 넣고 탈색 후 이온교환수지를 통해 탈염, 정제한 다음 진공 농축한다.

  (2) 특징 : 액화시간 단축 가능, 연속장치 사용 가능, 호화온도가 높은 전분에도 이용 가능. 단점으로는 원료 전분을 완전히 정제해야 하며, 중화 공정이 필요하고, 쓴맛 발생, 부산물 생성 등이다.

3) 효소 당화법(효소에 의한 포도당화)

  (1) 전분 현탁액 → 호화 → α-아밀라아제 → 덱스트린화(액화) → 글루코아밀라아제 → 당화(맥아엿, 물엿, 포도당) → 정제 포도당

  (2) 특징 : 원료 전분의 정제 불필요, 부산물이 없고, 수율과 당도가 높다. 단점으로는 호화온도가 높으면 효소가 불활성화된다.

> ♣ 풀루라나아제(pullulanase) : 풀루란 가수분해 효소. 풀루란 또는 아밀로펙틴의 α-1.6 결합을 잘 가수분해한다. 전분당을 만드는 과정에서 전분 입자에는 직접 작용하지 않지만, α-아밀라아제가 작용하여 액화시킨 덱스트린의 α-1.6 결합을 절단하므로 포도당을 생성하는 데 중요한 역할을 한다.

4. 이성질화당(과당)의 생산

1) 이성질화당 : 포도당을 과당으로 일부분 변화시켜 포도당의 감미도를 높인 것이다.

  (1) 이성화(isomerization) : 어떤 화합물이 화학반응이나 촉매, 효소 등을 통하여 다른 이성질체로 변화하는 것을 말한다. 이성질체란 분자식은 동일하지만 구조가 다른 화합물이며, 일반적으로 구조이성질체, 입체이성질체로 분류한다.

(2) β-D-fructose(과당)의 감미도는 α-D-glucose(포도당)와 비교하면 단맛이 2.4배이기 때문에 글루코오스 이성화효소(glucose isomerase)를 사용하여 포도당을 과당으로 이성화시켜 단맛을 증가시킨다.

(3) 제조공정 : 이성질화당은 전분을 주원료로 하여 이를 '당화 → 포도당 → 포도당 이성질화'시켜 만든다. 전분당으로 만든 정제 포도당 → 효소에 의한 이성질화(이성질화당, 과당 42%) → 과당, 포도당의 재분리 → 과당(42%) + 과당(90%) 배합 → 이성질화당(과당 55%) 순으로 제조

> ♣ **온도에 따른 과일의 단맛** : 과일 속에는 과당이 다량 함유되어 있으며, 단맛은 설탕의 2.4배 정도
> 1. 과일의 단맛이 일정하지 않은 이유 : 단맛의 정도가 온도에 따라 변하기 때문
> 2. 과당에 함유된 단맛 성분 : 알파(α)형, 베타(β)형의 2가지 성분이 존재함
>   1) 단맛의 정도 : 알파(α)형보다 베타(β)형이 3배 정도 높다. 온도 상승 시에는 과당 속에 알파형이 많아지고, 저온에서는 베타형이 많아진다. → 저온에서 더 단맛을 가지는 특징이 있음
>   2) 과일을 시원하게 먹을 때 더 단맛이 난다.
>   3) 액상과당 : 온도가 낮은 청량음료, 아이스크림 등에 주로 첨가하여 단맛을 낸다.

2) 이성질화당(과당)의 특성

(1) 감미도 및 갈변반응 : 설탕은 온도의 변화에 따라 감미도에 차이가 없다. 그러나 이성질화당인 과당은 고온 가열하면 감미도가 1/3 수준으로 저하되며, 변색반응을 일으킨다. 그러나 저온에서는 감미도가 가장 크기 때문에 청량음료, 아이스크림 등에 많이 사용된다.

(2) 삼투압 : 설탕보다 용액의 삼투압이 크므로, 삼투압에 의한 방부 효과가 좋아 보존성 향상

(3) 결정성 : 과당은 액상형태로 설탕보다 결정성이 낮아서 가공식품 제조 시 결정 방지에 도움

(4) 보습성 : 설탕보다 흡습성이 좋아 카스텔라, 스펀지케이크 등의 건조 방지 역할

4-4. 감미료

1. 정의

1) **정의** : 식품에 감미를 부여할 목적으로 첨가하는 식품첨가물. 감미료는 천연감미료와 인공감미료로 구분한다. 천연감미료는 설탕이 대표적이며, 스테비오사이드가 있다. 스테비오사이드는 설탕보다 300배의 단맛을 가진다.

2) **인공감미료** : 식품에 감미를 부여할 목적으로 화학적으로 만든 식품첨가물. 인공감미료는 설탕 섭취로 인한 충치 유발, 비만 등의 부작용을 방지하기 위하여 설탕보다 훨씬 적은 양으로 같은 맛을 낼 수 있도록 만든 화학합성품이다. 따라서 저칼로리 식품을 제조할 때 많이 이용된다. 탄수화물은 4kcal/g의 열량을 내므로 동일한 단맛의 식품을 제조할 경우, 첨가되는 인공감미료의 양은 적게 사용하므로 저칼로리 식품이 된다. 국내에서 허가된 인공감미료는 사카린, 글리시리진나트륨, 아스파탐, 솔비톨, 자일로스 등이 있다.

2. 감미도

1) 정의 : 물질의 감미 정도를 나타내는 값으로 보통 설탕의 100을 기준치로 한다. 합성감미료나 새로운 천연 감미료에서는 설탕의 기준치를 1로 하여 측정한다.

2) 감미도 : 설탕을 기준으로 아스파탐은 200배, 스테비오사이드는 300배, 사카린은 500배

3. 브릭스(Brix°)

1) 당도 : 과일 등에서 추출된 액즙 중에 함유되어 있는 당의 비율

2) 브릭스값 : 당 측정용 굴절계를 이용하여 설탕의 농도를 측정하는 방법

   (1) 1Brix : 100g의 물에 녹아 있는 설탕의 g수. 과일 액즙 100g 안에 당분이 10g 들어 있으면 10 Brix로 표시. 과일은 7~15 Brix 범위 안에 있다.

   (2) Brix° : 당용굴절계로 측정한 굴절률에서 환산한 자당의 농도를 나타내는 값

■ 기출문제

1. 가수분해 정도를 나타내는 포도당 당량 D.E의 계산식을 쓰시오. 〈2007-2회, 2023-2회〉

   • 당화율(D.E) = [직접환원당(포도당) ÷ 고형분] × 100

2. 전분당 제조 시 D.E가 높아지면 감미도와 점도는 어떻게 변화하는지 쓰시오.
   〈2006-3회, 2009-2회, 2023-1회〉

   • 감미도(당도)는 높아지고, 점도는 낮아진다.

3. 전분의 공정에 대한 설명이다. 빈칸에 알맞은 말을 쓰시오. 〈2011-2회, 2020-4회〉

   전분의 산, 효소 당화과정 중 분해되어 생성되는 중간생성물인 (①)이 α-아밀라아제 효소로 인해 점도가 낮아지는 공정을 (②)라고, glucoamylase에 의해 포도당이 형성되는 공정을 (③)라 한다.

   ① 덱스트린
   ② 액화
   ③ 당화

4. 전분을 α-amylase, glucoamylase로 당화시킬 때 D.E와 점도의 변화이다. ( )를 채우시오.
   〈2011-3회, 2016-1회〉

   엿당이 (①)에 의해 분해되어 (②), (③)이 생성되고, D.E = (④)이다. D.E가 높아지면 감미도가 (⑤)지고, 점도는 (⑥)진다.

   ① maltase
   ② dextrin
   ③ 포도당
   ④ D.E = [(직접환원당 ÷ 고형분) × 100]
   ⑤ 높아
   ⑥ 낮아

5. 전분의 가수분해 함량을 측정하는 D.E. 값이 A는 45, B는 90이다. 다음 괄호 안에 알맞은 단어(A 또는 B)를 쓰시오. 〈2022-2회〉

   ① 점도 : ( ) > ( ) ② 당도 : ( ) > ( )

   ① 점도 : (A) > (B)
   ② 당도 : (B) > (A)

6. 전분이 분해될 때 분자량이 작아지는 순으로 보기에서 골라 ( )안에 쓰시오 〈2024-1회〉 〈보기 : 덱스트린, 맥아당, 올리고당, 포도당〉 전분 - ( ) - ( ) - ( ) - ( )	• 전분 -(덱스트린) - (올리고당) - (맥아당) - (포도당)
7. 전분을 포도당으로 만드는 공정에서 액화된 상태의 glucoamylase와 pullulanase를 함께 넣는데, 만약 glucoamylase만 넣으면 어떻게 되는지 쓰시오. 〈2017-2회, 2024-2회〉	• 전분으로부터 포도당으로 전환되는 시간이 많이 소요된다. ※ pullulanase : 아밀로펙틴의 α-1.6 결합을 잘 가수분해하여 포도당 생성에 중요한 역할을 함
8. 산당화(또는 가수분해)에 의한 물엿 제조공정에 대하여 설명하시오 〈2004-3회, 2006-1회〉	• 산당화 제조공정 : 전분 - 전분유 - 산분해 - 알칼리 - 중화 - 냉각 - 여과 - 농축 - 탈색 - 탈염 - 정제 - 농축 - 제품 • 내용 : 전분을 뜨거운 물에 녹여 전분유로 만든 후, 산을 가하고 가열하여 당화시킨 뒤 80℃로 냉각한다. 수산화나트륨(또는 탄산나트륨)을 이용하여 중화 후 냉각하여 침전물을 여과, 농축한다. 가수분해 과정에서 착색되므로 활성탄 등을 이용하여 탈색 후 이온교환수지를 통해 탈염 및 정제한 다음 진공농축한다.
9. Cyclodextrin의 사용 목적 또는 효과를 3가지 쓰시오. 〈2015-1회, 2022-1회〉	• 사용 목적 : 착향료 및 착색료의 안정제, 마요네즈의 유화성 개선제, 어육제품 탈취제 등 • 효과 : 색 및 향의 안정화, 생선 냄새 제거 및 탈취제, 텍스처 향상, 유화작용 등
10. 밀가루 대신 전분으로 빵을 만들 때, 물리적 특성의 변화와 원인 성분을 쓰시오 〈2015-2회, 2018-2회〉	• 밀가루 빵 : 글루텐 단백질 성분에 의한 점탄성 특성으로 반죽이 부풀고, 가스가 포집됨 • 전분 빵 : 빵 껍질 속의 질감, 맛과 색 변화, 온도 증가에 따른 전분의 호화 발생 • 원인 성분 : amylose, amylopectin

11. 온도에 따른 과당의 감미도에 영향을 미치는 화학구조와 이성질체를 포함하여 설명하시오. ⟨2020-2회, 2022-1회⟩

- 화학구조 : 과당을 고온에서 가열하면 단맛이 1/3 정도로 감소된다. 과당에는 알파(α)형과 베타(β)형이 있는데, 베타형이 알파형보다 3배 정도 단맛을 가진다. 온도가 올라가면 과당 속에 알파형이 많아져 단맛이 감소하고, 저온에서는 베타형이 많아지기 때문에 단맛이 증가한다.
- 이성질체 : 분자식은 동일하지만 구조가 다른 화합물. β-D-fructose(과당)의 감미도는 α-D-glucose(포도당)과 비교하면 단맛이 2.4배이기 때문에 글루코오스이성화효소(glucose isomerase)를 사용하여 포도당을 과당으로 이성화시켜 단맛을 증가시킨다.

■ **예상문제**

1. 청량음료 등의 제조업체에서 HFCS(액상과당, High Fructose Corn Syrup)를 많이 사용하는 이유를 설명하시오.

- 액상과당의 제조에 사용되는 옥수수 전분은 설탕보다 가격 저렴하고, 물에 잘 녹는다.
- 음료수에 사용 이유 : 설탕보다 더 달아 적은 양으로 같은 맛을 낼 수 있으며, 포만감을 느끼지 않아 설탕을 사용할 때보다 음료를 더 많이 마시기 때문

2. 제로 슈가 제품은 설탕이 함유되어 있지 않은 제품을 말한다. 대신 인공감미료를 이용하여 설탕과 유사한 단맛을 갖도록 제품을 만든다. 국내에서 허가된 인공감미료의 종류 3가지만 쓰시오.

- 아스파탐, 수크랄로스, 사카린, 글리시리진 나트륨, 에리쓰리톨 등

제5절 비타민, 무기질

5-1. 비타민, 무기질

1. 비타민

1) 비타민은 정상적인 생체대사를 위한 필수영양소이다. 우리 몸에는 많은 양의 비타민이 필요하지 않지만, 몇 가지를 제외하고는 체내에서 합성되지 않아 음식을 통해 섭취해야만 한다. 비타민은 소량으로 생체대사를 조절하는 점에서 호르몬과 같다. 인체 내에서 충분한 양이 생산되는 것을 호르몬이라 하고, 필요량을 외부 음식으로부터 섭취해야 하는 것은 비타민이라 한다.

2) 수용성, 지용성 비타민의 특징 비교

구 분	수용성 비타민	지용성 비타민
종 류	비타민 B, C	비타민 A, D, E, F, K
용해성	물에 녹는다(수용성)	기름과 유기용매에 녹는다(지용성)
섭취 관계	• 필요량 이상 섭취 시 체내 저장되지 않고, 소변으로 배출 • 지용성 비타민보다 상대적으로 열에 약하여, 조리가공 중 많이 손실	• 필요량 이상 섭취 시 체외 배출하지 않고, 체내에 저장 • 지방과 함께 흡수되므로, 지방이 부족하면 흡수율이 저하됨 • 열에 강하여 조리가공 중에 적게 손실
결핍 증세	• 필요량을 매일 섭취해야 하며, 결핍 시 증세가 즉시 나타난다.	• 체내 저장되므로, 매일 섭취할 필요가 없고, 결핍 증세도 서서히 나타난다.
구 성	수소, 산소, 탄소 및 질소 등	수소, 산소, 탄소

2. 인체에서 무기질의 역할

1) **유기화합물** : 탄소를 포함하는 화합물을 총칭하는 것으로 대부분 C, H, O, N 등으로 구성된 화합물이다. 단백질, 지방, 탄수화물, 비타민 등으로 인간의 생체를 구성하는 필수 화합물이다. 탄소를 함유하더라도 비교적 간단한 탄소화합물인 CO, CO_2 등은 무기화합물로 구분한다.

2) **무기화합물** : 탄소를 포함하지 않는 성분으로 가열해도 타지 않고 남는 재 성분이다. 무기질 또는 회분이라고도 한다. 물, 소금, K(칼륨), Ca(칼슘), Na(나트륨), Mg(마그네슘), Zn(아연), Fe(철), Cu(구리) 등이 있다.

3) **구성 및 역할** : 무기질은 생물체의 구성성분을 이루는 물질이다. 인간의 몸은 약 96%의 유기화합물과 4%의 무기화합물로 구성되어 있다.

⑴ 뼈나 이빨과 같은 골격은 칼슘, 인, 마그네슘 등으로, 근육이나 혈액은 철, 요오드, 황 등으로 구성된다.

⑵ 칼륨(K), 칼슘(Ca), 나트륨(Na), 마그네슘(Mg) 등과 같은 무기질은 체내에서 생성되지 않아 매일 일정량을 섭취해야 하지만, 대부분 천연식품에 다량 함유되어 있어 부족하지 않다.

3. 나트륨(소금)의 특성 및 건강에 미치는 영향

1) **정의** : 소금은 나트륨(Na) 40%와 염소(Cl) 60%로 이루어진 염화나트륨으로, 나트륨은 소금의 주성분이다.

2) **나트륨의 역할** : 세포 내외의 삼투압을 조절하는 역할을 한다. 세포 외부에서는 나트륨이, 세포 내부에서는 칼륨이 주로 삼투압을 조절한다. 소금은 음식의 짠맛을 내기 위해 첨가되며, 짠맛의 강약 정도는 맛을 조절하는 역할을 한다.

3) **나트륨의 과잉 섭취** : 체내의 삼투농도가 증가 → 갈증 → 수분 섭취 → 혈액의 양 증가 → 혈압상승(일정 크기의 혈관에 평소보다 많은 양의 혈액이 지나가면 팽창하여 혈압을 높임)

⑴ 고혈압, 뇌졸중, 심근경색, 심부전 등 심장질환 촉진, 위암의 발생률 증가

⑵ 골다공증, 천식, 비만, 합병증 등 모든 원인의 사망률을 높임

4. 산성식품과 알칼리성 식품

1) 모든 식품은 알칼리 생성 원소와 산 생성 원소를 가지는 비율에 따라 알칼리성 식품과 산성식품으로 나눌 수 있다. 식품의 산성 또는 염기성은 식품을 태우고 난 재(회분)를 분석하여 판단한다. 산을 형성하는 물질이 많으면 산성식품, 알칼리성 물질이 많으면 알칼리성 식품이라 한다.

2) 산성식품, 알칼리성 식품

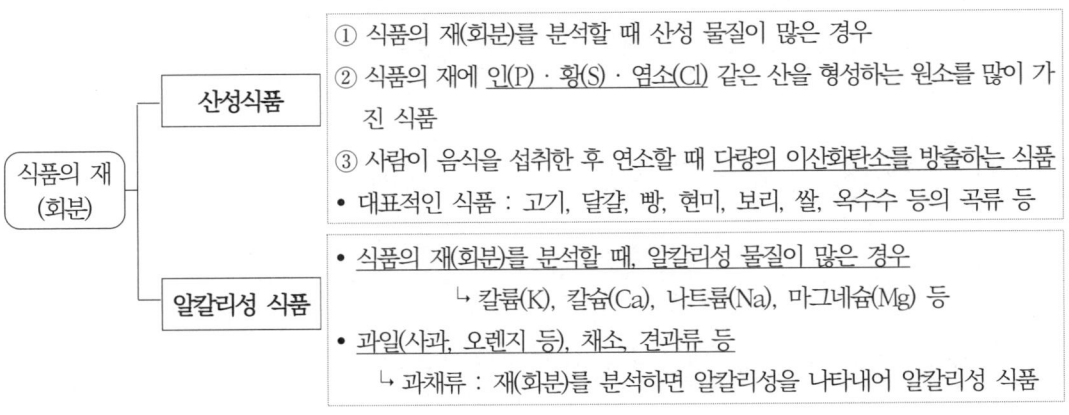

3) **인체에 미치는 영향** : 혈액의 pH는 7.4이다. 혈액은 완충 능력이 있어 산성 혹은 염기성 용액을 추가해도 pH는 거의 변하지 않는다. 따라서 일정 기간 산성식품을 많이 섭취해도 혈액의 pH는 변하지 않는다. 그러나 지속적으로 많이 섭취하면 체내의 혈액 균형이 깨져 건강을 해칠 수 있다.6)

■ 기출문제

1. 나트륨을 많이 섭취할 경우, 고혈압이 발생하는 이유를 쓰시오. 〈2016-1회〉

- 나트륨을 과잉 섭취하면 체내의 삼투농도가 증가 → 갈증 → 수분 섭취 → 혈액의 양이 많아짐 → 혈압이 상승(일정 크기의 혈관에 평소보다 많은 양의 혈액이 지나가면 팽창하여 혈압을 높임)

■ 예상문제

1. 산성식품과 알칼리성 식품의 구분 기준을 쓰고, 대표적인 식품 2가지씩 쓰시오.

- 산성식품 : 일반적으로 식품의 재에 황(S)·인(P)·염소(Cl) 같은 산을 형성하는 원소를 많이 가지고 있는 식품, 사람이 음식을 섭취한 후 연소할 때 다량의 이산화탄소를 방출하는 식품. 대표적 식품은 고기, 달걀, 빵, 현미, 보리, 쌀, 옥수수 등의 곡류 등
- 알칼리성 식품 : 식품의 재에 칼륨(K), 칼슘(Ca), 나트륨(Na), 마그네슘(Mg) 철(Fe), 구리(Cu), 아연(Zn), 망간(Mn) 등이 많이 들어 있는 식품. 대표적 식품은 과일, 채소, 견과류 등

---

6) 여인형, 화학산책, https://terms.naver.com/entry.naver?docId=3576268&cid=58949&categoryId=58983, 2013.3.25.

제6절 식품의 색, 맛, 향

6-1. 식품의 색

1. 색의 표시

1) 식품의 색은 가공, 저장, 운반과정에서 산소, 광선, 열, 효소, 미생물 등 다양한 요인에 의해 변한다. 식품의 색은 소비자들의 식욕을 돋우기도 하고, 신선도를 판단하는 기준으로 사용하므로 식품을 선택하는 데 매우 중요한 요소로 작용한다.

2) **CIE 표준 색체계** : 국제 조명위원회(CIE)가 정한 표색계. 모든 색을 **RGB(적색, 녹색, 청색)의 세 가지 원색을 혼합**하여 표시하고 있다. 사람은 3가지 색상인 빨강, 파랑, 녹색의 자극 및 조합에 따라 모든 색을 구별할 수 있다고 한다. 가시광선 파장에서 빨간색(R)은 600~700nm, 녹색(G)은 500~600nm, 파란색(B)은 380~500nm에서 나타난다. 따라서 이러한 자극 값을 **3자극 값(X, Y, Z)**이라고 한다.

3) **먼셀 색체계** : 물체 표면에서 인지되는 색을 기초로 색상, 명도, 채도 등 3가지 요소를 이용하여 입체적으로 색의 속성을 표시한 것이다. 국제적으로 가장 많이 사용하며, KS규격도 먼셀 표시법을 채택하고 있다.

　(1) 색상 : 원주에 5가지 기본색(빨강, 노랑, 초록, 파랑, 보라색)을 정하고, 기본색을 다시 2개의 중간색으로 구분하여 10가지 색을 기초로 하고 있다. 10가지 색상은 다시 1~10까지 등분하여 100가지 색상을 범위로 색상환을 만든다. 흰색과 검은색은 무채색으로 색상환에 표시하지 않고 명도로 표시한다.

　(2) 채도 : **색의 맑고 탁함의 정도**를 나타내는 것이다. 회색을 많이 포함되면 탁한 것이고, 회색이 적으면 맑은 것으로 나타낸다. 채도가 높다는 것은 원색에 가까운 것을 의미한다.

　(3) 명도(밝기) : **빛의 반사율에 따라 나타나는 빛의 밝고 어두운 정도**를 말한다. 중심의 세로축에 표시하며 검은색은 하단에 0으로, 백색은 상단에 10으로 표시한다.

4) **헌터 색체계** : 두 물체의 빛깔의 감각적인 차이를 구하기 위해 3광색 필터를 이용한 광전색도계로서, **L(명도), a, b값으로 표시**한다. 통조림(사과주스, 토마토주스 등) 식품의 색도계 수치를 이용하여 관능검사를 판정하는 데 주로 이용한다.

　(1) L값(명도) : 명도를 나타내며 흑색을 0, 백색을 100으로 표시

　(2) a값(색상) : 적색이 진할수록 0~+100으로 증가, 녹색이 진할수록 0~-80으로 감소

　(3) b값(채도) : 황색이 진할수록 0~+70으로 증가, 청색이 진할수록 0~-70까지 감소

2. 식품의 색소

1) 식품(식물성 식품, 동물성 식품)에는 다음과 같은 색을 내는 물질이 함유되어 있다.

	식물성 색소	동물성 색소	
지용성	클로로필, 카로티노이드	헤모글로빈	동물의 혈액에 존재
수용성	액포에 존재(안토시아닌, 플라보노이드)	미오글로빈, 카로티노이드	근육에 존재
불용성	탄닌		

2) 색소단백질 : 동·식물체 조직이나 체액 등에 함유된 단백질과 결합하고 있는 색소. 색소 성질에 따라 클로로필 단백질(마그네슘 착염 클로로필), 헴(heme) 단백질(헤모글로빈, 미오글로빈), 카로티노이드 단백질(아스타잔틴) 등으로 분류한다.

3. 식물성 색소

1) **클로로필**(chlorophyll, 엽록소) : 모든 식물은 엽록체를 가지고 있다. 엽록체는 식물의 광합성 장소로 이곳에서 물과 이산화탄소를 이용하여 포도당과 탄수화물을 만들어 에너지를 합성한다. 이 엽록체 안에는 엽록소라는 녹색의 지용성 색소가 존재하며, 이를 클로로필이라고도 한다.

  (1) **가열에 의한 변색** : 데치기하면 청록색을 유지하나, 장기간 가열(삶음)하면 황록색으로 변함

  (2) **산에 의한 변화** : 녹색 채소를 오래 삶으면, 단백질과 클로로필의 결합 파괴로 클로로필 유리 → 조직에 있는 유기산과 결합 → 페오피틴으로 변함(녹갈색) → 계속 삶으면(유기산의 계속적인 접촉) 갈색의 페오포르비드로 변함

  (3) **알칼리에 의한 변화** : 클로로필에 알칼리를 처리하면 피톨이 유리되고 청록색을 띠는 클로로필리드가 생성된다. 클로로필리드에 계속해서 알칼리가 작용하면 메탄올이 제거되면서 청록색의 클로로필린이 된다.

  (4) **금속이온에 의한 변화** : 클로로필은 지용성으로 물에 녹지 않지만, NaOH와 같은 알칼리로 가수분해하여 구리-클로로필의 나트륨염을 만들면 친수성이 되어 청록색을 유지할 수 있다.

  (5) **효소(클로로필라아제)에 의한 변화** : 페오포르비드(갈색)를 형성 → 가공 시 갈변 방지를 위해 데치기를 통하여 효소를 불활성화시켜 주면 청록색을 유지할 수 있다.

2) **카로티노이드**(carotenoid) : 동식물계에 존재하는 황색, 주황색, 적색의 색소. 물에는 녹지 않으나 유기용매에 녹는 '지용성 색소'이다. 연어, 당근, 호박 등에서 쉽게 볼 수 있다. 카로티노이드는 섭취 시 체내에서 비타민 A로 변하는 프로비타민 A이다. 카로티노이드와 비타민 A는 이중결합 구조를 가지고 있어 산소, 지방분해효소, 햇빛 등에 쉽게 산화된다. 분자구조의 산소 유무에 따른 분류는 다음과 같다.

구분	카로틴류(분자에 산소 없음)	잔토필류(분자에 산소 있음)
특성	• α-카로틴, β-카로틴, γ-카로틴 : 섭취 후 동물의 체내에서 비타민 A로 변한다. (프로비타민 A)	• 비타민 A의 효력이 없다.
종류	(1) α-카로틴 : 당근, 고추 등 (2) β-카로틴 : 높은 영양가(당근, 고구마, 감귤류) (3) γ-카로틴 : 당근, 살구 등	(1) 루테인 : 난황, 오렌지, 호박 등 (2) 제아잔틴 : 난황, 옥수수, 오렌지 (3) 크립토잔틴 : 옥수수 등 (4) 아스타잔틴 : 적색(게, 새우, 연어)

3) **플라보노이드 (flavonoid)** : 식물에 널리 분포하는 **담황색 또는 노란색을 띠는 수용성 색소**이다. 식물의 잎, 뿌리, 줄기, 열매 등에 다수 함유되어 있어 와인, 녹차, 감자, 고구마, 양배추 등에 많다.

(1) **분자구조에 히드록시기(-OH)를 가지고 있는 폴리페놀**로서 산소 또는 효소, 금속에 의해 쉽게 산화된다. 플라본, 이소플라본, 카테킨, 안토시아닌 등이 있다.

(2) 산에는 안정하고, 알칼리에서는 노란색이나 갈색으로 변한다. 밀가루 빵을 만들 때 팽창제인 알칼리성 탄산나트륨($NaHCO_3$)을 첨가하면 빵이 갈변된다. 양배추, 고구마를 삶으면, 물에 있는 알칼리염에 의해 노란색으로 변하며 구리, 철과 같은 금속과 결합하여 흑갈색으로 변한다.

```
플라보노이드 ─┬─ • 식물에 널리 분포하는 담황색 또는 노란색을 띠는 수용성 색소
             │   • 히드록시기(-OH)를 가지고 있는 폴리페놀 : 산소, 효소, 금속에 의해 쉽게 산화
             │     ※ 종류 : 플라본, 이소플라본, 카테킨, 안토시아닌 등
             │
             └─ 안토시아닌
                • 과일에서 빨간색, 청색, 자주색 등을 나타내는 수용성 색소
                  ↳ 사과, 포도, 복숭아, 배, 딸기, 블루베리 등에 풍부, pH 농도에 따라 색깔이 변함
```

pH	알칼리성	중성	산성
색 상	파란색	보라색	빨간색

※ 시아니딘-3-갈락토시드 : 안토시아닌 성분. 사과가 대표적임

4) **안토시아닌 (anthocyanin)** : 꽃이나 과일에서 빨간색, 청색, 자주색 등을 나타내는 수용성 색소. 사과, 배, 포도, 복숭아, 딸기, 포도, 블루베리 등에 풍부하다. 포도에 있는 안토시아닌은 그 색소의 비율과 함량으로 포도주의 색깔이 결정된다. pH의 농도에 따라 산성이면 적색, 알칼리성이면 청색을 띤다. 이는 가역적으로 변하기 때문에 산을 첨가하면 적색으로 다시 변한다.

♣ 류코안토시안(leucoanthocyan) : 염산과 함께 leucoanthocyan(류코안토시안)을 가열하면 안토시아니딘으로 산화되어 붉은색을 띤다. 류코안토시안을 함유한 복숭아, 배를 산성에서 가열하면 무색의 류코안토시아닌이 산화되어 cyanidin으로 변하면서 붉은색을 띠게 된다. pH를 높이고 가열시간과 온도 조절을 통해 방지할 수 있다.

5) 타닌 (tannin, 또는 탄닌) : 타닌은 폴리페놀을 기본구조로 하고 있으며, 많은 히드록시기(OH)와 다른 작용기를 포함하고 있는 폴리페놀화합물을 말한다. 녹차, 포도주, 감의 떫은맛은 타닌에 의한 것이다. 물에 녹지 않는 불용성 색소로 무색이지만 효소(폴리페놀옥시다아제), 자동산화(공기), 금속이온 등과 작용하여 갈변현상을 유발한다.

> ♣ 폴리페놀 (Polyphenol) : 벤젠고리(C_6H_6)의 수소 중 하나가 히드록시기(-OH)로 치환된 물질을 페놀이라 한다. 히드록시기(-OH)를 2개 이상 갖고 있는 물질을 폴리페놀이라 한다.
> 1. 폴리페놀의 종류 : 감의 탄닌, 과일의 플라보노이드, 녹차의 카테킨, 포도의 레스베라트롤, 커피의 클로로겐산 등이 있다. 폴리페놀은 식품의 색소 성분, 회분 성분(맛 성분), 갈변반응의 원인이 되는 물질로 알려져 있다.
>   (1) 색소 : 노란색 색소(플라본류), 자색을 띠는 가지, 포도(안토시안계 색소) 등
>   (2) 맛 성분 : 녹차(카테킨), 커피(클로로겐산) → 떫은맛, 쓴맛
>   (3) 갈변반응 : 폴리페놀을 함유한 식품은 폴리페놀 산화효소인 polyphenol oxidase가 포함되어 있어 갈변반응이 발생
> 2. 대표적 작용 : 항산화, 항암, 콜레스테롤 저하, 심근경색 예방, 충치 예방 효과

■ 기출문제

1. 헌터 색체계에서 L, a, b가 의미하는 것은 무엇인지 쓰시오. 〈2017-2회〉

- L(명도) : 흑색의 0에서 백색의 100까지로 나타냄
- a(색상) : 적색이 진할수록 0~+100으로 증가, 녹색이 진할수록 0~-80으로 감소
- b(채도) : 황색이 진할수록 0~+70으로 증가, 청색이 진할수록 0~-70으로 감소

2. 먼셀 색체계는 3요소로 색을 표현한다. ( )에 알맞은 요소를 쓰시오. 〈2023-3회〉
   ① ( ) : 원주에 기본색(빨강, 노랑, 초록, 파랑, 보라색)을 정하고, 기본색을 다시 2개로 구분하여 10가지 색으로 표현한다.
   ② ( ) : 검은색은 하단에 0으로, 백색은 상단에 10으로 표시한다.
   ③ ( ) : 색의 맑고 탁함의 정도를 나타내는 것이다. 회색을 많이 포함되면 탁한 것이다.

① 색상
② 명도
③ 채도

3. 안토시아닌 색소의 pH에 따른 색의 변화를 쓰시오. 〈2024-1회〉

pH	알칼리성	중성	산성
색 상	( )	( )	( )

pH	알칼리성	중성	산성
색 상	파란색	보라색	빨간색

4. 포도를 HCl-methanol에 침지할 때 추출되는 적포도 성분, 추출된 색, NaOH 주입 시 색의 변화를 쓰시오. 〈2013-3회〉

- 적포도 성분 : 안토시아닌
- 추출된 색깔 : 적색
- NaOH 주입(알칼리성분) : 자색 → 청색

5. 산성 통조림의 복숭아 또는 배를 가열할 때, 붉은 색이 나타나는 이유를 쓰시오.
〈2013-3회, 2014-3회, 2016-2회, 2020-2회〉

- 류코안토시안을 함유하고 있는 복숭아, 배를 산성에서 가열하면 무색의 류코안토시아닌이 산화되어 cyanidin으로 변하면서 붉은색을 띠게 된다.

6-2. 갈변반응

1. 식품의 갈변반응(Browning reaction)

1) 식품의 조리나 가공, 저장 중에 식품이 갈색으로 변하는 현상을 말한다. 식품이 갈색으로 변하는 원인은 식품 자체에 있는 효소 또는 식품 내에 함유된 성분 간의 반응으로 발생한다.

2) 효소의 작용으로 발생되는 것을 **효소적 갈변반응**, 성분 간의 결합에 의해 발생되는 것을 **비효소적 갈변반응**이라 한다.

2. 효소적 갈변반응

1) 식품 자체에 함유된 **효소에 의하여 발생하는 갈변반응**을 말한다. 식품 내에 있는 색소가 열, 산소, 빛에 의해 분해되어 색깔이 변하는 것이다.

2) **효소적 갈변 효과** : 사과나 감자를 반으로 잘라 공기 중에 두면 갈색으로 변하는 현상에서 볼 수 있다. 반면, 홍차, 코코아 등은 효소적 갈변을 통하여 고유의 색깔을 형성한다.

3) **갈색화 반응에 작용하는 식품 효소** : polyphenol oxidase(폴리페놀 옥시다제), tyrosinase(티로시나아제), chlorophylase(클로로필라아제) 등이 있다. 효소에 의하여 발생하므로 식품 가공 시 가열처리를 통해 **효소를 불활성화시키면 억제**할 수 있다.

   (1) **polyphenol oxidase(폴리페놀 옥시다아제)** : 구리를 함유하고 있는 금속효소로 폴리페놀류를 산소 존재 하에 산화시켜 갈색의 멜라닌 색소를 형성 → 사과를 잘라 공기 중에 두면 갈변현상, 녹차나 커피의 갈색화 현상에 작용

   (2) **tyrosinase(티로시나아제)** : 티로신(아미노산), 페놀류 등을 산소 존재하에 산화반응을 촉매하는 효소이다. 사과, 감자 등의 변색에 작용

   (3) **chlorophylase(클로로필라아제)** : 엽록소(클로로필)를 가수분해하는 효소로 녹색 채소류에서 갈변현상을 유발한다. 이를 방지하기 위하여 녹색 채소류는 가공 전에 70~100℃에서 데치기(blanching)하여 효소를 불활성화시킨다.

4) **효소적 갈변반응의 억제 방법**

방법	내용
물리적 방법	(1) **산소 제거** : 갈변반응은 산소 존재하에 촉매됨 → 데치기 또는 가스치환 저장으로 방지 (2) **온도 조절** : -18℃ 이하 냉동조건에서 갈변반응 일어나지 않음
화학적 방법	(1) **가열처리로 효소의 불활성화** : 효소는 일반적으로 100℃로 가열 시 불활성화 (2) **효소의 최적 조건 변화(pH 조절)** : 폴리페놀옥시다아제는 pH 3.0 이하에서 활성 상실 →

	박피한 과일 : 구연산 등의 산성용액에 침지하면 갈변 방지 가능
	(3) **효소저해제 첨가** : 감자, 사과, 복숭아 등의 가공 시 아황산염 첨가로 갈변 방지. 아스코르브산(비타민 C)은 강력한 산화제로서 갈변을 방지함
	(4) **금속이온 제거** : 폴리페놀옥시다아제와 티로시나아제는 구리를 함유한 금속효소로 철, 구리에 의해 효소의 활성이 촉진됨 → 조리 시 금속용기의 사용 억제 및 스테인리스 용기 사용

3. 비효소적 갈변반응

1) **식품 성분 간 화학반응에 의하여 갈변현상**이 발생하는 것을 말한다. 이 반응은 효소가 관여하지 않은 상태에서 발생하는 갈변반응이다. 따라서 식품을 가열 처리하여 효소가 불활성화된 이후에 주로 발생한다. 비효소적 갈변반응은 **메일라드반응, 캐러멜화 반응, 아스코르브산 반응**이 있다. 비효소적 갈변식품의 공통점은 최종적으로 **카르보닐화합물이 생성**된다는 것이다.

2) **메일라드 반응(Maillard reaction)** : 식품 내에 함유된 아미노산의 아미노기와 환원당(당류)의 카르보닐기가 반응하여 질소를 함유한 최종생성물인 갈색 물질의 멜라노이딘(melanoidine)을 생성하는 반응이다. 대부분 식품은 단백질, 아미노산, 당 성분을 함유하고 있기 때문에 거의 모든 식품에서 발생할 수 있다. 아미노-카르보닐 반응이라고도 한다. 반응메카니즘은 다음과 같다.

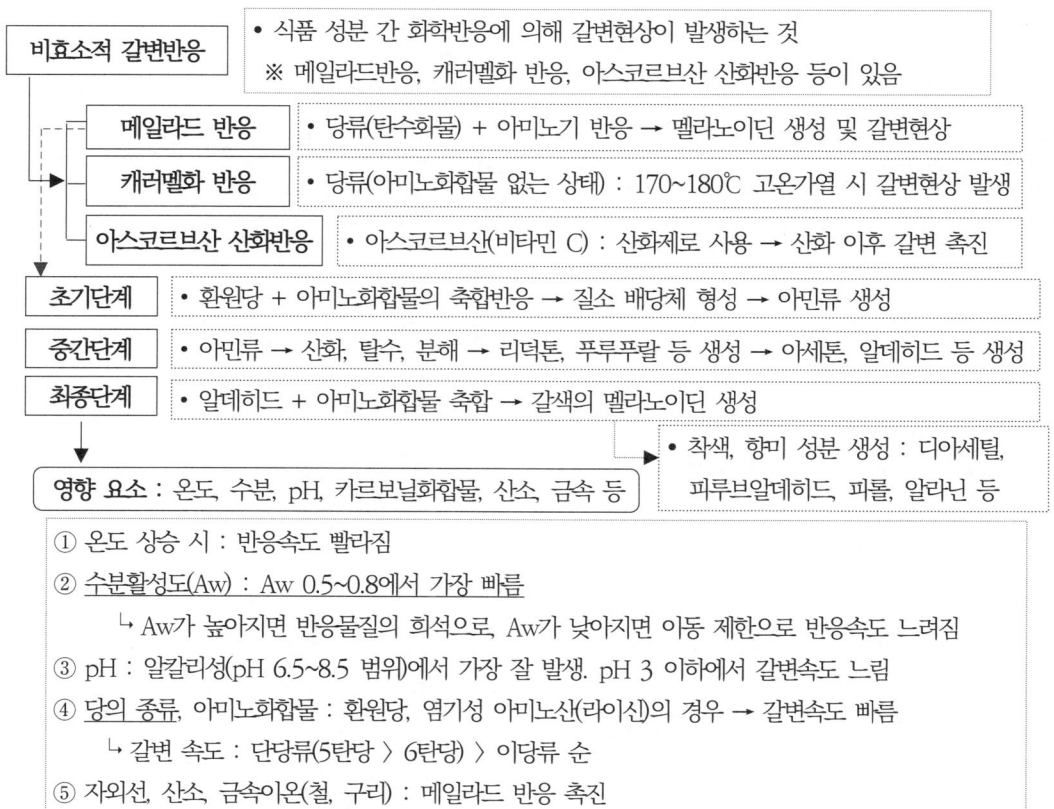

(1) 초기단계 : 환원당 + 아미노화합물의 축합반응 → 질소 배당체 형성 → 아민류 생성(아마도리 전위반응)

(2) 중간단계 : 아민류가 산화, 탈수, 분해되어 리덕톤(reductone), 푸루푸랄 등의 화합물 생성 → 아세톤, 알데히드 등의 휘발성물질을 생성

(3) 최종단계 : 중간단계에서 생긴 알데히드 등에 아미노화합물들의 계속적인 축합반응으로 갈색의 멜라노이딘을 형성

3) 캐러멜화 반응(Caramelization) : 당류를 가열하면 갈색이 생기는 반응에는 캐러멜화 반응과 메일라드 반응이 있다. 캐러멜화 반응은 아미노화합물이 존재하지 않는 상태에서 당 성분이 많은 식품을 170~180℃로 고온 가열 시 산화 및 그 분해 산물로 갈색의 캐러멜을 형성하는 것이다. 빵이나 비스킷 등의 제조에 이용한다.

4) 아스코르브산 산화반응(갈색화) : 아스코르브산(비타민 C)은 강한 산화 특성이 있어 과즙, 과일, 야채 등의 건조제품이나 감자튀김 등의 산화방지제로 널리 사용된다. 그러나 항산화제로 사용된 아스코르브산이 산화반응에 의해 산화된 이후에는 항산화제 기능을 상실하고, 갈변반응의 속도를 가속화시킨다.

■ 기출문제

1. 차의 발효과정 중에 발생하는 오렌지색이나 붉은색을 나타내는 색소와 효소를 적으시오.
〈2017-1회, 2023-1회〉

- 색소 : 테아플라빈(theaflavin), 테아루비긴(thearubigin)
- 효소 : Polyphenol oxidase
※ 폴리페놀 옥시다아제 : 구리를 함유하고 있는 금속효소로 산소가 있는 조건에서 폴리페놀류(카테킨)를 산화시켜 오렌지색(테아플라빈)과 자색(테아루비긴, thearubigin)으로 변화시킴

2. 효소적 갈변에서 원인 효소 2가지와 방지법 4가지를 쓰시오. 〈2005-2회, 2009-3회, 2011-2회〉

- 효소 : polyphenol oxidase, tyrosinase, chlorophylase
- 방지법 : 산소 제거(블랜칭, 가스치환 저장), 온도 조절(-18℃ 이하), 효소 불활성화, pH 3.0 이하로 조절, 효소저해제 첨가(아황산염), 금속이온 제거(금속용기 사용 억제)

3. 메일라드 반응에 참여하는 당의 갈변속도가 빠른 순서대로 나열하시오.
〈2011-2회, 2019-2회, 2023-1회〉
- 5탄당(Ribose, Xylose, Arabinose)
- 6탄당(Galactose, Mannose, Glucose)
- 이당류(Sucrose)

- 5탄당(Ribose > Xylose > Arabinose) > 6탄당(Galactose > Mannose > Glucose) > 이당류(Sucrose)
※ 당의 갈변속도 : 단당류(5탄당 > 6탄당) > 이당류 순

■ 예상문제

1. 고구마, 밤 등의 과실 통조림에서 회색의 복합염을 형성하여 산소가 남아 있는 경우 흑청색이나 청록색으로 변하는 이유를 쓰시오. 〈필기 기출〉

- 이유 : 타닌 성분이 철 이온과 반응하여 흑청색의 타닌 철을 만들기 때문
※ 과일, 야채 통조림에 함유된 타닌 성분은 철 이온과 접촉하면 회색 또는 흑청색으로 변함

6-3. 식품의 맛

1. 정의 및 인식구조

1) 일반적으로 식품의 맛은 미각뿐만 아니라 후각, 촉각, 온도 등 여러 가지 요소에 의해 느끼는 감각이며, 미각을 일으키는 화학물질을 **정미성분**이라 한다. 맛은 정미성분이 물이나 침에 녹아서 생긴다. 기본 맛은 **단맛, 신맛, 짠맛, 쓴맛 등 4가지**이다.

2) 미각기관은 혀의 표면에 있는 미뢰이고, 수용성 맛 성분이 미뢰와 접촉하여 미각세포를 화학적으로 자극하면, 대뇌까지 전달되어 맛을 감지하게 된다. 따라서 맛은 물이나 침에 용해되어 있을 때만 미각세포를 자극할 수 있고, 맛을 느낄 수 있다. 그러므로 맛의 강도는 미각세포를 자극하는 분자 수(물질의 농도) 및 용해도에 비례한다.

3) 혀에서 맛을 느끼는 부위는 다르게 나타난다. 단맛은 혀끝, 쓴맛은 혀 뒤쪽, 신맛은 혀의 양옆, 짠맛은 혀 전체에서 고루 느낀다. 맛은 색이나 냄새와 다르게 2가지 이상이 섞이면 새로운 맛이 생기는 것이 아니라 본래 맛의 강도가 증가하거나 감소한다. 또한, 맛은 다른 감각과 유사하게 자극에 대한 순응이 빠르기 때문에 같은 맛을 계속적으로 접하면 느끼는 강도는 약해진다.

2. 맛의 종류

1) **단맛** : 단맛을 가진 물질은 자연 식품류에 있는 단당류, 이당류, 오탄당, 아미노산, 스테비오사이드, 황화합물 등이 있고, **합성감미료에는 아스파탐, 사카린 등**이 있다. 단맛은 주로 저분자 당류의 맛이다. 단맛이 강한 순서는 과당, 자당(설탕), 포도당, 유당 순이다.

2) **신맛** : 무기산, 유기산, 산성염의 특유한 맛으로 수소이온(pH)이 주는 맛이다. 신맛은 용액 중에 해리되어 있는 수소이온과 해리되지 않은 산 분자에 기인한다. 신맛은 수소이온의 농도에 정비례하지 않으며 같은 농도라도 유기산이 더 시게 느껴진다.

3) **짠맛** : 조리에서 가장 기본적인 맛으로 음식의 맛을 내는 데 매우 중요한 역할을 한다. 짠맛의 성분은 $NaCl$, KCl, Na_2SO_4 등과 같이 무기 및 유기의 알칼리염으로 주로 음이온을 띠는 것이다. 짠맛의 강도는 음이온의 강도 의해 결정되며, $SO_4 > Cl > Br > I > HCO_4 > NO_3$ 순이다.

4) **쓴맛** : 쓴맛의 감수성은 신맛, 짠맛, 단맛에 비하여 높다. 쓴맛은 동물이 기피하는 맛으로 자기방어를 위한 기구에 해당한다. 맥주, 커피, 초콜릿 등은 미량의 쓴맛을 이용한 식품이다.

5) **감칠맛** : **단맛, 신맛, 짠맛, 쓴맛의 4가지가 조화되어 나는 맛**으로 주로 구수한 맛이다. 감칠맛이 풍부한 식품에는 버섯류, 해조류, 조개류 등이다. 공업적으로 제조된 향미증진제에는 MSG와 5-이노신산나트륨 등이 있다. 감칠맛은 식욕을 생기게 하는 맛으로 아미노산, 펩티드, 콜린, 유기염기, 유기산 등의 성분에 기인한다.

6) **떫은맛(삽미)** : 떫은맛은 **수렴성(혀의 점막 수축)에 의해 느끼는 맛**으로 대부분 불쾌한 맛이다. 식품의 떫은맛은 주로 폴리페놀류에 함유된 타닌 성분에 기인한다. 녹차의 카테킨, 커피의 클로로겐산, 감의 타닌 등이 대표적인 떫은맛이다.

7) **매운맛** : 매운맛은 미각이 아니라 **자극에 의한 일종의 통각**이라고 할 수 있다. 매운맛은 혀의 미뢰뿐만 아니라 입안 전체에서 느낀다. 매운맛은 식욕 및 소화 촉진, 살균 및 항산화 작용을 한다. 매운맛의 대표적인 성분은 생강의 진저롤(gingerol), 고추의 캡사이신, 겨자유 등이 있다.

3. 식품의 맛

구 분	성 분
단맛	• 스테비오사이드, 자일리톨, 글리시리진, 페릴라틴, 아스파탐 등 • 알킬 메르캅탄(양파, 양배추), 아스파탐(합성감미료), 필로둘신(감로차)
신맛	• 신맛(구연산)
쓴맛	• alkaloid(알칼로이드 : 질소를 포함한 천연물질로 쓴맛을 내는 성분) • naringin(나린진 : 감귤, 고미료) • humulone(맥주의 쓴맛) • 카페인(커피, 차), 퀴닌(커피, 양파) • 쿼세틴(quercetin, 양파) • 테오브로민(theobromine, 코코아콩) • 쿠쿠르비타신(cucurbitacin, 오이)
매운맛	• 캡사이신(고추) • 알릴이소티오시아네이트(흑겨자) • 알리신 : 마늘의 매운 향 • diallyl Sulfide : 양파 • 순무 : myrosinase • 시니그린 : 겨자, 고추냉이의 매운맛 • 차비신 : 후추(피페린 이성질체) • 글루코시놀레이트(티오글루코시다아제 작용) : 겨자, 양배추, 무, 고추냉이
떫은맛	• 타닌(감, 포도주, 녹차 등)
아린맛	• 페닐알라닌(아미노산)의 대사과정에서 생성 : 호모겐티스산(죽순, 토란)

4. 맛을 내는 물질의 상호작용

1) **맛의 순응현상(피로현상)** : 미각세포는 같은 맛 성분을 계속적으로 맛을 보면 순응이 발생하여, 더 큰 자극을 주기 전에는 맛을 느끼지 못하는 경우가 있다. 미각신경의 피로로 인해 나타나는 현상이다. 설탕물을 맛보면 처음에는 달게 느껴지다가, 계속해서 설탕물을 맛보면 단맛을 느끼는 역치가 올라가고, 단맛에 대한 감수성도 약해진다.

2) **맛의 대비현상 (강화현상)** : 2종류의 서로 다른 맛을 혼합하였을 때, 주된 맛 성분이 강해지는 현상이다. 주로 짠맛이 영향을 미치며 단맛에 약간의 소금을 넣으면 단맛이 강해진다. 단팥죽에 약간의 소금을 첨가하면 단맛이 강해진다.

3) **맛의 억제효과** : 서로 다른 맛 성분을 혼합할 때, 주된 맛이 약해지는 현상이다. 커피에 설탕을 첨가하면 커피의 쓴맛이 약해진다.

4) **맛의 상승효과** : 같은 종류의 맛을 혼합하면 각각의 맛이 가지고 있던 것보다 훨씬 강한 맛을 나타내는 현상이다. 주로 감칠맛을 내는 성분에서 느낄 수 있다. MSG(글루탐산나트륨)에 5-이노신산 나트륨을 섞으면 감칠맛이 더욱 증가하므로 향미증진제 사용 시에는 2가지를 혼합하여 사용하는 경우가 많다.

5) **맛의 상쇄효과** : 소금, 설탕, 염산 등을 적당한 농도로 혼합하면 각 성분의 고유한 맛이 상쇄되면서 조화된 맛을 이룬다. 간장, 된장의 짠맛은 감칠맛과 상쇄되어 짠맛이 감소되고, 새로운 조화로운 맛을 낸다. 김치도 소금물에 절여 짠맛이 있지만, 숙성과정에서 유기산의 생성 등으로 감칠맛 성분과 상쇄되어 조화로운 맛을 낸다.

6) **맛의 변조현상** : 어떤 성분을 맛본 후 다른 맛을 보면, 앞 성분의 영향을 받아 본래의 맛이 아닌 다른 맛이 느껴지는 현상을 말한다. 쓴 약을 먹고 난 다음, 물을 마시면 물맛이 달게 느껴진다.

5. 양파의 단맛, 감의 떫은맛

1) **양파의 매운맛** : 양파의 매운맛 성분은 diallyl sulfide이다. 양파를 가열하면 매운맛 성분인 diallyl sulfide가 methyl mercaptan(메틸메르캅탄), propyl mercaptan(프로필메르캅탄)으로 변화하여 단맛이 생긴다.

2) **타닌 (tannin, 또는 탄닌)** : 타닌은 폴리페놀을 기본구조로 하고 있으며, 많은 히드록시기(OH)와 다른 작용기를 포함하고 있는 폴리페놀화합물을 말한다.

(1) **탄닌** : 물에 녹지 않는 불용성 색소로 녹차, 포도주, 감의 떫은맛은 타닌에 의한 것이다. 원래는 무색이지만 효소(폴리페놀옥시다아제), 자동산화(공기), 금속이온 등과 작용하여 갈변현상을 유발한다.

(2) **감의 탈삽** : 수용성 타닌을 불용성 타닌으로 변화시키는 것을 탈삽이라 한다. 탈삽의 원리는 타닌 분자를 물에 녹여 미세하게 만들어 떫은맛을 감소(온탕 탈삽법)시키거나 분자량이 큰 불용성 타닌으로 만드는 것(알코올 탈삽법, 탄산가스 탈삽법)이다. 불용성 타닌이 되면 떫은맛이 없어지는 것이 아니라 맛을 느끼지 못할 정도로 분자량이 커져서 떫은맛을 느끼지 못하는 것이다.

(3) **감의 탈삽법**

방법	내용
온탕 탈삽법	• 45℃ 정도의 따뜻한 물에 15~24시간 떫은 감을 넣어 탈삽하는 방법. 가정용 소량 탈삽에 이용
알코올 탈삽법	• 밀폐 용기에 목면 또는 종이를 깔고 알코올을 살포하고 밀봉 • 탈삽 기간은 20℃ 정도에서 7~10일 소요
탄산가스 탈삽법	• 과실의 저장고에 탄산가스 또는 드라이아이스를 넣어 탈삽 • 25℃ 정도에서 1~2일 만에 탈삽 가능. 대량화 공정에 주로 이용
동결 탈삽법	• 떫은 감을 -20℃에서 냉동하여 저장하여 탈삽. 탈삽 기간은 20~80일 소요

■ 기출문제

1. 짠맛의 강도는 음이온에 의해 결정된다. 다음 이온들의 강도를 큰 순서대로 쓰시오. 〈2011-1회〉

   - $SO_4 > Cl > Br > I > HCO_3 > NO_3$

2. 간장에서 감칠맛과 짠맛, 김치에서 신맛과 짠맛의 상호작용에 대해 쓰시오. 〈2013-2회, 2020-1회〉

   - 간장, 된장 : 짠맛은 감칠맛과 상쇄되어 짠맛이 감소되고, 새로운 조화로운 맛을 낸다.
   - 김치 : 소금물에 절여 짠맛이 있지만, 숙성과정에서 유기산(신맛)의 생성 등 감칠맛 성분과 상쇄되어 조화로운 맛을 낸다.
   - ※ 맛의 상쇄효과 : 소금, 설탕, 염산 등을 적당한 농도로 혼합하면 각 성분의 고유한 맛이 상쇄되면서 조화된 맛을 생성하는 효과

3. 감의 떫은맛을 없애는 공정의 이름과 성분 이름을 쓰시오. 〈2013-1회〉

   - 공정 : 탈삽법
   - 성분 : 탄닌

4. 떫은맛을 느끼는 기작과 떫은맛을 느끼게 하는 원인물질을 분자량과 관련하여 설명하시오. 〈2004-2회〉

   - 기작 : 떫은맛은 수렴성(혀의 점막 수축)에 의해 느끼는 맛
   - 떫은맛 원인물질 : 탄닌(타닌)
   - 분자량 : 분자량을 미세하게 하거나 분자량이 큰 불용성 타닌으로 만들어 떫은맛을 느끼지 못함
   - ※ 타닌(폴리페놀에 함유) : 수용성 타닌은 분자량 500~3,000일 때, 떫은맛을 가장 잘 느낀다.

5. 감의 탈삽법 3가지를 쓰시오. 〈2014-3회〉

   - 온탕법, 알코올법, 탄산가스법, 동결법

6. 가수분해 시 thioglucosidase(티오글루코시다아제)의 작용으로 전구체에서 변화되어 매운맛이 발현되는 식품 2가지를 쓰시오. 〈2021-1회〉

   - 무, 겨자, 브로콜리, 양배추, 케일, 배추, 고추냉이 등

■ 예상문제

1. 양파를 가열 조리할 경우 자극적인 맛이 사라지고 단맛을 나타내는 원인을 쓰시오. 〈필기 기출〉

   - diallyl sulfide는 가열하면 methyl mercaptan(메틸메르캅탄)이나 propyl mercaptan(프로필메르캅탄)으로 변화되어 단맛이 증가함

6-4. 맛의 역치, LOD, LOQ

1. 맛의 역치(threshold value)

1) **정의** : 역치(threshold)란 사람의 감각기관이 어떤 자극의 존재를 인지할 수 있는 최소의 농도를 말한다. 즉, 어떤 물질의 맛이나 냄새를 느낄 수 있는 최저농도 값을 말한다. 맛의 역치는 쓴맛이 가장 낮고, 단맛이 가장 높다. 역치가 낮다는 것은 그만큼 맛을 민감하게 느낄 수 있다는 것이다.

2) **역치의 분류**
   (1) **최소감별량**(difference threshold, 식별역) : 일반적으로 반응(맛)은 일으키지만, 그 반응(맛)의 종류는 알지 못하는 최소의 농도를 말한다. 즉 정확한 맛은 모르더라도 맛의 차이가 있음을 느낄 수 있는 최소농도를 의미한다.
   (2) **최소감지량**(detection threshold, 인지역) : 특정한 맛을 식별해 낼 수 있는 최소의 농도로 어떤 특정한 맛을 인식할 수 있는 자극의 크기를 말한다. 인지역은 수량화하여 표시한다.

2. 검출한계(LOD), 정량한계 (LOQ)

1) 식품의 맛이나 냄새는 관능검사를 통하여 측정할 수 있지만, 실험실 등에서 분석기를 이용하여 측정하기도 한다. 기기에 의한 측정은 아래의 그림과 같이 한계값(threshold), 검출한계(Limit of detection, LOD), 정량한계(Limit of quantitation, LOQ) 등의 용어로 표현한다.

2) 분석기는 정밀 기계장치이지만 측정하는 물질, 분석법, 측정기기 등에 따라서 그 반응은 다르게 나타날 수 있다. 따라서 분석기의 측정에 대한 민감도를 확인하기 위하여 수행하는 것이 검출한계나 정량한계이다.

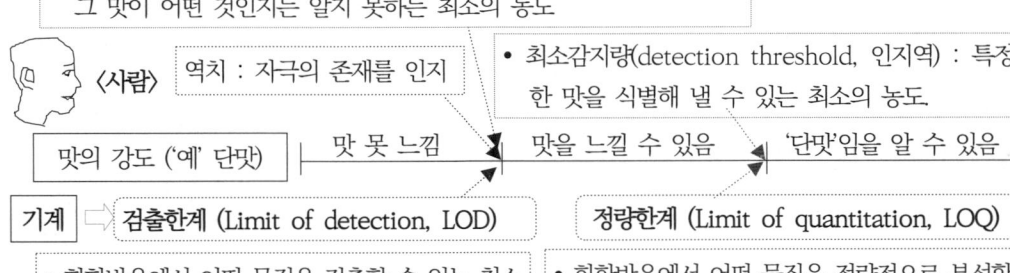

3. 식품 시험방법의 검증

1) **시험 분석법 밸리데이션** : 식품 분석에 사용되는 분석법(또는 분석기구)은 식품에 대한 안전성 등을 시험하는 것으로서 매번 실험할 때, 같은 결과가 도출될 수 있어야 한다. 즉, 시험 분석법 밸리데이션이란 식품 시험분석 시스템과 장비가 식품 시험 시, 적합한지에 대한 여부를 평가하는 것이다.

2) **적합성 평가** : 적합성 평가는 확인시험, 순도시험, 정량시험에 대하여 여러 가지 평가해야 할 검증 매개변수(파라미터)를 이용하며, 그 내용은 다음과 같다.[7]

검증 매개변수 \ 분석법 종류	확인 시험	순도시험 정량시험	순도시험 한도시험	정량시험 용출시험 (정량시험에 한함)	정량시험 함량/효능시험
(1) 정확성	-	○	-	○	-
(2) 정밀성	-	-	-	-	-
(3) 반복성(재현성)	-	○	-	○	-
(4) 실험실 내 정밀성	-	●	-	-	●
(5) 특이성	○	○	○	○	-
(6) 검출한계	-	△	○	-	-
(7) 정량한계	-	○	-	-	-
(8) 직선성	-	○	-	○	-
(9) 범위	-	○	-	○	-

(1) **정확성(Accuracy)** : 시험방법의 정확성이란 측정값이 이미 알고 있는 참값이나 표준값에 근접한 정도로써 실측치가 참값에 얼마나 가까운가를 말한다.

(2) **정밀성(Precision)** : 균일한 검체로부터 여러 번 채취하여 얻은 시료를 정해진 조건에 따라 측정하였을 때, 각각의 측정값 간의 근접성(분산정도)을 나타낸다.

(3) **반복성(재현성)** : 동일 실험실 내에서 동일한 시험자가 동일한 장치와 기구, 기타 동일 조작 조건하에서 반복분석 실험하여 얻은 측정값들 사이의 근접성을 말한다.

(4) **실험실 내 정밀성** : 동일 실험실 내에서 다른 실험자, 다른 시험 일자, 다른 기구, 다른 기기 등을 이용하여 분석 실험하여 얻은 측정값 간의 근접성을 말한다.

(5) **특이성(Specificity)** : 관심 대상인 분석 물질만 인식하고 정량화할 수 있어야 함을 의미한다.

---

[7] 식약처, 『생체시료분석법 밸리데이션 가이드라인』, 2013.12.

■ 기출문제

1. LOD, LOQ의 정의를 쓰시오.
   〈2015-1회, 2020-3회〉

   - LOD(limits of detection, 검출한계) : 화학반응에서 어떤 물질을 검출할 수 있는 최소의 양. 즉, 분석기에서 어떤 화학물질이 존재한다는 정도는 알 수 있지만, 그 화학물질의 종류까지는 정확하게 식별할 수 없는 농도값
   - LOQ(limits of quantitation, 정량한계) : 화학반응에서 어떤 물질을 정량적으로 분석할 수 있는 최소량. 즉, 분석기에서 어떤 화학물질을 정량적으로 분석할 수 있어, 그 화학물질의 종류를 식별할 수 있는 최소의 양

2. 다음의 예문을 보고 틀린 것을 고르고, 그 이유를 쓰시오. 〈2020-2회〉

   ① 정밀도와 관련해서는 재현성, 검출한계, 실험실 간 정밀성이 있다.
   ② 표준편차를 평균으로 나눈 값이 클수록 재현성이 높다.
   ③ 유효숫자를 정확하게 하기 위해서는 최소 1자리 수를 포함하는 추정치를 가지고 있어야 한다.
   ④ 정확도란 측정값이 이미 알고 있는 참값이나 표준값에 근접한 정도로서 실측치가 참값에 얼마나 가까운가를 말한다.
   ⑤ 어떤 분석 물질에 대한 농도를 알 수 없을 때, 이 분석 물질의 시료를 기기로 측정하여 데이터를 구한 다음, 검량선과 비교하여 그 농도를 확인한다.

   - 답 : ②
   ※ 시험 분석법 밸리데이션에서 표준편차를 평균으로 나눈 값이 작을수록 재현성(반복성)은 높아진다.
   ※ 검량선 : 이미 알고 있는 표준물질의 농도를 이용하여 알고자 하는 미지시료의 농도를 계산하는 방법

6-5. 기호식품(녹차, 커피)

1. 정의

1) **기호식품** : 인체에 필요한 영양소는 아니며, 사람의 기호를 만족시키기 위한 식품이다. 차나 커피 등의 기호음료, 탄산음료, 알코올류 등이 있다.

2) **다류** : 다류는 식물성 원료를 주원료로 하여 제조가공한 기호성 식품으로서 침출차, 액상차, 고형차를 말한다.[8]

구 분	내 용
침출차	• 식물의 새싹, 잎, 꽃, 줄기, 뿌리, 열매 또는 곡류 등을 주원료로 하여 가공한 것을 물에 침출하여 그 액을 음용하는 기호성 식품. 녹차, 우롱차, 홍차 등
액상차	• 식물성 원료를 주원료로 하여 추출 등의 방법으로 가공하거나 여기에 식품 또는 식품첨가물을 첨가한 액상(또는 시럽)의 기호성 식품
고형차	• 식물성 원료를 주원료로 하여 가공한 분말 등 고체형의 기호성 식품

2. 녹차

1) 발효의 정도에 따른 분류

구 분	내 용
녹 차	• 발효시키지 않은 차 : 찻잎을 가열하여 효소를 불활성화시킨 후 건조시킨 것 → 녹차의 탄닌 성분이 덜 산화되어 홍차보다 떫은맛이 강함
우롱차	• 찻잎을 햇볕에 쬐어 약간 시들게 하여 산화작용으로 향기가 나도록 한 다음, 볶은 것으로 탄닌 성분을 부분적으로 발효한 차. 맛, 향, 색의 특성은 녹차와 홍차의 중간 정도
홍 차	• 발효차 : 발효과정에서 효소에 의해 찻잎에 있는 카테킨이나 기타 성분이 산화, 중합하여 홍갈색이 됨. 발효과정에서 당과 아미노산의 메일라드 반응으로 홍차 특유의 향과 색을 가짐.

2) 녹차의 활성물질

구 분		내 용
폴리 페놀	카테킨 (Catechin)	• 폴리페놀의 한 종류로 떫은맛을 내며 산화되어 홍갈색을 낸다. 차의 성분 중 제일 많이 차지하는 성분 → 항암, 산화 방지 작용, 콜레스테롤 저하, 심근경색 예방 효과
	탄닌 (Tannin)	• 탄닌은 차의 색깔과 향기, 맛을 좌우하는 주요 성분. 약한 쓴맛과 떫은맛을 가짐. 해독작용, 살균작용, 항암, 소염작용 등의 효과

---

[8] 식약처, 『식품공전해설서』, 2019.1.

카페인	• 찻잎에는 카페인이 2~4% 함유. 찻잎 중의 카페인은 카테킨, 테아닌, 비타민 C 등의 고분자화합물과 공존하고 있음 → 녹차의 카페인은 지속시간이 짧고 정신 불안, 불쾌감 등의 부작용을 나타내지 않음
아미노산(테아닌)	• 테아닌은 아미노산의 일종으로 녹차에 1~3% 함유

3. 커피

1) 식품공전의 정의 : 커피 원두를 가공한 것이거나 또는 이에 식품 또는 식품첨가물을 가한 기호성 식품을 말한다.

2) 커피 분류 (식품공전)

구 분	내 용
볶은 커피	• 커피 원두(100%)를 볶은 것 또는 이를 분쇄한 것
인스턴트커피	• 볶은 커피 원두에서 커피 성분을 추출한 것. 분무 건조한 것과 진공 건조한 것으로 분류
조제 커피	• 볶은 커피 또는 인스턴트커피에 식품 또는 식품첨가물을 혼합한 것
액상 커피	• 볶은 커피의 추출액 또는 농축액이나 인스턴트커피를 물에 용해한 것 또는 유가공품에 커피를 혼합하여 음용하도록 만든 것. 커피 고형분 0.5% 이상인 제품

3) 카페인 섭취 권고량

(1) 효과 및 작용 : 커피에 함유된 카페인은 커피의 특성을 결정하는 중요한 성분이다. 적당량의 카페인 섭취는 중추신경계를 자극하여 각성효과, 피로회복 효과와 정신을 맑게 해 준다. 또한, 이뇨작용을 통해 체내 노폐물을 제거하는 등 신체에 유익작용을 하지만, 과잉 섭취 시에는 불안·초조함·신경과민·혈압상승·불면증 등 부작용을 일으킬 수 있다.

(2) 식약처의 카페인 일일 섭취 권장량 : 성인은 하루 최대 400mg 이하, 임산부는 300mg 이하, 어린이·청소년은 각자의 체중 1kg당 카페인 2.5mg 이하이다.

(3) 표시기준 : '어린이 식생활 안전관리 특별법'에서는 고카페인 함유 식품에 대해 알기 쉽게 적색 모양으로 표시하도록 색상 표시를 식품 제조·가공·수입업자에게 권고하고 있다. 고카페인 함유제품이란 <u>액체 1ml 당 카페인이 0.15mg 이상 함유된 음료</u>를 말한다.

♣ 식품 등 표시기준 : 카페인을 <u>1ml당 (0.15)mg 이상 함유한 (액체 제품)에는 "어린이, 임산부, 카페인 민감자는 섭취에 주의해 주시기 바랍니다." 등의 문구를 표시하고, 주표시면에 "(고카페인 함유)"와 "총 카페인 함량 ○○○밀리그램"</u>을 표시해야 한다. 이 경우 카페인 허용오차는 표시량의 90% 이상 110% 이해(커피, 다류, 커피 및 다류를 원료로 한 액체식품은 120% 미만)로 한다. <u>카페인 함량을 90% 이상 제거한 제품은 '탈카페인 제품'으로 표시가 가능하다.</u>

■ 기출문제

1. 커피의 떫은맛을 설명한 아래 내용 중에서 틀린 것을 고르고, 그 이유를 쓰시오. 〈2020-3회〉

   > ㉠ 떫은맛은 polyphenol 성분이 혀의 미각신경 단백질이 변성 응고되어 인식된다.
   > ㉡ 떫은맛의 주성분은 tannin과 aldehyde류이다.
   > ㉢ 염류 및 철과 구리 등 금속도 떫은맛을 일으킬 수 있다.
   > ㉣ 커피의 떫은맛은 ellagic acid, 밤의 떫은맛은 chlorogenic acid이다.
   > ㉤ 감의 떫은맛 성분인 diospyrin(디오스피린)은 숙성과정에서 생기는 과실 내부의 aldehyde기와 결합하여 불용성 tannin이 되면서 떫은맛이 사라진다.

   - 정답 : ㉣
   - 이유 : 커피의 떫은맛은 chlorogenic acid(클로로겐산)이고, 밤의 떫은맛은 ellagic acid(엘라그산)

2. 인스턴트커피는 추출공정 후, 건조공정을 거치는데 커피의 맛과 향을 잘 보존하는 건조 방법과 그 내용을 간단히 설명하시오.
   〈2007-2회, 2012-1회, 2015-3회, 2018-2회〉

   - 진공건조법 : 커피를 용기에 담아 진공실에 넣고 밀폐한 다음, 건조기 내의 압력을 1~70torr 정도의 진공(감압)으로 유지하여 70℃ 정도에서 저온으로 건조하는 방법
   - 장점 : 낮은 온도에서 건조하여 식품의 색, 맛, 향기, 영양가 손실 최소화 가능
   ※ 커피의 맛과 향이 잘 보존되는 건조법으로는 진공건조법, 동결건조법을 주로 이용

3. L-글루타민산나트륨이 신맛, 단맛, 쓴맛, 짠맛 등에 미치는 영향에 대해 쓰고, 이것을 생산하는 미생물의 종류를 쓰시오. 〈2010-2회〉

   - 영향 : 신맛과 쓴맛의 완화, 단맛에 감칠맛을 부여한다.
   - 미생물 : Corynebacterium, Brevibacterium

■ 예상문제

1. 식물성 원료를 주원료로 하여 제조·가공한 기호성 식품인 다류의 식품공전 상 분류 3가지를 쓰시오.

   - 침출차, 액상차, 고형차

6-6. 식품의 냄새

1. 정의 및 종류

1) 식품의 냄새는 색, 맛과 함께 식품의 품질을 평가하는 중요한 요소이다. 냄새는 수많은 휘발성 화합물들이 복합적으로 작용하여 발생한다. 미각과 다르게 후각은 매우 민감하므로 공기 중에 소량만 있어도 냄새를 맡을 수 있다.

2) 냄새의 반응기작 : 냄새는 인간의 후각으로 공기 중의 화학물질을 감지하는 것이므로, 물질의 상태가 기체일 때만 맡을 수 있다. 냄새도 맛과 같이 순응 속도가 매우 빠르다.

3) 냄새 성분의 종류

구 분	내 용
에스테르류	• 과일이나 꽃향기의 방향성
알코올류	• 과일이나 술 등의 휘발성분에서 발생
테르펜유	• 박하 향, 정향, 라이코펜 등 지용성의 방향성 물질. 정유라고 함
지방산	• 저급지방산은 휘발성 불쾌취를 가짐. 지방의 산패 시 발생
알데히드류	• 레몬 향기, 오렌지 향 등의 방향물질, 발효식품, 버터 등에서 나는 냄새

2. 냄새의 측정 방법

1) 냄새를 측정하기 위해서는 일정 농도 이상 또는 이하가 되어야 한다. 이러한 냄새를 측정하는 방법에는 관능검사법과 기기에 의한 측정법이 있다.

2) 관능적 방법 : 냄새가 있는 공기를 무취 공기로 희석한 다음, 몇 배로 희석하면 무취가 되는가를 구하는 방법이다. 공기희석법이라고 한다.

3) 기기에 의한 측정법 : 식품의 냄새 성분을 분석하는 방법으로는 가스크로마토그래피(GC), 질량분석기(MS, Mass Spectrometer), 전자코, 핵자기공명분광기(Nuclear Magnetic Resonance, NMR) 등이 있다.

3. 질량분석기(Mass spectrometry)

1) **정의** : 시료를 이온화(ionization)하고 이때 생긴 여러 가지 이온(ion)들을 질량에 따라 분류하는 분석 기술로 시료는 반드시 전하를 가지고 있어야 한다.

2) **질량분석기의 구성** : 시료 주입부, 이온화 본체, 질량측정기, 컴퓨터

3) **원리** : 분석물질을 기체 상태의 이온화로 만들어 각 분자의 질량에 따른 이동속도 차이를 측정함으로써 해당 물질의 분자 종류와 양을 측정한다. 질량분석법으로 분석하는 시료는 기체, 액체, 고체 모두 가능하지만

질량분석기에 들어갈 때는 반드시 이온화된 기체이어야 한다. 도핑검사에 널리 사용된다.

4) 측정 방법[9]

(1) 측정 절차 : 측정 대상 물질 → 시료 주입 → 이온화 본체로 투입 및 이온화 → 질량 측정(질량 측정기) → 신호 검출 및 질량에 따른 스펙트럼 도식 → 이미 알고 있는 데이터와 비교하여 냄새를 판별

(2) 이온화 본체 : 대상 물질을 전하를 띤 기체 상태의 이온으로 만들어 질량 측정기로 보낸다.

(3) 이온화된 시료 : 전기장이나 자기장을 지나가면 분자의 무게에 따라 이동속도에 차이가 발생한다. 이러한 차이를 이용하여 컴퓨터에서 질량(분자량)에 따른 스펙트럼(그래프)을 도식한다.

(4) 검출된 결과 : 나타난 스펙트럼을 이미 측정하여 알고 있는 데이터와 비교하여 어떤 식품의 냄새인지를 판별한다.

5) 시료는 질량분석기로 주입되기 전에 반드시 이온화되어야 한다. 이온화 방법은 전자 충격 이온화법(electron impact ionization, EI)과 화학적 이온화법(chemical ionization, CI)이 있다.

(1) **전자 충격 이온화법(electron impact ionization, EI)** : 고에너지의 전자(electron)를 이용하여 기체 시료 분자에 충격을 가해 분자를 쪼개는 방법이다. 이렇게 해서 생성된 조각 이온들을 가속하여 질량을 측정한다. 나타난 결과를 이용하여 분석 물질을 알 수 있다.

(2) **화학적 이온화법(chemical ionization, CI)** : 메탄, 이소부탄, 암모니아 가스 등의 기체를 반응이 이루어지는 공간 속으로 약 10Pa(0.1torr)로 주입하여, 분자 상호 간 충돌을 유발하여 이온화시키는 방법이다. 화학적으로 이온화를 시키면 전자 충격 이온화법보다 상대적으로 적은 에너지가 소요된다. 또한, 전자충격 이온화법(EI)보다 깨지지 않은 분자 이온을 얻을 수 있어 시료의 정확한 분자량을 얻을 수 있다.

6-7. 크로마토그래피

1. 크로마토그래피(chromatography)의 정의 및 분류

1) 정의 : 기체나 액체의 혼합물을 흡착제에 통과시켜서 성분 물질을 분리하는 방법

(1) **분리 원리** : 혼합물이 이동상에 녹은 상태로 고정상을 통과할 때, 고정상과 혼합물 사이의 다양한 결합에 의해(친화도) 각각의 물질들은 이동시간이 달라진다. 이 이동속도를 측정하여 혼합물 속의 물질을 분리하는 것이다.

(2) **고정상(정자상, stationary phase)** : 모세관이나 컬럼 등에 채워져서 고정되어 움직이지 않으면서 용질과 상호작용을 하는 물질. 고정상은 종이, 합성수지 등을 사용한다.

(3) **이동상 (mobile phase)** : 정자상을 통과하면서 이동하는 물질을 말하며, 일반적으로 액체, 기체, 초임계 유체를 사용할 수 있다. 이동상이 기체면 기체크로마토그래피, 액체면 액체크로마토그래피로 분류된다.

---

[9] 생화학분자생물학회, 생화학백과, http://ksbmb.or.kr

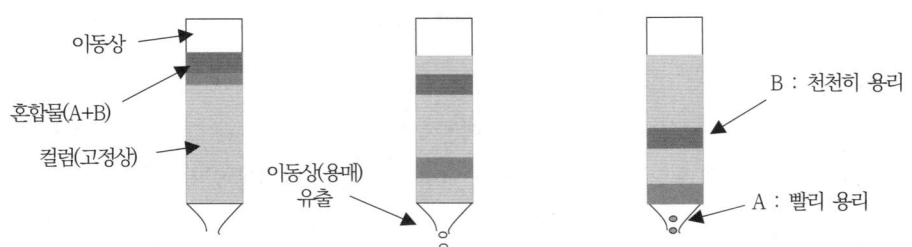

출처 : 생화학분자생물학회, 생화학백과, http://ksbmb.or.kr

> ♣ **크로마토그래피의 분리 원리** : 분리의 핵심적인 원리는 이동상이 고정상과의 친화력 여부이다.
> 1. 이동상이 고정상이 가진 특성과 친화력이 있으면 나중에 용출(용리)된다.
> 2. 이동상이 고정상과 친화력이 없으면 먼저 용출(용리)된다.

2) 이동상에 따른 크로마토그래피 분류

(1) **기체크로마토그래피** : 이동상은 기체, 고정상은 고체를 사용한다. 이동상이 기체이므로 휘발성이 있고, 고온에서 안정성이 있는 물질을 분리하는 데 이용한다. 이동상으로는 주로 수소, 질소, 헬륨 등을 사용한다.

① 구성 : 운반기체 공급기, 시료 주입부, 컬럼(분리관), 검출기, 기록부 등

② 주입구에 주입된 시료를 가열하면 기화되어 컬럼으로 이동하여 가스크로마토그래피 칼럼을 통과하는데, 시료의 각 성분은 고정상인 충진 물질과 친화력 차이에 의해 분리된다.

③ 분리된 각각의 피크는 표준물질 또는 이미 알고 있는 물질과 비교하여 냄새를 판별한다.

> ♣ **split ratio** : GC에 시료를 주입 후 분사되는 비율
> 1. split ratio 100:1인 경우 → 100개 중에 1개만 컬럼으로 보내지고 나머지(99개)는 버려짐을 의미
>   ↳ 시료 1㎕ 주입할 때, 시료의 1/100만큼만 컬럼 안으로 들어가는 것을 의미
> 2. 주입량은 저농도의 경우에는 많게, 고농도의 경우에는 적게 넣는다.

(2) **HPLC(High Performance Liquid Chromatography, 고압 액체크로마토그래피)** : 고압 펌프를 이용하여 용매를 시료 주입기로 전달하며, 시료 주입기에서 시료를 분사한다. 분리관(충진제, 컬럼)의 충진제가 미세하며 입도로 되어 있어, 흐름에 대한 저항이 높아 분리능이 향상되고 순도 높은 분리가 가능하다. 검출기에서 각 성분들은 피크로 나타난다.

(3) **초임계유체 크로마토그래피** : 이동상으로 초임계유체를 사용하며 카페인, 참기름 등과 같은 특정 성분의 추출에 활용한다.

■ 기출문제

1. 질량분석계에서 E.I 와 C.I의 차이점을 쓰시오. 〈2014-2회, 2018-1회〉

   - 전자충격 이온화법(electron impact ionization, EI) : 고에너지의 전자(electron)로 기체 시료 분자에 충격을 가하여 분자를 쪼개는 방법
   - 화학적 이온화법(chemical ionization, CI) : 기체(메탄, 이소부탄, 암모니아 가스 등)를 반응이 이루어지는 공간 속으로 약 10Pa(0.1torr)로 주입하여, 분자 간 충돌이 일어나도록 하여 이온화시키는 방법

2. 이동상에 따른 크로마토그래피 종류 3가지를 쓰시오. 〈2022-1회〉

   - 기체크로마토그래피, HPLC(고속 액체크로마토그래피), 초임계유체 크로마토그래피

3. GC에서 가스가 들어오는 이동상과 데이터를 분석하는 부분을 제외한 주요 기관 3개를 쓰시오. 〈2012-2회〉

   - 시료 주입부(injection port), 컬럼(column, 분리관), 검출기(detector)

4. GC(가스크로마토그래피)에서 split ratio 100:1의 의미를 쓰시오. 〈2020-2회〉

   - 의미 : split ratio 100:1 → 분사되는 100개 중에 1개만 컬럼으로 보내지고 나머지(99개)는 버려짐을 의미
   - ※ split ratio : GC에 시험용액을 주입한 후 분사되는 비율

5. GC에서 캐리어 가스(carrier gas)의 역할을 쓰고, 캐리어 가스 종류 1가지를 적으시오. 〈2023-1회〉

   - 역할 : 이동상으로 시료를 주입구로부터 컬럼까지 이동시켜 주는 역할을 한다.
   - 종류 : 헬륨, 수소, 질소

6. 아래 그래프를 보고 carrier gas로 가장 효율적인 기체와 그 이유(HEPT 값과 유속범위를 연관 지어 작성)를 적으시오. 〈2022-2회〉

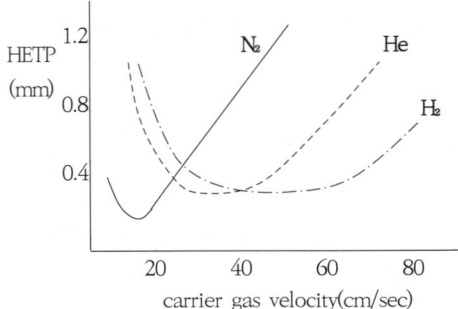

- 효율적인 기체 : 수소(H_2)
- 이유 : HETP(이론 단 높이)가 낮을수록 분리능이 우수하고, 수소가스는 분자량이 적어 이동속도가 빠르기 때문에 분석효율이 좋다.
- ※ 해설 : 그래프에서 HETP(이론 단 높이)는 질소(N_2)가 가장 적지만, 수소가스는 이동속도가 빨라 분석효율이 좋다고 볼 수 있다.
- ※ 참고 : 운반기체(Carrier gas)란 가스크로마토그래피에서 기화된 시료를 이동시켜 주는 기체로 수소, 질소, 헬륨 등을 이용한다.10)
  ① HETP(Height Equivalent Theoretical Plate) : 이론 단의 높이. 컬럼의 분리능은 해당(이론 단) 높이가 적을수록 동일한 컬럼의 높이에 더 많은 수의 이론 단 설치가 가능하므로 우수한 분리능을 갖는다.
  ② 컬럼의 효율성 : 우수한 컬럼 효율을 갖고 분석 시간을 단축시킬 수 있는 확산속도가 빠른 이동상(캐리어)을 사용할수록 효율성이 좋다.

■ 예상문제

1. 향기(aroma)와 향미(flavor)의 차이점을 간략하게 쓰시오.

- 향기 : 코로 감지되는 좋은 느낌으로 코를 통해서 맡는 냄새
- 향미 : 음식물을 먹을 때 혀, 입, 인후, 코 등으로부터 인지하는 향기와 맛

---

10) 대한민국약전, 기체크로마토그래프 일반시험법, 식약처 고시 제2023-75호, 2023.12.13.

6-8. 크로마토그래피의 용어 및 효율

1. 용어의 정의

1) **분배(partition)** : 이동상(mobile phase)과 정지상(Stationary phase) 사이에 시료가 이동하는 과정

2) 액체크로마토그래피에서 액체 정지상과 액체 이동상 사이에서 용해도의 크기에 따라 분배하는데, 고정상 물질의 극성에 따라 순상법과 역상법으로 구분한다.

   (1) 순상법(normal phase, NP) : 정지상(고정상)으로 극성물질(실리카)을 사용하고, 이동상은 비극성 물질(헥산, 염화 메틸렌, 클로로포름, 디에틸에테르 등)을 사용한다. 친화력이 없는 비극성 물질이 먼저 용출되며, 친화력이 있는 극성물질은 나중에 용출된다.

   (2) 역상법(reversed phase, RP) : 고정상으로 비극성을 사용하고, 이동상으로 극성을 사용한다. 친화력이 없는 극성물질이 먼저 용출되고, 친화력이 있는 비극성 물질은 나중에 용출된다.

3) **용리(elution)** : 크로마토그래피에서 시료 성분이 정지상 및 이동상과 상호작용을 하며 분리되어 유출되는 과정

4) **용리액(eluent)** : 크로마토그래피 분리를 위해서 흘려 주는 용매

5) **용출액(eluate)** : 크로마토그래피 분리를 통해서 나온 용액

6) **머무름시간(retention time)** : 분석 성분이 주입되어 용출될 때까지 걸린 시간. 즉, 정지상에서 머무른 시간을 말한다. (아래 그림 참조)

> ♣ 크로마토그램(chromatogram) : 크로마토그래피에서 분리된 물질의 변화를 시간에 따라 나타낸 그래프. HPLC는 기계를 이용하여 분석하는 것이므로, 분석기기 → 전기적 신호 검출 → 컴퓨터에 의해 크로마토그램으로 나타난다. 일반적으로 가로축은 시간, 세로축은 분석 물질의 검출 신호(강도, 신호 세기)로 나타낸다.

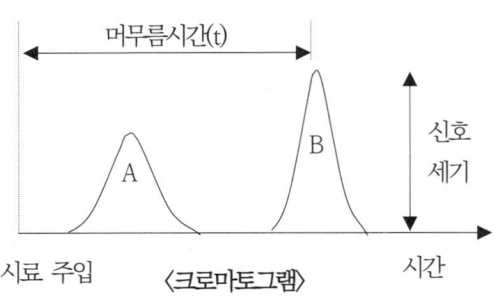

〈크로마토그램〉
출처 : 대한화학회, 화학백과, http://new.kcsnet.or.kr

※ 크로마토그램의 해석
- A 물질 : 짧게 머무름(친화력 적음)
- B 물질 : 오래 머무름(친화력 양호)

※ 크로마토그램의 분리능이 좋은 형태
① 오래 머무름(친화력 있음, B)
② 두 피크(A, B)의 간격이 멀 것(두 물질의 친화력에 차이가 큼을 의미)
③ 피크 폭이 좁아야 함(B : 이론 단수가 많음을 의미, 특성 분리 용이)

7) **머무름 인자(Retention factor : k)** : 고정상이 얼마나 성분 물질을 머무르게 하는가에 대한 척도로 '성분

물질이 이동한 거리 ÷ 용매가 이동한 거리'로 나타낸다. 머무름 인자가 적을수록 그 시료는 오래 머무르지 못하므로 분리능이 나빠진다. 머무름 인자에 영향을 주는 요인은 용매의 강도이며, 시료에 대한 용매의 용해도에 의하여 결정된다.

8) **분리능(resolution : Rs)** : 액체크로마토그래피에서 두 가지 이상의 분석 물질을 분리할 수 있는 칼럼 능력에 대한 정량적인 척도를 말한다. 분리능을 높이기 위해서는 컬럼의 길이가 긴 것이 유리하고, 크로마토그램에서 두 피크 간의 거리가 멀거나 피크 폭이 좁아야 한다.

2. 크로마토그래피의 효율

1) 크로마토그래피의 컬럼 효율

(1) 분석 물질과 유사한 화학적 성질을 갖는 고정상 선택 : 분석하고자 하는 물질의 극성 고려
(2) 필름 두께 : 두꺼울수록 컬럼 내 많은 양의 고정상 물질을 함유할 수 있어 분리능은 좋으나, 시간이 많이 소요되므로 효율성은 떨어진다.
(3) 컬럼의 길이 : 길이가 길수록 복잡한 혼합물의 분리에 유리하다.
(4) 컬럼의 내경 : 작은 것이 효율성이 좋다.

2) HETP(Height Equivalent Theoretical Plate) : 이론 단 높이

(1) 이론 단 : 컬럼은 단으로 구분되어 있지 않다. 그러나 컬럼의 효율성을 측정하기 위해서 컬럼의 길이를 가상적인 단으로 분리한 것을 말한다. '이론 단수(N) = (컬럼 길이 ÷ 단 높이)'
(2) 컬럼의 분리능 : 이론 단 높이로 표현한다. 동일한 길이의 컬럼이라도 이론적인 단 높이가 적을수록 많은 이론 단수를 만들 수 있다. 따라서 컬럼의 길이가 길거나 단 높이가 적을수록 우수한 분리능을 갖는다.
(3) 이론 단수(N) : 컬럼의 효율성 측정에 이용한다. 이론 단수(N)가 크다는 것은 분리 효능이 좋다는 것을 의미한다.
(4) 크로마토그램에서 이론 단수는 피크의 폭을 의미하며, 피크의 폭이 좁을수록 우수한 분리능을 갖는다.

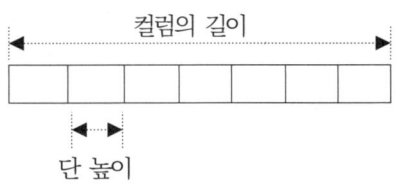

※ 이론 단수(N) = (컬럼 길이 ÷ 단 높이)

■ 기출문제

1. 다음은 식품 분석에서 사용하는 용어이다. 단어의 뜻을 쓰시오. 〈2020-1회〉
   - Retention time: 머무름시간
   - Resolution: 분해능

2. 기체크로마토그래피의 효율이 높은 것에 밑줄(또는 동그라미)을 치시오. 〈2017-2회, 2020-4회, 2024-2회〉
   ① 필름의 두께가 (<u>얇을수록 좋다</u> / 두꺼울수록 좋다)
   ② 칼럼의 넓이가 (<u>좁을수록 좋다</u> / 넓을수록 좋다)
   ③ 칼럼의 길이가 (짧을수록 좋다 / <u>길수록 좋다</u>)

3. HPLC로 혼합물을 분석할 때 분리능을 높이기 위한 효과적인 방법 2가지와 분석 시 영향을 주는 요인 3가지를 쓰시오. 〈2017-3회〉
   - 분리능을 높이기 위한 방법 : 시료를 분리관에서 충분히 머무르게 하여 용출, 용출 성분 각각의 피크 폭이 좁아야 함, 피크와 피크의 간격(거리)이 멀어야 함
   - 영향 요인 : 고정상, 이동상, 분리관의 길이, 용질의 용해도

4. HPLC를 사용할 때 낮은 pH 영역의 물질을 분석하고 나면, 고압관이 망가지는 원인이 된다. 실험 후에 어떤 조치를 취해야 하는지를 쓰시오. 〈2008-2회, 2017-2회〉
   - 사용 후 HPLC의 전용 물로 충분히 washing(세척)한다.

5. HPLC에서 가장 널리 사용되는 검출기로 특수 파장의 흡광도를 측정하는 것을 보기에서 고르시오.. 〈2024-1회〉
   〈보기〉
   자외선/가시광선 검출기, 굴절률 검출기, 전기 전도도 검출기, 전기화학 검출기

   - 자외선 / 가시광선 검출기 : 특수 파장의 흡광도를 측정하는 검출기
   ※ 해설
   ① 굴절률 검출기 : 굴절률을 이용하여 측정
   ② 전기전도도 : 두 전극 간의 전기적 저항을 이용하여 측정
   ③ 전기화학 검출기 : 산화환원반응으로 측정

■ 예상문제

1. 머무름인자(Retention factor : k)의 정의를 쓰고, 머무름인자가 작다고 할 때 시료의 머무름 정도와 연계하여 분리능이 좋은 것인지, 좋지 않은 것인지를 쓰시오.	• 정의 : 고정상이 얼마나 성분 물질을 머무르게 하는가에 대한 척도 • 머무름인자가 작은 값: 머무름인자가 작을수록 그 시료는 오래 머무르지 못하므로 분리능이 나빠진다.
2. HPLC에서 분리능(resolution : Rs)의 정의를 쓰고, 크로마토그램에서 두 피크가 겹쳐서 나타날 경우, 분리능은 어떤 상태인지를 쓰시오.	• 분리능 : 액체크로마토그래피에서 두 가지 이상의 분석 물질을 분리할 수 있는 칼럼 능력에 대한 정량적인 척도 • 크로마토그램에서 두 피크가 겹친 경우 : 컬럼의 분리능이 좋지 않음을 의미 ※ 컬럼의 분리능이 좋으려면, 두 피크 간의 거리가 멀거나 피크의 폭이 좁아야 함

6-9. 크로마토그램을 이용한 농도 계산

1. 크로마토그램을 이용한 농도 계산

1) **크로마토그램을 이용한 농도 계산** : HPLC 분석에서 피크의 높이(또는 면적)는 농도를 의미한다.

2) **미지 물질의 농도** : 검량선을 이용하여 구할 수 있다.

   (1) 농도를 이미 알고 있는 표준용액을 이용하여 피크(또는 면적)를 측정하고, 검량선에서 추세선(y=ax+b)을 이용하여 미지시료의 농도를 구할 수 있다.

   (2) 아래 그림에서 표준물질 1의 크로마토그램 피크 높이를 우측 그림에 매칭하면 농도는 우측 그림과 같이 10이고, 표준물질 2의 농도는 20으로 이미 알고 있다. 미지시료의 농도는 검량선에서 추세선(y=ax+b)을 연결하면 농도를 알 수 있다.

3) <u>**성분 물질의 함유량 = [검량선의 농도(표준용액) × 희석 배수 × 시료의 용량(mL/g)]**</u>

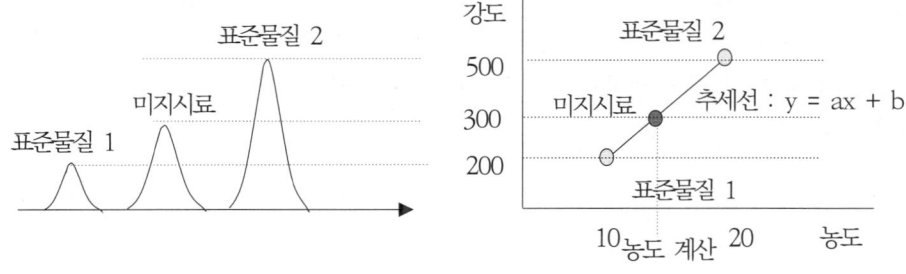

2. 메커니즘에 따른 분류

1) **흡착크로마토그래피 (adsorption chromatography)** : <u>고체 고정상 표면에 흡착점이 있는 물질(흡착제)을 사용하여, 흡착·탈착현상에 따라 물질을 분리하는 크로마토그래피이다.</u> 분석하고자 하는 용질이 고체 정지상 표면에 강하게 흡착될수록 크로마토그래피에서 늦게 용리된다. <u>고정상으로 알루미나, 활성탄, 산화마그네슘, 탄산마그네슘 등을 사용한다. 비극성 용액에 용해된 화합물 분리에 적합하다.</u>[11]

2) **분배 크로마토그래피 (partition chromatography)** : 고체 지지체에 붙은 액체 정지상과 액체 이동상 사이에서 용해도의 크기에 따라 분배한다.[12]

   (1) 순상법과 역상법이 있다. 순상법은 고정상이 극성이고, 이동상은 비극성 용매를 사용한다. 역상법은 고정상이 비극성이고 이동상은 극성이다.

   (2) 분배 계수(k) : 극성 또는 비극성 용매에 녹는 정도를 말한다. 분배계수가 크다는 것은 고정상에 대한 용질

---

[11] 한국분자·세포생물학회, 분자·세포생물학백과, http://www.ksmcb.or.kr/
[12] 대한화학회, 화학백과, http://new.kcsnet.or.kr

의 용해도가 크다는 것이다. 즉 분배계수가 크다는 것은 성분이 고정상과 친화력이 있어 이동속도가 늦고, 머무름시간이 증가하여 천천히 용리됨을 의미한다.

① 분배계수가 크면, 성분이 고정상과 친화력이 있어 천천히 용리된다.
② 분배계수 작으면, 성분이 고정상과 친화력이 없어 빨리 용리된다.

3) **이온교환 크로마토그래피 (ion exchange chromatography, IEC)** : 이온 교환 수지를 고정상으로 사용하여 전하를 지닌 분석 물질(양이온과 음이온, 이온성 화합물인 아미노산, 펩타이드, 단백질 등)을 분리하는 방법이다. 이동상에는 분석 성분과 동일한 전하를 지닌 이온을 포함하고 있다. 분석 물질의 전하가 강할수록 천천히 용출된다. 생화학이나 분자생물학에서 단백질을 정제할 때, 특정 pH에서 서로 다른 전하를 가지는 원리를 이용하여 분리한다.

4) **크기 배제 크로마토그래피 (size exclusion chromatography, SEC)** : 분자의 크기에 따라 분리하는 방법이다. 칼럼에 조절된 기공 크기를 갖는 물질을 채우고, 분자가 크면 기공(pore)에 들어가지 못하기 때문에 배제되어 빨리 용출된다. 작은 용질의 분자는 칼럼에 오래 머무르기 때문에 천천히 용출된다.

5) **친화성 크로마토그래피 (affinity chromatography)** : 공유결합에 의해 고정상과 용질 분자와의 특정한 상호작용이 이루어지는 친화도를 이용하여 시료를 분리한다. 고정상으로 분리하고자 하는 단백질과 친화력이 큰 것을 사용한다. 분리의 원리는 항원과 항체, 효소와 기질의 특이적 결합력을 이용하는 것이다. 이들과 친화력이 없는 단백질은 빨리 용리된다.

■ 기출문제

1. HPLC 분석 중 시료 5g의 산화방지제 10mL로 농축, 분석한 결과 표준액 5mg/kg의 피크 넓이가 125, 시료가 50일 때 시료의 산화방지제는 몇 mg/kg인지 구하시오
〈2011-1회, 2019-2회, 2021-3회〉

- 표준액 농도(5mg/kg) : 125 = 산화방지제 농도 (x) : 50
  ⇨ x(산화방지제의 농도) = 2mg/kg
- 5g을 10mL로 2배 희석하였으므로
  ⇨ 시료의 산화방지제 함량 = 2mg/kg×2배
     = 4mg/kg

2. HPLC 분석 결과 당류의 함유량에 대해 $y=5.5x+2$라는 방정식을 얻었다. y는 당도(ug/mL)이고, x는 피크 시간을 나타내며 피크 시간은 20. 총 10g의 시료를 15mL로 하여 분석에 사용하였고, 5배 희석해 사용하였다. 이 경우 100g의 시료에 함유된 총 당의 함유량을 구하시오. (단위 : mg/100g)
〈2013-2회, 2024-3회〉

- 피크시간(x) = 20일 때,
  ⇨ y(당도) = (5.5×20)+2 = 112(ug/mL)
- 당의 총함유량 = [당의 농도 × 희석 배수 × 시료의 용량(mL/g)]
  = 112(ug/mL)×5배×(15mL/10g)= 840ug/g
  ⇨ 100g에는 84,000ug/100g
- 문제에서 주어진 단위는 (mg/100g)이므로, 당의 함유량 : 84mg/100g

3. 크로마토그래피에서 반높이 상수 5.54, $W_{1/2}$ 2.4sec, ta 12.5min일 때, 반높이 너비법의 이론단수를 계산하시오. 〈2018-1회〉

- $NW_{1/2} = 5.54(\dfrac{t_a}{W_{1/2}})^2$

  $NW_{1/2} = 5.54(\dfrac{12.5\times60}{2.4})^2$

  = 541,015.63

  N(이론단수), t_a(머무름시간), W(피크의 폭)
- ※ 머무름시간, 피크의 폭 : 초(분) 단위로 나타냄

※ 해설 : 반높이 너비법 공식에서 분자인 피크 폭(W)이 좁거나, 머무름시간(ta)이 크면 이론 단수는 증가하므로 분리능이 좋다는 의미

※ 반높이 너비법 : 이론 단수를 구하는 방법 중 하나로 위의 공식으로 계산함. 이론 단수(N)가 크다는 것은 분리 효능이 좋다는 것을 의미
※ 이론 단수 = (컬럼 길이 ÷ 단 높이)

4. 친화성 크로마토그래피와 흡착크로마토그래피의 원리를 쓰고, 각각 고정상을 쓰시오. 〈2020-1회〉	• 친화성 크로마토그래피 ① 원리 : 공유결합에 의해 고정상과 용질 분자와의 특정한 상호작용이 이루어지는 친화도를 이용하여 시료를 분리 ② 고정상 : 분리하고자 하는 단백질과 친화력이 큰 것을 사용(항체, 철, 구리 등) • 흡착크로마토그래피 ① 원리 : 고체 정지상 표면에 흡착점이 있는 물질(흡착제)을 사용하며, 흡착·탈착현상을 이용하여 물질을 분리 ② 고정상 : 알루미나, 활성탄, 산화마그네슘, 탄산마그네슘 등
5. HPLC에서 normal과 reverse phase의 극성에 따른 용출 특성을 쓰시오. 〈2019-3회, 2020-3회, 2022-3회〉	• normal phase(순상법) : 고정상(정지상)으로 극성 컬럼을 사용 → 친화력이 없는 비극성(소수성) 물질이 먼저 용출된 후, 친화력이 있는 극성물질(친수성)이 나중에 용출됨 • reverse phase(역상법) : 고정상(정지상)으로 비극성 컬럼을 사용 → 친화력이 없는 극성물질이 먼저 용출된 후, 친화력이 있는 비극성물질이 나중에 용출됨
6. HPLC 분배계수를 고정상과의 친화력과 통과속도를 통하여 비교하시오. 〈2016-2회, 2022-2회〉	• 분배계수 크다 : 성분이 고정상과 친화력이 있어 천천히 용리된다. • 분배계수 작다 : 성분이 고정상과 친화력이 없어 빨리 용리된다.

■ 예상문제

1. 이론 단수의 정의를 쓰고, 이론 단수가 큰 값을 가질 때 컬럼의 효율은 어떤 상태인지를 쓰시오	• 이론 단수 : 컬럼의 효율성을 알아보기 위하여 이를 개념적으로 몇 개의 층으로 구성되었는지를 가상으로 정한 층의 개수 • 이론 단수가 큰 값을 가질 때 : 이론 단수(N)가 크다는 것은 분리 효능이 좋음을 의미

제7절 식품의 물성 및 유화

7-1. 식품의 물성

1. 식품의 물성(텍스처)

1) 식품의 물성이란 식품이나 식품 재료의 물리·화학적 성질과 촉감과 관련된 감각적 특성을 말한다. 조직감 또는 텍스처라고도 표현한다. 텍스처란 음식을 먹을 때 입안에서 느껴지는 감촉으로 식품의 씹는 맛, 입맛, 넘어가는 맛 등 구강 내에서 느껴지는 성질 전체로 표현된다.
2) 촉각과 관련된 식품의 조직구조는 점성, 탄성, 경도 등으로 표현하며, 유체식품이나 반고체식품은 힘을 가하면 변형되거나 유동성(흐름성)을 나타낸다.

2. 식품의 레올로지(Rheology)

1) 'rheo(리오)'는 '흐르다'라는 뜻을 가진 그리스어이다. 반고체나 유체식품은 외부에서 힘을 가하면, 물질이 변형되거나 유동성(흐르는 성질)의 특성을 갖는다. 이러한 특성은 점성, 탄성, 소성, 점탄성 등으로 나타낼 수 있다. 식품에서 이렇게 변형이나 유동성을 나타내는 것을 '식품의 레올로지'라고 한다.

2) 반고체-고체식품의 조직감 특성
  (1) 1차적 특성 : 경도, 응집성, 점성, 탄성, 부착성 등
  (2) 2차적 특성 : 기본 특성들이 복합적으로 작용하여 생기는 특성. 파쇄성, 씹힘성, 껌성 등

3) 레올로지 식품의 주요 특성

구 분	내 용
점성	• 액체의 흐르는 성질에 대한 저항. 점성이 크다는 것은 액체가 잘 흐르지 않는 것을 의미한다. 꿀보다 물이 점성이 낮아 잘 흐른다.
점탄성	• 외부의 힘을 받을 때 탄성 변형과 점성 유동이 동시에 일어나는 성질. 밀가루 반죽, 떡 등을 누르면 이러한 현상이 나타난다.
가소성	• 어떤 물질이 일정 이상의 힘을 받으면 변형이 일어나고, 변형된 모양이 외부의 힘이 사라져도 원래의 모습대로 돌아오지 않는 현상. 버터, 마가린 등에서 볼 수 있다.
예사성	• 실타래처럼 실을 빼는 것과 같은 성질
신전성	• 국수 반죽에서 긴 끈 모양으로 늘어나는 성질

3. 액체식품의 성상

1) 식품의 성상은 여러 가지 성분들의 조합 및 가공방법에 따라 기체상, 액체상, 고체상을 가진다. 액체식품의 성상은 **분산매(연속상)**와 식품 전체에 분산되어 있는 **분산질(분산상)의 종류**에 따라 다양한 형태를 나타낸다.

(1) 고체가 액체 속에 분산되어 있으면 졸(sol), 액체가 액체 속에 분산된 것을 에멀션(유화액), 기체가 액체 또는 반고체 속에 분산된 것을 거품이라고 한다.
(2) 거품은 콜로이드 상태에서 분산매인 액체(또는 고체) 속에 기체 분산질이 들어가 있는 것이고, 탄산음료나 맥주는 액체 속에 거품이 들어가 있는 형태이다.

2) 액체식품 : 분산매에 분산되어 있는 분산질의 크기에 따라 3가지로 구분

분산질	진용액	콜로이드	현탁액
입자의 크기	1nm 이하	1~100nm	100nm 이상

(1) **진용액(참용액)** : 용질이 콜로이드 상태가 아니고 분자나 이온 상태로 균일하게 섞여 있는 용액이다. 입자의 크기가 1nm로 매우 작아, 용질과 용매가 하나의 상을 이루고 있다. 소금, 설탕, 아미노산, 비타민, 무기질 등이 분산매(용매)에 녹아 있는 상태이다.

(2) **콜로이드** : 혼합물 중에 1~100nm 정도 되는 크기의 미립자가 분산매에 분산된 것을 콜로이드라고 한다. 진용액인 식염수나 설탕 용액에 단백질, 지질, 핵산 등과 같은 1~100nm 정도의 미립자들이 분산되어 있는 상태이다. 에멀션 또는 교질이라고도 한다.

① 콜로이드상에서 미세한 입자로 분산되어 있는 작은 방울의 액체를 분상상(분산질)이라 하고, 분산질을 수용하고 있는 액체를 연속상(분산매)이라 한다. 콜로이드 입자는 분산질로서 액체 또는 고체이다. 액체 중에 액체가 분산해 있는 것을 에멀션(유화액)이라 한다.

② 콜로이드상에서 입자들이 유동성이 있으면 졸(sol)이라 하고, 유동성이 없는 것은 젤(gel)이라 한다. 졸의 대표적인 것은 우유, 육수 등이고, 젤의 대표적인 것으로 묵류, 젤리류 등이 있다.

③ 콜로이드 특성 : 반투성, 틴달현상, 점성과 가소성, 흡착성, 응집, 염석, 브라운운동 등

※ 틴달현상 : 콜로이드 용액 속에 빛을 통과시키면 빛이 산란되어 통로가 하얗게 보이는 현상

(3) **현탁액** : 용액 중에 콜로이드 입자보다 큰 고체 입자(보통 100nm 이상)가 분산되어 있는 것을 말한다. 알갱이들이 용해되지 않은 상태로 액체 속에 퍼져 있는 혼합물이다. 입자가 크기 때문에 흔들면 일정 시간 분산상태를 유지하지만, 시간이 지나면 침전된다.

3) 분산매와 분산질에 따른 식품의 성상

분산매	분산질	성 상
액체	고체	• 졸(전분 호화액), 현탁액(된장국)
	액체	• 유화액 : 수중유적형(우유 등), 유중수적형(버터, 샐러드드레싱 등)
	기체(거품)	• 탄산음료, 맥주
고체	액체	• 젤(젤리, 양갱, 두부, 묵, 치즈 등)
	기체(거품)	• 빵, 크림

■ 기출문제

1. Texture(텍스쳐)의 정의, 반고체 식품의 texture를 구성하는 1·2차 기계적 특성을 쓰시오.
〈2010-1회, 2022-3회〉

- 텍스쳐 : 음식을 먹을 때 입안에서 느껴지는 감촉으로 식품의 씹는 맛, 입맛, 넘어가는 맛 등 구강 내에서 느껴지는 성질의 전체로 표현되는 느낌
- 1차적 특성 : 경도, 응집성, 점성, 탄성, 부착성
- 2차적 특성 : 기본 특성들이 복합적으로 작용하여 생기는 특성. 파쇄성, 씹힘성, 껌성 등

2. 텍스처를 분석할 때, 1차적 특징인 경도, 응집성, 탄력성, 부착성의 의미를 쓰시오.
〈2016-3회, 2020-4회〉

- 경도 : 식품의 단단함을 나타내는 지표
- 응집성 : 어떠한 물질들이 서로 엉기고 뭉치려는 성질
- 탄력성 : 일정 수준 이상의 힘이 작용하면 변형되었다가 힘이 제거되면, 다시 원래의 상태로 복귀하는 성질
- 부착성 : 어떤 물질에 다른 물질이 붙는 성질

3. Rheology 특성 2가지와 성질을 설명하시오.
〈2011-3회〉

- 특성 : 점성, 탄성, 소성, 점탄성 등
- 성질
  ① 점성 : 액체의 흐르는 성질에 대한 저항. 점성이 크다는 것은 액체가 잘 흐르지 않는 것을 의미
  ② 가소성 : 어떤 물질이 일정 이상의 힘을 받으면 변형이 일어나고, 변형된 모양이 외부의 힘이 사라져도 원래의 모습대로 돌아오지 않는 것
  ③ 점탄성 : 외부의 힘을 받을 때 탄성 변형과 점성 유동이 동시에 일어나는 성질

■ 예상문제

1. 콜로이드 특성 중 틴달현상에 대하여 쓰시오.

- 많은 입자가 산란하고 있는 콜로이드 용액 속에 빛을 통과시키면 빛이 산란되어 통로가 하얗게 보이는 현상

7-2. 뉴턴 및 비뉴턴유체

1. 개요

1) 유체 : 액체와 기체를 총칭하는 말이다. 유체는 형상이 일정하지 않아 쉽게 변형되고, 자유롭게 흐를 수 있는 특징이 있다.

　(1) 고체 : 일정한 힘을 가하면 스프링과 같이 탄성 변형으로 복원되거나 한계값 이상의 힘이 가해지면 영구변형이 발생한다.

　(2) 유체 : 특정한 힘이 작용하면 고체와 같은 탄성 변형이 일어나는 것이 아니고, 흐름성 특성에 의해 가소성 변형이 일어난다.

　(3) 가소성이란 일정한 힘이 작용했을 때 그 힘이 없어져도 변형된 상태로 유지되는 특성을 말한다. 이러한 가소성에 저항하는 힘이 점성이다. 즉, 점성은 흐름에 대한 저항력을 말한다.

2) 유체의 흐름에 영향을 미치는 점도는 유체를 흐르게 하는 **전단응력(외부의 힘)**과 **전단속도(속도 기울기)** 사이의 **상관관계**로 나타낼 수 있다.

　(1) 저항력이 속도 기울기(전단속도)에 비례하는 법칙을 뉴턴의 점성 법칙이라 한다.

　(2) 모든 유체는 점성을 가지고 있으며, 그 점도에 따라 전단속도가 비례하는지, 그렇지 않은지에 따라 뉴턴유체와 비뉴턴유체로 분류한다.

> ♣ <u>전단응력</u> : 어떤 재료에 전단력을 작용시켰을 때, 재료의 표면에서 변형되지 않으려는 힘을 말한다.
> 　　↳ 전단응력 = 전단속도 × 점도
> ♣ <u>전단속도(속도구배)</u> : 높이 y의 변화에 따른 속도(V)의 변화량
> 　　↳ 유체의 전단응력에 의해 생기는 흐름에 의해 전단변형이 증가되는 비율

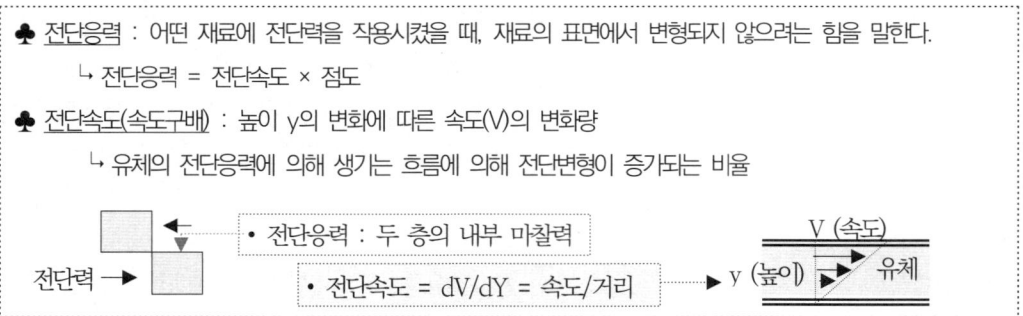

2. 뉴턴(Newton)유체

1) 뉴턴유체 : <u>전단속도의 크기에 관계없이 점성이 일정한 유체</u>를 말한다. 물, 설탕 용액, 에탄올 용액 등 저분자 물질로 된 유체이다.

2) 뉴턴유체는 <u>전단속도가 전단응력에 비례하여 증감하며, 원점을 지나는 직선 형태를 보인다</u>(다음 쪽, 그래프 참조). 여기서 직선의 기울기는 점도를 의미한다. 따라서 그래프의 기울기 경사가 급경사이면 점도가 높다는 것이고, 기울기 경사가 완만하면 점도가 낮다는 것을 의미한다.

3. 비뉴턴유체

1) 비뉴턴유체는 **전단응력에 대해서 전단 속도가 비례하지 않는 모든 유체**를 말한다. 가소성 유체라고도 한다. **점성이 있는 고분자 용액, 콜로이드 용액 등**이 여기에 해당한다.

2) 고분자 용액이나 콜로이드 용액은 분자 상호 간 결합을 통해 망상구조를 이루고 있다. 어떤 외부의 힘을 가할 경우, 이러한 구조가 파괴되어 전단속도에 따라 점도는 변하게 된다. 즉, A 전단속도에서 측정한 점도는 B 전단속도에서 측정한 점도와 다르게 나타난다. 따라서 비뉴턴 유체에서는 **전단응력과 전단속도 사이에 비례관계가 성립하지 않는다.**

3) 비뉴턴유체의 점성은 속도 기울기, 변형량, 시간 등에 의하여 변하기 때문에 **겉보기 점도, 항복치, 시간에 따라 흐름이 변하는**(시간 의존성 또는 비의존성) 특성을 갖는다.

4. 비뉴턴유체의 분류 : 전단속도-전단응력의 변화에 따른 구분

구 분	내 용
의사가소성유체 (pseudoplastic)	• 항복치를 나타내지 않으면서, 전단속도가 증가함에 따라 겉보기 점도가 감소하는 유체. 초콜릿, 퓨레, 샐러드드레싱, 야채스프
Dilatant 유체 (딜레이턴트)	• 전단 속도가 증가하면 겉보기 점도가 증가하는 유체. 전분 용액 등 고농도 현탁액. 소시지 슬러리
Bingham(빙함) 가소성유체	• 항복치를 나타내면서 뉴턴유체의 특성을 갖는 유체. 처음에는 외부의 힘을 가해도 변형을 일으키지 않다가, 일정 이상의 힘이 가해지면 뉴턴유체와 같이 전단속도에 전단응력이 비례하는 유체. 토마토케첩, 마가린, 마요네즈
Hershel-Buckley Model	• 항복치를 나타내면서, 의사가소성 유체의 특성을 갖는 유체. 처음에는 외부의 힘을 가해도 변형을 일으키지 않다가, 일정 이상의 힘이 가해지면 의사가소성 유체와 같이 겉보기 점도가 전단응력이 커질수록 낮아지는 유체

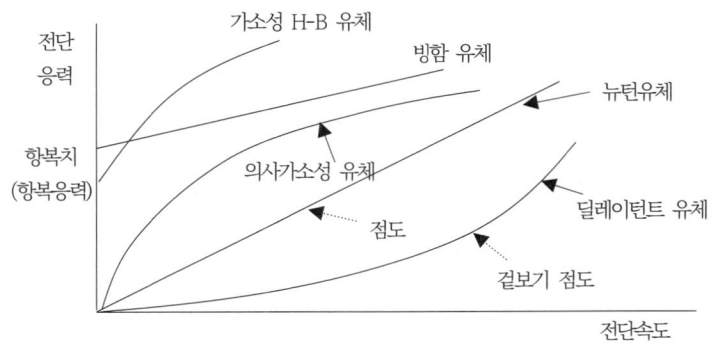

출처 : 한국식품과학회, 『식품과학기술대사전』, 광일문화사, 2008.4.10.

> ♣ 항복치 : 유체 또는 반고체 물질은 정지된 상태에서는 분자 간 결합에 의해 망상구조를 유지하고 있다. 여기에 외부의 힘을 가하여(흔들어 주면) 구조가 약한 부분부터 파괴되면서 흐름이 발생한다. 이렇게 흐름이 시작되는 시점까지의 전단응력 크기를 항복치(항복값)라 한다.
> ♣ 겉보기 점도 : 뉴턴유체와 같이 전단속도에 전단응력이 비례하는 유체의 점도는 일정하다. 따라서 뉴턴유체는 그 물질의 점도로 볼 수 있다. 그러나 비뉴턴유체의 점도는 전단응력과 전단속도가 비례하지 않기 때문에, 그 래프에서 나타난 점을 연결한 선을 그 물질 고유의 점도로 볼 수 없다. 따라서 비뉴턴유체에서의 점도는 '겉보기 점도'라 한다.

5. 시간의존성 유체

1) **정의** : 액체의 점도가 시간에 따라 변하는 유체를 시간 의존성 유체라 하고, 시간에 따라 변하지 않는 유체를 시간 비의존성(시간 독립성) 유체라 한다. 뉴턴유체는 시간 독립성 유체에 해당된다.

2) **틱소트라픽(Thixotropic) 유체 : 겉보기 점도가 시간이 지남에 따라 감소하는 유체**를 말한다. 즉 전단 시간이 지남에 따라 겉보기 점도가 감소하였다가 외력이 제거되면 다시 원상태로 되돌아오는 유체를 말한다. 틱소트로픽 유체는 전단이 계속될 때 재료의 미세구조가 파괴되어 나타나는 결과이다. 의사가소성 유체와 빙햄 가소성유체가 해당되며, 토마토케첩, 마요네즈 등이 있다.

3) **Rheopectic 유체(레오펙틱 유체)** : 전단시간이 지남에 따라 겉보기 점도가 증가하는 유체를 말한다. 이 유체는 전단력을 오래 받을수록 점도가 높아지며, 계속적으로 흔들어 주면 두꺼워지거나 응고되어 굳는다. 딜레이턴트 유체가 해당되며, 고농축 전분 용액이 대표적이다.[13]

---

[13] 세화편집부, 『화학대백과사전』, 세화, 2001.5.20.

■ 기출문제

1. 뉴턴유체에서의 전단속도(shear rate)와 점도와의 관계를 설명하시오. 〈2008-1회, 2023-1회, 2023-3회〉

   - 전단속도의 크기에 관계없이 점성이 일정한 유체
   - 대표적 식품 : 물, 설탕 용액, 에탄올 용액 등

2. 뉴턴유체, 비뉴턴유체의 특징(전단속도, 전단응력의 관계)과 식품 2가지를 쓰시오. 〈2016-3회, 2022-2회〉

   - 뉴턴유체 : 전단속도의 크기에 관계없이 점성이 일정한 유체. 전단속도는 전단응력에 비례하여 증감. 물, 알코올류, 설탕 용액 등
   - 비뉴턴 유체 : 전단응력에 대해서 전단 속도가 비례하지 않는 유체. 버터, 케첩, 마요네즈, 전분 등

3. 전단응력과 전단속도와의 관계로부터 뉴턴유체와 시간 독립성, 비뉴턴유체의 특성에 대해 쓰시오. 〈2010-3회〉

   - 뉴턴유체 : 전단속도의 크기에 관계없이 점성이 일정한 유체
   - 시간 독립성유체 : 액체의 점도가 시간에 따라 변하지 않는 유체
   - 비뉴턴 유체 : 전단응력에 대해서 전단 속도가 비례하지 않는 모든 유체

4. 뉴턴유체와 비뉴턴유체의 전단속도와 전단응력 관계의 유동곡선을 뉴턴유체, dilatant 유체, 의사가소성 유체, bingham 유체에 대해서 그래프를 그리고, 해당 식품의 예를 1가지씩 쓰시오 〈2011-3회, 2024-3회〉

   - 그래프

   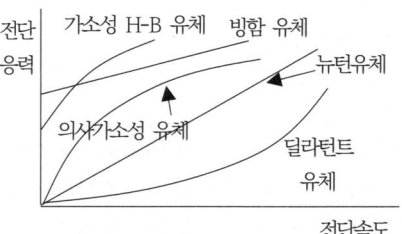

   - 식품의 사례

종 류	식 품
뉴턴유체	물, 알코올, 탄산음료
의사가소성	초콜릿, 퓨레, 샐러드드레싱, 야채스프
Dilatant 유체	전분 용액, 소시지 슬러리
Bingham 가소성유체	케첩, 마가린, 마요네즈

5. 다음 보기 중 틀린 것을 1개 고르고, 그 이유를 쓰시오. 〈2020-1회〉

> ① 뉴턴유체는 물, 청량음료, 식용유 등이 있다.
> ② 빙함유체는 케찹, 마요네즈 등이 있다.
> ③ 요변성 유체(틱소트로픽)는 전단 속도가 증가함에 따라 점도가 감소하는 유체이다.
> ④ 딜레이턴트 유체에는 고농도 전분 현탁액이 있다.
> ⑤ 뉴턴유체는 전단응력과 전단속도가 비례하지 않는다.

- 틀린 문항 : ⑤
- 이유 : 뉴턴유체는 전단 속도의 크기에 관계없이 점성이 일정한 유체로 전단 속도는 전단응력에 비례한다.

6. 통에 담긴 토마토케첩을 흔들어 한 번 배출시킨 후에는 케첩의 배출이 그 전보다 수월하게 되는데 이에 관련된 케첩의 물성 특성을 설명하시오. 〈2007-2회〉

- 틱소트라픽(Thixotropic) 유체 : 겉보기 점도가 시간이 지남에 따라 감소하는 유체. 즉 전단 시간이 지남에 따라 겉보기 점도가 감소하였다가 외력이 제거되면 다시 원상태로 되돌아오는 유체
- 틱소트로픽 유체는 전단이 계속될 때 재료의 미세구조가 파괴된 결과로 토마토케첩, 마요네즈 등에서 볼 수 있다.

7. 시럽의 두께를 결정하는 식품 물성치의 특성을 쓰시오. 〈2004-1회〉

- 항복응력에 의해 결정됨. 유체(시럽)가 수직 표면 상에서 중력에 의하여 흘러내리다가 피막의 양이 점점 감소하면서 그 무게가 항복응력과 같아지는 지점에서 흐름이 중단되어 피막 두께가 고정된다.

8. 허셀 버클리 모델에 따르면 빙함유체는 $\sigma = K\gamma^n + \sigma_0$의 식을 갖는다. 전단응력($\sigma$), 항복응력($\sigma_0$), 전단속도($\gamma$), 유체속도($n$)일 때, 뉴턴유체, 딜레이턴트유체, 빙함유체, 슈도플라스틱유체를 항복응력(σ_0)과 유체속도(n)를 이용하여 나타내시오. (단, 'n=1이면, σ_0<0인 유체라고 작성하시오.) 〈2020-4회, 2023-2회〉

- 뉴턴유체 : $n=1$이면, $\sigma_0=0$인 유체
- 딜레이턴트 유체 : $n>1$이면, $\sigma_0=0$인 유체
- 빙함유체 : $n=1$이면, $\sigma_0>0$인 유체
- 슈도플라스틱(의사가소성) 유체 : $0<n<1$이면, $\sigma_0=0$인 유체
- ※ 해설 : 앞의 8번 문제 그래프를 참조하여,
- n(유체속도) : 점도를 고려할 때, 뉴턴유체와 빙함유체는 직선(비례)으로 1, 딜레이턴트 유체는 전단속도 증가 시 점도가 증가하므로 n>1
- σ_0(항복응력) : 빙함유체만 0보다 큰 지점, 나머지 유체는 0지점에서 시작하므로 $\sigma_0=0$

9. 전단속도가 $100s^{-1}$인 유체의 전단응력을 구하시오. (단, 점도는 10^{-3} Pa·s) 〈2021-1회〉

• 전단응력 = 전단속도 × 점도 = $100s^{-1} × 10^{-3}$ Pa·s
  ⇨ (100/s) × (Pa·s/1000) = 0.1 Pa

10. 오렌지주스 직경이 10cm인 관의 유속에 따른 압력강하 표이다. 내삽법을 이용하여 직경 25cm, 유속 8.5일 때, 압력강하(b)를 구하시오. 〈2017-2회, 2023-1회〉

직경(cm) \ 유속	1.0	2.0	5.0	8.5	10.0
10	509	1017	2541		5081
20	1017	2034	5085		10170
25	(a)			(b)	12710
30	1524	3051	7628		15259

※ (b)값 : 위 표의 직경과 유속을 이용하여 직선 그래프를 그리면, 방정식은 다음과 같다.

$y = [(y_2-y_1) ÷ (x_2-x_1)] × (x-x_1) + y_1$ ※ x(직경 또는 유속), y(압력강하 값)

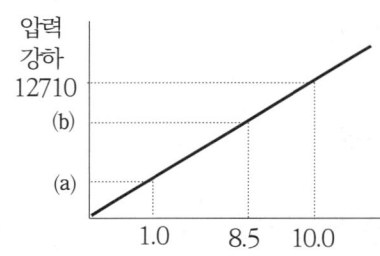

(a)값은 유속이 1.0일 때, 압력강하를 구하는 것으로,
위의 표에서 $x_1\ y_1$(20, 1017), $x_2\ y_2$(30, 1524)이므로,
$y = [(1524-1017) ÷ (30-20)] × (x-20) + 1017$
$\ \ = (507 ÷ 10) × (x-20) + 1017$
여기서 x(직경) = 25를 대입하면 ∴ y(a값) = 1270.5

• 문제에서 요구하는 값 (b)는 유속이 8.5일 때, 압력강하를 구하는 것임
  위의 표에서 $x_1\ y_1$(1.0, 1270.5), $x_2\ y_2$(10.0, 12710)이므로,
  $y = [(12710-1270.5) ÷ (10-1)] × (x-1) + 1270.5$ ⇨ 여기서 x(유속) = 8.5를 대입하면,
  ∴ y(압력강하, b값) = 10803.42
※ 각각의 직경, 유속을 위의 공식에 대입하면, 각 지점의 압력강하 값을 구할 수 있다. (2023-1회 기출)
※ 수험생의 이해를 돕기 위해 횡으로 작성하였습니다. (이하 같음)

■ 예상문제

1. 지름 4cm인 관을 통해서 1.5kg/s의 속도로 20℃의 물을 펌프로 이송하는 경우 평균 유속은 얼마인지 계산하시오. (단, 물의 밀도는 998.2kg/m³이다.) 〈필기 기출〉

• 유속(m/s) = (속도/관의 단면적) × (1/밀도)
  ※ 관의 단면적 = $πr^2$ = 3.14 × $(0.04/2)^2$
    = 0.001256 m²
• 유속(m/s) = [(1.5kg/s) / 0.001256m²] × (1/998.2)kg/m³ = 1.196 (m/s)

7-3. 레이놀즈수

1. 층류, 난류 및 레이놀즈수

1) 유체의 흐름에 미치는 중요한 요소는 관성력과 마찰력(점성)이며, 유체의 흐름은 속도, 압력, 밀도 등과 관련이 있다.

2) **층류, 난류 및 레이놀즈수** : 위와 같은 유체의 특성으로 인하여 유체는 분자들이 섞이지 않고 흘러갈 수도 있고, 유체입자들이 불규칙하게 서로 섞여서 흐를 수도 있다. 여기서 전자를 층류, 후자를 난류라고 한다. 또한, 유체의 흐름이 층류를 나타내는지, 난류를 나타내는지의 경계를 구분하는 계수를 레이놀즈수라 한다.

   (1) 층류 : 흐름 속에 있는 유체 분자들의 위치가 흐름에 따라 변하지 않고 직선으로 일정하게 흐르는 상태를 말한다. 이러한 현상은 자연계에서는 거의 찾아보기 어렵다.

   (2) 난류 : 유체의 각 부분이 시간적이나 공간적으로 불규칙한 운동을 하면서 흘러가는 것을 말한다. 유속이 증가하면 유체의 입자가 뒤섞여 난류의 흐름으로 바뀐다. 난류의 흐름은 압력, 속도, 시간, 공간에 따라 갑작스럽게 변화한다. 난류는 점도가 낮을 때 발생한다.

3) **레이놀즈수** : 레이놀즈수는 **유체의 흐름이 층류인지 난류인지를 구분**하기 위해 사용한다.

   (1) 레이놀즈수는 관성력과 점성력의 비를 나타내는 무차원수(단위가 없음)로 2종류 힘의 상대적인 중요도를 나타내는 수치이다. Re로 표시한다.[14] 유체의 흐름이 층류에서 난류로 바뀔 때의 레이놀즈수를 임계 레이놀즈수라 한다.

   (2) 레이놀즈수가 2100 이하이면 층류, 2100~4000이면 천이영역(유동의 성질을 명확히 알 수 없는 영역), 4000 이상이면 난류가 된다.

레이놀즈수	2100	<	2100~4000	<	4000
	층류		천이영역(전이형)		난류

♣ 레이놀즈수(Re) = (파이프 지름 × 평균유속 × 유체의 밀도) ÷ 유체의 점도 = 관성력 ÷ 점성력
1. 위의 공식을 보면 알 수 있듯이, 레이놀즈수는 파이프의 지름이 클수록, 평균유속이 빠를수록, 유체의 밀도가 높을수록 커진다.
2. 유체의 흐름에서 점성력이 우세할 때 : 유속이 느려지면 점성력이 증가한 것으로 층류가 된다. 레이놀즈수는 상대적으로 적어진다.
3. 유체의 흐름에서 관성력이 우세할 때 : 유속이 증가하면 관성력이 증가하고, 관성력이 우세하면 난류를 일으킨다. 레이놀즈수는 상대적으로 크다.

---

[14] 한국기상학회, 기상학백과, http://www.komes.or.kr/

7-4. 유화의 원리

1. 유화의 정의

1) **정의** : 유화는 서로 섞이지 않는 2개의 액체를 강력한 교반을 통하여 한 개의 액체가 다른 액체에 작은 방울로 분산되게 함으로써 안정된 상태를 형성하는 조작을 말한다. 이렇게 혼합된 상태를 에멀션(콜로이드)이라 한다.

2) 지방은 히드록시기(-OH)와 카르복실기(-COOH)와 같은 친수성기들이 에스터결합을 통해 내부에 위치하고, 소수성기(-CH$_3$)는 표면에 노출되어 물에 녹지 않는다. 여기에 레시틴과 같은 친수성과 소수성 성질을 동시에 가지고 있는 계면활성제를 첨가하면 서로 섞이지 않는 2가지 물질이 에멀션 상태(유화액)로 안정화된다.

2. 유화제의 조건 및 종류

1) **유화제의 조건** : 유화제로 사용하기 위해서는 보통 한 분자 내에 친수성과 친유성을 동시에 가지고 있어야 하며, 분산질의 재결합을 방지하여 에멀션 상태를 오랫동안 유지할 수 있는 물질이면서 독성이 없는 안전한 것이어야 한다.

2) **유화제의 종류**

구 분	내 용
천연유화제	• 레시틴(난황), 스테롤, 모노글리세리드, 알긴산, 단백질 등
합성유화제	• 글리세린지방산에스테르 등

3) **유화액의 종류** : 유화액에서 미세한 입자로 분산되어 있는 작은 방울의 액체를 분상상(분산질), 분산질을 수용하고 있는 액체를 연속상(분산매)이라 한다.

 (1) **O/W유화액**(oil-in-water emulsion, **수중유적형**) : 기름이 작은 방울로 분쇄되어 물속에 분산되어 있는 유화액이다. 우유, 아이스크림, 마요네즈, 단백질, 셀룰로오스(세포막) 등이 있다.

 (2) **W/O유화액**(water-in-oil emulsion, **유중수적형**) : 물이 작은 방울로 분쇄되어 기름 속에 분산된 유화액이다. 버터, 마가린, 콜레스테롤, 지방산에스테르 등이 있다.

3. 친수친유평형값(HLB, Hydrophile-Lipophile Balance)

1) **계면활성제** : 한 분자 내에 친수성 부분과 소수성 부분을 동시에 가지고 있는 화합물이다. 계면활성제의 역할은 물은 물 분자끼리, 기름은 기름 분자끼리 서로 끌어당겨 뭉치려고 하는 표면장력을 감소시켜 잘 섞이도록 작용이다.

2) 계면활성제가 가지고 있는 친수성기와 친유성기의 평형 관계를 나타내는 값으로 HLB를 사용한다. 즉,

HLB는 계면활성제가 물과 기름에 대한 친화성 정도를 나타내는 값이다.

3) HLB 값 : 0~20까지로 표현되며, 0에 가까울수록 친유성, 20에 가까울수록 친수성을 나타낸다. 유화제의 유화 성능은 유화제의 농도, 유화 온도, 물과 기름의 비율 등에 따라 달라지기 때문에 HLB 값은 유화제의 성질 확인과 유화제를 선택하는 하나의 기준 정도로 활용한다.

구 분	HLB 값	사용 범위	비 고 (HLB값)
친유성	10 이하	3~6(W/O용)	• 아세트산 모노글리세리드(1) • 레시틴, 지방산 모노글리세리드(3~4)
친수성	10 이상	8~18(O/W용)	• 자당 지방산에스테르(4~14) • 폴리글리세롤 지방산에스테르(4~16)

4) HLB 값 = 20 - [1 - (S÷A)]   ※ S(ester의 비누화가), A(지방산의 산가)

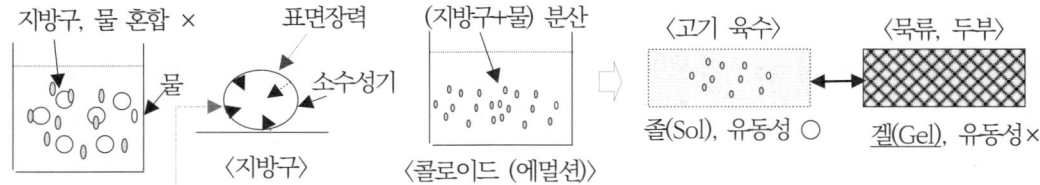

- 계면활성제 : 한 분자 내 친수성기, 소수성기가 존재하는 물질
※ 계면활성화 : 응집하려는 성질(표면장력 약화)을 약하게 함
  ↳ 안정된 유화(분산) 상태가 되도록 함

- 가역적인 것 : 고기 육수
  ↳ 가열하면 Sol, 식히면 Gel
- 비가역적인 것 : 생선묵, 두부 등

- 친수친유평형값(HLB, Hydrophile-Lipophile Balance) : 계면활성제가 가지고 있는 친수성기와 친유성기의 평형 관계를 나타내는 값
  ※ HLB 값(0~20) : 친유성 계면활성제 [0 ← 8 → 20] 친수성 계면활성제

- O/W유화액(oil-in-water emulsion, 수중유적형) : 기름방울이 물속에 분산된 유화액
  HLB 값 3~6 (W/O용). 우유, 아이스크림, 마요네즈, 단백질, 셀룰로오스(세포막) 등
- W/O유화액(water-in-oil emulsion, 유중수적형) : 물방울이 기름 속에 분산된 유화액
  HLB 값 8~18(O/W용). 버터, 마가린, 콜레스테롤, 지방산에스테르 등

♣ 이액현상(syneresis, 이장현상) : 겔(gel)상의 식품구조는 일반적으로 3차원적 망상구조를 가지고 있으며 내부에 다량의 수분을 가두고 있다. 이러한 겔은 시간이 지나면서 망상구조가 풀리면서 내부에 갇혀 있던 수분이 빠져나오게 된다. 이러한 현상을 이액현상이라 한다. 잼에서 나오는 물, 두부로부터 나오는 물 등이 있다.

■ 기출문제

1. 레이놀즈수 관속을 흐르는 유체는 원형 직선 관에서 레이놀즈수가 (①)(②)이면 층류, (③)(④)이면 난류이다. (   )에 알맞은 말을 쓰시오.
   〈2008-2회, 2012-1회, 2012-2회, 2021-2회〉

   ① 2,100
   ② 이하
   ③ 4,000
   ④ 이상

2. 레이놀즈수가 난류일 때 관의 지름, 관의 유속, 점도, 밀도의 관계를 설명하시오.
   〈2015-1회, 2022-3회〉

   - 난류의 조건 : 레이놀즈수가 커지면 됨
     ① 관의 지름이 넓을수록, 밀도는 높을수록, 관의 유속이 빠를수록
     ② 유체의 점도가 낮을수록
   ※ 해설 : 레이놀즈수(Re) = $d \cdot v \cdot p / \mu$ = (관의 지름×평균유속×유체 밀도)÷유체의 점도
   ※ Re(레이놀즈수), d(관의 지름), v(관의 유속), p(유체 밀도), μ(유체 점도)

3. 물과 기름을 혼합할 때, 유화제의 원리(역할)를 표면장력과 연계하여 서술하시오. 〈2023-2회〉

   - 유화제 : 한 개의 분자 내에 친수기와 친유기를 모두 포함하고 있어, 물과 기름의 각 경계면에서 작용하는 힘(표면장력을 감소)을 낮추어 분산된 입자가 다시 응집하지 않도록 안정화시키는 역할
   ※ 표면장력 : 물 분자는 물과, 기름 분자는 기름과 서로 뭉치려고 하는 힘 → 이것을 파괴시켜 서로 분산되도록 하는 것이 계면활성제(유화제)임

4. HLB 값이 4~6일 때 어떤 유형의 식품인지 쓰시오. 〈2006-2회〉

   - HLB 값 3~6 : 유중수적형(W/O) 유화액
     ⇨ 레시틴, 지방산 모노글리세리드
   ※ HLB 값 : 계면활성제가 가지고 있는 친수성기와 친유성기의 평형 관계를 나타내는 값

5. HLB 값을 구하는 공식을 S(ester의 비누화가), A(지방산의 산가)를 이용하여 쓰고, HLB 값이 4~6일 때 (①)유화액, HLB 값이 8~18일 때는 (②)유화액인지 골라 쓰시오. 〈2023-2회〉
   - 유화액의 종류 : O/W 유화액, W/O 유화액

   - HLB 값 = 20 - [1 - (S÷A)]
   ※ S(ester의 비누화가), A(지방산의 산가)
   - 유화액의 종류
     ① HLB 값 4~6 : 유중수적형(W/O) 유화액
     ② HLB 값 8~18 : 수중유적형(O/W) 유화액

■ 예상문제

1. O/W유화액(oil-in-water emulsion, 수중유적형)과 W/O유화액(water-in-oil emulsion, 유중수적형)을 설명하고, 해당 식품 각각 2가지를 쓰시오.

   - O/W유화액(oil-in-water emulsion, 수중유적형) : 기름이 작은 방울로 분쇄되어 물속에 분산되어 있는 유화액. 우유, 아이스크림, 마요네즈, 단백질 등
   - W/O유화액(water-in-oil emulsion, 유중수적형) : 물이 작은 방울로 분쇄되어 기름 속에 분산된 유화액. 버터, 마가린, 콜레스테롤, 지방산에스테르 등

2. 이액현상(syneresis, 시너리시스)의 정의와 사례를 1가지 쓰시오.

   - 정의 : 겔(gel)에서 시간이 지나면서 내부에 갇혀 있던 수분이 빠져나오는 현상
   - 사례 : 잼에서 나오는 물, 두부로부터 나오는 물 등

제8절 식품의 관능검사

8-1. 관능검사

1. 개요 및 정의

1) 식품의 품질을 구성하고 있는 요소는 양적요소, 영양위생적 요소, 관능적 요소이다. 관능적 요소란 소비자가 식품을 주로 색, 맛, 향, 촉감 등 관능적인 판단으로 선택하는 것을 말한다. 즉, 사람의 오감(시각, 청각, 미각, 촉각, 후각)을 이용하여 식품을 평가하고 선택하는 것이다.

2) 관능평가에서 좋은 결과를 얻기 위해서는 관능평가의 목적에 맞는 평가방법 선정, 평가방법에 적합한 패널의 선발, 오차 발생을 최소화할 수 있는 조건에서의 평가가 이루어져야 한다.

2. 관능검사(Sensory Test)의 목적

1) **신제품 개발** : 신제품을 개발함에 있어 소비자가 요구하는 것이 무엇이고, 어떠한 품질과 관능적 특성을 가져야 하며, 기존 제품과 어떤 특성의 차이가 있는가를 아는 것은 매우 중요하다.

2) **제품의 품질관리 측면에서의 관능검사 활용**
   (1) **품질개선** : 기존 제품의 품질을 개선하고자 할 때 개선 방향 및 개선방법 결정 시 소비자의 검사결과를 활용하며, 품질개선 이후에는 기존 제품과 어떤 유의적인 차이가 있는지를 확인할 때 관능검사를 이용한다.
   (2) **품질관리** : 제품의 품질은 일정한 수준으로 계속적으로 관리되어야 한다. 따라서 각 공정 단계별로 채취한 샘플이 표준제품과 차이가 있는지 여부를 확인할 때 관능검사를 실시한다.
   (3) **공정개선** : 기존 설비를 개선한 공정에서 생산된 제품이 기존의 제품과 비교해서 관능적 특성에 차이가 있는지를 확인할 때 검사를 수행한다.
   (4) **원가 절감** : 기존에 사용하던 원료를 새로운 원료로 대체하거나 더 저렴한 원료로 대체하여 생산한 제품이 기존 제품과 특별한 차이가 있는지를 확인할 때 관능검사를 수행한다. 저렴한 원료를 사용했을 때, 제품의 유의미한 차이가 없다면 원가 절감이 가능한 것이다.

3) **제품의 소비기한 설정** : 제품의 품질수명 또는 소비기한을 설정할 때도 관능검사법이 이용된다.

4) **소비자 선호도 조사** : 제품 개발, 제조공정, 소비기한 설정, 최종제품 출시 전에 계획 및 생산된 제품이 소비자의 선택을 받을 수 있을 것인지에 대한 사전 검사, 즉 소비자 선호도 조사가 필요하다. 이를 위해 일반 소비자들을 대상으로 관능검사를 실시하며, 검사결과를 피드백하여 제품에 반영한다.

5) **패널의 선정** : 패널이 특정 관능검사법에 필요한 판별 능력을 갖고 있는지를 확인하기 위해 관능검사를 수행한다.

3. 관능검사에 영향을 미치는 요인

1) 관능검사는 사람에 의해 수행하는 검사로 오차가 발생할 수 있다. 관능검사에서 오차의 발생에 영향을 미치는 요인은 생리적 요인과 심리적 요인이 있다.

2) **생리적 요인** : 인간의 기본적인 생리적 요인에 의해 영향을 받는다.

   (1) **순응현상(피로현상)** : 미각세포는 같은 맛 성분을 계속적으로 맛을 볼 때, 순응이 발생하여 더 큰 자극을 주기 전에는 맛을 느끼지 못한다. 미각신경의 피로로 인해 나타나는 현상이다.

   (2) **대비현상(강화현상)** : 2종류의 서로 다른 맛을 혼합하였을 때, 주된 맛 성분이 강해지는 현상. 주로 짠맛이 영향을 미치며 단맛에 약간의 소금을 넣으면 단맛이 강해지는 경향이 있다. 단팥죽에 약간의 소금을 첨가하면 단맛이 강해진다.

   (3) **억제현상** : 서로 다른 맛 성분을 혼합할 때, 주된 맛이 약해지는 현상. 커피에 설탕을 첨가하면 커피의 쓴맛이 약해진다.

   (4) **상승효과** : 같은 종류의 맛을 혼합하면 각각의 맛이 가지고 있던 것보다 훨씬 강한 맛을 나타내는 현상. 주로 감칠맛을 내는 성분에서 느낄 수 있다. MSG(글루탐산나트륨)와 5-이노신산 나트륨을 섞으면 감칠맛이 더욱 증가한다.

   (5) **상쇄현상** : 여러 가지 맛 성분을 혼합할 때 각 성분의 고유한 맛이 없어지는 현상. 맛이 상쇄되어 새로운 맛이 나타난다. 간장, 김치 등은 소금을 이용하기 때문에 짠맛을 가지나, 숙성 및 발효 등에 의하여 다양한 성분이 혼합됨으로써 짠맛이 상쇄되고, 새로운 조화로운 맛을 낸다.

   (6) **변조현상** : 어떤 성분을 맛본 후 다른 맛을 보면, 앞 성분의 영향을 받아 본래의 맛이 아닌 다른 맛이 느껴지는 현상. 쓴 약을 먹고 난 다음, 물을 마시면 물맛이 달게 느껴진다.

3) **심리적 요인** : 패널요원의 인식이나 인지 상태 또는 측정 환경이 검사결과에 영향을 미치는 것을 말한다.

   (1) **기대오차** : 시료에 대하여 어떤 정보를 미리 알고 있는 경우, 평가에 영향을 미치는 오차를 말한다. 시료에 좋은 원료를 사용했다는 말을 듣고 난 이후에 평가하면, 본래의 특성보다 더 높게 평가할 수 있다.

   (2) **연관오차** : 패널이 자신이 가지고 있는 지식이나 태도, 감정에 따라 연관되어 판단하는 오류이다. 패널이 노란색이 짙은 바나나 우유가 더 맛있다고 생각하는 경우, 본래의 맛과 다르게 평가를 할 수 있다.

   (3) **자극오차** : 평가항목과 관련이 없는 특성으로 인해 평가에 영향을 미치는 것을 말한다. 제품의 특성과 관계없이 포장이 좋은 제품에 대하여 더 높게 평가하는 것을 말한다.

   (4) **후광효과** : 한 제품의 두드러진 하나의 특성이 그 제품의 다른 세부 특성을 평가하는 데 영향을 미치는 현상. 전체적인 기호도가 높이 평가된 음료는 다른 특성인 맛이나 색, 향미도 좋게 평가되는 것을 말한다. 특별히 중요한 변인 특성은 분리하여 개별적으로 평가함으로써 오차를 최소화할 수 있다.

(5) 시료 제시순서에 따른 오차
　① **대비오차** : 좋은 제품을 먼저 맛보고 나면, 다음에 맛을 보는 제품은 앞의 제품보다 못하다고 판단하는 현상이다.
　② **중심경향 오차** : 가운데 놓인 시료를 처음이나 마지막에 놓인 시료보다 높게 평가하는 것. 시료의 순서를 바꾸어 가면서 반복측정을 통해 오차를 줄일 수 있다.
　③ **순서효과** : 여러 개의 시료를 평가할 때, 처음에 제공된 시료 또는 가장 마지막에 제시된 시료를 가장 좋게 평가하는 것. 이러한 오차를 줄이기 위해 처음 것을 맛본 후 입을 헹구고 맛을 보게 하거나 순서를 바꾸어 여러 번 측정하는 방법을 적용한다.

8-2. 관능검사의 척도

1. 개요 및 정의

1) 관능검사는 같은 식품을 대상으로 하더라도 검사하는 사람, 검사 시간 및 장소, 심리상태 등에 따라 다르게 나타날 수 있다. 따라서 **사전에 정해진 방법, 측정수단이나 도구, 표현방법에 대한 규칙(척도) 등이 정해져 있어야 한다.** 이러한 규칙이 정해져 있지 않으면 식품의 관능적 특성에 대하여 정확한 검사뿐만 아니라, 제품 간의 차이도 식별할 수 없다.

2) 척도는 평가하는 제품의 관능적인 특성을 인지하여 그 **결과를 수치화할 수 있도록 정한 규칙**을 말한다. 인지한 결과에 대한 **느낌의 강도를 표시하는 것**으로 숫자, 언어, 그림 등으로 표현한다. 이를 통해 제품의 특성을 정량화(계량화)할 수 있다.

2. <u>척도의 분류</u>

구 분	내　　용
명목 척도	• 어떤 특성을 단지 범주나 이름을 붙여 구별할 수 있도록 하는 것 • 명목척도에서는 어떤 특정 순서나 양은 관련이 없다. 즉, 명목척도에 나타난 수치를 가지고 계산에 적용하는 것은 의미가 없다. • 성별을 남, 여로 구분하는 것, 학생들의 학급을 '1반', '2반'으로 구분하는 것 등
서수 척도	• 서열을 순서대로 나열하는 척도법 • 서열은 어떤 특성 강도에 대한 순서를 단순히 크거나 작다고 나열하는 것 • 특성의 강도는 알 수 있지만, 그 특성이 어느 정도 차이가 있는지는 알 수 없다. • 예를 들면, 시료 4개 중 단맛이 가장 강한 것부터 1, 2, 3, 4로 표시한다. 따라서 1이 2보다 단맛은 강하나, 어느 정도 차이가 있는지는 알 수 없다.
간격 척도	• 측정하고자 하는 특성의 강도를 일정한 간격으로 구분해 놓고, 각 시료들이 어느 구간에 해당되는지를 판단하는 방법

	• 시료의 쓴맛에 대하여 평가를 할 경우 '매우 쓰다, 쓰다, 조금 쓰다, 전혀 쓰지 않다' 등으로 일정 간격을 구분하여, 각 시료의 쓴맛에 대한 평가 후, 해당 구간에 표시하는 방법. 시료들의 서열 구분과 어느 정도의 쓴맛을 가지는지 알 수 있다. • 간격척도 방법에는 항목척도(구획척도)와 선척도(비구획척도)가 있다. 항목척도는 일정 간격을 나누어 놓은 것에 표시하는 방법이고, 선척도는 15cm 막대선 위에 해당하는 특성 강도를 표시하는 방법이다.
비율 척도	• 기준시료의 어떤 특성 강도와 비교하여 측정 시료의 특성 강도가 얼마나 더 강한지 또는 더 약한지를 비율로 나타낸 것이다. • 기준시료의 단맛을 1로 하였을 때, 측정 시료가 2.5배 더 달다면, 단맛 강도를 '2.5'로 표시한다.

■ 기출문제

1. 식품공장에서 관능검사를 실시하는 목적 5가지를 쓰시오. 〈2011-3회〉
   • 신제품 개발의 기초자료, 기존 제품의 품질개선, 품질관리, 공정개선, 원가 절감, 제품의 소비기한 설정, 소비자 선호도 조사, 패널의 선정 등

2. 식품 관능검사에서 시료를 패널에게 제시할 때 용기, 시료의 양과 크기 조건을 한 가지씩 쓰시오. 〈2008-1회〉
   • 용기의 크기, 모양, 색이 일정하도록 한다.
   • 시료의 양과 크기는 한입 크기로 먹기 좋게 제공한다.

3. 관능검사 중 후광효과의 개념과 방지법을 설명하시오. 〈2017-3회, 2022-2회〉
   • 후광효과 : 2가지 이상의 항목을 평가할 때, 한 제품의 두드러진 하나의 특성이 그 제품의 다른 특성도 좋게 평가하려는 경향
   • 방지법 : 특별히 중요한 변인 특성은 분리하여 개별적으로 평가

4. 관능검사의 척도 4가지를 쓰시오 〈2010-2회〉
   • 명목척도, 서수척도, 간격척도, 비율척도

5. 관능검사 시 아래 문항에 해당하는 각각의 척도를 ( )안에 쓰시오 〈2021-1회〉
   ① 과일을 종류별로 분류했다. ( )
   ② 토스트를 구운 색이 진한 순서대로 늘어놓았다. ( )
   ③ 설탕물 한 곳에서 농도가 더 높았다. ( )
   ④ 커피 한쪽에서 휘발성분이 2배가 높았다. ( )

   ① 명목척도
   ② 서수척도
   ③ 간격척도
   ④ 비율척도

8-3. 관능검사의 방법

1. 관능검사의 방법

구 분	내 용
차이식별 검사	• 차이식별검사는 시료와 대조품이 유의적 차이가 있는지를 판정하는 방법이다. 종합적 차이검사와 특성차이검사로 구분한다. • 종합적 차이검사 : 대상 시료에 대하여 종합적으로 제품 전체적인 면을 평가하여, 유의적인 차이가 있는가를 평가하는 방법 • 특성차이검사 : 제품의 여러 가지 특성 중, 검사하고자 하는 하나의 특성만을 대상으로, 대상 시료와 그 특성의 강도가 어느 것이 더 강한지를 평가하는 방법 ※ 훈련된 패널 요원을 이용하여 검사
묘사분석	• 전문적으로 훈련된 패널요원을 활용하여 검사 시료에 대하여 표현할 수 있는 모든 관능적 특성을 출현순서에 따라 질적 및 양적으로 묘사하는 방법 ※ 검사 방법 : 정량적 묘사분석, 향미프로필 묘사분석, 텍스처 프로필 묘사분석, 스펙트럼 묘사분석, 시간-강도 묘사분석
소비자 기호도 검사	• 다수의 일반 소비자들에게 반복적인 검사 없이 평가를 수행하는 방법 • 훈련된 패널 요원을 활용하지 않는다. ※ 정량적 검사 : 실험실 검사, 중심지역검사, 가정사용 검사 ※ 정성적 검사 : 초점토의그룹(FGI), 초점 패널, 일대일 면접 등

2. 종합적 차이검사

1) 단순 차이검사

(1) 방법 및 특징 : 2개의 시료를 패널에게 제공하고, 2개의 시료가 같은지 다른지를 검사하는 방법. 두 시료 간 종합적인 차이가 있는지에 대한 판정을 하고자 할 때 사용한다.

(2) 용도 및 패널 수 : 제품의 재료, 공정, 포장 등의 조건을 변경하였을 때, 전체적인 제품에 유의미한 차이가 있는지를 확인할 때 사용. 패널은 20~50명

2) 일이점 검사

(1) 방법 및 특징 : 동시에 3개의 시료를 제시하되, 이 중에서 1개는 기준시료로 먼저 관능평가를 한 다음, 2개의 시료 중 어떤 것이 기준시료와 동일한 것인지를 고르게 하는 방법. 2개의 시료 간에 우연히 정답을 맞출 확률이 1/2이기 때문에 통계적으로 3점 검사보다 비효율적이다.

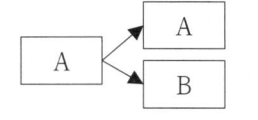

※ 기준시료(A)와 같은 것을 고르는 방법

(2) 용도 및 패널 수 : 3점 검사가 적합하지 않을 때, 제품의 재료, 공정, 포장 등의 조건을 변경하였을 때, 시료 간에 특정한 특성이 아닌 전체적인 제품에 유의미한 차이가 있는지를 판단할 때 사용한다. 패널은 차이가 큰 경우 12명, 차이가 보통인 경우 20~40명, 차이가 작은 경우 50~100명이 적당하다.

이름 _____ 날짜 _____

당신 앞에는 3개의 치즈 검체로 이루어진 2개의 검사 세트가 있습니다. 3개의 검체 중 하나는 R로 표시되어 있고 둘은 검체 번호가 기입되어 있습니다. 각 세트에서 먼저 R을 맛본 후, 번호가 기입된 2검체를 맛보고 R과 동일한 검체를 선택하여 그 검체 번호에 V표 하십시오.[15]

R1	132	691
R2	587	243

---

3) 3점 검사

(1) 방법 및 특징 : 두 종류의 시료 간에 종합적으로 관능적 특성의 차이가 있는지를 알고자 할 때 사용한다. 3개의 시료를 제시하며 이 중에서 2개는 같은 시료, 1개는 다른 시료를 제시하여 어느 것이 다른가를 평가하는 방법. 시료 제시 방법은 AAB, ABA, BAA, BBA, BAB, ABB 등 6가지이다. 3개의 시료 중 다른 1개를 찾아낼 확률이 1/3로 **통계적 유의성이 높다**. 종합적 차이검사 중에서 가장 많이 사용한다.

(2) 용도 및 패널 수 : 제품의 재료, 공정, 포장이나 저장조건이 바뀜에 따라 차이가 있는지 여부, 차이를 판별할 수 있는 패널 요원을 선발할 때 적용한다. 패널은 차이가 큰 경우 12명, 차이가 보통인 경우 20~40명, 차이가 작은 경우 50~100명이 적당하다.

이름 _____ 날짜 _____

당신 앞에 번호가 적힌 3개의 검체로 이루어진 검사 세트가 있습니다. 3개의 검체 중 2개는 같은 검체이며, 나머지 1개는 다른 것입니다. 세트 내에서 종류가 다르다고 생각되는 검체를 골라 해당되는 번호에 V표 하십시오.

490   728   196

---

4) A-not-A 검사(단일시료 제시법, Single sample test)

(1) 방법 및 특징 : 검사 요원에게 시료를 한 번에 1개, 2개 또는 10개의 등 순서대로 제시하여 A에 익숙해지게 한 다음, A 또는 not A 시료를 제시하여 어떤 것이 A인 시료인가를 평가하도록 한 다음, 검사 요원이 올바르게 평가했는지를 비교한다.

(2) 제품의 전체적인 품질 차이가 재료나 공정, 포장이나 저장조건에 의해 영향을 받았는지 판단할 때, 종합적 차이검사 패널 요원을 선발할 때 사용한다. 검사 수행 시 A와 not-A 시료의 수는 동일해야 한다. 패널 요원은 10~50명이 필요하다.

---

15) 식약처, 「식품, 축산물 및 건강기능식품의 소비기한 설정실험 가이드라인」, 2023.7.

5) **다표준 시료검사** : 제품이 여러 가지 다른 특성을 가지고 있어, 하나의 특성만으로는 제품의 종합적인 평가를 하기 어려울 때 사용하는 방법이다. 다수의 표준시료와 비교제품을 제시하고 그중에서 가장 다른 것을 선택하도록 하는 방법이다.

3. 특성 차이검사

1) **이점비교검사**

   (1) 방법 및 특징 : 평가원에게 2개의 시료(A, B)를 AB 또는 BA로 제시했을 때, 평가하는 특성의 강도가 어느 것이 더 강한지를 선택하는 방법. 시료 수가 적고, 검사방법이 간단하여 많이 사용한다. 비교하는 두 시료의 주어진 특성에 대하여 어느 것의 강도가 높은지만 알 수 있고, 어느 정도로 강한지는 알 수 없다. 정답을 우연히 맞출 확률은 1/2(50%)이다.

   (2) 용도 및 패널 수 : 특정한 특성에 대하여 2시료 간의 차이 여부를 조사할 때, 본 실험 전에 시료를 적합한 시료를 선정하고자 할 때 사용한다. 패널 요원은 15명 정도 필요

2) **3점 강제선택 차이검사**

   (1) 방법 및 특징 : 3가지 시료를 제시하고, 그중에서 측정하고자 하는 특성이 가장 강한 시료를 선택하는 방법이다. 3가지 시료 중 특성이 가장 강한 시료는 홀수(A, 1개) 시료로 제시하고, 특성이 약한 시료는 반드시 짝수(AA 또는 BB, 2개) 시료로 제시한다. 가장 특성이 강한 홀수 시료가 고정되므로, 시료를 제시할 수 있는 방법은 ABA, AAB, BAA 등 3가지이다. 3개의 시료 중 다른 1개를 찾아낼 확률이 1/3로 통계적 유의성이 높다.

   (2) 패널 수 : 패널은 최소한 10명으로 하며, 20명 이상일 경우 차이 식별 가능성이 향상된다.

3) **순위법**

   (1) 방법 및 특징 : 특정한 한 가지 품질특성에 대하여 3개 이상 시료의 순위를 결정하는 검사방법. 준비한 시료를 패널에게 제시하고 정해진 특성에 따라 순위를 결정하게 한다. 가장 좋은 것으로부터 (1,2,3…) 또는 가장 나쁜 것으로부터 순위를 정하게 하는 방법이다.

   (2) 용도 및 패널 수 : 본 실험 전에 적합한 시료를 선정하고자 할 때 이용한다. 시료는 보통 3~6개가 적당하다. 패널은 8명 이상 필요하고, 16명 이상이면 식별 가능성 크게 향상된다.

4) **평점법(척도법)**

   (1) 방법 및 특징 : 주어진 시료들의 특성에 대한 강도를 정해진 척도 또는 숫자로 평가하여 어떠한 차이가 있는지를 평가하는 방법. 평가 강도에 따라 0~10점 등의 점수를 주는 방법 등으로 평가한다. 보통 기준시료 없이 3~7개의 시료를 이용한다.

   (2) 척도의 종류는 구획척도와 비구획척도로 나눈다. 구획척도(항목척도)는 점수에 따라 7단계 평점법, 10단계 평점법 등의 항목 척도를 사용한다. 비구획척도(선척도)는 15cm의 선에 등분 간격으로 구분하고, 평가 후 느낀 강도를 해당 지점에 표시한다.

   (3) 패널 수 : 15~30명이 적당하다.

```
                    이름 _____    날짜 _____

제시된 검체를 좌측부터 맛보고 조사할 특성의 강도를 평가하십시오. 각 검체에 대하여 다음의 척도를 사
용하여 점수를 결정하십시오.

  0-1 감지 불가능하다.              2-3 약하게 감지할 수 있다.
  4-5 보통 정도 감지할 수 있다.      6-7 강하게 감지할 수 있다.
  8-9 극도로 강하게 감지할 수 있다.

  검체번호  ____   ____   ____   ____
  점   수   ____   ____   ____   ____
```

4. 묘사분석(descriptive test) 및 종류

1) 훈련된 패널 요원을 활용하여 검사 시료에 대하여 **표현할 수 있는 모든 관능적 특성을 출현순서에 따라 질적 및 양적으로 묘사하는 방법**이다. 관능검사 방법 중 가장 정교하고 활용도가 높다. 묘사분석은 모든 관능적 특성을 상세하게 묘사하고 기술하는 검사방법으로, 이러한 내용을 구현하기 위해서는 고도로 훈련된 패널이 있어야 가능하다.

2) 묘사분석의 종류

방법	내 용
정량적 묘사분석	• 제품에 대하여 관능검사가 가능한 모든 특성(쓴맛, 단맛, 신맛, 냄새, 텍스처 등)에 대하여 강한 정도를 숫자로 표시하는 방법. 특성은 출현순서를 맛-냄새-텍스처 등과 같이 정하여 평가하고 수치화하여 거미줄 등과 같은 방법으로 표시한다.
향미 프로필 묘사분석	• 시료가 가지는 향미(맛, 냄새, 후미, 촉감 등)에 대한 특성을 분석하여, 각 특성의 출현순서와 그 강도를 측정하여 묘사하는 방법
텍스처 프로필 묘사분석	• 식품의 텍스처(조직감)가 입안에서의 느껴지는 감촉인 경도, 점성, 씹힘성 등과 같은 특성을 수치로 평가하여 묘사하는 방법
스펙트럼 묘사분석	• 사전에 개발된 기준시료의 절대 척도의 관능적 특성과 비교하여 평가하는 방법 • 이 검사방법의 특징은 기준이 되는 시료의 척도가 미리 정해져 있어, 검사하고자 하는 시료를 기준시료의 척도와 비교 평가한다는 것이다. • 예 : A 회사 제품의 신맛을 '3'이라고 정해놓고, 평가 시료의 신맛을 평가하는 것
시간-강도 묘사분석	• 식품에서 냄새, 맛, 향미, 텍스처, 온도 및 통감 등 몇몇 관능적 특성은 시간이 지남에 그 강도가 변하는 경우가 있다. • <u>시간-강도 묘사분석은 이렇게 시간의 변화에 따른 강도의 변화를 묘사하는 검사방법</u>으로 평균적인 강도를 묘사하는 분석방법과 차이가 있다. • '예' A 회사의 커피의 쓴맛 : 처음에는 쓴맛이 적다가, 섭취 후 5초 정도 지난 다음 강한 쓴맛이 나타난다.

5. 소비자 기호도 검사 (affective test)

1) 소비자 기호도 검사는 측정법에 대하여 **훈련받지 않은 평범한 다수의 소비자를 대상으로 일정한 장소에서 한 번에 평가하여 그 결과를 도출**하는 방법이다. 이 검사의 목적은 신제품을 시장에 출시하기 전에 일반 소비자들을 대상으로 반응을 조사하는 것이다. 일반적으로 **제품 생산의 마지막 단계에서 시행**한다.

2) 정량적 검사

구 분	내 용
기호도 검사 (기호척도법)	• 소비자들이 제품을 어느 정도 좋아하는가를 평가하는 것. 소비자가 테스트 후 기호도 또는 정해진 특성에 대하여 척도상의 지점을 표시한다. 주로 7점 또는 9점 기호 척도법을 사용한다. 패널은 30~400명이 적당하다. • 종류 (1) 실험실 검사 : 정해진 실험실에서 검사를 실시하는 방법. 검사에 대한 준비나 통제가 쉽지만, 해당사 제품에 대하여 높은 점수를 줄 수 있다는 단점이 있다. (2) 중심지역검사 : 시내와 같이 사람이 많이 모이는 장소에서 실시하는 방법. 동일 장소에서 동일한 제품을 다수의 소비자가 평가하므로 소비자의 응답률이 높고, 최종 소비자들의 기호를 파악할 수 있는 장점이 있다. (3) 가정사용 검사 : 시료 제품을 소비자들에게 나누어 주고, 가정에서 사용한 다음 평가를 하는 방법. 실제 소비자들이 가정에서 사용한 다음 평가하는 것으로 신뢰성이 높다. 중심지역검사에 비해 시간이 많이 소요되는 단점이 있다.
선호도 검사	• 2개 이상의 제품 중에서 어떤 제품을 선택할 것인가에 대하여 조사하는 방법. 제품이 3개 이상이 되면 하나를 선택하거나 선호하는 순서대로 표시하는 방법을 채택한다.

3) 정성적 검사

구 분	내 용
초점그룹토의 (FGI : Focus Group Interview)	• 전문진행자와 8~12명 그룹의 패널 요원이 토의실에서 특정 제품에 대하여 토론식으로 대화하는 방법 • 토론 진행은 전문 요원에 의해 1~2시간 정도 진행되며, 토론에 참석하는 평가 요원들은 해당 제품에 대한 전문적인 지식, 특성 표현 능력, 판단력 등이 있어야 한다.
초점 패널	• 초점그룹토의와 토론 진행 방식은 유사하지만, 소비자들은 토의 후에 집에서 제품을 사용한 다음, 다시 토론에 참여하여 제품에 대한 사용 경험을 토의하는 방식
일대일 면접	• 소비자와 면접을 통하여 필요한 정보를 획득하기 위해 수행. 이 방법은 소비자의 아이디어나 제품 개발과 관련된 정보를 획득할 수 있는 장점이 있다.

■ 기출문제

1. 아래 자료는 관능검사 중 어떤 검사법이며, 검사의 목적과 최소 패널 수를 쓰시오.
〈2016-2회, 2020-4회〉

〈설문지〉
시료 R을 먼저 맛본 후에 두 시료를 오른쪽에서 왼쪽 순으로 두신 후 다음 질문에 답해 주시기 바랍니다. 기준 검사물 R과 같다고 생각되는 것에 V표 해 주시기 바랍니다.

   317   941
   ( )   ( )

- 검사법 : 일·이점검사법 → 동시에 3개의 시료를 제시하되, 이 중에서 1개는 기준시료로 먼저 관능평가를 한 다음, 2개의 시료 중 어떤 것이 기준시료와 동일한 것인지를 고르게 하는 방법
- 목적 : 3점 검사가 적합하지 않을 때, 제품의 재료, 공정, 포장 등의 조건을 변경하였을 때, 시료 간에 특정한 특성이 아닌 전체적인 제품에 유의미한 차이가 있는지를 판단할 때 사용
- 최소패널 수 : 12명
※ 차이가 보통이면 20~40명, 차이가 작은 경우 50~100명

2. 다음에 제시된 5개 문항 중 잘못된 문항 고르고, 그 이유를 서술하시오. 〈2020-1회〉

① 원래 감자 전분을 이용하던 식품에 감자 전분 대신 타피오카 전분을 다양한 비율로 섞어 제조한 후, 관능평가를 실시하였다.
② 실험 결과는 일원분산분석을 이용하여 분석하였다.
③ 결과 분석 후 다중회귀분석법을 이용하였다.
④ 귀무가설은 유의확률을 역환산한 값이다. 분석 결과 유의확률이 0.05 이하이면 귀무가설을 기각할 수 있다.
⑤ 분석 결과 유의확률이 0.046로 타피오카 전분이 들어간 제품과 감자 전분이 들어간 제품이 유사하여 맛의 차이가 없다고 볼 수 있어 귀무가설을 기각하지 못하였다.

- 답 : ⑤
- 이유 : 유의수준이 0.05이고 유의확률이 0.046일 때, 유의미한 차이가 있으므로 귀무가설을 기각하고, 대립가설을 채택할 수 있다.
※ 분산분석(analysis of variance, ANOVA) : 두 개 이상 집단들의 평균을 비교하는 통계분석 기법. 두 개 이상 집단들의 평균 간 차이에 대한 통계적 유의성을 검증하는 방법
① 한 개의 독립변수와 한 개의 종속변수가 있을 때는 일원분산분석, 두 개의 독립변수와 한 개의 종속변수가 있을 때는 이원분산분석, 독립변수가 다수일 경우에는 다원분산분석을 적용
② 분산분석은 각 집단 내의 분산을 분석하지만, 실제로는 각 집단들 간의 평균이 동일하다는 가설을 검정하는 것이다. 여기서 분산분석은 각각의 모집단은 정규분포를 이루고 있으며, 분산은 모두 같은 값을 가진다고 가정하고, 귀무가설과 대립가설을 비교 검증한다.

3. 식품의 관능평가 방법 중, 시간-강도 분석을 하는 목적을 쓰시오. 〈2013-2회〉	• 식품에서 냄새, 맛, 향미, 텍스처, 온도 및 통감 등의 관능적 특성은 시간이 경과함에 따라 그 강도가 변하는 경우가 있다. 이렇게 시간의 변화에 따른 강도의 변화를 묘사하여 식품의 특성을 분석하는 검사방법

■ 예상문제

1. 관능검사의 차이 식별 검사방법 중 종합적 차이검사에 해당하는 검사방법 2가지를 쓰시오. 〈필기 기출〉	• 종합적 차이검사 : 단순차이검사, 일·이점검사, 3점검사 등
2. 소비자 기호도 검사는 측정법에 대하여 훈련받지 않은 평범한 다수의 소비자를 대상으로 일정한 장소에서 한 번에 평가하여 그 결과를 도출하는 방법이다. 이 검사방법에는 기호도 검사법과 선호도 검사법이 있다. 이 중에서 기호도 검사법은 실험실 검사, (①)검사, (②)검사가 있다. ( )에 알맞은 검사방법을 쓰시오.	① 중심지역검사 ② 가정사용 검사
3. 소비자 기호도 검사법 중, 다음에서 설명하는 검사 방법은 무엇인지 쓰시오. 전문진행자와 8~12명 그룹의 패널 요원이 토의실에서 특정 제품에 대하여 토론식으로 대화하는 방법이다. 토론 진행은 전문 요원에 의해 1~2시간 정도 진행되며, 토론에 참석하는 평가 요원들은 해당 제품에 대한 전문적인 지식, 특성 표현 능력, 판단력 등이 있어야 한다.	• 초점그룹토의(FGI : Focus Group Interview)

아보카도

2025년
식품안전기사 실기
───────── 필답형

제2장
식품의 안전성

제1절 미생물과 식중독

1-1. 미생물

1. 미생물
1) **미생물** : 미생물은 '눈으로 식별되지 않는 생물'이라는 의미를 담고 있으며 인간의 눈으로는 식별하기 어렵다. 미생물의 종류에는 세균, 효모, 곰팡이, 바이러스, 방선균 등이 있다.
2) **미생물의 생육조건** : 미생물은 적정한 조건이 되어야 생육할 수 있다. 식품의 안전성을 위해서는 미생물의 생육조건을 제어하여 증식하지 못하도록 하는 것이 필요하다.

2. 미생물의 생육조건(미생물 생육에 영향을 미치는 요인)
1) **온도** : 미생물은 일반적으로 온도가 일정 수준까지 증가할수록 잘 생장한다.
   (1) 저온균 : 생장 적온은 10~20℃. 비브리오균은 5℃에서도 잘 증식하는 대표적인 저온균
   (2) 중온균 : 생장 적온은 25~40℃. 대부분의 세균, 병원성 균, 식중독균이 해당된다.
   (3) 고온균 : 생장 적온은 50~55℃. 내열성 포자를 형성하는 bacillus 속과 Clostridium 속이 대표적인 균
2) **수분(수분활성도)** : 식품에서는 자유수 비율이 높아 수분활성도가 높은 식품일수록 미생물이 증식하기 쉽다.
3) **산소** : 세균 증식에 산소의 필요 유무에 따른 분류

구분	내용	에너지 획득	대표균
편성 호기성균	• 생육에 산소가 꼭 필요한 균 • 고층 한천배지의 상층이나 표면에 생육	호흡 또는 산화적대사	곰팡이, 산막효모, 바실러스균
미호기성균	• 미량의 산소가 요구됨 • 공기 중에 존재하는 산소(20%)에서는 생육 제한 • 대기압보다 낮은 산소분압에서 잘 생육(2~10%)	산소 호흡에 의한 산화적대사	유산균류 (류코노스톡, 락토바실러스, 스트렙토코커스)
통성 혐기성균	• 유리산소의 존재 유무에 관계없이 생육 가능 • 산소가 없는 것보다 있는 환경에서 더 잘 생육함	(1) 산소 유(有) : 산화적대사 (2) 산소 무(無) : 발효	효모, 세균
편성 혐기성균	• 산소가 없는 환경에서만 생육 가능 • 산소가 있을 경우 생육 제한 • 통조림을 부패시키고, 동물 장관 내, 토양, 하천, 지하수 등에 널리 분포	발효, 광합성	클로스트리디움

※ <u>혐기성균</u> : 산소가 있는 환경에서 체내에서 자연 발생하는 활성산소(H_2O_2, O_2^- 등)를 제거하는 유해산소 제거 효소(SOD, Superoxide dismutase)가 없어 생육이 제한된다.

4) **수소이온농도 (pH)** : 식품의 pH는 0~14까지 있다. pH가 7이면 중성, pH<7이면 산성, pH>7이면 알칼리성(또는 염기성)이라고 한다. 대부분 세균은 pH 4.6 이하에서는 증식하지 못하므로 pH 조절을 통해 위해 세균을 억제할 수 있다.

  (1) pH 4.6 이하인 산성식품 : Cl. botulinum 등 포자가 생육할 수 없어, 효모나 곰팡이 등만 살균하면 되므로 100℃ 이하로 저온 살균한다.

  (2) pH 4.6 이상인 저산성식품 : 내열성 포자 살균을 위해 120℃ 이상에서 고온 살균한다.

  (3) 잠재적 위해식품이 될 수 있는 수분활성도와 pH의 범위 : 수분활성도(Aw) 0.85 이상, pH 4.6 이상

5) **광선** : 광선 중에서 살균력이 있는 파장은 자외선이다. 자외선의 파장은 10~380nm이며, 특히 250~260nm 부근의 파장에서 살균력이 가장 크다.

6) **삼투압** : 미생물은 세포막에 의해 내부와 외부가 차단되어 있다. 따라서 식품을 식염수나 당 용액에 넣으면 삼투압 작용에 의해 세포 내의 수분이 유출되어 미생물이 사멸된다. 일반적으로 세균은 5% 정도의 소금 농도, 50% 이상의 당 농도에서는 생육이 억제된다. 염장이나 당장 식품은 삼투압 원리에 의해 저장성을 향상시키는 가공법이다.

3. 미생물의 배지 및 보존 방법

1) 산업적인 면에서 미생물을 활용하기 위해서는 균주를 보존할 필요성이 있다. 미생물은 부적합한 환경이나 장기간 보존 시 형태나 생리적인 변화로 사멸하게 된다. 따라서 균주를 보존하기 위해서는 일정 기간마다 균을 배양하거나 잡균, 변이 등이 발생되지 않도록 보존해야 한다.

2) **미생물의 배지** : 배지는 미생물이나 동식물의 조직을 배양하기 위해 필요한 영양분을 용액이나 고체상태로 만든 것을 말한다. 용액 상태의 것을 액체배지, 고체상태로 만든 것을 고체배지라 한다. 배지 성분으로는 다양한 유기 및 무기화합물이 사용된다. 미생물의 배양 종류에 따라 필수영양소, 산소, 수분, pH, 온도 등의 요건이 달라지며, 중요한 영양소로는 탄소, 질소, 인산염, 미량 금속, 물, 비타민 등이다. 배지의 사용 형태에 따른 분류는 다음과 같다.

  (1) 고체배지 : 액체배지에 agar(한천), 젤라틴, 실리카겔 등을 첨가하여 굳힌 것. 미생물의 보존 배양, 순수 분리 등에 사용된다. 고체배지에는 평판배지, 고층배치, 사면배지 등이 있다.

   ① 평판배지 : 미생물 배양을 위한 영양물질로 페트리 접시에 고체배지를 약 4mm 두께 정도로 굳힌 것. 콜로니(집락)를 형성시켜 균수를 측정한다.

   ② 고층배지 : 고형화 배지를 시험관에서 수직 상태로 세워서 굳힌 것. 주로 혐기성균 배양 시 사용

   ③ 증균배지 : 세균이 잘 성장하도록 영양소를 첨가한 배지

  (2) 액체배지 : 배지가 액체인 경우. 액체배지에 한천, 젤라틴 등을 첨가하여 굳힌 것이 고체배지이며, 미생물의 순수 분리는 고체배지만 가능하다.

3) 실험기구

(1) 백금이 : 고체 평판배지에 미생물을 이식 및 도말할 때 주로 사용

(2) 백금선 : 균총이 작은 세균의 이식에 주로 사용. 혐기성균의 천자배양에 주로 사용

(3) 백금구 : 백금선 앞 끝의 2~3mm를 90도로 구부린 것. 곰팡이류의 포자 채취 및 이식에 이용

(4) 피펫 : 용액을 정밀하게 채취할 때 또는 액체를 접종할 때 사용

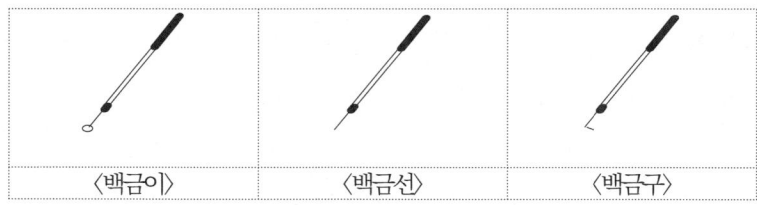

〈백금이〉 〈백금선〉 〈백금구〉

4) 미생물의 보존 방법

(1) 계대배양(subculture) : 세포의 증식을 위해 새로운 배양접시에 세포를 옮겨 계속 배양하는 방법이다. 배양접시 내에서는 세포들이 계속 분열하여 증식 공간이 부족하게 되므로 증식을 멈추게 된다. 따라서 미생물 세포의 계속적인 증식을 위해서 세포의 일부를 새로운 배양접시에 옮겨서 배양하는 것을 말한다.

(2) 사면배양(Slant culture) : 한천배지를 약간 경사지게 하여 굳힌 다음 배양하는 것을 말한다. 경사면에 세균 또는 효모를 백금선에 묻혀 배양한다.

(3) 천자배양(Stab culture) : 고형배지에 백금선의 선단에 균을 바른 것을 수직으로 찔러 넣고 배양하는 방법이다. 균의 운동성 등을 확인할 때 이용하며, 배지 심층부에는 산소가 없기 때문에 혐기성 세균의 배양에 이용된다.

(4) 당액 중 보존법 : 효모의 보존에 이용된다. 병 속에 멸균한 10%의 설탕 용액을 넣고, 새로 배양한 효모를 넣고 냉암소에 보관한다.

(5) 오일 중 보존법(Oil culture) : 고체배지에서 배양시킨 균체 위에 미네랄 오일로 덮어 배지의 건조를 방지하는 배양법이다. 곰팡이 보존에 사용된다.

(6) 모래 배양법(Sand culture) : 모래를 염산으로 세척 후 건열 멸균한 배지에 세균체를 잘 혼합시켜 완전 건조시킨 다음 시험관에 밀봉 보존한다. 혐기성 세균 보존에 이용한다. 수년간 보존이 가능하다.

(7) <u>동결건조법(Freeze drying)</u> : 세포를 글리세린 안에 현탁시켜 앰플에 넣고 동결 건조시킨 다음 밀봉 저장하는 방법이다. <u>동결건조법은 포자가 직접 발아하여 생리적 성질의 변이가 없으며, 세균의 경우는 10년 이상 보존이 가능</u>하다. 곰팡이, 효모, 세균의 장기 보존에 사용

(8) 냉동보관(Freezing preservation) : 세포를 글리세롤, 탈지유 등의 동결보호제를 첨가한 배지를 액체질소를 이용하여 급속냉동(-196℃)시켜 보존하는 방법이다.

4. 미생물의 증식 세대시간

1) **세대시간** : 세균은 분열법에 의하여 증식한다. 특정 세균을 배지에서 배양하면 일정 시간 후에는 균수가 2배가 된다. 이와 같이 하나의 세포가 생장해서 2개의 세포로 될 때까지 소요되는 시간을 세대시간(generation time 또는 double time)이라 한다.

   (1) 세균은 이분법에 의해 분열하므로 1번 분열하면 2배, 2번 분열하면 4배, 3번 분열하면 8배로 증가한다. 따라서 n번 분열하면 2^n으로 계산할 수 있다.

   (2) 세대수 계산 : 최초 균수 × 2^n = t 시간 후 균수

   $$n(세대수) = \frac{\log b(t \text{ 시간 후 균수}) - \log a(\text{초기 균수})}{\log 2}$$

   (3) 세대시간 = (배양시간) ÷ (세대수)

   (4) 세대시간은 미생물의 종류, 배지의 조성, pH, 산소공급량, 온도, 대사산물의 축적량 등에 따라 다르게 나타난다.

2) **증식곡선** : 세균을 새로운 액체 배지에 접종하여 시간의 경과에 따라 생균수의 변화를 그래프로 그린 것을 말한다. 그래프에서 X축은 시간, Y축은 세균수(생균수)로 표시된다. 균을 배지에 접종하면, 분열에 의하여 기하급수적으로 증식하므로 증식곡선은 대수관계가 성립하며, 아래 그림과 같이 4단계로 구분한다.

- 미생물 균수 : 세포 수가 급격하게 증가 → 대수적으로 증가
- 세대시간이 가장 짧고, 일정한 시기 : 세포질의 합성속도와 세포의 분열 속도는 거의 비례
- 생리활성이 가장 활발한 시기 : 물리화학적 처리 감수성 예민(배지 중의 당량, 질소량, 무기산 등 감소)

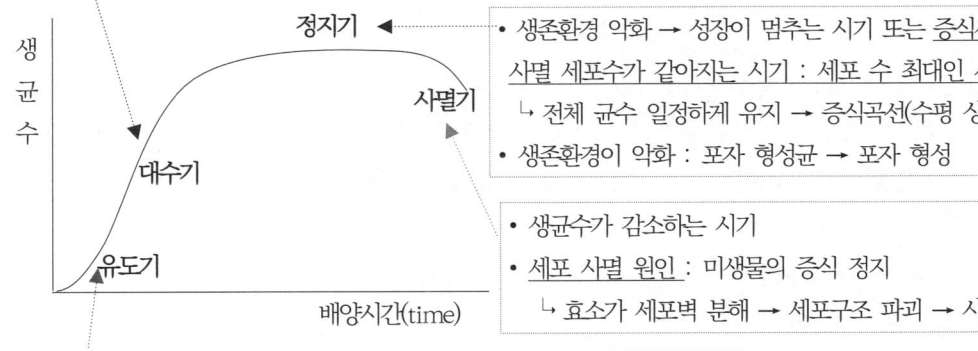

- 생존환경 악화 → 성장이 멈추는 시기 또는 증식세포와 사멸 세포수가 같아지는 시기 : 세포 수 최대인 시기
  ↳ 전체 균수 일정하게 유지 → 증식곡선(수평 상태)
- 생존환경이 악화 : 포자 형성균 → 포자 형성

- 생균수가 감소하는 시기
- 세포 사멸 원인 : 미생물의 증식 정지
  ↳ 효소가 세포벽 분해 → 세포구조 파괴 → 사멸

- 잠복기(유도기) : 미생물이 새로운 환경에 적응하는 시기(증식 준비기)
- 세포가 각종 효소단백질을 합성하는 시기, RNA는 증가

5. 가열치사시간(Thermal death time), 사멸곡선

1) **가열치사시간** : 일정한 조건과 주어진 온도에서 시험표준 미생물(보툴리누스균)의 대부분을 사멸시키는 가열

시간을 말한다. 가열치사시간은 일반적으로 pH4.6 이상 저산성식품(통조림)의 살균공정에서 Cl. botulinum 의 초기균수를 10^{-12}만큼 감소시키는 것을 기준으로 한다. 미생물을 모두 살균한다는 것은 불가능하므로, 미생물이 99.99999%(10^{-12}만큼) 사멸되어 식품이 안전한 수준이라는 의미를 담고 있다.

2) **사멸곡선** : 일정한 온도에서 미생물이 사멸하는 시간을 나타내는 그래프를 말한다. 세로축에는 미생물의 생균수, 가로축에는 가열시간을 두었을 때 가열시간에 따른 미생물의 생균수를 측정하면 직선 형태의 반대수 그래프로 나타난다. 이것을 미생물의 사멸곡선이라 한다.

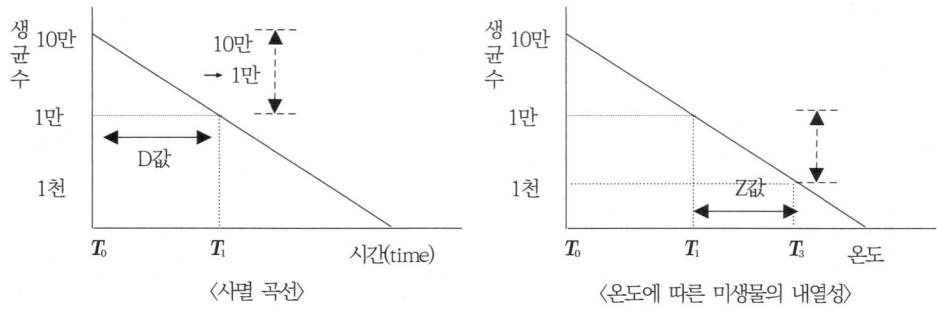

출처 : 변유량 외, 『식품공학』, 지구문화사, 2016.3.15.

(1) **D-value (D값, Decimal reduction time)** : D값이란 어떤 온도에서 미생물의 초기 생균의 숫자가 1/10로 감소할 때의 시간을 말한다. 시간 단위는 '분 단위'로 표시한다. 즉, <u>최초 세균의 숫자를 90%까지 사멸시키는 데 필요한 가열시간을 나타낸 것</u>이다. '$D_{212}=15$'의 의미는 212°F로 15분 가열했을 때, 최초 생균수의 90%가 사멸됨을 의미한다.

$$D = \frac{t}{\log(N_0/N)}$$

t(가열시간), N_0(처음균수), N(t시간 후 균수)

(2) **Z-value (Z값)** : Z값은 D값을 1/10로 줄이는 데 필요한 온도 증가 값이다. 즉, 어느 정도의 가열온도를 올려야 D값(가열시간)을 1/10로 줄일 수 있는지를 의미한다. '<u>Z=10'은 D값(가열시간)을 1/10로 줄이려면, 온도를 10도 올려야 동일한 살균 효과를 얻을 수 있음을 의미한다.</u> Z값이 작을수록 미생물은 온도에 민감하게 반응함을 의미한다.

$Z = (T_2-T_1) \div [\log(D_1/D_2)]$

※ T_1, T_2는 온도, D_1 및 D_2는 온도 T_1, T_2에서의 D값

(3) **F-value (F값)** : 미생물을 완전히 사멸시키는 데 필요한 시간을 말한다. 통조림 식품의 살균지표세균인 Cl. botulinum을 완전 살균하는 데 필요한 온도와 시간을 기준으로 설정한 값이다. F값은 250°F(121℃)를 기준 온도로 하여 F값을 F_0로 표시한다. '$F_{250}=4$'는 250°F로 4분 가열 시 미생물이 완전히 사멸됨을 의미한다.

$$F_0 = F_1 \times 10^{\frac{T_2 - T_1}{Z}}$$

♣ Q_{10} Value(온도계수) : 온도계수란 단위 온도의 변화에 따른 어떤 현상의 변화 비율을 의미함
1. 온도계수 : 온도가 10℃ 변화하였을 때의 화학반응 증감 배수. 즉, 온도를 10℃ 증감하였을 때 식품의 화학반응, 미생물의 생육(사멸), 과채류의 호흡량 변화 등이 몇 배로 증감하는지를 의미함
2. 'Q_{10} = 2' ⇨ 온도가 10℃ 상승(또는 하락)하였을 때, 화학반응은 2배로 발생함을 의미

3) 미생물 사멸곡선의 이해

(1) 미생물의 증식 시 또는 가열살균에 의해 사멸된 균의 숫자는 단위가 매우 크다. 즉, 미생물의 생균수는 시간의 경과에 따라 10^2, 10^4, 10^8 등과 같이 증가하거나 10^{-2}, 10^{-5}, 10^{-12}와 같이 급격하게 감소한다.

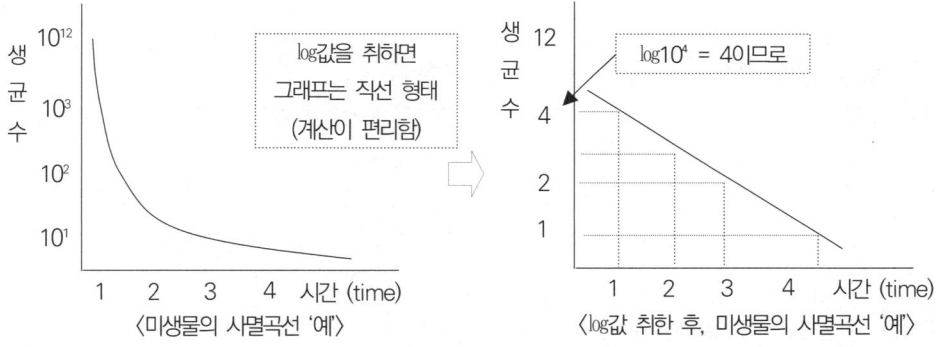

〈미생물의 사멸곡선 '예'〉   〈log값 취한 후, 미생물의 사멸곡선 '예'〉

(2) 미생물의 생균수 계산에서 log값을 사용하는 이유 : 가열살균에 의한 미생물의 생균수는 위의 왼쪽 그림과 같이 곡선상 그래프로 나타난다. 이러한 곡선 그래프의 값을 계산하기는 복잡하고 어렵다. 그러나 생균수(Y축)에 log값을 취하면, 위의 오른쪽 그림과 같이 직선 형태로 나타나므로 계산을 편리하게 할 수 있다.

♣ log 사용 이유 : 큰 숫자(또는 작은 숫자)를 작게 만들어 계산을 편리하게 하는 데 활용

(1) $100 = 10^2$
  ↳ $\log 100 = \log 10^2 = 2$

(2) $1/1000 = 10^{-3}$
  ↳ $\log 10^{-3} = -3$

(3) 113
  ↳ $\log 113 = 2.053$

(4) $1 = 10^0$
  ↳ $\log 1 = \log 10^0 = 0$

(5) $\log(a/b) = \log a - \log b$

(6) $\log(1/b) = \log 1 - \log b = 0 - \log b$

(7) $\log(3 \times 10^7) = \log 3 + \log 10^7 = \log 3 + 7$

(8) $\log a = 0.5$ ⇨ $\log a = \log 10^{0.5}$ ⇨ $a = 10^{0.5}$

■ 기출문제

1. 미생물의 내열성에 영향을 미치는 요인 3가지를 쓰시오. 〈2018-3회, 2023-1회〉	• pH, 온도, 수분, 압력, 당분 등
2. 잠재적 위해식품이 될 수 있는 식품의 수분활성도와 pH를 쓰시오. 〈2022-1회〉	• 수분활성도(Aw) 0.85 이상, pH 4.6 이상
3. 혐기성 세균이 산소가 있을 때 증식하지 못하는 이유를 쓰시오. 〈2024-1회〉	• 혐기성 세균은 SOD가 결여되어 있어 H_2O_2, O_2^-와 같은 유해산소에 의해 생육이 제한된다. ※ SOD(Superoxide dismutase) : 유해산소(활성산소) 제거 효소
4. 미생물의 보존법 중 동결건조의 원리와 장점을 쓰시오. 〈2022-1회〉	• 동결건조법(Freeze drying) : 세포를 글리세린 안에 현탁시켜 앰플에 넣고 동결 건조시킨 다음 밀봉 저장하는 방법 • 장점 : 포자가 직접 발아하여 생리적 성질의 변이가 없음. 10년 이상 장기 보존 가능
5. 보기에 제시된 미생물 시험 시 사용하는 도구를 용도에 알맞게 채우시오. 〈2022-2회〉 〈보기〉 백금이, 백금선, 백금구 (1) 액체 고체 평판배지에 미생물을 이식 및 도말할 때 사용 : (①) (2) 혐기적 미생물을 천자배양 할 때 사용 : (②) (3) 곰팡이 포자의 채취 및 이식할 때 사용 : (③)	① 백금이 ② 백금선 ③ 백금구
6. 미생물의 증식곡선에서 대수기의 유형을 쓰고, 특징 3가지를 적으시오. 〈2022-3회〉	• 대수기 : 미생물의 균수가 대수적으로 증가하는 시기 • 특징 : 세포수가 급격하게 증가, 세대시간이 가장 짧고 일정함, 세포질의 합성속도와 세포의 분열속도가 거의 비례, 생리활성이 가장 활발한 시기(물리화학적 처리에 대한 감수성 예민), 배지 중 당량, 질소량, 무기산 등은 감소

7. 미생물의 증식곡선 그래프를 그리고, 각 해당하는 시기를 구분하여 적으시오. (단, 그래프의 세로축은 균수, 가로축은 배양시간으로 한다.)
〈2006-3회, 2014-3회, 2022-2회, 2024-1회〉

- 증식곡선 그래프

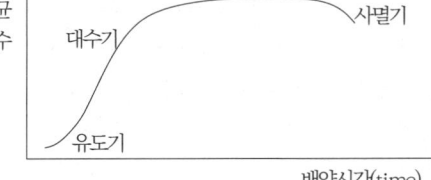

- 유도기 : 새로운 환경에 적응하는 기간, 세포가 각종 효소단백질을 합성하는 시기
- 대수기 : 미생물의 균수가 대수적으로 증가하는 시기. 세포의 수가 급격하게 증가, 세대시간이 가장 짧고 일정함
- 정지기(정상기) : 성장이 멈춰지는 시기, 세포 수가 최대인 시기, 증식곡선은 거의 수평, 생존환경이 악화되면서 포자 형성균은 포자를 형성
- 사멸기 : 생균 수가 감소하는 시기, 자가소화로 인해 세포구조가 파괴되어 사멸

8. 대장균 10개가 10분마다 분열한다면, 2시간 후의 세포수를 계산하시오. 〈2022-3회〉

- 세대수(n) = 배양시간 ÷ 세대시간
  = 120분(2시간) ÷ 10분 = 12
- 세포수 = 초기 세포수 × 2^n
  = 10 × 2^{12} = 40,960개

9. 미생물 수가 $4×10^5$에서 유도기 없이 6시간 내에 $3.68×10^7$로 증가하였으나, 정지기에 도달하지 않았다. 이 세균의 평균 세대시간은 얼마인지(min) 계산하시오. (log2 = 0.3010, log3.68 = 0.5658, log4 = 0.6021 로 계산) 〈2022-1회〉

- 세대수 : 최초 균수×2^n = t 시간 후 균수
- n(세대수) = [logb(t 시간 후 균수) - loga(초기 균수)] ÷ log 2

  = $\dfrac{\log 3.68×10^7 - \log 4×10^5}{\log 2}$

  = $\dfrac{(0.5658+7)-(0.6021+5)}{0.3010}$ = 6.524세대

- 세대시간 = 배양시간÷세대수

  = $\dfrac{6시간(360분)}{6.524}$ = 55.18분

※ 로그계산 '예시' : $\log 3×10^7$ = log3 + 7,
  $\log 2×10^{-2}$ = log2 + (-2)

10. 균수가 5×10^5인 미생물을 배양하였더니 300분 후에도 대수기이고, 균수는 35×10^6로 증가하였다. 미생물의 평균 세대시간이 40분인 이 세균의 유도기 시간은 얼마인가? ($\log2 = 0.3010$, $\log3.5 = 0.5441$, $\log5 = 0.6990$으로 계산, 답안 작성 시 소수점 이하는 버리고 쓰시오.) 〈2023-3회〉

① n(세대수)

$$n = \frac{\log b(\text{t 시간 후 균수}) - \log a(\text{초기균수})}{\log 2}$$

② '세대시간 = 배양시간(t) ÷ 세대수'이므로,

$$40 = t \div \frac{\log 35\times10^6 - \log 5\times10^5}{\log 2}$$

$40 = [t \times \log 2] \div [\log 35\times10^6 - \log 5\times10^5]$ 이고,
$[t \times \log 2] = 40[(\log 3.5 + 7) - (\log 5 + 5)]$
$\qquad\qquad = 40[(0.5441+7) - (0.699+5)] = 73.8$

∴ 배양시간(t) = 73.8 ÷ log2 = 245.2분

• '총소요시간 = 유도기 + 배양시간(t)'이므로,
  유도기 = 300분 − t(대수기 배양시간)
  $\qquad$ = 300분 − 245.2분 = 54.8분 ≒ 54분

※ 해설 : 문제에서 주어진 log3.5 값을 이용하기 위해, $\log 35\times10^6 \Rightarrow \log 3.5\times10^7$으로 변환하여 계산함. 변환하지 않고 계산해도 답은 같음

11. 통조림의 저온살균(100℃ 이하)이 가능한 한계 pH를 적고, 저온살균이 가능한 이유를 설명하시오. 〈2014-1회〉

• 한계 기준 : pH 4.6
• 저온살균 가능 이유 : 과일 등의 산성 통조림의 경우 pH 4.6 이하이므로, Cl. botulinum균 등의 세균이 증식할 수 없는 환경이다. 따라서 효모나 곰팡이만 사멸하면 됨. 이들은 100℃ 이하로 살균이 가능하여 고온 살균 불필요

12. 식품의 살균에서 D값의 의미를 쓰시오. 〈2008-1회, 2015-2회, 2019-1회〉

• 어떤 온도에서 미생물의 초기 생균의 숫자가 1/10로 감소할 때의 시간. 시간 단위는 '분 단위'로 표시. 즉, 최초 세균의 숫자를 90%까지 사멸시키는 데 필요한 가열시간

13. $D_{150}=3$, $Z=5$ 값에 대하여 설명하시오. 〈2021-3회〉

• D값 : 150도에서 미생물을 초기 대비 90% 또는 1/10로 사멸시키는 데 걸리는 시간은 3분
• Z값 : D값을 1/10로 줄이는 데 필요한 온도 증가 값은 5도
※ D값은 시간, Z값은 온도임

14. Clostrium botulinum 포자 현탁액을 121℃에서 열처리하여 초기농도의 99.9999%를 사멸시키는 데 1.5분이 걸렸다. 이 포자의 D_{121}을 구하시오. 〈2007-2회, 2009-2회〉

- $D = \dfrac{t}{\log N_0/N} = \dfrac{1.5}{\log 10^2/10^{-4}}$

  $= \dfrac{1.5}{2-(-4)} = 0.25$ 분

> ※ 초기균수(N_0) → 나중 균수(N) 계산법
> ① 초기균수(100%) → 99.9999% 사멸
>   ⇨ 100%(10^2)에서 10^{-4} %로 균이 감소
> ② 초기균수(1마리) → 1/10,000마리 감소
>   ⇨ 1마리에서 10^{-4} 마리로 균이 감소

15. 6×10^4개의 포자가 존재하는 통조림을 100℃에서 45분 살균하여 3개의 포자가 살아남았다면 100℃에서 D값을 구하시오. 〈2008-2회〉

- $D = \dfrac{t}{\log N_0/N}$

  $= \dfrac{45}{\log(60,000/3)} = 10.46$분

※ t(가열시간), N_0(처음균수), N(t시간 후 균수)

16. 초기농도에서 99.9% 감소하는 데 0.72분이 걸린다. 10^{-12}로 감소하는 데 걸리는 시간을 구하시오. 〈2020-4회〉

- 100%(10^2) → 99.9%(10^{-1}) 감소할 때,

  $D = \dfrac{t}{\log(N_0/N)} = \dfrac{0.72}{\log(10^2/10^{-1})}$

  $= \dfrac{0.72}{\log 10^2 - \log 10^{-1}} = 0.24$분

- 1마리 → 10^{-12}로 감소할 때

  $\dfrac{t}{\log(1/10^{-12})} = \dfrac{t}{\log 1 - \log 10^{-12}}$

  $= \dfrac{t}{0 - (\log 10^{-12})} = 0.24$분

∴ t = 0.24분 × $(-\log 10^{-12})$
  = 0.24분 × [-(-12)] = 2.88분

17. 초기농도에서 99.9% 감소하는 데 0.74분이 걸린다. 10^{-12} 감소하는 데 걸리는 시간을 구하시오. 〈2011-2회, 2023-2회〉

- 100%(10^0) → 99.9%(10^{-1})로 감소할 때,

$$D = \frac{t}{\log N_0/N} = \frac{0.74}{\log 10^0/10^{-1}} = 0.24분$$

- 1마리(10^0) → 10^{-12} 마리로 감소할 때,

$$0.24 = \frac{t}{\log 1/10^{-12}} = \frac{t}{0-(-12)}$$

⇨ t = 2.88분

18. B. stearothermophilus(Z=10℃)를 121.1℃에서 가열처리하여 균의 농도를 1/10,000로 감소시키는 데 15분이 소요되었다. 살균온도를 125℃로 높여 15분간 살균할 때의 치사율(L)을 계산하고, 치사율값을 121.1℃와 125℃에서의 살균시간 관계로 설명하시오. 〈2006-1회, 2009-3회〉

- 치사율값(L값)

$$L(치사율) = 10^{\frac{T_2 - T_1}{Z}}$$

$$= 10^{\frac{125-121.1}{10}} = 2.45$$

- 치사율값 : 125℃에서 1분간 가열했을 때와 동일한 살균 효과를 가지는 121.1℃에서의 살균시간

19. 균 초기농도의 1/100,000로 만드는 데 121.1℃에서는 20분이 걸리고, 125℃에서는 5.54분이 걸린다. Z값을 구하시오. 〈2007-3회〉

- $D = \dfrac{t}{\log N_0/N}$

$$D_{121.1} = \frac{20}{\log 1 - \log 10^{-5}}$$

$$= \frac{20}{0-(-5)} = 4분$$

$$D_{125} = \frac{5.54}{\log 1 - \log 10^{-5}}$$

$$= \frac{5.54}{0-(-5)} = 1.108분$$

- $Z = \dfrac{T_2 - T_1}{\log(D_1/D_2)} = \dfrac{125-121.1}{\log(4/1.108)}$

$$= \frac{3.9}{\log 3.61} = 6.995℃$$

20. D_{121}=0.2분, Z=10℃일 때, D_{116}의 값을 구하시오.
　〈2005-3회〉

- $Z = \dfrac{T_2 - T_1}{\log(D_1/D_2)}$ 이므로

　$10 = \dfrac{116-121}{\log \dfrac{0.2}{D_2}}$

　⇨ $10 = (-5) \div (\log 0.2 - \log D_2)$

　⇨ $\log 0.2 - \log D_2 = (-5) \div (10) = -0.5$

　⇨ $-\log D_2 = 0.1989$

　⇨ $\log D_2 = -0.1989 = \log 10^{-0.1989}$

　⇨ $D_2 = 10^{-0.1989}$　　∴ $D_{116} = 0.63$ 분

※ 참고 : $\log a = 0.5 = \log 10^{0.5}$ ⇨ $a = 10^{0.5}$

21. 아래 세균의 표를 보고 회귀방정식을 이용하여 Z값을 구하시오. 〈2005-2회, 2022-3회〉

D값	100	105	110	115	120	125
시간(분)	65.5	25.7	12.2	4.5	1.8	0.5

※ Z값 : D값을 1log cycle('예' 10^2인 미생물 수 → 10^1 또는 1/10)만큼 감소시키는 데 필요한 온도 증가값

온도	D값	log(D)
100	65.5	1.816
105	25.7	1.409
110	12.2	1.086
115	4.5	0.653
120	1.8	0.255
125	0.5	-0.301

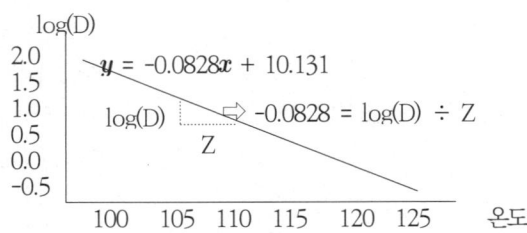

- 이용 공식 : $y = mx + b$ ⇦ 위와 같이 엑셀을 이용하여 계산하면, 기울기(m) = -0.0828
- 아래 공식을 이용하여 계산하면,

　기울기(m) = $\dfrac{n\Sigma(xy) - \Sigma(x)\Sigma(y)}{n\Sigma(x^2) - [\Sigma(x)]^2}$,　　b = $\dfrac{\Sigma(x^2)\Sigma(y) - \Sigma(x)\Sigma(xy)}{n\Sigma(x^2) - [\Sigma(x)]^2}$

m = [6×(100log65.5 + 105log25.7 + 110log12.2 + 115log4.5 + 120log1.8 + 125log0.5) − (100+105+110+115+120+125) × log(65.5×25.7×12.2×4.5×1.8×0.5)]
　÷ [6 ×($100^2+105^2+110^2+115^2+120^2+125^2$) − $(100+105+110+115+120+125)^2$] = -0.0828

∴ Z값 = -(1/m) = -1/(-0.0828) ≒ 12.077 ≒ 12.08℃
　↳ 위의 오른쪽 그래프에서 '기울기 = (logD ÷ Z값)'
　　　↳ logD = 1이고, 기울기는 (-)이므로 'Z=-(1/기울기)'로 변환 가능

22. 비타민 보관 시 Q_{10}=2.5일 때의 Z값을 구하시오. (반드시 단위를 적고, 소수점 셋째 자리에서 반올림할 것)
⟨2007-1회, 2017-2회, 2021-1회⟩

- $Q_{10} = 10^{\frac{10}{Z}} \Rightarrow \log Q_{10} = \frac{10}{Z}$

- $Z = \frac{10}{\log Q_{10}} = \frac{10}{\log 2.5} = 25.13℃$

23. Q_{10}=2이고, 20℃에서 반응속도가 10mol/m³s일 때, 30℃에서의 반응속도를 구하시오.
⟨2012-3회, 2015-1회, 2022-2회⟩

- Q_{10} = 2 ⇨ 10℃ 상승할 때마다 반응속도가 2배수 증감을 의미
- 20℃일 때 반응속도 10(mol/m³s)이므로, 20℃ → 30℃로 온도가 10℃ 상승했으므로
  ⇨ 반응속도 × 2배
- ∴ Q_{10}값 = 10 × 2 = 20(mol/m³s)

24. 돈육 장조림의 F_0=5.5분일 때, F_{113}에서 살균 시간(분)을 구하시오. (단, z=10) ⟨2023-1회⟩

- $F_0(T_1=121℃)$이고, F_1(온도 T_2)에서 살균 시간은

$F_0 = F_1 × 10^{\frac{T_2-T_1}{Z}}$ 이므로,

5.5분 = $F_1 × 10^{\frac{113-121}{10}}$

5.5분 = $F_1 × 10^{-0.8}$
⇨ $10^{-0.8}$ = 0.15848이므로,
∴ $F_1(T_2=113℃)$ = 5.5 ÷ 0.15848 = 34.7분

■ 예상문제

1. 어떤 공정에서 F_{121}℃ = 1min 이라고 한다. 이 공정을 101℃에서 실시하면 몇 분간 살균하여야 하는지 계산하시오. (단, z=10℃로 한다.)
⟨필기 기출⟩

- $F_0(T_1)$=121℃에서 1분이고, F_1(온도 T_2)에서 살균 시간 → 101℃에서 x시간(분)

$F_0 = F_1 × 10^{\frac{T_2-T_1}{Z}}$

1분 = $F_1 × 10^{\frac{101-121}{10}}$

1분 = $F_1 × 10^{-2}$ ⇨ 10^{-2} = 1/100이므로,
∴ x(F_1, 101℃에서 살균 시간) = 100분

1-2. 미생물의 분류

1. 미생물의 분류

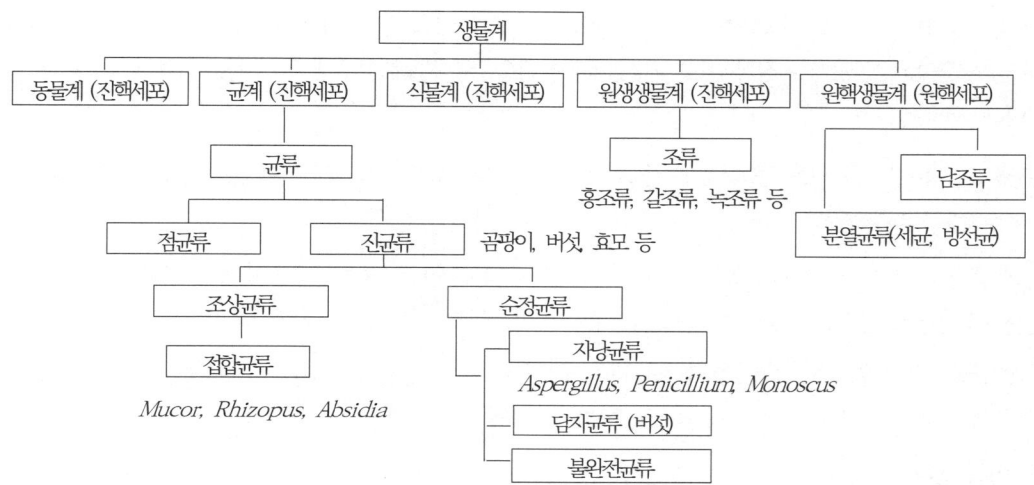

출처 : 한림학사, 『통합논술 개념어 사전』, 청서출판, 2007. 12. 15.

2. 진핵세포와 원핵세포

1) **구분의 기준** : 핵막, 세포소기관(미토콘드리아, 골지체 등)의 유무에 따라 구분

2) **진핵세포** : 핵과 세포질로 구분되어 있고, 대부분의 동물, 생물은 진핵세포를 가진다.

　(1) DNA : 히스톤 단백질(염기성 단백질)을 가진다.

　(2) 세포질 : 미토콘드리아, 골지체, 소포체 등과 같은 세포소기관이 세포질에 분포

3) **원핵세포** : 핵막이 없어 핵물질이 세포질에 분산되어 있다. 세균, 남조류가 대표적이다. 또한, 세포소기관 (미토콘드리아, 골지체 등)과 염색체 구조에 히스톤 단백질도 없다.

3. 미생물의 명명법

1) 학술적 명명법은 다음과 같다.

　(1) <u>계(Kingdom)-문(Phylum)-강(Class)-목(Order)-과(Family)-속(Genus)-종(species)</u>

　(2) 미생물을 명명할 때, 모든 것을 명명하면 복잡하므로 속명, 종명을 차례대로 사용하여 명명한다. 이를 이명법이라 한다. 예를 들면, 대장균의 표기는 Escherichia(속명) coli(종명)와 같이 표기한다. 여기서 속명은 대문자로 표기한다.

2) 모든 분류군 : 라틴어 또는 라틴어화한 영문 이탤릭체로 표기 또는 밑줄로 표기한다. 한 문서 내에서의 표기법은 먼저 'Escherichia coli'와 같이 완전하게 표시했다면, 그 이후부터는 'E. coli'로 표기할 수 있다.

1-3. 곰팡이와 곰팡이 독

1. 곰팡이

1) 정의 : 곰팡이는 분류학상 진균류에 속하며, 포자가 발아한 후 실모양의 균사체를 형성하여 발육하는 사상균(실모양의 균)이다. 곰팡이는 진핵세포를 가진 다세포 미생물로 형태가 비교적 크기 때문에 육안으로 관찰할 수 있다.

2) 진균류 : 곰팡이, 버섯, 효모 등이 있다. 진균류는 균사의 격막 유무에 따라 격막이 없는 조상균류와 격막이 있는 순정균류로 구분한다.

　(1) <u>조상균류</u> : 격막이 없다. 유성생식과 무성생식을 하며 내생포자 및 운동성 포자를 생성한다. 대표적인 균류는 접합균류로 Mucor(털곰팡이)속, Rhizopus(거미줄곰팡이)속, Absidia(털곰팡이)속 등이 있다.

　(2) <u>순정균류</u> : 격막 있으며, 자낭균류(Aspergillus, Penicillium, Monascus 등), 담자균류(버섯), 불완전균류 등으로 구분한다. 자낭균류는 분생포자의 형태를 가지며 운동성 포자를 형성하지 않는다.

3) 곰팡이의 생리 및 특성

　(1) 곰팡이는 절대 호기성이며, 생육 적온은 25~30℃이다. 생육 최적 pH는 4.0~8.0이며, 생육 가능 최저 수분활성도는 0.8이다. 따라서 낮은 온도, 습한 곳 또는 건조한 곳, pH가 높거나 낮거나, 달거나 짜더라도 증식할 가능성이 높다.

　(2) 곰팡이는 식품을 변패시키기도 하지만, 발효식품인 치즈, 된장, 효소 제조에 중요한 역할을 하는 미생물로서 식품 산업에서 유용한 미생물이다.

4) 누룩곰팡이(Aspergillus 속)

　(1) 자연계에 널리 분포되어 있으며, 탄수화물 및 단백질을 분해하는 amylase와 protease 효소를 많이 생산하므로 약주, 된장, 간장 등의 양조에 많이 이용한다.

　(2) **황국균(Aspergillus Oryzae, 아스페르길루스 오리자에)** : 코지(Koji) 곰팡이의 대표적인 균종으로 전분질을 당화시키는 곰팡이다. 전분을 당화하는 아밀라아제나 단백질을 분해하는 프로테아제 등의 효소 활성과 유기산의 생산능력이 우수하여 술, 된장 등의 양조식품, 절임류 제조에 이용되고 있다.

　(3) **Aspergillus flavus(아스페르길루스 플라부스)** : 탄수화물이 풍부한 곡류, 땅콩, 과실류, 두류, 옥수수 등의 농산물에 주로 발생한다. 간암을 유발하는 aflatoxin을 생성하는 유해균으로 내열성이 강하여 270~280℃ 이상으로 가열해야 분해된다.

5) 푸른곰팡이(Penicillium 속) : 자연계에 널리 분포하고 과실, 채소, 빵, 떡 등을 변패시키는 곰팡이다. 일부 균종은 발암성 진균독을 생산하지만, 항생물질, 페니실린, 치즈 등도 푸른곰팡이로부터 생산되므로 유익한 균종도 있다.

2. 곰팡이 독(Mycotoxin)

1) 정의 : 곰팡이가 곡류, 두류, 땅콩류 등에서 자라 만들어낸 독을 곰팡이 독(진독균)이라 한다. 곰팡이가 생산하는 2차 대사산물로서 사람과 가축에 질병을 유발하는 물질이다. 곰팡이의 독은 일반적인 조리 온도에서 파괴되지 않지만, 냉동에서는 곰팡이의 증식을 억제할 수 있다.

2) 독소생성 곰팡이 : 아스페르질러스(Aspergillus), 페니실리움(Penicillium), Fusarium(푸사리움) 등으로 대표적인 것은 **아플라톡신, 오크라톡신 A, 황변미** 등이 있다.

(1) **아플라톡신 (Aflatoxin)** : 아스페르질러스(Aspergillus) 속 곰팡이가 생성하는 2차 대산산물로서, 주로 토양에 존재하는 Aspergillus flavus, Aspergillus parasticus에 의해 생성된다. 아플라톡신 B1, B2, G1, G2, M1, M2 등 20여 종이 확인되었고, 우유에서 발견되는 것은 M1으로 알려져 있다. 탄수화물이 풍부한 곡류, 땅콩, 과실류, 두류, 옥수수 등의 농산물에 주로 발생한다.[16]

① 열에 매우 안정하여 보통 조리의 가열로 파괴되지 않고, 270℃ 이상 가열해야 파괴된다. 이 중 Aflatoxin B1은 인체의 간에 강력한 독작용을 일으키는 발암물질 '1군'으로 규정하고 있다.

② 식품공전의 규격

> ① 곡류, 땅콩, 견과류, 두류 및 된장, 고추장 등 Aflatoxin 15ppb 이하
> ② Aflatoxin B1은 10ppb 이하　　③ Aflatoxin M1은 0.5ppb 이하

(2) **오크라톡신 A (Ochratoxin A)** : Aspergillus 속과 Penicillium 속 등에 의해 생성되는 곰팡이독소이다. 오크라톡신 A는 주로 곡류, 견과류, 커피, 주류, 과일 등에서 검출된다.

① 오크라톡신 A, B, C가 있다. 오크라톡신 A의 독성이 가장 강하며 국제암연구소에서는 발암물질 '2A군'으로 규정하고 있다. 이 독소는 일반적인 조리 온도에서 파괴되지 않고, 250℃ 정도에서 가열해야 파괴된다. 신장 독소, 간장 독소, 면역독성 등을 유발한다.

② 식품공전에서의 관리 기준

품 목	기 준	품 목	기 준
포도주스, 포도주	2ppb 이하	커피콩, 볶은 커피, 밀, 보리	5ppb 이하
고춧가루	7ppb 이하	인스턴트커피, 건포도	10ppb 이하

3) 생성 억제법 : 곰팡이 독을 생산하는 균주의 **생육 최적 조건(온도, 수분, 산소)을 만들지 않는 것이 중요**하다.

(1) 저장 온도 : 10~15℃ 이하 유지

(2) 수분 : 옥수수와 밀은 수분 13% 이하, 땅콩은 7% 이하의 건조한 상태로 저장 및 수분활성도를 낮게 유지

(3) 산소 : 곰팡이는 편성호기성 세균으로 산소가 없으면 발육하지 못하므로 탈산소제 봉입이나 항곰팡이제 등을 통해 생육을 억제

---

[16] 식약처, 『미생물 위해 기술서 II』, 2016.10.

♣ 조류 : 진핵세포를 가지며, 원생생물계로 분류된다. 홍조류, 갈조류, 녹조류, 규조류 등이 있다.

1. 공통적인 특징 : 엽록소(클로로필)를 가지고 있어, 광합성 작용을 한다. 또한, 지용성 색소인 카로티노이드를 함유하고 있다.
2. 홍조류
  1) 세포벽에 외부 기질 물질로 한천(agar)과 카라기난을 함유하고 있다.
  2) 광합성 색소 : 엽록소와 광합성 보조색소(피코빌린 색소)인 홍조소를 함유하여 광합성을 하며, 암홍색을 나타낸다. 풀가사리, 우뭇가사리, 김, 지누아리 등
3. 갈조류 : 다시마, 미역, 톳 등으로 광합성 작용을 한다.
4. 규조류 : 플랑크톤이 대표적. 엽록소, 규조소 등을 함유하여 광합성 작용을 한다.

■ 기출문제

1. 미생물 명명법에서 사용하는 어미를 다음 계통별로 쓰시오. 〈2020-1회〉
   ① 문 - (   )   ② 강 - (   )
   ③ 목 - (   )   ④ 과 - (   )

   ① 문(-mycota)   ② 강(-mycetes)
   ③ 목(-ales)   ④ 과(-aceae)

2. 다음 내용에 해당하는 곰팡이 속명 3가지를 쓰시오. 〈2020-3회〉

   - 균사는 세포를 구분하고 있는 격벽(격막)이 없다.
   - 균사는 뿌리처럼 생긴 헛뿌리와 수평으로 뻗은 포복경을 가지고, 줄기처럼 생긴 포자낭병을 형성한다.
   - 유성생식과 무성생식을 하며 내생포자로 포자낭포자를 생성한다.

   • Mucor(뮤코르) 속, Rhizopus(리조푸스) 속, Absidia(압시디아) 속

   ※ 진균류 중 조상균류: 격막이 없으며, 유성생식과 무성생식을 하며 내생포자 및 운동성 포자를 생성한다.

3. 다음 보기의 (   )에 알맞은 내용을 쓰시오. 〈2023-1회〉

   〈보기〉 버섯의 생활사를 보면 최초 포자가 발아하여 단핵의 1차 균사를 형성한다. 또한 별도로 유전적으로 화합성이 있는 1차 균사와 접촉하면 2핵의 2차 균사로 된다. 2차 균사는 2핵 그대로 신장하지만, 이때 전기의 취상돌기를 형성하여 교묘한 조합으로 2핵 세포를 성장시킨다. 이것이 적당한 환경에 이르면 3차 균사가 집합하여 (①)를 형성하며, 그 끝에 (②)를 만든다. 그 형태는 종에 따라 다양하게 나타나며 통상적으로 2개 또는 4개의 (③)를 형성한다.

   ① 자실체
   ② 담자기
   ③ 담자포자

4. 조류별 각각의 색소를 1가지씩만 쓰시오.
   〈2021-1회〉
   ① 녹조류 :
   ② 규조류 :
   ③ 홍조류 :

① 녹조류 : 엽록소(클로로필), 카로티노이드
② 규조류 : 엽록소(클로로필), 규조소, 카로티노이드
③ 홍조류 : 엽록소(클로로필), 홍조소(피코빌린 계통의 피코에리트린), 카로티노이드

■ 예상문제

1. 다음 그림 ①, ②에 해당하는 곰팡이 속명을 쓰시오 〈필기 기출〉

① Penicillium
② Rhizopus

1-4. 세균(bacteria)

1. 세균의 형태 및 분류

1) 세균의 형태 : 구형이나 타원형인 것을 구균, 원통형이거나 막대기처럼 길쭉한 것을 간균, 나선형인 것을 나선균이라 한다.

2) 세균은 원핵세포를 가지고 있어 핵막과 세포소기관이 없으며, 이분법에 의해 증식한다.

2. 포자

1) **포자** : 식물, 곰팡이류 등 다양한 생물군에서 유성생식 및 무성생식 과정에서 형성된 단세포 단위체를 말한다. 포자는 여러 생물 종류에서 생성되며 진균에서는 중요한 생식 수단으로 작용하고, 일부 세균은 환경이 열악해지면 내열성을 갖는 생식 수단으로 포자를 형성한다.

2) **영양세포** : 성장대사를 활발히 하는 세포. 영양세포 속에 포자가 형성된 것을 '포자낭 포자'라 한다.

3) **외생포자** : 체외로 분리된 소세포가 포자의 성질을 가진 것을 말한다.

4) **내생포자** : 세균은 환경조건이 열악해지는 배양 후기(정지기)에 외부적 조건에 대한 저항력이 강한 휴지상태의 구조물인 포자(아포)를 형성한다. 포자는 세포 내에서 형성하는데, 이를 내생포자(endo-spore)라 한다. 대부분 한 세포에서 내생포자 하나를 형성한다.

 (1) 내생포자는 세균의 생장 세포에서 형성되는 새로운 세포로서 그 구조나 화학적 조성, 생리적 기능 등이 원래의 세포와 전혀 다르나, 발아 과정을 통하여 원래 세포와 같은 생장 세포를 생성할 수 있다. 포자 자체로는 증식할 수 없고, 환경조건이 적합해지면 발아하여 증식한다.

 (2) 그람 양성균의 Bacillus속, Clostridium속 등은 매우 저항성이 강한 내생포자를 형성한다. 내생포자는 외피, 포자막, 피층, 포자고유막, 심부 등 두터운 막 층으로 이루어져 있어 열, 건조, 방사선, 화학약품 등에 대해 저항성이 매우 강하다. 따라서 포자 형태일 때는 사멸하기가 쉽지 않다.

3. 그람염색법

1) **정의** : 그람염색법은 세균 세포벽의 구조적 특징과 구성 성분 차이를 이용하여 그람양성과 그람음성으로 구분하는 방법이다. 이 염색법은 간단하여 모든 세균에 적용하고, 원인균 추측 및 항생제 선택에 중요한 지표로 사용된다.

2) **염색 및 탈색 시험**

 (1) 세균을 슬라이드 글라스에 고정 후 크리스탈 바이올렛(보라색 색소)으로 염색

 (2) 물로 세척 후 요오드 용액(루골액)에 정착시킨다.

 (3) 물로 세척 후 95%의 알코올 용액으로 탈색시킨 후, 사프라닌을 세균 위에 떨어뜨려 현미경으로 관찰한다.

3) 균체가 보라색으로 나타나면 그람양성균이고, 알코올에 탈색되는 것은 그람음성균이다. 그람음성균은 알코올 탈색에 의해 붉은색으로 나타난다. 색소의 탈색 여부는 세포벽의 구조 및 성분 차이에 의해 결정된다.

   (1) 그람음성균 : 세포벽이 지질 성분인 **인지질로 구성**되어 있어, 알코올에 녹아 색소가 탈색되어 붉은색이 된다. 이질균, 대장균, 살모넬라균 등이 있다.

   (2) 그람양성균 : 알코올에 의해 탈색되지 않아 최초 염색한 보라색이 그대로 나타낸다. 황색포도상구균, 보툴리누스균, 바실러스 세레우스균 등이 있다.

4. 세균(bacteria)의 종류

1) **Escherichia coli(대장균)** : 그람음성 통성혐기성 간균이다. 사람과 동물의 대표적인 장내 세균으로 특히 대장에 많이 존재하여 대장균이라 한다.

   (1) 일반적으로 대장균은 병원성이 없으나, Escherichia coli O-157:H7 등은 병원성이 있다.

   (2) 대장균은 사람이나 가축의 장내에서만 존재한다. 대변과 함께 체외로 배설되면 빠르게 번식하기 때문에 물이나 식품을 오염시킬 수 있다. 식품이나 식수가 분변에 의해 오염된 경우에는 사람과 동물의 유전적 차이가 있어 오염원이 사람인지 동물인지를 쉽게 구분할 수 있다. 따라서 오염지표세균으로 활용한다.

2) **대장균군(Coliform bacteria)** : 사람이나 동물의 장 속에 사는 대장균과 유사한 균을 총칭하는 말이다. 대장균군은 그람음성, 호기성 또는 통성혐기성의 무아포성 간균이다. 대장균 및 대장균군의 특징은 배지에서 유당을 분해하여 산과 가스를 생성하는 것이다.

   (1) 대장균군은 자연계와 사람, 동물의 장내 세균으로 대부분 병원성을 갖지 않는다. Escherichia coli(대장균), Citrobacter(시트로박터), Enterobacter(엔테로박터) 등의 균종이 있다.

   (2) 식품이나 식수가 분변에 의해 오염된 경우에는 사람과 동물의 유전적 차이가 있어 오염원이 사람인지 동물인지를 쉽게 구분할 수 있다. 따라서 물이나 식품의 미생물학적 오염지표세균으로 이용된다. 대장균군을 오염지표세균으로 이용하는 이유는 병원성균에 비해 생존력과 저항력이 강하고 검출 및 분석이 쉽기 때문이다.

3) **살모넬라균(Salmonella)** : 살모넬라는 사람·동물·조류의 장내에 존재할 뿐만 아니라 애완동물이나 파충류(거북이)에서도 발견되는 식중독균이다. 그람음성의 무포자 간균이며, 호기성 또는 통성혐기성이다.

4) **비브리오(Vibrio)속** : 해수 중에 서식하는 장염비브리오균에 의해 발생한다. 이 균은 증식이 적합한 하절기에 근해의 오징어, 문어 등 연체동물과 어류, 조개 등의 체표, 내장과 아가미 등에 부착하여 있다가 근육으로 이행되거나 유통과정 중에 증식하여 식중독을 일으킨다. 비브리오속 병원균은 비브리오 콜레라, 장염비브리오, 비브리오패혈증 등 3가지로 구분된다.

5) **Staphylococcus aureus(황색포도상구균)**

   (1) 포도상구균(Staphylococcus) : 그람양성 구균으로 포도송이 모양의 덩어리를 만든다. 통성혐기성균으로

호기적 조건이나 혐기적 조건에서 모두 잘 생육한다.

(2) 균이 식품 중에서 증식하여 생산한 **장독소(enterotoxin)를** 함유한 식품을 섭취할 때 일어나는 독소형 식중독균이다. 포도상구균은 건강한 사람의 30%가 균을 보유할 정도로 동물의 피부, 비강 등에서 흔히 발견된다. 배양 시 황등색의 색소를 생산하여 황색포도상구균이라 한다. pH4.3 이하에서는 사멸한다.

6) 포자 생성균

(1) **Clostridium 속** : 보툴리누스균은 토양, 바다, 개천, 호수 및 동물의 분변에 분포하며, 어류, 갑각류의 장관 등에도 널리 분포하고 있다. 그람양성 간균이며, 편성혐기성균으로 포자를 형성한다. 포자는 내열성이 매우 강하여 통조림에서 포자의 살균은 매우 중요하다. 보툴리누스균은 증식할 때 보툴린(Botulin)이라는 세균 독소 중 가장 강력한 신경독소를 생산한다. 통조림 등에서 부패를 일으키는 균으로 통조림 살균지표 세균이다.

(2) **Bacillus cereus** : 포자(spore)를 형성하는 토양세균의 일종으로 사람의 생활환경을 비롯하여 토양, 농장, 산야, 하천, 먼지, 오수 등 자연계에 널리 분포하고 있다. 자연계에 널리 분포하며 토양과 밀접한 관계가 있는 식품 원재료와 그 가공식품이 식중독의 원인이 된다.

7) 유산균류
유당을 분해하여 유산 또는 유산, 알코올, 탄산가스를 생성하는 균으로 연쇄상구균(Streptococcus), Leuconostoc속(류코노스톡), Lactobacillus속(락토바실러스 속) 등이 있다.

> ♣ **사카자키균(Sakazaki)** : 엔테로박터 사카자키(Enterobacter Sakazaki)는 그람음성 간균, 통성혐기성균이다. 모든 연령대에서 뇌막염 또는 장염을 일으킬 수 있으나, 영아(infant)의 감염 위험이 가장 크다. 일반 음식에서도 발견되지만, 분유 속에 들어 있는 경우에만 질병을 일으킨다.
> 1. 원인 : 유아가 감염 시 사망률 20~50%. 신생아와 유아의 수막염, 패혈증 등을 유발
> 2. 예방대책 : 유아 조제분유를 제조할 때 뜨거운 물을(70~90℃) 사용, 분유 조제 후 섭취 시까지 시간 최소화, 젖병과 젖꼭지는 깨끗이 씻어 살균

1-5. 오염(위생)지표세균 및 미생물 검사법[17)]

1. 정의 및 목적

1) 식품의 생산, 제조, 보관 및 유통과정 등에서 미생물이 효과적으로 관리되고 있는지를 확인하기 위하여 특정 오염지표세균을 설정하여 세균학적 검사를 실시한다. 이 특정 세균을 오염(위생)지표세균이라 한다.

2) 위생지표세균의 설정 및 관리 목적

(1) 미생물의 오염도를 확인하고 식품위생 확보

(2) 식품 제조공정 : 살균이나 멸균이 계획대로 수행되었는지 확인

---

17) 식약처, 식품 등의 기준 설정 원칙, 2017.10.

(3) 유통과정 : 식품 유통과정 중에서 품질변화 여부 확인

(4) 최종제품 : 제품의 안전성 확보를 위한 위생기준 설정 및 관리

2. 위생지표세균

1) 식품의 특성에 따라 일반 세균수, 대장균군, 대장균수로 기준을 설정하여 관리한다.

(1) 비가열식품 : 대장균
(2) 가열 및 살균 식품 : 대장균군 또는 세균 수
(3) 멸균 식품 : 세균 수

2) 위생지표세균

(1) 세균 수 : 사람에게 병을 유발하지는 않지만, 제품의 부패나 변질에 관련된다. 부패·변질, 살균·멸균 효과에 대한 관리 수단으로 사용한다.

① 멸균제품에 적용하며, 멸균 및 pH4.6 이하의 살균제품에는 음성이 되도록 기준을 설정하여 관리한다.

② ①항 이외의 경우에는 제어 가능 여부, 유통조건에서의 미생물 오염이나 증식 등을 고려하여 식품별 정량 기준(100~3백만/g 이하)을 설정하여 관리한다.

(2) 대장균군 : 가열 또는 살균제품에서 현실적인 제어 가능 여부 등을 고려하여 음성 기준 또는 정량(10 이하/g) 기준을 설정하여 관리한다.

(3) 대장균 : 분변오염의 지표균. 제조·가공 시 가열처리되지 않은 식품의 위생관리를 위해 설정하여 관리한다. 비가열식품에서 위생관리가 필요할 경우에 음성 기준 또는 정량(신선편의식품, 10 이하/g) 기준으로 설정하여 관리한다.

(4) 바이러스 : 특성상 제어 및 감염력이 있는 것과 없는 것을 구분하기 어렵고, 시험법의 한계 등으로 식품에서는 규격을 설정하여 관리하지 않고 있다. 단, 식품 용수에는 노로바이러스를 음성 기준으로 관리한다.

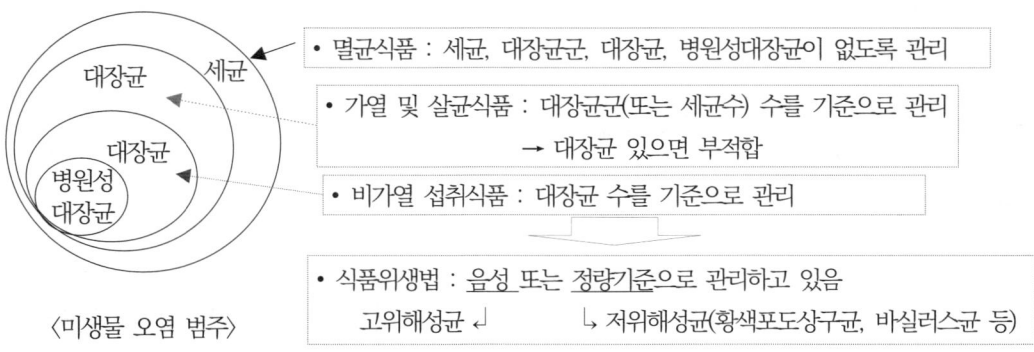

〈미생물 오염 범주〉

3) 식중독균의 기준설정 및 관리

(1) 고위해성 : 소량으로도 식중독을 일으킬 수 있고 감염 시 사망하거나 합병증 또는 후유증을 유발할 수 있어 음성으로 관리한다. 살모넬라, 장출혈성대장균, 캠필로박터 제주니, 클로스트리디움 보툴리눔균 등이 있다.

(2) 저위해성 : 고위해성 식중독균에 비해 상대적으로 위해도가 낮아 위해평가 후 정량 규격으로 설정하여 관

리한다. 황색포도상구균, 장염비브리오, 바실러스 세레우스, 클로스트리디움 퍼프린젠스 등이 있다.

4) 위생지표세균의 조건

(1) 효율성 : 병원성균에 대한 대체 검사 성격으로 병원성균보다 검출 및 분석이 빠르고 쉬워야 한다.

(2) 검출의 용이성 : 그 수가 많고 외부 환경(호기적인 조건)에서 장시간 생존할 수 있어야 한다.

(3) 병원성 균과 같은 분류에 속하며, 그람음성 간균이며 장내에서 서식하는 균이어야 한다.

3. 2군법과 3군법

1) 정의 : 통계적 개념을 적용하여 미생물의 기준 및 규격을 설정하는 방법이다. 즉 다수의 시료를 대상으로 검사하여, 일정 부분의 허용범위를 두고 식품의 안전성을 판정하는 방법으로 2군법과 3군법을 적용한다. 용어의 정의는 다음과 같다.

(1) n : 검사용 시료의 수

(2) c : 최대 허용 가능 시료의 수, 허용 기준치(m)를 초과하고 최대 허용한계치(M) 이하인 시료의 수. 결과가 m을 초과하고 M 이하인 시료의 수가 c 이하일 경우에는 적합으로 판정한다.

(3) m : 시료가 '만족(적합)'으로 간주되는 미생물 허용기준치. 결과가 모두 m 이하인 경우에는 '적합'으로 판정한다.

(4) M : 시료가 '불만족(부적합)'으로 간주되는 미생물 최대 허용한계치. 결과가 하나라도 M을 초과하면 '부적합'으로 판정한다.

2) 2군법 : 판정유형이 2가지(적합, 부적합)이므로 2군법이라 한다. 음성 기준으로 관리하는 고위해성 식중독균에 적용한다.

(1) n, c, m으로서 검사한 시료 n개 중 기준(m)을 초과한 것이 허용 개수 c 이하면 적합으로 판정

(2) 원칙적으로 m 이하여야 합격으로 판정하나, 약간의 여유를 두기 위해 m을 초과하는 것이 c개 이하면 합격으로 판정

3) 3군법 : 판정유형이 3가지(합격, 조건부 합격, 부적합)인 방식이다. 정량 기준으로 관리하는 저위해성 식중독균 및 위생지표균에 적용한다.

(1) n, c, m, M 값에 따라 판정

(2) m 이하면 합격, M을 초과하면 부적합, m을 초과하고 M 이하인 시료 수가 c개 이하이면 적합

〈결과 판정법〉 n=5, c=1, m=10, M=100

> (1) 적합 : ① 모두 m 이하인 경우 ② m을 초과하고 M 이하인 시료의 수가 c 이하일 경우
> (2) 부적합 : 하나라도 M을 초과하면 '부적합'으로 판정

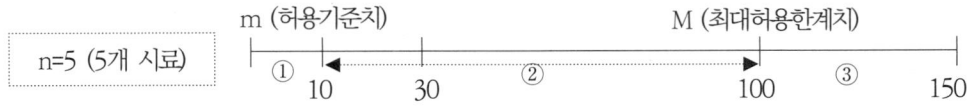

■ 기출문제

1. 그람염색에 사용되는 시약의 사용 순서와 양성, 음성 색깔 변화를 쓰시오.
〈2006-3회, 2008-1회, 2010-2회, 2020-4회〉

- 시약의 사용 순서 : 크리스탈 바이올렛 - 요오드(루골액) - 알코올 - 사프라닌 용액
- 색깔의 변화 : 그람음성(붉은색), 그람양성(보라색)

2. 대장균군 검사가 식품 안전도의 지표로 사용되는 이유를 검사 결과 양성인 경우와 대장균군 생존 특성을 포함하여 설명하고, 이와 관련된 세균속(명)을 3가지 이상 쓰시오. 〈2012-3회〉

- 대장균군 양성 : 배지에서 유당을 분해하여 산과 가스를 생성. 세균이 글루코스에서 젖산, 아세트산 등을 생성하는지를 메틸레드검사(methyl red test) 실시. 붉은색을 나타내면 양성
- 대장균군 : 사람과 동물의 장내에서만 존재하는 균. 식품, 식수가 분변에 의해 오염된 경우 ⇨ 사람과 동물의 유전적 차이 ⇨ 오염원의 구분이 가능하여 미생물학적 오염지표세균으로 이용
- 세균 : Escherichia coli(대장균), Citrobacter(시트로박터), Enterobacter(엔테로박터), 클렙시엘라(Klebsiella)

3. 사카자키균의 영·유아에 대한 위해성을 설명하고, 소비자 측면에서 영·유아에 대한 감염 위험을 최소화할 수 있는 방법을 3가지 쓰시오. 〈2007-2회〉

- 원인 : 조제분유에서만 질병을 일으킨다. 유아가 감염 시 사망률 20~50%. 신생아와 유아의 수막염, 패혈증 등을 유발
- 예방대책 : 유아 조제분유를 제조할 때 뜨거운 물(70~90℃)을 사용, 분유 조제 후 섭취 시까지 시간 최소화, 젖병과 젖꼭지는 깨끗이 씻어 살균

■ 예상문제

1. 미생물 시험법의 용어(n, c, m, M) 중에서 n, c, m의 정의를 쓰시오.

- n : 검사용 시료의 수
- c : 최대 허용 가능 시료의 수
- m : 시료가 '만족(적합)'으로 간주되는 미생물의 허용 기준치

1-6. 식중독

1. 식중독(food poisoning)의 정의, 종류

1) 식품위생법상 정의 : 식품의 섭취로 인하여 인체에 유해한 미생물 또는 유독물질에 의하여 발생하였거나 발생한 것으로 판단되는 감염성 또는 독소형 질환을 말한다.

2) 식중독의 종류 : 세균성 식중독, 바이러스성 식중독, 자연독 식중독, 화학성 식중독 등

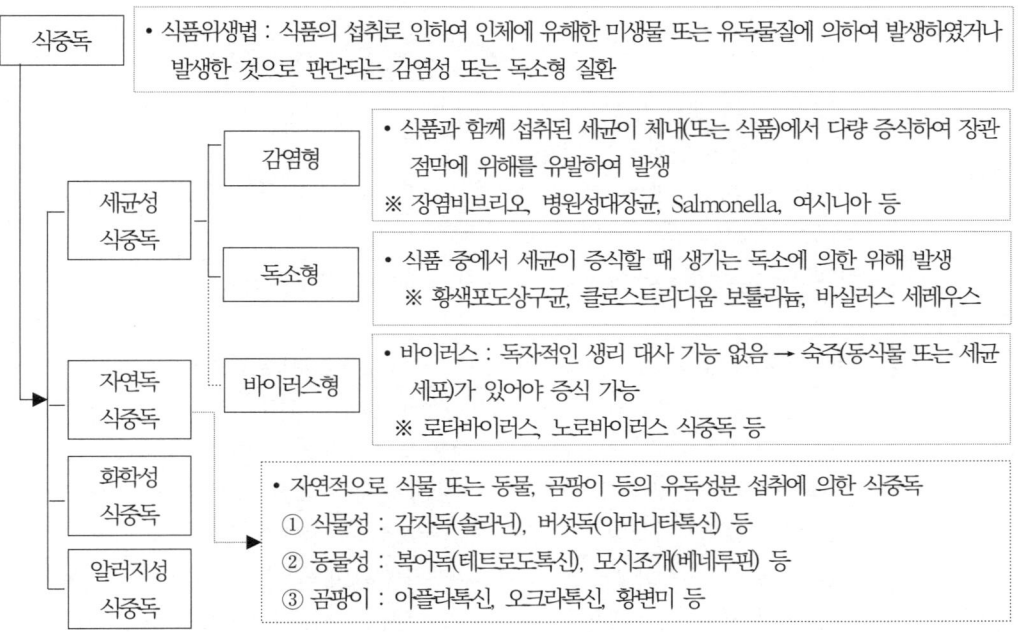

〈식중독의 종류〉

3) 식중독을 일으키는 균과 원인물질

구분	유형	원인균(물질)
세균성 식중독	감염형	장염비브리오, 병원성대장균, Salmonella, 여시니아, 캠필로박터
	독소형	황색포도상구균, 클로스트리디움 보툴리눔, 바실러스 세레우스
	바이러스형	노로바이러스, 로타바이러스
자연독 식중독	식물성	감자독(솔라닌), 버섯독(아마니타톡신)
	동물성	복어독(테트로도톡신), 모시조개(베네루핀)
	곰팡이	아플라톡신, 오크라톡신, 황변미
화학적 식중독	고의 또는 오용으로 첨가되는 유해물질	식품첨가물
	비의도적 잔류, 혼입되는 유해물질	잔류농약, 중금속(비소, 납, 카드뮴, 구리, 아연)

(유해물질)	식품 제조·가공 중에 생성되는 유해물질	벤조피렌, 니트로사민, 3-MCPD 등
	조리기구 포장에 의한 중독	구리, 납, 비소, 프탈레이트, 비스페놀 A 등
	기타 물질에 의한 중독	메탄올 등

2. 법정 감염병

1) 정의 : 병의 발생과 유행을 방지하고 예방 및 관리가 필요하여 법률로 관련 사항을 규정한 감염병이다.

2) 분류체계 : 제1급~제4급 감염병[18]

구 분	내 용
제1급감염병	• 생물테러감염병 또는 치명률이 높거나 집단 발생 우려가 커서 발생 또는 유행 즉시 신고하고 음압격리가 필요한 감염병 • 에볼라 바이러스병, 탄저, 보툴리눔독소증, 야토병, 중증급성호흡기증후군(SARS), 중동호흡기증후군(MERS), 신종인플루엔자, 디프테리아 등
제2급감염병	• 전파 가능성을 고려하여 발생 또는 유행 시 24시간 이내에 신고하고 격리가 필요한 감염병 • 결핵, 콜레라, 장티푸스, 파라티푸스, 세균성 이질, 장출혈성대장균감염증, A형간염 등
제3급감염병	• 발생 또는 유행 시 24시간 이내에 신고하고 발생을 계속 감시할 필요가 있는 감염병 • 파상풍, B형간염, C형간염, 말라리아, 레지오넬라증, 비브리오패혈증, 발진티푸스, 브루셀라증, 공수병, 신증후군출혈열, 후천성면역결핍증(AIDS), 크로이츠펠트-야콥병(CJD) 및 변종크로이츠펠트-야콥병(vCJD), 큐열 등
제4급감염병	• 제1급~제3급 감염병 외에 유행 여부를 조사하기 위해 표본감시 활동이 필요한 감염병 • 인플루엔자, 회충증, 장관감염증, 급성호흡기 감염증, 해외유입 기생충 감염증, 엔테로바이러스감염증, 사람유두종바이러스 감염증

3. 감염병과 식중독[19]

1) 감염병 : 전염이 가능한 질병. 특정 병원체나 병원체의 독성물질로 인하여 발생하는 질병으로 감염된 사람으로부터 감수성이 있는 사람에게 감염되는 질환을 말한다.

(1) 제1급~4급 감염병으로 분류하며, 질병관리본부에서 업무를 담당

(2) 감염병 병원체의 종류로는 세균, 바이러스, 기생충, 곰팡이, 원생동물 등이 있으며, 임상 특성으로는 호흡기계 질환, 위장관 질환, 간 질환, 급성 열성 질환 등이 있다.

(3) 전파경로 : 사람 간 접촉, 식품이나 식수, 곤충, 동물로부터 사람으로 전파

---

18) 질병관리본부, http://www.cdc.go.kr/
19) 식품안전나라, 감염병과 식중독, https://www.foodsafetykorea.go.kr/portal/board/boardDetail.do

2) **식중독** : '식품의 섭취로 인하여 인체에 유해한 미생물 또는 유독물질에 의하여 발생하였거나 발생한 것으로 판단되는 감염성 질환 또는 독소형 질환'을 의미한다. 사람 간 **감염성이 없는 경우가 많으나**, 노로바이러스 등과 같이 사람 간 감염성이 있는 경우도 있다. 식약처에서 '식품위생법'에 따라 질병을 관리한다.

3) **경구 감염병과 식중독의 차이점**

구 분	경구 감염병	식중독(감염형)
정 의	• 병원성 미생물에 오염된 식품, 물 등을 섭취하여 발병 → 입을 통해 감염	• 식품 섭취로 인하여 유해 미생물 또는 유독물질에 의한 감염성 또는 독소형 질환
잠복기	• 상대적으로 잠복기 길다	• 상대적으로 잠복기가 짧음
발병 균수	• 작은 양의 병원균으로 발병 가능	• 세균수가 많아야 발병
면역력	• 2차 감염 발생, 발병 후 면역력 생성 가능	• 2차 감염 없음, 면역력 미생성

4. 식품 영업에 종사할 수 없는 질병[20]

1) 「감염병의 예방 및 관리에 관한 법률」 제2조 제3호 가목에 따른 결핵 (비감염성인 경우는 제외한다)
2) 「감염병의 예방 및 관리에 관한 법률 시행규칙」 제33조 제1항 각호의 어느 하나에 해당하는 감염병 : 콜레라, 장티푸스, 파라티푸스, 세균성 이질, 장출혈성대장균감염증, A형 간염
3) 피부병 및 고름형성(화농성) 질환
4) 후천성면역결핍증(AIDS, 「감염병의 예방 및 관리에 관한 법률」 제19조에 따라 성매개감염병에 관한 건강진단을 받아야 하는 영업에 종사하는 사람만 해당)

1-7. 세균성 식중독

1. 세균성 식중독(bacterial food poisoning)

1) **감염형 식중독(infection type)** : 음식물과 함께 섭취된 세균이 체내 또는 식품 내에서 다량으로 증식하여 장관점막에 위해를 끼친다. 살모넬라균 식중독, 장염비브리오 식중독, 병원성대장균 등이 대표적이다.
2) **독소형 식중독(toxin type)** : 식품 중에서 세균이 증식할 때 생기는 독소에 의해서 위해가 일어난다. 황색포도상구균 식중독, 보툴리누스 식중독, 세레우스균 식중독 등이 대표적이다.

---

[20] 식약처, 식품위생법 시행규칙, 총리령 제1992호, 2024.11.15.

3) 감염형 및 독소형 식중독의 특징

감염형 식중독	독소형 식중독
• 인체 내에 섭취된 후에도 증식이 필요, 많은 수의 균이 존재해야 증상 발현 • 증식 기간이 필요하여 잠복기는 독소형보다 상대적으로 길다. • 대체적으로 발열 증상이 있다.	• 식중독균의 유무와는 관계가 없고, 생성된 독소가 존재하면 식중독이 발생 • 감염형에 비해 상대적으로 잠복기가 짧다. • 대체적으로 발열 증상이 없다.

2. 병원성대장균(Escherichia coli) 식중독

구 분	내 용
병원성 대장균 식중독	• 원인균 : 사람이나 동물의 대장에 상재하는 Escherichia coli • 장내 정상 세균으로 일반적으로 병원성을 보이지 않으나, **병원성대장균 중 장관 출혈성 대장균인 E.coli O-157:H7은 식중독균**이다. • 발병 양상에 따른 분류 : 장병원성 대장균, 장출혈성 대장균, 장관독소원성 대장균, 장관침투성 대장균
장병원성 대장균	• 그람음성, 간균으로 유당이나 포도당을 분해하여 산과 가스를 발생하는 호기성 또는 통성 혐기성균. 독소는 생성하지 않음 • 감염경로 : 환자와 보균자 분변으로부터 오염된 식품, 손이나 옷, 수건 등을 매개로도 감염 • 원인 식품 : 햄, 치즈, 소시지, 채소 샐러드, 분유, 도시락, 두부 등 • 생육 적온(35~40℃), 최적 pH는 6~7
장출혈성 대장균 (EHEC)	• **장점막 부착을 특징으로 하며 베로독소(verotoxin) 생성. 대장균 O157:H7** • 1982년에 미국에서 햄버거를 먹은 후에 출혈성 설사를 하는 환자가 집단으로 발생하였을 때 처음으로 발견 • 60℃에서 45초, 64.3℃ 10초 가열로 사멸 • 보통 3~4일 후에 심한 복통과 설사, 미열을 동반하는 장염 증상 → 약 1주일이 지나면 후유증이 없이 회복 ※ 대장균 O-157 감염 환자의 8%에서 용혈성 요독증후군이 발생
예방책	• 감염 환자는 사람들과 접촉 회피, 분변 처리에 주의 • 고기를 만진 후, 식사 전, 화장실에 다녀온 후 손 세척 • 75℃에서 1분 이상 가열하여 섭취. 우유는 살균한 것을 섭취 • 생야채 등은 잘 씻고, 식육은 중심부까지 충분히 가열 조리 • 교차오염 방지 : 육류와 야채는 별도 전용 용기에 보관, 조리 기구(도마, 칼, 그릇 등)는 깨끗이 씻고, 열탕 소독

3. 장염 비브리오균 식중독

구분	내 용
원인균, 감염경로	• 감염원 : 해수 중에 서식하는 장염비브리오균의 증식이 적합한 하절기에 근해의 오징어, 문어 등 연체동물과 고등어, 어류, 조개 등 패류의 체표, 내장과 아가미 등에 부착하여 있다가 근육으로 이행되거나 유통과정 중에 증식하여 식중독 유발 • 오염된 어패류를 조리한 조리대, 식칼, 행주 등에서 2차 오염된 도시락, 야채 샐러드 등에서 발생하여 식중독 유발
특 징	• 그람음성 무포자 간균, 편모가 있어 운동성 있음 • 생존과 증식을 위해서 염분이 필수적인 호염성균(2~4%의 소금물에서 잘 생육) → 염분이 없는 담수에서는 사멸 • 해수 온도가 15℃ 이상으로 올라가는 봄철에 급격히 증식. 사람의 체온인 37℃가 최적 온도 • 열에 약하여 60℃에서 5분 가열 시 사멸, 5℃ 이하 증식하지 못함
잠복기, 증상	• 잠복기 : 8~20시간(평균 12시간) • 증상 : 급성 발열, 복통, 설사, 구토 등
<u>예방책</u>	• 어패류는 60℃에서 5분 이상 가열 섭취 • 10℃ 이상에서 균 증식 → 5℃ 이하에서 저장 • 교차오염 방지 : 어패류를 요리한 도마, 칼 등은 소독 후 사용 • 민물에 씻으면 삼투압 현상으로 사멸, 생선회를 조리할 때 아가미 등을 수돗물로 충분히 세척하면 예방 가능

4. 살모넬라균 식중독(Salmonella)

구분	내 용
원인균, 감염경로	• 사람·동물·조류의 장내에 존재하며 애완동물, 파충류에서도 발견되는 식중독균 • 원인균 : Salmonella typhimurium, Salmonella enteritidis 등 • 감염경로 : 사람, 가축, 가금, 개, 고양이, 기타 애완동물, 가축·가금류의 식육 및 가금류의 알, 하수와 하천수 등 자연환경 등에 균이 존재하며, 보균자의 손, 발 등 2차 오염에 의한 오염식품 섭취 시 감염
특 징	• 그람음성 무포자 간균, 호기성 또는 통성혐기성균 • 1차 오염 : 보균 동물의 고기를 직접 생식하여 발생 • 2차 오염 : 개, 고양이, 기타 애완동물에 의한 보균 동물이나 보균자의 배설물, 손, 발 등에 의해 오염된 식품을 섭취할 때 감염 • 60℃에서 20분 가열 시 사멸 • 균이 생체 내로 침입되면 장내에서 분열·증식되어 독소가 생산되나 독성은 비교적 약한 편
잠복기,	• 잠복기 : 8~48시간(평균 20시간)

구분	내용
증상	• 증상 : 발열, 복통, 설사, 구토 등. 심할 때는 40℃의 고열 발생 → 예후는 비교적 양호, 1주일 내 회복
예방책	• 식품 내부 온도를 75℃에서 1분 이상 가열 섭취 • 남은 음식은 5℃ 이하 저온에서 보관 • 조리에 사용된 기구 등은 소독하여 2차 오염 방지 • 애완동물을 만진 후 반드시 손 세척 • 식품저장 장소 및 조리장 등에 대한 방충, 방서대책 강구

5. 캠필로박터 식중독(Campylobacter)

구분	내용
원인균, 감염경로	• 원인균 : Campylobacter. jejuni • 감염경로 : 오염된 가축 및 동물의 분변에서 세균으로 전파되어 감염, 위생적인 포장 처리 없이 판매되는 닭고기에서 100% 검출, 생닭을 씻는 과정에서 다른 식재료에 오염 또는 조리용 도마에 잔존하는 균이 과일이나 채소 등으로 교차오염
특징	• 미호기성, 그람음성 간균, 운동성 있음. 미호기성 환경에서 잘 생장하며, 호기성 또는 혐기성 환경에서는 발육하지 못함 • 생육 적온(42~43℃), 냉동 및 냉장 상태에서 장기간 생존 가능 • 야생동물과 가축의 장내에 널리 분포하여 동물에서 사람으로 전염될 수 있기 때문에 인수공통 전염병임
잠복기, 증상	• 잠복기 : 2~3일 → 특별한 치료 없이도 1~2주면 회복 가능 • 증세 : 복통, 발열, 설사 또는 혈변, 두통 및 근육통 발생
예방책	• 조리자 : 손을 깨끗이 세척 • 우유는 반드시 가열살균하고, 식육(특히 닭고기) 중심온도가 75℃에서 1분 이상 되도록 완전히 익혀서 섭취 • 교차오염 되지 않도록 용도별 도마 사용 • 양계장에서 사육시설의 위생관리, 출하된 닭고기의 적합한 포장 및 온도관리 철저, 급식소에서는 생닭 등을 냉장고에 저장 시 밀폐 용기 사용 • 물은 끓여서 섭취, 식수원이나 급수시설 관리 철저

6. 리스테리아(Listeria) 식중독

구 분	내 용
원인균, 감염경로	• 동물 장내 세균으로 야생동물, 가금류, 오물, 폐수 등에 분포 • 원인 식품 : 원유, 살균처리하지 않은 우유, 핫도그, 치즈, 아이스크림, 소시지 및 건조 소시지, 가공·비가공 가금육, 비가공 식육, 채소류 등
특 징	• 통성혐기성, 그람양성 간균, 편모로 이동 • 내열성, 내염성, 내산성 강함. 10% 식염 농도에서 생존 • 적정 생육 온도(30~37℃), 발육온도 영역 광범위(0~45℃), 4~6℃의 저온에서 증식 가능, 냉동온도인 -18℃에서는 증식하지 못함 • 63℃ 10분간 가열 시 사멸
잠복기, 증상	• 잠복기 : 위장관성(9~48시간), 침습성(2~6주) • 증상 : 발열, 오한, 근육통, 설사 등 • 건강한 사람이 감염되면 증상이 없거나 가벼운 열, 복통, 설사, 구토, 두통 등 유발 • 노약자나 임산부에게 뇌수막염, 패혈증 유발, 임산부는 유산, 사산 등 유발 → 치사율 30% 이상
예방책	• 식품 및 식육은 완전히 익혀서 섭취. 냉장 보관 온도(5℃ 이하) 관리 • 살균되지 않은 우유는 섭취 금지, 채소는 충분히 세척 후 섭취 • 구매, 전처리, 조리, 저장 과정 중 교차오염 방지 • 고염도, 저온 상태에서 생존 : 식품 제조단계에서 오염 방지가 최선의 예방법

1-8. 독소형 식중독

1. 황색포도상구균 식중독(Staphylococcus aureus)

구 분	내 용
원인균, 감염경로	• 균이 식품 중에서 증식하여 생산한 장독소(enterotoxin)를 함유한 식품을 섭취할 때 일어나는 독소형 식중독균 • 건강한 사람의 콧구멍, 피부, 하수, 분변 등에 널리 분포. 말할 때나 기침, 재채기를 통하여 전파 • 원인 식품 : 육류 및 그 가공품, 우유, 크림, 버터, 치즈 등과 이들을 재료로 한 과자류, 유제품, 밥, 김밥, 도시락, 두부, 크림, 소스, 어육 연제품 등
특 징	• 그람양성의 구균이며, 통성혐기성, 포자 미형성 • 생육 적온(30~37℃), 배양 시 황등색의 색소를 생산, pH 4.3 이하에서 사멸 • 균(64℃에서 10분간 가열 시 사멸), 독소(100℃에서 60분간 가열해야 파괴)

잠복기, 증상	• 독소생산에 적합한 pH는 6.8~7.2이고, 염화나트륨 10% 이상에서는 억제 • 16~43℃로 고온다습한 5~9월에 많이 발생 • 잠복기 : 1~5시간(평균 3시간) • 급성위장염, 구역질, 구토, 복통, 설사 등. 그러나 발열 증상은 거의 없음 • 2일 이내에 호전 : 예후 양호, 사망하는 경우는 드물다.
예방책	• 식품 취급자 손 청결, 화농성 질환자 식품 취급금지 • 식품 취급자는 모자, 위생복, 마스크 등을 착용 • 조리된 식품은 모두 섭취하고, 보존 시에는 5℃ 이하 냉장 보관 • **황색포도상구균은 일반적인 살균온도에서 가열해도 장독소가 파괴되지 않으므로, 이 균의 증식이 의심되면 가열 섭취하는 것도 금지**

♣ 장독소(Enterotoxin, 엔테로톡신) : 세균 성장 중 생산·분비되는 단백질 독소 중에서 장관점막 세포에 작용하여 설사를 유발하는 독소

1. 장독소는 주로 황색포도상구균, 장관 독소원성 대장균, 클로스트리디움 보툴리눔, 세레우스균 등의 세균이 만들어낸다. 대표적인 것이 황색포도상구균 독소이다.
2. 장독소의 특징
   1) 식품 중에 독소가 생성되면 일반적인 가열 및 조리 방법으로 독소가 파괴되지 않는다. 포도상구균의 장독소는 내열성이 높아 100℃에서 60분 이상 가열해야 독성이 파괴된다.
   2) 엔테로톡신이 증식된 식품을 섭취하면, 수 시간 이내에 구토와 설사를 동반한 식중독 증상이 나타난다. 10%의 NaCl(염화나트륨)이 첨가된 배지에서 증식이 억제된다.

2. 클로스트리디움 보툴리누스균 식중독(Botulism)

구 분	내 용
원인균, 감염경로	• 균은 토양, 바다, 개천, 호수 및 동물의 분변에 분포하며, 어류, 갑각류의 장관 등에도 널리 분포 • 1차 오염된 육류, 채소, 어류 등 식품 원재료를 부적절하게 처리하면 포자가 사멸되지 않고 생존하여, 혐기적 조건이 되면 포자가 발아하여 독소 생성 및 식중독 유발 • 원인 식품 : 통조림 등의 밀봉 식품(햄, 소시지, 야채·과실류 통조림)
특 징	• 그람양성의 간균, 편성혐기성, 내열성 포자 형성 • 보툴린(Botulin) : 세균 독소 중 가장 강력한 신경독소를 생산 → 신경전달 방해, 근육 마비, 중증 시 호흡근 마비로 질식사 • 독소 : 80℃에서 20분, 100℃로 2~3분 가열 시 활성 억제 • 포자 : 내열성이 강하며, A, B형 균의 포자는 100℃에서 6시간 이상, 120℃에서 4분 이상 가열해야 파괴

잠복기, 증상	• 잠복기 : 8~36시간 • 증상 : 현기증, 두통, 호흡곤란, 신경 장애 등. 다른 식중독과 달리 신경 장애를 일으키는 것이 특징. 발열 증상은 없음 • 사망률은 세균성 식중독 중에서 가장 높은 40% 이상
예방책	• 수분활성도 0.94 이하 또는 pH 4.6 이하에서는 증식하지 못함 • 독소 : 식품을 80℃ 이상에서 20분 이상 가열하면 활성을 잃음 • 포자 : 가공 및 기타 통조림·병조림 제조 시, 120℃에서 4분 또는 100℃에서 30분 가열로 완전 사멸 • 식품을 저온 저장하여 균의 증식 억제 • 아질산나트륨 등의 항균물질 첨가

3. 클로스트리디움 퍼프리젠스(Cl. perfrigens) 식중독

구 분	내 용
원인균, 감염경로	• Cl. welchi로 불렸던 이 균은 인체나 동물의 장관에 서식하는 상주균, 음식물과 함께 장관에 이르면 증식 및 독소를 생성하여 식중독 발생 • 물, 우유, 토양, 식품 등에 널리 분포 • 단백질 분해성이 강하여 주로 육류 등에서 부패 발생 • 원인 식품 : 돼지고기, 닭고기 등의 육류나 육류가공품, 기름에 튀긴 식품 등 동물성단백질 식품

특 징	• 그람양성, 편성혐기성균, 포자생성, 포자를 생성할 때만 엔테로톡신 생산
	• 발육 최적 온도(43~47℃), pH 5.5 이하에서 발육 억제
	• 포자 : 혐기적 상태가 되면 발아 및 증식하여 독소생산
	  A~F 6종류 중에 내열성이 강한 A형에 의해 식중독의 99%가 발생
	  A형 포자는 100℃에서 1~4시간 가열해도 파괴되지 않음
	• 진공포장 상태에서 잘 자라고, 음식을 조리 후 상온(15~25℃)에 방치할 경우 급속히 확산
	• 튀김 : 가열해도 오염된 고기의 중심에는 포자가 살아남아 혐기성 조건이 되면 발아
	• 가정에서는 조리 후 빠른 시간 내에 섭취하므로 미발생, 단체급식 등의 경우 조리식품의 냉각과정에서 발생할 가능성 있음

잠복기, 증상	• 잠복기 : 8~12시간 • 증상 : 설사(하루에 10~15회) 및 복통. 그러나 구토와 발열은 거의 없음 • 1~2일 안에 정상 회복되고, 생명의 위험성은 거의 없음
예방책	• 혐기성으로 식품을 대량 보관 시 혐기조건이 되지 않도록 소량씩 용기에 넣어 보관 • 섭취 후 남은 음식은 먹기 전에 충분히 가열 후 섭취

구분	내용
	• 단체급식의 경우 식품의 중심부 온도를 63~75℃로 가열 후 섭취, 차갑게 배식하는 음식은 조리 후 즉시 식혀 5℃ 이하에서 보관 • 신선한 재료를 이용하여 조리하되, 조리 후 2시간 이내에 섭취

4. 바실러스 세레우스균 식중독

구분	내용

원인균,
감염경로
	• Bacillus cereus는 포자(spore)를 형성하는 토양세균의 일종
	• 사람의 생활환경을 비롯하여 토양, 농장, 산야, 하천, 오수 등 자연계에 널리 분포
	• 조리 후 식품의 실온 방치, 조리환경 및 조리기구 등 2차 오염에 의해 포자가 영양세포로 전환되어 증식하여 독소 생성 및 식중독 유발
	• 구토형과 설사형 식중독 발생
	  ◦ 구토형 : 세균이 성장하여 생산한 독소를 섭취하여 발생 → 원인 식품 : 탄수화물이 풍부한 쌀, 감자, 쌀밥, 볶음밥 등
	  ◦ 설사형 : 세균의 생장 세포 또는 포자를 섭취한 후 장내에서 장독소가 생산되어 발생 → 원인 식품 : 단백질이 풍부한 우유, 육류 등의 섭취로 발생

특징	• 그람양성, 간균, 호기성, 포자 생성, 편모 있음 • 포자는 내열성이 있어, 135℃에서 4시간의 가열에도 파괴되지 않음. → 정상적인 식품 조리과정 중에서 바실러스 세레우스균은 파괴되지만, 포자는 내열성이 강하여 식품 중에 존재할 가능성 있음 • 구토형 독소 : 열(126℃에서 90분 이상 동안), 산, 알칼리, 단백질 가수분해효소에 저항력 가짐 • 설사형 독소 : 장내에서 생성되는 열, 산, 알칼리, 단백질 가수분해 효소에 민감
잠복기, 증상	• 잠복기 : 설사형 8~15시간, 구토형 1~5시간 • 구토형 : 메스꺼움, 구토, 복통, 설사 증세 → 24시간 내 회복 • 설사형 : 강한 복통과 설사 증세 → 24시간 내 회복
예방책	• 곡류, 채소류는 세척 사용 • 조리된 음식은 장기간 실온 방치 금지 • 조리 후 식품을 60℃ 이상 또는 5℃ 이하에서 보관

■ 기출문제

1. 생물테러감염병 또는 치명률이 높거나 집단 발생 우려가 커서 발생 또는 유행 즉시 신고하고 음압격리가 필요한 감염병의 이름을 쓰고, 종류 3가지를 쓰시오. 〈2018-3회, 2021-3회〉

- 제1급감염병
- 종류 : 에볼라 바이러스병, 탄저, 보툴리눔독소증, 야토병, 중증급성호흡기증후군(SARS), 중동호흡기증후군(MERS), 신종인플루엔자, 디프테리아 등

2. 잠복기 관련해서 식중독과 감염병의 유행곡선 차이를 쓰시오. 〈2016-1회, 2022-3회〉

- 식중독 : 식품을 섭취한 시점에서 동시에 많은 사람에게서 발생하고, 2차 감염이 발생하지 않으므로 유행곡선은 일정 시기에만 집중적으로 발생하는 형태를 보이므로 가파른 곡선을 나타낸다.
- 감염병 : 잠복기가 상대적으로 길고, 2차 감염(전염)에 의해 다수의 환자가 장기간 발생한다. 따라서 유행곡선은 상대적으로 완만한 곡선을 보인다.

※ 정답 그래프 해설

3. 식중독을 일으키는 균과 원인물질 등을 표 안에 알맞게 쓰시오. 〈2014-2회, 2017-1회, 2020-2회〉

구분	유형	원인균(물질)
세균성 식중독	감염형	①
	독소형	②
	바이러스형	③
자연독 식중독	식물성	④
	동물성	⑤
	곰팡이	⑥
유해 물질	고의/오용으로 첨가되는 유해물질	⑦
	생산, 제조 중 잔류, 혼입되는 유해물질	⑧
	제조, 가공·저장 중에 생성되는 유해물질	⑨
	기구·용기·포장에 의한 유해물질	⑩

구분	원인균(물질)
세균성 식중독	① 장염비브리오, 병원성대장균, Salmonella, 여시니아,
	② 황색포도상구균, 클로스트리디움 보툴리눔, 바실러스 세레우스
	③ 노로바이러스, 로타바이러스
자연독 식중독	④ 감자독(솔라닌), 버섯독(아마니타톡신)
	⑤ 복어 독(테트로도톡신), 모시조개(베네루핀)
	⑥ 아플라톡신, 오크라톡신, 황변미
유해 물질	⑦ 식품첨가물
	⑧ 잔류농약, 중금속(비소, 납 등)
	⑨ 벤조피렌, 니트로사민, 3-MCPD
	⑩ 구리, 납, 프탈레이트, 멜라민 등

4. 의사나 한의사가 식중독 환자임을 진단하였을 때, 식중독 발생 또는 의심 사실을 즉시 보고해야 하는 관할기관을 하나만 쓰시오. 〈2021-2회〉

- 시장, 군수, 구청장
※ 식품위생법 제83조

5. 아래 내용은 장출혈성 대장균 내용이다. ( )에 알맞은 내용을 쓰시오 〈2024-3회〉

> 장출혈성 대장균은 (①)독소를 생성하며, 심한 복통을 유발한다. 대장균 감염 환자의 일부 인원은 용혈성빈혈, 신부전을 일으키는 (②)이 발생한다. 장출형성 대장균의 원인균은 E.coli (③)이다.

① 베로독소
② 용혈성요독증후군
③ O157:H7

6. 장염비브리오 식중독 예방법 3가지를 쓰시오. 〈2024-2회〉

- 어패류는 60℃에서 5분 이상 가열 섭취
- 10℃ 이상에서 균이 증식하므로 5℃ 이하 저장
- 교차오염 방지 : 어패류를 요리한 도마, 칼 등은 소독 후 사용
- 민물에 씻으면 삼투압 현상으로 사멸함

7. 아래는 식품위생 종사자의 위생 조건이다. 다음의 ( )안을 채우시오. 〈2021-1회〉

> 1. 「감염병의 예방 및 관리에 관한 법률」 제2조 제3호 가목에 따른 (①)
> 2. 「감염병의 예방 및 관리에 관한 법률 시행규칙」 제33조 제1항 각호의 어느 하나에 해당하는 감염병
> 3. (②) 또는 그 밖의 (③)질환
> 4. 후천성면역결핍증(「감염병의 예방 및 관리에 관한 법률」 제19조에 따라 성매개감염병에 관한 건강진단을 받아야 하는 영업에 종사하는 사람만 해당)

① 결핵
② 피부병
③ 고름형성(화농성)

■ 예상문제

1. 장독소의 정의를 쓰고, 장독소를 유발하는 세균 3가지를 쓰시오.

- 장독소 : 세균 성장 중 생산·분비되는 단백질 독소 중에서 장관점막 세포에 작용하여 설사를 유발하는 독소
- 유발 세균 : 황색포도상구균, 클로스트리디움 보툴리눔, 바실러스 세레우스 등

1-9. 바이러스성 식중독

1. 바이러스(Virus) 및 박테리오파지

1) 정의 : 바이러스는 대단히 작은 미생물로 숙주에 따라 동물·식물바이러스, 박테리오파지로 구분된다.

(1) 바이러스는 독자적인 생리 대사 기능이 없고, 숙주인 동식물 또는 세균 세포가 있어야 증식이 가능하다.

(2) 바이러스가 세포에 감염하면 **바이러스는 자기 자신을 대량으로 복제하며, 이를 감염**이라 한다. 감염 후에는 세포 밖으로 나가면서 세포를 파괴하여 다양한 병을 유발한다. 사람에게 위해를 일으키는 바이러스류는 E형 간염 바이러스, Rotavirus(전염성 설사증), Norovirus(노로바이러스), 독감, 에이즈 등이 있다.

(3) 병원성 바이러스는 오염된 물이나 식품에 존재하고 있다가 적합한 환경이 되면 사람을 감염시킬 수 있다. **질병을 일으키는 바이러스는 대부분 소화기 점막에 침투하여 바이러스성 장염**을 일으키며 인체에 여러 가지 질병을 유발한다. 대부분 바이러스는 열에 약하여 50~65℃에서 30분 이상 가열하면 그 기능이 상실되나, 저온 또는 냉장 수준의 온도에서는 그 기능을 유지한다.

2) 세균과 바이러스의 차이

(1) 바이러스 : 바이러스는 증식을 위해 반드시 숙주가 필요하다. 세포에 감염하면 자기 자신을 대량으로 복제하기 때문에 바이러스가 하나의 입자만 감염되어도 몇만 개로 늘어날 수 있다. 주로 식품이나 물에 존재하다가 바이러스에 오염된 식품을 사람이 섭취하면 사람을 숙주로 하여 급격하게 증식한다.

(2) 세균과 바이러스 식중독

	바이러스	세균
증식	• **바이러스** : 반드시 숙주 필요(독자적인 대사 ×) 　↳ 숙주(동식물, 세균 등) 존재 시 바로 증식 ※ 증식단계 : 바이러스가 숙주세포 부착 → 숙주세포 안으로 바이러스 이동 → 바이러스 핵산이 세포질(또는 핵)로 이동 → 핵산 복제 → 단백질 외투 합성 → 조립 → 방출 ※ 식중독 유발 : 노로바이러스, 로타바이러스, 아데노바이러스, 아스트로바이러스 등	• **세균** : 이분법적으로 분열 　↳ 분열을 위해 일정 기간 필요 ※ 식중독 발현 : 바이러스보다 상대적으로 늦음 • 생장 조건 열악 : 일부 균 → 포자 형성 • <u>생장 중 독성(또는 포자) 생성</u> 　　↳ 독소형 식중독 발생
전파 및 특징	• **접촉성 전파 가능** → 전파력 매우 빠름 • **열에 약함** → 70℃ 정도 가열 시 사멸 　↳ 하절기보다 동절기 다수 발생	• 전파력 약함 • 균 : 가열 시 사멸(포자 생성→내열성 강함) • 하절기(생장 적온)에 다수 발생
예방법	• 접촉 금지(2차 감염), 가열 섭취 • 일반적으로 치료법 및 백신 없음 • 면역이 되지 않아 재발 가능성이 높음	• 식품을 가열하여 섭취 • 2차 감염 미발생 • 감염 후 면역력 미생성

3) **박테리오파지 (bacteriophage)** : 세균을 잡아먹는 바이러스를 말한다. bacteria는 '세균'이란 뜻이고, 파지 (phage)는 '먹는다'는 뜻이다. 파지는 세균을 숙주로 하여 증식한다. 따라서 세균 바이러스, 파지(phage) 또는 박테리오파지라고 한다.

박테리오파지	• <u>세균을 숙주로 하여 기생하는 바이러스</u> : 특정 종류의 세균만 감염시키는 특이성 있음 　↳ 대장균·살모넬라균·콜레라균·결핵균·고초균·디프테리아균·포도상구균·유산균 등 많은 세균에 각각의 특유한 파지가 있음 • 구성 : 유전물질(DNA 또는 RNA 중 하나만 가짐)과 단백질로 구성
용균성파지	• 독성파지 : 균체 내에 증식하고 세균을 파괴하여 용해 ※ 용균 작용 : 균의 세포벽을 분해시켜 세포가 불활성화 또는 사멸하는 것
용원성파지	• 잠재성 파지 : 세균의 염색체 DNA에 도입되어 세포분열에 따라 유전
발효 공정 예방대책	※ 유산균 발효 공정 : 파지가 발생하면 발효가 제대로 이루어지지 않음 ① 공장 주변이나 발효 공정 주변 환경을 청결 ② 공정 설비, 기구 등 주기적 소독 및 살균 ③ 로테이션 계획에 의해 주기적으로 유산균 교대 사용, 감수성(반응성) 상이한 균 사용 ④ 발효과정에 사용하는 종균배양 과정 : 파지 감염에 노출 가능 → 파지 내성균 사용

2. 노로바이러스(Norovirus) 식중독

1) **감염경로** : 감염경로가 매우 다양하며, 접촉 또는 바이러스 입자를 흡입하여 전파될 수 있다.

(1) 오염된 지하수 또는 오염 식품을 섭취하여 발병

(2) 감염된 사람의 분변 또는 오염된 신체 부위의 접촉

(3) 감염된 환자를 간호하거나 환자와 접촉 후 식품, 기구 등을 사용했을 경우

(4) 감염된 채소, 과일, 패류 및 지하수 등을 살균, 세척, 가열 조리하지 않고 그대로 섭취한 경우

감염경로	• 오염된 지하수 또는 식품을 미가열 섭취, 감염된 사람과 접촉(환자 치료 시 접촉) • 바이러스에 접촉 또는 흡입 등　　※ 감염원이 매우 다양하여 감염원을 찾기가 쉽지 않음
특징	• <u>감염력과 생존력이 강함</u>. 2차 감염 또는 간접적인 전파 가능 → 환자 대량 발생 • 바이러스 특성상 85℃ 이상 가열 시 사멸, 냉동조건에서는 미사멸 ⇨ 잠복기(24~48시간) • 배양 및 증식 : 식품에서는 배양 제한, <u>사람의 장내(숙주)</u>에서만 증식함 • <u>증상</u> : 급성 위장관염을 일으켜 설사, 복통, 구토 등 ⇨ 합병증 없이 1~2일 후 회복 　↳ 감염된 사람은 증상이 사라진 후, 3일 이상 바이러스 전파 가능
예방책	① 음식 준비 전 반드시 손 세척　　　　　② 감염자와 접촉 시 조리 참여 금지 ③ 생식품 세척 철저, 굴 및 조개류 익혀서 섭취　④ 칼, 도마, 행주 등 소독하여 사용 ⑤ 감염 환자가 발생된 시설, 옷, 이불 등은 소독 및 살균

2) **특징** : 감염력과 생존력이 강하여 2차 감염 또는 간접적인 전파가 가능하여 환자가 대량으로 발생될 수 있다. 감염경로가 다양하여 감염원을 확인하기 어렵고, 병원체가 바이러스로 식품에서는 증식하지 못하지만 식품을 섭취하면 사람의 장내에서 증식을 통하여 활성을 나타내기 시작한다. 바이러스 특성상 85℃ 이상 가열 시 사멸하나, 냉동조건에서는 사멸되지 않는다.

1-10. 바이러스성 가축전염병

1. 구제역(Foot-and-mouth disease, FMD)

1) **발병** : 소, 돼지, 양, 염소, 사슴 등 발굽이 둘로 가라진 동물에 감염되는 바이러스성 전염병. 병원체는 아프도(Afdo) 바이러스 속의 리노바이러스이며, 전염원은 우제류 감염동물의 젖, 타액, 오줌, 분변 등이다. 감염되면 입술, 혀, 잇몸, 코, 발굽 사이에 물집(수포)이 생기며, 체온 상승, 식욕 저하 등이 발생되어 심하게 앓거나 죽는다. 잠복기는 2~14일 정도로 매우 짧다.

2) **전염경로** : 직접전파(감염동물의 수포나 침, 정액, 분변 등과 접촉 등), 간접전파(감염된 동물과 접촉하거나 오염된 지역을 출입한 사람, 차량, 의복, 물, 사료 등), 공기 전파(육지는 50km, 바다에서는 250km까지 전파 가능)

3) **예방대책** : 빠른 살처분, 구제역 백신의 접종, 이동통제와 충분한 소독, 축사 방역 관리, 출입 차량 및 사람에 대한 소독, 구제역 발생 국가 여행 자제, 외국에서 쇠고기, 돼지고기, 햄 등의 불법 축산물 반입금지 등

2. AI(Avian Influenza)

1) **발생원인** : 야생 조류나 닭, 오리 등 가금류에 감염되는 인플루엔자 바이러스. 조류인플루엔자 바이러스는 조류에 자연적으로 존재하며, 야생 조류들은 장내에 바이러스를 가지고 있지만, 그로 인해 질병에 걸리지 않는다. 반면, 가축인 닭, 오리, 칠면조와 같은 가금류에는 치명적이다. 그 이유는 조류들 간에 전염력이 매우 강하고 변이가 쉽게 발생하여 예방이 어렵기 때문이다.

2) **전염경로** : AI는 반드시 바이러스와 직접적인 접촉이 있어야 감염된다. AI는 감염된 조류의 분비물(주로 체액, 배설물)과 밀접한 접촉에 의해 전파되며, 일반적인 환경의 공기를 통하여 전파되지 않는다. 닭의 잠복기는 수 시간~3일 정도이다.

3) **증상** : 일반적으로 사료 섭취와 산란율 감소, 벼슬이 파란색을 띠며(청색증), 머리와 안면이 붓고 폐사한다. 바이러스의 병원성에 따라 폐사율(0~100%)이 다양하게 나타난다. 고병원성 유형은 가금류 간에 급속히 전파되고 48시간 내 치사율이 90~100%에 이른다.

4) **예방대책**
  (1) 야생 조류의 접근 차단 : 축사나 사료통 주변 정리, 그물망 설치 등

(2) 축사 출입 시에는 전용 장화를 신고, 발판 소독조에 소독 후 축사 출입

(3) 축사 관리 작업이 끝난 후에는 손 씻기, 샤워 등 개인위생 관리

(4) AI 발생 시 일반인이 농장이나 축사를 출입하지 못하도록 조치

(5) AI 발병 시 확산 방지를 위해 일시 이동중지 명령, 일시 사육중지 등의 조치

(6) 철새 도래지는 가급적 방문 자제, AI 발생 국가 여행 자제 등

3. 아프리카돼지열병(ASF, African Swine Fever)

1) 정의 : 바이러스성 출혈 돼지전염병. 주로 감염된 돼지의 분비물(눈물, 침, 분변 등), 감염된 돼지고기 또는 육가공품 등에 의해 전파된다. 사람이나 다른 동물들은 감염되지 않고 돼지과에 속하는 동물만 감염된다. 돼지가 감염될 경우 치사율이 거의 100%에 이른다.

2) 잠복기 및 증상 : 잠복기는 약 4~19일. 이 병에 걸린 돼지는 고열(40.5~42℃), 식욕부진, 기립불능, 구토, 피부 출혈 증상을 보이다가 보통 10일 이내에 폐사한다.

구분	고병원성	중병원성	저병원성
폐사	8일 이내	20일 이내	준 임상형 또는 만성형 질병 유발

■ 기출문제

1. 최근 여러 학교의 식중독 사고 원인으로 노로바이러스가 지목됨에 따라 김치 제조업체의 노로바이러스 오염 여부를 조사하였다. 김치에 넣는 어떤 재료 속에 노로바이러스가 있다고 의심되는지 쓰고, 세균과 바이러스의 표를 비교하고, 바이러스의 특징을 채우시오. 〈2013-1회, 2018-2회〉

구분	세균	바이러스
특성	균 또는 균이 생산하는 독소에 의해 식중독 발생	
증식	온도, 습도, 영양성분 등이 적정하면 자체 증식 가능	
발병량	일정량(수백~수백만) 이상 균이 존재해야 발병 가능	
증상	설사, 구토, 복통	
치료	항생제 치료 가능, 일부 균 백신 개발	
2차감염	거의 없음	

- 오염원(식재료) : 바이러스에 오염된 지하수
- 바이러스의 특징

구분	바이러스
특성	2분법으로 증식하지 않음 자신을 대량 복제하여 감염 또는 병을 유발
증식	독자적인 생리 대사 기능 없음 숙주가 있어야 증식 가능
발병량	미량(10~100)으로도 발병 가능
증상	설사, 복통, 구토
치료	일반적으로 치료법이나 백신이 없음
2차 감염	대부분 2차 감염 발생

2. 노로바이러스의 무증상 작용, 외부 환경에서 오래 생존할 수 있는 이유, 배양하기 어려운 이유를 쓰시오. 〈2013-3회〉

- 무증상 감염 : 감염된 사람은 증상이 사라진 이후에도 3일 이상 바이러스를 전파시킬 수 있음
- 장기간 생존 이유 : 물리·화학적으로 안정된 구조로 저온 또는 냉장 온도에서도 기능 유지
- 배양 어려운 이유 : 식품에서는 숙주가 없으므로 증식 제한 → 숙주인 사람의 장내에서 증식되는 특성으로 인하여 세포 배양이 어려움

3. 미생물의 증식에서 유도기간의 정의를 쓰고, 아래 내용의 (   )를 채우시오. 〈2015-1회〉
〈노로바이러스는 (   )에서만 증식하고 세균배양이 되지 않는다.〉

- 유도기간 : 새로운 환경에 적응하는 기간, 세포가 각종 효소단백질을 합성하는 시기
- (   ) : 장내
※ 바이러스 : 숙주가 있어야 증식이 가능함

4. 노로바이러스의 감염경로 확인과 원인 규명이 어려운 이유를 쓰시오. 〈2009-2회, 2017-2회〉

- 감염경로 : 매우 다양 → 다양한 식품과 감염자와의 접촉, 바이러스 입자 흡입으로 전파됨
- 원인 규명이 어려운 이유 : 노로바이러스는 감염경로가 매우 다양하여 어떤 경로로 감염되었는지 확인이 어렵고, 사람의 장내에서만 증식하므로 식품에 함유되어 있더라도 증식하지 않으므로 이를 확인하기 어렵다.

5. 다음의 A 업체에게 어떤 바이러스 검사법을 추천할 것인지 1가지만 쓰시오. 〈2024-2회〉

> A 업체에서 회사원들이 식중독에 걸렸는데, 증상은 구토, 설사, 복통 등을 보였고, 검사 결과 세균성 식중독이 아닌 것으로 판명되었다. 잠복기는 12~48시간으로 DNA가 아닌 RNA를 가지고 있는 것이 확인되었다.

- 노로바이러스

6. 다음 표를 보고 식중독 원인 식품을 추정하고, 그 이유를 쓰시오. 〈2015-3회〉

바닐라 아이스크림 시료(5~6개)		바닐라 아이스크림 이외의 나머지 시료	
섭취 발병률	비섭취 발병률	섭취 발병률	비섭취 발병률
55~60%	15%	40~50%	30% 내외

- 원인 식품 : 바닐라 아이스크림으로 추정됨
- ※ "상대위험도 = 위험요인에 노출된 집단÷비노출 집단" ⇨ '상대위험도 〉 1'이면, 의심 위험요인이 촉진한 것으로 판단함
- ※ 상대위험도 : 바닐라 아이스크림(55~60÷15 = 3.7~4.0), 나머지 시료(40~50÷30 = 1.3~1.7)
- 이유 : 바닐라 아이스크림의 섭취한 상대위험도(4.0)가 가장 높음
- ※ 바닐라 아이스크림이 아닌 시료를 섭취한 상대위험도(1.7)도 높기 때문에, 역학검사 결과로 최종 결과를 판단할 필요가 있음

■ 예상문제

1. 유산균에 의한 발효 공정에서 파아지 오염대책 4가지를 쓰시오 〈필기 기출〉	• 공장 주변이나 발효 공정의 주변 환경을 청결 • 공정 설비, 기구 등의 주기적 소독 및 살균 • 로테이션 계획에 의해 주기적으로 유산균 교대 사용, 감수성(반응성) 상이한 유산균 사용 • 발효과정에 사용하는 종균배양 과정 : 파지 감염에 노출 가능 → 파지 내성균 선택 사용
2. 노로바이러스의 예방대책 3가지만 쓰시오	① 음식 준비 전 반드시 손 세척 ② 감염자와 접촉 시 조리 참여 금지 ③ 생식품 세척 철저, 굴 및 조개류 익혀서 섭취 ④ 칼, 도마, 행주 등 소독하여 사용 ⑤ 감염환자 발생 시설, 옷, 이불 등은 소독 및 살균

1-11. 자연독, 알러지성 식중독

1. 자연독 식중독

1) 식물성 식중독 : 자연적으로 식물에 존재하는 유독성분을 섭취하여 발생하는 식중독을 말한다. 독버섯, 감자, 고사리 등에 의해 발생한다.

- 독버섯 : 아마니타톡신(amanitatoxin)
- 고사리 : 프타퀼로시드(ptaquiloside)
- 은행, 살구씨 : 시안화합물
- 감자 : 솔라닌(solanine)
- 목화씨 : 고시폴

2) 동물성 식중독 : 동물들은 자체에 자연적으로 유독 성분이 함유되어 있거나 특정 부위 또는 특정 시기에 유독 성분을 함유하는데, 이를 식용하여 발생하는 식중독을 말한다.

- 복어 독 : 테트로도톡신(tetrodotoxin)
- 홍합, 대하 조개 : 삭시톡신(saxitoxin)
- 모시조개 : 베네루핀(venerupin)

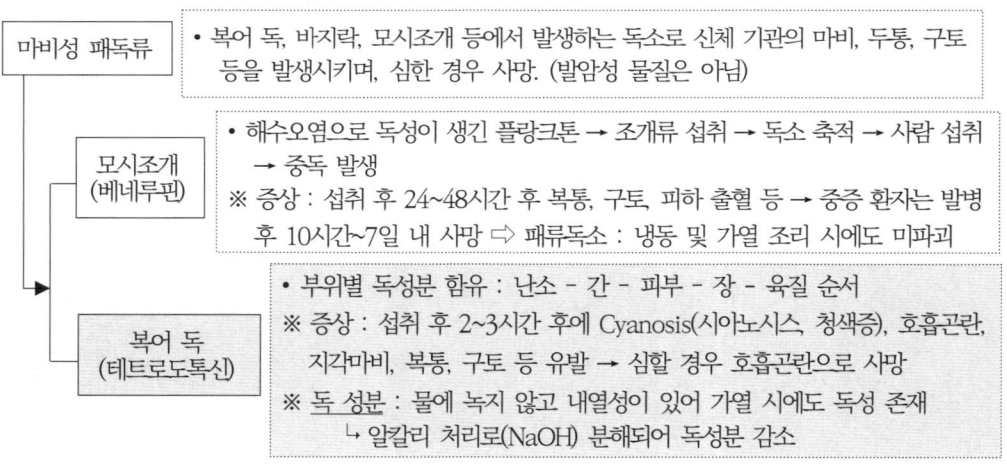

2. 알러지성(Allergy) 식중독

1) 정의 : 생체는 이종 물질에 대해서 그 항원에 특이적으로 반응하는 항체를 만들어 면역반응을 한다. 일반인에게는 반응이 없는 식품을 특정인이 섭취하였을 때 해당 식품에 대해 과민반응을 일으켜 두드러기, 가려움 등 유발하는 현상을 말한다. **알레르기는 과민반응**이라는 의미이다.

2) 알러지성 식중독 : 세균 증식 또는 세균 독소에 의한 것이 아니라, 세균 오염에 의한 부패과정에서 생기는 유독성 아민류인 프토마인(Ptomaine)에 의해 발생하는 식중독으로 그 증상이 알레르기로 나타나는 식중독을 말한다. 프토마인이란 단백질이 부패함으로써 생기는 아미노화합물이며, 세균이 생성하는 독소와는 다르다.

3) 원인 : 꽁치, 고등어, 정어리, 참치, 방어 등의 붉은 살 어패류와 그 가공품에는 히스티딘(Histidine, 염기성 아미노산) 함량이 높다. 어류에 세균이 번식하면 히스티딘이 분해되어 **유독성 히스타민이 몸에 축적되면서 알러지성 식중독이 발생**한다. 어육 1g 중에 히스타민이 1~10mg 정도 축적되면 식중독이 발생한다.

4) 증상 : 복부 통증, 구토, 설사, 피부가려움증 및 발진 등으로 나타난다. 그밖에 심한 두통, 오한, 발열 등이 발생할 수도 있으며, 일반적으로 하루 이내에 회복된다.

5) 주요 알레르기 유발 식품 : 콩, 땅콩, 우유, 계란, 생선류(고등어, 꽁치 등), 갑각류(게, 새우 등), 견과류(호두·아보카도·밤 등) → 식약처는 한국인에게 알레르기를 유발할 수 있는 물질인 밀, 메밀, 대두, 견과류, 고등어, 조개류, 복숭아, 우유 등 22가지를 '식품 등의 표시기준'에 지정하여 관리하고 있다.

6) 알레르기 표시 대상 : ① 알레르기 유발물질을 원재료로 사용한 식품 ② ①로부터 추출 등의 방법으로 얻은 성분을 원재료로 사용한 식품 ③ 앞의 2가지 내용을 함유한 식품 등을 원재료로 사용한 식품

  (1) 표시 방법 : 알레르기 유발물질은 **함유된 양과 관계없이 원재료명을 표시** → '계란·우유·새우·이산화황·조개류(굴) 함유' 등과 같이 표시

  (2) 알레르기 유발물질을 사용하는 제품과 사용하지 않은 제품을 **같은 제조과정을 통해 생산해 불가피하게 혼입 가능성 있는 때** : '이 제품은 알레르기 발생 가능성이 있는 메밀을 사용한 제품과 같은 제조시설에서 제조하고 있습니다', '메밀 혼입 가능성 있음', '메밀 혼입 가능' 등의 주의사항 표시 → 단, 원재료가 알레르기 유발물질로 표시된 경우는 표시하지 않는다.

7) 글루텐 알레르기 : 글루텐 알레르기 또는 글루텐 과민증, 셀리악병 등이 있는 환자가 글루텐을 섭취할 경우 복부 통증, 설사, 발진, 두드러기 등의 증상이 나타나는 것

  (1) 글루텐프리(gluten free) : 글루텐이 포함되지 않은 식품

  (2) 표시기준 : 밀, 호밀, 보리, 귀리 및 이들의 교배종을 원재료로 사용하지 않거나 글루텐을 제거한 원재료를 사용하여 총 글루텐 함량이 20mg/kg 이하인 식품에 '무글루텐(Gluten Free)'의 표시를 할 수 있다.

> ♣ 유당불내증 : 소장의 유당 분해효소(락타아제) 결핍 때문에 유당(젖당)을 분해하거나 소화하지 못하는 현상. 효소가 부족하여 우유를 잘 소화하지 못해서 생기는 현상으로 증상은 장에서 설사, 복통을 일으킨다.

1-12. 집단급식소의 식품위생

1. 집단급식소의 정의

1) 집단급식소(단체급식소)는 비영리, 계속적, 상시 1회 50인 이상의 특정 다수인에게 음식물을 제공하는 기숙사, 학교, 병원, 공장, 기타 후생기관 등의 급식시설을 말한다.

2) 식품위생법 : 상시, 1회 50명 이상에게 음식을 제공하는 집단급식소에는 영양사를 두어야 한다.

3) 급식 안전관리 : 집단급식소에서 식재료의 검수·조리 및 배식·시설관리 등 급식 안전관리를 위한 위생관리 활동을 말한다.

4) 집단급식소를 설치·운영하는 자는 위생관리 점검표와 식재료 검수 일지를 3개월간 보관하여야 한다.

2. 집단급식소의 식품위생[21]

1) 개인위생 관리

(1) 식품취급자(조리종사자 포함)는 위생복, 위생모, 마스크, 앞치마를 착용하고, 악세사리 등 장신구 착용을 하지 않아야 한다.

(2) 건강진단을 받지 아니한 자, 「식품위생법 시행규칙」 제50조에서 규정하는 질병이 있는 자는 식품 취급 및 조리를 하여서는 안 된다.

2) 검수 및 보관관리

(1) 조리에 사용되는 식품 등(이하 "식재료")은 검수를 통해 배송온도, 포장상태, 품질상태 등을 확인하여 적합한 것을 식재료로 사용하여야 한다.

(2) 식재료는 선도가 양호한 것을 사용하여야 하며, 부패·변질되었거나 유독·유해물질 등에 오염된 것을 사용하여서는 안 된다.

(3) 소비기한이 경과된 식재료를 조리할 목적으로 보관하거나 이를 음식물의 조리에 사용하여서는 안 된다.

(4) 식재료는 세척제, 소독제, 화학물질 등과 함께 보관하여서는 안 된다.

(5) 식재료는 보존 및 유통기준에 적합하도록 냉동·냉장시설, 운반시설은 항상 정상적으로 작동시켜야 한다.

(6) 식품과 비식품(세척제, 소독제 등)은 구분하여 보관한다.

3) 조리관리

(1) 야채·과일을 세척할 경우에는 「위생용품 관리법」에 따른 세척제를 사용하고, 살균 시 식품첨가물로 허용된 살균제를 사용하여야 하며, 세척제와 살균제는 충분히 헹구어야 한다. 다만, 야채 또는 과일 이외의 식품에는 살균제 또는 세척제를 사용해서는 안 된다. 다만, 가열하지 않고 생으로 제공하는 경우 식중독 예방을 위해 살균을 권장하고 있다.

(2) 염소계의 살균·소독제 80~200ppm 농도에 5~10분 침지하고, 흐르는 물에 3회 이상 헹구고, test paper 등을 이용하여 잔류염소 4ppm 이하임을 확인하는 등 잔류하지 않도록 충분히 헹구는 것이 바람직하다.

(3) 육류, 어류 등 동물성원료를 가열 조리하는 경우는 식품의 중심부까지 충분히 익혀야 한다. 육류, 가금류, 어류를 주원료로 하는 메뉴 중 두께가 두꺼운 식품은 탐침온도계로 식품의 가장 두꺼운 부위를 측정하여 중심 온도가 75℃(어패류 85℃) 이상 도달 후 1분 이상 가열을 권장한다. 다만 업체에서 자체적으로 정한 중심 온도 및 가열시간을 준수해서 충분히 가열한다.

---

[21] 식약처, 『집단급식소 급식안전관리 매뉴얼』, 2023.7.25.

⑷ 해동은 위생적인 방법으로 실시하여야 하며, 한 번 해동한 식품은 다시 냉동하여서는 안 된다. 해동은 가급적 냉장 해동을 실시(10℃ 이하)하고, 흐르는 물(4시간 이내) 또는 전자레인지 등의 방법으로 해동한다. 해동된 후에는 조리 시까지 냉장 보관한다. 냉장해동의 경우(해동 중임을 표시) 조리된 식품과 조리 전 식재료의 교차오염을 주의하고, 유수해동은 해동 전에 싱크대·용기 등을 세척·소독한다.

⑸ 칼·도마(어류·육류·채소류)는 용도별 구분 사용하여야 하며, 식품 취급 등의 작업은 바닥으로부터 60cm 이상의 높이에서 실시한다.

⑹ 세척 시, 싱크대는 채소류, 어패류, 육류를 구분하여 작업하며, 한 개의 싱크대를 사용하는 경우에는 채소류 → 육류 → 어류 → 가금류 순으로 세척한다.

4) 배식 관리

⑴ 배식 : 배식용 보관 용기는 세척·소독·건조된 것을 사용하며, 조리된 음식은 뚜껑 등을 덮어 교차오염되지 않도록 관리한다.

  ① 가열 조리 후 냉각이 필요한 식품은 냉각 중 오염이 일어나지 않도록 신속히 냉각

  ② 조리된 식품은 온도관리(**냉장식품 5℃ 이하, 온장식품 60℃ 이상**)가 되지 않은 경우 **2시간 이내** 배식 종료할 것을 권장하며, 배식 시간이 길어질 경우 소분하여 냉장 보관, 배식 후 남은 음식은 전량 폐기

  ③ 대량 조리 시 즉시 냉각하거나 용기에 소분하여 보관

  ④ 배식 시 배식 전용 앞치마, 위생모, 위생 장갑, 마스크를 착용하고, 배식 시 각각의 음식마다 다른 집게류를 사용

⑵ 배식대에서 배식하고 남은 음식물에 대해서는 다시 사용·조리 또는 보관('폐기용'이라는 표시를 명확하게 하여 보관하는 경우는 제외한다) 해서는 안 된다.

⑶ **완제품 관리** : 유통제품의 경우에는 적정한 소비기한 및 보존조건을 설정·관리하여야 한다.

  ① <u>28℃ 이하의 경우 : 조리 후 2~3시간 이내 섭취 완료</u>

  ② <u>보온(60℃ 이상) 유지 시 : 조리 후 5시간 이내 섭취 완료</u>

  ③ <u>제품의 품온을 5℃ 이하 유지 시 : 조리 후 24시간 이내 섭취 완료</u>

5) 보존식 관리

⑴ 전용 용기 : 스테인리스 재질의 각각의 뚜껑이 있는 전용 용기 또는 1회용 멸균 백 사용

⑵ 보존식 대상 : <u>제공한 메뉴(매회 1인분 분량)</u>, 대체 메뉴(품절로 다른 메뉴를 제공한 경우)

⑶ 보존량

  ① 배식 전 모든 음식을 종류별로 각각 150g 이상 보관

  ② 개별 포장된 조미김 등은 그대로 보관

  ③ 김치는 국물 위주, 뼈 등 비가식부위는 가급적 제거 후 보관

⑷ <u>보관 장소 및 표시 방법 : -18℃ 이하에서 144시간 보존식 전용 냉동고에 보관하고, 날짜, 시간(시, 분),</u>

채취자 성명을 철저히 기록

(5) 보존식 담는 방법 : 위생장갑 착용 후 손을 소독하고, 깨끗하게 소독된 용기와 기구를 사용하여 검취(스테인리스 재질의 뚜껑이 있는 용기나 1회용 멸균 백 사용)

1-13. 인수공통 전염병

1. 인수공통 전염병(Zoonosis)

1) 정의 : 사람과 동물이 함께 걸리는 질환이다. 병원체는 바이러스, 세균, 원충, 균류, 기생충 등 다양하며, 동물에서 사람에게 감염되는 것도 있고, 사람에게서 동물로 감염되는 것도 있다.

(1) 장출혈성대장균감염증 (2) 조류인플루엔자 인체감염증(AI) (3) 브루셀라증
(4) 변종 크로이츠펠트-야콥병(vCJD) (5) 중증급성호흡기증후군(SARS) (6) 공수병
(7) 탄저병 (8) 큐열 (Q열) (9) 결핵

2) 전파경로

(1) 직접적인 전파 : 동물의 타액, 분비물, 체액 등에 의한 전파, 동물과의 직접 접촉을 통한 전파
(2) 간접적인 전파 : 동물과 같은 지역, 농장 등에 의한 전파
(3) 매개체를 통한 전파 : 모기, 이 등과 같은 곤충을 통한 전파
(4) 음식을 통한 전파 : 우유, 고기, 야채 등 식품을 통해 전파

2. 인수공통감염병이 증가하는 이유

1) 동물과 접촉할 기회 증가
2) 도시화와 산림의 파괴 등으로 새로운 환경에 노출
3) 국제적 여행과 교역의 증대로 감염 기회의 증가
4) 바이러스의 돌연변이 발생으로 인한 적시적인 백신과 치료제의 개발이 어려움

■ 기출문제

1. 한국인이 소화하기 힘든 알레르기의 원인과 대표 식품 3가지를 쓰시오. ⟨2012-1회⟩

- 알레르기 원인 : 식품의 부패과정에서 생기는 유독성 히스타민(Histamine)이 체내에 축적되어 신체의 면역계에서 과민반응을 일으켜 발생
- 대표 식품 : 우유, 땅콩, 밀, 대두, 견과류, 고등어, 조개류, 복숭아 등

2. 집단급식소에서 완제품 유통제품의 경우에는 적정한 소비기한 및 보존조건을 설정·관리하여야 한다. ( )에 알맞은 내용을 쓰시오. ⟨2019-1회⟩

1) 28℃ 이하의 경우 : 조리 후 ( )시간 이내 섭취 완료
2) 60℃ 이상 보온 유지 시 : 조리 후 ( )시간 이내 섭취 완료
3) 제품의 품온을 5℃ 이하 유지 시 : 조리 후 ( )시간 이내 섭취 완료

① 2~3시간
② 5시간
③ 24시간

3. 안전관리인증기준(HACCP)에 따라 집단급식소, 식품접객업소의 보존식과 관련된 내용이다. ( )에 알맞은 내용을 쓰시오. ⟨2017-3회, 2022-1회⟩

배식 전 모든 음식을 종류별로 매회 (①) 이상씩 독립 보관하고, 보관 장소는 (②)℃ 이하에서 (③)시간 보존식 전용 냉동고에 보관하고, 날짜, 시간 채취자 성명을 철저히 기록한다.

① 매회 1인분
② -18℃
③ 144시간

■ 예상문제

1. 유당불내증의 정의에 대하여 쓰시오.
⟨필기 기출⟩

- 정의 : 소장의 유당 분해효소(락타아제) 결핍 때문에 유당을 분해 및 소화하지 못하는 현상

2. 세척 시, 한 개의 싱크대를 사용하는 경우에는 (①) → (②) → (③) → (④) 순으로 세척한다.
⟨보기⟩ 육류, 가금류, 어류, 채소류

① 채소류 ② 육류 ③ 어류 ④ 가금류

제2절 식품의 안전성 평가

2-1. 식품위생

1. 식품위생 및 식품의 위해요소

1) **식품위생(WHO)의 정의** : 식품의 재배, 생산, 제조로부터 최종적으로 사람이 섭취하기까지의 모든 과정에서 식품의 안전성, 건전성, 완전성을 확보하기 위한 필요한 모든 수단을 말한다.

2) **식품의 안전성** : 식품의 생산, 유통, 소비의 모든 단계에서 모든 위해요소를 과학적 근거를 기초로 하여 인체에 유해 여부를 확인, 분석, 평가하고 허용 가능한 수준으로 관리하는 것이다.

3) **식품의 주요 유해인자(위해요소, HACCP에서 관리해야 할 위해요소)**[22]

   (1) **물리적 유해인자** : 소비자에게 상해나 질병을 발생시킬 수 있는 이물질. 유리, 금속, 돌, 나무 등

   (2) **생물학적 유해인자** : 미생물 등이 오염된 식품 또는 식품에서 생성된 미생물의 독소를 소비자가 섭취하여 질병에 걸리거나 건강장해가 나타나는 것. 세균, 곰팡이, 바이러스, 기생충류 등

   (3) **화학적 유해인자** : 원재료에 있는 자연 독, 식품의 제조 중에 첨가된 물질, 식품제조 중 생성된 물질로 구분된다.

   ① 자연 독 : 버섯 독, 복어 독, 곰팡이 독 등
   ② 의도적 또는 비의도적 첨가 물질 : 식품첨가물, 잔류농약, 동물용 의약품 등
   ③ 환경오염물질 : 중금속, 다이옥신, 프탈레이트 등

2. 오염물질 및 교차오염

1) **식품위생법의 오염물질** : 식품의 생산·제조·가공·손질·처리·포장·운반 또는 보관의 결과나 환경오염 등으로 인해 비의도적으로 식품에 존재하거나 생성되는 유해물질을 말한다.

   (1) **생물학적 요소** : 독소형 및 세균성 식중독, 곰팡이 독 등에 의한 것과 회충, 요충 등 기생충에 의한 것이 있다.

   (2) **인위적 요소** : 의도적으로 첨가하는 식품첨가물, 비의도적으로 혼입되는 잔류농약, 공장 배출물, 중금속, 방사선 오염 등 또는 용기나 포장지 등에서 이행되는 경우가 대부분이다.

2) **교차오염** : 오염되지 않은 식품이 오염된 식재료와 교차하여 미생물이나 질병 등이 오염되는 것을 말한다. 발생 원인은 다음과 같다.

   (1) <u>사람으로부터 오염되는 경우</u> : 작업자의 피부, 손과 머리카락의 세균 및 바이러스, 복장 등의 미세 먼지, 화장실에서의 대장균 오염 등이 있다.

---

[22] 식약처, 『알기 쉬운 HACCP 관리』, 2018.

(2) 물건으로부터 오염되는 경우 : 원료, 반제품, 포장재, 폐기물 등의 운반과정에서 원료와 완제품을 통해서 오염된다.

(3) 환경으로부터 오염되는 경우 : 출입에 의한 오염, 공정 중 발생하는 미세 먼지, 제조 및 세척 용수, 폐수, 설계 불량, 작업 동선 부조화 등의 환경으로부터 오염된다.

3. 식품 이물

1) 정의 : 식품 등의 제조, 가공, 조리, 유통과정에서 정상적으로 사용된 원료 또는 재료가 아닌 것으로서 섭취할 때 위생상 위해가 발생할 우려가 있거나 섭취하기에 부적합한 물질을 말한다.

2) 이물의 종류

종 류	내 용
동물성	머리카락, 손톱, 파리 등과 같이 동물 및 곤충으로부터 유래되는 물질
식물성	나뭇조각, 실, 곰팡이 등과 같이 식물 및 미생물로부터 유래되는 물질
광물성	못, 유리, 고무 등과 같이 금속, 광물, 수지로부터 유래되는 물질

3) 이물 시험법 및 이물 혼입 검출방법[23]

종 류	방 법
체 분별법	• 시료가 미세한 분말인 경우에 적용. 이물질을 체로 쳐서 큰 이물을 체 위에 모아 육안으로 검사하고 필요시 현미경으로 확대하여 관찰하여 분리
여과법	• 시료가 액체인 경우 여과하여 여과지 상의 이물질을 검사
침강법	• 시료가 쥐똥, 토사 등 무거운 이물인 경우에 적용. 검체에 비중이 큰 액체를 가하여 교반하면, 그 액체보다 비중이 무거운 것은 가라앉고 비중이 적은 것은 떠오르는 원리를 이용하여 분리
와일드만 플라스크법	• 곤충 및 동물의 털과 같이 물에 잘 젖지 않는 가벼운 이물질 검출에 적용 • 식품의 용액에 휘발유, 피마자유 등 물에 섞이지 않는 포집액을 넣고 강하게 교반한 다음, 방치해두면 물에 잘 젖지 않는 가벼운 물질이 유기용매 층에 떠오르는 성질을 이용하여 이물을 분리 및 포집
금속성이물 (금속탐지기)	• 금속탐지기(또는 봉자석)를 이용한 이물제거법. 분말제품, 환제품, 액상 및 페이스트 제품, 코코아가공품류 및 초콜릿류 중 혼입된 쇳가루 검출에 적용

---

[23] 식약처, 식품의 기준 및 규격, 식약처 고시 제2024-71호, 2024.11.14.

2-2. 환경오염에서 유래하는 유독성분

1. 화학성 식중독

1) 정의 : 유독성 화학물질이 식품의 생산, 제조, 가공, 유통과정에서 오염되어 발생하는 식중독을 말한다.

  (1) 의도적으로 첨가하는 식품첨가물

  (2) 잔류농약, 공장 배출물, 중금속, 방사선 오염 등 비의도적으로 이행된 식품 오염

  (3) 환경오염물질, 용기 및 포장지 등 가공과정에서 비정상적으로 첨가되어 발생

2) 발생원인

  (1) 고의 또는 오용으로 첨가되는 유해물질 : 식품첨가물(보존료, 합성착색료, 유해 감미료 등)

  (2) 생산, 제조, 가공, 저장 중 잔류 또는 혼입 물질 : 잔류농약, 중금속 등

  (3) 제조, 가공 및 저장 중 생성되는 유해물질 : 니트로사민, 벤조피렌, 3-MCPD, HCA 등

  (4) 기구, 용기, 포장재에서 기인하는 유해물질 : 구리, 납, 프탈레이트, 비스페놀 A 등

  (5) 기타 물질에 의한 중독 : 메탄올 등

3) 환경오염물질의 생물농축은 식품을 오염시키고 독성화하는 가장 큰 요인으로 작용한다. 환경오염물질은 먹이사슬을 통해 각 생물에서 농축된 유독물질은 최종적으로 사람의 몸에 흡수, 축적되어 유해한 영향을 미친다.

2. PCBs, THM

1) PCBs (polychlorobiphenyl, 폴리클로로비페닐) : 열에 안정하며 전기 절연성이 높고, 불연성이 높아 다용도로 사용되는 유기염소화합물로서 콘덴서, 트랜스의 절연체, 복사지 코팅 등에 이용되었다. 환경호르몬 분비물질로 분류되어 1970년대 이후 사용 중지되었다.

  (1) 인체에 대한 독성이 높고, 피부에 대한 색소 침착, 소화기 장해, 간 장해 등이 발생한다. 특히 임산부가 중독되면 태어나는 신생아의 전신이 검은색을 띠나 색소는 서서히 없어진다.

  (2) PCBs는 안정하고 기름에 녹기 때문에 인체에 흡수될 경우, 지방조직에 축적되어 증상이 장기간 지속된다.

2) THM (Trihallomethan, 트리할로메탄) : 먹는 물에 염소소독 시 생기는 부산물로 물속의 유기물질과 염소 또는 브롬이 반응하여 생성된다. 식수 정화과정에서 살균제로 쓰이는 염소와 반응하여 생성되는 발암성 물질로, 클로로포름이 대표적이다. 수돗물의 오염이 심해지면 염소를 많이 첨가하기 때문에 그에 따라 트리할로메탄(THM) 등도 많이 발생한다. 우리나라와 미국, 일본은 기준치를 0.1ppm으로 정하고 있다.

3. 중금속

1) **납** : 페인트 안료, 염색약, 도자기 유약, 살충제 농약의 납, 휘발유, 건전지 등에 사용된다. 납은 대기오염으로 인한 것보다는 환경오염으로부터 생성되는 생물농축과 먹이사슬에 의해 인체에 많은 양이 축적되어 만성 중독을 일으킨다. 식품 중에서 납이 가장 많이 검출되는 것은 수산물이다. 납은 주로 뼈에 축적되며, 빈혈, 중추신경계, 신장, 기억력 상실, 신부전 등을 유발한다.

2) **카드뮴** : 식품용 기구 및 용기, 건전지, 안료, 코팅 및 도금 등에 사용된 것이 용출되어 식품으로 이행될 수 있다. 카드뮴은 주로 간과 신장에 축적된다. 카드뮴 중독증을 '이타이이타이(아프다 아프다)'라고 하며, 유전독성 물질로 인체에 폐암과 전립선암을 유발하여 1급 발암물질로 분류된다.

3) **유기수은(메틸수은)** : 수은은 유기수은과 무기수은이 있다.[24]

   (1) 무기수은 : 휘발 및 배설 용이. 체내에서 아세틸렌 반응 및 혐기적 조건하에서 세균에 의해 유기수은으로 변한다.

   (2) 유기수은(메틸수은) : 체내 흡수율이 높고, 체외 배출이 쉽게 이루어지지 않아 반감기가 길다. 어류, 패류 등 생물체 내에서는 수은 중 메틸수은이 90~99%를 차지하여 이들 식품이 주요 노출원이 된다. 메틸수은은 다른 수은보다 독성이 강해 만성적으로 노출되었을 시 인체에 유해영향을 초래할 수 있다. 수은은 간과 신장에 축적되고 소뇌의 기능을 마비시킨다. 수은 중독증을 '미나마타병'이라고 한다.

4) **비소** : 제련소 등에서 나오는 폐수, 농약 등에 사용된 비소가 토양 및 하천을 통해서 식품으로 유입된다. 심한 구토와 설사 등을 유발하고, 장기간 축적 시에는 간, 신장 등에 암을 유발한다.

4. 내분비계장애물질(Endocrine disruptors, 환경호르몬)

1) **정의** : 환경 중에 있던 물질이 사람이나 동물의 체내에 들어가 호르몬인 것처럼 작용 또는 **정상적인 호르몬 작용을 방해하는 등 내분비 기능에 변화를 일으켜 생체 또는 그 자손의 건강에 위해한 영향을 나타내는 외인성 물질**을 말한다. 이러한 물질들은 화학적 구조가 생명체의 호르몬과 비슷하여 인체에 흡수될 경우 정상적인 호르몬의 기능을 교란시켜 성기의 기형, 생식기능 및 면역기능의 저하, 암 발생 등을 유발할 수 있다.

2) **다이옥신** : 염소화합물이 연소하는 과정에서 발생하는 지용성 독성물질로 지구상에 존재하는 물질 중 가장 강력한 독성화학물질이다. 폐기물 소각장, 석유화학발전소, PCBs, 자동차 배출 가스, 농약 등이 주요 원인이며, 다이옥신 95%가 염소(PVC) 폐기물을 소각하는 과정에서 발생한다. 사람이 다이옥신을 섭취하게 되면 면역체계에 치명적인 손상을 받는다. TCDD(발암물질 Group1)가 축적되면 피부질환, 면역력 감소, 기형아 출산, 성기 이상, 암 발생 등이 나타난다.

3) **프탈레이트** : 무수프탈산과 에스테르 반응을 통해 합성되며, 플라스틱(PVC)을 부드럽게 하기 위해 사용하는

---

24) 식약처, 메틸수은, 『유해물질총서』, 2016.

화학 첨가제이다. 의료용품, 장난감, 화장품 등 플라스틱 소재에 사용되어 왔으나, 현재는 사용이 금지되었다. 식품 조리 시 랩을 이용한 제품은 프탈레이트와 같은 가소제 성분이 용출되지 않도록 100℃를 이하에서 사용한다. 또한, 지방이나 알코올 성분이 많은 식품과는 직접 접촉하지 않도록 사용한다.

4) **비스페놀 A** : 캔의 부식방지를 위한 코팅제와 플라스틱을 제조하기 위해 사용하는 원료이다. 물병, 스포츠용품 등을 만드는 원료로 열에 대한 저항성, 내구성을 높이기 위해 비스페놀 A를 이용한다.

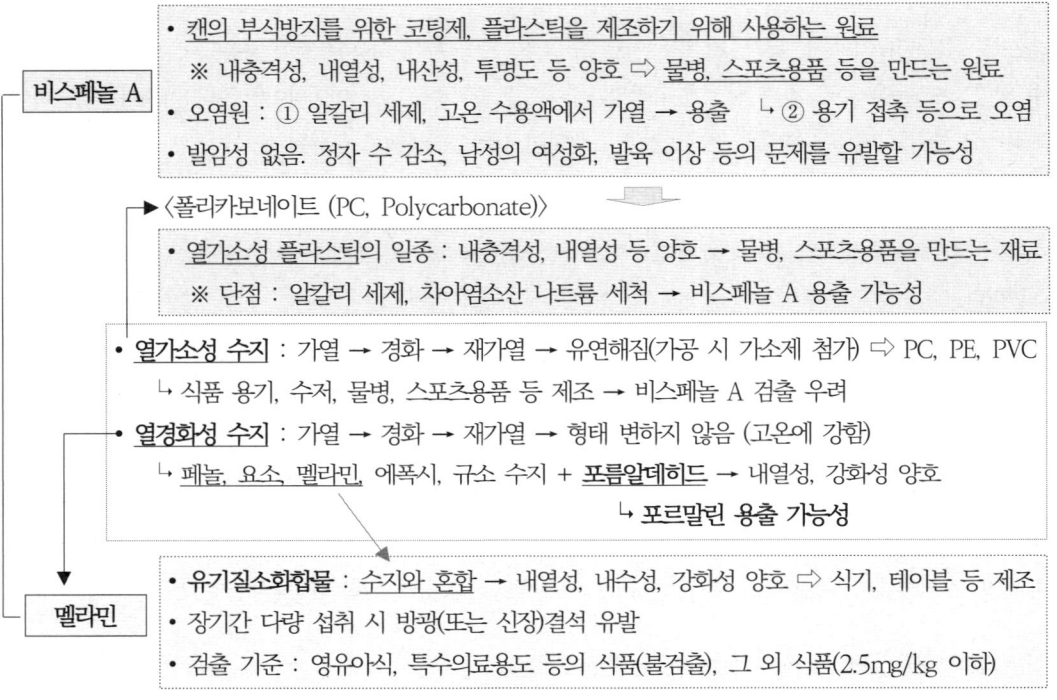

5) **멜라민 (Melamine)** : 헤테로 고리 모양의 아민으로서 유기질소 화합물. 화학식은 $C_3H_6N_6$으로 전체의 66%가 질소로 구성되어 있다. 수지와 혼합하면 불에 잘 견디는 성질이 있어 식기, 테이블 제조 등에 이용된다. 멜라민 수지는 내열성, 내수성, 기계적 강도, 강화성이 높다.

(1) 섭취 시 주로 방광 및 신장에 대해 영향을 나타내며, 많은 양의 멜라민을 오랫동안 섭취할 경우 방광결석 및 신장결석 등을 유발하여 건강상의 위해를 유발할 수 있다. 주로 중국산 분유, 동물 사료, 요구르트, 캔 커피, 빵, 쿠키 및 아이스크림 등의 과자류에서 검출되었다.

(2) 기준규격[25]

① 영아용 조제유, 영·유아용 이유식, 특수의료용도 등의 식품 : 불검출

② 그 외의 모든 식품 및 식품첨가물, 식품 용기 : 2.5ppm(mg/kg) 이하

---

[25] 식약처, 식품의 기준 및 규격, 식약처 고시 제2024-71호, 2024.11.14.

■ 기출문제

1. HACCP에서 식품의 물리적 유해인자의 정의와 종류 2가지를 쓰시오. 〈2009-3회〉

   - 정의 : 소비자에게 상해나 질병을 발생시킬 수 있는 이물질
   - 종류 : 유리, 금속, 돌, 나무 등

2. 교차오염의 정의와 발생원인 3가지를 쓰시오. 〈2011-2회〉

   - 정의 : 오염되지 않은 식품이 오염된 식재료와 교차하여 미생물이나 질병 등이 오염되는 것
   - 발생원인 : 사람으로부터 오염, 물건으로부터 오염, 환경으로부터 오염

3. 식품공전에서 규정하고 있는 이물 검출법 3가지를 쓰시오. 〈2014-2회, 2022-3회〉

   - 체 분별법, 여과법, 침강법, 와일드만 플라스크법, 금속탐지기(금속 이물)

4. 화학성 식중독의 발생 요인 2가지를 쓰시오. 〈2008-3회〉

   - 고의 또는 오용에 의한 유해물질 : 식품첨가물(보존료, 합성착색료, 유해 감미료 등)
   - 생산, 제조, 가공, 저장 중 잔류 또는 혼입 물질 : 잔류농약, 중금속(비소, 납, 카드뮴, 구리 등)
   - 기구, 용기, 포장에서 유래된 유해물질 : 구리, 납, 프탈레이트, 비스페놀 A 등

5. 프탈레이트의 생성기작과 사용 목적에 대해 쓰시오. 〈2010-1회〉

   - 생성기작 : 무수프탈산과 에스테르 반응을 통해 합성
   - 목적 : 플라스틱(PVC)을 부드럽게 만들기 위해 사용하는 화학 첨가제

6. 포르말린이 용출될 수 있는 열경화성 수지(플라스틱)를 쓰시오. 〈2023-3회〉

   - 페놀 수지, 요소 수지, 멜라민 수지 등
   - ※ 열경화성 수지 : (페놀, 요소, 멜라민) + 포름알데히드 반응으로 제조하며, 내열성 및 강화성이 양호하여 식기, 테이블 등의 제조에 이용된다. 포름알데히드로부터 포르말린(포름알데히드의 액체 성분)이 용출될 수 있다.

■ 예상문제

1. THM (Trihallomethan, 트리할로메탄)의 생성 과정과 우리나라의 관리 기준치를 쓰시오.

- 생성 과정 : 식수 정화과정에서 살균제로 쓰이는 염소(브롬)와 유기물질이 반응하여 생성되는 발암성 물질
- 관리 기준치 : 0.1ppm 이하

2. Dioxin이 인체 내에 잘 축적되는 이유를 쓰시오. 〈필기 기출〉

- 다이옥신은 지용성으로 지방에 잘 녹아 체내의 지방에 축적된다.

2-3. 식품의 제조·가공·조리 과정에서 생성되는 유해물질

1. 가열 시 생성되는 유해물질

1) 아크릴아마이드 : 감자·곡류 등 탄수화물이 많이 함유된 식품을 제조·가공과정에서 고온(120℃ 이상)을 이용하여 가열처리 시 아미노산의 아미노기와 카르보닐기(포도당)가 반응하여 메일라드 반응이 발생하면서 아크릴아마이드가 생성된다.

(1) **발생 식품 및 독성** : 주로 감자칩, 건빵, 비스킷, 커피, 초콜릿 등에서 발생하며, 국제암연구소(IARC)에서는 호흡기나 피부 흡수를 통해 인체에 독성과 자극성이 있고, 중추신경계를 마비시킬 수 있는 발암추정물질(Group 2A)로 분류하고 있다.

(2) **저감화 대책** : 원료 침지 및 수세에 의하여 감소, 120℃보다 낮은 온도에서 삶거나 끓임, 진공튀김기 등으로 튀김 온도를 낮추어 튀김 온도가 160℃를 넘지 않게 함, 삶거나 찌는 조리방법 이용, 감자는 8℃ 이상의 음지에서 보관

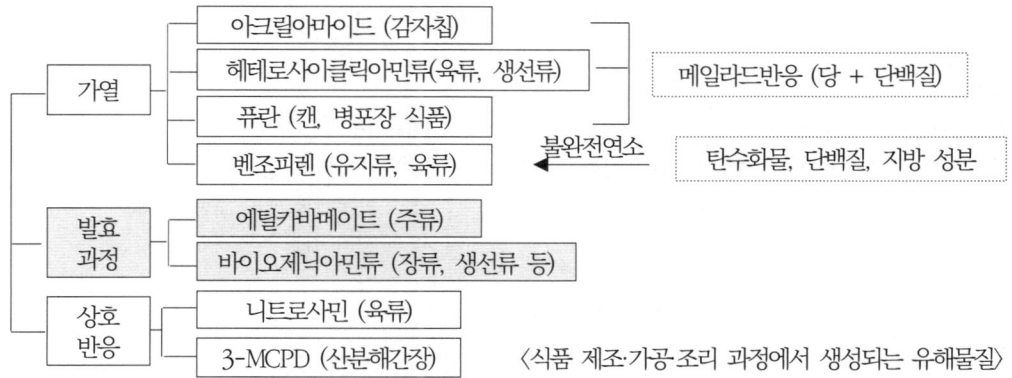

〈식품 제조·가공·조리 과정에서 생성되는 유해물질〉

2) 벤조피렌 : 냄새를 발산하는 황색의 다환방향족 탄화수소의 일종. 벤조피렌은 **식품을 고온 가열 및 조리하는 과정에서 탄수화물, 단백질, 지방 등이 불완전연소하면서 발생**한다.

(1) 유지를 높은 온도에서 가열(참기름을 고온에서 볶을 때)하거나 삼겹살이나 쇠고기 등을 구울 때 검게 탄 부분에서 발생한다.

(2) **저감화 대책** : 구이 요리 시 가열 온도를 낮춤, 조리 시간을 최대한 단축, 굽거나 튀김보다는 삶거나 찌는 조리방법을 이용, 압축유 정제 시 흡착을 통하여 저감화 필요

3) 헤테로사이클릭 아민류(heterocyclic amines, HCA) : 이환방향족 아민류로 육류나 어류를 가열 조리할 때 생성되는 유해성 물질. 당과 단백질이 반응하여 일으키는 Maillard 반응과 밀접한 관계가 있다.

(1) 소고기, 돼지고기, 닭고기, 생선 등 **단백질이 풍부한 고기의 근육조직(크레아틴)**이 포함된 식육 부위에서 생성된다. 100℃ 이하의 온도로 조리하는 경우, HCAs의 생성은 거의 생성되지 않는다.

(2) **저감화 방법** : 삶기, 찜 또는 전자레인지를 이용하여 조리

4) **퓨란(Furan)** : 퓨란은 4개의 탄소 원자와 1개의 산소 원자로 이루어진 방향족 헤테로고리화합물로서 클로로포름 냄새가 나는 무색의 휘발성 액체이다.

  (1) **발생** : 식품의 열처리 또는 조리과정에서 탄수화물, 아미노산 등의 열변성, 지방의 가열 등에 의해 메일라드 반응의 중간 생성물로 식품 중에 생성되는 유해물질이다.

  (2) **저감화 방법** : 밀봉한 상태로 가열하는 스프, 소스, 유아용 이유식, 콩 등의 캔이나 병포장 식품에서 검출될 수 있다. <u>휘발성이 강해 밀폐 용기에 담긴 식품을 개봉 후 조리하면 퓨란 농도를 줄일 수 있다.</u>

2. 발효 시 생성되는 유해물질

1) **에틸카바메이트** : 식품 저장 및 숙성과정에서 자연적으로 발생하는 독성물질로 알코올음료(포도주, 매실주 등), 발효식품 등에서 나타난다.

  (1) **생성 원인** : <u>과일 씨를 구성하는 시안배당체, 시안화수소산, 요소 등 여러 전구체 물질이 에탄올과 반응하여 생성된다.</u>

  (2) **저감화 방법** : 과실류 씨앗에서 시안화 배당체가 술덧으로 침출되지 않도록 함, 효모에 의한 요소 및 질소화합물의 생성 억제, 제조공정에서 햇빛 노출 최소화, 유통 간 온도를 25℃ 이하로 유지, 발효 기간을 단축

- 알코올음료(포도주, 매실주 등)의 저장 및 숙성 과정에서 발생
- 시안배당체(시안화수소산), 발효과정 생성된 요소 + **알코올** → 에틸카바메이트 생성
- 저감화 방법 : ① 과실류 씨앗에서 시안화배당체가 술덧으로 침출되지 않도록 함(씨앗 제거)
  ② 효모에 의해 발생되는 요소, 질소화합물 생성 억제   ③ 제조 공정에서 햇빛 노출 최소화
  ④ 유통 간 온도를 25℃ 이하로 유지   ⑤ 발효 기간 단축

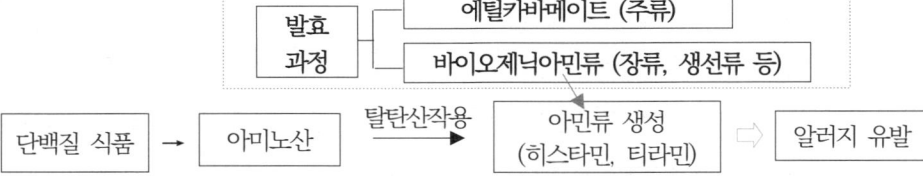

- 생성 원인 : 장류 등의 발효 온도가 높을 경우, **고등어, 꽁치, 참치 등을 비위생적으로 관리 시 생성**
- 저감화 방법
  ① 원료와 제조공정 중 부패 미생물의 오염 방지 ② 발효 온도(40℃→30℃) 및 저장 온도(37℃→4℃) 조절
  ③ 치즈 제조 시 : pH, 온도, 소금 농도 조절을 통한 미생물의 생장을 조절

2) **바이오제닉아민(biogenic amines, BAs)** : 단백질을 함유한 식품이 미생물, 동식물의 대사과정에서 아미노산의 탈탄산작용 등의 화학적 작용에 의해 생성되는 질소화합물이다. 알레르기 유발물질인 히스타민과 티라민이 대표적이다.

  (1) **바이오제닉아민** : 발효기술 등의 제조방법뿐만 아니라 식품의 비위생적 관리에 의해 생성된다. 히스타민, 티라민 등과 같은 바이오제닉아민은 고등어나 꽁치, 정어리, 참치 등을 비위생적으로 관리하여 부패할 경

우 미생물의 증식으로 생성된다.

(2) **저감화 방법** : 원료와 제조공정을 청결하게 유지하여 부패 미생물의 오염 차단, 발효 온도(40℃ → 30℃) 및 저장 온도(37℃ → 4℃)를 낮춤, 치즈 제조 시에는 pH, 온도 및 소금 농도 조절을 통하여 미생물의 생장을 조절

3. 상호반응으로 생성되는 유해물질

1) **니트로사민** : 니트로사민은 식품 중의 아민류(질소화합물)가 아질산염과 니트로소화 반응을 함으로써 생성되는 유해물질이다.

   (1) 절임 육류, 햄, 베이컨 등에 보존료 및 발색제로 사용하는 아질산염(아질산나트륨, 아질산칼륨)과 육류에서 아미노산 탈탄산작용으로 생성되는 아민류가 반응하여 니트로사민류를 생성한다.

   (2) **저감화 방법** : 식품의 제조나 가공 시 식품의 pH를 2 이하 또는 4 이상으로 조절하면 화합물 간의 반응을 억제하여 니트로사민의 양 감소, 직접 열원을 사용보다 전자레인지로 조리하여 감소, 비타민 C, 토코페롤, 마늘추출물 등으로 억제, 소시지나 햄을 끓는 물에 데치거나, 물에 담가 아질산나트륨을 감소시킴

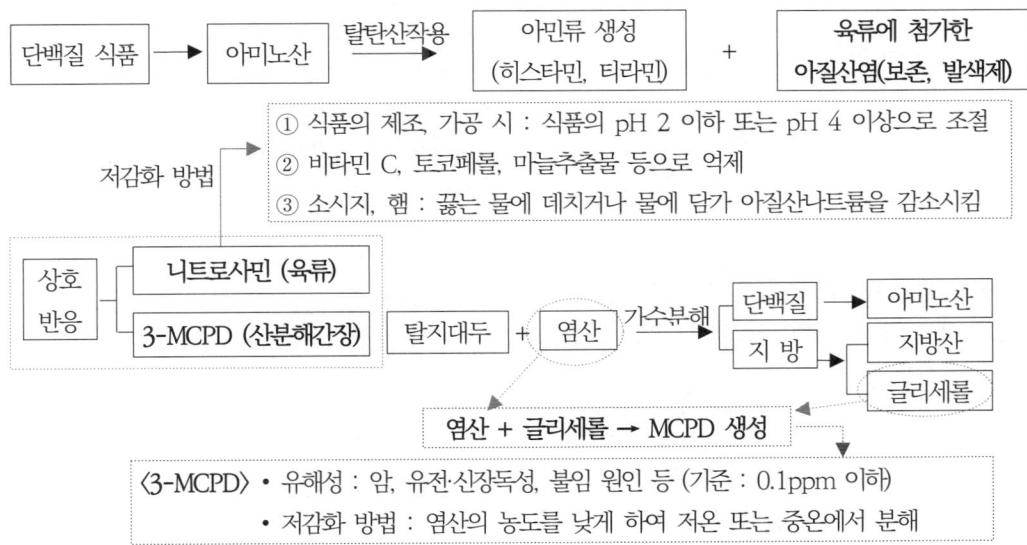

2) **3-MCPD(3-monochloro-1,2-propanediol)** : 산분해간장 제조과정에서 생성

   (1) 생성과정 : 산분해간장 제조공정에서 탈지대두를 염산으로 가수분해할 경우 단백질은 아미노산으로 분해되고, 탈지대두의 지방은 지방산과 글리세롤로 가수분해된다. → 지방에서 분해된 <u>글리세롤이 고온에서 염산과 반응하여, 염소화합물(MCPD)이 생성된다.</u>

   (2) 저감화 방법 : 염산의 농도를 낮게 하여 저온 또는 중온에서 가수분해하면 생성량을 낮출 수 있다.

■ 기출문제

1. 식품 중에 퓨란(Furan)이 생성되는 주요 경로와 제품 중 거의 잔류되지 않는 이유를 설명하시오.
〈2007-1회, 2009-3회, 2012-1회, 2020-4회〉

- 생성 경로 : 식품의 열처리 또는 조리과정에서 탄수화물, 아미노산 등의 열변성, 지방의 가열 등에 의해 메일라드 반응의 중간 생성물로 식품 중에 생성되는 유해물질. 밀봉한 상태로 가열하는 스프, 소스, 유아용 이유식, 콩 등의 캔·병포장 식품에서 검출
- 잔류 되지 않는 이유 : 퓨란은 휘발성이 강해 밀폐 용기에 담긴 식품을 개봉 후 조리하면 잔존하지 않음

2. 산분해 간장에서 위해요소인 MCPD의 생성 원인에 대하여 쓰시오. 〈2008-2회〉

- 지방에서 가수분해된 글리세롤이 고온에서 염산과 반응하여 생성
※ 산분해간장 제조공정 : 탈지대두를 염산으로 가수분해하면, 단백질은 아미노산으로 분해되고, 지방은 지방산과 글리세롤로 가수분해 → 이 중에서 글리세롤이 고온에서 염산과 반응 → 유해물질인 염소화합물(MCPD)이 생성

3. 헤테로사이클릭아민의 생성과 관련된 내용이다. 〈보기〉에서 해당 내용을 골라 쓰시오 〈2023-3회〉

- 헤테로사이클릭아민(HCAs)류의 생성량은 단백질이 많은 식품과는 (①)하여 발생하고, 수분함량이 많은 식품과는 (②)하여 발생한다.   〈보기〉 비례, 반비례

① 단백질 : 비례
② 수분 : 반비례

4. 에틸카바메이트가 생성되는 원인과 감소시킬 수 있는 방법 2가지를 쓰시오.
〈2007-2회, 2012-3회, 2023-2회〉

- 생성 원인 : 시안화수소산, 요소, 시안배당체 등의 여러 전구체 물질이 에탄올과 반응하여 생성
- 저감화 방법 : 과실류 씨앗에서 시안화 배당체가 술덧으로 침출되지 않도록 함(과실류 씨앗 제거). 효모에 의한 요소 및 질소화합물의 생성 억제, 제조공정에서 햇빛 노출 최소화, 유통 간 온도를 25℃ 이하로 유지, 발효 기간 단축

■ 예상문제

1. 식품의 가열로 인하여 생성되는 유해물질의 종류 3가지를 쓰시오.

    • 아크릴아마이드, 벤조피렌, 헤테로사이클릭아민류

2. 발암물질 분류기준 중에서 2A(발암추정물질)의 정의에 대하여 쓰시오.

    • 실험동물에 대한 발암성 근거는 충분하지만, 사람에 대한 발암성 근거는 제한적인 물질의 성분

3. 아크릴아마이드의 생성과정과 저감화 방법 3가지를 쓰시오. 〈필기 기출〉

    • 생성과정 : 감자·곡류 등 탄수화물이 많이 함유된 식품을 제조·가공 중 고온(120℃ 이상)에서 가열 처리 시 아미노산의 아미노기와 카르보닐기(당)가 반응하여 메일라드 반응이 발생하면서 아크릴아마이드 생성
    • 저감화 대책 : 원료 침지 및 수세에 의하여 감소, 120℃보다 낮은 온도에서 삶거나 끓임, 진공튀김기 등으로 튀김 온도를 낮추어 튀김 온도가 160℃를 넘지 않게 함. 삶거나 찌는 조리방법 이용, 감자는 8℃ 이상의 음지에서 보관

2-4. 식품의 안전성 평가

1. 개요 및 정의

1) **식품의 안전성(safety) 평가** : 식품을 포함한 모든 물질은 독성을 갖고 있어 100% 안전한 것은 없다. 식품은 생산, 제조, 유통 등의 과정에서 잔류농약, 중금속, 기타 유해물질 등이 함유될 수 있다. 따라서 식품에서 말하는 안전성이란 섭취를 통하여 인간의 건강에 미치는 영향이 거의 무시해도 좋을 정도의 위험 수준이면서, 이러한 위험을 감수하더라도 유익성이 더 큰 경우 이를 허용할 수 있는 정도 또는 수준을 말한다.

2) **식품에 대한 안전성 평가 방법** : 식품 중 유해물질이나 새로운 식품에 대한 평가를 위해서 동물실험을 통한 독성평가를 하거나 '기준 및 규격'이 이미 정해져 있는 식품의 경우에는 기준 및 규격에 의해 안전성 평가를 실시한다.

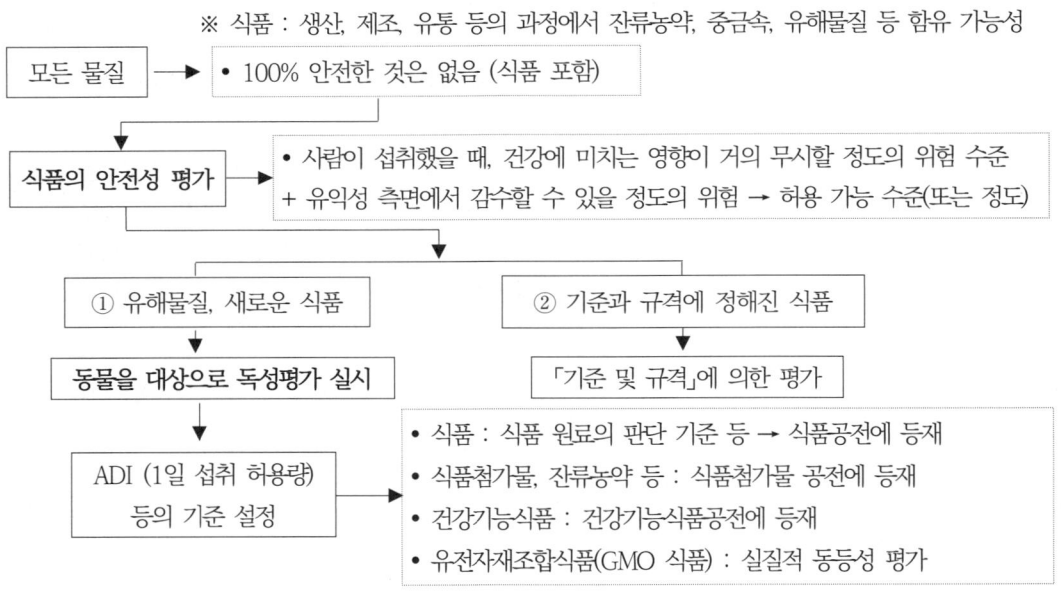

2. 식품의 안전성 평가방법

1) **기준 및 규격에 의한 평가** : 수입식품 등과 같이 '기준 및 규격'이 정해진 식품에 대한 안전성 평가 시 적용한다. 이 방법은 '기준 및 규격' 등이 이미 정해져 있는 식품의 규정 준수 여부를 평가하기 위해 실시한다.

2) **위해평가(동물실험을 통한 독성평가)** : 식품에 들어 있는 위해 요인이 인간의 건강에 어느 정도 유해한 수준인가 동물실험을 통해 추정 및 평가하는 것으로 위해평가 4단계를 통하여 실시한다.[26]

---

26) 식약처, 『2011 위해평가 지침서』, 2011.4.

위해평가	• 식품에 존재할 수 있는 유해물질의 양, 위해 정도를 추정 및 평가 ⇨ 행정기관 제공
① 위해요소 확인	• 국내외 정보 수집 → 위해요소 확인(종양, 만성독성, 신경독성 등)
② 위해요소 독성 결정	• 위해요소 노출량과 유해영향의 발생 관계를 정량적으로 규명 ※ 용량-반응평가를 적용하여 판단 ↳ 특정 요소가 인간에게 유해한 영향을 주는 용량과 어느 정도 수준에서 영향을 미치는가를 확인 ⇨ 최대무작용량(NOAEL) 등 확인, 설정
③ 노출량 평가	• 위해요소가 식품에 오염, 잔류하여 실제로 얼마나 소비, 섭취되는가를 산출 → 독성에 따라 급성독성, 만성독성으로 분석
	• 인체 노출량 평가 : 식품별 오염도, 식품 섭취량, 체중을 이용하여 평가 ↳ 식이섭취 조사, 식품첨가물 조사, 시장바구니 조사 • 인체 노출량 = [(오염도 또는 잔류량) × 식품 섭취량] ÷ 체중 ↳ 단위 : mg/kg bw/day ※ bw : body weight
④ 위해도 결정	• 위험성 확인, 독성결정, 노출평가 근거 → 인간에게 미치는 유해영향, 위해 정도를 예측 → ADI와 비교 평가 → 건강에 유해 여부를 판단

3. 독성의 평가

1) **독성평가 및 용량-반응곡선** : 특정물질의 양을 다르게 구성하여 실험동물에게 투여했을 때 나타나는 반응(체중 변화, 효소량 변화, 사망 등)을 그래프로 표시한 것을 용량-반응곡선이라고 한다. 가로축에는 용량, 세로축에는 반응률을 표시하고, 용량의 증감에 대한 반응 정도를 나타내면 'S'자 모양 그래프가 그려진다.

   (1) 용량 : 경구 섭취, 흡입, 피부 흡수 등을 통해 체내에 유입된 양으로 노출된 양을 말한다.

   (2) 반응 : 체내에 유입된 양의 정도에 따라 나타나는 효과. 반응의 속도에 따라 급성효과(급성독성)와 만성효과(만성독성)로 구분한다.

2) **반수치사량** : 용량-반응곡선에서 실험동물의 50%가 사망하는 용량을 반수치사량(LD_{50})이라고 하며, 일반적으로 독성의 양이 증가하면 반응도 빨라진다. 용량-반응곡선은 반수치사량 값을 산출하기 위해 사용된다.

3) **독성학적 판단**

   (1) **역치(threshold dose)** : 어떤 물질의 독성은 일정 농도 이하에서는 독성이 나타나지 않고, 일정 농도부터 독성이 나타나기 시작한다. 이를 역치라 한다. 독성학에서의 역치는 개념적으로 유해한 영향이 나타나는 값으로, 최대 무독성량(NOAEL)으로 판단한다.

   (2) **무영향량(No Observed Effect Level, NOEL)** : 동물실험에서 독성의 영향(효과)이 관찰되지 않는 용량으로 실험동물이 매일 일생 동안 섭취해도 건강에 유해한 영향이 나타나지 않는 독성물질의 양이다. 실험동물의 몸무게에 대한 섭취량(mg/kg)으로 나타낸다.

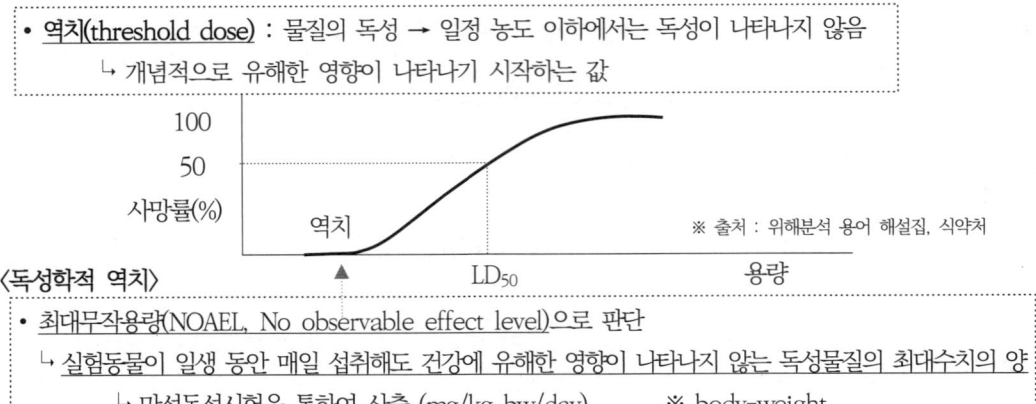

(3) **최대무작용량(NOAEL, 최대무독성량)** : 만성독성시험을 통하여 구하며 실험동물이 매일 일생 동안 섭취해도 건강에 유해한 영향이 나타나지 않는 독성물질의 최대 수치의 양이다.

- ♣ 반수치사량(LD$_{50}$, 50% lethal dose) : 특정한 물질 독성의 양을 다르게 구성하여 실험동물에게 투여하였을 때, 14일 이내에 실험동물의 반수(50%)가 사망하는 물질의 용량. LD$_{50}$이라 하며, 동물 체중의 1kg당 mg수로 표현한다. 단위는 mg/kg(ppm) 사용
- ♣ 반수치사농도(LC$_{50}$, 50% lethal concentration) : 약물을 실험동물에 투여하여 실험동물의 반수(50%)가 치사되는 독성물질의 농도. 단위는 ppm(mg/L) 사용

4) **Theoretical Maximum Daily Intake(TMDI, 이론적 일일 최대섭취량)** : 잔류농약의 유독성 평가에 주로 활용한다. 농약잔류허용기준(MRL)에 해당 식품들의 섭취량을 곱한 것을 모두 합산한 것으로 해당 농약의 하루당 섭취량(mg/person/day)을 말한다. 일일 섭취 허용량(ADI)을 초과하지 않도록 잔류허용기준이 정해져 있다.

5) **MLD(최소치사량, minimum lethal dose)** : 실험 동물에게 약물을 투여하였을 때, 죽음에 이르게 하는 최소 용량.

■ 기출문제

1. 식품의 위해평가 중 인체 노출량(human exposure assessment)을 평가하는 방법과 식품 섭취량 조사 방법 3가지를 쓰시오. 〈2005-3회, 2008-1회〉

- 인체 노출량 = [(오염도 또는 잔류량) × 섭취량] ÷ 체중
- ※ 노출량 평가 요소 : 식품별 오염도, 식품 섭취량, 체중
- 식품 섭취량 조사 방법 : 식이섭취 조사, 식품첨가물 조사, 시장바구니 조사
- ※ 인체 노출량 기준 재평가 방법(5년 단위) : 인체 노출 허용량(독성), 오염물질의 오염도(식품 중 함유량), 식품 섭취량(노출량)을 종합하여 인체 총 노출량을 산정 및 평가하여 관리

2. 동물의 반수치사량(LD_{50})과 어류의 반수치사농도(LC_{50})의 정의를 쓰시오. 〈2019-2회〉

- 반수치사량(LD_{50}, 50% lethal dose) : 특정한 물질 독성의 양을 다르게 구성하여 실험동물에게 투여했을 때, 14일 이내에 실험동물의 반수(50%)가 사망하는 물질의 용량
- 반수치사농도(LC_{50}, 50% lethal concentration) : 약물을 실험동물에 투여하여 실험동물의 반수(50%)가 치사되는 독성물질의 농도
- ※ 참고 : TLM(Median Tolerance Limit)은 어류를 급성독성물질이 들어 있는 용액 중에서 일정 시간(24시간, 48시간 등) 두었을 때, 실험 어류의 50%가 살아남는 용액의 농도

■ 예상문제

1. MLD(최소치사량)의 정의를 쓰시오. 〈필기 기출〉

- MLD(최소치사량, minimum lethal dose) : 실험 동물에게 약물을 투여하였을 때, 죽음에 이르게 하는 최소 용량

2-5. 독성시험법

1. 비임상시험(GLP)

1) **비임상시험관리기준(Good Laboratory Practice, GLP)** : 식품, 의약품, 화장품 등의 허가·심사 신청을 위한 독성시험을 수행할 때 시험 과정 및 결과에 대하여 신뢰성을 보증하기 위한 제도이다.[27]
2) 비임상시험은 사람의 건강에 영향을 미치는 시험물질의 성질이나 안전성에 관한 각종 자료를 얻기 위하여 실험실과 같은 조건에서 동물(쥐, 토끼, 개, 원숭이 등)·식물·미생물과 물리적·화학적 매체 또는 이들의 구성성분으로 이루어진 것을 사용하여 시험하는 것을 말한다.[28]

2. 독성시험법

1) **일반독성시험** : 급성독성시험(Acute Toxicity), 아급성 독성시험(Subacute Toxicity), 만성독성시험(Chronic Toxicity, 약 2년간 실시)으로 구분한다.

   (1) 급성독성시험(Acute Toxicity) : 1회 투여 독성시험. 특정물질의 독성이 어느 정도로 유해한 성질이 있는가를 확인하기 위한 시험이다. 특정물질을 실험동물에게 저농도에서부터 단계적으로 고농도까지 1회만 투여하고 1~2주 내에 나타나는 중독이나 치사량을 확인한다. 이 실험은 실험동물의 반수(50%)가 사망하는 물질의 용량을 구하는 것이다.

   (2) 아급성 독성시험(Subacute Toxicity) : 흰쥐는 약 1~3개월 실시한다. 급성독성이 밝혀진 화학물질에 대하여 동물 수명의 1/10기간(보통 1~3개월) 동안 반복적으로 투여하여 독성검사를 실시하는 것이다. 만성독성 실험에 사용할 투여량을 확인하기 위해 만성독성시험 전에 실시한다.

   (3) 만성독성시험(Chronic Toxicity, 약 2년간 실시) : 만성독성 평가는 6개월~2년 정도 독성물질을 매일 지속적으로 투여하여 실험동물의 장기나 기관에 어떠한 장해나 중독이 일어나는가를 알아보는 시험이다. 시험 동물에 장기간 또는 그 자손에게 매일 1회 투여하여 사망률, 생장에 미치는 영향, 중독증상, 임신율, 출산율, 사산율, 기형의 형성 등 다음 세대에 미치는 영향을 조사한다.

2) **특수독성시험** : 일반독성시험법 중 만성독성시험을 통하여 확인한다.[29]

   (1) 발암성 시험 : 실험동물의 전 생애 또는 특정시험 기간 동안 투입한 후 암의 발생 여부를 병리조직학적으로 평가하여 시험 대상물질의 발암성 유무를 판정하는 시험을 말한다.

   (2) 생식 및 발생독성시험 : 시험물질이 생식 기간의 성숙, 임신, 태아의 성장, 발달, 분만 등과 후손의 행동 기능 발달, 생식기능 발달 등에 어떠한 영향을 미치는가를 알아보기 위한 시험이다.

---

[27] 식약처, 「GLP 시험기관 평가 매뉴얼」, https://www.mfds.go.kr
[28] 약사법, 제2조2항
[29] 식약처, 『알고 싶은 식품첨가물의 이모저모』, 2012.7.31.

(3) 최기형성시험 : 수태 후 암컷 동물에게 태아의 주요 기관이 형성되는 시기에 물질을 투여한 후, 임신 말기에 임신 동물을 제왕 절개하여 자궁을 적출하고 태아 사망, 발육 지연, 기형 발생 등을 조사한다.

(4) 유전독성시험 : 시험물질이 세포의 유전물질(DNA) 또는 염색체에 영향을 끼쳐 돌연변이를 유발하는 것 등을 통해 후대에 어떠한 영향을 미치는가를 알아보기 위한 시험이다.

3. 인체 노출 안전(허용)기준

1) **1일 섭취 허용량(ADI, Acceptable Daily Intake)** : 잔류농약, 동물용 의약품, 식품첨가물 등 의도적으로 사용하는 화학물질에 대하여 사람이 평생 동안 매일 먹더라도 건강에 유해한 영향을 미치지 않는 화학물질의 1일 섭취 허용량이다. 사람의 체중 1kg당 1일의 mg수로 표시한다. 체중이 50kg인 사람은 ADI가 5mg×50kg, 즉 250mg으로 환산된다.

> ♣ ADI 또는 TDI 산정 : 새로운 물질에 대한 안전성 평가는 동물실험을 대상으로 용량-반응평가를 통하여 인체에 독성 여부를 평가하므로, 사람에게 직접 적용하기에는 불확실성이 있다. 따라서 동물실험의 결과를 사람에게 적용할 때 이러한 불확실성을 줄이기 위하여 안전계수를 적용한다.
> 1. ADI는 동물의 최대무작용량(NOAEL)에 대하여 불확실성계수(안전계수) 1/100을 곱하여 사람의 최대무작용량을 구하고, 여기에 사람의 평균 체중(50kg)을 곱하여 사람에 대한 1일 섭취량을 결정한다. ADI는 매일 평생동안 섭취하더라도 건강에 유해하지 않은 독성물질의 1일 섭취허용량이다.
> 2. 안전계수 적용 : 1/100
> (1) 동물과 사람의 종간 차이 계수 : 1/10
> (2) 사람 간의 차이 계수 : 1/10 → 건강인과 병자, 고령자, 어린이 등의 차이

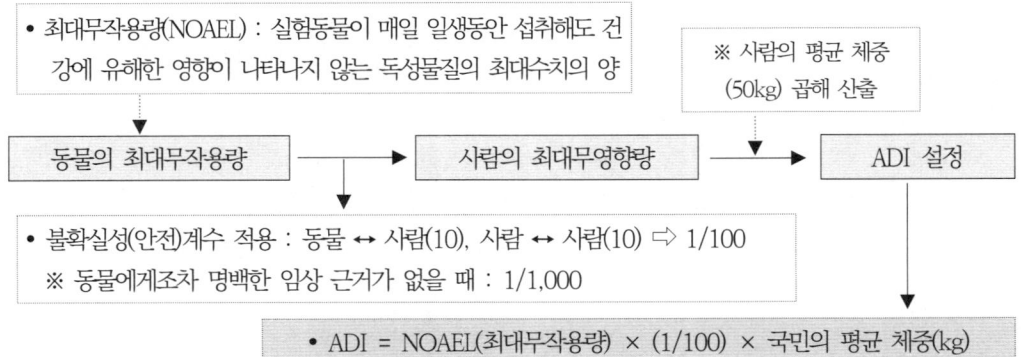

2) **1일 섭취한계량(TDI, Tolerable Daily Intake)** : 환경오염물질 등과 같이 식품 등에 비의도적으로 혼입되는 물질(중금속, 곰팡이독소 등)에 대해 사람이 평생 동안 매일 섭취하더라도 건강에 유해한 영향을 미치지 않는 1일 섭취허용량이다. 사람의 체중 1kg당 1일의 mg으로 표시한다. ADI 설정 절차와 동일하게 적용한다.

3) 반수종양생성량(TD$_{50}$, tumorigenic dose for 50% test animals) : 시험 동물의 50%가 표준수명기간 동안 종양을 생성하게 하는 유독물질의 양

4) MNEL(Maximum No Effect Level, 최대무작용량) : 실험 동물에게 평생동안 계속적으로 투여하여도 독성이 나타나지 않는 최대용량

■ 기출문제

1. 어떤 식품첨가물의 1일 섭취 허용량(ADI)을 구하기 위하여 동물(쥐)실험을 한 결과 ADI가 230mg/kg/day였다면 안전계수 1/100로 하여 체중 50kg인 사람의 ADI를 구하시오.
〈2012-1회, 2020-2회〉

- ADI(mg/day) = NOAEL ÷ (안전계수) × (체중)
  = 230(mg/kg/day) ÷ 100 × 50(kg)
  = 115(mg/day)
- ※ 동물의 ADI는 NOAEL(mg/kg/day)로 주어졌고, 사람의 ADI = 동물의 ADI(NOAEL) ÷ (안전계수) × (체중)으로 계산
- ※ 단위 : (mg/kg/day) × (kg) = (mg/day)

2. 어떤 식품첨가물의 1일 섭취 허용량(ADI)을 구하기 위하여 동물(쥐)실험을 한 결과 ADI가 250mg/kg/day였다면 안전계수 1/100로 하여 체중 60kg인 사람의 ADI를 구하시오.
〈2010-1회〉

- ADI(mg/day) = NOAEL × (안전계수) × (체중)
  = 250 × (1/100) × 60 = 150(mg/day)
- ※ NOAEL : 실험동물이 특정 독성물질을 매일 평생동안 섭취하더라도 건강에 유해하지 않은 최대 수치의 독성량

3. ADI(Acceptable Daily Intake)의 정의를 설명하고, 동물실험 결과 최대허용량이 1mg/kg일 때, 30kg인 어린이가 30g의 과자를 섭취할 때, ADI를 구하시오.
〈2007-3회, 2018-2회, 2019-3회〉

- ADI : 잔류농약, 동물용 의약품, 식품첨가물 등 의도적으로 사용하는 화학물질에 대하여 사람이 평생 동안 매일 먹더라도 건강에 유해한 영향을 미치지 않는 화학물질의 1일 섭취허용량
- ADI(mg/day) = NOAEL × (안전계수) × (체중)
  = 1(mg/kg/day) × (1/100) × 30(kg)
  = 0.3(mg/day)

4. ADI(Acceptable Daily Intake)와 Theoretical Maximum Daily Intake(TMDI)의 정의를 쓰시오.
〈2021-1회, 2023-3회〉

- ADI : 식품첨가물 등 의도적으로 사용하는 화학물질에 대하여 사람이 평생 동안 매일 먹더라도 건강에 유해한 영향을 미치지 않는 화학물질의 1일 섭취허용량
- Theoretical Maximum Daily Intake(TMDI, 이론적 일일 최대섭취량) : 농약잔류허용기준에 해당 식품들의 섭취량을 곱한 것을 모두 합산한 것. 해당 농약의 하루당 섭취량(mg/person/day)

5. 어떤 물질에 대해 쥐의 ADI가 150mg/kg/day이고, 안전계수가 1/100일 때, 60kg인 성인의 ADI를 구하시오. 〈2015-1회〉	• ADI(mg/day) = NOAEL×(안전계수)×(체중) = 150(mg/kg/day) × (1/100) × 60(kg) = 90(mg/day)
6. NOAEL 350mg/kg, 안전계수 100, 식품계수 0.1 kg/day일 때 ADI(mg/kg), 1인(60kg)의 MPI(mg/day), 최대식품허용잔류량(MRL, mg/kg 또는 ppm)을 구하시오. 〈2008-2회〉	• ADI = NOAEL ÷ (안전계수) = 350 ÷ 100 = 3.5(mg/kg) • 60kg인 사람의 MPI(mg/day) : ADI × (체중) = 3.5mg/kg × 60kg = 210 (mg/day) • MRL(ppm) = MPI ÷ 식품계수 = 210 ÷ 0.1 = 2,100ppm(mg/kg) ※ 최대허용섭취량(MPI, Maximum Permissible Intake) : [ADI × 체중(kg)]으로 계산 ※ 최대잔류허용량(MRL, maximum residue level) : 인간이 평생 동안 매일 섭취해도 해로운 영향이 없는 식품에 함유되어 있는 농약의 잔류량 수준. ppm(=mg/kg)으로 표기 → 계산법 : [ADI×평균 체중(kg)]÷식품계수

■ 예상문제

1. 일반독성시험의 종류 3가지와 특수독성시험의 종류 3가지를 쓰시오. 〈필기 기출〉	• 일반독성시험의 종류 : 급성독성시험, 아급성독성시험, 만성독성시험 • 특수독성시험의 종류 : 발암성 시험, 생식 및 발생독성 시험, 최기형성시험, 유전독성시험(변이원성) 등
2. 최대무작용량(NOAEL)의 정의를 간단히 쓰시오.	• NOAEL 정의 : 실험동물이 매일 일생 동안 섭취해도 건강에 유해한 영향이 나타나지 않는 독성물질의 최대 수치의 양

2-6. 소비기한(Shelf life)[30]

1. 소비기한, 품질유지기한

구분	소비기한(use by date)	품질유지기한 (best before date)
정의	(1) 식품 등에 표시된 보관방법을 준수할 경우 섭취하여도 안전에 이상이 없는 기한 (2) 제품을 소비할 수 있는 최종일	(1) 식품의 특성에 맞는 적절한 보존 방법이나 기준에 따라 보관할 경우 해당 식품 고유의 품질(본래의 맛, 냄새, 색, 영양소 등)이 유지될 수 있는 기간 (2) 식품이 최상의 품질을 유지할 수 있는 최종일 (이 기간까지는 최상 상태의 식품 섭취 가능) (3) 기간이 지나면 품질이 떨어짐
규정	(1) 소비기한을 표시하도록 의무화(설탕, 소금 등 일부 제외) (2) 소비기한 설정 기준에 따라 제품 특성을 고려하여 식품회사가 설정	(1) 소비기한이나 품질유지기한을 선택적으로 표시(레토르트식품, 통조림 식품, 잼류 등) (2) 식품회사가 자율적으로 설정
관리 방법	소비기한 경과 제품은 유통 및 판매 금지	(1) 품질유지기한 경과해도 유통 및 판매 가능 (2) 색이나 풍미의 저하를 의미하고, 섭취 시 신체에 영향이 있는 것은 아님

1) **소비기한**(use by date or expiration date) : 식품 등에 표시된 보관방법을 준수할 경우 섭취하여도 안전에 이상이 없는 기한을 말한다.
   (1) 식품을 소비할 수 있는 최종일이다. 개봉되지 않은 식품이 요구하는 조건으로 보존된 경우, 부패로 인하여 식품으로 제공할 수 없게 될 때까지의 기간을 말한다.
   (2) 권장소비기한 : 영업자 등이 소비기한 설정 시 참고할 수 있도록 제시하는 것으로 섭취해도 안전에 이상이 없는 기한을 말한다.

2) **소비기한과 유통기한의 차이점** [31]
   (1) 소비기한 : 표시된 보관조건 준수 시 식품 섭취가 가능한 기한. 소비자 중심의 표시제도로 품질변화 시점의 80~90%로 섭취 가능한 기간을 설정하기 때문에 유통기한보다 기간이 길다.
   (2) 유통기한 : 제품의 제조일로부터 소비자에게 유통·판매가 허용되는 기한. 영업자 중심의 표시제도로 품질변화 시점의 60~70%까지 판매가 가능한 기간으로 설정한다.

---
[30] 식약처, 식품, 축산물 및 건강기능식품의 소비기한 설정기준, 식약처 고시 제22-31호, 2022.4.20.
[31] 식품안전나라, https://www.foodsafetykorea.go.kr/portal/board/boardDetail.do

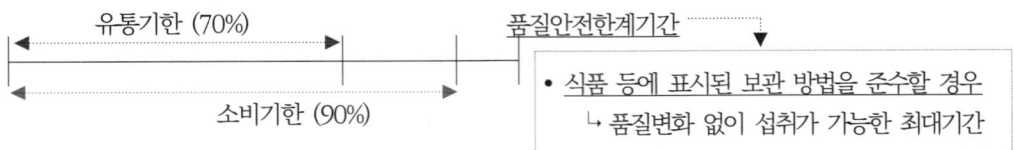

3) **품질안전한계기간** : 식품에 표시된 보관 방법을 준수할 경우 특정한 품질의 변화 없이 섭취가 가능한 최대 기간으로 소비기한 설정실험 등을 통해 산출된 기간을 말한다.

4) **제조연월일** : 포장을 제외한 더 이상의 제조나 가공이 필요하지 않은 시점. 포장 후 멸균살균 등 별도의 제조공정을 거치는 제품은 최종공정을 마친 시점을 의미한다.

5) **품질유지기한 표시 대상 식품** : 장기보관식품(레토르트식품, 통조림 식품), 잼류, 당류(포도당, 과당, 엿류 등), 다류 및 커피류(액상제품은 멸균제품만), 음료류(멸균제품만), 장류(메주 제외), 조미식품(식초, 멸균 카레 제품만), 김치류, 젓갈류 및 절임식품, 조림식품(멸균제품만), 주류(맥주만), 기타 식품(전분, 벌꿀, 밀가루만)

2. 소비기한에 영향을 주는 요인[32]

1) 식품, 축산물은 수분, 탄수화물, 지방, 단백질 등 다양한 성분을 함유하고 있다. 따라서 제품의 소비기한은 여러 가지 요인에 의해 영향을 받는데, 여기에는 내부적 요인과 외부적 요인으로 구분할 수 있다. 이들은 상호작용할 수 있으며 그 결과는 소비기한을 연장 또는 단축시킬 수 있다.

2) 소비기한에 영향을 미치는 내부적 요인과 외부적 요인

내부적 요인 (원재료와 관련)	외부적 요인 (제조공정 및 저장·유통과 관련)
(1) 원재료	(1) 제조공정
(2) 제품의 배합 및 조성	(2) 위생 수준
(3) 수분함량 및 수분활성도	(3) 포장 재질 및 방법
(4) pH 및 산도	(4) 저장 및 유통
(5) 산소의 이용성 및 산화환원 전위	(5) 진열 조건(온도, 습도 및 취급 등)
	(6) 소비자 취급

3. 소비기한 설정

1) 판매를 목적으로 하는 식품에 대한 소비기한 설정은 제조업자 등 영업자 자율로 정하도록 하되, 식약처의 '식품의 소비기한 설정 기준'에 따라 과학적 근거자료를 토대로 합리적으로 설정하도록 하고 있다. 제품은 소비기한 동안(종료 시점에 검사해도)에는 식품공전에 수재된 기준 및 규격에 적합해야 한다.

---

[32] 식약처, 「식품, 축산물 및 건강기능식품의 소비기한 설정실험 가이드라인」, 2023.7.

2) **식약처의 '식품의 소비기한 설정 기준'** : 식품의 제조가공업체는 포장 재질, 보존조건, 제조방법, 원료 배합 비율 등 **제품 특성**과 냉장·냉동보존, 상온유통 등 **유통실정을 고려**하여 실험한 다음, 설정된 **품질안전한계기 간 내**에서 소비자의 위해방지와 품질을 보장할 수 있도록 소비기한을 설정한다.

(1) 소비기한 설정실험을 수행해야 하는 경우는 다음과 같다.

> (1) 새로운 제품의 개발 시   (2) 제품 배합비율 변경 시   (3) 제품의 가공공정 변경 시
> (4) 제품의 포장 재질 및 포장방법 변경 시   (5) 소매 포장 변경 시

(2) <u>소비기한 설정실험의 생략이 가능한 경우</u>

> ① 권장 소비기한 내로 설정 시
> ② 소비기한이 설정된 제품과 식품 유형, 성상, 포장 재질 및 방법, 보존 및 유통온도, 보존료 사용 여부, 유탕·유처리 여부, 살균 및 멸균 방법이 일치하는 기존 제품의 소비기한 이내로 설정 시
> ③ 국내외 식품 관련 학술지 등재 논문, 정부기관의 보고서, 한국식품산업협회에서 발간한 보고서를 인용하여 소비기한을 설정하는 경우
> ④ 소비기한 표시를 생략할 수 있는 식품 또는 품질유지기한 표시 대상 품목

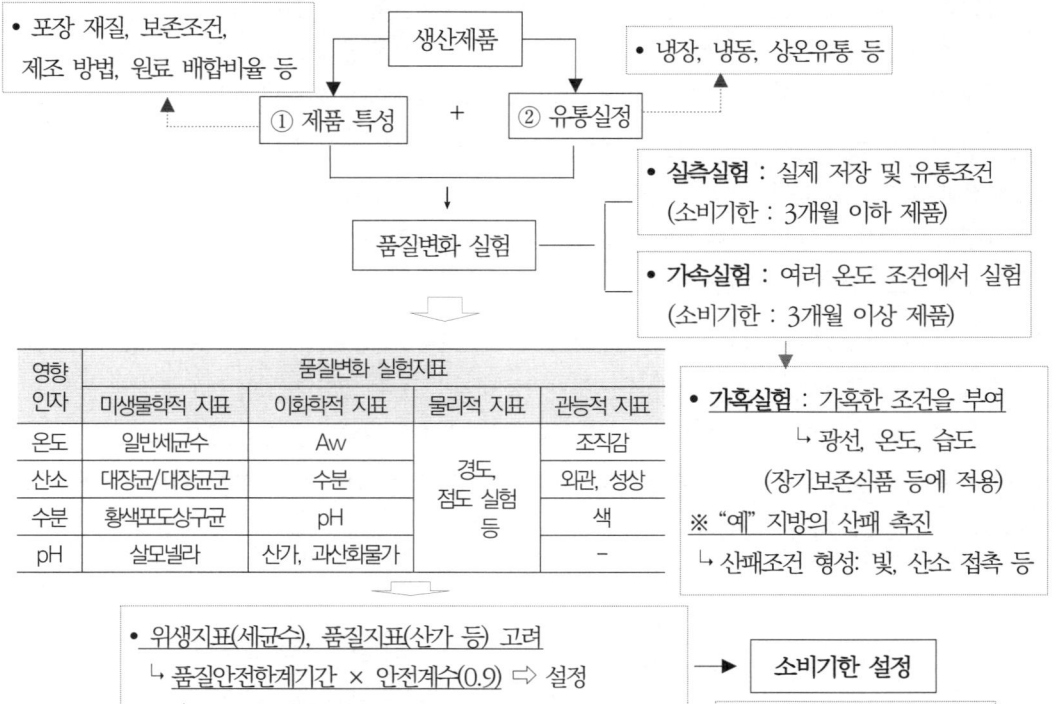

3) 제품의 제조일로부터 품질변화를 평가하는 실험 종류에는 이화학적 실험, 미생물학적 실험, 물리학적 실험 및 관능검사로 구분할 수 있다. 선정된 지표에 대한 '한계'를 각각 설정하고, 한계는 수치로 나타낸다.

4) **안전계수의 설정** : 제조자(수입자)는 식약처 '식품의 소비기한 설정 기준'에 따라 세균수 등의 위생지표와 산가 등의 품질지표를 측정한 후, 소비기한을 설정한다. 소비기한 설정 시, 제품의 보관 및 유통기준에서 허용하고 있는 온도 중에서 가장 가혹한 조건을 기준으로 실험한 결과에 통상적으로 발생할 수 있는 소비단계 변수를 고려하여 안전계수(1 미만의 보정값)를 적용한 값으로 선정한다. 소비기한의 안전계수는 일반적으로 0.9를 적용한다. [소비기한 = 품질안전한계기간 × 안전계수(0.9)]

4. 소비기한 설정실험 방법

1) **실측시험** : 제조사가 의도하는 소비기한 동안 실제 저장조건 또는 유통조건으로 저장하면서 선정한 설정실험 지표에 대해 품질한계에 이를 때까지 일정 간격으로 실험을 진행하면서 변화를 측정하여 소비기한을 설정하는 방법이다. 일반적으로 소비기한이 3개월 미만의 제품에 사용한다.

2) **가속실험** : 실제 보관 또는 유통조건보다 가혹한 조건에서 실험하여 단기간에 제품의 소비기한을 예측하는 것을 말한다. 통상 소비기한이 3개월 이상의 제품인 경우에 적용한다.

  (1) 온도가 물질의 화학적, 생화학적, 물리학적 반응과 부패 속도에 미치는 영향을 이용하여 실제 보관 또는 유통온도와 최소 2개 이상의 비교 온도에 저장하면서 선정한 지표가 품질한계에 이를 때까지 일정 간격으로 실험을 진행하여 결과를 얻는다. 그 실험 결과를 아레니우스 방정식(Arrhenius equation)을 사용하여 실제 보관 및 유통온도로 외삽한 후 소비기한을 예측하여 설정하는 것을 말한다.

  (2) 저장온도는 정확한 예측을 위해 최소 3~4개의 온도가 필요하므로, 제품의 저장은 유통온도 외에 최소 2개 이상의 온도를 추가하여 설정한다. 예를 들어, 상온유통제품은 유통온도가 15~25℃이다. 따라서 대조구(표준품)의 온도는 25℃로 하며, 실험구의 저장 온도는 15~40℃ 범위 안에서, 5℃ 또는 10℃ 간격으로 최소 2개 온도 이상에서 실험한다.

3) **가혹시험 (Stressed Testing)[33]** : 통조림, 레토르트 등 보존기간이 2년 이상인 제품의 경우 가속실험을 실행하여도 이화학적, 미생물학적, 관능적 지표가 변화하지 않을 수 있다. 이러한 경우에 실제 품질의 변화를 더욱 가속하여 실험할 필요가 있다. 이를 가혹시험이라 한다. 가혹조건(광선, 온도, 습도) 하에서 식품 등의 분해과정 및 분해산물 등을 확인하기 위한 시험이다. 시험조건은 광선, 온도, 습도의 3가지 조건을 검체의 특성을 고려하여 설정한다.

---

[33] 식약처, 『위해분석 용어해설집 제2판』, 2011.10.

■ 기출문제

1. 식품의 소비기한, 품질유지기한에 대해 설명하시오. 〈2009-3회, 2019-3회, 2023-2회〉

   - 소비기한(use by date or expiration date) : 식품 등에 표시된 보관방법을 준수할 경우 섭취하여도 안전에 이상이 없는 기한. 식품을 소비할 수 있는 최종일
   - 품질유지기한 : 식품의 특성에 맞는 적절한 보존방법이나 기준에 따라 보관할 경우 해당 식품 고유의 품질이 유지될 수 있는 기한

2. 품질유지기한 식품에 해당하는 식품 5가지를 쓰시오. 〈2020-4회〉

   - 장기보관식품(레토르트식품, 통조림 식품), 잼류, 당류(포도당, 과당, 엿류 등), 다류 및 커피류(액상제품은 멸균제품만), 음료류(멸균제품만), 장류(메주 제외), 조미식품(식초+멸균 카레제품만), 김치류, 젓갈류 및 절임식품, 조림식품(멸균제품만)

3. 소비기한 설정 방법 중 소비기한 가속실험 방법의 정의 쓰시오. 〈2020-1회〉

   - 실제 보관 또는 유통조건보다 가혹한 조건에서 실험하여 단기간에 제품의 소비기한을 예측하는 것. 통상 소비기한이 3개월 이상인 제품에 적용

4. 소비기한 가속실험의 설정 조건(온도)을 쓰고, 소비기한 조건을 아래 보기에서 골라 쓰시오. 〈2022-2회〉

   〈보기〉 1개월 미만, 1개월 이상, 3개월 미만, 3개월 이상 중 택1

   - 온도 : 실제 보관(또는 유통)온도와 최소 2개 이상의 비교 온도에 저장하면서 품질변화에 대한 실험 수행
   - 적용 : 소비기한이 3개월 이상인 제품

5. 식품의 소비기한 설정시험의 지표 3가지를 쓰시오. 〈2019-2회〉	• 이화학적 : Aw, 수분, pH, 산도 등 • 미생물학적 : 세균수, 대장균, 황색포도상구균, 살모넬라 등 • 물리적 : 경도, 점도의 변화 등 • 관능적 : 조직감, 외관, 성상, 색 등	
6. 다음 문제 중에서 (○, ×)를 선택하시오. 〈2023-1회〉 ① 유통기한은 품질안전한계기간의 80~90%, 소비기한은 품질안전한계기간의 50%로 설정한 것이다. (○, ×) ② 품질안전한계기간은 실제 식품의 제조와 유통환경에서는 의도치 않은 다양한 변수로 인하여 이상적인 조건을 유지하기 어려울 수 있으므로 이를 고려하여 "품질안전한계기간"에 1 이상의 안전계수를 적용하여 소비기한을 설정하여야 한다. (○, ×)	① × ② × ※ 유통기한은 품질안전한계기간의 60~70%, 소비기한은 품질안전한계기간의 80~90%로 설정 ※ 유통기한 = 품질안전한계기간 × 안전계수(0.7) 소비기한 = 품질안전한계기간 × 안전계수(0.9) ※ 소비기한 : 제품의 보관 및 유통기준에서 허용하고 있는 온도 중에서 가장 가혹한 조건을 기준으로 실험한 결과에 통상적으로 발생할 수 있는 소비단계 변수를 고려하여 안전계수(1 미만의 보정값)를 적용한 값으로 선정한다.	
7. 식품, 식품첨가물 등의 소비기한 설정실험의 생략이 가능한 경우를 3가지 쓰시오. 〈2012-3회〉	① 권장 소비기한 내로 설정 시 ② 소비기한이 설정된 제품과 식품 유형, 성상, 포장 재질 및 방법, 보존 및 유통온도, 보존료 사용 여부, 유탕·유처리 여부, 살균 및 멸균 방법이 일치하는 기존 제품의 소비기한 이내로 설정 시 ③ 국내외 식품 관련 학술지 등재 논문, 정부기관의 보고서, 한국식품산업협회에서 발간한 보고서를 인용하여 소비기한을 설정하는 경우 ④ 소비기한 표시를 생략할 수 있는 식품 또는 품질유지기한 표시 대상 품목	
8. 식품저장 중 미생물에 의한 오염을 막기 위해 조건을 변화시킬 수 없는 내적인자 3가지와 저장성 향상을 위해 변화시킬 수 있는 외적인자 3가지를 쓰시오. 〈2013-3회〉	• 내적인자 : pH, 수분활성도, 제품의 배합 및 조성(물리적 구조) • 외적인자 : 온도, 수분(습도), 저장조건(산소, 이산화탄소 등), 포장조건(재질 및 방법)	

9. 온도에 따라 농도가 감소하여 품질유지기한이 변하는 식품이 있다. 이 성분이 파괴되는데 요구되는 활성화에너지는 3,332cal/mol이다. 21℃에서 반응속도 0.00157/day일 때, 25℃에서 제품의 품질유지기한(보존기한)은 며칠인지 계산하시오.
[R=1.987, 식품 성분의 농도가 75%(25% 감소)일 때까지 품질유지기한이라 한다.]
(답안 작성 시, 소수점 버림)
〈2019-1회, 2021-3회, 2024-3회〉

$$\ln\left(\frac{k_2}{k_1}\right) = -\frac{Ea}{R}\left(\frac{1}{T_2} - \frac{1}{T_1}\right)$$

$$\ln[A] = -kt + \ln[A_0]$$

- 21℃에서 속도상수 $0.00157 = k_1$ 이고, 활성화에너지(Ea)와 속도상수의 관계는

$$\ln\left(\frac{k_2}{k_1}\right) = -\frac{Ea}{R}\left(\frac{1}{T_2} - \frac{1}{T_1}\right)$$

- 25℃에서의 속도상수 k_2는 위의 공식에 다음 값들을 대입하면 구할 수 있다.
  ① 21℃에서의 속도상수(k_1) = 0.00157/day
  ② 25℃에서의 속도상수(k_2) = 구하는 값
  ③ T_1 : 21℃에서 절대온도=273+21= 294K
  ④ T_2 : 25℃에서 절대온도=273+25= 298K
  ⑤ R : 1.987
  ⑥ 활성화에너지(Ea) : 3332cal/mol

$$\ln\left(\frac{k_2}{0.00157}\right) = -\frac{3332}{1.987}\left(\frac{1}{298} - \frac{1}{294}\right)$$

$$k_2 = 1.69 \times 10^{-3}$$

- 1차 반응이 일어나며, 25℃에서는 21℃ 원료량의 75%만 남게 되므로, 1차반응식에 대입하면 소요시간(t)을 산출할 수 있다.

$$\ln[A] = -kt + \ln[A_0]$$
$$\Rightarrow \ln[0.75] = -1.69 \times 10^{-3}\, t + \ln[1]$$

∴ t = [-ln(0.75) ÷ (1.69×10⁻³)] = 170일

10. 특정 식품을 가열하였더니, 식품에 함유된 비타민 C가 파괴되어 240일 후에 최초 농도의 1/4로 감소하였다. 이때 아래 식을 이용하여 비타민 C의 속도상수 값(k)을 구하시오. 〈2023-3회〉

$$\boxed{\ln[A] = -kt + \ln[A_0]}$$

[A_0] 초기농도, [A] 나중 농도, k(반응속도상수), t(시간)

- 비타민 C 함량이 240일(day) 후에 1/4로 감소, $[A_0] = (1/4)[A]$, t(시간) = 240일(day)

$$kt = \frac{\ln[A_0]}{\ln[A]} = \frac{\ln[A_0]}{\ln[(1/4)A_0]}$$

k × t(240 day) = ln4 이므로,

$$k = \frac{\ln 4}{240\,\text{day}} = 0.0058\ \text{day}^{-1}$$

11. 식품의 소비기한 설정시험의 지표 3가지를 쓰시오 〈2022-1회〉

식품종류		설정실험지표		
식품군	식품종 또는 유형	①	②	③
과자류, 빵류, 떡류	과자	수분, 산가 (유탕, 유처리 식품)	세균수, 유산균수 (유산균 함유 제품에 한함)	성상, 물성, 곰팡이
즉석 식품류	즉석 섭취, 편의 식품류	없음	세균수, 대장균, 황색포도 상구균, 바실러스 세레우스	성상

① 이화학적 지표
② 미생물학적 지표
③ 관능적 지표

■ **예상문제**

1. 소비기한의 산출과 관련된 내용이다. ( )에 알맞은 내용을 채우시오.

   > 소비기한의 표시는 (①) 시점으로 하고, 포장 후 멸균·살균 등 별도의 제조공정을 거치는 제품은 (②)을 마친 시점으로 한다. 그리고 캡슐 제품은 (③)완료 시점으로 한다.

① 포장 완료
② 최종공정
③ 충전·성형

2. 식약처 '식품의 소비기한 설정 기준'에 의해 소비기한 설정실험을 수행해야 하는 경우를 3가지 쓰시오

① 새로운 제품의 개발 시
② 제품 배합비율 변경 시
③ 제품의 가공공정 변경 시
④ 제품의 포장 재질 및 포장방법 변경 시
⑤ 소매 포장 변경 시

2-7. 유전자재조합식품

1. 유전자재조합식품(GMO)

1) **정의** : GMO는 유전자변형기술로 만들어진 농산물과 농산물 가공식품을 말한다. 식품위생법에서 유전자변형식품(GMO, Genetically Modified Organism)은 ① 인위적으로 유전자를 재조합하거나 유전자를 구성하는 핵산을 세포 또는 세포 내 소기관으로 직접 주입하는 기술 ② 분류학에 따른 과(科)의 범위를 넘는 세포융합기술을 활용하여 재배·육성된 농·축·수산물·미생물 및 이를 원료로 하여 제조·가공한 식품 또는 식품첨가물을 말한다.

2) <u>유전자변형생물체(Living Modified Organism, LMO)</u> : 생명공학기술을 이용하여 얻어진 생물체로서 새롭게 조합된 유전자를 포함하고 있는 동물, 식물, 미생물 같은 살아 있는 모든 생물체를 말한다. LMO는 생식과 번식을 할 수 있는 살아 있는 생물체만을 말하며, GMO는 생식이 불가한 것까지도 포함된다.

2. GMO 식품의 안전성 평가

1) GMO식품의 안전성 평가 : '실질적 동등성'으로 평가

 (1) **실질적 동등성 평가** : 실질적 동등성 평가는 국제식품규격위원회(CODEX)에서 GMO 식품의 안전성 심사 원칙으로 제안하였으며 한국, 유럽, 일본 등은 이 방법을 적용하고 있다. GMO 식품의 안전성 평가는 GMO 식품 개발사가 제출한 안전성 평가자료를 근거로 하여 식약처 '식품 안전성 평가자료 심사위원회'에서 실시한다.

 (2) **신규성** : 어떤 성분이 기존의 품종에는 없는 것이거나 양이 크게 다른 경우 그 차이를 신규성으로 본다.

 (3) **실질적 동등성의 개념** : 새롭게 도입된 어떤 제품이 <u>기존의 유사제품(농산물 등)과 비교하여 삽입된 유전자의 특성, 독성, 알레르기성, 항생제 내성, 영양성분상 큰 차이가 없다면 안전성과 영양성 측면에서 동일하게 취급해야 한다는 것</u>을 말한다.

2) **GM 식품 표시제도** : 표시 대상은 국내에서 수입·유통·판매가 가능한 품목으로 안전성 심사 결과 승인된 농수산물을 원료로 제조한 식품에 대해 소비자의 알 권리 및 선택권을 보장하기 위해 유전자변형식품에 대한 표시제를 시행하고 있다. 한국에서 승인된 GMO 식품은 콩, 옥수수, 면화, 카놀라, 사탕무, 알팔파 등 6종이다.

구분	표시 방법
유전자변형(GMO) 농축수산물의 표시	• "유전자변형 콩(농축수산물 품목명)"과 같이 표시 • 유전자변형농산물로 생산한 채소의 경우에는 "유전자변형 ○○(농산물 품목명)로 생산한 ○○○(채소명)"로 표시
GMO 포함된 경우	• "유전자변형 ○○(농축수산물 품목명) 포함"으로 표시

3) **비의도적 혼합치** : 농산물을 생산·수입·유통 등 취급과정에서 일반농산물과 GM 농산물을 구분하여 관리해도 그 속에 유전자변형농산물이 비의도적으로 혼입될 수 있는 비율을 말하며, 우리나라는 3% 이내에서 인정하고 있다.

4) **식품위생법 시행령(유전자변형식품 등의 안전성 심사)** : 유전자변형식품 등을 수입하거나 개발 또는 생산하는 경우, 안전성 심사를 받은 후 10년이 지나 시중에 유통되어 판매되고 있는 경우, 안전성 심사를 받은 후 10년이 지나지 않은 유전자변형식품 등으로 식약처장이 새로운 위해요소가 발견되었다는 등의 사유로 인체의 건강을 해칠 우려가 있다고 인정하는 경우는 안전성 검사를 받아야 한다.

2-8. 식품첨가물[34]

1. 식품첨가물의 정의 및 목적

1) **정의** : 식품위생법에서 식품첨가물은 '식품의 제조, 가공, 보존함에 있어 식품에 첨가, 혼합, 침윤 기타의 방법으로 사용되는 물질을 말한다.'고 규정되어 있다. 식품첨가물의 범주에는 기구 및 용기·포장의 살균, 소독 등에 사용되어 간접적으로 식품으로 이행되는 물질을 포함한다.

2) **사용 목적(역할 및 기능)** : 식품의 안전성 향상, 품질개선(영양성), 관능적 성질 개선, 제조과정의 보조적 역할

3) **식품첨가물 인정요건 및 사용 '기준 및 규격' 설정**

   (1) 식품첨가물은 안전성을 입증하고, 사용의 기술적 필요성 및 정당성 등을 입증 및 확인하여 적합할 경우 식품첨가물로 지정하고, 그 기준 및 규격을 설정하여 관리한다.

   (2) 식품첨가물은 <u>WHO/FAO의 산하기구인 합동식품첨가물 전문가위원회(JECFA), 국제식품규격위원회(CAC)</u> 등에서 안전성을 평가한 결과 및 사용기준, 우리나라의 식품 섭취 현황 등을 고려하여 지정한다.

4) **식품첨가물의 일반적 사용기준**

   (1) 물리적, 영양적, 기타 기술적 효과를 달성하는 데 필요한 최소량으로 사용한다.

   (2) 식품 제조과정 중 원재료나 비위생적인 제조 방법을 은폐하기 위해 사용해서는 안 된다.

   (3) 식품의 영양학적 품질을 유지 또는 개선에 사용해야 하며, 영양소의 불균형 섭취, 질병 치료 및 의료 목적으로 사용해서는 안 된다.

   (4) 식품의 특성, 본질, 품질을 변화시켜 소비자를 기만할 우려가 없는 것이어야 한다.

   (5) 정해진 사용기준에 적합하게 사용해야 한다.

2. 식품첨가물의 종류

1) **살균제** : 미생물을 단시간 내에 사멸시키기 위해 사용하며, 독성이 적고 식품에 영양을 주지 않으면서 살균

---

[34] 식약처, 식품첨가물의 기준 및 규격, 식약처 고시 제2024-56호, 2024.10.2.

효과가 강한 것이 좋다. 주로 음료수, 식기류, 손 등의 소독에 사용되며, 차아염소산 나트륨. 이산화염소수, 과산화수소, 오존수 등이 있다.

2) **보존료 (Preservative)** : 미생물 증식에 의해 일어나는 식품의 부패나 변질을 방지하여 식품의 보존성을 향상시키기 위해 사용되는 방부제이다. 소브산(Sorbic acid), 소브산칼륨, 안식향산(Benzoic acid), 안식향산나트륨, 데히드로초산 등이 있다.

  (1) 보존료의 효과를 높이기 위해서는 식품의 pH를 보존료의 작용에 효과적인 pH로 조정하고 가열살균, 건조, 냉동을 동시에 하는 것이 좋다.

  (2) 미생물에 대한 정균작용은 보존료의 미생물 세포 투과능력에 따라 좌우되며, 세포 투과능력을 가진 부분은 대부분 비해리분자 그룹이다. pH가 낮아지면 H^+ 농도가 증가(강산의 성질)됨에 따라 비해리분자의 농도가 커져 미생물 세포막이나 원형질을 쉽게 투과할 수 있으므로 효과가 증대된다.

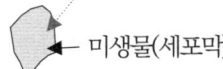

- 보존료 : pH↓ ⇨ H^+ 농도 증가 ⇨ 비해리분자의 농도↑(강산성 의미)
  ↳ 미생물의 세포막 쉽게 투과
- 소브산 : 전자전달계 반응 저해(산화적인산화 저해) → 정상 대사 억제 → 사멸
- 안식향산 : 세포 내 기질 이동 및 산화적인산화 저해 → 영양 고갈 → 사멸

3) **산화방지제** : 항산화제라고도 하며, 식품 보존 중에 공기 중의 산소와 접촉하여 발생하는 식품의 품질 저하를 방지하기 위해서 사용하는 식품첨가물이다. 유지 또는 유지를 함유한 식품은 산소와 결합하여 산패되면 품질이 저하된다. 따라서 산화방지제는 지질의 변색, 변향, 영양가 감소 등을 방지하기 위해서 사용한다. 천연항산화제는 토코페롤, 세사몰, 비타민 C 등이 있으며, 합성산화방지제는 BHA, BHT, 에리쏘르빈산나트륨 등 8종이 있다.

4) **유화제** : 물과 기름처럼 잘 섞이지 않는 두 종류의 물질을 잘 섞이게 해주는 식품첨가물로 계면활성제라고도 한다. 한 개의 분자 내에 친수기와 친유기를 모두 포함하고 있어, 물과 기름의 경계면에서 작용하는 힘(표면장력)을 낮추어 분산된 입자가 다시 응집하지 않도록 안정화시키는 역할을 한다. 글리세린지방산에스테르, 폴리글리세린, 레시틴 등이 있다.

5) **감미료** : 식품에 단맛을 부여하는 식품첨가물. 아스파탐, 사카린나트륨, 자일리톨, 솔비톨, 설탕 등이 있다.

6) **발색제** : 식품의 색을 안정화시키거나 유지 또는 강화시키는 식품첨가물. 아질산나트륨, 질산칼륨, 명반 등이 있다. 자체 색깔은 무색이다. 소시지, 햄 등의 육색을 밝게 유지해 주기 위해서 주로 이용된다.

7) **산도조절제** : 식품의 산도 또는 알칼리도를 조절하는 식품첨가물. 구연산, 사과산, 젖산, 주석산 등의 유기산과 그 염류 등이 있다.

8) **영양강화제** : 식품의 영양학적 품질을 유지하기 위해 제조공정 중 손실된 영양소를 복원하거나 영양소를 강화시키는 식품첨가물. 비타민류, 아미노산류, 칼슘 등이 있다.

9) **추출용제** : 유용한 성분 등을 추출하거나 용해시키는 식품첨가물. 이소프로필알코올, 주정(알코올), 헥산 등이 있다.

10) **향미증진제** : 식품의 맛 또는 향미를 증진시키는 식품첨가물로 아미노산계, 핵산계, 유기산계, 무기염류 등 4종류가 있다. 대표적 향미증진제는 L-글루탐산나트륨, 5-이노신산나트륨, 호박산, 카페인 등이 있다.

11) **착색료** : 식품에 색을 부여하거나 복원시키는 식품첨가물. 포도과피색소, 식용색소로 적색 제2, 3호, 카로틴 등이 있다.

12) **표백제** : 식품의 색을 제거하기 위해 사용되는 식품첨가물. 무수아황산, 아황산나트륨, 과산화수소 등

13) **기타 식품첨가물**

(1) 거품제거제(소포제) : 식품의 거품 생성을 방지하거나 감소시키는 식품첨가물. 규소수지, 올레인산, 팔미트산 등

(2) 고결방지제 : 식품의 입자 등이 서로 부착되어 고형화되는 것을 감소시키는 식품첨가물. 이산화규소 등

(3) 껌 기초제 : 적당한 점성과 탄력성을 갖는 비영양성의 씹는 물질로서 껌 제조의 기초 원료가 되는 식품첨가물. 로진

(4) 밀가루 개량제 : 밀가루나 반죽에 첨가되어 제빵 품질이나 색을 증진시키는 식품첨가물. 염소, 과산화벤조일 등

(5) 분사제 : 용기에서 식품을 방출시키는 가스 식품첨가물. 이산화탄소

(6) 습윤제 : 식품이 건조되는 것을 방지하는 식품첨가물. 폴리덱스트로스 등

(7) 안정제 : 두 가지 또는 그 이상의 성분을 일정한 분산 형태로 유지시키는 식품첨가물. 결정셀룰로오스 등

(8) 여과보조제 : 불순물 또는 미세한 입자를 흡착하여 제거하기 위해 사용되는 식품첨가물. 활성탄, 규조토 등

(9) 이형제 : 식품의 형태를 유지하기 위해 원료가 용기에 붙는 것을 방지하여 분리하기 쉽도록 하는 식품첨가물. 유동파라핀 등

(10) 응고제 : 식품 성분을 결착 또는 응고시키거나, 과일 및 채소류의 조직을 단단하거나 바삭하게 유지시키는 식품첨가물. 염화마그네슘 등

(11) 제조 용제 : 식품의 제조·가공 시 촉매, 침전, 분해, 청징 등의 역할을 하는 보조제 식품첨가물. 니켈 등

(12) 젤형성제 : 젤을 형성하여 식품에 물성을 부여하는 식품첨가물. 젤라틴 등

(13) 증점제 : 식품의 점도를 증가시키는 식품첨가물. 펙틴 등

(14) 청관제 : 식품에 직접 접촉하는 스팀을 생산하는 보일러 내부의 결석, 물 때 형성, 부식 등을 방지하기 위하여 투입하는 식품첨가물. 청관제

(15) 충전제 : 산화나 부패로부터 식품을 보호하기 위해 식품의 제조 시 포장 용기에 의도적으로 주입시키는 가스 식품첨가물. 질소

⑯ 팽창제 : 가스를 방출하여 반죽의 부피를 증가시키는 식품첨가물. 탄산수소나트륨, 명반, D-주석산 수소칼륨 등

⑰ 표면처리제 : 식품의 표면을 매끄럽게 하거나 정돈하기 위해 사용되는 식품첨가물. 탤크

⑱ 피막제 : 식품의 표면에 광택을 내거나 보호막을 형성하는 식품첨가물. 밀납

⑲ 향료 : 식품에 특유한 향을 부여하거나 제조공정 중 손실된 식품 본래의 향을 보강시키는 식품첨가물. 바닐린, 개미산 등

⑳ 효소제 : 특정한 생화학 반응의 촉매 작용을 하는 식품첨가물. 알파-아밀라아제 등

♣ **글루탐산나트륨(MSG), 아미노산 발효법, 글루탐산 발효**

1. 글루탐산나트륨(L-Monosodium Glutamate, MSG) : 향미증진제로 사용하는 식품첨가물
2. 아미노산 발효법 : 직접발효법(야생주, 영양요구변이주, 아날로그내성변이주 발효법), 전구체 첨가법, 효소에 의한 발효법 등
3. 글루탐산 발효 : 포도당으로부터 글루탐산을 생산하는 발효. 글루탐산은 코리네박테리움속(또는 브레비박테리움 속) 미생물을 배양하여 공업적으로 생산한다. 다량의 글루탐산을 생산하기 위해서는 배지 내 비오틴을 특정 범위로 제한하여 배양한다.
 (1) <u>발효 미생물</u> : <u>Corynebacterium glutamicum, Micrococcus glutamicus, Brevibacterium flavum</u> 등의 변이주
 (2) <u>페니실린을 첨가하는 이유</u> : 글루탐산은 biotin의 과잉배지에서는 세포막의 투과성이 나빠지므로 합성된 글루탐산이 미생물 체내에 과잉 축적된다. 따라서 세균이 세포벽을 합성하지 못하도록 세포벽 효소의 작용을 저해하는 Penicillin을 첨가하여 세포막의 투과성이 높아지도록 하면, 글루탐산이 세포 외로 분비가 촉진됨으로써 많은 양의 글루탐산을 얻을 수 있다.

♣ **핵산의 정미성 물질** : 향미증진제로 사용

1. <u>정미성 구조</u> : (1) 핵산 중 mononucleotide (2) purine계는 있고, pyrimidine계는 없다.
   (3) 퓨린고리의 6′위치에 OH기 (4) Ribose의 5′위치에 인산기
2. <u>정미성 물질 : IMP(5-이노신산), GMP(5-구아닐산), XMP(5-크산틸산)</u>
 ※ 맛의 세기 : GMP > IMP > XMP
3. 인공적으로 정미성 핵산을 생산하는 방법
 (1) RNA 분해법 (2) 생화학 변이주 사용법 (3) 발효와 합성법

■ 기출문제

1. GMO(유전자재조합식품)의 안전성 검사인 실질적 동등성의 의미와 평가요인 3가지를 쓰시오. 〈2015-2회, 2018-1회, 2022-1회〉

- 의미 : 새롭게 도입된 어떤 제품이 기존의 유사제품(농산물 등)과 비교하여 삽입된 유전자의 특성, 독성, 알레르기성, 영양성분상 큰 차이가 없다면 안전성과 영양성 측면에서 동일하게 취급해야 한다는 것
- 평가 요인 : 삽입된 유전자의 특성, 독성, 항생제 내성, 알레르기성, 영양성분

2. LMO(living modified organism)의 정의를 쓰시오. 〈2016-1회〉

- 생명공학기술을 이용하여 얻어진 생물체로서 생물종의 유전물질을 인위적으로 변형시킨 동물, 식물, 미생물 등과 같이 살아 있는 모든 생물체

3. 유전자재조합식품 안전성 시험에 관련된 내용이다. 빈칸을 채우시오. 〈2020-1회〉

유전자변형식품 등을 식용으로 (①), (②), (③) 하는 자는 최초로 유전자변형식품 등을 수입하거나, 안전성 심사를 받은 후 (④)이 지난 후 시중에 유통되어 판매되고 있는 경우 해당 식품 등에 대한 안전성 심사를 받아야 한다.

① 수입
② 개발
③ 생산
④ 10년

4. 식품첨가물의 사용 용도에 대해 쓰시오. (~료, ~제) 〈2010-2회〉
① 안식향산나트륨 :
② 차아염소산 나트륨 :
③ 에리쏘르빈산나트륨 :
④ 구연산 :

① 안식향산나트륨 : 보존료
② 차아염소산 나트륨 : 살균제
③ 에리쏘르빈산나트륨 : 산화방지제
④ 구연산 : 산도조절제(산미료)

5. 식품첨가물의 사용 용도에 대하여 쓰시오 〈2020-2회〉
① 수크로스 :   ② 식용색소 청색1호 :
③ 소브산 :   ④ 부틸히드록시아니솔 :
⑤ 카페인 :

① 수크로스 : 감미료
② 식용색소 청색1호 : 착색료
③ 소브산 : 보존료
④ 부틸히드록시아니솔 : 산화방지제
⑤ 카페인 : 향미증진제

6. 다음 ( )안에 들어갈 내용을 아래에서 골라 동그라미 치시오. 〈2021-3회〉

> (1) 식품 중에 첨가되는 식품첨가물의 양은 물리적, 영양학적 또는 기타 기술적 효과를 달성하는 데 필요한 (①)으로 사용하여야 한다.
> (2) 식품첨가물은 식품 제조가공과정 중 결함 있는 원재료나 비위생적인 제조 방법을 (②) 하기 위하여 사용되어서는 안 된다.
> (3) 식품 중에 첨가되는 (③)는 식품의 영양학적 품질을 유지하거나 개선시키는 데 사용되어야 하며, 영양소의 과잉 섭취 또는 불균형한 섭취를 유발해서는 아니 된다.

(1) 최대량 / 최소량　　(2) 은폐 / 교정
(3) 영양강화제 / 품질안정제

① 최소량
② 은폐
③ 영양강화제

7. 첨가물의 사용 용도를 적으시오. (~료, ~제) 〈2017-1회, 2022-2회〉
① 구연산 :　　② 자일리톨 :
③ 무수아황산 :　　④ 사카린나트륨 :
⑤ 메틸알코올 :　　⑥ 부틸히드록시아니솔 :

① 구연산 : 산도조절제
② 자일리톨 : 감미료, 습윤제
③ 무수아황산 : 표백제, 보존료, 산화방지제
④ 사카린나트륨 : 감미료
⑤ 메틸알코올 : 추출용제
⑥ 부틸히드록시아니솔 : 산화방지제

8. 식품첨가물 공전에 명시된 다음 식품첨가물의 주요 용도를 쓰시오. 〈2012-3회〉
① 보존료 :
② 감미료 :
③ 거품제거제(소포제) :

① 보존료 : 미생물에 의한 변질을 방지하여 식품의 보존기간을 연장시키는 식품첨가물
② 감미료 : 식품에 단맛을 부여하는 식품첨가물
③ 거품제거제(소포제) : 식품의 거품 생성을 방지하거나 감소시키는 식품첨가물

9. 보존료의 정의와 탄산음료에 사용되는 보존료 2가지를 쓰시오. 〈2024-3회〉

- 보존료 : 미생물에 의한 변질을 방지하여 식품의 보존기간을 연장시키는 식품첨가물
- 탄산음료 보존료 : 안식향산, 안식향산나트륨, 안식향산칼륨, 안식향산칼슘, 소브산, 소브산칼륨, 소브산칼슘

10. 발색제의 자체 색깔 특성 및 착색제와 비교하여 특성을 쓰시오. 〈2017-3회, 2022-1회〉	• 발색제의 색 : 무색 • 발색제 : 식품 중에 존재하는 색깔을 유지하거나 발색하기 위해 사용하는 첨가물. 아질산나트륨, 질산칼륨 등 • 착색제 : 인공적으로 색깔을 만들고 식품의 품질을 향상시키기 위해 사용하는 첨가물. 식용색소 적색 제2호, 적색 제3호, 카로틴 등
11. 산형 보존제가 낮은 pH에서 보존 효과가 큰 이유를 쓰시오. 〈2011-2회, 2018-1회〉	• 미생물에 대한 정균작용 : 보존료의 미생물 세포 투과 능력에 따라 좌우되며, 세포 투과 능력을 가진 부분은 대부분 비해리분자 그룹. pH가 낮아지면 H^+ 농도가 증가(강산의 성질)됨에 따라 비해리분자의 농도가 커져 미생물 세포막이나 원형질 쉽게 투과할 수 있으므로 효과가 증대됨.
12. 식품첨가물 Codex를 결정하는 국제기구 2가지를 쓰시오. 〈2008-2회, 2009-3회, 2013-1회, 2015-2회, 2018-2회〉	① CAC : 국제식품규격위원회 ② JECFA : FAO/WHO의 합동식품첨가물전문가위원회
13. 수입 다대기에서 홍국색소가 검출되어 전량 회수 조치되었다. 홍국색소는 천연색소로 식품첨가물공전에 등재되어 일반식품에 사용이 가능한 식품첨가물임에도 불구하고 회수 조치 된 이유를 쓰시오. 〈2022-1회〉	• 이유 : 홍국색소는 일반적으로 식품가공 시 사용이 가능한 식품첨가물이지만, 원재료의 품질을 속이거나 비위생적인 취급행위(불량 고추 혼입 등)를 은폐하기 위해 불법적인 목적으로는 사용하지 못하도록 제한 ※ 홍국색소 : 홍국균(Monascus)의 배양물을 에탄올로 추출하여 얻어진 천연색소 ※ 식품첨가물 공전에서 홍국색소의 사용 제한 식품 : 천연식품, 다류, 커피, 고춧가루, 실고추, 김치류, 고추장, 조미고추장, 식초, 향신료가공품(고추 또는 고춧가루 함유 제품에 한함)

14. 깐포도 통조림 등의 캔 제조 시 과즙의 청량감을 높이기 위해서 설탕 용액의 액즙에 첨가하는 물질 2가지를 쓰시오. 〈2010-1회〉	• 산도조절제 첨가 : 구연산, 사과산, 젖산, 주석산, 비타민 C 등	

15. 숯과 활성탄의 원료와 제조방법, 식용 가능 여부, 식품첨가물 등재 여부, 첨가 기준에 대하여 쓰시오. (등재되어 있지 않다면 − 로 표시하시오) 〈2009-2회〉

구분	숯	활성탄
제조방법	• 나무를 탄화시켜 만든 연료 ※ 목탄이라고도 함	• 목재·갈탄 등을 염화아연이나 인산 등의 약품으로 처리하여 건조 또는 목탄을 수증기로 활성화시켜 만든 탄소화합물
식용여부	사용 불가	사용 불가
등재여부	−	등재되어 있음
사용기준	−	• 식품의 제조 또는 가공 상 여과보조제(여과, 탈색, 탈취, 정제 등)의 목적으로 사용 • 최종 완성 전에 식품에 잔존하지 않도록 제거 • 식품 중 잔량은 0.5% 이하(규조토, 백도토, 산성백토 등 다른 불용성 광물성 물질과 병용 시에는, 잔존량의 합계가 0.5% 이하)

16. L-글루타민산나트륨을 발효하는 미생물 속명을 라틴어로 쓰고, L-글루타민산나트륨의 제조과정에서 페니실린을 첨가하는 이유를 쓰시오. 〈2017-3회〉	• 균주 : Corynebacterium(코리네박테리움) • 페니실린 첨가 : 균주들의 세포막 투과성을 높여 생성된 글루탐산이 세포 외로 분비가 촉진되도록 하여 대량의 글루탐산을 얻기 위함	
17. 감칠맛을 내는 뉴클레오티드(핵산) 3종류를 쓰고, 화학구조상 공통점과 차이점을 쓰시오. 〈2020-2회〉	• 종류 : GMP(5-구아닐산), IMP(5-이노신산), XMP(5-크산틸산) • 공통점 : 퓨린계 염기, mononucleotide • 차이점 : 염기 조성이 다름, 인산기와 결합하고 있는 아미노산 차이	

■ 예상문제

1. GMO 농산물의 비의도적 혼합치의 정의와 우리나라의 면제 비율은 몇 %에 해당하는가를 쓰시오 〈필기 기출〉

   - 정의 : 농산물을 생산·수입·유통 등 취급과정에서 일반농산물과 GM 농산물을 구분하여 관리해도 그 내부에 유자변형농산물이 비의도적으로 혼입될 수 있는 비율
   - 면제 비율(한국) : 3%

2. 우리나라에서 승인하고 있는 GMO 식품의 종류 6가지를 쓰시오.

   - 한국에서 승인된 GMO 식품 : 콩, 옥수수, 면화, 카놀라, 사탕무, 알팔파

3. 아미노산 제조 방법 4가지를 쓰시오 〈필기 기출〉

   - 추출법, 화학합성법, 미생물 발효법, 효소법

4. 핵산에서 정미성 구조를 갖는 4가지를 쓰시오 〈필기 기출〉

   ① 핵산 중 mononucleotide
   ② purine계는 있고, pyrimidine계는 없다.
   ③ 퓨린고리의 6′ 위치에 OH기
   ④ Ribose의 5′ 위치에 인산기

제3절 HACCP, 식품안전관리인증

3-1. HACCP 및 선행요건

1. HACCP(Hazard Analysis and Critical Control Point)

1) 정의 : 식품의 원료관리, 제조, 가공, 조리 및 유통 등의 모든 과정에서 위해물질이 식품에 혼입되거나 오염되는 것을 방지하기 위하여, 각 과정의 위해요소를 확인 및 평가하여 중점적으로 관리하는 것으로 식품의 안전성을 확보하기 위한 사전 예방적 차원의 식품안전관리체계이다.

2) <u>의무 적용 대상 품목</u>

⑴ 어육가공품 중 어묵류, 어육소시지	⑼ 초콜릿류
⑵ 냉동수산식품 중 어류, 연체류, 조미가공품	⑽ 국수, 유탕면류
⑶ 레토르트식품	⑾ 비가열음료
⑷ 건강기능식품	⑿ 즉석섭취식품, 즉석조리식품 중 순대
⑸ 특수영양식품	⒀ 과자, 캔디류
⑹ 냉동식품 중 피자류, 만두류, 면류	⒁ 음료류
⑺ 배추김치	⒂ 전년도 연매출 100억 원 이상인 업체에서 제조, 가공하는 식품
⑻ 빵류, 떡류	

2. HACCP의 선행요건(PRP, Pre-Requisite Program)

1) 정의 : HACCP 시스템은 **기본적인 위생관리가 효과적으로 수행되는 조건** 아래서 공정 중의 **중점관리요소를 파악하여 조치 및 관리**하는 식품안전관리시스템이다.

⑴ HACCP 시스템이 제대로 작동하려면 **위생적인 설비 및 위생관리가 선행**되어야 한다. 즉, 선행요건은 '우수제조시설 및 설비, 표준위생관리기준'을 말하며, 이러한 요건이 충족되어야 HACCP 시스템이 제대로 작동할 수 있다.

⑵ 선행요건이란 HACCP 시스템이 정상적으로 작동되기 위한 위생관리프로그램을 말한다. 즉, HACCP 시스템은 식품을 위생적으로 생산할 수 있는 시설 및 설비(GMP)를 갖추고, 공정 및 공정 이외의 위생관리를 적합하게 시행(SSOP)하면서, 공정 중에서 중점적으로 관리해야 하는 요소(CCP)를 파악 및 조치하여 식품의 안전성을 보장하기 위한 것을 말한다.

⑶ 또한, HACCP 시스템을 효율적으로 운영하기 위해서는 적절한 CCP(중점관리요소)의 결정과 CCP(중점관리요소) 공정(과정)의 수를 최소화할 필요가 있다. 이를 위해서는 SSOP가 선행적으로 관리되어야 한다.

2) GMP(Good Manufacturing Practice)

(1) GMP는 작업장의 구조 및 설비 + 원료의 구입, 생산, 포장, 출하단계 등 전 공정에 걸쳐 우수식품의 제조 및 품질관리에 관한 체계적인 기준을 말한다.

(2) '우수식품제조 및 품질관리기준 적용업소(GMP) 지정' 제도 : 우수한 식품의 제조 및 품질관리를 위하여 식품제조업의 허가를 받은 영업자가 위생적인 제조시설 및 설비를 갖추고, 업체의 자율 4대 기준서의 요건에 따라 GMP를 적용하는 업체에 대하여 식약처가 인정하는 제도이다.

3) 표준위생관리기준(SSOP, Sanitation Standard Operation Procedure)
: SSOP는 HACCP의 7가지 시행 원칙에서 적용할 수 없는 위해요소를 관리하기 위한 것으로 외부의 위해요소, 공정 중의 위해요소, 일반 위생 등과 관련된 요소들을 관리하는 것이다. SSOP는 다음과 같은 8가지 요소에 대한 관리를 말한다.

① 영업장 관리	② 위생관리	③ 제조가공시설·설비관리	④ 냉장·냉동시설·설비관리
⑤ 용수관리	⑥ 보관·운송관리	⑦ 검사관리	⑧ 회수프로그램 관리

4) 표준위생관리기준(SSOP)의 세부 내용[35]

(1) 영업장 관리

작업장	① 작업장은 독립된 건물이거나, 식품 취급 외의 용도로 사용되는 시설과 분리되어 있어야 한다. ② 작업장은 누수, 외부의 오염물질이나 곤충, 설치류 등의 유입을 차단할 수 있도록 밀폐된 구조이어야 한다. ③ 작업장은 청결구역과 일반구역으로 분리하고, 제품의 특성과 공정에 따라 분리, 구획 또는 구분할 수 있다.
건물 바닥, 벽, 천장	① 원료처리실, 제조가공실 및 내포장실의 바닥, 벽, 천장, 출입문, 창문 등은 제조가공하는 식품의 특성에 따라 내수성 또는 내열성 등의 재질을 사용. 바닥은 파여 있거나 갈라진 틈이 없어야 하며, 작업 특성상 필요한 경우를 제외하고는 마른 상태를 유지해야 한다.
배수 및 배관	① 배수 및 배관 : 배수가 잘되어야 하고, 배수로에 퇴적물이 쌓이지 않아야 하며 배수구, 배수관 등은 역류가 되지 않도록 관리해야 한다.
출입구 및 통로, 창	① 작업장의 출입구에는 구역별 복장 착용 방법을 게시하여야 하고, 개인위생관리를 위한 세척, 건조, 소독 설비 등을 구비하여야 하며, 작업자는 세척 또는 소독 등을 통해 오염 가능성 물질 등을 제거한 후 작업을 수행해야 한다. ② 작업장 내부에는 종업원의 이동 경로를 표시해야 하고 이동 경로에는 물건을 적재하거나 다른 용도로 사용하지 않아야 한다. ③ 창의 유리는 파손 시 유리 조각이 작업장 내로 흩어지거나 원부자재 등으로 혼입되지 않도록 해야 한다.

---
[35] 식약처, 식품 및 축산물 안전관리인증 기준, 식약처 고시 제2023-26호, 2023.4.6.

채광 및 조명	① 작업실 안은 작업이 용이하도록 자연채광 또는 인공 조명장치를 이용하여 밝기는 **220룩스** 이상을 유지. 선별 및 검사구역 작업장 등은 육안 확인이 필요한 조도 (**540룩스 이상**)를 유지해야 한다. ② 채광 및 조명시설은 내부식성 재질을 사용하고, 식품이 노출되거나 내포장 작업을 하는 작업장에는 파손이나 이물 낙하 등에 의한 오염을 방지하기 위한 보호장치를 해야 한다.
부대 시설	① 화장실, 탈의실 등은 내부 공기를 외부로 배출할 수 있는 별도의 환기시설을 갖추고, 화장실 등의 벽과 바닥, 천장, 문은 내수성, 내부식성의 재질을 사용하여야 한다. 또한, 화장실의 출입구에는 세척, 건조, 소독 설비 등을 구비해야 한다. ② 탈의실은 외출 복장(신발 포함)과 위생 복장(신발 포함) 간의 교차 오염이 발생하지 아니 하도록 분리 또는 구분·보관해야 한다.

(2) 위생관리

작업환경관리	① 동선 계획 및 공정 간 오염방지 ㈎ 원부자재의 입고에서부터 출고까지 물류 및 종업원의 이동 동선을 설정하고 이를 준수하여야 한다. ㈏ 원료의 입고에서부터 제조가공, 보관, 운송에 이르기까지 모든 단계에서 혼입될 수 있는 이물에 대한 관리계획을 수립하고 이를 준수하여야 하며, 필요한 경우 이를 관리할 수 있는 시설·장비를 설치하여야 한다. ㈐ 청결구역과 일반구역별로 각각 출입, 복장, 세척소독 기준 등을 포함하는 위생수칙을 설정하여 관리하여야 한다. ② 온도·습도 관리 : 제조가공·포장·보관 등 공정별로 온도 관리계획을 수립하고 이를 측정할 수 있는 온도계를 설치하여 관리하여야 한다. 필요한 경우 제품의 안전성 및 적합성을 확보하기 위한 습도 관리계획을 수립·운영하여야 한다. ③ 환기시설 관리 : 작업장 내에서 발생하는 악취나 이취, 유해가스, 매연, 증기 등을 배출할 수 있는 환기시설을 설치하여야 한다. ④ 방충, 방서 관리 ㈎ 외부로 개방된 흡배기구 등에는 여과망이나 방충망 등을 부착하여야 한다. ㈏ 작업장은 방충·방서 관리를 위하여 해충이나 설치류 등의 유입이나 번식을 방지할 수 있도록 관리하여야 하고, 유입 여부를 정기적으로 확인하여야 한다. ㈐ 작업장 내에서 해충이나 설치류 등의 구제를 실시할 경우에는 정해진 위생 수칙에 따라 공정이나 식품의 안전성에 영향을 주지 않는 범위 내에서 적절한 보호 조치를 취한 후 실시하며, 작업 종료 후 식품취급시설 또는 식품에 직간접적으로 접촉한 부분은 세척 등을 통해 오염물질을 제거하여야 한다.
개인위생 관리	① 작업장 내 작업 중인 종업원 등은 <u>위생복·위생모·위생화</u> 등을 항시 착용하여야 하며, 개인용 장신구 등을 착용하여서는 안 된다.

폐기물관리	① 폐기물·폐수처리시설은 작업장과 격리된 일정 장소에 설치·운영하며, 폐기물 등의 처리용기는 밀폐 가능한 구조로 침출수 및 냄새가 누출되지 않아야 하고, 관리계획에 따라 폐기물 등을 처리반출하고, 그 관리기록을 유지해야 한다.
세척 또는 소독	① 영업장에는 기계·설비, 기구·용기 등을 충분히 세척하거나 소독할 수 있는 시설이나 장비를 갖추어야 한다. ② 세척소독 시설에는 종업원에게 잘 보이는 곳에 올바른 손 세척 방법 등에 대한 지침이나 기준을 게시하여야 한다. ③ 영업자는 다음 각 호의 사항에 대한 세척 또는 소독 기준을 정하여야 한다. · 종업원 · 위생복, 위생모, 위생화 등 · 작업장 주변 · 작업실별 내부 · 식품제조시설(이송배관 포함) · 냉장·냉동설비 · 용수저장시설 · 보관·운반시설 · 운송차량, 운반도구 및 용기 · 모니터링 및 검사 장비 · 환기시설(필터, 방충망 등 포함) · 폐기물 처리 용기 · 세척, 소독도구 · 기타 필요사항 ④ 세척 또는 소독 기준은 다음의 사항을 포함하여야 한다. · 세척소독 대상별 세척소독 부위 · 세척소독 방법 및 주기 · 세척소독 책임자 · 세척소독 기구의 올바른 사용 방법 · 세제 및 소독제(일반 명칭 및 통용 명칭)의 구체적인 사용 방법 ⑤ 세척 및 소독용 기구나 용기는 정해진 장소에 보관·관리되어야 한다. ⑥ 세척 및 소독의 효과를 확인하고, 정해진 관리계획에 따라 세척 또는 소독을 실시하여야 한다.

(3) 제조·가공시설·설비관리

① 제조·가공·선별·처리 시설 및 설비 등은 공정 간 또는 취급 시설·설비 간 오염이 발생되지 않도록 공정의 흐름에 따라 적절히 배치되어야 하며, 이 경우 제조가공에 사용하는 압축공기, 윤활제 등은 제품에 직접 영향을 주거나 영향을 줄 우려가 있는 경우 관리 대책을 마련하여 청결하게 관리하여 위해요인에 의한 오염이 발생하지 아니하여야 한다.
② 식품과 접촉하는 취급 시설·설비는 인체에 무해한 내수성·내부식성 재질로 열탕·증기·살균제 등으로 소독·살균이 가능하여야 하며, 기구 및 용기류는 용도별로 구분하여 사용·보관하여야 한다.
③ 온도를 높이거나 낮추는 처리시설에는 온도변화를 측정·기록하는 장치를 설치·구비하거나 일정한 주기를 정하여 온도를 측정하고, 그 기록을 유지하여야 하며 관리계획에 따른 온도가 유지되어야 한다.
④ 식품 취급 시설·설비는 정기적으로 점검·정비를 하여야 하고 그 결과를 보관하여야 한다.

(4) 냉장·냉동시설·설비 관리

- <u>냉장시설은 내부의 온도를 10℃ 이하</u>(다만, 신선편의식품, 훈제연어, 가금육은 5℃ 이하 보관 등 보관온도 기준이 별도로 정해져 있는 식품의 경우에는 그 기준을 따른다.), <u>냉동시설은 -18℃ 이하</u>로 유지하고, 외부에서 온도변화를 관찰할 수 있어야 하며, 온도 감응 장치의 센서는 온도가 가장 높게 측정되는 곳에 위치하도록 한다.

(5) 용수관리

① 식품 제조가공에 사용되거나, 식품에 접촉할 수 있는 시설·설비, 기구·용기, 종업원 등의 세척에 사용되는 용수는 수돗물이나 「먹는물 관리법」 제5조의 규정에 의한 먹는 물 수질기준에 적합한 지하수이어야 하며, 지하수를 사용하는 경우, 취수원은 화장실, 폐기물폐수처리시설, 동물사육장 등 기타 지하수가 오염될 우려가 없도록 관리하여야 하며, 필요한 경우 살균 또는 소독장치를 갖추어야 한다.
② 식품 제조가공에 사용되거나, 식품에 접촉할 수 있는 시설·설비, 기구·용기, 종업원 등의 세척에 사용되는 용수는 다음 각 호에 따른 검사를 실시하여야 한다.
　㉮ 지하수를 사용하는 경우에는 먹는 물 수질기준 전 항목에 대하여 연 1회 이상(음료류 등 직접 마시는 용도의 경우는 반기 1회 이상) 검사를 실시하여야 한다.
　㉯ 먹는 물 수질기준에 정해진 미생물학적 항목에 대한 검사를 월 1회 이상(지하수를 사용하거나 상수도의 경우는 비가열식품의 원료 세척수 또는 제품 배합수로 사용하는 경우에 한한다) 실시하여야 하며, 미생물학적 항목에 대한 검사는 간이검사키트를 이용하여 자체적으로 실시할 수 있다.
③ 저수조, 배관 등은 인체에 유해하지 아니한 재질을 사용하여야 하며, 외부로부터의 오염물질 유입을 방지하는 잠금장치를 설치하여야 하고, 누수 및 오염 여부를 정기적으로 점검하여야 한다.
④ 저수조는 반기별 1회 이상 청소와 소독을 자체적으로 실시하거나, 저수조청소업자에게 대행하여 실시하여야 하며 그 결과를 기록유지하여야 한다.
⑤ 비음용수 배관은 음용수 배관과 구별되도록 표시하고 교차되거나 합류되지 않아야 한다.

(6) 보관·운송관리

구입 및 입고	① 검사성적서로 확인하거나 자체적으로 정한 입고기준 및 규격에 적합한 원부자재만 구입해야 한다.
협력 업소 관리	① 영업자는 원부자재 공급업체 등 협력 업소의 위생관리 상태를 점검하고, 그 결과를 기록해야 한다. 다만, 공급업소가 HACCP 적용업소일 경우는 생략 가능
운송	① 운반 중인 식품·축산물은 비식품·축산물 등과 구분하여 교차오염을 방지하여야 하며, 운송 차량으로 인하여 운송제품이 오염되어서는 안 된다. ② 운송차량은 냉장의 경우 10℃ 이하(단, 가금육 -2~5℃ 운반과 같이 별도로 정해진 경우에는 그 기준을 따른다), 냉동의 경우 -18℃ 이하를 유지할 수 있어야 하며, 외부에서 온도변화를 확인할 수 있도록 온도 기록 장치를 부착해야 한다.
보관 관리	① 원료 및 완제품은 선입선출 원칙 준수, 입·출고 상황을 관리 및 기록해야 한다. ② 원부자재, 반제품 및 완제품은 구분 관리하고, 바닥이나 벽에 밀착되지 않도록 적재, 관리해야 한다. ③ 부적합한 원부자재, 반제품 및 완제품은 별도로 저장 관리하고, 명확하게 식별되도록 표시하여 반송 및 폐기 조치 후 그 결과를 기록 유지해야 한다. ④ 유독성 물질, 인화성 물질 및 비식용 화학물질은 식품 취급 구역으로부터 격리되고, 환기가 잘되는 지정 장소에 구분 보관 및 취급해야 한다.

(7) 검사관리

제품검사	① 제품검사는 자체 실험실에서 검사계획에 따라 실시하거나 검사기관과의 협약에 의하여 실시해야 한다. ② 검사결과는 다음 내용이 구체적으로 기록되어야 함. 검체명, 제조연월일 또는 소비기한(품질유지기한), 검사 연월일, 검사항목 및 검사기준과 검사결과, 판정결과 및 판정 연월일, 검사자 및 판정자의 서명 날인, 기타 필요사항을 기록해야 한다. ③ 작업장의 청정도 유지를 위하여 공중낙하세균 등을 관리계획에 따라 측정 및 관리해야 한다. 다만, 제조공장의 자동화, 시설 및 제품의 특수성, 식품이 노출되지 않거나 식품을 포장된 상태로 취급하는 등 작업장의 청정도가 제품에 영향을 줄 가능성이 없는 작업장은 그렇지 않을 수 있다.
시설 설비 기구 등 검사	① 냉장, 냉동 및 가열처리 시설 등의 온도측정 장치는 연 1회 이상, 검사용 장비 및 기구는 정기적으로 교정해야 한다. 이 경우 자체적으로 교정검사를 할 때는 그 결과를 기록 및 유지해야 하며, 외부 공인 국가교정기관에 의뢰하여 교정하는 경우에는 그 결과를 보관해야 한다. ② 작업장의 청정도 유지를 위하여 공중낙하세균 등을 관리계획에 따라 측정관리하여야 한다. 다만, 제조공정의 자동화, 시설제품의 특수성, 식품이 노출되지 않거나, 식품을 포장된 상태로 취급하는 등 작업장의 청정도가 식품에 영향을 줄 가능성이 없는 작업장은 그러지 않을 수 있다.

(8) 회수 관리(시중에 유통 및 판매되는 포장제품에 한함)

> ① 부적합품, 반품된 제품의 회수를 위한 구체적인 절차나 방법을 기술한 회수프로그램을 수립 및 운영해야 한다.
> ② 부적합품의 원인 규명이나 확인을 위한 제품별 생산 장소, 일시, 제조라인 등 해당 시설 내의 필요한 정보를 기록 및 보관하고 제품 추적을 위한 코드 표시 또는 로트 관리 등의 적절한 방법을 강구해야 한다.

3. HACCP의 12절차 : 준비 5단계 + 7원칙

1) 식품공장 등에 HACCP 시스템을 적용하기 위해서는 선행요건 프로그램을 개발하여 시행하면서 이것을 기초로 중요 위해요소를 중점적으로 관리할 수 있도록 HACCP 관리계획을 작성해야 한다.

2) **HACCP 관리계획** : 식품의 원료 구입, 제조, 가공, 유통 및 최종 판매에 이르는 모든 과정에서 위해 발생 우려가 있는 요소를 사전에 확인하여 제어하거나 허용 수준 이하로 감소 또는 예방할 목적으로 HACCP 원칙에 따라 작성한 각 공정에 대한 관리계획 또는 문서를 말한다. HACCP 관리계획을 작성하기 위해서 미리 수행해야 하는 5가지 준비 단계와 단계별로 적용되는 7가지 HACCP 적용 원칙이 포함되어야 한다. 이를 합하여, HACCP의 12절차라고 한다.

3) HACCP의 12절차

(1) HACCP 시행을 위한 준비 5단계

⑴ HACCP 팀 구성 ⑵ 제품설명서 작성 ⑶ 제품의 용도 확인
⑷ 공정흐름도 도식화 ⑸ 공정흐름도 현장 확인

(2) HACCP 적용 7원칙

⑴ 위해요소 분석(HA) ⑵ 중요관리점(CCP) 결정
⑶ 한계기준 설정(CL, Critical Limit) ⑷ 모니터링 체계 확립
⑸ 개선조치 방법 수립 ⑹ 검증 절차 및 방법 수립
⑺ 문서화 및 기록 유지

4. 준비 5단계의 세부 내용[36]

1) **HACCP 팀 구성** : HACCP 관리계획 작성을 주도적으로 담당할 HACCP 팀을 구성하는 것으로 HACCP 실행은 최고경영자 의지가 매우 중요하므로 팀에 직접적으로 참여하는 것이 필요하다. 따라서 HACCP 팀장은 대표자 또는 공장장으로 하는 것이 좋다.

2) **제품설명서 작성** : HACCP의 대상이 되는 식품에 대한 제품명, 제품 유형, 성분비, 제조방법, 보관유통상 주의사항, 제품용도 및 소비기한 등 각종 필요한 모든 사항을 확인하고 설명서를 작성하는 것을 말한다.

3) **제품의 용도 확인** : 식품에 대한 사용 용도를 확인하는 것으로 섭취 대상이 누구인지, 제조된 식품이 바로 섭취되는지, 장기간 보관하는 것인지를 확인하는 과정이다. 기록으로 남겨야 한다.

4) **공정흐름도 도식화** : 원료의 입고에서 출고까지 해당 식품의 공급에 필요한 공정별로 모든 위해요소에 대한 교차오염, 2차 오염, 증식 등의 가능성을 파악하기 위하여 공정흐름도와 평면도를 작성하는 것이다.

  ⑴ 공정흐름도 : 영업장 평면도, 작업장 평면도 작성(구역설정, 작업자 및 물류의 이동 동선, 제조 및 위생설비 배치도, 용수 및 배수계통도, 공기흐름도, 공중낙하균 및 표면오염도 검사위치, 조도측정 위치도 등)

  ⑵ 평면도 작성 : 작업 특성별 구역, 기계 및 기구 등의 배치, 제품의 흐름 과정, 작업자의 이동 경로, 세척 및 소독조 위치, 출입문 및 창문, 공조시설 계통도, 용수 및 배수처리 계통도 등을 표시한 작업장의 평면도를 작성한다.

5) **공정흐름도 현장 확인** : 작성된 공정흐름도 및 평면도가 현장과 일치하는지를 검증하는 것이다. 이를 위해 작업 현장에서 공정별 각 단계를 직접 확인하면서 검증한다. 현장 검증 후, 필요시 공정흐름도나 평면도를 수정한다.

---

[36] 식약처, 식품 및 축산물 안전관리인증 기준, 식약처 고시 제2023-26호, 2023.4.6.

5. HACCP 적용 7원칙

1) **위해요소 분석(Hazard analysis)실시** : 위해요인을 찾아 분석하고 발견된 위해를 평가하는 것으로 잠재적 위해요소를 도출하고, 원인을 규명한다. 또한, 위해요인의 심각성과 발생 가능성을 평가하여 조치 방법을 강구한다.

2) **중요관리점(Critical Control Point) 결정** : 식품안전관리 인증기준을 적용하여 식품의 위해요소를 예방, 제어, 허용 수준 이하로 감소시켜 식품의 안전성을 확보할 수 있는 중요한 단계, 과정, 공정을 의미한다. CCP를 결정할 때, flow-chart 방식으로 다음과 같이 중요관리점 결정도를 이용하면 효과적이다.

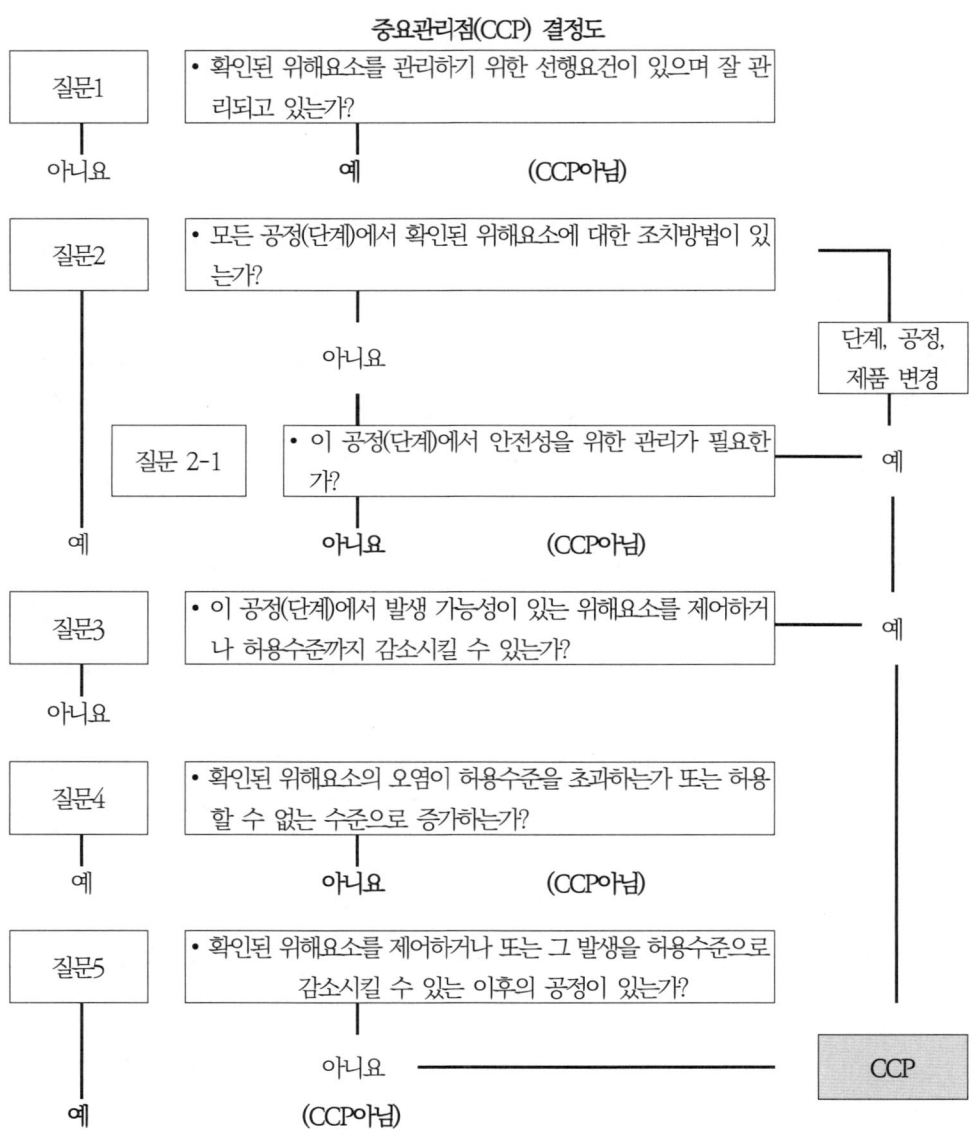

(1) CCP는 현재 단계가 식품의 위해요소를 예방, 제어, 허용 수준 이하로 감소시켜 식품의 안전성을 확보할 수 있는 최종단계일 경우에 설정하고, 그 이후의 단계에서 위해요소를 관리할 수 있으면 CCP로 설정하지 않는다. CCP(중점관리요소)가 너무 많으면, 모니터링 요원도 많이 필요하고 관리하기도 어려워 비효율적이다.

(2) 중요관리점(CCP) 결정도 : 위해요소(Hazard) 분석 결과 위해(Risk)가 높은 항목만 중요관리점(CCP) 결정도에 적용하고, 그 결과를 중요관리점(CCP) 결정표에 작성한다.

3) **한계기준 설정(CL : Critical Limit)** : 중요관리점에서의 위해요소 관리가 허용범위 내로 충분히 이루어지고 있는지 여부를 판단할 수 있는 기준이나 기준치를 말한다. 한계기준은 현장에서 쉽게 실행할 수 있도록 가능한 육안 관찰이나 간단한 측정으로 확인할 수 있는 수치 또는 특정 지표로 표시해야 한다. 예를 들면, 온도 및 시간, 습도(수분), 수분활성도 같은 제품 특성, 염소 및 염분 농도 같은 화학적 특성, pH, 금속검출기 감도, 관련 서류 확인 등으로 정한다.

4) **모니터링 체계 확립** : 중요관리점에 설정된 한계기준을 적절히 관리하고 있는지 여부를 평가하기 위하여 수행하는 일련의 계획된 관찰이나 측정 행위를 말한다. 모니터링 시행의 장점은 다음과 같다.

(1) 작업과정에서 발생 되는 위해요소의 추적용이
(2) 작업공정 중 CCP에서 발생한 이탈 시점 확인 가능
(3) 문서화된 기록을 제공하여 검증 및 식품사고 발생 시 증빙자료로 활용

5) **개선조치(Corrective Action) 방법 수립** : 모니터링 결과 중요관리점의 한계기준을 이탈할 경우에 취하는 일련의 조치로 모니터링 결과에서 한계 기준을 벗어날 경우에 취해야 할 개선조치 방법을 사전에 설정하여 신속한 대응조치가 이루어질 수 있도록 한다. 다음과 같은 조치사항이 있다.

(1) 이탈된 제품 관리 책임자는 누구이며, 기준 이탈 시 모니터링 담당자는 누구에게 보고해야 하는가?
(2) 이탈의 원인이 무엇인지 어떻게 결정할 것인가?
(3) 한계기준이 이탈된 식품(반제품, 완제품)은 어떻게 조치할 것인가?

6) **검증 절차 및 방법 수립** : 검증(Verification)은 HACCP 관리계획의 적정성과 실행 여부를 정기적으로 평가하는 일련의 활동을 말한다. HACCP 팀은 HACCP 시스템이 설정한 안전성 목표를 달성하는 데 효과적인지, HACCP 관리계획에 따라 제대로 실행되는지, HACCP 관리계획의 변경 필요성 여부를 확인하기 위한 검증절차를 설정해야 한다.

7) **문서화 및 기록 유지** : 기록 유지는 HACCP의 필수적인 요소이다. 기록 유지가 없으면 HACCP 체계의 운영 근거를 확보할 수 없기 때문에 HACCP 계획의 운영에 대한 기록의 개발 및 유지가 요구된다. 기록문서는 제품을 유통시키기 전에 해당 작업장에서 HACCP 관리계획을 준수하였음을 보증하는 것이다.

6. HACCP의 원스트라이크 아웃제도

1) **정의** : 다음의 주요 위생 안전 조항을 위반한 식품안전관리인증기준(HACCP) 업체에 대해 1회 위반으로 식품안전관리인증을 취소하는 제도를 말한다.

2) 내용

구 분	내 용
선행요건 (SSOP) 위반	(1) 원·부재료 입고 시 공급업체로부터 식품안전관리인증기준에서 정한 검사성적서를 받지도 않고 자체 검사도 하지 않은 경우 (2) HACCP 기준에서 정한 작업장 세척 또는 소독을 하지 않고 종사자 위생관리도 하지 않은 경우 (3) 지하수를 비가열 섭취 식품의 원·부재료의 세척 용수 또는 배합수로 사용하면서 살균 또는 소독을 하지 않은 경우
HACCP 위반	(1) 모든 식품 가공공정에서 HACCP 기준에서 정한 중요관리점(CCP)에 대한 모니터링을 하지 않은 경우 (2) 모든 식품 가공공정에서 HACCP 기준에서 정한 중요관리점(CCP)의 한계기준의 위반 사실이 있음에도 불구하고 지체 없이 개선조치를 취하지 않은 경우 (3) 인증 이후 추가 생산되는 제품이나 공정에 대한 위해요소분석 미실시
수시, 정기검사 결과	(1) SSOP 분야에서 만점의 60% 미만을 받은 경우 (2) HACCP 관리기준 분야에서 만점의 60% 미만을 받은 경우
기타, 행정조치 미이행	(1) 2개월 이상의 영업정지를 받은 경우 또는 그에 갈음한 과징금을 받은 경우 (2) 2회 이상의 시정명령을 받고도 이를 이행하지 않은 경우 (3) HACCP 적용업소의 영업자가 인증받은 식품을 다른 업소에 위탁하여 제조 및 가공한 경우 (4) 거짓이나 그 밖의 부정한 방법으로 인증받은 경우

7. 스마트 HACCP

1) **정의** : 제조공정에 IoT 기술을 활용, 기록일지 및 데이터를 디지털화하고, 중요관리점과 주요 공정의 모니터링 자동화 등 실시간 데이터를 수집·관리·분석할 수 있는 식품 제조공장의 스마트 HACCP 시스템을 말한다.

2) **스마트 HACCP 적용 주요 내용**

(1) **중요관리점(CCP) 모니터링 자동기록관리 시스템** : CCP 모니터링 데이터는 실시간으로 자동 수집되어 지정된 저장소에 저장, 저장된 데이터의 검토 및 결재 시스템 확보, 자동기록된 모니터링 데이터의 실시간 확인 시스템 구축

(2) **모니터링 기록의 위·변조 방지** : 자동기록된 모니터링 데이터의 임의 수정 불가 및 수정 시 이력(일시, 사유 등)이 확인 가능하여야 한다.

(3) **한계기준 이탈 알림** : CCP의 한계기준 이탈 시 모니터링 담당자가 인지 가능토록 경고 또는 알림 기능 등 확보, CCP 한계기준 이탈에 대한 로그기록은 지정된 저장소에 저장·보관 및 조회가 가능해야 한다.

(4) **자동기록관리 시스템 운영 제한 시 대책** : CCP 모니터링 데이터의 실시간 자동 수집 등이 불가한 경우,

대응할 수 있는 CCP 모니터링 비상계획을 수립해야 한다.

⑸ 종합평가 : 모든 항목이 적합한 경우 최종 적합으로 판정한다.

⑹ 스마트 HACCP 등록평가 : 기존 HACCP 인증업체가 한국식품안전관리인증원에 신청하여 현장 등록심사를 받으면 된다.

■ 기출문제

1. HACCP에서 물리적 위해의 정의와 원인을 쓰시오. 〈2009-3회〉
   - 정의 : 소비자에게 상해나 질병을 발생시킬 수 있는 이물질
   - 원인 : 유리, 금속, 돌, 나무 등

2. HACCP의 의무적용 대상에 해당하는 식품 중 3가지를 쓰시오. 〈2007-2회〉
   - 어육가공품 중 어묵류, 냉동수산식품 중 어류, 연체류, 조미가공품, 레토르트식품, 건강기능식품, 냉동식품 중 피자류, 만두류, 면류, 배추김치, 빵류, 떡류, 초콜릿류 등

3. GMP, SSOP의 정의 및 개념에 대하여 쓰시오. 〈2010-1회, 2019-3회, 2020-4회〉
   - GMP(Good Manufacturing Practice) : 작업장의 구조 및 설비 + 원료의 구입, 생산, 포장, 출하단계 등 전 공정에 걸쳐 우수식품의 제조 및 품질관리에 관한 체계적인 기준
   - 표준위생관리기준(SSOP) : HACCP의 7가지 원칙에서 적용할 수 없는 위해요소를 관리하기 위한 것으로 외부의 위해요소, 공정 중의 위해요소, 일반 위생 등과 관련된 요소들을 관리하는 것

4. 우수건강기능식품 제조관리기준(GMP)의 정의와 목적에 대해 쓰시오. 〈2012-2회〉
   - GMP : 작업장 구조 및 설비 + 원료의 구입, 생산, 포장, 출하단계 등 전 공정에 걸쳐 우수식품의 제조 및 품질관리에 관한 체계적인 기준
   - 목적 : 제품의 원료, 제조, 최종제품의 생산 단계까지 모든 제조관리와 품질관리를 체계적, 조직적, 위생적으로 운영하여 생산하고자 하는 제품의 품질을 지속적으로 유지하기 위함

5. HACCP의 선행요건인 SSOP에는 아래와 같이 8가지가 있다. ( )에 알맞은 3가지를 쓰시오. 〈2024-2회〉

   영업장 관리, 위생관리, 제조가공시설·설비관리, 용수관리, 냉장·냉동시설·설비관리, ( ), ( ), ( )

   - 보관·운송관리, 검사관리, 회수프로그램관리

6. HACCP에 따른 식품, 축산물, 건강기능식품 제조회사 등의 영업장에서 준수해야 할 선행요건 3가지 쓰시오. 〈2020-1회〉

① 작업장은 독립된 건물이거나 식품 취급 외의 용도로 사용되는 시설과 분리되어야 한다.
② 작업장은 누수, 외부 오염물질이나 해충, 설치류 등의 유입을 차단할 수 있도록 밀폐 가능한 구조이어야 한다.
③ 작업장은 청결구역과 일반구역으로 분리하고 제품의 특성과 공정에 따라 분리, 구획 또는 구분할 수 있다.
④ 작업장 내부에는 종업원의 이동 경로를 표시하여야 하고 이동 경로에는 물건을 적재하거나 다른 용도로 사용하지 않아야 한다.

7. 식품 및 축산물 안전관리인증기준의 위해요소에 대한 분석표이다. 밑의 표를 보고 B, C, P에서 위해요소 한 개씩 들고, 설명하시오. 〈2020-3회〉

일련번호	원부자재명/공정명	구분	위해요소		위해평가			예방조치 및 관리방법
			명칭	발생원인	심각성	발생가능성	종합평가	
1		B						
		C						
		P						

① B(Biological hazards, 생물학적 위해요소) : 제품에 내재하면서 인체의 건강을 해할 우려가 있는 제품에 내재하면서 인체의 건강을 해할 우려가 있는 병원성 미생물, 부패 미생물, 병원성 대장균(군), 효모, 곰팡이, 기생충, 바이러스 등
② C(Chemical hazards, 화학적 위해요소) : 제품에 내재하면서 인체의 건강을 해할 우려가 있는 중금속, 농약, 항생물질, 항균물질, 사용기준 초과 또는 사용 금지된 식품첨가물 등 화학적 원인물질
③ P(Physical hazards, 물리적 위해요소) : 제품에 내재하면서 인체의 건강을 해할 우려가 있는 인자 중에서 돌조각, 유리조각, 플라스틱 조각, 쇳조각 등

8. HACCP에서의 냉장온도와 냉동온도를 쓰시오. 〈2008-2회〉

• 냉장온도 : 10℃ 이하
  ※ 신선편의식품 냉장온도 : 5℃ 이하
• 냉동온도 : -18℃ 이하

9. HACCP 적용 시, 작업장의 공중낙하균 검사를 기준으로 구역을 분리한다. ( )안에 알맞은 구역 명칭을 쓰시오. 〈2024-1회〉

구역	기준(CFU/plate 이하)		
	일반세균	대장균군	진균
①	30	음성	10
②	50	음성	20
③	100	음성	40

① 청결구역 : 생물학적 위해 요인이 관리된 제품이 노출되는 장소로 오염방지가 필요한 구역 → 냉각실, 충진실 등
② 준청결구역 : 청결구역과 같으나 공정상 가열, 습기 등으로 관리가 어려운 곳(청결구역과 분리) → 가열실, 탈수실 등
③ 일반구역 : 공정상 위생 및 식품 안전에 영향을 주지 않는 구역 → 원·부재료 창고, 전처리실 등

10. 아래 내용은 HACCP의 평가 기준이다. ( )에 들어갈 내용을 쓰시오. 〈2024-3회〉

> 작업장 내어서 작업 중인 종업원 등은 (   ), (   ), (   ) 등을 항시 착용하여야 하며, 개인용 장신구 등을 착용하여서는 안 된다.

• 위생복, 위생모, 위생화
※ 해설 : HACCP 평가 기준에는 작업장 내에서 항시 착용하여야 하는 것은 위생복, 위생모, 위생화이고, 작업 형태 및 상황에 따라 마스크, 앞치마, 기타 필요한 복장을 착용하도록 하고 있다.

11. HACCP에서 제품설명서와 공정흐름도 작성의 주요 목적과 각각 포함되어야 하는 사항의 예시를 2가지씩 쓰시오. 〈2009-1회, 2012-1회〉

• 제품설명서 : HACCP의 대상이 되는 식품에 대한 제품명, 제품 유형, 성분비, 제조방법, 보관유통상 주의사항, 제품용도 및 소비기한 등 각종 필요한 모든 사항을 확인하고 설명서를 작성하는 것
• 공정흐름도 : 원료의 입고에서 출고까지 해당 식품의 공급에 필요한 모든 공정별로 위해요소의 교차오염, 2차 오염, 증식 등의 가능성을 파악하기 위하여 공정흐름도와 평면도를 작성하는 것
① 공정흐름도 : 영업장 평면도, 작업장 평면도(구역설정, 작업자 및 물류의 이동 동선, 제조 및 위생설비 배치도, 용수 및 배수계통도, 공기흐름도, 공중낙하균 및 표면오염도 검사위치, 조도측정 위치도 등)
② 평면도 : 작업 특성별 구역, 기계 및 기구 등의 배치, 제품의 흐름과정 등

12. HACCP의 준비 5단계와 시행 7원칙을 쓰시오. 〈2006-1회, 2012-3회, 2014-1회, 2014-2회, 2017-1회, 2017-2회, 2022-2회〉

- 준비 5단계 : HACCP 팀 구성, 제품설명서 작성, 용도 확인, 공정흐름도 작성, 공정흐름도 현장 확인
- 7원칙 : 위해요소분석(HA), 중요관리점 결정(CCP), 한계기준 설정(CL), 모니터링 체계 확립, 개선조치 방법 수립, 검증절차 및 방법 수립, 문서화 및 기록 유지

13. 아래는 HACCP의 내용이다. ( )을 채우시오. 〈2020-3회, 2023-2회〉

"중요관리점(Critical Control Point : CCP)"이란 안전관리인증기준(HACCP)을 적용하여 식품·축산물의 위해요소를 (①)·(②)하거나 허용 수준 이하로 (③)시켜 당해 식품·축산물의 안전성을 확보할 수 있는 중요한 단계·과정 또는 공정을 말한다.

① 예방
② 제어
③ 감소

14. HACCP 적용원칙 중에서 다음의 ( )에 적당한 용어를 쓰시오. 〈2021-2회〉

① ( )이란, 중요관리점에서 위해요소의 관리가 허용범위 내로 충분히 이루어지고 있는지 여부를 판단할 수 있는 기준 또는 기준치를 말한다.
② ( )이란, 중요관리기준에 설정된 ①을 적절히 관리하고 있는지 여부를 평가하기 위하여 수행하는 일련의 계획된 관찰이나 측정하는 행위를 말한다.
③ ( )이란, ②의 결과, 중요관리점의 ①을 이탈할 경우, 취하는 일련의 조치를 말한다.
④ ( )이란, HACCP 관리계획의 적절성과 실행 여부를 정기적으로 평가하는 일련의 활동을 말한다.

① 한계기준 설정
② 모니터링 체계 확립
③ 개선조치 방법 수립
④ 검증 절차 및 방법 수립

15. 다음의 HACCP 결정도 보고, ①~⑤ 중에 CCP인 것과 아닌 것을 구분하여 쓰시오. 〈2020-2회, 2023-3회〉

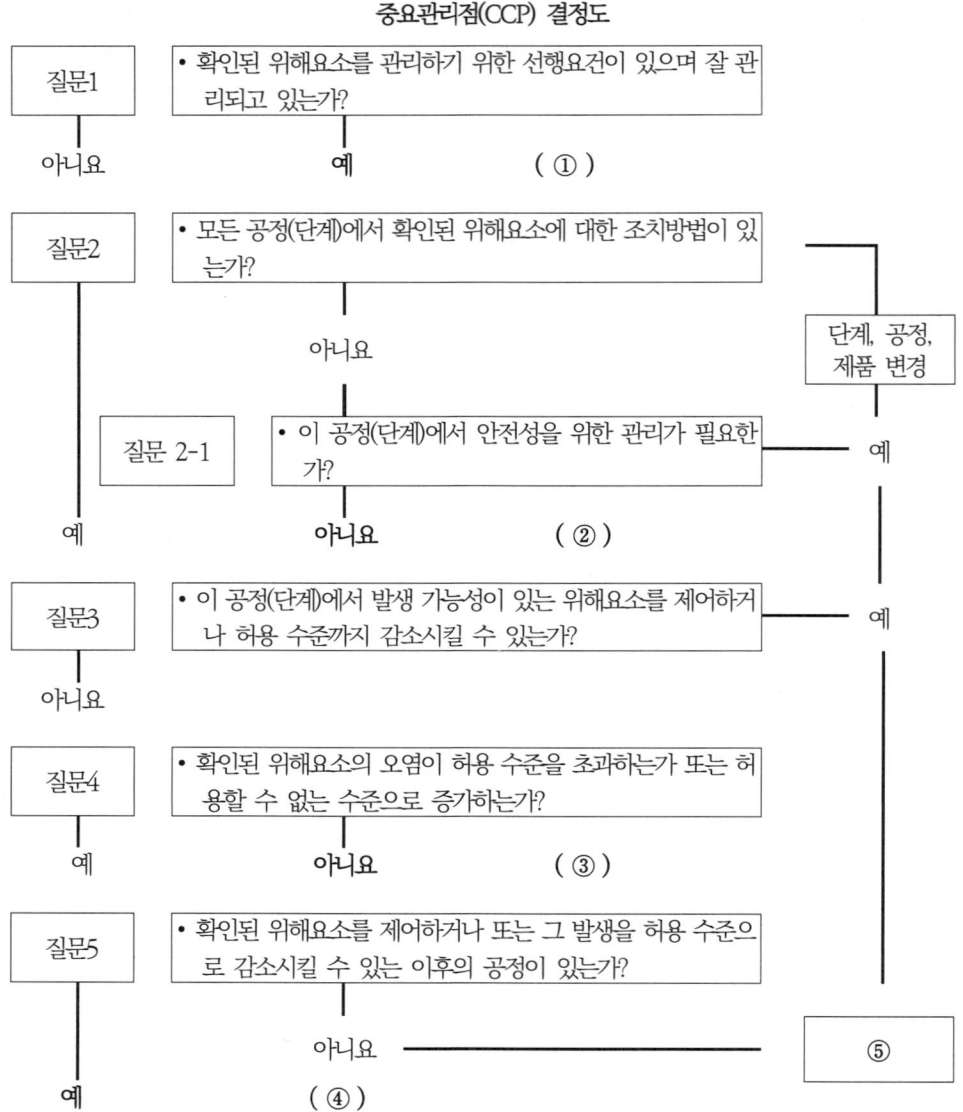

- CCP 아닌 것 : ①, ②, ③, ④
- CCP인 것 : ⑤

※ CCP에 대한 결정 : 현재 단계가 식품의 위해요소를 예방, 제어, 허용 수준 이하로 감소시켜 식품의 안전성을 확보할 수 있는 최종단계이면 CCP로 결정. 위해요소를 관리할 수 있는 다음 단계가 있으면 CCP로 설정하지 않음 ⇨ CCP(중요관리점)가 너무 많으면, 관리 인원이 많이 필요하여 비효율적임

16. HACCP의 중요관리점과 한계기준에 대해 설명하시오. 〈2007-3회〉	• 중요관리점(CCP) : 식품안전관리인증기준을 적용하여 식품의 위해요소를 예방, 제어, 허용 수준 이하로 감소시켜 식품의 안전성을 확보할 수 있는 중요한 단계, 과정, 공정 • 한계기준(Critical Limit) : 중요관리점에서 위해요소 관리가 허용범위 이내로 충분히 이루어지고 있는지 여부를 판단할 수 있는 기준이나 기준치
17. HACCP에서 개선조치와 검증절차의 정의를 쓰시오 〈2016-2회, 2019-3회, 2022-3회〉	• 개선조치 : 모니터링 결과 중요관리점이 한계기준을 이탈할 경우에 취하는 일련의 조치 ※ 모니터링 결과 한계 기준을 벗어날 경우, 취해야 할 개선조치 방법을 사전에 설정하여 신속한 대응조치가 이루어질 수 있도록 한다. • 검증(Verification) 절차 : HACCP 관리계획의 적정성과 실행 여부를 정기적으로 평가하는 일련의 활동

■ 예상문제

1. HACCP 준비단계에서 공정흐름도 작성 후 현장을 확인하는 이유와 확인 후에 조치해야 할 내용을 쓰시오.	• 현장 확인 : 작성된 공정흐름도 및 평면도가 현장과 일치하는지를 검증하는 것 • 조치 : 현장 검증 후 필요시 공정흐름도나 평면도를 수정한다.
2. HACCP 준비단계에서 HACCP 팀원 구성 시 모니터링 요원은 어떤 사람으로 하는 것이 바람직한지를 쓰시오.	• 해당 공정에 익숙한 현장 종사자로 지정하여 적절한 관리가 될 수 있도록 한다.
3. HACCP에서 한계기준 설정(CL : Critical Limit) 시 허용한계 기준이나 기준치는 어떻게 설정하는지를 설명하시오.	• 허용한계 기준 : 식품의 안전성을 보장할 수 있도록 법적 요구조건이나 전문 서적, 전문가 의견, 생산 공정의 시험자료 등을 토대로 설정 • 허용한계 기준 설정 : 현장에서 쉽게 실행할 수 있도록 육안 관찰 또는 간단한 측정으로 확인할 수 있는 수치 또는 특정 지표로 표시

4. 'HACCP에서 중요관리점(CCP) 결정표를 작성할 때, (①) 분석 결과 (②)가 높은 항목만 중요관리점(CCP) 결정도에 적용하고 그 결과를 중요관리점(CCP) 결정표에 작성한다.' ( )에 알맞은 용어를 쓰시오.

① 위해요소(Hazard)
② 위해(Risk)

5. HACCP에서 시행하는 원스트라이크 아웃(one strike out)제도의 정의를 쓰시오.

- 정의 : HACCP 업체가 주요 위생 안전조항에 대하여 1회 위반으로 식품안전관리인증을 취소하는 제도

6. 다음은 안전관리인증기준(HACCP) 적용업소 영업자 및 종업원이 받아야 하는 신규교육훈련시간이다. ( ) 알맞은 내용을 보기에서 골라 쓰시오

① 2시간
② 16시간
③ 4시간

1. 식품
 가. 영업자 교육훈련 : (①)시간
 나. 안전관리인증기준(HACCP) 팀장 교육훈련 : (②)시간
 다. 안전관리인증기준(HACCP) 팀원, 기타 종업원 교육훈련 : (③)시간

〈보기〉
2시간, 4시간, 8시간, 16시간, 24시간

3-2. 국제 식품안전인증기구

1. 주요 식품인증기구 및 인증제도

국제표준화기구 (ISO)	• HACCP : 식품안전규격인증 • ISO 9000 : 품질경영시스템 표준규격 • ISO 22000 : 식품안전에 관한 표준규격
GFSI (국제식품안전협회)	• FSSC 22000 : 식품안전경영시스템 • 식품안전 및 품질인증 : SQF, BRC, IFS 등

2. 국제표준화기구(ISO, international organization for standardization)

1) ISO(국제표준화기구)는 1947년도 설립된 민간단체 또는 공공기관 등으로 구성된 비정부 간 조직이다. 각국의 1개 기관만 가입할 수 있다. 산업분야의 지식, 과학, 기술 및 서비스 등에 관한 국제적 표준규격을 제정하여 국제간 교류를 원활하게 한다.

2) ISO는 법적 구속력은 없지만 대부분의 ISO 회원국이 이 표준을 따르기 때문에 이 규격을 적용하지 않는 경우 국제무역에서 불편을 겪을 수 있다. 시스템 인증에는 HACCP, ISO 9000, ISO 22000 등이 있다.

3) ISO 9000, ISO 22000

ISO 9000	(1) 공급자에 대한 품질경영 및 품질보증의 국제규격으로 상품 및 서비스와 관련되어 공급자가 준수해야 할 생산과 관련된 설계, 생산시설, 시험검사 등에 대한 인증규격 ※ 식품분야만 해당되는 것이 아니라, 상품 및 서비스 전반에 대하여 적용하는 규격 (2) 장점 : 소비자에게 신뢰감, 국제적으로 경쟁력을 갖춘 제품으로 인정
ISO 22000	(1) 농장에서 식탁(farm to table)까지 식품 사슬의 모든 과정의 식품안전을 보장하기 위해 만든 국제적 표준인증규격 (2) 포함 분야 : 생산에 필요한 비료와 농약, 가공식품, 포장 및 유통단계까지 적용되는 법적 요구사항, 고객의 요구사항, 제품에 대한 요구사항, 선행요건(PRP) 및 중요관리점(CCP)에 대한 관리기준이 정해져 있고, 이를 준수할 경우 검사를 통하여 인증 (3) ISO 22000 : ISO 9000에 식품의 안전규격인증 제도인 HACCP 원칙을 접목한 규격 ※ ISO 9000(산업분야 전반에 적용하는 인증), ISO 22000(식품과 관련된 인증규격) (4) 장점 : 식품 관련 모든 조직 적용 가능. 농장~식탁까지 일관성 있는 관리 가능

3. GFSI(Global Food Safety Initiative, 국제식품안전협회)

1) 세계의 **식품 관련 기업이 협동으로 추진하는 식품안전에 관한 글로벌 플랫폼**으로 2000년 5월 식품안전의 중요성을 인식한 식품 생산회사, 소매업체의 CEO들에 의해 설립되었다. 이후 세계적인 유통체인업체(코카

콜라, 월마트 등)가 참여하면서 세계적으로 가장 공신력 있는 식품안전 국제규격을 승인해 주고, 인증하는 기구로 인정받기 시작하였다.

2) **FSSC 22000** : 식품안전경영시스템(ISO 22000), 식품안전 리스크 관리기준, 식품안전관리인증기준(HACCP) 등의 요건과 국제식품안전협회(GFSI)의 요구사항을 포함시켜 만든 국제적으로 통용되는 GFSI의 식품 안전 경영시스템이다. 이 규격은 다양한 인증 제도에 GFSI 요구사항을 접목한 '벤치마크 규격'이다.

4. 국제식품규격위원회(Codex Alimentarius Commission, CAC)

1) **성격** : FAO와 WHO가 합동으로 운영하는 정부 간의 조직이며, 국제적으로 적용될 수 있는 식품규격 기준을 제정, 관리하는 전문조직이다.

2) **목적 및 역할** : 식품 관련 국제기준의 제정 등을 통하여 소비자의 건강 보호와 식품교역 시 공정한 무역 거래를 하는 데 목적이 있다. <u>국가 간 통용되는 식품별 규격 기준, 식품첨가물의 사용 대상이나 사용량, 오염물질에 대한 규격 및 식품표시</u> 등 식품의 안전성과 원활한 통상을 보장하는 활동을 한다.

3) **합동국제식품첨가물 전문가위원회(JECFA)** : '식품첨가물에 대한 안전성을 평가'하기 위하여 유엔의 FAO와 WHO가 합동으로 설립한 전문가위원회다. JECFA에서는 과학적 자료를 수집하고 평가하여 개별 첨가물의 독성을 검토한 후, 일일섭취허용량을 권고한다.

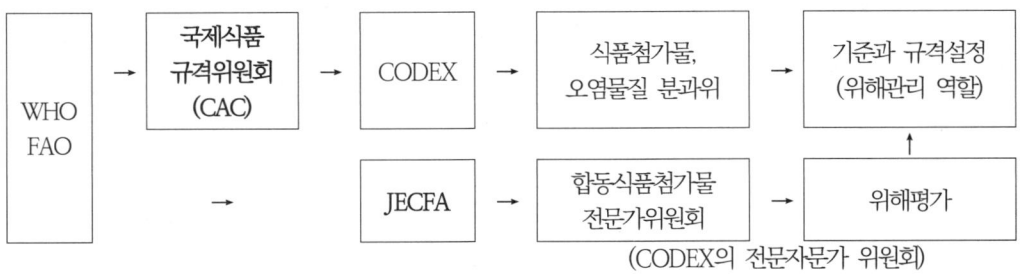

♣ <u>국제식품규격(Codex)</u> : 국제식품규격위원회(CAC)에서 식품의 국제교역 촉진과 소비자의 건강 보호를 목적으로 제정한 국제식품규격 → 식품공전 : CODEX 기준의 많은 내용을 인용하여 작성한다.

♣ 적합성 평가 : 적합성 평가란 '규정이나 표준과 관련된 요건에 충족되는지를 입증 또는 결정하기 위해 사용되는 모든 절차'를 말한다. 즉 어떤 제품이나 절차, 시스템, 기기 등이 국제적으로 정하는 기준에 적합한가를 평가 및 인증해 줌으로써 국가 상호 간 또는 공급자와 소비자에게 신뢰성을 부여하게 된다.

1. 평가 대상 : 제품, 절차, 경영 및 환경 시스템(ISO 9000, ISO 22000 등), 제품, 시험 및 교정 표준물질, 기자재 및 기기, 적합성 평가기관 등이다. 예를 들면, 우리나라의 제품 인증에는 KC 인증과 KS 인증이 있다.
2. <u>KOLAS(한국인정기구, Korea Laboratory Accreditation Scheme)</u> : 국가표준제도의 확립과 국내의 각종 시험기관의 자격인증 업무를 수행하기 위해 설립된 정부 기구로 <u>기술표준원장이 KOLAS의 장</u>이다.
3. KOLAS 설립 목적 : 국가표준제도의 확립 및 산업표준화 제도 운영, 공산품 안전, 품질 및 계량 계측에 관한 사항, 산업기반 기술 및 공업기술조사, 연구개발 및 지원 등이다.

3-3. 식품 이력추적제도, 농식품 국가인증 제도

1. 식품 이력추적제도(Food traceability)

1) **정의** : 식품을 제조, 가공단계부터 판매단계까지 각 단계별로 정보를 기록, 관리하여 소비자에게 제공함으로써 안전한 식품선택을 위한 '소비자의 알 권리'를 보장하고, 해당 식품의 안전성 등에 문제가 발생할 경우, 신속한 유통차단과 회수조치를 할 수 있도록 관리하는 제도이다.

2) <u>식품의 이력추적정보</u>

국내 식품	(1) 식품이력추적관리번호 (2) 제조업소 명칭 및 소재지 (3) 제조일자 (4) 소비기한 또는 품질유지기한 (5) 기능성 내용(건강기능식품에 한함) (6) 제품 원재료 관련 정보(원재료명, 원산지, 유전자재조합식품 여부) (7) 출고 일자 (8) 회수 대상 여부 및 회수 사유
수입 식품	(1) 수입식품 등의 유통이력추적관리번호 (2) 제조회사 명칭 및 소재지 (3) 제조일자 (4) 소비기한 또는 품질유지기한 (5) 기능성 내용(건강기능식품에 한함) (6) 제품 원재료 관련 정보(원재료명, 제조국, 유전자재조합식품 표시) (7) 수입 일자 (8) 회수 대상 여부 및 회수 사유

> ♣ 식품의 이력추적정보에 사용되는 주요 기술
> 1. RFID(Radio Frequency Identification, 무선 전파식별) : 상품이나 사물의 정보를 작은 반도체 칩(전자태그)에 데이터를 저장하고 무선주파수를 이용해서 비접촉 방식으로 인식하는 기술이다.
>   (1) 상품에 태그를 부착하면 식품 원료 구입, 제조가공, 유통, 판매 등 전 과정을 바코드와 같이 일일이 접촉하여 계산하지 않고, 원거리에서 무선으로 추적 및 관리할 수 있어 식품이력추적제도 시행의 핵심 역할을 한다.
>   (2) 교통카드와 신분증 등에서 이미 상용화되고 있으며, 식품의 제조, 물류, 유통업체가 SCM에 통합됨으로써 생산성 향상, 불량률의 감소 및 품질향상, 유통비용 절감, 고객 만족 등을 달성할 수 있다.
> 2. 바코드 : 포장용지나 태그(꼬리표)에 붙여놓은 코드로 막대 모양의 검고 흰 줄무늬 기호를 말한다. 바코드를 카운터 스캐너에 대면 POS(Point of sales) 컴퓨터가 상품번호를 읽고, 가격 리스트 데이터베이스와 대조하여 계산 및 기록하는 방식으로 처리되며 고객의 계산 시간 단축, 상품의 판매 정보 획득, 상품 판매 시점 및 재고관리의 편리성 등이 있다.
> 3. QR코드 : 바코드 시스템의 데이터 용량의 한계에 따라 개발된 것이다. 바코드 시스템은 13자리의 데이터지만, QR코드는 한글 1,800자 또는 숫자 7,900여 개 분량의 정보를 담을 수 있다. QR코드를 스캔하면 생산지, 생산자, 생산 일자, 농약 사용량, 품명, 소비 기간 등 다양한 정보를 확인할 수 있다.

2. 식품 관련 국가인증제도

인증제도	내용
농산물 우수관리 인증(GAP)	• GAP(Good Agricultural Practices) : 농산물의 안전성을 확보하기 위하여 농작물 재배와 관련된 수질, 토양검사를 실시하고, 농산물의 생산 및 재배, 수확, 포장, 저장 단계, 소비자 식탁에 이르기까지 식품 안전을 위협하는 요소인 농약, 중금속, 오염물질, 유해 미생물 등을 관리함으로써 소비자가 안전한 농산물을 먹을 수 있도록 인증하는 제도
친환경 농산물 인증	• 소비자에게 안전한 농산물을 공급하기 위해 합성농약, 화학비료 등 화학 자재를 사용하지 않거나 최소량만을 사용하여 생산한 농산물로 전문인증기관이 엄격한 기준에 의해 선별, 검사하여 그 안전성을 인정해 주는 제도. 친환경농어업육성법에 의거 시행. 유기농산물, 무농약 농산물의 2종류가 있음 (1) 유기농산물 : 유기합성농약과 화학비료를 사용하지 않고 방사선 조사, GMO 미사용 등 유기농산물 인증기준에 따라 생산된 농산물 (2) 무농약 농산물 : 유기합성농약은 사용하지 않고 화학비료는 권장 성분량의 1/3 이하를 사용하여 무농약농산물 인증기준에 따라 생산된 농산물
유기가공식품 인증	• 유기농·축수산물, 임산물을 원료(또는 재료)로 하여 제조, 가공, 유통되는 가공식품을 말하며, 친환경농어업육성법에 근거하여 유기가공식품의 품질향상, 생산 장려 및 소비자 보호를 위하여 공신력 있는 인증기관이 해당 사업자의 적합성을 평가하여 객관적인 보증을 하는 인증제도
전통식품 품질인증	• 전통식품이란 국산 농수산물을 주원료 또는 주재료로 하여 예부터 전승되어 오는 원리에 따라 제조·가공·조리되어 우리 고유의 맛·향 및 색을 내는 우수한 식품에 대하여 정부가 품질을 보증하는 제도. 식품산업진흥법에 근거
가공식품 KS 인증	• 가공식품 표준화(KS)란 합리적인 식품 및 관련 서비스 표준을 제정 및 보급함으로써 가공식품의 품질 고도화 및 관련 서비스를 향상시키면서, 생산기술 혁신을 기하여 거래를 단순화하고, 공정화 및 소비의 합리화를 통하여 식품 산업 경쟁력 향상과 국민경제에 이바지하고자 하는 제도. 식품산업진흥법에 근거

3. 유기농산물

1) **유기적 방법** : 유기합성농약과 화학비료를 사용하지 않으며 화학적으로 합성된 첨가물의 사용을 최소화하고, 방사선 조사나 GMO 원료는 사용하지 않는 등 유기식품·가공품의 가공 및 유통과정에서 원료의 유기적 순수성이 훼손되지 않도록 하는 방법을 말한다.

2) 유기가공식품의 유기성분 비율 표시 방법

표시 방법	100% 유기농 식품	유기농 식품	유기농 성분으로 제조된 식품
성분 비율	100%인 제품	**95% 이상인 제품**	70~95% (인증마크 사용 불가)

3) **유기가공식품인증 기준** : 유기식품에는 원료, 식품첨가물, 보조제를 모두 유기적으로 생산 및 취급된 것을 사용하되, 원료를 상업적으로 조달할 수 없는 물과 소금을 제외한 제품 중량의 5% 비율 내에서 비유기원료 및 허용물질을 사용할 수 있다. 물과 소금은 첨가할 수 있으며 최종 계산 시 첨가한 양은 제외한다. 유전자변형생물체 및 유전자변형생물체 유래의 원료는 사용할 수 없다.

4) **유기가공식품 동등성 인정 협정제도** : 외국 정부 또는 인증기관이 우리나라와 동등하거나 그 이상의 인증제도를 운영하고 있다고 인정 및 검증되면, 상호주의 원칙을 적용하여 우리나라의 유기가공식품 인증과 동등하다는 것을 인정하는 제도이다. 상대국에서 생산된 유기가공식품은 우리나라에서 인증받은 것과 동일한 것으로 간주하여 별도의 추가 인증 없이 유기로 표시, 수입 및 판매가 가능하다.

■ 기출문제

1. 이력추적제도 마크를 그리시오. 〈2010-3회〉

2. 식품첨가물 Codex를 결정하는 국제기구 2가지를 쓰시오.
   〈2008-2회, 2009-3회, 2013-1회, 2015-2회, 2018-2회〉

   - CAC : 국제식품규격위원회
   - JECFA : 합동식품첨가물전문가위원회

3. 다음의 역할을 수행하는 국제기관을 적으시오. 〈2024-2회〉

   - KOLAS(한국인정기구)

   > 국제표준제도의 확립 및 산업표준화제도 운영, 공산물의 안전, 품질 및 계량·측정에 관한 사항, 산업기반기술 및 공업기술의 조사, 연구개발 및 지원, 교정기관, 시험기관 및 검사기관 인정제도의 운영, 표준화 관련 국가 간 또는 국제기구와의 협력 및 교류에 관한 사항 등의 업무를 관장하는 국가기술표준원 조직으로서, 국가기술표준원장이 장의 역할을 수행하고 있다.

4. 수입식품 이력사항에 표기해야 할 사항 중 3가지를 적으시오. 〈2012-2회〉

   - 식품이력추적 관리번호, 수입업소 명칭, 소재지, 제조국, 제조업소의 명칭 및 소재지, 제조일, 유전자변형식품 여부, 수입일, 소비기한 또는 품질유지기한, 원재료명 또는 성분명, 회수 대상 여부 및 회수 사유

5. 유기가공 식품은 식품 등의 표시기준상 식품의 제조·가공에 사용한 원재료의 몇 % 이상이 어떤 법의 기준에 의해 유기농·임산물 및 유기축산물의 인증을 받아야 하는지 쓰시오. 〈2009-1회〉

   - 기준 : 95% 이상
   - 법률 : 친환경농어업육성법

6. 유기가공식품인증기준에 관한 설명이다. 빈칸을 채우시오. 〈2009-3회〉

> 유기식품에는 원료, 식품첨가물, 보조제를 모두 유기적으로 생산 및 취급된 것을 사용하되, 원료를 상업적으로 조달할 수 없는 물과 소금을 제외한 제품 중량의 (①)% 비율 내에서 비유기원료 및 허용 물질을 사용할 수 있다. (②)과 (③)은 첨가할 수 있으며 최종 계산 시 첨가한 양은 제외한다. (④) 생물체 원료는 사용할 수 없다.

① 5%
② 물
③ 소금
④ 유전자변형

■ 예상문제

1. 식품 이력추적제도(Food traceability)의 정의 중 ( )에 알맞은 용어를 쓰시오

> 식품을 제조, 가공단계부터 (①)단계까지 각 단계별로 정보를 기록, 관리하여 소비자에게 제공함으로써 안전한 식품선택을 위한 '소비자의 알 권리'를 보장하고, 해당 식품의 안전성 등에 문제가 발생할 경우, 신속한 (②)차단과 (③)조치를 할 수 있도록 관리하는 제도를 말한다.

① 판매
② 유통
③ 회수

2. 식품 이력추적정보의 기반 기술에 대한 설명이다. ( )에 알맞은 내용을 쓰시오.

> ( )은(는) 상품이나 사물의 정보를 작은 반도체 칩(전자태그)에 데이터를 저장하고 무선 주파수를 이용해서 비접촉 방식으로 인식하는 기술이다.

• RFID(무선 전파식별)

제4절 건강기능식품

4-1. 식품(food)

1. 식품의 기능

1) 식품위생법에서는 '식품이란 모든 음식물(의약으로 섭취하는 것은 제외한다)을 말한다.'고 정하고 있다.

2) 식품의 3대 기능

   (1) **1차 기능(영양기능, 생명유지기능)** : 식품은 여러 가지 화합물로 구성되어 있으며, 생명 유지에 필요한 물질을 영양소라고 한다. 식품의 5대 영양소는 단백질, 지질, 탄수화물, 비타민, 미네랄(무기질)이며, 영양소의 고른 섭취는 정상적인 신체 발달과 건강을 유지하는 데 필수적이다.

   (2) **2차 기능(기호기능)** : 소비자들은 식품을 오감에 의해서 판단하며 식품의 맛, 향, 색, 질감 등에 대하여 개인의 기호에 따라 선택하므로, 식품의 다양한 특성은 소비자의 기호에 충족되어야 한다.

   (3) **3차 기능(생리활성기능)** : 인체의 구조 및 기능에 대하여 영양소를 조절하거나 신체에 생리적 활성을 부여하여 신체의 리듬 조절, 질병에 대한 예방, 면역력 강화 등 사람의 건강과 관계가 깊은 기능이다. 이러한 생리적 조절 기능을 갖춘 식품을 기능성 식품이라 한다.

2. 건강식품 및 건강기능식품, 의약품

1) **건강식품** : 전통적으로 건강에 좋다고 여겨져 널리 섭취되는 식품을 말한다. 법률적인 정의는 없으나 통상 '일반적인 영양학적 효과 이상으로 특별히 신체의 기능이나 상태에 긍정적인 영향을 줌으로써 건강에 기여하는 식품'을 말한다.

2) **건강기능식품(health functional food)** : 인체의 유용한 기능 유지나 생리기능의 활성화를 통하여 건강 유지 및 개선을 위한 식품으로, 기능성과 안전성을 인정받아야 한다. 건강기능식품의 문구나 마크를 사용할 수 있다.

3) **기타 가공식품** : '기타 가공식품'은 일상적인 식생활의 균형을 유지하거나 기호의 목적으로 섭취하는 가공식품을 말한다. 기타 가공식품은 기능을 나타내는 성분이 낮게 들어 있어 일반식품으로 분류된다.

   (1) 일반식품도 과학적 근거가 충분할 경우, 건강기능식품처럼 기능성 표시가 가능하다.

   (2) 일반식품의 '기능성 표시 식품'은 식품·축산물 안전관리인증기준(HACCP) 업체에서 제조되어야 하며, 건강기능식품 우수제조기준(GMP) 적용업체가 생산한 기능성 원료만을 사용해야 한다. 또한, 일반식품은 소비자가 건강기능식품으로 오인·혼동하지 않도록 "본 제품은 건강기능식품이 아닙니다."라는 표시를 해야 한다.

   (3) 홍삼 원료는 '기타 가공식품'뿐만 아니라 '건강기능식품'에도 사용하고 있다. '기타 가공식품'의 홍삼 제품은 기능성 성분이 낮게 들어 있어 일반식품으로 분류된다. 홍삼정, 홍삼 캔디, 홍삼음료 등이 있다.

4) **의약품 (drug medicine)** : 약국에서 수납되는 사람이나 동물의 질병 진단·치료 또는 예방의 목적으로 사용되는 것을 말한다.

4-2. 건강기능식품

1. 건강기능식품(Health functional Food)의 정의

1) **건강기능식품** : 일상적인 생활에서 부족하기 쉬운 영양소 또는 인체에 유용한 기능을 가진 원료나 성분(기능성 원료)을 사용하여 제조가공한 식품으로 건강 유지에 도움이 되는 식품이다.
   (1) 기능성이란 인체의 구조 및 기능에 대하여 영양소를 조절하거나 생리학적 작용 등과 같은 보건 용도에 유용한 효과를 얻는 것을 말한다.
   (2) 건강기능식품은 일일 섭취량을 정해야 하며, '건강기능식품' 문구나 마크를 부착할 수 있다.

2) **건강기능식품의 이력추적관리** : 건강기능식품을 제조~판매하는 단계까지 단계별로 정보를 기록·관리하여 해당 건강기능식품의 안전성 등에 문제가 발생할 경우, 그 식품을 추적하여 원인을 규명하고 필요한 조치를 할 수 있도록 관리하는 것을 말한다.

2. <u>기능성 원료의 구분 : 고시된 원료, 개별인정원료</u>

구 분	고시된 원료	개별인정원료
등재	• '건강기능식품공전'에 등재되어 있는 원료	• '건강기능식품공전'에 등재되지 않은 원료로 식약처장이 개별적으로 인정한 원료
인정 절차	• 공전에서 정하고 있는 제조 기준이나 규격, 최종제품의 요건에 적합한 경우 **별도의 인정 절차가 필요 없다.** • 인정받은 업체가 아니라도 해당 원료를 제조 및 판매할 수 있다.	• 영업자가 원료의 안전성, 기능성, 기준 및 규격 등을 관련 규정에 따라 평가를 통해 식약처장에게 기능성 원료로 인정받아야 한다. • 인정받은 업체만이 해당 원료를 제조 및 판매할 수 있다.
종류	(1) <u>영양소 : 비타민 및 무기질, 필수지방산, 단백질, 식이섬유, 비오틴, 베타카로틴, 칼슘, 마그네슘, 철, 구리 등</u> (2) 기능성 원료 : 인삼, 홍삼, 클로렐라, 녹차추출물, 코엔자임 Q10, 대두이소플라본, 스쿠알렌, 오메가-3 등	(1) 간 기능, 갱년기 여성 건강, 관절 및 뼈 건강에 도움을 주는 식품 등 (2) 긴장 완화, 눈 건강, 면역기능 개선, 어린이 성장발육에 도움을 주는 식품 등 (3) 치아 개선, 피로 개선, 피부 건강, 혈당조절, 혈압조절에 도움을 주는 식품 등

♣ 피부 건강에 도움을 주는 건강기능식품 : N-아세틸글루코사민, 히알우론산나트륨, 곤약감자 추출물, 쌀겨 추출물, 홍삼, 산수유복합추출물 등으로 이들은 피부 보습, 피부의 건조 및 수분의 보유량 등 개선, 햇볕 또는 자외선에 의한 피부 손상 방지에 도움을 준다.

3. 기능성의 종류 : 3종류

기 능	내 용 및 종 류
영양소 기능	• 인체의 성장·증진 및 정상적인 기능에 대한 영양소의 생리학적 작용 • **단백질, 필수지방산, 식이섬유, 비타민, 무기질의 기능** • 종류 : 비타민 A, 베타카로틴, 비타민 E, 칼슘, 마그네슘 등
질병 발생 위험감소 기능	• 식품의 섭취가 질병의 발생 또는 건강 상태의 위험을 감소하는 기능 • 골다공증 발생 위험감소에 도움을 주는 것 : 칼슘, 비타민 D 등 • 충치 발생 위험감소에 도움을 주는 것 : 자일리톨(개별인정원료)
생리활성 기능	• 인체의 정상 기능이나 생물학적 활동에 특별한 효과가 있어 건강상의 기여나 기능향상 또는 건강 유지·개선 기능 • 종류 : 면역력 증진, 기억력 개선, 체지방 감소, 눈 건강, 콜레스테롤 개선, 혈당조절, 항산화, 인지능력 등 32개의 기능성

■ 기출문제

1. 의약품과 건강기능식품의 차이를 쓰시오. 〈2013-3회〉

- 의약품 : 약국에서 수납되는 사람이나 동물의 질병 진단·치료 또는 예방의 목적으로 사용되는 것
- 건강기능식품 : 인체의 유용한 기능 유지나 생리기능 활성화를 통하여 건강 유지 및 개선을 위한 식품으로, 기능성과 안전성을 인정받아야 한다.

2. 건강기능식품의 기능성 원료로 고시된 원료와 개별인정원료 기준(정의) 및 인정 절차에 대하여 쓰시오. 〈2015-3회, 2017-3회, 2019-1회, 2024-2회〉

구 분	고시된 원료	개별인정원료
등재	• '건강기능식품공전'에 등재되어 있는 원료	• '건강기능식품공전'에 등재되지 않은 원료로 식약처장이 개별적으로 인정한 원료
인정 절차	• 공전에서 정하고 있는 제조 기준이나 규격, 최종제품의 요건에 적합한 경우 별도의 인정 절차가 필요 없다. • 인정받은 업체가 아니라도 해당 원료를 제조 및 판매할 수 있다.	• 영업자가 원료의 안전성, 기능성, 기준 및 규격 등을 관련 규정에 따라 평가를 통해 식약처장에게 기능성 원료로 인정받아야 한다. • 인정받은 업체만이 해당 원료를 제조 및 판매할 수 있다.

3. 건강기능식품에서 기능성의 정의이다. ( )에 알맞은 내용을 채우시오. 〈2018-3회〉

> 기능성은 의약품과 같이 질병의 직접적인 치료나 예방을 하는 것이 아니라, 인체의 정상적인 기능을 유지하거나 ( ) 기능 활성화를 통하여 건강을 유지하고 개선하는 것으로, '( ) 기능', '질병 발생 위험감소 기능' 및 '( ) 기능'이 있다.

① 생리 ② 영양소 ③ 생리활성

※ 영양소 기능 : 인체의 성장·증진 및 정상적인 기능에 대한 영양소로 작용하는 기능
※ 질병 발생 위험감소 기능 : 식품의 섭취가 질병의 발생 또는 건강 상태의 위험을 감소하는 기능
※ 생리활성 기능 : 인체의 정상 기능이나 생물학적 활동에 특별한 효과가 있어 건강상의 기여나 기능향상 또는 건강 유지·개선 기능

4. 홍삼정, 홍삼 캔디, 홍삼음료 등에 '기타 가공품'으로 표시되어 있다. 이는 건강기능식품과 무엇이 다른지 쓰시오. 〈2016-2회〉

- 기타 가공식품 : 일상적인 식생활의 균형을 유지하거나 기호의 목적으로 섭취하는 가공식품
- 차이점 : 기타 가공식품은 기능을 나타내는 성분의 함유량이 낮아 일반식품으로 분류

5. 식품공전 상 건강기능식품의 기능성 식품의 영양성분 5가지를 적으시오. 〈2017-1회, 2023-3회〉	• 단백질, 필수지방산, 식이섬유, 비타민, 무기질 등
6. 「인삼, 홍삼, 알콕시 글리세롤 함유 상어간유」와 같은 기능성 식품 원료의 공통적인 기능성은 무엇인지 쓰시오. 〈2016-1회, 2022-3회〉	• 면역력 증진에 도움을 줄 수 있음
7. 피부 건강에 도움을 주는 건강기능식품이 지니는 효능과 이에 해당하는 고시형 또는 개별인정형 건강기능식품 원료 3가지를 쓰시오. 〈2013-2회〉	• 효능 : 피부 보습, 피부의 건조 및 수분의 보유량 개선, 햇볕 또는 자외선에 의한 피부 손상 방지 • 원료 : N-아세틸글루코사민, 히알우론산나트륨, 곤약감자 추출물, 쌀겨 추출물, 홍삼, 산수유복합 추출물 등
8. 녹차 추출물에서 나오는 고시형 기능성 원료의 기능성 내용 1가지와 기능 성분(또는 지표성분)을 1가지씩 적으시오. 〈2024-2회〉	• 기능성 내용 : 항산화, 체지방 감소, 혈중 콜레스테롤 개선에 도움을 줄 수 있음 • 지표성분 : 카테킨

■ 예상문제

1. 건강기능식품의 기능성 종류 3가지를 쓰시오.	• 영양소 기능, 생리활성기능, 질병 발생 위험감소 기능

4-3. 건강기능식품의 표시, GMP

1. 건강기능식품의 표시사항

1) 표시 내용

(1) 제품명, 내용량 및 원료명
(2) 영업소 명칭 및 소재지
(3) 소비기한 및 보관방법
(4) 섭취량, 섭취 방법 및 섭취 시 주의사항
(5) 건강기능식품임을 나타내는 문자 또는 도안
(6) 질병의 예방 및 치료를 위한 의약품이 아니라는 내용의 표현
(7) 기능성 관련 정보 및 원료 중에 해당 기능성을 나타내는 성분 등의 함유량
(8) 해당 건강기능식품에 관한 정보를 제공하기 위하여 필요한 사항

2) 기능성 표시 식품 : 일반식품도 과학적 근거가 충분할 경우, 기능성 표시가 가능하다.

(1) '기능성 표시 식품'은 식품·축산물 안전관리인증기준(HACCP)업체에서 제조되어야 하며, 건강기능식품 우수제조기준(GMP)적용 업체가 생산한 기능성 원료만을 사용해야 한다.

(2) 영양성분이나 원재료가 신체조직과 기능의 증진에 도움을 줄 수 있다는 내용 등을 표시 및 광고할 수 있다. 소비자가 '기능성 표시 식품'을 건강기능식품으로 오인·혼동하지 않도록 "이 제품은 건강기능식품이 아닙니다."라는 주의 표시를 제품 주표시면에 표시해야 한다.

2. 우수건강기능식품제조기준(GMP)

1) **GMP 정의** : 우수한 건강기능식품을 제조 및 품질관리를 하기 위한 기준으로 작업장의 구조, 설비 등의 제조시설과 원료의 구입, 제조, 가공, 포장, 출하 단계까지 전 공정에 걸쳐 생산관리와 품질관리에 관한 기준을 말한다.

2) **목적** : 제품의 원료, 제조, 최종제품의 생산 단계까지 모든 제조관리와 품질관리를 체계적, 조직적, 위생적으로 운영함으로써 생산하고자 하는 제품의 품질을 지속적으로 유지하기 위함이다.

3) **'우수건강기능식품 제조 및 품질관리기준 적용업소 지정제도(GMP)'** : 우수한 건강기능식품의 제조 및 품질관리를 위하여 건강기능식품 제조업의 허가를 받은 영업자가 위생적인 제조시설·설비를 갖추고, 업체 자율 4대 기준서를 마련하여 이를 적용하는 업체에 대하여 식약처가 인정하는 제도이다.

4) **업체 자율 4대 기준서** : GMP 업체는 다음의 기준서를 작성 및 비치하여야 한다.[37]

구 분	내 용
제품표준서	• 제품의 제조에 필요한 내용을 표준화하여 작업상 착오가 없고 항상 동일한 수준의 제품을 생산하고 작업이 규정대로 이루어졌는지를 확인하기 위해 작성된 문서로, 품목

---

[37] 식약처, 우수건강기능식품 제조 기준, 식약처 고시 2024-1호, 2024.1.9.

	마다 작성되며 제조 및 품질관리에 필요한 모든 사항을 기재한 문서. 제품명, 품목신고 연월일, 작성자 및 작성 연월일, 제조공정 및 제조방법, 공정 중 검사 등 포함
제조관리 기준서	• 제품을 제조관리하기 위하여 제조와 관련된 제조·관리 방법에 대해 필요한 사항을 기록한 문서. 제조공정관리 사항, 시설 및 기구관리, 원료 및 자재 관리 사항 등 포함
제조·위생관리 기준서	• 제품의 제조와 관련된 위생관리 방법의 확립을 위해 필요한 사항을 기록한 문서. 청소 장소 및 주기, 청소방법 및 사용하는 소독약품, 작업 중 위생에 관한 사항 등
품질관리 기준서	• 제품 품질의 관리와 관련된 방법을 확립하기 위해 필요한 사항을 기록한 문서. 검체의 채취량, 채취 장소 및 취급방법, 시험결과 통지 방법, 보관용 검체 관리 등

4-4. 고령친화식품[38]

1. 고령친화식품(고령자용으로 표시하여 판매하는 식품)

1) 정의 : 고령자의 식품 섭취나 소화 등을 돕기 위해 식품의 물성을 조절하거나, 소화에 용이한 성분이나 형태가 되도록 처리하거나, 영양성분을 조정하여 제조·가공한 식품을 말한다.

2) 고령친화식품의 제조가공 조건 : 고령자의 섭취, 소화, 흡수, 대사, 배설 등의 능력을 고려하여 제조·가공하여야 한다.

3) 한국산업표준의 기준[39]

구 분	내 용
1단계 (치아 섭취)	• 치아로 씹어서 섭취 가능한 물성을 가지도록 제조한 고령친화식품
2단계 (잇몸 섭취)	• 잇몸으로 으깨어 섭취 가능한 물성을 가지도록 제조한 고령친화식품
3단계 (혀로 섭취)	• 혀로 섭취 가능한 물성을 가지도록 제조한 고령친화식품

4) 고령친화식품의 종류

(1) 건강기능식품 (2) 두부류 및 묵류
(3) 인삼, 홍삼제품 (4) 특수영양식품
(5) 전통식품 및 발효식품(장류, 김치류, 젓갈류 등)

---

[38] 식약처, 식품의 기준 및 규격, 식약처 고시 제2024-71호, 2024.11.14.
[39] 고령친화산업지원센터, https://www.seniorfood.kr/index

2. 특수영양식품, 특수의료용도 등의 식품

1) **특수영양식품** : 식품공전에서는 '영·유아·병약자·노약자·비만자 또는 임산·수유부 등 특별한 영양 관리가 필요한 특정 대상을 위하여 식품과 영양소를 배합하는 등의 방법으로 제조·가공한 식품'을 말한다. 즉, 특정한 영양소가 필요한 사람을 위한 식품이다. 영아용 조제식, 성장기용 조제식, 영·유아용 이유식, 조제유류, 체중조절용 조제식품, 임산·수유부용 식품, 고령자용 영양조제식품 등이 있다. '특수용도식품'은 2022년부터 '특수영양식품'으로 용어가 변경되었다.

2) **특수의료용도 등의 식품** : 정상적으로 섭취, 소화, 흡수 또는 대사할 수 있는 능력이 제한되거나 손상된 환자 또는 질병이나 임상적 상태로 인하여 일반인과 생리적으로 특별히 다른 영양 요구량을 가진 사람의 식사 일부 또는 전부를 대신할 목적으로 이들에게 경구 또는 경관급식을 통하여 공급할 수 있도록 제조·가공된 식품을 말한다. 즉, 환자를 위한 식품이다. 표준형 영양조제식품, 맞춤형 영양조제식품, 식단형 식사관리식품 등이 있다.

 (1) 표준형 영양조제식품 : 질병, 수술 등의 임상적 상태로 인하여 일반인과 생리적으로 특별히 다른 영양요구량을 가지거나 체력 유지·회복이 필요한 사람에게 식사를 대신하거나 보충하여 영양을 균형 있게 공급할 수 있도록 이 고시에서 정한 표준형 영양조제식품의 성분기준에 따라 제조·가공된 것으로서, 음용하거나 반유동 형태로 섭취하는 식품(물 등 액상의 식품과 혼합한 후 음용하거나 반유동 형태로 섭취하는 식품을 포함)을 말한다.

 (2) 맞춤형 영양조제식품 : 선천적·후천적 질병, 수술 등 일시적 또는 만성적 임상 상태로 인하여 일반인과 생리적으로 특별히 다른 영양요구량을 가지거나 체력 유지·회복이 필요한 사람을 대상으로 식사를 대신하거나 보충하여 영양을 균형 있게 공급할 수 있도록 제조자가 과학적 입증자료를 토대로 제조·가공한 것으로서, 음용하거나 반유동 형태로 섭취하는 식품(물 등 액상의 식품과 혼합한 후 음용하거나 반유동 형태로 섭취하는 식품을 포함)을 말한다.

 (3) 식단형 식사관리식품 : 영양성분 섭취 관리가 필요한 만성질환자 등이 편리하게 식사 관리를 할 수 있도록 질환별 영양요구에 적합하게 제조된 것으로서, 조리된 식품이거나 조리된 식품을 조합하여 도시락 또는 식단 형태로 구성한 것, 소비자가 직접 조리하여 섭취하도록 손질된 식재료를 조합하여 조리법과 함께 동봉한 것 또는 조리된 식품과 손질된 식재료를 조합하여 제조한 것을 말한다.

■ 기출문제

1. 우수건강기능식품 제조기준(GMP)의 정의와 목적을 쓰시오. 〈2008-3회, 2012-2회〉

- 정의 : 우수한 건강기능식품을 제조 및 품질관리를 하기 위한 기준
  ※ 작업장의 구조, 설비 등의 제조시설 + 원료의 구입, 제조, 가공, 포장, 출하 단계까지 전 공정에 걸쳐 생산관리와 품질관리에 관한 기준
- 목적 : 제품의 원료, 제조, 최종제품의 생산 단계까지 모든 제조관리와 품질관리를 체계적, 조직적, 위생적으로 운영하여 생산하고자 하는 제품의 품질을 지속적으로 유지하기 위함

2. 특수영양식품의 정의와 해당 식품 중 2가지를 쓰시오. 〈2015-3회〉

- 특수영양식품 : 영·유아, 비만자 또는 임산·수유부 등 특별한 영양 관리가 필요한 특정 대상을 위하여 식품과 영양성분을 배합하는 등의 방법으로 제조·가공한 것
- 해당 식품 : 조제유류, 영아용 조제식, 성장기용 조제식, 영·유아용 이유식, 체중조절용 조제식품, 임산·수유부용 식품

3. 「특수의료용도 등의 식품」에 대한 정의를 쓰고, 섭취 목적이 특정 영양소(비타민, 무기질)의 섭취나 생리활성기능 증진의 목적이라면, 이 식품은 특수의료용도 등의 식품이라 할 수 있는지의 근거 여부 및 이유를 쓰시오. 〈2021-1회〉

- 정의 : 정상적으로 섭취, 소화, 흡수 또는 대사할 수 있는 능력이 제한되거나 손상된 환자 또는 질병이나 임상적 상태로 인하여 일반인과 생리적으로 특별히 다른 영양 요구량을 가진 사람의 식사 일부 또는 전부를 대신할 목적으로 이들에게 경구 또는 경관급식을 통하여 공급할 수 있도록 제조, 가공된 식품
- 섭취 목적에 따른 특수의료용도 식품 여부 : 특수의료용도 등의 식품은 환자를 위한 식품. 영양소 섭취, 생리활성기능의 증진은 건강기능식품에 해당한다.
  ※ 건강기능식품의 3대 기능 : 영양소, 생리활성기능증진, 질병 발생위험 감소 기능

■ 예상문제

1. 건강기능식품의 표시사항과 관련된 내용이다. 아래 내용 외에 추가적으로 표시해야 할 내용 3가지만 쓰시오.

   - 건강기능식품임을 나타내는 문자 또는 도안
   - 질병의 예방 및 치료를 위한 의약품이 아니라는 내용의 표현
   - 기능성 관련 정보 및 원료 중에 해당 기능성을 나타내는 성분 등의 함유량
   - 해당 건강기능식품에 관한 정보를 제공하기 위하여 필요한 사항

   ① 제품명, 내용량 및 원료명
   ② 영업소 명칭 및 소재지
   ③ 소비기한 및 보관방법
   ④ 섭취량, 섭취방법 및 섭취 시 주의사항

2. 우수건강기능식품의 제조기준(GMP)의 업체 자율 4대기준서를 쓰시오.

   - 제품표준서, 제조관리 기준서, 제조·위생관리 기준서, 품질관리 기준서

3. 고령친화식품에 대한 설명이다. ( )에 알맞은 내용을 쓰시오.

   고령친화식품의 한국산업표준(KS) 기준은 단계별로 다음과 같다.
   1단계 : 치아 섭취
   2단계 : (①) 섭취
   3단계 : (②) 섭취

   ① 잇몸 섭취
   ② 혀로 섭취

제5절 식품 관련 법규

5-1. 식품위생법

1. 판매 등이 금지되는 위해식품(식품위생법 제4조)

1) **위해식품 등의 판매 등 금지** : 다음에 해당하는 식품 등을 판매하거나 판매할 목적으로 채취·제조·수입·가공·사용·조리·저장·소분·운반 또는 진열해서는 안 된다.

2) **대상**

(1) 썩거나 상하거나 설익어서 인체의 건강을 해칠 우려가 있는 것

(2) 유독·유해물질이 들어 있거나 묻어 있는 것 또는 그럴 염려가 있는 것. 다만, 식품의약품안전처장이 인체의 건강을 해칠 우려가 없다고 인정하는 것은 제외한다.

(3) 병(病)을 일으키는 미생물에 오염되었거나 그럴 염려가 있어 인체의 건강을 해칠 우려가 있는 것

(4) 불결하거나 다른 물질이 섞이거나 첨가된 것 또는 그 밖의 사유로 인체의 건강을 해칠 우려가 있는 것

(5) 안전성 심사 대상인 농·축·수산물 등 가운데 안전성 심사를 받지 아니하였거나 안전성 심사에서 식용(食用)으로 부적합하다고 인정된 것

(6) 수입이 금지된 것 또는 「수입식품 안전관리 특별법」에 따라 수입신고를 하지 아니하고 수입한 것

(7) 영업자가 아닌 자가 제조·가공·소분한 것

2. 등록해야 하는 영업의 종류

구 분	내 용
허가를 받아야 하는 영업	(1) 식품조사처리업 : 식품의약품안전처장 (2) 단란주점영업과 같은 유흥주점영업 : 특별자치시장·특별자치도지사 또는 시장·군수·구청장
영업 신고를 해야 하는 업종	(1) 즉석판매제조·가공업 (2) 식품운반업 (3) 식품소분·판매업 (4) 식품냉동·냉장업 (5) 용기·포장류 제조업 (자신의 제품을 포장하기 위하여 용기·포장류를 제조하는 경우는 제외) (6) 휴게음식점 영업, 일반음식점영업, 위탁급식 영업, 제과점 영업
영업 신고 불필요 업종	• 해당 법률에서 이미 영업 신고 등의 조치를 취하여 신고가 불필요한 업종
등록해야 하는 영업	(1) 식품 제조·가공업 (2) 식품첨가물 제조업 (3) 공유주방 운영업 ※ 등록관청(특별자치시장·특별자치도지사 또는 시장·군수·구청장)

3. 영업자 4대 준수사항[40]

1) 식품위생교육

(1) 대상 : 식품 제조 가공업자, 즉석판매제조 가공업자, 식품첨가물 제조업자, 식품운반업자, 식품접객업자 등

(2) 책임자 지정 : 영업자가 직접 영업에 종사하지 않는 경우, 2곳 이상의 장소에서 영업을 하는 경우는 종업원 중에서 식품위생에 관한 책임자를 지정하여 영업자 대신 교육을 받을 수 있다.

(3) 교육 시기 및 주기

구 분	신규영업자	
신규영업자	• 식품 제조가공업·즉석판매제조가공업 : 8시간 • 식품운반업·식품 소분판매업·식품보존업 : 4시간	• 식품접객업 영업자 : 6시간
기존영업자	• 영업자 : 3시간	• 집단급식소 설치 운영자 : 2시간

2) 자가품질검사

(1) 검사 대상 영업자

① 식품 제조·가공업자, 즉석판매제조·가공업자, 용기·포장류 제조업자

② 주문자 상표 부착 식품 등을 수입·판매하는 영업자

③ 식품 제조·가공업자가 자신의 제품을 만들기 위해 수입한 반가공 원료

(2) 검사기준 : 판매를 목적으로 제조·가공하는 각 품목별로 실시

3) 수질검사

(1) 대상 : 수돗물이 아닌 지하수 등을 먹는 물 또는 식품의 조리 · 세척 등에 사용하는 경우

(2) 검사 주기 및 항목

① 식품 제조 가공업자 : 1년(단, 음료류 등 마시는 용도의 식품은 6개월)

② 즉석판매제조 가공업자, 식품 소분 판매업자, 식품접객업자 : 일부 항목 1년, 모든 항목 2년

4) 종업원 건강검진

(1) 대상 : 영업자 및 그 종업원, 식품 또는 식품첨가물을 채취·제조·가공·조리·저장·운반 또는 판매하는 일에 직접 종사하는 영업자 및 종업원

(2) 진단 항목 : 장티푸스(식품위생 관련 영업 및 집단급식소 종사자만 해당), 폐결핵, 전염성 피부질환(세균성 피부질환)

(3) 검사 주기 : 매년 1회

---

[40] 식품안전나라, 영업자 4대 준수사항, https://www.foodsafetykorea.go.kr/

4. 식품 등의 위생적인 취급 기준(시행규칙)

1) 식품 등을 취급하는 원료 보관실·제조가공실·조리실·포장실 등의 내부는 항상 청결하게 관리하여야 한다.
2) 식품 등의 원료 및 제품 중 부패·변질이 되기 쉬운 것은 냉동·냉장시설에 보관·관리하여야 한다.
3) 식품 등의 보관·운반·진열 시에는 식품 등의 기준 및 규격이 정하고 있는 보존 및 유통기준에 적합하도록 관리하여야 하고, 이 경우 냉동·냉장시설 및 운반시설은 항상 정상적으로 작동시켜야 한다.
4) 식품 등의 제조·가공·조리 또는 포장에 직접 종사하는 사람은 위생모 및 마스크를 착용하는 등 개인위생 관리를 철저히 하여야 한다.
5) 제조·가공(수입품을 포함한다)하여 최소 판매 단위로 포장된 식품 또는 식품첨가물을 허가받지 않거나 신고를 하지 않고 판매의 목적으로 포장을 뜯어 분할하여 판매해서는 안 된다. 다만, 컵라면, 일회용 다류, 그 밖의 음식류에 뜨거운 물을 넣거나, 호빵 등을 따뜻하게 데워 판매하기 위해 분할할 때는 제외한다.
6) 식품 등의 제조·가공·조리에 직접 사용되는 기계·기구 및 음식 용기는 사용 후에 세척·살균하는 등 항상 청결하게 유지·관리하여야 하며, 어류·육류·채소류를 취급하는 칼·도마는 각각 구분하여 사용하여야 한다.
7) 소비기한이 경과된 식품 등을 판매하거나 판매의 목적으로 진열·보관하여서는 안 된다.

5. 제조가공업의 시설기준(식품위생법)

1) 다음의 영업을 하려는 자는 총리령으로 정하는 시설기준에 맞는 시설을 갖추어야 한다.
   (1) 식품 또는 식품첨가물의 제조업, 가공업, 운반업, 판매업 및 보존업
   (2) 기구 또는 용기·포장의 제조업
   (3) 식품접객업
   (4) 공유주방 운영업(여러 영업자가 함께 사용하는 공유주방을 운영하는 경우로 한정)

2) 식품 제조·가공업의 시설기준
   (1) 식품의 제조시설과 원료 및 제품의 보관시설 등이 설비된 건축물의 위치 등
   ① 건물의 위치는 축산폐수·화학물질, 그 밖에 오염물질의 발생 시설로부터 식품에 나쁜 영향을 주지 않는 거리를 두어야 한다.
   ② 건물의 구조는 제조하려는 식품의 특성에 따라 적정한 온도가 유지될 수 있고, 환기가 잘 될 수 있어야 한다.
   ③ 건물의 자재는 식품에 나쁜 영향을 주지 않고 식품을 오염시키지 않는 것이어야 한다.
   (2) 작업장
   ① 작업장은 독립된 건물이거나 식품 제조·가공 외의 용도로 사용되는 시설과 분리(별도의 방을 분리함에

있어 벽이나 층 등으로 구분하는 경우를 말한다.)되어야 한다.
② 작업장은 원료처리실·제조가공실·포장실 및 그 밖에 식품의 제조·가공에 필요한 작업실을 말하며, 각각의 시설은 분리 또는 구획되어야 한다. 다만, 제조공정의 자동화 또는 시설·제품의 특수성으로 인하여 분리 또는 구획할 필요가 없다고 인정되는 경우로서 각각의 시설이 서로 구분될 수 있는 경우에는 그러하지 아니하다.
③ 바닥은 콘크리트 등으로 내수 처리를 하여야 하며, 배수가 잘되도록 하여야 한다.
④ 내벽은 바닥으로부터 **1.5 미터**까지 밝은색의 내수성으로 설비하거나 세균 방지용 페인트로 도색해야 한다. 다만, 물을 사용하지 않고 위생상 위해 발생의 우려가 없는 경우에는 그러하지 않는다.
⑤ 작업장의 내부 구조물, 벽, 바닥, 천장, 출입문, 창문 등은 내구성, 내부식성 등을 가지고, 세척·소독이 용이하여야 한다.
⑥ 작업장 안에서 발생하는 악취·유해가스·매연·증기 등의 환기에 충분한 환기시설을 갖추어야 한다.
⑦ 작업장은 외부의 오염물질이나 해충, 설치류, 빗물 등의 유입을 차단할 수 있는 구조이어야 한다.
⑧ 작업장은 폐기물·폐수 처리시설과 격리된 장소에 설치하여야 한다.

5-2. 식품공전 및 식품첨가물공전

1. 식품공전 및 식품첨가물공전

1) **정의** : 식품 및 식품첨가물의 안전한 관리를 위해 이들의 제조 및 규격 등을 정리해 놓은 기준서. 식약처는 '식품위생법'에 따라 국민의 안전과 건강의 보호에 필요하다고 인정하는 때에는 판매를 목적으로 하는 식품 및 식품첨가물의 제조·가공·사용·조리·보존의 5가지 방법에 관한 기준과 그 식품 및 식품첨가물의 성분·기구·용기·포장의 제조 방법에 관한 규정 등을 정하여 고시하는데, 이를 정리해 놓은 기준서다.

2) **식품공전**
   (1) 식품위생법에 의거 판매를 목적으로 하는 모든 식품에 대한 '기준 및 규격'을 설정하여 관리하는 책자
   (2) **식품공전의 구성**

① 총칙	⑤ 식품별 기준 및 규격
② 식품 일반에 대한 공통기준 및 규격	⑥ 식품접객업소 조리식품 등에 대한 기준 및 규격
③ 영유아용, 고령자용 또는 대체식품으로 표시하여 판매하는 식품의 기준 및 규격	⑦ 검체의 채취 및 취급방법
④ 장기보존식품의 기준 및 규격	⑧ 일반시험법

3) **식품첨가물 공전** : 식품첨가물의 제조, 가공, 보존 방법에 관한 기준과 성분에 관한 규격을 정함으로써 식품첨가물의 안전한 품질을 확보하고, 식품에 안전하게 사용하도록 하여 국민의 안전과 건강의 보호에 이바지함을 목적으로 한다.

2. '식품공전' 주요 용어의 정의[41]

1) '식품유형'은 제품의 원료, 제조 방법, 용도, 섭취 형태, 성상 등 제품의 특성을 고려하여 제조 및 보존 유통과정에서 식품의 안전과 품질 확보를 위해 필요한 공통 사항을 정하고 제품에 대한 정보 제공을 용이하게 하기 위하여 유사한 특성의 식품끼리 묶은 것을 말한다.

2) 'A, B, C, ……등'은 예시 개념으로 일반적으로 많이 사용하는 것을 기재하고 그 외에 관련된 것을 포괄하는 개념이다.

3) 'A 또는 B'는 'A와 B', 'A나 B', 'A 단독' 또는 'B 단독'으로 해석할 수 있으며, 'A, B, C 또는 D' 역시 그러하다.

4) 'A 및 B'는 A와 B를 동시에 만족하여야 한다.

5) '적절한 ○○과정(공정)'은 식품의 제조·가공에 필요한 과정(공정)을 말하며 식품의 안전성, 건전성을 얻으며 일반적으로 널리 통용되는 방법이나 과학적으로 충분히 입증된 방법을 말한다.

6) '식품 및 식품첨가물은 그 기준 및 규격에 적합하여야 한다'는 해당되는 기준 및 규격에 적합해야 함을 말한다.

7) '보관하여야 한다'는 원료 및 제품의 특성을 고려하여 그 품질이 최대로 유지될 수 있는 방법으로 보관하여야 함을 말한다.

8) '가능한 한', '권장한다'와 '할 수 있다'는 위생수준과 품질향상을 유도하기 위하여 설정하는 것으로 권고사항을 뜻한다.

9) '이와 동등 이상의 효력을 가지는 방법'은 기술된 방법 이외에 일반적으로 널리 통용되는 방법이나 과학적으로 충분히 입증된 것으로 **위생학적, 영양학적, 관능적 품질**의 유지가 가능한 방법을 말한다.

10) 정의 또는 식품유형에서 '○○%, ○○% 이상, 이하, 미만' 등으로 명시되어 있는 것은 원료 또는 성분배합 시의 기준을 말한다.

11) '특정 성분'은 가공식품에 사용되는 원료로서 단일식품의 가식부분을 말한다.

12) '건조물(고형물)'은 원료를 건조하여 남은 고형물로서 별도의 규격이 정해진 경우가 아니면, 수분함량이 15% 이하인 것을 말한다.

13) '고체식품'이라 함은 외형이 일정한 모양과 부피를 가진 식품을 말한다.

14) '액체 또는 액상식품'이라 함은 유동성이 있는 상태의 것 또는 액체 상태의 것을 그대로 농축한 것을 말한다.

15) '환(pill)'이라 함은 식품을 작고 둥글게 만든 것을 말한다.

16) '과립(granule)'이라 함은 식품을 잔 알갱이 형태로 만든 것을 말한다.

---

[41] 식약처, 식품의 기준 및 규격, 식약처 고시 제2024-71호, 2024.11.14.

17) '분말(powder)'이라 함은 입자의 크기가 과립 형태보다 작은 것을 말한다.

18) '유탕 또는 유처리'라 함은 식품의 제조 공정상 식용 유지로 튀기거나 제품을 성형한 후 식용 유지를 분사하는 등의 방법으로 제조·가공하는 것을 말한다.

19) '주정 처리' : 살균을 목적으로 식품의 제조공정상 주정(알코올)을 사용하여 제품을 침지하거나 분사하는 등의 방법을 말한다.

20) '소비기한(use by date) : 식품 등에 표시된 보관 방법을 준수할 경우 섭취하여도 안전에 이상이 없는 기한을 말한다.

21) '최종제품'이란 가공 및 포장이 완료되어 유통 판매가 가능한 제품을 말한다.

22) '규격'은 최종제품에 대한 규격을 말한다.

23) '검출되어서는 아니 된다'라 함은 이 고시에 규정하고 있는 방법으로 시험하여 검출되지 않는 것을 말한다.

24) '원료'는 식품 제조에 투입되는 물질로서 식용이 가능한 동물, 식물 등이나 이를 가공 처리한 것, 「식품첨가물의 기준 및 규격」에 허용된 식품첨가물, 그리고 또 다른 식품의 제조에 사용되는 가공식품 등을 말한다.

25) '주원료'는 해당 개별식품의 주용도, 제품의 특성 등을 고려하여 다른 식품과 구별, 특정 짓게 하기 위하여 사용되는 원료를 말한다.

26) '단순추출물'이라 함은 원료를 물리적으로 또는 용매(물, 주정, 이산화탄소)를 사용하여 추출한 것으로 특정한 성분이 제거되거나 분리되지 않은 추출물(착즙 포함)을 말한다.

27) '식품에 제한적으로 사용할 수 있는 원료'란 식품 사용에 조건이 있는 식품의 원료를 말한다.

28) '식품에 사용할 수 없는 원료'란 식품의 제조·가공·조리에 사용할 수 없는 것을 말한다.

29) '원료에서 유래되는'은 해당 기준 및 규격에 적합하거나 품질이 양호한 원료에서 불가피하게 유래된 것을 말하는 것으로, 공인된 자료나 문헌으로 입증할 경우 인정할 수 있다.

30) 원료의 '품질과 선도가 양호'라 함은 농·임·축·수산물 및 가공식품의 경우 이 고시에서 규정하고 있는 기준과 규격에 적합한 것을 말한다. 또한, 농·임산물의 경우 고유의 형태와 색택을 가지고 이미·이취가 없어야 하나, 멍들거나 손상된 부위를 제거하여 식용에 적합하도록 한 것을 포함하며, 해조류의 경우 외형상 그 종류를 알아볼 수 있을 정도로 모양과 색깔이 손상되지 않은 것을 말한다.

31) 원료의 '부패·변질'이라 함은 미생물 등에 의해 단백질, 지방 등이 분해되어 악취와 유해성 물질이 생성되거나, 식품 고유의 냄새, 빛깔, 외관 또는 조직이 변하는 것을 말한다.

32) '이물'이라 함은 정상 식품의 성분이 아닌 물질을 말하며, 동물성으로 절지동물 및 그 알, 유충과 배설물, 설치류 및 곤충의 흔적물, 동물의 털, 배설물, 기생충 및 그 알 등이 있고, 식물성으로 종류가 다른 식물 및 그 종자, 곰팡이, 짚, 겨 등이 있으며, 광물성으로 흙, 모래, 유리, 금속, 도자기 파편 등이 있다.

33) '냉장' 또는 '냉동' : 이 고시에서 따로 정하여진 것을 제외하고는 **냉장은 0~10℃, 냉동은 -18℃ 이하**를 말한다.

34) '차고 어두운 곳' 또는 '냉암소'라 함은 따로 규정이 없는 한 0~15℃의 빛이 차단된 장소를 말한다.

35) '냉장·냉동 온도측정값' : 냉장·냉동고 또는 냉장·냉동설비 등의 내부 온도를 측정한 값 중 가장 높은 값을 말한다.

36) '살균' : 따로 규정이 없는 한 세균, 효모, 곰팡이 등 미생물의 영양세포를 불활성화시켜 감소시키는 것을 말한다.

37) '멸균' : 따로 규정이 없는 한 미생물의 영양세포 및 포자를 사멸시키는 것을 말한다.

38) '밀봉' : 용기 또는 포장 내외부의 공기 유통을 막는 것을 말한다.

39) '초임계추출' : 임계온도와 임계압력 이상의 상태에 있는 이산화탄소를 이용하여 식품 원료 또는 식품으로부터 식용성분을 추출하는 것을 말한다.

40) '심해'란 태양광선이 도달하지 않는 수심이 200m 이상 되는 바다를 말한다.

41) '가공식품' : 식품 원료(농, 임, 축, 수산물 등)에 식품 또는 식품첨가물을 가하거나, 그 원형을 알아볼 수 없을 정도로 변형(분쇄, 절단 등)시키거나 이와 같이 변형시킨 것을 서로 혼합 또는 이 혼합물에 식품 또는 식품첨가물을 사용하여 제조·가공·포장한 식품을 말한다. 다만, 식품첨가물이나 다른 원료를 사용하지 아니하고 원형을 알아볼 수 있는 정도로 농·임·축·수산물을 단순히 자르거나 껍질을 벗기거나 소금에 절이거나 숙성하거나 가열(살균의 목적 또는 성분의 현격한 변화를 유발하는 경우를 제외한다) 등의 처리과정 중 위생상 위해발생의 우려가 없고 식품의 상태를 관능으로 확인할 수 있도록 단순 처리한 것은 제외한다.

42) '**식품조사(Food Irradiation)처리**' : 식품 등의 발아 억제, 살균, 살충 또는 숙도 조절을 목적으로 감마선 또는 전자선가속기에서 방출되는 에너지를 복사(radiation)의 방식으로 식품에 조사하는 것으로, 선종과 사용 목적 또는 처리방식(조사)에 따라 감마선 살균, 전자선 살균, 엑스선 살균, 감마선 살충, 전자선 살충, 엑스선 살충, 감마선 조사, 전자선 조사, 엑스선 조사 등으로 구분하거나, 통칭하여 방사선 살균, 방사선 살충, 방사선 조사 등으로 구분할 수 있다. 다만, 검사를 목적으로 엑스선이 사용되는 경우는 제외한다.

43) '식육'이라 함은 식용을 목적으로 하는 동물성 원료의 지육, 정육, 내장, 그 밖의 부분을 말하며, '지육'은 머리, 꼬리, 발 및 내장 등을 제거한 도체(carcass)를, '정육'은 지육으로부터 뼈를 분리한 고기를, '내장'은 식용을 목적으로 처리된 간, 폐, 심장, 위, 췌장, 비장, 신장, 소장 및 대장 등을, '그 밖의 부분'은 식용을 목적으로 도축된 동물성 원료로부터 채취, 생산된 동물의 머리, 꼬리, 발, 껍질, 혈액 등 식용이 가능한 부위를 말한다.

44) '장기보존식품' : 장기간 유통 또는 보존이 가능하도록 제조·가공된 **통·병조림식품, 레토르트식품, 냉동식품**을 말한다.

45) '식품 용수' : 식품의 제조, 가공 및 조리 시에 사용하는 물을 말한다.

46) '슬러쉬'라 함은 청량음료 등 완전포장된 음료, 물, 분말주스 등의 원료를 직접 혼합하여 얼음을 분쇄한 것과 같은 상태로 만들거나 아이스크림을 만드는 기계 등을 이용하여 반얼음 상태로 얼려 만든 음료를 말한다.

47) '코코아 고형분'이라 함은 코코아 매스, 코코아버터 또는 코코아 분말을 말하며, '무지방 코코아 고형분'이라 함은 코코아 고형분에서 지방을 제외한 분말을 말한다.

48) '유고형분'이라 함은 유지방분과 무지유고형분을 합한 것이다.

49) '유지방'은 우유로부터 얻은 지방을 말한다.

50) '혈액이 함유된 알' : 알 내용물에 혈액이 퍼져 있는 알을 말한다.

51) '혈반' : 난황이 방출될 때 파열된 난소의 작은 혈관에 의해 발생된 혈액 반점을 말한다.

52) '육반' : 혈반이 특징적인 붉은 색을 잃어버렸거나 산란기관의 작은 체조직 조각을 말한다.

53) '실금란' : 난각이 깨어지거나 금이 갔지만 난각막은 손상되지 않아 내용물이 누출되지 않은 알을 말한다.

54) '오염란' : 난각의 손상은 없으나 표면에 분변·혈액·알 내용물·깃털 등 이물질이나 현저한 얼룩이 묻어 있는 알을 말한다.

55) '연각란' : 난각막은 파손되지 않았지만 난각이 얇게 축적되어 형태를 견고하게 유지될 수 없는 알을 말한다.

56) 미생물 규격에서 사용하는 용어(n, c, m, M)는 다음과 같다.
  (1) n : 검사하기 위한 시료의 수
  (2) c : 최대 허용 시료 수, 허용기준치(m)를 초과하고 최대 허용한계치(M) 이하인 시료의 수로서 결과가 m을 초과하고 M 이하인 시료의 수가 c 이하일 경우에는 적합으로 판정
  (3) m : 미생물 허용기준치로서 결과가 모두 m 이하인 경우 적합으로 판정
  (4) M : 미생물 최대 허용한계치로서 결과가 하나라도 M을 초과하는 경우는 부적합으로 판정
  ※ m, M에 특별한 언급이 없는 한 1g 또는 1mL 당의 집락수(Colony Forming Unit, CFU)이다.

57) '영아'라 함은 생후 12개월 미만인 사람을 말한다.

58) '유아'라 함은 생후 12개월부터 36개월까지인 사람을 말한다.

3. 식품 원료의 안전성 관리

1) **식품 원료의 안전성** : 어떠한 식품의 제조, 가공 또는 수입 시에는 식품공전의 '원료 등의 구비 요건'에 적합한 식품 원료만을 사용해야 한다. 식품 원료는 국내에서 '식품으로서 섭취한 근거'를 기준으로 안전성이 확인된 것 또는 국내 섭취 경험이 없는 새로운 원료나 기존에 섭취하던 식품이라도 새로운 기술을 이용하여 얻은 원료에 대해서는 안전성 등을 평가하여 한시적으로 식품 원료로 인정하고 있다.

2) **한시적 인정 식품 원료** : 식품 원료로 사용 불가능하지만, 「식품 등의 한시적 기준 및 규격 인정 기준」(식품위생법시행규칙 제5조 관련)에 따라 식품 원료의 '한시적 기준 및 규격'으로 신청이 가능하다. 식품위생법에서는 식약처장은 기준과 규격이 고시되지 아니한 식품 또는 식품첨가물의 기준과 규격을 인정받으려는 자에게 ① 제조·가공·사용·조리·보존 방법에 관한 기준 ② 성분에 관한 규격을 제출받아 식약처장이 지정한 식품 전문시험·검사기관 등의 검토를 거쳐 기준과 규격이 고시될 때까지 그 식품 또는 식품첨가물의 기준과 규격으로 인정할 수 있다고 정하고 있다. 한시적 기준 및 규격의 인정 식품은 다음과 같다.

(1) 국내에서 새로 원료로 사용하려는 농산물·축산물·수산물 등
(2) 농·축·수산물 등으로부터 추출·농축·분리 등의 방법으로 얻은 것으로서 식품으로 사용하려는 원료
(3) 세포·미생물 배양 등 새로운 기술을 이용하여 얻은 것으로서 식품으로 사용하려는 원료

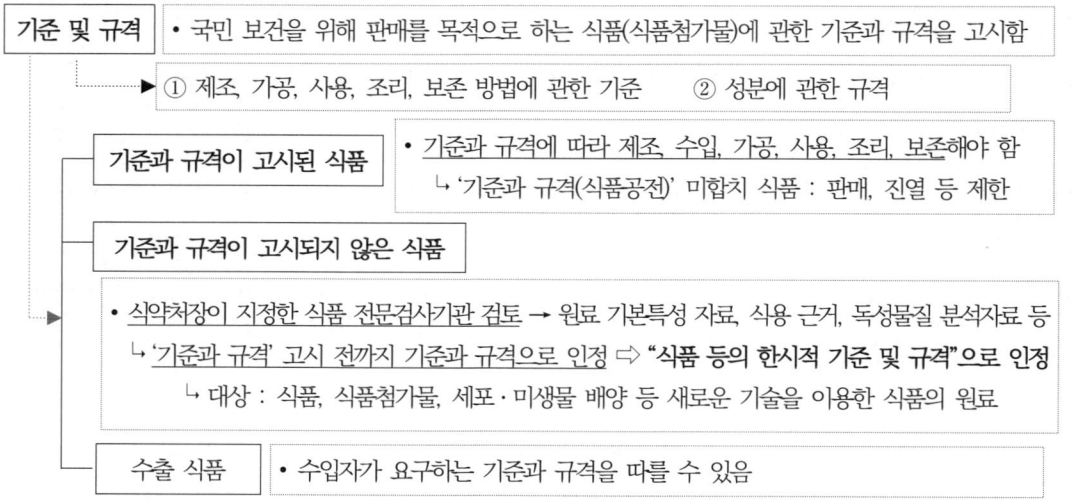

4. 식품 원료의 판단 기준[42] : 3가지

1) **식용을 목적으로 채취, 취급, 가공, 제조 또는 관리된 것** : 원료에 독성이나 부작용이 없는 것에 한하여 인정한다.

2) **식품 원료로서 안전성 및 건전성이 입증된 것**

(1) 국내에 식품으로 섭취 근거자료가 있는 경우 : 원료에 독성이나 부작용이 없고 국내에서 '식품으로서 섭취한 근거'를 기준으로 안전성과 건전성이 확인된 것에 한하여 인정한다. (해당 원료의 사용 기간, 사용 범위, 사용량, 자료 출처 등을 종합적으로 고려하여 판단)

(2) **식용 근거가 없는 경우에는 안전성 평가에 의해 판단** : 기수재된 동식물과 분류학적 위치, 특성 및 용도가 유사한 경우와 식품 원료로써 이용 타당성 및 안전성을 입증할 수 있는 자료에 근거하여 판단한다. 식품

---
[42] 식약처, 『식품 등 기준 설정 원칙』, 2017.10.

원료로 승인받기 위한 제출 자료는 다음과 같다.

① 원료의 기본특성 자료 : 원료명, 사용 부위, 특성 성분자료, 사용 용도

② 식용 근거자료 : 국내에서 전래적으로 식품으로 섭취하였음을 입증할 수 있는 자료

③ 독성이나 부작용이 있을 경우 : 독성이나 부작용 원인물질의 명칭, 분자구조, 특성 등에 관한 자료, 원인물질의 독성작용이나 부작용에 대한 자료, 독성물질의 분석방법 등에 관한 자료, 독성이나 부작용의 원인물질이 완전히 제거되는 경우 이를 입증할 수 있는 자료, 독성이나 부작용의 원인물질에 대한 잔류기준이 설정되어 있는 경우는 규정 및 설정 사유, 최종제품에 대한 함유량 등에 관한 자료

3) 기타 식약처장이 식용으로 인정한 것

(1) **식품 원료** : 식품 사용에 있어서 제한조건이 없으며 특정 식품에만 사용하도록 규정하지 않는다.

(2) **제한적으로 사용할 수 있는 원료** : 다음에 해당하는 것들은 '식품에 제한적으로 사용할 수 있는 원료'로 판단할 수 있으며, 사용 용도를 특정 식품에 제한할 수 있다.

① 향신료, 침출차, 주류 등 특정 식품에만 제한적 사용 근거가 있는 것

② 독성이나 부작용 원인물질을 완전히 제거하고 사용해야 하는 것

③ 독성이나 부작용 원인물질의 잔류 기준이 필요한 것

④ 식품 제조 시 사용되는 '식품에 제한적으로 사용할 수 있는 원료'는 가공 전 원료의 중량을 기준으로 50% 미만(배합수 제외)을 사용하여야 한다.

⑤ 식품 제조 시 '식품에 제한적으로 사용할 수 있는 원료'를 2가지 이상 혼합할 경우 혼합되는 총량은 가공 전 원료의 중량을 기준으로 50% 미만(배합수 제외) 사용하여야 한다. 다만, 최종 소비자에게 판매되지 아니하고 제조업소에 공급되는 원료용 제품을 제조하고자 하는 경우에는 위의 ④, ⑤항을 적용받지 않을 수 있다.

⑥ 음료류, 주류 및 향신료 제조 시 '식품에 제한적으로 사용할 수 있는 원료'에 속하는 식물성 원료가 1가지인 경우에는 원료의 중량을 기준으로 100%까지(배합수 제외) 사용할 수 있다.

5-3. 식품 일반의 기준 및 규격[43]

1. 제조 및 가공기준

1) 식품의 제조·가공에 사용되는 원료, 기계·기구류와 부대시설물은 항상 위생적으로 유지·관리하여야 한다.

2) 식품 용수는 「먹는물관리법」의 먹는 물 수질 기준에 적합한 것이거나, 「해양심층수의 개발 및 관리에 관한 법률」의 기준·규격에 적합한 원수, 농축수, 미네랄 탈염수, 미네랄 농축수이어야 한다.

3) 식품 용수는 「먹는물관리법」에서 규정하고 있는 수처리제를 사용하거나, 각 제품의 용도에 맞게 물을 응집 침전, 여과(활성탄, 모래, 세라믹, 맥반석, 규조토, 마이크로필터, 한외여과(Ultra Filter), 역삼투막, 이온교

---

[43] 식약처, 식품의 기준 및 규격, 식약처 고시 제2024-71호, 2024.11.14.

환수지]], 오존살균, 자외선살균, 전기분해, 염소소독 등의 방법으로 수처리하여 사용할 수 있다.

4) '식품별 기준 및 규격'에서 원료배합 시의 기준이 정하여진 식품은 그 기준에 의하며, 물을 첨가하여 복원되는 건조 또는 농축된 식품의 경우는 복원 상태의 성분 및 함량비(%)로 환산 적용한다. 다만, 식육가공품 및 알 가공품의 경우 원료배합 시 제품의 특성에 따라 첨가되는 배합수는 제외할 수 있다.

5) 식품 제조·가공 및 조리 중에는 이물의 혼입이나 병원성 미생물 등이 오염되지 않도록 하여야 하며, 제조과정 중 다른 제조공정에 들어가기 위해 일시적으로 보관되는 경우 위생적으로 취급 및 보관되어야 한다.

6) 식품은 물, 주정 또는 물과 주정의 혼합액, 이산화탄소만을 사용하여 추출할 수 있다. 다만, 식품첨가물의 기준 및 규격에서 개별기준이 정해진 경우는 그 사용기준을 따른다.

7) 식품의 제조, 가공, 조리, 보존 및 유통 중에는 동물용 의약품을 사용할 수 없다.

8) 식품은 캡슐 또는 정제 형태로 제조할 수 없다. 다만, 과자, 캔디류, 추잉껌, 초콜릿류, 식염, 장류, 복합조미식품, 당류가공품, 음료베이스, 과채가공품은 정제 형태로, 식용 유지류는 캡슐 형태로 제조할 수 있으나 이 경우 의약품 또는 건강기능식품으로 오인·혼동할 우려가 없도록 제조하여야 한다.

9) 식품의 처리·가공 중 건조, 농축, 열처리, 냉각 또는 냉동 등의 공정은 제품의 영양성, 안전성을 고려하여 적절한 방법으로 실시하여야 한다.

10) 원유는 이물을 제거하기 위한 청정공정과 필요한 경우 유지방구의 입자를 미세화하기 위한 균질공정을 거쳐야 한다.

11) 유가공품의 살균 또는 멸균 공정은 따로 정하여진 경우를 제외하고 <u>저온장시간살균법(63~65℃에서 30분간), 고온단시간살균법(72~75℃에서 15초~20초간), 초고온순간처리법(130~150℃에서 0.5초~5초간)</u> 또는 이와 동등 이상의 효력을 가지는 방법으로 실시하여야 한다. 그리고 살균제품은 살균 후 즉시 10℃ 이하로 냉각하여야 하고, 멸균제품은 멸균한 용기 또는 포장에 무균공정으로 충전·포장하여야 한다.

12) 식품 중 살균제품은 그 <u>중심부 온도를 63℃ 이상에서 30분간 가열 살균</u>하거나 또는 이와 동등 이상의 효력이 있는 방법으로 가열 살균하여야 하며, 오염되지 않도록 위생적으로 포장 또는 취급하여야 한다. 또한, 식품 중 멸균제품은 기밀성이 있는 용기·포장에 넣은 후 밀봉한 제품의 <u>중심부 온도를 120℃ 이상에서 4분 이상 멸균처리</u>하거나 또는 이와 동등 이상의 멸균 처리하여야 한다. 다만, 식품별 기준 및 규격에서 정하여진 것은 그 기준에 따른다.

13) 멸균하여야 하는 제품 중 <u>pH 4.6 이하인 산성식품</u>은 살균하여 제조할 수 있다. 이 경우 해당 제품은 멸균제품에 규정된 규격에 적합하여야 한다.

14) 식품 중 비살균제품은 다음의 기준에 적합한 방법이나 이와 동등 이상의 효력이 있는 방법으로 관리하여야 한다.
   (1) 원료육으로 사용하는 돼지고기는 도살 후 24시간 이내에 5℃ 이하로 냉각·유지하여야 한다.
   (2) 원료육의 정형이나 냉동 원료육의 해동은 고기의 중심부 온도가 10℃를 넘지 않도록 하여야 한다.

15) 식육가공품 및 포장육 작업장의 실내 온도는 15℃ 이하로 유지 관리하여야 한다(다만, 가열처리 작업장은 제외).

16) 어류의 육질 이외의 부분은 비가식부분을 충분히 제거한 후 중심 온도를 -18℃ 이하에서 보관하여야 한다.

17) 식품의 용기·포장은 용기·포장류 제조업 신고를 필한 업소에서 제조한 것이어야 한다. 다만, 그 자신의 제품을 포장하기 위하여 용기·포장류를 직접 제조하는 경우는 제외한다.

18) 분말, 가루, 환제품을 제조하기 위하여 원료를 금속 재질의 분쇄기로 분쇄하는 경우에는 분쇄 이후(여러 번의 분쇄를 거치는 경우 최종 분쇄 이후) 충분한 자력을 가진 자석을 이용하여 금속성 이물(쇳가루)을 제거하는 공정을 거쳐야 한다. 이때 제거공정 중 자석에 부착된 분말 등을 주기적으로 제거하여 충분한 자력이 상시 유지될 수 있도록 관리하여야 한다.

19) 달걀을 물로 세척하는 경우 다음의 요건을 모두 충족하는 방법으로 세척하여야 한다.
   (1) 30℃ 이상이면서 달걀의 품온보다 5℃ 이상의 물을 사용할 것
   (2) 100~200ppm 차아염소산나트륨을 함유한 물을 사용할 것. 이때 차아염소산나트륨을 사용하지 않는 경우 150ppm 차아염소산나트륨과 동등 이상의 살균 효력이 있는 방법을 사용할 수 있다.

2. 식품 일반의 기준 및 규격

1) 성상 : 제품은 고유의 형태, 색택을 가지고 이미·이취가 없어야 한다.

2) 이물 : 식품은 다음의 이물을 함유하여서는 안 된다.
   (1) 원료의 처리 과정에서 그 이상 제거되지 않는 정도 이상의 이물
   (2) 오염된 비위생적인 이물
   (3) 인체에 위해를 끼치는 단단하거나 날카로운 이물. 다만, 다른 식물이나 원료 식물의 표피 또는 토사, 원료 육의 털, 뼈 등과 같이 실제에 있어 정상적인 제조가공상 완전히 제거되지 아니하고 잔존하는 경우의 이물로서 그 양이 적고 위해 가능성이 낮은 경우는 제외한다.
   (4) 금속성 이물인 쇳가루는 금속성 이물(쇳가루)에 따라 시험하였을 때 식품 중 10.0mg/kg 이상 검출되어서는 안 되며, 또한 금속 이물은 2mm 이상인 금속성 이물이 검출되어서는 안 된다.

3) 식품첨가물 : 어떤 식품에 사용할 수 없는 식품첨가물이 그 식품첨가물을 사용할 수 있는 원료로부터 유래된 것이라면 원료로부터 이행된 범위 안에서 식품첨가물 사용기준의 제한을 받지 아니할 수 있다.

4) 위생지표균 및 식중독균
   (1) 위생지표균 : 세균수, 대장균군수, 대장균수
   (2) 식중독균 : 살모넬라, 장염비브리오, 리스테리아 모노사이토제네스, 장출혈성 대장균, 캠필로박터 제주니/콜리, 여시니아 엔테로콜리티카, 바실루스 세레우스, 클로스트리디움 퍼프린젠스, 황색포도상구균 등
     ① 식육(제조, 가공용 원료는 제외한다), 살균 또는 멸균 처리하였거나 더 이상의 가공, 가열조리를 하지 않

고 그대로 섭취하는 가공식품에서 불검출 : 살모넬라, 장염비브리오, 리스테리아 모노사이토제네스, 장출혈성 대장균, 캠필로박터 제주니/콜리, 여시니아 엔테로콜리티카

② 더 이상의 가열조리를 하지 않고 섭취할 수 있도록 비가식부위(비늘, 아가미, 내장 등) 제거, 세척 등 위생 처리한 수산물 : 살모넬라, 리스테리아 모노사이토제네스, 비브리오 패혈증균, 비브리오 콜레라는 불검출

③ 가공·가열처리 하지 않고 그대로 사람이 섭취하는 용도의 식용란에서는 살모넬라균이 검출되어서는 안 된다.

④ 식육(분쇄육에 한함) 및 판매를 목적으로 식육을 절단(세절 또는 분쇄를 포함)하여 포장한 상태로 냉장 또는 냉동한 것으로서 화학적 합성품 등 첨가물 또는 다른 식품을 첨가하지 아니한 포장육(육함량 100%, 다만, 분쇄에 한함)에서는 장출혈성 대장균이 n=5, c=0, m=0/25g이어야 한다.

⑤ 식품접객업소 등의 노로바이러스 기준 : 식품접객업소, 집단급식소, 식품제조·가공업소 등에서 식재료 및 식기 등의 세척, 식품의 조리 및 제조·가공, 먹는 물 등으로 사용하는 물에서는 불검출되어야 한다. (다만, 식품접객업소, 집단급식소 등에서 먹는 물로 제공되는 수돗물은 먹는 물 관리법에서 규정하고 있는 먹는 물 수질 기준에 의한다)

3. 농약의 잔류허용기준 설정[44]

1) 잔류허용기준(MRL : Maximum Residue Level) : 식품의 잔류농약이란 병충해로부터 농작물을 지키기 위하여 사용한 농약이 농작물 또는 이를 원료로 사용한 식품 중에 남아 있는 것으로 식품에 잔류가 허용될 수 있는 농약의 최대 농도를 의미한다.

(1) 잔류허용기준(MRL) : 사람이 일생 동안 섭취하더라도 건강에 유해한 영향이 없는 과학적으로 입증된 허용 수준량으로, 식품 중에 잔류가 허용되는 농약 및 동물용 의약품의 최대농도(mg/kg 또는 mg/L)를 말한다.

(2) 농산물에 잔류한 농약에 대하여 별도로 잔류허용기준을 정하지 않는 경우 0.01mg/kg 이하를 적용한다.

2) 농약 안전사용기준(PHI, Pre-Harvest Interval) : 농작물을 가해하는 병충해를 방제하기 위하여 농약을 사용한 수확물 중, 농약의 잔류량이 허용기준을 넘지 않도록 농작물별로 각 농약의 사용 횟수, 수확 전 살포 가능 일수, 사용 방법 등을 설정한 것을 말한다.

3) 농약 허용물질목록관리 제도(PLS : Positive List System) : 농약사용의 안전관리 강화 차원에서 국내외에서 사용기준이 정해진 농약에 대해서는 잔류허용기준을 설정하고, 그 기준에 따라 관리한다. 그 외의 잔류허용기준이 정해지지 않은 농약은 잔류농약 기준을 0.01ppm(mg/kg) 이하로 일률적으로 적용하여 관리하는 제도를 PLS라고 한다.

4) 농약의 잔류허용기준 설정

(1) 농약 등록 : 농촌진흥청에서 농산물 재배 시 병해충 방제 등을 목적으로 약효, 약해, 독성, 잔류성 등을

---

[44] 식약처, 식품의 기준 및 규격, 식약처 고시 제2024-71호, 2024.11.14.

검토하여 농약 등록 및 안전사용기준 설정 후, 식약처에 잔류허용기준 설정을 신청한다.

(2) 식약처 : 농촌진흥청의 잔류허용기준(안)과 식품 섭취량, 평균 체중 등을 고려하여 농약의 이론적 1일 최대 섭취량(TMDI)이 ADI 값을 초과하지 않도록 기준(MRL)을 설정한다.

> ♣ Theoretical Maximum Daily Intake(TMDI) : 농약잔류허용기준에 해당 식품들의 섭취량을 곱한 것을 모두 합산한 것으로 해당 농약의 하루당 섭취량(mg/person/day)을 말한다. 일일섭취허용량(ADI)을 초과하지 않도록 잔류허용기준이 정해져 있다.
> ※ 해당 농약의 하루 섭취량 : 쌀(1일 섭취량 × 잔류허용기준) + 배추(1일 섭취량 × 잔류허용기준)
> → 해당 농약 1일 섭취량(TMDI) 〈 ADI

4. 보존 및 유통기준

1) 일반기준

(1) 모든 식품(식품 제조에 사용되는 원료 포함)은 위생적으로 취급하여 보존 및 유통하여야 하며, 그 보존 및 유통 장소가 불결한 곳에 위치해서는 안 된다.

(2) 식품을 보존 및 유통하는 장소는 방서 및 방충관리를 철저히 하여야 한다.

(3) 식품은 직사광선이나 비·눈 등으로부터 보호될 수 있고, 외부로부터의 오염을 방지할 수 있는 취급장소에서 유해물질, 협잡물, 이물(곰팡이 등 포함) 등이 혼입 또는 오염되지 않도록 적절한 관리를 하여야 한다.

(4) 식품은 인체에 유해한 화공약품, 농약, 독극물 등과 함께 보존 및 유통하지 말아야 한다.

(5) 식품은 제품의 풍미에 영향을 줄 수 있는 다른 식품 또는 식품첨가물이나 식품을 오염시키거나 품질에 영향을 미칠 수 있는 물품 등과는 분리하여 보존 및 유통하여야 한다.

2) 보존 및 유통온도

(1) 식품은 정해진 보존 및 유통온도를 준수하여야 하며, 따로 보존 및 유통온도를 정하고 있지 않은 경우 직사광선을 피한 실온에서 보존 및 유통하여야 한다.

(2) 상온에서 7일 이상 보존성이 없는 식품은 가능한 한 냉장 또는 냉동시설에서 보존 및 유통하여야 한다.

(3) 이 고시에서 별도로 보존 및 유통온도를 정하고 있지 않은 경우, **실온제품은 1~35℃, 상온제품은 15~25℃, 냉장제품은 0~10℃, 냉동제품은 -18℃ 이하, 온장제품은 60℃ 이상**에서 보존 및 유통하여야 한다. 다만 아래의 경우 그렇지 않을 수 있다.

① 냉동제품을 소비자(영업을 목적으로 해당 제품을 사용하기 위한 경우는 제외)에게 운반하는 경우 -18℃를 초과할 수 있으나, 냉동제품은 어느 일부라도 녹아 있는 부분이 없어야 한다.

② 염수로 냉동된 통조림 제조용 어류에 한해서는 -9℃ 이하에서 운반할 수 있으나, 운반 시에는 위생적인 운반 용기, 운반 덮개 등을 사용하여 -9℃ 이하의 온도를 유지하여야 한다.

(4) 아래에서 보존 및 유통온도를 규정하고 있는 제품은 규정된 온도에서 보존 및 유통하여야 한다.

구분	식품의 종류	보존 및 유통 온도
①	㉮ 원유 ㉯ 우유류·가공유류·산양유·버터유·농축유류·유청류의 살균제품 ㉰ 두부 및 묵류(밀봉 포장한 두부, 묵류는 제외) ㉱ 물로 세척한 달걀	냉장
②	㉮ 양념 젓갈류 ㉯ 가공 두부(멸균제품 또는 수분함량이 15% 이하인 제품 제외) ㉰ 두유류 중 살균제품(pH 4.6 이하의 살균제품 제외) ㉱ 어육가공품류(멸균제품 또는 기타 어육가공품 중 굽거나 튀겨 수분함량이 15% 이하인 제품은 제외) ㉲ 알가공품(액란제품 제외) ㉳ 발효유류 ㉴ 치즈류 ㉵ 버터류 ㉶ 생식용 굴 ㉷ 원료육 및 제품 원료로 사용되는 동물성 수산물 ㉸ 신선편의식품(샐러드 제품 제외) ㉹ 간편조리세트 중 식육, 기타 식육 또는 수산물을 구성 재료로 포함하는 제품	냉장 또는 냉동
③	㉮ 식육(분쇄육, 가금육 제외) ㉯ 포장육(분쇄육 또는 가금육의 포장육 제외) ㉰ 식육가공품(분쇄가공육제품 제외) ㉱ 기타 식육	냉장 (-2~10℃) 또는 냉동
④	㉮ 식육(분쇄육, 가금육에 한함) ㉯ 포장육(분쇄육 또는 가금육의 포장육에 한함) ㉰ 분쇄가공육제품	냉장 (-2~5℃) 또는 냉동
⑤	㉮ 신선편의식품(샐러드 제품에 한함) ㉯ 훈제 연어 ㉰ 알 가공품(액란제품에 한함)	냉장(0~5℃) 또는 냉동
⑥	㉮ 압착 올리브유용 올리브, 과육 등 변질되기 쉬운 원료 ㉯ 얼음류	-10℃ 이하

(5) (4)의 ①~⑤에도 불구하고 멸균되거나 건조된 식육가공품 또는 수분 제거, 당분 첨가, 당장, 염장 등 부패를 막을 수 있도록 가공된 우유류, 가공유류, 산양유, 버터유, 농축유류, 유청류, 발효유류, 치즈류, 버터류, 알 가공품은 냉장 또는 냉동하지 않을 수 있으며, 두부 및 묵류(밀봉 포장한 두부, 묵류는 제외)는 제품 운반 소요 시간이 4시간 이내인 경우는 먹는 물 수질 기준에 적합한 물로 가능한 한 환수(물을 교체)하면서 보존 및 유통할 수 있다.

(6) 식용란은 가능한 0~15℃에서 보존 및 유통하여야 하며, 냉장된 달걀은 지속적으로 냉장으로 보존 및 유통하여야 한다.

3) 보존 및 유통방법

(1) 냉장제품, 냉동제품 또는 온장 제품을 보존 및 유통할 때는 일정한 온도관리를 위하여 냉장 또는 냉동 차량 등 규정된 온도로 유지가 가능한 설비를 이용하거나 이와 동등 이상의 효력이 있는 방법으로 하여야 한다.

(2) 흡습의 우려가 있는 제품은 흡습되지 않도록 주의하여야 한다.

(3) 냉장제품을 실온에서 보존 및 유통하거나 실온제품 또는 냉장제품을 냉동에서 보존 및 유통해서는 안 된다. 다만, 다음에 해당되는 경우 실온제품 또는 냉장제품의 소비기한 이내에서 냉동으로 보존 및 유통할 수 있다.

① 건포류나 건조수산물

② 수분 흡습이 방지되도록 포장된 수분 15% 이하의 제품으로서 당해 제품의 제조·가공업자가 제품에 냉동할 수 있도록 표시한 경우

③ 1회에 사용하는 용량으로 포장된 소스류, 장류, 식용 유지류, 향신료 가공품이 냉동식품을 보조하기 위해 냉동식품과 함께 포장되는 경우

④ 살균 또는 멸균 처리된 음료류와 발효유류 중 해당 제품의 제조가공업자가 제품에 냉동하여 판매가 가능하도록 표시한 제품(다만, 유리병 용기 제품과 탄산음료류는 제외)

⑤ 간편조리세트, 식육간편조리세트, 즉석조리식품, 식단형 식사관리식품의 냉동제품에 구성 재료로 사용되는 경우

⑥ ③~⑤에 따라 냉동된 실온제품 또는 냉장제품은 해동하여 보존 및 유통할 수 없다. 다만, 상기 ①~②의 요건에 해당하는 제품은 제외한다.

(4) 냉장식육은 세절 등 절단 작업을 위해 일시적으로 냉동 보관할 수 있다.

(5) 냉동제품을 해동하여 실온제품 또는 냉장제품으로 보존 및 유통할 수 없다. 다만, 아래에 해당되는 경우로서 해당 냉동제품의 제조자가 해동하여 보존 및 유통할 수 없도록 표시한 제품이 아니라면 제품에 냉동포장 완료일자(또는 냉동제품의 제조일자), 해동한 업체의 명칭(해당 냉동제품을 제조한 업체와 해동한 업체가 다른 경우), 해동일자, 해동일로부터 유통조건에서의 소비기한(냉동제품으로서의 소비기한 이내)을 별도로 표시하고 냉동제품을 해동하여 보존 및 유통할 수 있다.

① 식품제조·가공업 영업자가 냉동 가공식품(축산물가공품 제외)을 해동하여 보존 및 유통하는 경우

② 식육가공업 영업자가 냉동 식육가공품을, 유가공업 영업자가 냉동 유가공품을, 알가공업 영업자가 냉동 알가공품을 해동하여 보존 및 유통하는 경우

③ 냉동수산물을 해동하여 미생물의 번식을 억제하고 품질이 유지되도록 기체치환포장(Modified Atmosphere Packaging, MAP) 후 냉장으로 보존 및 유통하는 경우

(6) 제조·가공업 영업자가 냉동제품을 단순 해동하거나 해동 후 분할 포장하여 간편조리세트, 식육간편조리세트, 즉석조리식품, 식단형 식사관리식품의 냉장제품에 구성재료로 사용하는 경우로서 해당 재료가 냉동제품을 해동한 것임을 표시한 경우에는 냉동제품을 해동하여 냉장제품의 구성 재료로 사용할 수 있다.(다만,

식육간편조리세트의 주재료로 구성되는 냉동식육은 제외)

(7) 냉동수산물을 해동 후 24시간 이내에 한하여 냉장으로 보존 및 유통할 수 있다. 이때 해동된 냉동수산물은 재냉동하여서는 안 된다. 다만, 아래의 작업을 하는 경우는 그러지 않을 수 있으나, 작업 후 즉시 냉동하여야 한다.
  ① 냉동수산물의 내장 등 비가식부위 및 혼입된 이물을 제거하거나, 선별, 절단, 소분 등을 하기 위해 해동하는 경우
  ② 냉동식육의 절단 또는 뼈 등의 제거를 위해 해동하는 경우
  ③ 냉동식품을 분할하기 위해 해동하는 경우

(8) 생식용 굴은 덮개가 있는 용기(합성수지, 알루미늄 상자 또는 내수성의 가공 용기) 등으로 포장해서 보존 및 유통하여야 한다.

(9) 과일 농축액 등을 선박을 이용하여 수입·저장·보존·운반 등을 하고자 할 때는 저장탱크(-5℃ 이하), 자사 보관탱크(0℃ 이하), 운반용 탱크로리(0℃ 이하)의 온도를 준수하고 이송라인 세척 등을 반드시 실시하여야 하며, 식품의 저장·보존·운반 및 이송라인 세척에 사용되는 재질 및 세척제는 식품첨가물이나 기구 또는 용기·포장의 기준 및 규격에 적합한 것을 사용해야 한다.

(10) 제품의 운반 및 포장과정에서 용기·포장이 파손되지 않도록 주의하여야 하며, 심한 충격을 주지 않도록 하여야 한다. 또한 관제품은 외부에 녹이 발생하지 않도록 보존 및 유통하여야 한다.

(11) 포장축산물은 다음 각 호의 경우를 제외하고는 재분할 판매하지 말아야 하며, 표시 대상 축산물인 경우 표시가 없는 것을 구입하거나 판매하지 말아야 한다.
  ① 식육판매업 또는 식육즉석판매가공업의 영업자가 포장육을 다시 절단하거나 나누어 판매하는 경우
  ② 식육즉석판매가공업 영업자가 식육가공품(통조림·병조림은 제외)을 만들거나 다시 나누어 판매하는 경우

4) 소비기한의 설정

(1) 제품의 소비기한 설정은 해당 제품의 포장재질, 보존조건, 제조방법, 원료배합비율 등 제품의 특성과 냉장 또는 냉동보존 등 기타 유통실정을 고려하여 위해방지와 품질을 보장할 수 있도록 정하여야 한다.

(2) "소비기한"의 산출은 포장완료(다만, 포장 후 제조공정을 거치는 제품은 최종공정 종료)시점으로 하고 캡슐 제품은 충전·성형완료 시점으로 한다. 다만, 달걀은 '산란일자'를 소비기한 산출시점으로 한다.

(3) 해동하여 출고하는 냉동제품은 해동시점을 소비기한 산출시점으로 본다.

(4) 선물세트와 같이 소비기한이 상이한 제품이 혼합된 경우와 단순 절단, 식품 등을 이용한 단순 결착 등 원료 제품의 저장성이 변하지 않는 단순 가공처리만을 하는 제품은 소비기한이 먼저 도래하는 원료 제품의 소비기한을 최종제품의 소비기한으로 정하여야 한다.

(5) 소분 판매하는 제품은 소분하는 원료 제품의 소비기한을 따른다.

■ 기출문제

1. 식품위생법의 위해식품의 판매 등의 금지에 관한 내용이다. 알맞은 용어를 쓰시오. 〈2024-2회〉

   • 누구든지 다음 각 호의 어느 하나에 해당하는 식품등을 판매하거나 판매할 목적으로 채취·제조·수입·가공·사용·조리·저장·소분·운반 또는 진열하여서는 아니 된다.

   1. (①) 상하거나 설익어서 인체의 건강을 해칠 우려가 있는 것
   2. 유독·유해물질이 들어 있거나 묻어 있는 것 또는 그러할 염려가 있는 것. 다만, (②)이 인체의 건강을 해칠 우려가 없다고 인정하는 것은 제외한다.
   3. 병(病)을 일으키는 (③)에 오염되었거나 그러할 염려가 있어 인체의 건강을 해칠 우려가 있는 것
   4. 불결하거나 다른 물질이 섞이거나 첨가(添加)된 것 또는 그 밖의 사유로 인체의 건강을 해칠 우려가 있는 것
   5. 제18조에 따른 안전성 심사 대상인 농·축·수산물 등 가운데 안전성 심사를 받지 아니하였거나 안전성 심사에서 식용(食用)으로 부적합하다고 인정된 것

   ① 썩거나
   ② 식품의약품안전처장
   ③ 미생물

2. 식품위생법 시행령상 허가받아야 할 3가지 업소를 쓰시오. 〈2020-3회〉

   • 식품조사처리업, 식품접객업 중 단란주점영업, 유흥주점영업
   ※ 식품조사처리업(식품의약품안전처장), 단란주점영업 등 유흥주점영업(특별시장·도지사 또는 시장·군수·구청장)

3. 새로운 추출물을 사용하고자 할 때, 관련된 고시명 및 기관을 포함하여 서술하시오. (단, 외국에서는 이미 사용된 원료이며 국내에서 사용된 사례가 없고, 처음으로 국내에서 사용하고자 할 때다.) ⟨2020-3회⟩

- 관련 고시명 : 식품 등의 한시적 기준 및 규격 인정 기준
- 관련 기관 : 식약처
※ 식약처장은 기준과 규격이 고시되지 아니한 식품 또는 식품첨가물의 기준과 규격을 인정받으려는 자에게 ① 제조·가공·사용·조리·보존 방법에 관한 기준, ② 성분에 관한 규격을 제출받아 식약처장이 지정한 식품 전문시험·검사기관(GLP) 등의 검토를 거쳐 기준과 규격이 고시될 때까지 그 식품 또는 식품첨가물의 기준과 규격으로 인정할 수 있다.

4. 아래 보기에서 장기보존식품의 기준 및 규격에 해당하는 식품 3가지를 쓰시오 ⟨2021-2회⟩

⟨보기⟩ 냉동식품, 레토르트식품, 초콜릿, 병·통조림식품, 식초, 주정

- 병·통조림 식품, 레토르트식품, 냉동식품

5. 소시지류(식육가공품)에서 더 이상 가공, 가열처리를 하지 않고 섭취하는 식품에서 검출되지 않아야 하는 식중독균 4가지만 쓰시오.
⟨2021-2회, 2024-2회⟩

- 살모넬라, 장염비브리오, 리스테리아모노사이토제네스, 장출혈성 대장균, 캠필로박터 등

6. 유통조건에서 각 저장 온도의 범위를 쓰시오. ⟨2021-2회⟩
① 상온 : (   )   ② 실온 : (   )
③ 냉장 : (   )   ④ 냉동 : (   )

① 상온 : (15~25℃)
② 실온 : (1~35℃)
③ 냉장 : (0~10℃)
④ 냉동 : (-18℃)

7. 식품공전의 보존 및 유통온도 기준에서 냉장식품은 (   ) 이하의 온도에서 저장하고, 신선편의식품, 훈제연어, 알가공품 등은 (   )이하에서 저장한다. 냉동식품의 (   ) 이하의 온도를 유지해 주어야 한다. ⟨2022-3회⟩

① 10℃ (또는 0~10℃)
② 5℃ (또는 0~5℃)
③ -18℃

8. HACCP에서 제시된 냉장 보관 온도는 (　)℃ 이하, 가금류나 훈제연어 등은 (　)℃ 이하, 냉동식품은 (　)℃ 이하에서 보관해야 한다. 〈2023-1회〉

① 10℃
② 5℃
③ -18℃

■ 예상문제

1. 식품공전에서 정하고 있는 보존 및 유통온도에 대한 내용이다. (　)에 알맞은 내용을 쓰시오

① 15~25℃
② 60℃

> 식품공전에서 별도로 보존 및 유통온도를 정하고 있지 않은 경우, 실온제품은 1~35℃, 상온제품은 (①), 냉장제품은 0~10℃, 냉동제품은 -18℃ 이하, 온장제품은 (②)℃ 이상에서 보존 및 유통하여야 한다.

2. (　)에 알맞은 내용을 보기에서 골라 쓰시오

① 포장
② 충전
③ 산란

> 소비기한 산출은 (①)완료 시점을 기준으로 하고, 캡슐제품은 (②)완료 시점, 계란은 (③) 일자를 소비기한 산출시점으로 한다.
>
> 〈보기〉 충전, 살균, 포장, 제조, 냉동, 해동, 출하, 산란, 수집

5-4. 식품의 포장 용기

1. 식품용 포장 용기

- **캔, 알루미늄**
  - 양철 캔 : 강도, 내부식성, 인쇄적성 양호
  - 알루미늄 : 가볍고 녹슬지 않음. 개관 용이, 독성 낮음
    ↳ 강도가 약하고 가격이 비싸다. 산이나 식염에 약함

- **유리 용기**
  - 다양한 모양 제조 가능, 투명도, 내압성, 내습성, 산 및 알칼리에 강함
  - ※ 단점 : 내열성, 내한성 미흡, 충격에 약함, 광선 등이 투과됨.

- **플라스틱**
  - 열, 압력 등으로 성형이 가능한 고분자물질. 합성수지(resin)라고도 함.
    ↳ 처리 방법, 연화제, 팽창제 등의 첨가에 따라 다양한 제품 제조 가능
  - 포장재 형태 : 필름, 시트, 성형 용기(병, 컵, 콘투어) 등

⇩

- **열가소성 플라스틱**
  - **폴리카보네이트 (PC)** : 내충격성, 내열성 등 양호 → 물병, 스포츠용품 재료
  - **열가소성** : 가열 → 경화 → 재가열 → 유연해짐(가공 시 가소제 첨가) ⇨ PC, PE, PVC
    ↳ 식품 용기, 수저, 우유병 등 제조 → 비스페놀 A 검출 우려

- **열경화성 플라스틱**
  - **열경화성** : 가열 → 경화 → 재가열 → 형태 변하지 않음 (고온에 강함)
    ↳ (페놀, 요소, 멜라민, 에폭시, 규소수지) + **포름알데히드** → 공업용품, 식기 등 제조
    ※ 정량법 : 아세틸아세톤과 반응 → 황색(흡광도 측정)

2. 기구, 용기, 포장의 기준 설정[45]

1) 기본원칙

(1) 기구 및 용기·포장에서 이행 가능한 위해우려물질에 대하여 기본적으로 용출규격을 설정하여 관리하나, 휘발성이 큰 물질 등과 같이 용출규격 설정이 어려운 경우 잔류규격 등을 설정하여 관리한다.

(2) 이행 가능 위해우려물질 : 기구 및 용기·포장을 제조할 때 사용되는 주원료, 가공보조제 등의 원료성 물질과 제조공정 중 생성·혼입되는 불순물, 오염물질 등

(3) 이행 수준이 매우 미미한 경우 등 노출로 인한 인체에 위해 가능성이 없는 경우에는 별도의 기준·규격 설정을 제외한다.

2) 용출규격 : 기구 및 용기·포장 재질별로 주원료, 가공보조제 등으로 사용되거나 오염될 수 있는 물질 중 식품으로 이행될 수 있는 위해우려물질에 대하여 설정한다. 용출규격은 식품으로 이행될 수 있는 위해우려물질에 대한 이행량을 조사하고 인체 위해 수준을 평가하여, 노출수준이 1일 섭취 한계량 등을 초과하지

---

[45] 식약처, 식품 등 기준 설정 원칙, 2017.10.

않도록 기준·규격을 설정한다.

3) **잔류규격** : 기구 및 용기·포장 제조과정 중 사용되거나 오염되어 잔류되는 위해우려물질 중 휘발성이 높은 물질이나 중금속과 같이 장기간 이행될 가능성이 있는 물질 등에 대하여 설정한다. 휘발성물질(스티렌, 톨루엔 등), 염화비닐, 1,3-부타디엔, 납 등이 해당된다.

4) **제조 기준 등** : 위해 우려가 높아 제조 시 사용금지 또는 제한이 필요한 경우 제조 기준을 설정하여 관리한다. 기구 및 용기·포장 제조 시 디에틸헥실 프탈레이트(DEHP) 등은 사용 금지한다.

3. 기구 및 용기·포장의 기준 및 규격[46]

1) 공통 제조 기준

(1) 원재료 기준

① 기구 및 용기·포장의 제조·가공에 사용되는 원재료는 품질이 양호하고, 유독·유해물질 등에 오염되지 아니한 것으로 안전성과 건전성을 가지고 있어야 한다.

② 기구 및 용기·포장의 제조 시 식품위생법상 허용된 착색료 이외의 착색료를 사용하여서는 안 된다. 다만 유약, 유리 또는 법랑에 녹이는 방법, 그 밖에 식품에 혼입할 우려가 없는 방법에 의한 경우는 제외한다.

③ 기구 및 용기·포장의 제조 시 디에틸헥실프탈레이트(di-(2-ethylhexyl)phthalate, DEHP)를 사용하여서는 안 된다. 다만, 디에틸헥실프탈레이트가 용출되어 식품에 혼입될 우려가 없는 경우는 제외한다.

④ 기구 및 용기·포장 제조 시 보조적으로 사용(정전기 방지, 윤활성 부여 등)되는 원료성 물질은 식품 또는 식품첨가물이거나 미국, 유럽연합 등 제외국에서 사용이 허용되어 있는 것으로서 안전성에 문제가 없는 것이어야 한다.

⑤ 기구 및 용기·포장 제조 시 「잔류성오염물질 관리법」(환경부) 등 관련 법령에서 사용을 금지하고 있는 물질을 사용하여서는 안 된다.

⑥ 식품 제조 시 기계·기구의 윤활 목적으로 사용하는 물질은 식품 또는 식품첨가물이거나 미국 연방규정집 (CFR, Code of Federal Regulation)에 식품 기계·기구의 윤활 목적으로 등재되어 있는 것이어야 한다.

⑦ 기구 및 용기·포장의 식품과 접촉하는 부분에 제조 또는 수리를 위하여 사용하는 금속 중 **납(땜납 포함) 은 0.10% 이하 또는 안티몬은 5.0% 이하**여야 한다.

⑧ 기구 및 용기·포장의 식품과 접촉하는 부분에 사용하는 도금용 주석 중 **납은 0.10% 이하**여야 하며, 시험법은 Ⅳ. 2. 2-1 납 시험법 가. 잔류시험에 따른다.

⑨ 전류를 직접 식품에 통하게 하는 장치를 가진 기구의 전극은 철, 알루미늄, 백금, 티타늄 및 스테인리스 이외의 금속을 사용하여서는 안 된다.

⑩ 식품의약품안전처장은 원재료의 안전성과 관련된 새로운 사실이 발견되거나 제시될 경우 원재료로서 사용 가능 여부를 검토할 수 있다.

---

[46] 식약처, 기구 및 용기·포장 공전, 식약처 고시 제2024-29호, 2024.6.21.

⑪ 기구 및 용기·포장 제조·가공 시 기준 및 규격에 적합한 원재료로부터 발생한 자투리 등 공정 부산물은 불순물 등이 오염되지 않도록 위생적으로 관리된 경우에 사용할 수 있다.

2) 제조·가공 기준

(1) 공통 기준

① 기구 및 용기·포장의 제조·가공에 사용되는 기계·기구류와 부대시설물은 항상 위생적으로 유지·관리하여야 한다.

② 기구 및 용기·포장의 제조·가공 시에는 유독·유해물질 등이 오염되지 않도록 하여야 한다.

③ 합성수지제, 가공셀룰로스제, 종이제, 전분제 기구 및 용기·포장에 사용되는 재질은 납, 카드뮴, 수은 및 6가크롬의 합이 **100mg/kg 이하**여야 한다.

④ 동제 또는 동합금제의 기구 및 용기·포장은 식품에 접촉하는 부분을 전면 주석도금 또는 은도금이나 기타 위생상 위해가 없도록 적절하게 처리하여야 한다. 다만, 고유의 광택이 있는 것 또는 고온에서 사용하는 것으로서 표면의 도금이 벗겨질 우려가 있는 것은 제외한다.

⑤ 기구 및 용기·포장의 식품과 직접 접촉하는 면에는 인쇄를 해서는 안 된다. 다만, 식품용 기구 중 식품과 일부 접촉하는 면에 인쇄하는 경우, 잉크 성분이 용출되어 식품으로 이행될 우려가 없고 안전성에 문제가 없는 경우 제외한다.

⑥ 식품과 직접 접촉하지 않는 면에 인쇄하고자 하는 경우에는 인쇄잉크를 반드시 건조시켜야 한다. 이 경우 잉크 성분인 벤조페논의 용출량은 **0.6mg/L 이하**여야 한다. 또한 식품과 직접 접촉하지 않는 면이 인쇄된 합성수지 포장재 중 내용물 투입 시 형태가 달라지는 포장재의 경우, 잉크 성분인 톨루엔의 잔류량은 **2mg/m² 이하**여야 한다.

⑦ 축산물용 기구는 분해 조립이 가능하고 세척·소독 및 검사가 용이한 구조이어야 하고 제품, 세척 및 살균·소독제품으로 부식되거나 기타 변화가 없어야 한다.

⑧ 축산물용 기구에는 도자기 또는 법랑 등을 도포하여서는 아니 된다.

⑨ 축산물용 합성수지제의 기구는 내열성이 강하고 부식의 우려가 없어야 하며, 독성이 없는 것이어야 한다.

(2) 합성수지 재생원료 기준

① 기구 및 용기·포장 제조·가공 시 식품과 직접 접촉하지 않는 부분에는 재생 합성수지를 사용할 수 있다. 다만, 유해물질이 이행되어 식품에 혼입될 우려가 없도록 제조되어야 한다.

② 기구 및 용기·포장 제조·가공 시 식품과 직접 접촉하는 부분에 다음의 어느 하나에 해당되는 경우에는 재생 합성수지를 사용할 수 있다.

㉮ 가열·화학반응 등에 의해 원료물질 등으로 분해하고 정제한 후, 이를 다시 중합(화학적 재생, chemical recycling)한 경우

㉯ 물리적으로 재생된 폴리에틸렌테레프탈레이트(PET) 재질의 재생 합성수지로서, 기구 및 용기·포장에 사용되는 물리적 재생 합성수지제 기준에 적합하다고 인정되는 경우. 이 경우 재생 공정 중 사용하는 원료(플레이크 등)는 「식품용기 사용 재생원료 기준」(환경부 고시)에 적합한 것이어야 한다.

(3) 용기·포장 기준의 주요 내용 요약

주요 내용	기 준
• 식품과 직접 접촉하는 면에는 인쇄 불가 • 잉크 성분(벤조페논, 톨루엔) 잔류량	벤조페논 : 0.6mg/L 톨루엔 : 2mg/m²
• 식품과 접촉하는 부분의 도금용 주석으로 사용되는 납 검출 기준	0.10% 이상 함유 불가
• 프탈레이트, 비스페놀 A 이행량(기준 규격), 용출규격이 미설정된 물질	30mg/L
• 포장재에 사용되는 납, 카드뮴, 수은, 크롬의 합계 기준량	100mg/kg 이하
• 재사용 포장재 → 깨끗한 물로 세척 → 불순물 확인 후 사용	-

3) 공통규격

(1) 기구 및 용기·포장은 물리적 또는 화학적으로 내용물을 쉽게 오염시키는 것이어서는 안 된다.

(2) 기구 및 용기·포장에서 용출되어 식품으로 이행될 수 있는 프탈레이트, 비스페놀 A 등 물질의 이행량은 필요시 이 기준 및 규격에서 정하고 있는 재질별 용출규격을 적용할 수 있다. 다만, 개별 용출규격이 설정되어 있지 않은 물질인 경우에는 해당 물질의 최대 이행량은 **30mg/L 이하**여야 한다.

(3) 식품의 용기·포장을 회수하여 재사용하고자 할 때에는 「먹는물관리법」의 수질기준에 적합한 물, 「위생용품관리법」에 따른 세척제 등으로 깨끗이 세척하여 일체의 불순물 등이 잔류하지 아니하였음을 확인한 후 사용하여야 한다.

4) 용도별 규격

(1) 랩 제조 시 디에틸헥실아디페이트(di-(2-ethylhexyl)-adipate, DEHA)를 사용하여서는 안 된다. 다만, 디에틸헥실아디페이트가 용출되어 식품에 혼입될 우려가 없는 경우는 제외한다.

(2) 유리제 중 가열조리용 기구의 사용 용도 및 열충격 강도(내열 온도차)는 다음과 같으며, 열충격 강도 시험법에 따라 시험할 때, 깨지거나 균열이 없어야 한다.

	사용 용도	열충격 강도
직화용	• 가열조리용 등의 목적으로 직접 화염에 대고 사용되는 것이며, 급격한 가열이나 냉각에 견딜 수 있는 것	400℃ 이상
	• 가열조리용 등의 목적으로 직접 화염에 대고 사용되는 것	150℃ 이상
오븐용	• 가열조리용 등의 목적으로 직접 화염에 닿지 않는 용도에 사용되는 것	
전자레인지용	• 가열조리용 등의 목적으로 사용되는 것으로 전자파로 가열하는 용도에 사용되는 것	120℃ 이상
열탕용	• 위 이외의 목적으로 사용되는 것으로 물 정도의 열충격에 대하여 충분히 견딜 수 있는 것	

(3) 영·유아(「식품의 기준 및 규격」 제1. 3.에 따른 영아 및 유아를 말한다)용 기구 및 용기·포장 제조 시 디부

틸프탈레이트(di-n-butyl-phthalate, DBP), 벤질부틸프탈레이트(benzyl-n-butyl-phthalate, BBP) 및 비스페놀 A(bisphenol A, BPA)를 사용하여서는 안 된다.

(4) 고무젖꼭지의 총 휘발량은 0.5% 이하여야 하며, 시험법은 총 휘발량 시험법에 따른다.

(5) 젖병(유리제 및 금속제 제외)의 용량 표시 눈금의 간격은 10mL로 하며, 최저 눈금의 표시가 곤란한 경우 생략할 수 있다.

5) 기구 및 용기·포장의 기준 및 규격 적용

(1) 기구 및 용기·포장의 규격은 II. 공통기준 및 규격과 III. 재질별 규격을 함께 적용하는 것을 원칙으로 한다. 다만, 기구 및 용기·포장의 특성을 고려할 때 그 필요성이 희박하거나 실효성이 적은 경우 그 중요도에 따라 선별 적용할 수 있다.

(2) 전분, 글리세린, 왁스 등 식용 물질이 식품과 접촉하는 면에 접착되어 있는 용기·포장에 대하여는 총용출량의 규격을 적용하지 않을 수 있다.

(3) 식품 또는 식품첨가물에 접촉되는 재질이 돌 또는 착색되지 아니한 유리제(가열조리용 유리제 및 납 함유 크리스탈 유리제는 제외한다) 등 기타 천연의 원재료로 만들어져 위해 우려가 없는 기구 및 용기·포장에 대하여는 규격을 적용하지 않을 수 있다.

(4) 합성수지제를 구성하는 기본중합체가 50%씩 함유되어 있어 기준 및 규격에서 구분하고 있는 두 가지 재질의 정의에 모두 포함되는 경우에는 해당되는 재질의 규격을 모두 적용하며, 규격이 중복되는 경우에는 강화된 규격을 적용한다.

(5) 2가지 이상의 재질로 구성된 기구 및 용기·포장 중 재질별로 분리하여 해당 재질의 규격을 각각 적용하기 어려운 경우에는 구성 재질의 규격을 모두 적용하며, 규격이 중복되는 경우에는 강화된 규격을 적용한다.

(6) 냄비와 같이 본체와 본체에 부속되어 있는 뚜껑 등으로 구성된 제품의 경우, 본체와 뚜껑 등의 재질 및 색상이 동일하다면 본체에 대해서만 시험하고 적부를 판정할 수 있다.

■ 기출문제

1. 폴리염화비닐(poly vinyl chloride : PVC) 시험법이다. (①), (②)에 해당하는 용어를 다음의 보기에서 골라서 쓰시오. 〈2021-3회〉

   〈보기〉 표준, 정량, 잔류, 용출, 추출, 농축

   ① 잔류
   ② 용출

   (1) 정의 : 폴리염화비닐이란 기본 중합체(base polymer) 중 염화비닐 함유율이 50% 이상인 합성수지제를 말한다.

   (2) (①) 규격

항목	규격(mg/kg)
염화비닐	1 이하
디부틸주석화합물 (이염화디부틸주석으로서)	50 이하
크레졸인산에스테르	1,000 이하

   (3) (②) 규격

항목	규격(mg/L)
납	1 이하
과망간산칼륨소비량	10 이하
총용출량	30 이하
디부틸프탈레이트	0.3 이하
벤질부틸프탈레이트	30 이하
디에틸헥실프탈레이트	1.5 이하
디-n-옥틸프탈레이트	5 이하
디에틸헥실아디페이트	18 이하

   (4) 시험방법

   ㈎ 염화비닐 : Ⅳ. 2. 2-16 염화비닐 시험법
      가. 잔류시험
   ㈏ 디부틸주석화합물 : Ⅳ. 2. 2-17 디부틸주석화합물 시험법
   ㈐ 크레졸인산에스테르 : Ⅳ. 2. 2-18 크레졸인산에스테르 시험법
   ㈑ 납 : Ⅳ. 2. 2-1 납 시험법 나. 용출시험
   ㈒ 총용출량 : Ⅳ. 2. 2-8 총용출량 시험법

■ 예상문제

1. 합성수지제 식기를 60℃의 더운물로 처리해서 용출시험을 한 결과, 아세틸아세톤 시약에 의해 녹황색이 나타났을 때 추정할 수 있는 함유 물질은 무엇인지 쓰시오. 〈필기 기출〉

• 포름알데히드(formaldehyde)

※ 해설 : 메탄올의 산화로 얻는 무색의 자극적인 냄새를 가진 환원성이 강한 기체로 인체에 매우 독성이 강하다. 아세틸아세톤과 반응하여 생기는 황색 화합물의 흡광도를 측정하여 정량한다. 페놀, 멜라민, 요소 등과 반응시켜 각종 열경화성 수지를 제조하는 원료로 사용된다.

2. 식품과 직접 접촉하지 않는 면에 인쇄하고자 하는 경우에는 인쇄잉크를 반드시 건조시켜야 하며, 잉크 성분인 벤조페논의 용출량은 (①)mg/L 이하여야 한다. 또한 식품과 직접 접촉하지 않는 면이 인쇄된 합성수지 포장재 중 내용물 투입 시 형태가 달라지는 포장재의 경우, 잉크 성분인 톨루엔의 잔류량은 (②)mg/m² 이하여야 한다.

① 0.6mg/L
② 2mg/m²

3. 식품용 기구 및 용기·포장 공전상 유리제 중에서 가열조리용 기구의 사용 용도 및 열충격 강도(내열온도차)에 대한 아래 표에서 ( ) 안에 알맞은 기준 온도를 쓰시오. 〈필기 기출〉

① 120℃
② 120℃

사용 용도		열충격 강도
오븐용	가열조리용 등의 목적으로 직접 화염에 닿지 않는 용도에 사용되는 것	(①)℃ 이상
전자레인지용	가열조리용 등의 목적으로 사용되는 것으로 전자파로 가열하는 용도에 사용되는 것	(②)℃ 이상

5-5. 식품 등의 표시 및 광고[47]

1. 식품의 표시

1) **표시** : 식품, 식품첨가물, 기구, 용기·포장, 건강기능식품, 축산물 및 이를 넣거나 싸는 것에 적는 문자·숫자 또는 도형을 말한다.

2) **표시기준** : 표시에 관한 기준이 정해진 식품은 그 기준에 맞는 표시가 없으면 판매하거나 판매를 목적으로 수입, 진열, 운반하거나 영업할 수 없다. 대상 식품은 다음과 같다.
   ⑴ 판매를 목적으로 하는 식품 또는 식품첨가물, 축산물의 표시
   ⑵ 기준과 규격이 정해진 기구 및 용기, 포장
   ⑶ 건강기능식품

3) **표시사항**

식품, 식품첨가물 또는 축산물	기구 또는 용기·포장
⑴ 제품명, 내용량 및 원재료명	⑴ 재질
⑵ 영업소 명칭 및 소재지	⑵ 영업소 명칭 및 소재지
⑶ 소비자 안전을 위한 주의사항	⑶ 소비자 안전을 위한 주의사항
⑷ 제조연월일, 소비기한 또는 품질유지기한	⑷ 그 밖에 소비자에게 정보를 제공하기 위하여 정해진 필요사항
⑸ 그 밖에 소비자에게 정보를 제공하기 위하여 정해진 필요사항	

4) **용어의 정의**
   ⑴ **원재료** : 식품 또는 식품첨가물의 처리·제조·가공 또는 조리에 사용되는 물질로서 최종제품 내에 들어 있는 것을 말한다.
   ⑵ **성분** : 제품에 따로 첨가한 영양성분 또는 비영양성분이거나 원재료를 구성하는 단일 물질로서 최종제품에 함유되어 있는 것을 말한다.
   ⑶ **영양성분** : 식품에 함유된 성분으로서 에너지를 공급하거나 신체의 성장, 발달, 유지에 필요한 것 또는 결핍 시 특별한 생화학적, 생리적 변화가 일어나게 하는 것을 말한다.
   ⑷ **당류** : 식품의 표시기준에서 당류는 식품 내에 존재하는 모든 단당류와 이당류의 합을 말한다.
   ⑸ **트랜스지방** : 트랜스구조를 1개 이상 가지고 있는 비공액형의 모든 불포화지방을 말한다.

---

[47] 식약처, 식품 등의 표시·광고에 관한 법률, 법률 제19916호, 2024.7.3.

2. 영양표시[48]

1) **영양표시** : 식품, 식품첨가물, 건강기능식품, 축산물에 들어 있는 영양성분의 양 등 영양에 관한 정보를 표시하는 것을 말한다.

   (1) **영양성분 표시** : 제품의 일정량에 함유된 영양성분의 함량을 표시하는 것을 말한다. 건강기능식품 및 가공식품에는 식품 기준에 의거 의무적으로 '영양성분 표시'를 해야 한다.

   (2) **1일 영양성분 기준치** : 소비자가 하루의 식사 중 해당 식품이 차지하는 영양적 가치를 잘 이해하고, 식품 간의 영양성분을 쉽게 비교할 수 있도록 식품표시에서 사용하는 영양성분의 평균적인 1일 섭취 기준량을 말한다. 식품이나 건강기능식품의 함량 표시에 사용한다.

영양성분(단위)	기준치	영양성분(단위)	기준치	영양성분(단위)	기준치
탄수화물(g)	324	단백질(g)	55	콜레스테롤(mg)	300
당류(g)	100	지방(g)	54	나트륨(mg)	2,000
식이섬유(g)	25	포화지방(g)	15	칼륨(mg)	3,500

   (3) **1회 섭취 참고량** : 만 3세 이상 소비계층이 통상적으로 소비하는 식품별 1회 섭취량과 시장조사 결과 등을 바탕으로 설정한 값을 말한다.

식품군	식품종	식품 유형	세부	1회 섭취 참고량
과자류, 빵류 또는 떡류	-	과자	강냉이, 팝콘	20g
			기타	30g
		캔디류	양갱	50g
			푸딩	100g
			그 밖의 해당 식품	10g

2) **영향표시 기준**

   (1) **의무 표시항목(9개 항목)** : 열량, 탄수화물, 당류, 단백질, 지방, 포화지방, 트랜스지방, 콜레스테롤, 나트륨
   (2) **선택적 표시항목** : 칼슘, 철, 비타민 등
   (3) **영양 강조표시** : 제품에 함유된 영양성분의 함유 사실 또는 함유 정도를 표시 항목이 아닌 제품의 포장에 '무지방', '저칼로리', '비타민 C 첨가' '칼슘 강화' 등을 별도로 표시한 것을 말한다.
      ① **영양성분 함량 강조표시** : '무○○', '저○○', '○○함유' 등과 같은 표현으로 그 영양성분의 함량을 강조하여 표시하는 것을 말한다.
      ② **영양성분 비교 강조표시** : '더', '강화', '첨가' 등과 같은 표현으로 같은 유형의 제품과 비교하여 표시하는 것을 말한다. 표시 방법은 다음과 같다.
      • 영양성분 함량의 차이를 다른 제품의 표준값과 비교하여 백분율 또는 절대값으로 표시할 수 있다. 이 경우 다른 제품의 표준값은 동일한 식품 유형 중 시장점유율이 높은 3개 이상의 유사식품을 대상으로 산출

---
48) 식품 등의 표시기준, 식약처 고시 제2024-41호, 2024.7.24.

- 영양성분 함량의 차이가 다른 제품의 표준값과 비교하여 열량, 나트륨, 탄수화물, 당류, 식이섬유, 지방, 트랜스지방, 포화지방, 콜레스테롤, 단백질의 경우는 **최소 25% 이상의 차이**가 있어야 하고, 비타민 및 무기질의 경우는 1일 영양성분 **기준치의 10% 이상의 차이**가 있어야 한다.
- 나트륨·당류는 2022년부터 저감 표시대상 제품군이 시중에 유통 중인 제품 나트륨·당류 평균값보다 10% 이상을 줄이거나 자사 유사제품 대비 25% 이상을 줄이면 '덜 단' '덜 짠' '나트륨 줄인' 등으로 표시할 수 있다.

(3) <u>영양성분 함량강조표시 세부 기준</u>

영양성분	강조표시	표시조건
열량	저	식품 100g당 40kcal 미만 또는 식품 100㎖당 20kcal 미만일 때
	무	식품 100㎖당 4kcal 미만일 때
나트륨/소금(염)	저	식품 100g당 120mg 미만일 때 ※ 소금(염)은 식품 100g당 305mg 미만일 때
	무	**식품 100g당 5mg 미만일 때** ※ 소금(염)은 식품 100g당 13mg 미만일 때
당류	저	식품 100g당 5g 미만 또는 식품 100㎖당 2.5g 미만일 때
	무	**식품 100g당 또는 식품 100㎖당 0.5g 미만일 때**
지방	저	**식품 100g당 3g 미만 또는 식품 100㎖당 1.5g 미만일 때**
	무	식품 100g당 또는 식품 100㎖당 0.5g 미만일 때
트랜스지방	저	**식품 100g당 0.5g 미만일 때**
포화지방	저	식품 100g당 1.5g 미만 또는 식품 100㎖당 0.75g 미만이고, 열량의 10% 미만일 때
	무	**식품 100g당 0.1g 미만 또는 식품 100㎖당 0.1g 미만일 때**
콜레스테롤	저	식품 100g당 20mg 미만 또는 식품 100㎖당 10mg 미만이고, 포화지방이 식품 100g당 1.5g 미만 또는 식품 100㎖당 0.75g 미만이며, 포화지방이 열량의 10% 미만일 때
	무	식품 100g당 5mg 미만 또는 식품 100㎖당 5mg 미만이고, 포화지방이 식품 100g당 1.5g 또는 식품 100㎖당 0.75g 미만이며 포화지방이 열량의 10% 미만일 때
식이섬유	함유 또는 급원	식품 100g당 3g 이상, 식품 100kcal당 1.5g 이상일 때 또는 1회 섭취 참고량당 1일 영양성분 기준치의 10% 이상일 때
	고 또는 풍부	함유 또는 급원 기준의 2배
단백질	함유 또는 급원	식품 100g당 1일 영양성분 기준치의 10% 이상, 식품 100㎖당 1일 영양성분 기준치의 5% 이상, 식품 100kcal당 1일 영양성분 기준치의 5% 이상일 때 또는 1회 섭취 참고량당 1일 영양성분 기준치의 10% 이상일 때
	고 또는 풍부	함유 또는 급원 기준의 2배

비타민 또는 무기질	함유 또는 급원	식품 100g당 1일 영양성분 기준치의 15% 이상, 식품 100㎖당 1일 영양성분 기준치의 7.5% 이상, 식품 100kcal당 1일 영양성분 기준치의 5% 이상일 때 또는 1회 섭취 참고량당 1일 영양성분 기준치의 15% 이상일 때
	고 또는 풍부	함유 또는 급원 기준의 2배

3) 영양성분 표시 단위 기준

(1) 영양성분 함량은 총 내용량(1포장)당 함유된 값으로 표시하여야 한다. 다만, 총 내용량이 100g(㎖)을 초과하고 1회 섭취참고량의 3배를 초과하는 식품은 총 내용량 당 대신 100g(㎖)당 함량으로 표시할 수 있다. 영양성분 함량 단위는 1일 영양성분 기준치의 영양성분 단위와 동일하게 표시하여야 하고, 1회 섭취 참고량과 총제공량(1 포장)을 함께 표시하는 때에는 그 단위를 동일하게 표시하여야 한다.

(2) 영양성분 함량은 식품 중 먹을 수 있는 부위를 기준으로 산출한다. 이 경우 먹을 수 있는 부위는 동물의 뼈, 식물의 씨앗 및 제품의 특성상 품질유지를 위하여 첨가되는 액체(섭취 전 버리게 되는 액체) 등 통상적으로 섭취하지 않는 먹을 수 없는 부위는 제외하고, 실제 섭취하는 양을 기준으로 한다.

(3) 서로 유형 등이 다른 2개 이상의 제품이라도, 1개의 제품으로 품목제조보고한 제품이라면 그 전체의 양으로 표시한다. (예시 : 라면은 면과 스프를 합하여 표시함)

4) 영양성분 표시 방법

(1) 영양성분 표시 대상식품은 열량, 나트륨, 탄수화물, 당류, 지방, 트랜스지방, 포화지방, 콜레스테롤 및 단백질에 대하여 그 명칭, 함량의 1일 영양성분 기준치에 대한 비율(%)을 표시하여야 한다. 다만, 열량, 트랜스지방에 대하여는 1일 영양성분 기준치에 대한 비율(%) 표시를 제외한다.

(2) 영양성분 함량이 없는 경우 : 그 영양성분의 명칭과 함량을 표시하지 않거나, 영양성분 함량을 "없음" 또는 "-"로 표시하여야 한다.

(3) 영양성분 함량을 두 가지 이상의 표시 단위로 병행 표기하는 경우 : 총 내용량당 영양성분 함량이 "0"으로 표시되지 않으면, 다른 표시 단위의 영양성분 함량도 "0"으로 표시할 수 없다. 이 경우 실제 함량을 그대로 표시하거나 "○○g 미만"으로 표시한다. 단, "○○g 미만"은 영양성분별 세부 표시방법에 따라 "0"으로 표시할 수 있는 규정에 한하여 표시할 수 있다. (예시 : 총 내용량당 당류 함량이 "1g"이고 1회 섭취 참고량당 함량이 "0.3g"인 경우, 1회 섭취 참고량당 당류 함량은 "0.3g" 또는 "0.5g 미만"으로 표시)

(4) **영양성분 표시** : 소비자가 알아보기 쉽도록 바탕색과 구분되는 색상으로, 중량(g) 또는 용량(㎖)을 표시함에 있어 10g(㎖) 미만은 그 값에 가까운 0.1g(㎖) 단위로, 10g(㎖) 이상은 그 값에 가까운 1g(㎖) 단위로 표시한다.

(5) **열량의 표시 방법** : 열량의 단위는 킬로칼로리(kcal)로 표시하되, 그 값을 그대로 표시하거나 그 값에 가장 가까운 5kcal 단위로 표시하여야 한다. 이 경우 5kcal 미만은 "0"으로 표시할 수 있다.

① 열량의 산출기준 : 영양성분의 표시함량을 사용("○○g 미만"으로 표시되어 있는 경우에는 그 실제 값을

그대로 사용한다)하여 열량을 계산할 때, 탄수화물은 1g당 4kcal를, 단백질은 1g당 4kcal를, 지방은 1g당 9kcal를 각각 곱한 값의 합으로 산출하고, 알코올 및 유기산의 경우에는 알코올은 1g당 7kcal를, 유기산은 1g당 3kcal를 각각 곱한 값의 합으로 한다.

② 탄수화물 중 당알코올 및 식이섬유 등의 함량을 별도로 표시하는 경우, 탄수화물에 대한 열량 산출은 당알코올은 1g당 2.4kcal(에리스리톨은 0kcal), 식이섬유는 1g당 2kcal, 타가토스는 1g당 1.5kcal, 알룰로오스는 1g당 0kcal, 그 밖의 탄수화물은 1g당 4kcal를 각각 곱한 값의 합으로 한다.

③ 단위는 킬로칼로리 또는 킬로 주울(kJ)로 하고, 킬로칼로리 단위에서 킬로 주울(kJ) 단위로의 환산은 '1kcal = 4.184kJ'로 한다.

(6) **탄수화물 및 당류** : 탄수화물에는 당류를 구분하여 표시하여야 한다. 탄수화물의 단위는 그램(g)으로 표시하되, 그 값을 그대로 표시하거나 그 값에 가장 가까운 1g 단위로 표시하여야 한다. 이 경우 1g 미만은 "1g 미만"으로, 0.5g 미만은 "0"으로 표시할 수 있다. 탄수화물의 함량은 식품 중량에서 단백질, 지방, 수분 및 회분의 함량을 뺀 값을 말한다.

(7) **지방, 트랜스지방** : 지방에는 포화지방 및 트랜스지방을 구분하여 표시하여야 한다. 지방의 단위는 그램(g)으로 표시하되, 그 값을 그대로 표시하거나 5g 이하는 그 값에 가장 가까운 0.1g 단위로, 5g을 초과한 경우에는 그 값에 가장 가까운 1g 단위로 표시하여야 한다. 이 경우 0.5g 미만은 "0"으로 표시할 수 있다. 트랜스지방은 0.5g 미만은 "0.5g 미만"으로 표시할 수 있으며, 0.2g 미만은 "0"으로 표시할 수 있다. 다만, 식용유지류 제품은 100g당 2g 미만일 경우 "0"으로 표시할 수 있다.

(8) **단백질** : 단백질의 단위는 그램(g)으로 표시하되, 그 값을 그대로 표시하거나, 그 값에 가장 가까운 1g 단위로 표시하여야 한다. 이 경우 1g 미만은 "1g 미만"으로, 0.5g 미만은 "0"으로 표시할 수 있다.

5) 영양성분 표시량과 실제 측정값의 허용오차 범위

(1) 열량, 나트륨, 당류, 지방, 트랜스지방, 포화지방 및 콜레스테롤의 실제 측정값은 표시량의 120% 미만이어야 한다. 다만, 배추김치의 경우 나트륨의 실제 측정값은 표시량의 130% 미만이어야 한다.

(2) 탄수화물, 식이섬유, 단백질, 비타민, 필수지방산의 실제 측정값은 표시량의 80% 이상이어야 한다.

3. 영양성분 표시 제외 대상 품목

① 즉석판매제조·가공업 영업자가 제조·가공하는 식품
② 식육 즉석판매가공업 영업자가 만들거나 다시 나누어 판매하는 식육가공품
③ 식품, 축산물 및 건강기능식품의 원료로 사용되어 그 자체로는 최종 소비자에게 제공되지 않는 식품, 축산물 및 건강기능식품
④ 포장 또는 용기의 주표시면 면적이 30㎠ 이하인 식품 및 축산물

■ 기출문제

1. 다음과 같은 영양성분표가 있다. ① 총열량 계산 ② 탄수화물의 % 영양소 기준치 계산 ③ 식품의 영양성분 함량표시 기준에 따른 저지방의 정의 및 기준을 쓰시오. 〈2021-1회〉

영양성분 : 1회 제공량 1개(90g)		
1회 제공량 당 함량		% 영양소 기준치
열량	270kcal	
탄수화물	46g	( )%
당류	23g	-
에리스리톨	1g	-
식이섬유	5g	20%
단백질	5g	8%
지방	9g	17%

구분	1g 당 열량	구분	1g 당 열량
탄수화물	4	단백질	4
지방	9	알코올	7
유기산	3	당알코올	2.4
에리스리톨	0	식이섬유	2

※ 단, 1일 영양성분 기준치는 나트륨 2,000mg, 탄수화물 324g, 지방 54g, 단백질 55g 등이다.

- 총열량 : 각 영양성분 함량 × 에너지 계수
  총열량 = [〈탄수화물함량-(식이섬유+에리스리톨함량)〉×4kcal+(식이섬유함량×2kcal)+(에리스리톨함량×0kcal)+(단백질함량×4kcal)+(지방함량×9kcal)]
  = [〈46g-(5+1)g〉×4kcal + (5g×2kcal) + (1g×0kcal) + (5g×4kcal) + (9g×9kcal)]
  = 271kcal

- 탄수화물의 % 영양소 기준치
  = (46 ÷ 324)g ×100 = 14%
※ % 영양소 기준치 : 1일 영양성분 기준치 중에서 특정 식품에 함유되어 있는 해당 영양성분의 함량 비율을 의미. 탄수화물 1일 영양성분 기준치가 324g이고, 제공된 제품의 탄수화물이 46g.

- 저지방의 정의 : 100g당 3g 미만, 100ml당 1.5g 미만

2. 식품, 식품첨가물 등의 표시기준에 의한 표시사항 중 3가지를 쓰시오. 〈2008-1회〉

- 제품명, 내용량 및 원재료명, 영업소 명칭 및 소재지, 소비자 안전을 위한 주의사항, 제조연월일, 소비기한 또는 품질유지기한

3. 양영성분 표시량과 실제 측정값의 허용오차 범위를 설명한 것이다. ( )에 알맞은 내용을 채우시오. 〈2012-2회〉

열량, 나트륨, 당류, 지방, 포화지방 및 콜레스테롤의 실제 측정값은 표시량의 ( )% 미만이어야 한다. 탄수화물, 식이섬유, 단백질, 비타민, 무기질의 실제 측정값은 표시량의 ( )% 이상이어야 한다.

① 120%
② 80%

4. 트랜스지방과 나트륨의 표시기준이다. ( )를 채우시오
〈2008-2회, 2012-1회, 2020-4회, 2023-3회〉

① 0.5g
② 0.2g
③ 5mg
④ 10mg
⑤ 5mg

- 트랜스지방 0.5g 미만은 "(①)g 미만"으로 표시할 수 있으며, (②)g 미만은 "0"으로 표시할 수 있다.
- 나트륨 120mg 이하인 경우에는 그 값에 가장 가까운 (③)mg 단위로, 120mg을 초과하는 경우에는 그 값에 가장 가까운 (④)mg 단위로 표시하여야 한다. 이 경우 (⑤)mg 미만은 "0"으로 표시할 수 있다.

5. 식품 등 표시기준의 영양소 함량 강조표시이다. ( )를 채우시오.〈2007-3회, 2010-1회, 2012-1회〉

① 40kcal, 20kcal
② 4kcal
③ 0.5g

영양성분	강조표시	표시조건
열량	저	(1) 식품 100g당 ( )kcal 미만 또는 식품 100mL당 ( )kcal 미만일 때
	무	(2) 식품 100mL당 ( )kcal 미만일 때
트랜스지방	저	(3) 식품 100g당 ( )g 미만일 때

6. 식품 등의 표시기준에서 탄수화물 및 당류의 ( ) 알맞은 말을 적으시오.〈2022-2회〉

① 단백질
② 지방
③ 수분
④ 회분

- 탄수화물에는 당류를 구분하여 표시하여야 한다.
- 탄수화물의 단위는 그램(g)으로 표시하되, 그 값을 그대로 표시하거나 그 값에 가장 가까운 1g 단위로 표시하여야 한다. 이 경우 1g 미만은 "1g 미만"으로, 0.5g 미만은 "0"으로 표시할 수 있다.
- 탄수화물의 함량은 식품 중량에서 (①), (②), (③) 및 (④)의 함량을 뺀 값을 말한다.

■ 예상문제

1. 식품의 영양강조 표시에 대한 내용이다. ( )에 알맞은 내용을 채우시오.

   > 영양성분 함량의 차이가 다른 제품의 표준값과 비교하여 열량, 나트륨, 탄수화물, 당류, 식이섬유, 지방, 트랜스지방, 포화지방, 콜레스테롤, 단백질의 경우는 최소 (①)% 이상의 차이가 있어야 하고, 비타민 및 무기질의 경우는 1일 영양성분 기준치의 (②)% 이상의 차이가 있어야 한다.

   ① 25%
   ② 10%

2. 100g 우유(수분 89%, 회분 1%, 단백질 3%, 지방질 3%, 탄수화물 4%)의 열량(kcal)은 얼마인지 계산하시오. 〈필기 기출〉

   - [단백질 3g×4kcal] + (지방 3g×9kcal) + (당질 4g×4kcal) = 55kcal

5-6. 부당한 표시 또는 광고 행위

1. 부당한 표시 또는 광고 행위

1) 부당한 표시 또는 광고 행위의 금지 대상
   (1) 식품 등의 명칭, 영업소 명칭, 종류, 원재료, 성분, 내용량, 제조방법, 등급, 품질 및 사용 정보에 관한 사항
   (2) 식품 등의 제조연월일, 소비기한, 품질유지기한 및 산란일에 관한 사항
   (3) 유전자변형 건강기능식품의 표시에 관한 사항
   (4) 식품이력추적관리에 관한 사항

2) <u>부당한 표시 또는 광고의 내용 금지</u>[49]
   (1) 질병의 예방·치료에 효능이 있는 것으로 인식할 우려가 있는 표시 또는 광고
   (2) 식품 등을 의약품으로 인식할 우려가 있는 표시 또는 광고
   (3) 건강기능식품이 아닌 것을 건강기능식품으로 인식할 우려가 있는 표시 또는 광고
   (4) 거짓·과장된 표시 또는 광고
   (5) 소비자를 기만하는 표시 또는 광고
   (6) 다른 업체나 다른 업체의 제품을 비방하는 표시 또는 광고
   (7) 객관적인 근거 없이 자기 또는 자기의 식품 등을 다른 영업자나 다른 영업자의 식품 등과 부당하게 비교하는 표시 또는 광고
   (8) 사행심을 조장하거나 음란한 표현을 사용하여 공중도덕이나 사회윤리를 현저하게 침해하는 표시 또는 광고
      ① 식품 등의 용기·포장을 복권이나 화투로 표현한 표시·광고
      ② 성기 또는 나체 표현 등 성적 호기심을 유발하는 그림, 도안, 사진, 문구 등을 사용한 표시·광고
         (예시) "키스하고 싶어지는 캔디", "만지고 싶은 젤리"

3) <u>소비자를 기만하는 표시 또는 광고</u>[50]
   (1) 식품의약품안전처장이 고시한 「식품의 기준 및 규격」, 「식품첨가물의 기준 및 규격」, 「기구 및 용기·포장의 기준 및 규격」, 「건강기능식품의 기준 및 규격」에서 해당 식품 등에 사용하지 못하도록 정한 원재료, 식품첨가물(보존료 제외) 등이 없거나 사용하지 않았다는 표시·광고
   - 색소 사용이 금지된 다류, 커피, 김치류, 고춧가루, 고추장, 식초에 "색소 무첨가" 표시·광고
   - 고춧가루에 "고추씨 무첨가" 표시·광고

   (2) 식품의약품안전처장이 고시한 「식품첨가물의 기준 및 규격」에서 해당 식품 등에 사용하지 못하도록 정한

---
49) 식품 등의 표시·광고에 관한 법률, 법률 제19916호, 2024.7.3.
50) 식약처, 식품 등의 부당한 표시 또는 광고의 내용 기준, 식약처 고시 제2024-23호, 2024.6.11.

보존료가 없거나 사용하지 않았다는 표시·광고
- 면류, 김치, 만두피, 양념육류 및 포장육에 "보존료 무첨가", "무보존료" 등 표시

(3) "환경호르몬", "프탈레이트"와 같이 범위를 구체적으로 정할 수 없는 인체유해물질이 없다는 표시·광고

(4) 영양성분의 함량을 낮추거나 제거하는 제조가공의 과정을 거치지 않은 원래의 식품 등에 해당 영양성분이 전혀 들어 있지 않은 경우 그 영양성분에 대한 강조표시·광고. 두부 제품에 '무콜레스테롤' 표시·광고

(5) 당류(단당류와 이당류의 합)를 사용하거나, 「식품 등의 표시기준」 별지1 제1호 아목 3)가) 영양강조 표시 기준에 따른 '무당류' 기준에 적절하지 않은 식품 등에 '무설탕' 또는 '설탕 무첨가' 표시·광고 및 같은 호 아목 3)다)에 따른 '설탕 무첨가' 기준에 적절하지 않은 식품 등에 "설탕 무첨가" 또는 "무가당" 표시·광고

(6) 식품의약품안전처장이 고시한 「식품첨가물의 기준 및 규격」에서 규정하고 있지 않은 명칭을 사용한 표시·광고. (예시) "무MSG", "MSG 무첨가", "무방부제", "방부제 무첨가" 표시·광고

(7) 최종제품에 표시한 1개의 원재료를 제외하고 어떤 물질이 남아 있는 경우의 "100%" 표시·광고. 다만, 농축액을 희석하여 원상태로 환원한 제품의 경우 환원된 단일 원재료의 농도가 100% 이상이면 제품 내에 식품첨가물(표시대상 원재료가 아닌 원재료가 포함된 혼합제제류 식품첨가물은 제외)이 포함되어 있다 하더라도 100%의 표시를 할 수 있다. 이 경우 100% 표시 바로 옆 또는 아래에 괄호로 100% 표시와 동일한 글씨 크기로 식품첨가물의 명칭 또는 용도를 표시하여야 한다. (예시) 100% 오렌지주스(구연산 포함), 100% 오렌지주스(산도조절제 포함)

(8) 정의와 종류(범위)가 명확하지 않고, 객관적·과학적 근거가 충분하지 않은 용어를 사용하여 다른 제품보다 우수한 제품으로 소비자를 오인·혼동시키는 표시·광고 (예시) 슈퍼푸드(Super food), 당지수(Glycemic index, GI)

(9) 「유전자변형식품 등의 표시기준」 제3조 제1항에 해당하는 표시 대상 유전자변형 농임수축산물이 아닌 농산물·임산물·수산물·축산물 또는 이를 사용하여 제조·가공한 식품 등에 "비유전자변형식품, 무유전자변형식품, Non-GMO, GMO-free" 또는 이와 유사한 용어 및 표현을 사용한 표시·광고

2. 소비자 안전을 위한 표시사항[51]

1) 공통사항

(1) **알레르기 유발물질 표시** : 식품 등에 알레르기를 유발할 수 있는 원재료가 포함된 경우 그 원재료명을 표시해야 한다.

① 알레르기 유발물질 : 알류(가금류만 해당한다), 우유, 메밀, 땅콩, 대두, 밀, 고등어, 게, 새우, 돼지고기, 복숭아, 토마토, 아황산류(이를 첨가하여 최종제품에 이산화황이 1kg당 10mg 이상 함유된 경우만 해당한다), 호두, 닭고기, 쇠고기, 오징어, 조개류(굴, 전복, 홍합을 포함), 잣

② 표시 대상 : 알레르기 유발물질을 원재료로 사용한 식품, 알레르기 유발물질 원재료 사용 식품 등으로부

---

[51] 식품 등의 표시기준, 식약처 고시 제2024-41호, 2024.7.24.

터 추출 등의 방법으로 얻은 성분을 원재료로 사용한 식품 등, 앞의 2가지를 함유한 식품 등을 원재료로 사용한 식품

③ 표시 방법 : 원재료명 표시란 근처에 바탕색과 구분되도록 알레르기 표시란을 마련하고, 제품에 함유된 알레르기 유발물질의 양과 관계없이 원재료로 사용된 모든 알레르기 유발물질을 표시해야 한다. 다만, 단일 원재료로 제조·가공한 식품이나 포장육 및 수입 식육의 제품명이 알레르기 표시 대상 원재료명과 동일한 경우에는 알레르기 유발물질 표시를 생략할 수 있다.

(2) 혼입될 우려가 있는 알레르기 유발물질 표시 : 알레르기 유발물질을 사용한 제품과 사용하지 않은 제품을 같은 제조 과정(작업자, 기구, 제조 라인, 원재료 보관 등 모든 제조과정을 포함한다)을 통해 생산하여 불가피하게 혼입될 우려가 있는 경우 "이 제품은 알레르기 발생 가능성이 있는 메밀을 사용한 제품과 같은 제조시설에서 제조하고 있습니다", "메밀 혼입 가능성 있음", "메밀 혼입 가능" 등의 주의사항 문구를 표시해야 한다.

(3) 무(無) 글루텐의 표시 : 다음에 해당하는 경우에는 "무글루텐"의 표시를 할 수 있다.

① 밀, 호밀, 보리, 귀리 또는 이들의 교배종을 원재료로 사용하지 않고, 총 글루텐 함량이 1kg당 20mg 이하인 식품

② 밀, 호밀, 보리, 귀리 또는 이들의 교배종에서 글루텐을 제거한 원재료를 사용하여 총 글루텐 함량이 1kg당 20mg 이하인 식품

(4) 고카페인의 함유 표시

① 표시대상 : <u>1mL당 0.15mg 이상의 카페인을 함유한 액체 식품 등</u>

② 표시 방법 : 주표시면에 "고카페인 함유" 및 "총카페인 함량 ○○○밀리그램"의 문구를 표시할 것, "어린이, 임산부 및 카페인에 민감한 사람은 섭취에 주의해 주시기 바랍니다." 등의 문구를 표시할 것

③ 총카페인 함량의 허용오차 : 실제 총카페인 함량은 주표시면에 표시된 총카페인 함량의 90퍼센트 이상 110퍼센트 이하의 범위에 있을 것. 다만, 커피, 다류(茶類) 또는 커피·다류를 원료로 한 액체 식품 등의 경우에는 주표시면에 표시된 총카페인 함량의 120퍼센트 미만의 범위에 있어야 한다.

④ <u>카페인 함량을 90% 이상 제거한 제품은 "탈카페인(디카페인) 제품"으로 표시할 수 있다.</u>

2) 식품 등의 주의사항 표시

(1) 식품, 축산물

① 냉동제품에는 "이미 냉동되었으니 해동 후 다시 냉동하지 마십시오" 등의 표시를 해야 한다.

② 아스파탐(aspatame, 감미료)을 첨가 사용한 제품에는 "페닐알라닌 함유"라는 내용을 표시해야 한다.

(2) 기구 또는 용기·포장

① 식품 포장용 랩을 사용할 때에는 섭씨 100℃를 초과하지 않은 상태에서만 사용하도록 표시해야 한다.

② 식품 포장용 랩은 지방 성분이 많은 식품 및 주류에는 직접 접촉되지 않게 사용하도록 표시해야 한다.

■ 기출문제

1. 다음의 이유를 고시명을 포함하여 서술하시오. 〈2016-2회〉

   - 면류, 김치 및 두부 제품 등에 "보존료 무첨가" 등의 표시 금지
   - 라면의 MSG 표시 금지

   • 고시명 : '식품 등의 부당한 표시 또는 광고의 내용 기준' (식품의약품안전처 고시)
   • 내용 : 부당한 표시 또는 광고의 내용 금지 요소 중, 소비자를 기만하는 표시 또는 광고
   ① 식약처장이 고시한 「식품첨가물의 기준 및 규격」에서 해당 식품 등에 사용하지 못하도록 정한 보존료가 없거나 사용하지 않았다는 표시·광고. 예를 들면, 면류, 김치, 만두피, 양념육류 및 포장육에 "보존료 무첨가", "무보존료" 등 표시
   ② 식약처장이 고시한「식품첨가물의 기준 및 규격」에서 규정하고 있지 않은 명칭을 사용한 표시·광고. (예) "무MSG", "MSG 무첨가", "무방부제", "방부제 무첨가" 표시·광고

2. 표시기준에 적합하지 않은 부당한 표시나 광고의 예를 3가지 쓰시오. 〈2009-3회〉

   ① 질병 예방·치료에 효능이 있는 것으로 인식할 우려가 있는 표시 또는 광고
   ② 식품 등을 의약품으로 인식할 우려가 있는 표시 또는 광고
   ③ 거짓·과장된 표시 또는 광고
   ④ 소비자를 기만하는 표시 또는 광고
   ⑤ 다른 업체나 다른 업체의 제품을 비방하는 표시 또는 광고

3. 카페인 함량에 대한 표시기준이다. ( )에 알맞은 내용을 채우시오. 〈2013-2회, 2016-2회, 2019-3회, 2023-1회〉

   커피의 카페인을 (①) 이상 제거한 것을 디카페인이라 하며, 카페인 함량을 mL 당 (②) mg 이상 함유한 (③)은 "어린이, 임산부, 카페인 민감자는 섭취에 주의하여 주시기 바랍니다." 등의 문구 및 주표시면에 "(④)"와 "(⑤) ○○○ mg"을 표시한다.

   ① 90%
   ② 0.15mg
   ③ 액체식품
   ④ 고카페인 함유
   ⑤ 총카페인 함량

■ 예상문제

1. 총 카페인 함량에 대한 내용이다. ( )에 알맞은 내용을 쓰시오.

   | 총 카페인 함량의 허용오차는 실제 총 카페인 함량은 주표시면에 표시된 총 카페인 함량의 (①)% 이상 (②)% 이하의 범위에 있어야 한다. 다만, 커피, 다류(茶類) 또는 커피·다류를 원료로 한 액체 식품 등의 경우에는 주표시면에 표시된 총 카페인 함량의 (③)% 미만의 범위에 있어야 한다. |

   ① 90%
   ② 110%
   ③ 120%

2. 무(無)글루텐(gluten free)의 표시는 밀, 호밀, 보리, 귀리 또는 이들의 교배종을 원재료로 사용하지 않고, 총 글루텐 함량이 1kg당 ( )mg 이하인 식품을 말한다. ( )에 알맞은 내용을 쓰시오.

   • 20mg

3. 식품 등의 주의사항 표시에 관한 내용이다. ( )에 알맞은 내용을 쓰시오

   | 식품 포장용 랩을 사용할 때에는 (①)℃를 초과하지 않은 상태에서만 사용하도록 표시해야 하며, (②) 성분이 많은 식품 및 주류에는 직접 접촉되지 않게 사용하도록 표시해야 한다. |

   ① 100℃
   ② 지방

제3장
식품의 가공 및 저장

제1절 식품의 가공

1-1. 식품의 가공

1. 식품 가공

1) **정의** : 식품의 가공 또는 가공식품은 농수산의 천연재료를 물리적, 화학적, 미생물적 방법으로 처리하거나 식품첨가물을 넣어 취식성, 영양성, 저장성, 취급의 간편성 등을 부여함으로써 식품의 품질을 향상시키고 이용 가치를 높인 식품을 말한다. 일반적으로 식품의 가공 또는 가공식품은 포장 기술이나 저장 기술 등을 통해 효용 가치가 증대된다.

2) **가공 목적** : 천연의 식품 재료에 그 기본적인 특성을 살리면서 물리적인 형태의 변화를 통하여 취식성, 영양성, 저장성, 취급의 간편성을 부여함으로써 지리적, 시간적, 계절적으로 제한받지 않도록 효율적으로 자원을 이용하기 위한 것이다.

   (1) **취식성, 소화율 향상, 영양성 증가** : 천연식품 재료를 섭취하기 편리하게 가공(밀 → 밀가루, 현미 → 백미), 소화율 향상(밀가루 → 빵)

   (2) **맛, 냄새, 모양 등의 기호성 증대** : 밀가루를 이용하여 빵을 만들 때 유산균, 효모 등의 작용으로 향기, 맛의 증가, 어육 재료 등의 변화를 통하여 어묵, 소시지 등 가공

   (3) **저장성 향상** : 가열, 건조, 당장, 염장, 훈연 등의 가공을 통하여 저장성 향상

   (4) **수송비 절감 및 취급의 편리성** : 부피가 큰 고구마 등을 전분으로 가공하여 수송비 절약 등

   (5) **수요와 공급조절** : 지리적, 시간적, 계절적으로 제한받지 않도록 식품을 가공하여 필요한 곳으로 공급하여 수요와 공급 및 가격을 조절

   (6) **부산물의 이용** : 가공 후 나오는 탈지대두, 비지 등은 식량, 사료 등으로 활용

   (7) **조리의 편리성 증대** : 최소가공 식품(새싹 채소 등), 즉석식품(햇반 등) 등으로 가공

2. 가공공정 : 단위조작, 단위공정

1) 가공공정은 어떤 하나의 개별 공정으로 이루어지지 않으며, 몇 가지의 단위조작(물리적 및 기계적 조작)과 단위공정(화학적 조작)의 조합으로 이루어진다.

구 분	내 용
물리적 기술	• 분쇄, 절단, 세정, 혼합, 추출, 여과, 냉동, 가열 등
화학적 기술	• 산화, 환원, 합성, 분해 등
물리화학적 기술	• 흡착, 흡수, 용해, 이온교환, 전기영동 등
생화학적 기술	• 발효, 배양, 세포융합, 유전자조작 등

2) **단위조작(Unit of operation)** : 공정의 조합이나 전체 시스템에서 단위적 요소를 이루고 있는 물리적 조작 및 기계적 조작을 단위조작이라 하며, 여과, 증발, 증류, 흡착, 추출, 건조 등이 있다. 물리적인 변화의 주체가 되는 처리 과정이다.

3) **단위공정(반응조작 : Unit process)** : 가공공정에서 화학적 기능이 주가 되는 공정으로 반응조작이라고도 한다. 식품 가공에서 화학적인 변화를 일으키는 캐러멜 반응, 발효, 산화, 환원 등을 중심으로 처리하는 공정이다.

1-2. 세척, 분쇄

1. 세척

1) **정의** : 세척은 고체에 부착한 오염물질을 세제 등의 액체로 제거하는 것을 말한다.

2) **세척의 목적** : 오염물질, 이물질 제거, 미생물의 감소 및 제거, 가공제품의 품질 및 안전성 확보

3) **세척의 종류**

   (1) **습식 세척** : 각종 액체를 이용하여 식품이나 설비, 기구 등에 부착되어 있는 오염물질을 흡착, 침착, 용해, 분산 등의 반응을 통하여 분리 및 제거하는 것을 말한다. 세척제를 사용하는 경우에는 잔류물질이 식품이나 기구 등에 남지 않도록 처리해야 한다.

   ① 침지세척 : 식품 재료를 물에 넣어 수세하는 것

   ② 분무세척법 : 식품을 컨베이어 등으로 이동시키면서 분무기나 노즐을 통하여 강한 압력의 세액을 분사시켜 세척하는 방법. 대량 세척에 많이 이용된다.

   ③ 부유세척법 : 식품을 물에 넣으면, 비중의 차로 무거운 것은 가라앉고 가벼운 물질은 뜨는 원리를 이용하여 분리하는 방법. 콩, 채소류 세척에 많이 이용된다.

   ④ 초음파세척법 : 물에 20~100MHz의 주파수(초음파)를 통과시키면 압력이 교대(고압↔저압)로 진동하면서 발생하는 기포가 오염물질을 씻어내는 방법이다. 세척 시간이 짧고, 깨끗하게 세척이 가능하며, 홈, 내부 모서리 등 다른 방법으로는 세척하기 어려운 곳도 세척이 가능하다.

   (2) **건식 세척** : 액체가 아닌 공기, 자석, 체 등을 이용하여 세척 또는 분리하는 것을 말한다. 물 세척보다 시설 및 운용비용이 적게 들고, 조작이 쉽지만, 세척 후 재오염되는 것을 고려해야 한다. 공기분급기(사이클론), 자력선별기, 스크린 세척기 등이 있다.

> ♣ 식품공장에서 기계설비의 세척 방법
> 1. 용수 세정 : 물 세정, 수세미, 열수를 사용하여 세정
> 2. COP(분해) 세정 : 부품을 분해하여 세정하는 것
> 3. CIP 세정(제자리 세정) : 배관 등을 분해하지 않고 세정하는 것

2. CIP 세척방법 (제자리 세정)

1) **CIP(Cleaning in place)** : 제자리 세정, '정치 세척'이라고 한다. 생산설비의 배관이나 기계, 기구 등을 분해하지 않고 관 내부에 스케일링 세제를 주입하여 세척하는 방법이다. 세제는 주로 산, 알칼리, 염소 제제를 사용하며, 세제 액이 잔류하는 것을 방지하기 위해 열수 등으로 최종 세척을 해야 한다.

2) CIP 세정 절차

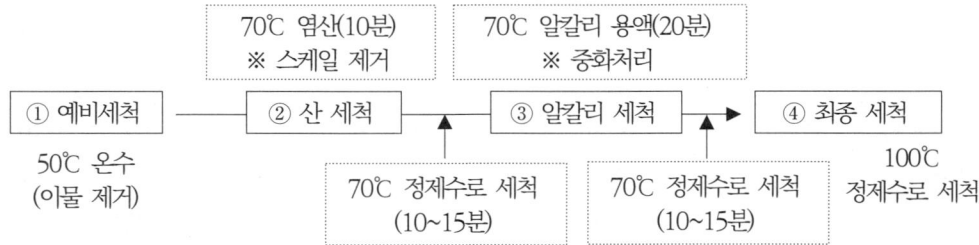

3) CIP 세정의 장단점

(1) 장점 : 설비를 분해하지 않아 손상이나 노동력, 작업 준비시간 절감, 분해 세정보다 비용 및 에너지 절약 가능, 약제 순환 세정으로 각 부분에 대한 세정효과 동일, 배관 내에서 세정되어 위생성 향상

(2) 단점 : 잔류 세제 제품에 유입 가능성, 안전 장비 착용(작업복, 장화, 장갑, 고글, 발생하는 수소가스를 배출할 수 있는 장치 등) 필요

3. 분쇄

1) **정의** : 고체상의 물질을 파괴하여 크기를 작게 만드는 조작을 말한다. 입도의 크기를 크게 분쇄하는 것은 파쇄, 작게 분쇄하는 것은 분쇄라고 한다. 분쇄는 주로 절단, 압축, 전단, 충격, 마찰 등과 같은 기계적인 힘에 의한다. 분쇄는 단일 단위조작으로 끝나는 경우보다는 분쇄 → 건조, 분쇄 → 선별 등과 같이 다른 단위조작을 하기 위한 사전 단계로 이루어진다.

2) **목적** : 사용 및 취급의 용이성, 표면적 증가를 통한 반응 및 용해 속도의 증가, 후속 공정(건조, 선별 등)을 위한 사전 분쇄

3) 분쇄기별 용도

분쇄기	분쇄 힘	용 도
roll mill	**압축력**	파쇄에 이용
hammer mill, pin mill	**충격력**	파쇄-분쇄의 중간 정도
disc mill	**전단력**	물질의 표면을 부드럽게 분쇄

(1) **건식 분쇄기** : 공기 중에서 분쇄하는 것을 말한다.

① roll mill : 중간 분쇄기의 일종으로 물체를 2개의 롤 사이에 공급하면 압축, 전단, 마찰 등으로 파쇄된다.

② hammer mill : 고속으로 회전하는 원판에 자유롭게 요동할 수 있는 해머가 부착되어 있어 해머와 재료의 충돌, 재료와 벽의 충돌로 고체식품을 파쇄한다. 하부에 체가 있어 이를 통과하지 못하는 입자는 계속해서 분쇄가 이루어진다. 비교적 연한 재료인 소금, 설탕, 사과 착즙 등에 이용된다.

③ disc mill : 맷돌과 같은 원리의 원판 마찰식 분쇄기이다. 2개의 원판 중 하나는 고정, 하나는 회전하면서 분쇄하는 원리이다. 재료는 원판과 원판 사이에 넣는다.

④ ball mill : 미분 마쇄기의 일종으로 원통 안에 철, 볼(ball), 돌 등을 넣고 원료를 넣어 함께 회전시키면서 분쇄하는 원리이다.

(2) **습식 분쇄기** : 액체 내에서 수행하는 분쇄를 말한다. 습식 분쇄의 장점은 미쇄 분쇄, 온도 상승 방지, 먼지 날림 방지 등이 있으며, 단점으로는 취급과정이 복잡하고, 분쇄 후 건조과정이 필요하다. 펄퍼(pulper), silent cutter 등이 있다.[52] silent cutter는 어육소시지 제조 시에 주로 사용하는 절단기로 칼날이 회전하면서 식품을 곱게 분쇄하는 기계이다.

---

52) 세화편집부, 『화학대사전』, 세화, 2001.5.20.

■ 기출문제

1. 분무세척 시 아래의 경우 각각의 세척효과에 대한 장단점을 쓰시오. 〈2009-1회〉

구 분	장점	단점
물의 분사압력이 강할 경우	오염된 이물질이나 세균 제거	제품이 파손될 위험 가능성
물의 분사거리가 너무 멀 경우	제품의 파손이 적음	오염물질이나 미생물 잔존 (세척효과 미흡)
물의 분사거리가 너무 가까울 경우	오염물질, 미생물 제거 용이	구석까지 세척되지 않는 곳 존재
물의 사용량이 너무 많을 경우	오염된 이물질이나 세균 제거. 반복 세척으로 청결 유지	물 낭비

2. 식품공장에서 기계설비를 세정하는 방법 3가지를 쓰시오. 〈2005-1회, 2007-1회〉
   - 용수세정 : 물, 수세미, 열수를 사용하여 세정
   - CIP(제자리 세정, 정치세정) : 배관 등을 분해하지 않고 세정하는 것
   - COP(분해세정) : 설비를 분해하여 세정하는 것

3. 우유나 주스 같은 유동성 식품 제조 시 장치를 청소, 세척하는 CIP (Cleaning In Place, 정치세척) 방법이란 무엇인지 쓰시오. 〈2005-3회, 2009-1회〉
   - 생산설비의 배관이나 기계, 기구 등을 분해하지 않고 관 내부에 스케일링 세제를 주입하여 세척하는 방법

4. 식품을 분쇄하는 분쇄기 3대 원리(작용하는 힘)에 대해 쓰시오. 〈2010-2회, 2018-3회, 2024-2회〉
   - 압축력, 전단력, 충격력

5. 체의 표준을 mesh라고 한다. 100 mesh 체에서 1inch^2 안에 있는 체의 눈 개수는 몇 개인지 쓰시오. 〈2021-1회〉
   - 100 mesh 체의 1inch^2 안에는 그물눈이 100개
   - ※ mesh : 1inch^2 정사각형 속에 포함되는 그물눈의 개수로 표시한다. 100 mesh = 100개

6. 여러 입자 크기의 분말로 되어 있는 식품의 수송과 취급 시 발생할 수 있는 물리적 현상 4가지를 쓰시오.〈2005-1회〉

- 물리적 현상 : ① 유동성 ② 응집성(부착성) ③ 고결(입자의 변형으로 재결합되는 현상) ④ 대전(외부의 힘에 의해 전하를 띠는 현상)
- ※ 분체(분말, 분립체) : 가루와 입자를 합친 것

7. 다음 분쇄기에 대하여 간단하게 용도를 쓰시오.〈2007-2회〉
   ① hammer mill :
   ② ball mill :
   ③ disc mill :
   ④ 커팅 밀(Cutting Mill) :

① hammer mill : 고속으로 회전하는 원판에 자유롭게 움직일 수 있는 해머가 부착되어 있어, 해머와 재료의 충돌, 재료와 벽의 충돌로 고체식품을 파쇄

② ball mill : 미분 마쇄기의 일종. 원통 안에 철, 볼(ball), 돌 등을 넣고 원료를 넣어 함께 회전시키면서 분쇄

③ disc mill : 맷돌과 같은 원리의 원판 마찰식 분쇄기. 2개의 원판 중 하나는 고정, 하나는 회전하면서 분쇄하는 원리

④ 커팅 밀(Cutting Mill) : 회전하는 분쇄 날과 고정 날에 의한 절단과 절삭력에 의해 분쇄하는 원리. 각종 연질 시료와 중간 경도의 건조된 시료의 분쇄에 적합

■ 예상문제

1. 식품을 분쇄하는 목적 3가지를 쓰시오.

- 사용 및 취급의 용이성, 표면적 증가를 통한 반응 및 용해 속도 증가, 후속 공정을 위한 사전 분쇄

2. 가공공정에서 단위공정(반응조작)을 설명하고, 대표적인 사례 2가지를 쓰시오.

- 단위공정 : 가공공정에서 화학적 기능이 주가 되는 공정
- 대표적 사례 : 캐러멜 반응, 발효, 산화, 환원 등

3. 물질수지(Material Balance)의 정의를 쓰시오.

- 질량보존의 법칙을 바탕으로 공정에 투입된 재료의 양은 '투입되는 물질의 양 = 공정 내에 남아 있는 양 + 산출되는 결과물의 양과 같다는 원리
- ※ 공정 전체의 수지를 계산하면, '$m_1=m_2+m_3$'이 된다. 예를 들면, '콩 10g=대두박 5g+기름 5g'이다.

1-3. 혼합 및 성형

1. 혼합

1) **정의** : 여러 가지 다른 성질의 원료나 혼합물을 균일하게 섞이도록 만드는 조작을 말한다. 혼합은 농도의 균일화, 분산에 의한 균질화, 화학반응의 촉진을 위해서 실시한다.

2) **믹서기의 종류**

   (1) 고체-고체의 혼합 : tumbler mixer, ribbon mixer

   (2) 고체-액체의 혼합 (반죽) : kneader(반죽기), pan mixer

   (3) 액체-액체의 혼합 : 프로펠러 믹서, paddle impeller, turbine impeller 등

2. 압출성형의 원리 및 특징

1) 식품산업에서 압출성형이란 점성이 있는 반죽이나 반고체 식품을 강한 압력을 이용하여 특정 형상이 만들어지도록 고안된 사출구 방향으로 밀어내어 모양을 만드는 방법을 말한다. 압출성형기가 주로 이용된다.

2) **압출기의 구성 및 원리** : 압출성형기는 구동부, 원료공급 부위, 스크루, 바렐(barrel, 실린더), 사출구(Die, 다이)로 구성되어 있다. 압출 공정은 원료를 공급부인 호퍼에 넣고, 스크루를 통하여 사출구 방향으로 이동하는 과정에서 가열, 혼합, 압축, 살균 등의 과정을 거친 다음, 사출구(다이)를 통하여 성형이 이루어진다.

3) **Extruder에서 수행할 수 있는 단위공정** : 열처리(heating), 압착, 혼합, 배열(조직화), 성형, 전단 및 분리, 팽화 등

4) **압출성형의 목적**

   (1) 점조성 있는 식품을 다양한 형태, 조직감, 색, 향미를 가지는 제품으로 변화

   (2) 고온단시간가열(HTST)을 통하여 미생물 사멸 및 효소 불활성화

   (3) 수분활성도를 낮추어 저장성의 향상 효과

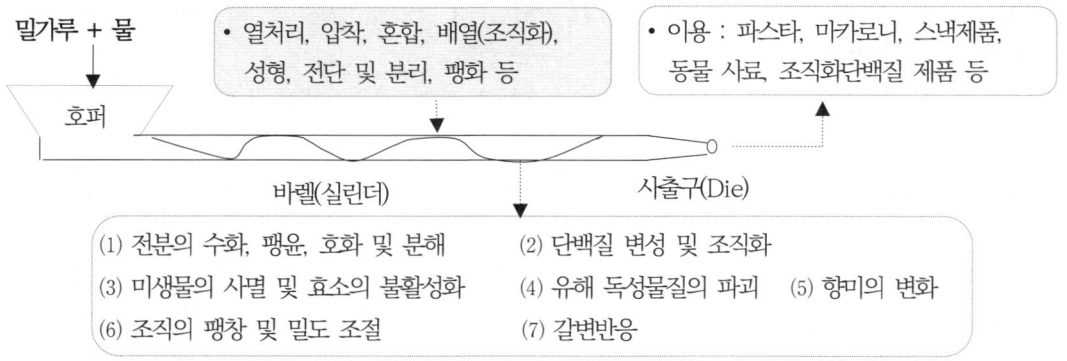

5) 압출성형을 통한 식품의 변화[53]

(1) 전분의 수화, 팽윤, 호화 및 분해
(2) 단백질 변성 및 방향성 있는 식품으로 조직화
(3) 미생물의 사멸 및 효소의 불활성화
(4) 유해 독성물질의 파괴
(5) 향미의 변화
(6) 조직의 팽창 및 밀도 조절
(7) 갈변반응

1-4. 기계적 분리 및 막 분리

1. 기계적 분리 공정

1) 혼합물을 기계적 분리장치로 분리하는 것을 말한다. 침전, 원심분리, 여과, 집진 등에 이용된다. 기계적인 분리가 아닌, 화학적으로 분리하는 방법에는 증류와 추출 등이 있다.

2) 기계적 분리 공정의 종류

(1) **침강분리(gravity settling)** : 고체-액체혼합물을 순수한 중력에 의해서 침강시켜 액체와 입자를 분리하는 조작이다. 주로 큰 입자이면서 고체의 양이 적을 때 이용한다.

(2) **원심분리** : 고체-액체혼합물의 비중 차이가 크면 중력으로 분리가 가능하지만, 소금물과 같은 균일 혼합물은 지구의 중력만으로 물과 소금으로 분리되지 않는다. 이때 중력보다 훨씬 큰 원심력을 작용시키면 입자의 분리와 침전이 효율적으로 일어난다.

(3) **cyclone** : 원심력을 이용한 분리 집진장치를 말한다. 사이클론의 원리는 분진을 함유한 기류가 입구를 통하여 원통부 안으로 들어오면, 선회 흐름에 의하여 하강하면서 원심력에 의하여 분진이 내벽과 충돌하여 중력에 의해 하단부에 있는 집진장치로 모이고, 분진과 분리된 기체는 상부의 출구로 배출된다.[54] 곡물 등을 분쇄할 때도 이러한 원리를 이용한다.

(4) **여과(Filtration)** : 미립의 고체를 함유한 기체나 액체를 여과재(여과지)에 통과시켜, 고체 미립자는 여과재의 표면에 부착시키고, 기체나 액체는 여과재를 통과시켜 여액으로 분리하는 조작을 말한다. 여과재는 종이, 천, 금속섬유 등이 사용된다.

(5) **압착(Pressing)** : 수동 또는 기계를 이용하여 압력을 가하여 고체-액체혼합물을 분리하는 조작이다. 유지 추출 등에 이용된다. 유압식 압착기(hydraulic press), Roller press, 스크루(screw) 프레스 등이 있다.

2. 막 분리 기술

1) 정의 : 막 분리 기술이란 막에 의해 두 개의 상을 분리하는 조작으로, 막(Membrane filter)의 구멍 크기에 따라 통과되는 입자가 다른 점을 이용하여 혼합물을 분리하는 것이다. 삼투압의 원리를 이용한다.

---

53) 한국식품과학회, 『식품과학기술대사전』, 광일문화사, 2008.4.10.
54) 환경용어연구회, 『환경공학용어사전』, 성안당, 1996.4.

(1) 삼투압이란 농도가 다른 두 용액(물과 소금) 사이에 반투막을 두면, 농도가 낮은 쪽에서 농도가 높은 쪽으로 용매가 이동하는 현상에 의해 나타나는 압력을 말한다.

(2) 반투막을 사이에 두고 물과 소금 용액을 따로 넣으면, 일정량의 물은 소금 용액 쪽으로 이동하면서 평형을 이루게 된다. 이때 두 용액에서 발생하는 압력 차이를 삼투에 의한 압력 차이라 한다.

2) 막 분리의 장단점

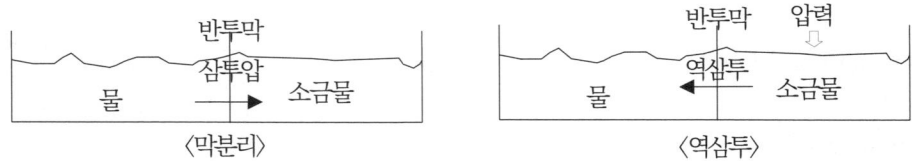

〈가공 및 저장 효과〉

- 소금(당) 성분에 의한 삼투압 : 수분활성도 저하, 미생물의 억제 → 저장성 향상
- 농축 : 과실즙 등의 농축 가능

장점	• 가열공정이 없어 식품의 품질변화, 색, 맛, 영양가 손실 최소화, 냉각수 불필요 • 연속조작, 에너지 절감(펌프 가동 에너지만 필요), 환경오염감소(화학약품 미사용)
단점	• 미세 고형분, 입자 → 막 표면에 흡착 : 투과성 저하, 분획분자량 변화 발생 • 삼투압 : 점도가 증가하게 되면 농축 제한(원료액 30% 이상 농축 제한) • 막(멤브레인) : 습윤상태로 유지해야 되므로, 미생물의 증식 가능성이 있음

3) 삼투압을 이용한 가공 및 저장 목적

(1) 배추 안에 있는 미생물의 세포막에 삼투압이 형성되어 원형질이 분리되면서 사멸한다.

(2) 소금(또는 당 성분)에 의해 삼투압이 발생하여 식품 내 수분활성도가 낮아지므로 미생물의 생육이 억제되어 저장성을 향상시킬 수 있다. 또한, 막 분리를 통해 과실즙 등의 농축을 할 수 있다.

3. 막 분리의 종류

1) 막 분리의 종류별 분획분자량

※ 분획분자량 : 분리할 수 있는 분자량 정도

종류	거를 수 있는 분자량의 크기 (분획분자량)	구동압력 (kg/㎠)	용도
정밀여과 (MF)	100,000 이하	1	콜로이드 분산입자의 여과
한외여과 (UF)	1,000~100,000	2~5	고분자량 입자 여과
나노여과 (NF)	100~1,000	3~40	고분자량 입자 여과
역삼투 (RO)	100 이하	40~100	소금물의 분리, 저분자량 용질의 분리

2) **정밀여과(micro-filtration, MF)** : 일반 여과에서는 제거할 수 없는 0.1~10㎛ 정도의 입경이 작은 콜로이드 입자를 제거하는 여과 조작을 말한다.

   (1) 막 투과 물질(물, 용제), 잔류물질(현탁 물질, 콜로이드 입자, 분진 등)

   (2) 특징 : 여과 정밀도가 항상 정확하고, 다른 여과막보다 세공 크기(pore size)가 커서 여과 저항이 적고 점성계수가 높은 액체에 대한 여과가 가능하다. 따라서 여과 능력이 우수하고 여과막의 수명도 길다. 설치 면적이 작고 설치비가 저렴하며, 기기의 조작이 간단하다.[55]

3) **한외여과(Ultra filtration, UF)** : 용액을 가압(0.5~2MPa)하여 반투막을 투과시켜, 수용성 콜로이드 입자나 분자량이 1,000~10만 정도의 고분자물질을 분리하는 단위조작이다. 물질을 압력 차이로 분리하는 조작으로 역삼투압과 원리는 동일하지만, 역삼투압에 비해 막의 세공이 크기 때문에 높은 압력을 가하지 않아도 단백질과 같은 고분자물질을 분리할 수 있다.

   (1) 막 투과 물질(물, 염류 등 저분자 유기물), 잔류물질(현탁 물질, 용액상 콜로이드, 단백질 등 고분자물질)

   (2) 특징 : 정밀여과와 역삼투압의 중간 정도의 여과막을 사용하므로, 정밀여과와 마찬가지로 점성계수가 높은 액체의 여과가 가능하며, 여재의 교환이나 조작이 간단하다. **압력을 추진력으로 이용하여 분리하므로 여과 속도에 영향을 미치는 요인은 온도, 유속, 압력, 유입 농도 등이다.** 순수한 물의 제조, 폐수처리, 식품 등의 분리, 농축, 정제 등에 이용된다.

4) **나노여과(Nano filtration, NF)** : 삼투와 한외여과의 중간 정도 세공(1~2nm)의 여과막을 이용하여 분리하는 조작이다. 조작압력은 3~40kg/㎠ 정도로 한외여과보다는 높고, 역삼투보다는 낮다. 역삼투막보다 낮은 압력으로 운전하여 더 많은 물을 통과시킨다.

   (1) 막 투과 물질 : 물, 일가염류, 알코올 등

   (2) 잔류물질 : 세균, 콜로이드, 단백질, 고분자물질, 2가염류 등

5) **역삼투(Reverse osmosis, RO)** : 높은 압력을 가하여 삼투압 원리의 반대 현상이 일어나도록 만들어 분리하는 조작이다.

   (1) 삼투압은 물과 소금 용액을 반투막 사이에 두면, 용질인 물이 소금 용액 쪽으로 이동하여 평형을 이루면서 발생하는 압력 차이를 말한다. 역삼투압은 반대로 소금 용액 쪽에 높은 압력을 가하면, 진한 용액 속의 용매가 반투막을 통하여 묽은 용액 속으로 이동하는 원리이다.

   (2) 막 투과 물질(물), 잔류물질(현탁 물질, 콜로이드, 용해 물질)

   (3) 특징 : 막 분리에 사용하는 것 중에서 막의 세공이 가장 미세하여, 물 정도만 투과할 수 있다. 따라서 주로 바닷물을 정수하여 순수한 물을 얻는 데 이용된다. 증발법에서 사용하는 에너지의 6~7%만으로도 같은 효과를 얻을 수 있어 에너지 절약이 가능하다.

---

[55] 물 백과사전, My Water, http://www.water.or.kr

■ 기출문제

1. Membrane filter의 장점을 쓰시오. 〈2017-2회〉
   - 가열공정이 없어 열에 의한 식품의 품질변화, 색, 맛, 영양가 손실 최소화
   - 연속조작이 가능하고, 에너지 절감 가능
   - 가열공정이 없어 대량의 냉각수가 필요 없고, 화학약품 미사용으로 환경오염 감소

2. 미생물의 살균 방법 중에서 Membrane filter의 사용 목적을 쓰시오. 〈2022-3회〉
   - 막 분리(Membrane filter)를 이용한 미생물 살균 : 식품 및 음료 공정에서 막의 공극 크기를 이용하여 유해한 분출물, 미생물 등을 제거
   - 장점 : 가열공정이 없어 식품의 변화(색, 맛, 향 등) 최소화 가능, 연속조작이 가능하고 화학약품 미사용으로 환경오염 감소 등
   - Membrane filter 시험법[56] : 액체 내에 존재하는 미생물을 여과막으로 여과하여 미생물의 개체수를 측정하는 방법. 적은 개체수를 쉽게 측정할 수 있는 장점이 있음. 미생물한도시험법에서 주로 사용

3. 한외여과와 역삼투의 차이점을 원리와 분석물질로 설명하시오. 〈2017-3회〉
   - 공통점 : 용액에 압력을 가하여 물질을 분리, 농축하는 조작
   - 한외여과 : 역삼투압에 비해 세공이 크기 때문에 상대적으로 높은 압력을 가하지 않아도 단백질과 같은 고분자물질을 분리할 수 있다.
   - 역삼투 : 삼투압과 반대로 고농도 쪽에서 높은 압력을 가하여, 진한 용매가 저농도 쪽으로 이동하도록 하여 분리하는 조작. 세공의 크기가 미세하여 높은 압력을 가해야 한다. 물만 막을 투과할 수 있어 바닷물에서 소금을 분리하는 데 활용한다.

---

[56] 식약처, https://nedrug.mfds.go.kr/

4. 막 분리 공정이 가열농축공정에 비해 좋은 점 3가지와 정밀여과, 한외여과, 역삼투의 세공막 크기를 큰 순서부터 나열하시오. 〈2004-3회〉

- 막 분리법의 장점
  ① 가열공정 없이 농축 가능 → 식품 품질변화, 색, 맛, 영양가 손실 최소화
  ② 연속조작 가능, 에너지 절약 가능
  ③ 냉각수 불필요, 화학약품 미사용으로 환경오염 감소
  ④ 장치와 조작이 간단
- 세공막 크기 : 정밀여과 〉 한외여과 〉 역삼투

5. 다음의 보기에서 역삼투와 한외여과를 비교하여 해당하는 내용을 적으시오. 〈2024-3회〉

구 분	한외여과	역삼투
압 력	( )	( )
분리막 크기	( )	( )
분리물 분자량	( )	( )

〈보기〉
① 압력 : 저압, 고압
② 분리막 크기 : 작다, 크다
③ 분리물 분자량 : 작다, 크다

구 분	한외여과	역삼투
압 력	저압	고압
분리막 크기	크다	작다
분리물 분자량	크다	작다

6. 역삼투와 한외여과의 차이점을 서술하시오. 〈2004-1회〉

종 류		한외여과 (UF)	역삼투 (RO)
공통점		물질을 압력 차이로 분리하는 조작	
분획분자량		1,000~100,000	100 이하
구동 압력(kg/㎠)		저압(2~5)	고압(40~100)
용 도	막투과	물, 염류	물
	분리	현탁 물질, 콜로이드 등 고분자 물자 분리	소금물의 분리, 저분자량 용질의 분리
	특징	세공이 상대적으로 커서 높은 압력을 가하지 않아도 고분자물질 분리 가능	세공의 크기가 가장 미세하여 높은 압력을 가하며, 물만 막을 투과할 수 있음

7. 한외여과와 역삼투에 의한 막처리 농축법을 가열농축공정 방법과 비교해서 특징을 3가지 쓰시오. 〈2005-3회, 2017-1회〉	• 막처리 농축법 : 가열하지 않고 막의 선택적 투과성을 이용하여 상변화 없이 물질을 분리하는 조작 ① 가열공정이 없이 농축 가능 → 식품 품질변화, 색, 맛, 영양가 손실 최소화 ② 연속조작 가능, 에너지 절약 가능 ③ 냉각수 불필요, 화학약품 미사용으로 환경오염 감소 ④ 장치와 조작이 간단 • 가열농축공정 : 가열을 통하여 물질을 농축하므로 막처리 농축법의 장점과 반대 현상이 발생한다.
8. 한외여과에서 막투과 유속(또는 여과속도)에 영향을 주는 요인 2가지를 쓰시오. 〈2007-2회, 2014-2회〉	• 온도, 유속, 압력, 유입 농도, 점도 등

■ 예상문제

1. 식품 가공 방법 중에서 기계적으로 분리하는 방법 3가지만 쓰시오.	• 침강분리, 원심분리, 여과, 압착, Cyclone
2. 압출성형기(Extruder)에서 수행할 수 있는 단위공정 3가지를 쓰시오. 〈필기 기출〉	• 열처리(heating), 압착, 혼합, 배열(조직화), 성형, 전단 및 분리, 팽화 등

제2절 식품의 살균

2-1. 식품의 가열살균

1. 살균 및 멸균

1) **소독(disinfection)** : 병원성 미생물을 사멸하거나 사멸하지는 못하더라도 병원성을 약화시킴으로써 감염력을 없애는 것을 말한다. 일반적으로 비병원성균은 생존한다. 병원성 미생물은 비병원성 미생물보다 저항력이 약해 먼저 사멸된다.

2) **살균(pasteurization)** : 식품의 중심부 온도를 63℃ 이상에서 30분 가열하여 모든 미생물을 살균시키는 것을 말한다. 병원성 미생물인 곰팡이, 효모, 세균 등의 영양세포를 사멸시키는 것이며, 부패 미생물 전체를 사멸시키는 것은 아니다. 따라서 영양세포는 사멸되지만, 포자는 생존한다.

3) **멸균(sterilization)** : 모든 미생물의 영양세포와 포자를 완전히 멸균시키는 것이다.

2. 소독 및 살균방법

1) **물리적 방법**

   (1) 가열살균 : 열처리를 통하여 살균 및 소독하는 방법이다.

   (2) 광선조사 : 일광 소독, 자외선 조사, 방사선 살균 등이 있다.

2) **화학적 방법**[57]

   (1) 염소소독 : 염소, 차아염소산나트륨, 표백분, 요오드 등으로 살균하는 것을 말한다. 염소는 pH, 온도, 유기물, 빛에 불안정한 특성이 있다. 염소소독은 가격이 저렴하여 사용 범위가 넓지만, 부식성이 있다. 살균 효과는 비해리상태이면서 pH가 낮고, 온도가 높을수록 좋다.

   (2) 과산화수소 : 소독제로 사용. 조직에 접촉하면 즉시 발생기 산소를 유리시켜 세균을 단기간에 사멸시킬 수 있다.

   (3) 에틸알코올 : 물질대사를 촉매하는 단백질을 변성시켜 기능을 억제한다. 알코올 함량은 60%가 적당하다. 알코올 함량이 적으면 효과가 없고, 과다하면 단백질의 막이 굳어 알코올의 침투가 제한된다. 손, 피부 소독 등에 활용한다.

   (4) 양성비누 : 계면활성제의 일종으로 세정력은 약하지만, 살균력은 강하여 소독제로 많이 이용된다.

   (5) 유황 가스 : 식품을 훈증실에 넣고 유황을 연소(30분~5시간 처리)시키면, 아황산가스(SO_2)가 식품 중의 수분에 녹아 산화를 방지한다. 미생물 및 충해 방지, 과일의 갈변방지(항산화), 색상 유지, 비타민 C 손실 방지 등의 효과를 볼 수 있다.

---

[57] 식약처, 『안전한 탁약주 생산을 위한 첫걸음』, 2012.4.

> ♣ 살균제, 석탄산 계수
> 1. 살균제(소독제) : 차아염소산칼슘(고도표백분), 차아염소산나트륨, 과산화수소, 이산화염소수 등
> 2. 석탄산(페놀) 계수 : 어떤 화합물의 살균작용을 석탄산과 비교하여 나타낸 계수. 소독약의 살균력을 평가하는 기준에 사용된다. 석탄산 계수가 높을수록 소독 효과가 뛰어난 것으로 평가한다.
> 3. 석탄산 계수 = (소독약의 희석배수 ÷ 석탄산의 희석배수)

3. 열처리

1) **식품 가공에서 열처리의 목적** : 식품의 살균, 건조, 증발농축, 냉동 등의 공정을 통하여 식품에 존재하는 미생물의 사멸, 효소의 불활성화를 통하여 식품의 안전성과 저장성을 높이기 위함이다. 또한, 열처리 과정을 통하여 식품에 물리적, 화학적, 생화학적 변화를 줌으로써 맛, 향, 영양가, 조직감 등이 향상된다. 그러나 과도한 열처리는 오히려 식품의 품질변화를 발생시켜 맛, 향, 영양가 등의 손실을 발생시킬 수 있다.

2) **열전달의 유형** : 전도, 대류, 복사

(1) **전도** : 인접한 분자와의 접촉을 통해 열이 전달되며, 매개체가 있어야 한다. 온도가 다른 두 물체가 접촉하고 있을 때, 열은 고온 부위 쪽에서 저온 부위 쪽으로 전달된다. 이러한 과정을 열의 전도라고 한다. 열이 전달되는 속도를 열전도율이라 하며, 열전도율은 물이 공기보다 빠르다.

(2) **대류** : 유체의 움직임이 발생할 때, 이에 동반하여 열도 같이 전달되는 것을 말한다. 열교환기에서 주로 활용한다. 자연대류는 순수한 중력에 의한 유체가 이동하면서 전달되는 것이며, 강제 대류는 열전달 효율을 높이기 위해 기계적 힘을 이용하여 유체를 강제 순환시켜 주는 것이다.

(3) **복사** : 절대온도 0K 이상의 온도를 가진 모든 물체의 표면에서는 열에너지(열복사)가 방출된다. 이 열은 직접 접촉이나 열전달 매체 없이도 열전달이 가능하다. 열은 빛의 속도로 방출 및 전달되는데, 이를 전자기파라 한다. 물체에서 열이 발생하는 이유는 물질을 구성하고 있는 전하의 가속운동에 의한다. 복사열은 직선 또는 빛으로 공간을 통과하고, 복사체와 맞닿는 물체만 복사열을 받을 수 있다.

4. 식품의 열처리 공정

1) **조리** : 식품을 주방에서 다시 가공하는 과정을 말한다. 조리를 통하여 식품의 맛, 색, 조직의 변화가 발생하여 식욕을 돋운다.

2) **데치기(Blanching)** : 끓는 물에 식품을 잠깐 넣어서 표면을 가볍게 익히는 것을 말한다. 냉동, 건조, 통조림 가공 등을 하기 위한 전처리 공정에 주로 활용한다. 식품에 따라 보통 75~100℃에서 1~10분간 실시한다. 데친 다음에는 찬물에 담가 냉각시킨다.

(1) 주목적은 녹색의 과채류 색을 유지하기 위하여 효소를 불활성화시키는 것이다. 데칠 때는 산성에서 하면 색이 변할 수 있으므로, 알칼리성에서 고온 단시간 처리하는 것이 바람직하다.

(2) 데치기의 목적 및 방법

- 효소의 불활성화 : 녹색 채소는 클로로필라아제에 의해 갈변한다. 따라서 효소를 불활성화하여 갈변 방지 및 선명한 녹색의 유지가 가능함
- 건조, 통조림 가공공정 중에 발생하는 식품의 외관, 맛, 색의 변화 방지
- 원료 조직에 함유된 공기 배출을 통한 비타민 손실 방지
- 미생물의 살균, 채소류 내의 독소 및 불쾌한 냄새 제거
- 조직을 연화시켜 통조림 용기 안에 담기 조직의 편리성 부여
- 박피, 절단 등을 하기 전에 조직을 변화시켜 박피 등의 조작이 쉬워짐

① Water blanching (열탕법) : 70~100℃의 물속에 식품을 1~10분간 담갔다가 꺼내서 냉각시키는 방법이다. 엽채류와 같이 크기나 모양이 부정형인 식품에 적합하다. 가장 널리 사용되는 방법으로 비용이 적게 들고 에너지 효율은 높지만, 물에 담그므로 수용성 성분의 손실이 크다.

② Steam blanching (스팀 사용법, 증기 사용법) : 식품을 실은 컨베이어를 탱크 안으로 통과시키면서 강한 압력의 스팀을 분사하여 데친 다음, 찬물을 분사하여 냉각시키는 방법이다. 근채류와 같이 크기나 모양이 균일한 식품에 적합하다. 스팀 사용법은 수용성 성분의 손실이 적고 폐기물 발생량이 적지만, 열탕법보다 세척 효과는 떨어지고, 열처리가 균일하게 이루어지지 않을 수 있으며, 식품의 표면도 열 손상을 받을 수 있는 단점이 있다.

③ Hot-gas blanching : 식품의 손실을 최소화하기 위해 도입했으나, 과도한 표면의 건조가 발생하여 많이 사용하고 있지 않다.

3) **멸균(sterilization)** : 모든 미생물의 영양세포, 포자를 완전히 사멸시켜 무균상태로 만드는 것을 말한다. 멸균은 식품을 가장 안전한 상태 만드는 것으로, 물리적 방법과 화학적 방법이 있다.

2-2. 식품의 가열살균 방법

1. 식품의 가열살균 방법

1) **저온 장시간 살균법(Low temperature long time : LTLT)** : 식품을 재킷식 솥에 넣은 다음 증기를 불어 넣고, 63~65℃에서 30분간 살균 후 냉각시키는 방법이다. 주로 우유, 달걀, 혈청, 맥주 등 고온에서 변질되기 쉬운 식품을 살균할 때 사용한다. 이 살균법은 모든 병원성 미생물을 살균시킬 수 있지만, 비병원성 미생물과 일부 유산균은 생존할 수 있다.

2) **초고온 순간 살균법(Ultra high temperature method, UHT)** : 130~150℃에서 0.5~5초간 가열하여 멸균시키는 방법이다. 모든 미생물을 사멸시키면서 영양소의 파괴는 최소화할 수 있다.

3) **우유 살균법** : 위의 2가지 방법에 추가하여, 72~75℃에서 15~20초간 살균하는 고온단시간 살균법이 있다.

> ♣ 냉살균(cold sterilization) : 식품의 가열살균이 제한되거나 식품의 변화로 인한 품질 저하가 예상되는 식품에 대하여 가열하지 않고 물리적, 화학적 처리를 통하여 살균하는 방법이다. 냉살균법은 가열살균에 비하여 식품의 색, 맛, 향, 영양가 손실을 줄일 수 있지만, 비용 증가나 안전성은 떨어질 수 있다.
> 1. 물리적 방법 : 방사선 조사, 자외선살균, 초고압처리, 고전기장 펄스 살균 등
> 2. 화학적 방법 : 염소, 과산화수소, 에틸알코올, 역성비누 등

2. 가열살균이 식품에 미치는 영향

1) **단백질의 변성** : 단백질을 가열하면 2차 구조를 유지하고 있는 폴리펩티드 사슬이 풀리면서 효소작용을 받기 쉬워져 소화율이 높아진다. 반면, 지나친 가열을 통한 변성은 오히려 단단한 구조로 변해 소화율이 떨어진다.

2) **유지의 변화** : 지방 성분은 가열에 의하여 산패를 일으킨다.

3) **탄수화물의 변화** : 탄수화물(전분, 당)은 가열하면 아미노산과 반응하여 메일라드 반응을 일으키거나 캐러멜화 반응을 일으켜 갈변현상을 나타낸다.

4) **색깔 및 향미의 변화** : 채소나 과일은 가열하면 퇴색된다. 육류는 가열하면 당과 단백질의 상호반응으로 갈변현상이 나타나며, 갈변반응은 알데히드, 케톤, 알코올 등의 성분을 생성하여 고기에 향미를 더해 준다.

5) **비타민 및 영양소의 파괴** : 육류의 비타민 B1은 열에 약하여 가열 손실이 크다. 식품을 가열하면 비타민, 색깔 등의 손실이 발생될 수 있으므로, 이를 최소화하기 위하여 진공 가열법 또는 고온에서 단시간 가열하는 것이 좋다.

■ 기출문제

1. 과일의 유황 훈증 목적(효과) 3가지를 쓰시오.
   〈2004-3회, 2013-2회, 2018-3회〉

   ① 항산화 작용으로 과일의 갈변 방지
   ② 고유 색상 유지
   ③ 카로틴과 비타민 C의 손실 방지
   ④ 미생물 및 충해 방지

2. 우유의 살균 방법 중 저온장시간살균법(LTLT법)과 고온단시간살균법(HTST법)의 살균 조건과 완전하게 살균되었는지 검사하는 시험법은 무엇인지 쓰시오
   〈2007-1회, 2008-1회, 2010-2회, 2019-2회〉

   • 식품공전 상 살균조건

방법 (조건)	살균 온도, 시간
저온장시간 살균법	(63~65℃, 30분)
고온단시간살균법	(72~75℃, 15초~20초)
초고온순간살균법	(130~150℃, 0.5~5초)

   • 시험법 : phosphatase test
   ※ phosphatase : 63~65℃에서 30분간 또는 72~75℃에서 15~20초 가열 시 완전 불활성화 됨. phosphatase의 잔류 여부를 이용하여 살균 여부 판정 가능

3. 열을 사용하지 않는 식품을 살균하는 방법(비가열 살균법)의 장점과 그 예를 2가지 쓰시오.
   〈2008-1회, 2021-1회〉

   • 장점 : 식품의 열변성 방지, 영양성분의 손실 최소화, 맛·색·향미 등의 보존 유리
   ※ 단점 : 가열살균에 비하여 효율성, 비용 측면, 식품의 안전성 등이 떨어짐
   • 사례 : 방사선 조사, 자외선살균, 초고압 살균, 고전장펄스 살균 등

4. 채소 및 과실을 가공할 때 열처리(blanching)하는 목적 3가지를 쓰시오.
   〈2004-1회, 2018-1회〉

   • 효소의 불활성화
   • 건조, 냉동, 통조림 가공공정 중에 발생하는 식품의 외관, 맛, 색의 변화 방지
   • 원료 조직에 함유된 공기 배출을 통하여 비타민 손실 방지
   • 미생물의 살균, 채소류 내의 독소 및 불쾌한 냄새 제거

5. 아래 보기에서 열처리에 따른 가공 중 변화에 대한 설명 중 틀린 것을 고르고, 그 이유 설명하시오. 〈2023-1회〉

〈보기〉
① 설탕물을 150~180도로 가열하면 캐러멜 반응에 의해 검은색을 띤다.
② 채소를 65~75도 가열하였을 때, RNA가 분해되어 GMP가 생성되어 감칠맛이 난다.
③ 마이야르 반응으로 볶음 향 및 빵의 향이 나고, 갈색이 생성된다.
④ 지질을 가열하면 열 분해되어 황 함유 휘발 성분을 생성하며 산패취가 발생한다.
⑤ 양파와 마늘을 가열하면, 양파의 sulfide류는 향기 성분을 생성한다.

- 정답 : ④
※ 단백질은 C, H, O, N, S로 구성되어 있어 황화합물이 생성되지만, 지방은 C, H, O로 구성되어 있어 황화합물이 생성되지 않는다. 유지를 가열할 때 생성되는 성분은 알데히드, 케톤류 등이다.

■ 예상문제

1. 소독약의 살균력을 평가하는 기준에 사용되는 약제와 살균력 평가 방법을 쓰시오.
〈필기 기출〉

- 약제 : 석탄산
- 석탄산 계수 = (소독약의 희석배수 ÷ 석탄산의 희석배수)

2. 데치기(blanching) 방법 중 아래에 해당하는 방법이 무엇인지 쓰시오.

70~100℃의 물속에 식품을 1~10분간 담갔다가 꺼내서 냉각시키는 방법으로 엽채류와 같이 크기나 모양이 부정형인 식품에 적합하다.

- Water blanching (열탕법)

2-3. 열교환기

1. 열교환기(heat exchanger)

1) **정의** : 두 개 또는 그 이상의 유체 사이에서 열을 교환할 수 있도록 설계한 장치를 말한다. 가열, 냉각, 증발 농축 등에 이용된다. 열교환기에서는 열만을 교환하는 것을 목적으로 한다. 따라서 유체가 혼합되지 않도록 하는 것이 원칙이다.58)

2) **열교환기의 종류**

(1) **재킷형 열교환기** : 재킷이란 탱크의 외벽에 열 교환을 목적으로 설치한 이중벽을 말한다. 재킷 내부로 스팀 등의 가열 매체를 흐르게 하여 통 내의 식품과 스팀 간 열 교환이 이루어지도록 설계한 장치이다.

(2) **코일형 열교환기** : 금속관을 코일형으로 감아 탱크 내에 장치한 것으로 금속관 내부에 열매체를 흐르게 설계한 열교환기이다. 구조가 간단하여 많이 사용된다.

(3) **이중 관형 열교환기** : 관을 이중으로 만들어 내부 관내의 유체와 내부 관과 외부 관 사이에 유체를 흘려 열을 교환하는 방식이다.
① 열교환기의 효율에 영향을 주는 것 중의 하나는 유체의 흐름 방향이다. 두 유체가 같은 방향으로 흐르는 것을 병류식, 서로 반대로 흐르는 것을 향류식이라고 한다.
② 이중 관형 열교환기는 대부분 병류식을 채택하고 있다. 병류식은 입구 부분에서 온도 차이가 가장 크고, 출구 쪽으로 갈수록 온도 차이는 적어지므로 열전달 효율이 우수하다.

(4) **원통 다관형 열교환기** : 원통형 통(Shell) 속에 다수의 관을 평행으로 나열한 열교환기이다. 한 유체는 탱크 내에 흐르고, 다른 유체는 관 내부를 흐르면서 열 교환이 이루어진다.

(5) **판형 열교환기** : 얇은 금속판을 여러 개 겹쳐서 열을 교환하는 방식이다. 열 교환의 효율을 높여 주기 위해서는 다음과 같은 방법을 적용한다.
① 금속의 온도를 높게 또는 낮게 조절   ② 금속판과 유체의 접촉 면적을 넓혀 줌
③ 판과 판 사이로 흐르는 유체의 속도를 높임   ④ 방해판 설치로 유체의 흐름을 난류로 조성

(6) **표면 긁기 열교환기** : 동심의 2중 실린더 내에 고속으로 회전하는 스크레이퍼가 붙어 있고, 식품은 내부 실린더에 공급된다. 외벽(재킷)에는 차가운 냉매가 흐르며 내부에 있는 점도가 높은 액체 또는 반고체 식품과 열 교환이 이루어지도록 만든 것이다. 재킷과 내부 실린더의 열 교환이 원활하게 이루어지도록 스크레이퍼가 회전하면서 표면을 긁어 주도록 설계되어 있다.
① 점성이 높은 유체의 경우에는 전열 표면에 스케일이 많이 쌓여 열전도율이 저하된다. 이러한 문제점을 해소하기 위하여 내부에 스크레이퍼(표면 긁기, scraper) 장치를 설치한 열교환기이다. 회전식 열교환기(scraped rotary heat exchange)라고도 한다.

---

58) 한국물리학회, 물리학백과, http://www.kps.or.kr

② 유동성이 적은 아이스크림 등을 균일하게 냉동시키는 데 적합하며, 과일 주스, 마가린, 쇼트닝 등의 제조에도 이용된다.

♣ 열에너지(열량) 구하는 공식 : $Q = c \cdot m \triangle t$ (c : 비열, m : 질량, $\triangle t$: 온도 차이)
1. 비열 : 어떤 물질 1kg을 1℃ 올리는 데 필요한 열량(kcal/kg·℃)
    ※ 비열(c) = 열량(Q) ÷ (질량 × 온도변화)
2. 와트(watt) : 1초 동안에 소비하는 전력 에너지. 1s(초)에 1J(주울)의 일을 하는 일률 → 1W = 1J/s

♣ 열교환기에서의 열전달계수 계산
1. 대류 열전달계수 : 대류에 의해 열이 한쪽의 유체에서 다른 쪽의 유체로 전달될 때의 열전달계수
    단위는 $W/m^2 K$. ※ q(열전달량) = h(열전달계수) × $\triangle T$(온도 차이)
2. 총괄 열전달계수(U) : 고체벽을 사이에 두고 고온 유체에서 저온 유체로 열이 전달되는 경우의 모든 전열 저항을 고려한 열전달계수.
    1) 열전달계수의 단위는 W/m^2
    2) 총괄 열전달계수 : 1/U = (1/경막 열전달계수1) + (1/벽면 열전도도) + (1/경막 열전달계수2)

■ 기출문제

1. 5℃의 우유 4,500kg을 55℃까지 열변환장치(4,500kg/h)를 사용해 가열하고자 한다. 우유의 비열이 3.85kJ/kg·K일 때 초당 필요한 열에너지(kW)를 구하시오. 〈2008-2회, 2024-1회〉

※ 참고 : 단위를 맞추기 위해 '1kw = 3600kJ' 적용, K 또는 ℃를 적용해도 온도 차이는 동일함

- $Q = Cm\Delta T$
- ※ Q(열량), C(비열), m(질량), ΔT(온도 변화)

$$Q = \frac{3.85kJ}{kg \cdot K} \times \frac{1kW}{3600kJ} \times 4,500kg \times (55-5)℃ = 240.625kW$$

2. 열교환기에 90℃의 뜨거운 물을 2,000kg/hr 속도로 통과시키고 반대 방향에서 20℃의 식용유를 4,500kg/hr의 속도로 투입시켰다. 물이 40℃로 냉각될 때 배출되는 식용유의 온도를 'input = output'을 활용하여 계산하시오. (단, 식용유의 열용량(CP)은 0.5kcal/kg·℃이며 소수점 첫째 자리로 답하시오.)
〈2010-1회, 2020-4회, 2024-2회〉

- Q(물) = Q(식용유) ⇐ input=output
- ※ $Q = Cm\Delta T$에서, 물의 비열 1kcal/kg·℃이고, 기름 열용량 0.5kcal/kg·℃이므로
- 1kcal/kg·℃ × 2,000kg × (90-40)℃
  = 0.5kcal/kg·℃ × 4,500kg × (x-20)℃
  ⇨ 2,000 × 50 = 2,250 × (x - 20)
- ∴ x(식용유 배출 온도) = 64.4℃

3. 열교환기에 사용되는 90℃ 온수는 1,000kg/h의 유량으로 열교환기에 들어가 40℃로 냉각되어 나온다. 기름의 유량은 5,000kg/h이고, 들어갈 때 온도가 20℃였을 때, 나올 때 온도는 얼마인지 구하시오. (물 열용량 1.0kcal/kg·℃, 기름 열용량 0.5kcal/kg·℃) 〈2013-3회〉

- Q(물) = Q(기름)   ※ $Q = Cm\Delta T$
- 1kcal/kg·℃ × 1,000kg × (90-40)℃
  = 0.5kcal/kg·℃ × 5,000kg × (x-20)℃
  ⇨ 1,000 × 50 = 2,500 × (x - 20)
- ∴ x(식용유 배출 온도) = 40℃

4. 토마토펄프에 직접 수증기를 가하여 가열처리할 때 수증기가 응축되면서 토마토펄프에 포함되면 토마토펄프는 묽어진다. 초기 고형분 함량이 5%인 토마토펄프는 21℃에서 88℃까지 가열한다면 가열된 토마토펄프에서 고형분의 농도는 얼마인지 쓰시오. (단, 이 작업은 대기압상태에서 수행한다. 고형분의 비열은 0.5kcal/kg·℃, 21℃ 물의 엔탈피는 21kcal/kg, 1기압 포화 수증기의 엔탈피는 638.8kcal/kg이다) 〈2004-2회〉

- 공식 : $Q = Cm\Delta T$
- Q(고형분)+Q(물) = (수증기 엔탈피)×(수증기량)
  (0.5kcal/kg·℃ × 5kg × 67℃) + (1kcal/kg·℃ × 95kg × 67℃) = 638.8kcal/kg × x
  ⇨ x(수증기량) = 10.2kg

∴ 고형분 = $\frac{5}{(100+10.2)} \times 100$
= 4.54 (w/w%)

5. 두께가 1cm인 합판의 한쪽은 −10℃이고 다른 쪽은 20℃라고 할 때, 합판 1㎡을 통해서 한 시간 동안 이동되는 열량은 몇 kJ인지 계산하시오. (단, 합판의 열전도도는 0.042 w/m·k) 〈2007-1회〉

- Q = (평판 너비 × 온도 차이 × 열전도도) ÷ 두께

$$Q = \frac{1㎡ \times [20 - (-10)]℃ \times 0.042 W/m·K}{0.01m}$$

  $= 126W$

- W = J/s이고, 단위를 맞추기 위해

$$\frac{126J}{s} \times \frac{3,600s}{1\,h} = 453.6 kJ/h$$

6. 열전도도가 17W/m·℃인 파이프의 지름이 8cm, 두께가 2cm이다. 파이프를 둘러싼 단열재의 열전도도는 0.035W/m·℃이고 두께는 4cm이다. 파이프 내부의 온도는 130℃이고, 단열재 표면의 온도는 25℃일 때, 파이프 표면의 온도는 몇 ℃인지 계산하시오. 〈2018-3회〉

- Q = (평판 너비 × 온도 차이 × 열전도도) ÷ 두께
  ① 원의 넓이는 πr^2이므로, 파이프 지름이 8㎝이면, 원의 넓이는 $\pi(0.04)^2$
  ② 파이프 두께가 2㎝, 안의 반지름을 제외해 주어야 하므로,
  $\pi(0.06)^2 - \pi(0.04)^2 = \pi(0.002)$
  ③ 단열재의 두께는 총 10cm에서 6cm를 제외하면, $\pi(0.1)^2 - \pi(0.06)^2 = \pi(0.0064)$

- 단열재의 두께

  ① Q(파이프) = $\dfrac{0.002 \times (130-x) \times 17}{0.02}$

  $= 221 - 1.7x$

  ② Q(단열재) = $\dfrac{0.0064 \times (x-25) \times 0.035}{0.04}$

  $= 0.0056x - 0.14$

- Q (파이프) = Q (단열재)이므로,
  $221 - 1.7x = 0.0056x - 0.14$
  ⇨ x(파이프 표면 온도) = 129.7℃

7. 열전달 여부에 따른 열 축적과 온도 분포에 대하여 쓰시오. 〈2016-1회〉

- 열전달이 잘되는 경우 : 열이 잘 축적되지 않고, 온도 분포(열전달 속도)가 고르다.
- 열전달이 잘되지 않는 경우 : 열이 잘 축적되며, 온도 분포(열전달 속도)가 고르지 못함(편차가 크게 나타남)

■ 예상문제

1. 금속평판의 열플럭스 속도는 1,000W/m²이다. 평판의 표면 온도는 120℃이며, 주위온도는 20℃이다. 대류 열전달계수를 구하시오.
〈필기 기출〉

- q(열전달량) = h(열전달계수) × △T(온도 차이)
- q = h × △T
  ⇨ 1,000W/m²K = x × (120-20)℃
∴ x(열전달계수) = 10W/m²

2. 배지를 110℃에서 20분간 살균하려 한다. 사용하고자 하는 살균기의 온도가 화씨(°F)로 표시되어 있을 때, 이 살균기를 사용하려면 살균온도(°F)를 얼마로 고정하여 살균하여야 하는지 계산하시오.
〈필기 기출〉

- ℃ = (°F - 32) ÷ 1.8
  ⇨ °F = [섭씨온도(℃) × 1.8] + 32
        = (110 × 1.8) + 32 = 230°F

2-4. 전자기파를 이용한 살균

1. 정의

1) 전자기파란 주기적으로 세기가 변화하는 전자기장이 공간 속으로 전파해 나가는 현상을 말한다. 전자기파에는 **감마선, X-선, 자외선, 가시광선, 적외선, 마이크로파, 라디오파**를 포함하는 파동으로 물질이 없는 공간에서 빛의 속도로 진행하며, 다양한 물질에 에너지(빛)를 전달하고 각종 반응을 일으킨다.

2) 전자기파는 파장 또는 주파수로 구분한다. 파장에 따른 분류는 아래와 같다.

γ선(감마)	X-ray	자외선	가시광선	적외선	마이크로웨이브	라디오파
0.07~0.1nm	0.01~10nm	10~380nm	380~760nm	760nm~1mm	1mm~10m	1m 이상

2. 감마선(^{60}Co 방사선)

1) 감마선(γ선)의 파장은 0.07~0.1nm로 매우 짧고, 높은 에너지를 가지고 있어 투과력이 높다. 감마선을 조사하면 식품을 이온화시켜 세포가 변이되는 원리를 이용하여 식품의 살균이나 멸균에 적용한다.

2) 특징 : 투과력이 높아 식품을 포장 상태에서 살균할 수 있어 2차 오염의 방지와 에너지 효율도 높다. 감마선(방사선)은 제품 온도를 상승시키지 않으면서 살균 작용을 하여 성분변화를 최소화할 수 있으며, 잔류성분도 남지 않는 냉살균방법이다.

3. 자외선 (Ultraviolet, U.V)

1) 자외선의 파장은 10~380nm로 X-선보다는 크고, 가시광선보다는 짧은 파장을 갖는 전자기파이다. 자외선은 에너지가 매우 커서 자외선을 흡수하면 분자결합이 파괴된다. 식품 또는 용기에 자외선을 조사하면 미생물의 분자결합을 파괴시켜, 살균 효과를 얻을 수 있다. 가장 살균 효과가 큰 파장은 250~260nm이다.

2) 자외선은 투과력이 높지 않기 때문에 물체의 표면 정도에서 살균 효과를 갖는다. 따라서 식품 취급 용기 및 기구, 포장, 실내공기, 공장 등의 살균에 주로 이용한다. 물은 비교적 자외선을 잘 투과하므로 살균 및 소독에 이용되지만, 탁도가 높은 물은 투과력이 적어 살균 효율이 저하된다.

4. 적외선(Infrared rays, IR)

1) 적외선의 파장은 760nm~1mm(0.76~1,000μm)로 가시광선과 마이크로파의 중간 정도 파장을 갖는다. 적외선의 복사열은 물체에 도달하면 흡수되어 표면에서부터 발열하여 열전도 작용에 의해 내부로 전달된다.

2) 적외선 조사는 에너지 이용 효율이 높아 식품, 공산품 등의 건조와 가열에 이용된다. 그러나 내부 깊은 곳까지는 침투하지 못하므로 두꺼운 식품의 가열에는 부적합하다.

3) 활용

 ⑴ 생선, 조개 등 건조   ⑵ 감자 칩, 차, 야채류 건조

 ⑶ 땅콩, 원두커피 로스트(roast)   ⑷ 데치기(blanching) : 병 포장 식품

5. 마이크로웨이브(초단파) 가열

1) 정의 : 마이크로파는 파장 1~10m, 주파수 300MHz~30GHz인 전자파의 총칭으로 파장 값이 m 단위라서 미터파라고도 한다. 식품 가열에 허용된 주파수는 915MHz와 2,450MHz이다.

2) 가열 원리

 ⑴ 초단파는 공기는 잘 투과하지만, 금속에는 반사된다. 그러나 극성을 가진 물질의 분자들이 초단파를 받으면 전자기파를 흡수하여 진동 및 회전하면서 열이 발생된다.

 ⑵ <u>초단파는 식품의 약 3.81cm(1.5인치)까지 뚫고 들어가 물, 지방 등의 분자들을 1초에 수백만 번씩 진동 및 회전시켜 열을 발생시킨다. 이렇게 내부에서 생긴 열은 식품의 표면으로 전도되면서 가열된다. 물체 내부로부터 가열이 진행되어 '내부가열'이라고 한다.</u>

3) 특징 : 살균력 강함, 균일 가열 및 살균, 효율적 에너지 이용, 살균시간 조절 용이

4) 전자레인지(micro wave oven) : 마이크로파 중에서 극초단파의 복사에너지를 이용한 식품 조리기구이다.

 ⑴ 열효율이 높아 식품 내부를 균일하고 신속하게 가열시키므로 표면이 타거나 갈변현상이 일어나지 않는다.

 ⑵ 채소류 살균 시 초단파를 이용하면, 가열살균 방식을 취하지 않으므로 비타민의 파괴를 줄일 수 있다. 대량식품의 살균에는 제한사항이 있고, 소량식품 살균 시 주로 이용된다.

 ⑶ 운전, 중지 및 출력조절에 의한 온도제어가 쉽고, 연기 등이 발생하지 않아 조리환경이 좋다.

2-5. 방사선 조사식품

1. 개요 및 정의[59]

1) 방사선을 식품에 조사하면 식품은 그 에너지를 흡수하여 분자가 이온화되고, 이들 이온은 미생물 세포의 변이를 일으켜 사멸하는 원리를 이용한 것이다. 즉, 식품에 방사선 처리를 하여 식품의 보존성 및 안전성을 향상시키는 기술이다.

2) 식품에 사용 가능한 방사선의 선원 및 선종은 ^{60}Co의 감마선(γ선), 10MeV 이하의 전자선, <u>5MeV 이하의 X-선</u>이다.

 ⑴ 감마선을 방출하는 선원은 ^{60}Co을 사용할 수 있고, 전자선과 엑스선을 방출하는 선원은 전자선 가속기를

---

[59] 식약처, 식품의 기준 및 규격, 식약처 고시 제2024-71호, 2024.11.14.

이용할 수 있다. ⁶⁰Co에서 방출되는 감마선 에너지를 사용할 경우 식품조사처리가 허용된 품목별 흡수선량을 초과하지 않도록 하여야 한다.

(2) 식품조사 처리는 허용된 원료나 품목 등에 한하여 위생적으로 취급·보관된 경우에만 실시할 수 있으며, 발아 억제, 살균 및 살충, 숙도 조절의 목적으로만 사용할 수 있다.

2. 방사선 조사 목적 및 특징

1) 방사선의 이용 목적 : 식품의 보존성 및 안전성 향상

(1) 발아 및 발근 억제
(2) 미생물의 살균 및 살충
(3) 과일의 숙도 조절
(4) 포장 상태로 살균이 가능하여 2차 오염 방지
(5) 품질개선 효과

2) 방사선을 이용한 식품 조사처리 기준

(1) 식품의 허용 선량 : 우리나라에서는 감자, 양파, 마늘, 건조 향신료, 복합 조미료 등 26개 품목에 대하여 0.15~10kGy 범위로 허용하고 있다.

(2) 한 번 방사선을 조사한 식품에 대해서는 다시 조사하면 안 되며, 조사식품을 원료로 사용하여 제조한 식품도 다시 조사해서는 안 된다. 또한, 조사한 식품은 용기 또는 포장하여 판매하여야 하며, 방사선 조사식품은 포장지에 직경 5cm 이상의 크기로 표시하여야 한다.

(3) 식품의 완전 살균 등을 위해서는 10KGy 이상의 선량도 조사할 수 있다. 따라서 방사선을 조사하기 전에 발암물질의 생성 여부, 유전자에 미치는 영향, 영양성분의 파괴, 기타 유해물질의 생성 여부 등의 문제를 고려하여 판단해야 한다.

(4) 허용 대상 식품별 흡수선량 (식품공전에서 조사기준 선량은 10kGy 이하)[60]

품 목	조사목적	선량(kGy)
감자, 양파, 마늘	발아 억제	0.15 이하
밤	살충·발아 억제	0.25 이하
버섯(건조 포함)	살충·숙도 조절	1 이하
난분, 곡류(분말 포함), 두류(분말 포함)전분	살균	5 이하
건조식육, 어류분말, 된장분말, 고추장분말, 간장분말, 효모식품, 인삼(홍삼 포함) 제품류, 조미건어포류	살균	7 이하
건조향신료 및 이들 조제품, 복합조미식품, 소스, 침출차, 분말차, 특수의료용도식품	살균	10 이하

---

[60] 식약처, 식품의 기준 및 규격, 식약처 고시 제2024-71호, 2024.11.14.

3) 특징[61]

(1) 10kGy 조사 시 물의 온도는 2.4℃만 상승하므로 열이 발생하지 않는 냉살균법이다.

(2) 조사선량에 따라 식품의 품질변화에 많은 영향을 미치므로 식품, 미생물의 특성, 제어수준 등을 고려하여 선량을 조절해야 한다.

(3) 식품을 포장한 상태에서 살균이 가능하여 2차 오염을 방지할 수 있다.

(4) 화학훈증제와 달리 유해성분 및 잔류성분이 없고, 공정의 연속적 작업이 가능하며, 에너지 소요량이 적다.

(5) 방사선에 대한 미생물의 감수성은 물 분자의 라디칼에 영향을 받기 때문에 수분활성도가 낮으면, free radical(홀전자) 생성이 낮아져 살균 효과가 떨어진다. 따라서 방사선 조사 시 살균 시간은 곰팡이(Aw 0.80) 〉 효모(0.88) 〉 세균(0.91) 순이 된다.

♣ 방사능 오염 식품 : 원자력 발전소, 원자력 함선, 핵폭발 등으로 발생된 방사성 물질이 대기 및 낙하물에 의하여 토양, 물을 오염시키는 것을 말한다.

1. 방사능에 오염된 물질은 식물이나 동물을 오염시키고, 먹이사슬을 통해 인간이 섭취하면서 사람의 몸 안에 축적된다. 사람이 방사능에 노출되면 <u>탈모, 눈의 자극, 세포 변이로 암 발생, 백혈병, 염색체의 파괴</u> 등으로 후대까지 영향을 미친다.

2. 방사성 물질 누출사고 발생 시, 관리해야 할 방사성 핵종 선정 원칙은 <u>요오드와 세슘</u>에 대하여 우선 선정하고, 방사능 방출사고의 유형에 따라 방출된 핵종을 선정한다.

3. 기준량 (섭취량 기준)
  (1) 세슘 : 일반 식품(100Bq/kg), 영유아 식품(50Bq/kg) 이하
  (2) 요오드 : 모든 식품 100Bq/kg 이하

2-6. 기타 살균 기술 및 방법

1. 고전기장 펄스 살균(High Intensity Pulsed Electric Field)

1) 펄스(Pulse)란 매우 짧은 시간 동안에 큰 진폭을 나타내는 전압, 전류, 파동을 말한다.

2) **고전기장 펄스 살균의 원리** : 스테인리스나 티타늄(전기전도도는 금속보다 낮음) 등의 용기 내에 액체식품을 넣고 10~15kV/㎠ 정도의 순간적인 고전압을 걸어주면 펄스 진동이 발생한다. 이때 발생되는 전기장에 의해 미생물의 유전자를 파괴시키는 살균법이다.

3) **특징 및 활용**

(1) 상온 또는 냉장 온도에서 등에서 짧은 시간 안에 미생물 및 포자를 사멸시킬 수 있으며, 가열살균에 비하여 낮은 온도에서 살균 처리하므로 식품 본래의 색, 맛, 향의 보존이 가능하다.

---

[61] 식약처, 『방사선 조사식품 관련 궁금증을 풀어봅시다』. 2004.11.

(2) 탁도가 높은(우유, 오렌지주스, 과즙음료 등) 액체식품의 살균에 주로 이용한다. 초기 설비비용이 많이 들어 고가제품 제조에 많이 활용된다.

2. 초고압 살균(Pascalization)

1) 원리 : 식품을 가열하지 않고 살균시키는 방법으로, 초고압 장치 내에 물을 채운 다음, 식품을 플라스틱 백 등의 포장재에 넣고 수천 기압을 작용시켜 미생물을 사멸시키고, 효소를 불활성화시키는 살균 방법이다.

2) 식품에 높은 압력을 가하면 식품의 부피는 축소되며, 부피의 축소에 따라 세포막, 단백질, 효소단백질 등의 변형이 발생하게 된다. 식품 내에 존재하는 미생물과 효소를 불활성화시키기 위해서는 340Mpa에서 15분 이상 처리해야 한다.

3) 장단점
(1) 가열공정 없이 미생물 살균 및 효소 불활성화로 보존성 증가
(2) 단백질의 변성 및 변성된 단백질의 복원이 가능함
(3) 가하는 압력을 조절하여 효소의 활성화 또는 불활성화 처리가 가능함
(4) 전분의 호화, 육류의 연화가 가능함
(5) 초기 생산설비 비용이 많이 소요됨

3. Ohmic heating(옴 가열, 저항 가열, 통전 가열)

1) 정의 : 저항 열 원리를 이용하여 식품 내부에서 급속하게 열을 발생시키는 방법이다. 2개의 전극 사이에 식품을 넣고, 고주파전류를 직접 흘려보내면 식품 내에서 저항 열이 발생되는 원리를 이용하여 가열하는 방법이다. 저항 가열 또는 통전 가열이라고도 한다.

2) 특징
(1) 외부의 가열원 없이 식품 자체에서 열을 발생시켜 가열하는 방법으로 영양분의 손실, 가열취, 변색, 조직감의 변화 등을 최소화할 수 있어 좋은 품질의 제품을 얻을 수 있다.
(2) 열교환기 등의 가열 매체를 이용하지 않아 보일러실 등의 시설이 불필요하며, 예열 시간 등이 없어 신속하고, 연속적인 가열이 가능하다.
(3) 에너지 투과 깊이에 제한이 없으며, 식품의 내부로부터 가열되므로 표면과의 온도 차이가 거의 발생하지 않아 균등하게 가열된다. 조작 및 온도 조절이 쉽고, 작동 중 소음이 없다.

4. 오존 살균법(ozone)

1) 오존은 자극성이 있는 무색의 기체이며 매우 불안정한 물질로 상온에서 분해되어 안정된 산소로 전환되려는 성질이 강하다. 이러한 성질을 이용하여 각종 살균제로 사용한다.

2) 특징

(1) 화학적으로 매우 활성이 높아 공기나 수중의 세균, 바이러스, 곰팡이 등을 광범위하게 살균할 수 있다. 또한, 실내의 공기 청결, 나쁜 냄새 및 유해가스 제거, 하수 및 음료수의 소독, 인체에 유해한 유기물질(솔벤트, 농약, 중금속 성분 등)을 분해하여 산화시키며 강력한 표백제의 역할도 한다.[62]

(2) 오존의 살균력은 염소보다 몇백 배 강하고, 산화되어 산소로 분해되어 없어지므로, 염소소독과 같이 이취, THM 등의 발생이나 배관의 부식성도 없고 잔류물도 남기지 않는다.

(3) 단점 : 오존을 발생시키는 장치가 필요하여 비용이 많이 소요되므로 염소소독보다 가격이 비싸다. 소독의 잔류효과는 염소보다 짧다.

---

[62] 물 백과사전, My Water, http://www.water.or.kr

■ 기출문제

1. 구형식품(동그랗게 생긴 식품)을 마이크로웨이브 가열 시 표면, 중간, 내부의 변화에 대하여 가열되는 원리를 설명하시오. 〈2005-1회〉

   - 마이크로웨이브(초단파)는 식품의 약 3.81cm (1.5인치)까지 뚫고 들어가 물, 지방 등의 분자들을 1초에 수백만 번씩 진동 및 회전시켜 열을 발생시키며, 내부에서 생긴 열은 식품의 표면으로 전도되어 가열된다.

2. 자외선 살균 시 조사 시간이 긴 순서대로 쓰시오. 〈2012-2회, 2018-2회〉

   - 곰팡이 - 효모 - 세균
   - ※ 수분활성도(Aw)가 낮으면 살균 효과가 감소되어, 조사시간이 길어진다.

3. 자외선 살균 시 조사 시간이 짧은 순서대로 쓰시오. 〈2015-3회, 2020-4회, 2021-4회〉

   - 세균 - 효모 - 곰팡이
   - ※ Aw : 곰팡이(0.8), 효모(0.88), 세균(0.91)

4. 방사선 기준에서 사용 방사선의 선원 및 선종을 쓰고 사용하는 목적 3가지를 쓰시오. 〈2008-3회, 2014-2회, 2022-3회〉

   - 선원 : ^{60}Co (코발트 60)
   - 선종 : 감마선
   - 목적 : 발아 억제, 살균 및 살충, 숙도 조절

5. 방사선 조사목적 3가지를 쓰고, 조사 도안을 그리시오. 〈2011-3회〉

목 적	조사 도안
발아 억제, 살균 및 살충, 숙도 조절	◉

6. 다음은 식품 조사에 관한 설명이다. ( )에 알맞은 말을 쓰시오 〈2024-2회〉

   식품조사처리란 식품 등의 ( ), ( ), ( ) 또는 숙도 조절을 목적으로 감마선 또는 전자선 가속기에서 방출되는 에너지를 복사의 방식으로 식품에 조사하는 것이다.

   - 발아 억제, 살균, 살충

7. 방사선을 조사하는 식품 3가지를 쓰시오.
   〈2015-1회〉
   • 감자, 양파, 마늘, 밤, 버섯, 전분, 건조 식육, 어류 분말 등

8. 방사선 조사 시 저장이나 위생 면에서 장점을 쓰시오. 〈2005-1회〉
   • 저장 측면 : 발아 억제, 살균 및 살충, 숙도 조절, 영양성분 손실 최소화, 맛·색·향미 등의 보존 유리
   • 위생 측면 : 포장 상태에서 방사선 조사가 가능하여 2차 오염 방지 가능, 화학훈증제와 달리 유해성분 및 잔류성분이 없음

9. 우리나라 식품의 방사선 기준에서 검사하는 방사선 핵종 2가지와 방사선 유발 급성질환 2가지를 쓰시오. 〈2013-3회〉
   • 기준 설정 : 세슘, 요오드
   • 증상 : 탈모, 눈 자극, 암 발생, 백혈병, 염색체 파괴 등

10. 방사선 조사식품 관련 내용이다. (   )에 알맞은 용어를 쓰시오. 〈2020-2회, 2024-3회〉

품 목	조사목적	선량(kGy)
감자, 양파, 마늘	(①)	(②) 이하
밤	살충·발아 억제	0.25 이하
버섯(건조 포함)	살충·숙도 조절	1 이하
난분, 곡류(분말 포함), 두류(분말 포함), 전분	살균·살충	5 이하
건조식육, 어류분말, 패류분말, 갑각류분말, 된장분말, 고추장분말, 간장분말, 건조채소류(분말 포함), 효모식품, 조류식품, 인삼(홍삼 포함) 제품류, 조미건어포류	(③)	7 이하
건조 향신료 및 이들 조제품, 복합조미식품, 소스, 침출차, 분말차, 특수의료용도식품	(④)	10 이하

   ① 발아 억제   ② 0.15kGy 이하   ③ 살균   ④ 살균

11. 식품공전상 감자, 양파의 발아 억제 등을 위해 실시하는 방사선 조사기준을 쓰시오.
    〈2011-2회, 2017-2회, 2020-3회〉
    • ^{60}Co(감마선)으로 0.15kGy 이하로 조사
    ※ ^{60}Co : 인공적으로 만든 감마선

■ 예상문제

1. 마이크로웨이브(초단파) 가열의 원리를 쓰고, 식품에서 허용된 주파수와 대표적인 적용 기기를 쓰시오

- 정의 : 마이크로파를 식품에 조사하면 식품의 약 3.81cm(1.5인치)까지 뚫고 들어가 물, 지방 등의 분자들을 1초에 수백만 번씩 진동 및 회전시켜 열을 발생시키며, 내부에서 생긴 열은 식품의 표면으로 전도되어 가열된다.
- 사용 주파수 : 915MHz, 2,450MHz
- 사용기기 : 전자레인지

2. 방사선 조사식품과 방사능 오염식품의 정의를 간단히 쓰시오.

- 방사선 조사식품 : 식품에 방사선을 처리하여 식품의 보존성 및 안전성을 향상시키는 기술
- 방사능 오염식품 : 방사능 오염물질에 비의도적으로 오염된 식품

3. 염소소독에 비하여 오존 살균법의 장점 및 단점을 각각 2가지씩 쓰시오.

- 장점 : 살균력이 강함, 이취와 잔류성분이 없음, 관의 부식이 없음, THM(발암물질) 미발생
- 단점 : 비용이 많이 소요, 소독의 잔류효과가 상대적으로 짧음
- ※ 염소소독 : 수돗물 정수에 주로 이용
- ※ 오존살균 : 오염된 실내공기, 하수 처리 등에 이용

제3절 식품의 건조

3-1. 식품의 건조

1. 건조의 원리

1) **정의** : 기체, 액체, 고체 중에 소량으로 존재하는 수분을 제거하는 조작을 말한다.

2) 건조의 원리

   (1) 식품에서 수분의 건조는 2가지 과정으로 일어난다. 먼저, 높은 온도의 공기가 식품의 표면과 접촉되면 식품의 표면에 있는 수분이 먼저 증발한다. 표면 수분이 모두 제거되면, 내부에 있던 수분이 모세관 이동에 의하여 표면으로 이동되면서 제거된다.

   (2) <u>**식품의 건조에서 공기의 역할**</u> : 식품의 수분을 흡수, 운반, 제거하는 역할을 한다. 건조는 공기의 성질(온도, 습도 등), 식품 주위 공기의 흐름, 식품에 존재하는 수분의 상태, 건조 후 일어나는 수분의 재흡수 현상과 밀접한 관계가 있다.

3) 건조의 영향 요인

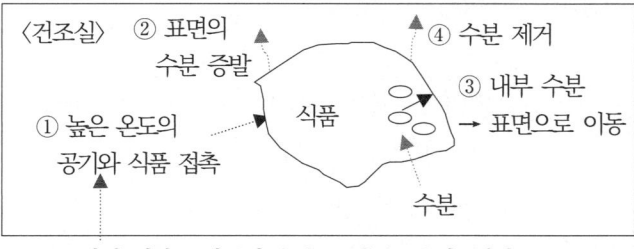

- 공기의 역할 : 식품의 수분 → 흡수, 운반, 제거

건조의 목적

(1) 수분함량(수분활성도) 감소 : 미생물 증식, 효소/화학반응에 의한 변질 방지 → 저장성 향상
(2) 식품의 중량 감소 : 수송 및 저장 용이
(3) 일부 식품 : 색, 맛, 풍미, 복원성 향상

건조의 영향 요인

구 분	내 용
공 기	• 공기 온도가 높을수록, 공기의 순환이 빠를 경우 건조속도 증가
습 도	• 습도가 낮을수록 건조속도 증가
식품의 성질	• 자유수(결합수) 비율 • 다공성 구조 → 접촉 표면적이 많아져 건조속도 증가
식품의 표면적	• 넓을수록, 두께가 얇을수록 건조속도 높아짐 → 건조 전에 식품을 분쇄해 주는 이유

2. 건조 곡선

1) **정의** : 일정 조건에서 열풍으로 식품을 건조할 때, 시간의 변화에 따라 식품의 수분 변화를 나타낸 곡선을 말한다. 건조가 진행됨에 따라 식품의 수분 변화는 다음의 3단계로 진행된다.

2) 예열 기간(조절 기간) : 그림에서 A-B 구간을 말한다. 식품이 열풍에 의해서 가온되는 기간으로 건조시간에 서는 거의 무시된다.

3) 항률 건조 기간

⑴ B-C 구간에 해당하는 기간으로 식품의 표면에 있는 수막(수분)이 제거되는 기간이다. 표면에 자유수가 존재하게 되면 식품의 품온은 일정하게 유지되며, 유입되는 열량은 모두 수분을 증발하기 위한 열로 사용된다. 따라서 표면에 있는 수분의 증발은 시간에 비례하여 일정하게 감소하므로 항률 건조 기간이라 한다.63)

⑵ 건조속도는 표면에서 수분이 증발되는 속도에 의해 좌우되며, 건조속도도 매우 빠르다. 건조는 표면이 마를 때까지 계속된다. 항률 건조 기간이 종료되면, 감률 건조 기간으로 이행된다.

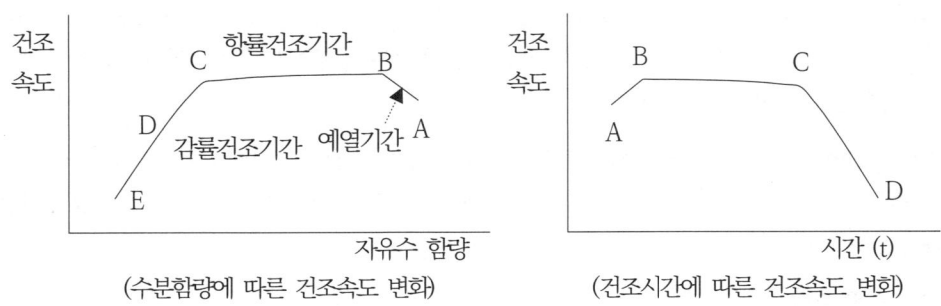

(수분함량에 따른 건조속도 변화) (건조시간에 따른 건조속도 변화)

출처 : 한국식품과학회, 『식품과학기술대사전』, 광일문화사, 2008.4.10.

4) 감률 건조 기간 : 식품 표면의 수분이 모두 제거되면, 시간이 지나면서 건조속도는 감소하기 시작하므로 감률 건조 기간이라 한다. 위의 왼쪽 그래프에서 C-E 기간에 해당하는 구간이다.

⑴ 식품의 표면에서 건조가 완료된 이후, 내부의 수분이 건조되기 시작하는 단계로 건조속도는 느려진다. 감률 건조는 내부 수분의 확산 속도에 따라 달라진다.

⑵ 감률 건조 기간에서 식품의 온도는 유입 열량으로 점차 상승하며, 최종적으로 열풍의 온도와 식품의 온도가 평행을 이루면서 건조가 종료된다.

> ♣ **식품을 건조하기 위한 전처리 목적** : 효소의 활성 억제 또는 불활성화, 비효소적 갈변 및 변질 방지, 전처리를 통한 식품의 품질 및 보존성 향상
> 1. 물리적 방법 : 박피(기계 박피, 화학 박피, 가열 박피), 절단, 데치기
> 2. 화학적 처리 : 유황 훈증(아황산처리)은 식품을 훈증실에 넣고 유황을 연소시키면서 30분~5시간 처리. 유황을 연소시키면 아황산가스(SO_2)가 식품 중의 수분에 녹으면서 강한 환원력을 갖는다.
>   ※ 훈증 처리의 효과 : 항산화 작용으로 과일의 갈변을 방지하여 색상을 유지하고, 카로틴과 비타민 C의 손실, 충해를 방지할 수 있다.

---

63) 한국식품과학회, 『식품과학기술대사전』, 광일문화사, 2008.4.10.

3. 박피 방법

1) 과일은 박피를 통하여 불가식 부분을 제거하거나 외관을 아름답게 만든다. 일반적으로 통조림이나 주스 제조공정 이전에 수행한다.

2) 박피의 방법

(1) **칼 박피(수작업 박피, Hand peeling)** : 칼을 사용하여 손으로 껍질을 벗기는 방법이다. 비용이 적게 들고 간단하지만, 작업능률이 낮고 원료의 손실률이 높다. 밤, 서양배 등에 이용된다.

(2) **증기 또는 열탕 박피법(Hot water peeling)** : 과채류를 열탕에 담그거나 증기로 처리하여 껍질을 벗기는 방법이다. 박피 후 고압으로 물을 뿌려 냉각 및 부착된 이물질을 제거한다. 박피 후 외관이 좋고 대량화가 가능하다. 토마토 박피에 이용한다.

(3) **약제 박피법**

① 알칼리 박피법(Alkali peeling) : 과실 및 채소 원료를 100~120℃의 수산화나트륨(NaOH) 용액에 40~60초 담그면 펙틴질이 녹으므로 고압의 물을 분사하여 박피한다. 복숭아, 살구 등의 박피에 이용된다. 원료의 손실률이 17%로 높다.

② 산 박피법(Acid peeling) : 원료를 1~3%의 염산 또는 황산용액에 침지하여 박피하는 방법이다. 80℃ 이상 가열된 황산용액을 서서히 교반하면서 박피한 과실을 1분간 담갔다가 꺼내어 찬물로 서서히 교반하면 박피가 된다.

③ <u>산알칼리 병용법 : 오렌지나 감귤류는 과육 조각을 1~3%의 20~30℃의 염산액에서 1~2시간 침지한 다음, 물로 세척하고 30~50℃의 1% 수산화나트륨 용액에 15~20분 침지하거나 끓는 용액에 15~30초 침지한 다음, 물로 세척한다.</u>

(4) **기계 박피법(Mechanical peeling)** : 회전하는 금속제 또는 플라스틱 롤러에 식품을 넣어서 껍질을 제거하는 방법이다. 사과 등의 박피에 이용하며 원료의 손실률이 25%로 높다.

(5) **화염 박피** : 양파 껍질 제거에 많이 사용된다. 컨베이어벨트 위에 양파를 올리고, 고온의 회전 화로를 통과시키면 껍질과 뿌리가 탄다. 여기에 고압의 물을 분사하면 표피가 제거된다. 손실률은 9% 정도이다.

■ 기출문제

1. 열풍건조 시 공기의 온도 변화에 대해 설명하시오. 〈2012-2회〉

- 열풍건조 시 공기의 역할 : 수분의 흡수, 제거, 내부에서 표면으로 수분 운반(이동)
- 건조 시 공기의 온도 변화
  ① 예열 기간(조절 기간) : 식품이 열풍에 의해서 가온된다. 공기의 온도는 조금 낮아진다.
  ② 항률 건조 기간 : 식품의 표면에 있는 수막(수분)이 제거되는 기간. 열풍이 수분을 흡수하여 제거한다. 식품의 품온은 일정. 공기의 온도는 점차 낮아진다.
  ③ 감률 건조 기간 : 식품의 표면에 있는 수분이 모두 제거되면서 내부의 수분이 표면으로 이동되어 건조되므로 건조속도는 감소한다. 식품의 온도가 상승하기 시작하고, 최종적으로 열풍의 온도와 식품의 온도가 같아지면서 건조는 완료된다.

2. 열을 가하여 증발하는 원리를 이용한 조작을 아래 〈보기 1〉에서 고르고, 이러한 조작이 저장성이 높아지는 이유를 〈보기 2〉의 제시된 용어를 적용하되, 미생물의 생육 및 효소와 연계하여 쓰시오. 〈2021-3회〉

〈보기 1〉 건조, 냉동, 한외여과, 역삼투
〈보기 2〉 열, 수분, 감압, 승화

- 가열 증발 원리 : 건조
- 건조 : 가열공정을 통해 식품 내 소량의 수분을 제거하는 것으로 식품의 건조를 통하여 수분활성도가 감소되면 미생물의 생육이 억제되고, 건조 과정에서 가열에 의해 효소가 불활성화됨으로써 저장성이 향상된다.

3. 감귤 통조림 제조 시 속껍질을 제거하는 산박피법과 알칼리 박피법에서 ( )를 채우시오. 〈2009-1회〉

구 분	산박피법	알칼리박피법
목표 성분	(속껍질과 하얀 부분)	(펙틴, 헤스피리딘)
사용 용액	(1~3% HCl 또는 H_2SO_4)	(1~2% NaOH)
온도	20~30℃	30~50℃ (또는 100℃ 이상)
시간	(1~2시간)	15~20분(또는 15~30초) 담근 후 바로 수세

4. 과일의 유황 훈증 목적(효과) 3가지를 쓰시오. 〈2004-3회, 2013-2회, 2018-3회〉

① 항산화 작용으로 과일의 갈변 방지
② 고유 색상 유지
③ 카로틴과 비타민 C의 손실 방지
④ 미생물 및 충해 방지

■ 예상문제

1. 식품의 건조속도를 증가시키기 위한 조건 3가지를 쓰고, 간단히 설명하시오.

① 공기 : 공기의 온도가 높을 때, 공기의 순환이 빠를수록
② 습도 : 습도가 낮을수록
③ 식품의 표면적 : 표면적이 넓을수록, 두께가 얇을수록

3-2. 건조기의 종류

1. 열풍(대류형) 건조기의 종류

1) **Kiln 및 Cabinet 건조기** : 식품을 넣은 상자를 건조실에 넣고 재료 위로 열풍을 통과시켜 식품을 건조하는 방식이다. 구조가 간단하고 비용이 저렴하여 많이 이용된다. 건조효율을 높이기 위해서는 강제순환장치를 설치해야 한다.

2) <u>Tunnel 건조기</u> : 과일, 채소류 등을 건조실 입구에서 궤도차량에 실어 20~30m의 건조 터널을 통과하면서 건조하는 방식이다. 열풍의 흐름 방향과 재료의 진행 방향에 따라 병류형, 향류형, 혼합형 등으로 구분한다.

  (1) <u>병류형</u> : 열풍과 식품의 이동 방향이 같다. 건조 초기에는 건조속도가 빠르지만, 식품이 터널을 지날수록 건조속도가 느려진다. 수분함량이 낮은 제품을 얻기는 어렵지만, 식품의 열 손상은 적게 받을 수 있다.

  (2) <u>향류형</u> : 열풍과 식품의 이동 방향이 반대이다. 건조 초기에는 건조속도가 느리지만, 터널을 지날수록 건조속도가 빨라져 낮은 수분함량의 제품을 얻을 수 있다. 제품이 열 손상을 받을 수 있는 단점이 있다.

  (3) 혼합형 : 병류형과 향류형을 조합한 것이다.

3) **컨베이어(conveyor) 건조기** : 원리는 터널형 건조기와 같다. 식품을 컨베이어벨트 위에 얹고, 컨베이어벨트가 건조실 안으로 들어가 건조되는 방식이다. 병류형, 향류형, 통기형 등이 있다. 통기형은 건조실 입구에서는 열풍을 아래에서 위로 불어 주고, 출구 쪽에서는 가벼운 물질이 비산하는 것을 방지하기 위해, 위에서 아래로 열풍을 불어 주는 방식이다.

4) **회전건조기** : 회전할 수 있도록 약간 경사지게 만든 원통 안에 날개가 부착된 건조기이다. 식품을 원통 내에 투입하면 날개가 재료를 윗부분으로 끌어올리면서 열풍에 의해 건조된다. 날개의 역할은 교반 및 혼합을 통해 식품과 열풍과의 접촉 면적을 넓혀 주어 건조효율이 높고 균일하게 건조된다. 설탕, 코코아 등 입자로 된 식품의 건조에 적합하다.

5) **유동층 건조기(Fluidized bed dryer)** : 유동층 건조기는 분립체가 유동층 상태에 있을 때, 밑에서 열풍을 불어 넣어 건조하는 방식으로 열풍에 의해 분립체가 날아가 버리지 않는 유동상의 상태에서 건조하는 방식이다. 강한 열풍으로 미세 입자가 날아가는 것은 사이클론을 설치하여 회수한다.

  (1) 유효 접촉 면적이 넓어 건조속도가 빠르고, 열풍이 고르게 식품 표면에 접촉하여 균일한 건조가 가능하다. 정체식 건조보다 건조효율이 높다.

  (2) 장치가 간단하여 비용이 적게 들고 열풍과 식품의 접촉시간도 자유롭게 조절할 수 있다. 수분함량이 많거나 습한 입자는 엉킴 현상이 발생하거나 장치에 달라붙어 적당하지 않다.

6) <u>분무건조기 (spray dryer)</u> : 액체식품을 2~500㎛ 이하의 작은 입자 상태로 열풍 속으로 분무시키면서 건조하여 분말 형태(분유, 인스턴트커피, 향신료, 과즙, 간장, 된장 등)의 제품을 직접 얻는 방법이다. 장치는 분

무기, 공기 가열기, 분무 건조실, 건조 입자의 분리장치 등이다.

(1) 수분함량이 높은 액상 식품을 분말 형태의 제품으로 바로 만들 수 있다.
(2) 열풍과 입자의 접촉 표면적이 커서 건조속도가 빠르고, 열효율이 높다.
(3) 제품 온도는 건조가 끝날 때까지 열풍의 습구온도(40~50℃) 이상 올라가지 않는다. 따라서 열에 민감한 식품에 적합하다.
(4) 챔버(chamber) 길이, 분무 노즐의 세공 크기 조절 → 수분, 입도 등의 조절이 가능하다.
(5) 연속 및 대량 생산, 완전 자동화 공정이 가능하다.

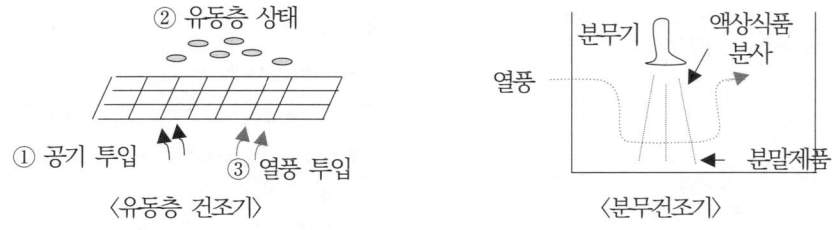

2. 전도형 건조기의 종류

1) **드럼건조기** : 동심의 2중 실린더(원통) 내에 고속으로 회전하는 스크레이퍼가 붙어 있고, 식품은 내부 실린더에 공급된다. 외벽(재킷)에는 수증기를 공급하여 내부에 있는 점도가 높은 액체 또는 반고체 식품의 건조가 이루어지도록 만든 것이다. 점도가 높거나, 고형분 함량이 많은 액체 또는 반고체 식품인 농축 과일주스, 농축 토마토주스 등의 건조에 주로 이용한다.

2) **진공건조기** : 식품을 용기에 담아 선반 위에 올려놓고 밀폐한 다음, 건조기 내의 압력을 1~70torr 정도의 진공(감압)으로 유지하여 70℃ 정도의 저온으로 건조하는 방법이다. 선반의 속은 비어 있기 때문에, 이 공간으로 온수나 스팀을 공급하여 가열한다.

  (1) **진공건조 시 고려사항** : 진공건조는 선반과 용기의 접촉에 의해 열이 전달된다. 따라서 건조효율은 다공성 조직일 때 가장 좋다. 다공성이 없는 반고체 식품은 건조효율이 떨어진다.
  (2) **장점** : 조작이 간단하며, 낮은 온도로 건조하여 식품의 색, 맛, 향, 영양가 손실을 최소화할 수 있다.
  (3) **단점** : 대부분 회분식으로 연속공정이 제한되며, 낮은 온도로 가열하므로 건조시간이 많이 걸리고 감압시설을 설치해야 한다.
  (4) **활용** : 열에 민감한 식품, 분유, 인스턴트커피 등의 건조에 활용된다.

3. 복사형 건조기의 종류

1) **적외선 건조기** : 적외선 램프를 이용하여 적외선을 식품에 조사하면 가열되면서 수분이 증발되도록 하는 건조기이다.

2) **초단파 건조기(Micro wave)** : 초단파(마이크로파)를 조사하면 식품 내부에서 분자들이 진동 및 회전하면서 열이 발생한다. 이 열을 이용하여 건조한다. 식품에 사용하는 주파수는 915MHz, 2,450MHz이며 전자레인지가 대표적이다. 장점으로는 가열효율이 높고, 균일한 건조 가능, 건조속도가 빠름, 조작 편리, 온도 조절이 가능하다는 것이다.

3) **동결건조기 (Freeze Drying)**

   (1) **원리** : 식품을 -30~-40℃에서 급속동결한 다음, 진공도 0.1~1mmHg 정도의 진공 건조실에 넣고 가열하여, 식품 내부에 있는 얼음을 기체 상태의 증기로 승화시켜 건조(수분함량 5% 이하)제품을 얻는 조작이다.

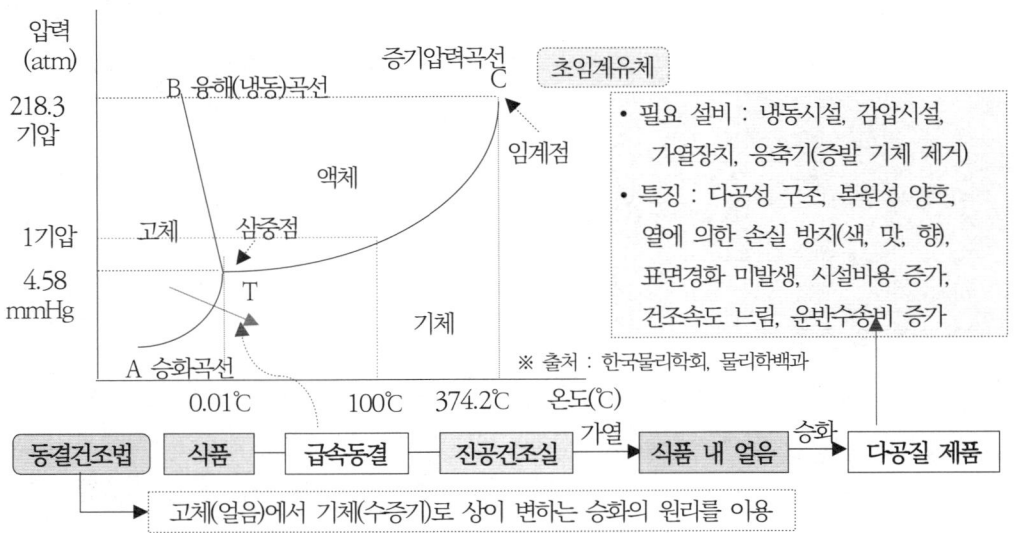

   (2) **동결 진공건조의 필요 설비**
   ① 냉동시설 : 식품을 동결시키기 위한 장치
   ② 감압시설 : 건조실을 감압으로 만들기 위한 장치
   ③ 가열장치 : 동결된 얼음을 수증기로 증발시키기 위한 장치
   ④ 응축기(Condenser) : 증발되는 다량의 기체를 응축(액화) 및 제거하는 장치

   (3) **동결건조의 장단점**

구분	내 용
장점	① 다공성 구조를 가지므로 복원성(물을 첨가하면 원래 상태로 복원)이 좋다. ② 낮은 온도에서 건조하여 열에 의한 단백질 변성, 미생물 오염, 색, 맛, 향, 영양가의 손실을 최소화할 수 있다. ③ 가용성 성분의 이동, 표면경화 등 미발생
단점	① 시설비가 많이 소요되며, 낮은 온도에서 건조하므로 건조속도가 느리다. ② 다공성 구조로 조직이 약하고, 부스러지기 쉽다. ③ 제품의 형태가 그대로 유지되므로 수송비의 증가, 흡습성이 높다.

3-3. 건조과정이 식품의 품질에 미치는 영향

1. 물리적 변화

1) **수용성 물질의 이동** : 건조할 때 식품 내부에 있는 수분은 모세관을 따라 표면으로 이동한다. 이때 수용성 물질도 같이 표면으로 이동된다.

2) **수축 현상** : 식품의 건조가 진행되면 내부의 수분이 제거되면서, 조직의 수축이 일어나 외형이 쪼그라진다.

3) **표면경화(case hardening)** : 온도가 높고 습도가 낮은 열풍이 식품에 접촉하면, 식품 내부에 있는 수분의 건조속도보다 식품 표면에 있는 수분이 과도하게 빨리 건조되어 식품 표면에 딱딱한 갈색의 불투명 막이 생기는 현상이다.

   (1) 표면경화를 방지하기 위해서는 건조 후기에 적정한 공기의 온도 및 습도를 유지해 주어 내부의 수분 이동 속도와 표면의 수분 증발속도를 조절해 주어야 한다.

   (2) 표면경화 상태는 표면은 건조한 상태이지만, 내부의 수분은 아직 남아 있는 상태이므로, 시간이 지나면서 내부에 있던 수분이 외부로 이동하므로 곰팡이 등이 발생할 수 있다. 당류 및 용질의 농도가 진한 식품인 과일, 어류, 육류 등에서 주로 발생한다.

4) **성분의 석출** : 건조 중 수분과 함께 녹아 있던 가용성 물질이 식품 표면으로 이동되어 석출되면서 흰 가루로 변하는 현상이다. 건미역, 다시마, 마른오징어 등에서 볼 수 있다.

2. 화학적 변화

1) **단백질의 변성 및 아미노산 손실** : 단백질 변성은 건조 초기에 55~65℃ 사이에서 발생한다. 열에 약한 라이신(lysine)은 건조과정에서 파괴된다.

2) **지방의 산화** : 지방 식품은 가열 건조에 의해 산패될 가능성이 높다.

3) **탄수화물 및 갈변현상** : 건조과정 중 갈변은 건조 후기에 표면이 과도하게 건조되면서 발생할 수 있다. 데치기 또는 아황산 등으로 전처리함으로써 감소시킬 수 있다.

4) **식품의 색깔 및 향기 성분의 변화** : 색소 성분인 카로틴, 클로로필 등은 산화되어 변색되며, 향기 성분은 휘발되기 쉽다.

5) **비타민의 손실** : 비타민 C는 열에 약하여 가열 건조 시에는 많이 손실되나, 낮은 온도에서 건조하는 동결건조에서는 손실을 최소화할 수 있다.

■ 기출문제

1. 터널건조법에서 병류식과 향류식의 열풍 접촉의 차이점을 쓰시오. 〈2005-3회, 2015-2회〉	• 병류식 : 열풍 방향과 재료의 이동방향이 같다. • 향류식 : 열풍 방향과 재료의 이동방향이 반대이다.
2. 동결건조 기기에서 중요한 설비 3가지와 진공 농축기를 구성하는 3요소를 쓰시오. 〈2010-3회, 2019-2회〉	• 동결건조 설비 : 냉동기, 감압기, 가열기, 응축기 ※ 냉동시설(식품을 동결시키기 위한 장치), 감압시설(건조실을 감압으로 유지), 가열장치(동결된 얼음을 수증기로 증발시키는 장치), 응축기(증발되는 다량의 기체를 응축 및 제거하는 장치) ※ 진공 농축기 구성 3요소 : 진공장치, 가열장치, 응축기
3. 인스턴트커피의 가공 방법 중 ① 향미가 잘 보존되는 건조방법과 ② 건조속도가 빠르고 가격이 저렴한 건조방법에 대하여 쓰시오. 〈2005-1회, 2007-2회, 2012-1회, 2015-3회, 2018-2회〉	• 향미 보존 건조법 : 진공건조법, 동결건조법 ※ 진공건조법, 동결건조법 : 낮은 온도에서 건조하여 식품의 색, 맛, 향기, 영양가 손실 최소화가 가능함. 낮은 온도에서 건조하므로 건조시간 증가, 다양한 설비가 필요하여 비용 증가 • 빠르고 가격이 저렴한 건조법 : 분무건조법 ※ 분무건조법 : 액체식품을 2~500㎛ 이하의 작은 입자 상태로 열풍 속으로 분무시켜 건조함으로써 분말 형태의 제품을 얻는 방법. 미세한 입자로 분무하므로, 열풍과 입자의 접촉 표면적이 커서 건조속도가 빨라 열효율이 높고, 진공(동결)건조법에 비해 설비비가 적게 소요됨
4. 터널식 건조기에서 건조하려 할 때 필요한 열량 계산식을 쓰시오. 그리고 공정의 효율 증대를 위해 품질관리사가 할 수 있는 방법은 무엇인지 쓰시오. 〈2005-2회〉	• $Q = c \cdot m \triangle T$ • 효율 증대를 위한 방법 ① 입구와 출구의 온도 차이를 크게 한다. ② 향류식을 적용한다. ③ 표면적을 넓게 해준다. ④ 진공건조를 통하여 식품의 색, 맛, 향의 변화를 최소화한다. ⑤ 표면경화가 발생하지 않도록 온도를 조절한다.

5. 동결건조를 물의 상평형도로 설명하고, 원리 및 장단점 2가지씩을 쓰시오. 〈2009-2회, 2018-3회, 2022-1회, 2024-1회〉	※ 물의 상평형도 : 온도와 압력의 변화에 따라 물이 기체, 액체, 고체의 상으로 변화하는 모습을 그린 그래프 • 동결건조원리 : 식품을 -30~-40℃에서 급속동결한 다음, 진공도 0.1~1mmHg 정도의 진공 건조실에 넣고 가열하여, 식품 내부에 있는 얼음을 기체 상태의 증기로 승화시켜 건조제품을 얻는 조작 • 장점 : 다공성 구조를 가짐(복원성 우수), 색·맛·향·영양가 손실 최소화, 가용성 성분의 이동 및 표면경화 등의 현상 미발생 • 단점 : 시설비 많이 소요, 건조속도 느림, 다공성 구조로 조직이 약하고, 파손 용이
6. 표면경화 현상의 이유와 특징 그리고 잘 발생하는 식품은 무엇인지 쓰시오 〈2011-1회, 2015-2회〉	• 이유 : 온도가 높고 습도가 낮은 열풍이 식품의 표면과 접촉하면 내부 수분이 표면으로 이동되는 속도보다 표면에서 건조되는 속도가 빨라, 표면이 과도하게 건조되면서 딱딱한 갈색의 불투명 막이 생기는 현상 • 특징 ① 표면은 건조한 상태이지만, 내부의 수분은 아직 남아 있는 상태 ② 시간이 지나면 내부 수분이 외부로 이동하여 곰팡이 등이 발생할 수 있음 • 발생 식품 : 당류 및 용질의 농도가 진한 과일, 어류, 육류 등
7. 건조, 농축 등에 감압법을 이용하는 데 감압법이 상압법보다 좋은 이유 2가지와 감압하는 방법 2가지를 쓰시오. 〈2005-2회〉	• 좋은 이유 : 낮은 온도에서 건조하여 식품의 열 손상 방지, 색·맛·향·영양가 손실 최소화, 산화 등 화학반응의 최소화, 다공성 구조 제품을 만들 수 있음 • 감압하는 방법 : 진공건조, 동결(진공)건조

8. 분무건조로 제조한 분말을 물과 혼합하여 재수화시킬 때, 재수화성이 낮은 원인과 개선 방법을 쓰시오. 〈2024-1회〉	• 낮은 원인 : 분무 건조한 분말식품의 경우, 열풍으로 인해 표면의 건조 피막이 생성되어 재수화성이 동결건조에 비해 낮다. • 개선 방법 : 재수화성이 좋은 동결건조방법 이용
9. 70% 수분을 함유한 어떤 식품 1kg에서 80% 수분을 건조시켰을 때 건조된 수분량, 건조 후 고형분 및 수분의 무게를 구하시오. 〈2012-2회〉	※ 핵심 : 건조 및 농축 전후 → 고형량은 불변 ※ 건조 전 수분량 : 1kg × 70% = 0.7kg • 건조된 수분량(80% 수분 건조) = 0.7kg × 80% = 0.56kg • 건조 전(후) 고형분량 : 1kg × 30% = 0.3kg • 건조 후 수분량 : 0.7kg - 0.56kg = 0.14kg

10. 유량 1,000kg/hr로 흐르고 있는 30% 설탕 용액의 수분을 증발시켜 50% 설탕 용액으로 농축시킬 때, 증발되는 물의 양과 50% 설탕 용액의 유량(kg/hr)을 구하시오. 〈2022-3회〉	• 증발된 수분의 양은
	  $1{,}000 \times 0.3(30\%) = 0.5 \times (1{,}000-x)$
	  $300 = 500 - 0.5x \Rightarrow x = 400$kg/hr
	• 50% 설탕 용액의 유속은
	  $1{,}000 \times 0.3 = 0.5 \times y$(유속)
	  $300 = 0.5y \Rightarrow y$(유속) $= 600$kg/hr

11. 초기 수분함량이 87.5%인 당근 5,000kg을 습량 기준 4%로 건조했을 때 ① 건조 전 당근의 고형분 무게(kg) ② 건조 후 남은 수분의 무게(kg) ③ 증발시키는 수분의 무게(kg)를 구하시오. 〈2022-1회〉	① 건조 전 당근의 고형분 무게
	  $5{,}000$kg $\times [(100-87.5\%) \div 100] = 625$kg
	※ 건조 전 수분 무게 = 5,000 - 625 = 4,375kg
	※ 습량 기준 4%이면, 식품의 수분함량은 4%이므로, 건조 후 당근의 무게(625kg, 건조 전후 고형분 무게는 같음)에는 4%의 수분 함유
	∴ 4% 수분을 함유한 당근 무게(x)×0.96=625kg
	  $\Rightarrow x = 651.04$kg
	② 건조 후 남은 수분의 무게 = 651.04 - 625
	  = 26.04kg
	③ 증발시키는 수분의 무게
	  = 4,375 - 26.04 = 4,348.96kg

12. 수분함량이 80%인 식품을 건조시켜 수분함량이 50%인 식품으로 만들었을 때 초기 무게에 비해 몇 % 감소하였는지 구하시오. 〈2021-3회〉

※ 건조 전 : 수분함량(80%), 고형분량(20%)
　건조 후 : 수분함량(50%), 고형분량(20%)
- 건조 전 식품의 무게 × (1-0.8)
  = 건조 후 식품의 무게 × (1-0.5)
- 건조 전 식품의 무게를 1kg으로 가정하면,
  1kg×(1-0.8) = x(건조 후 무게)×(1-0.5)
  x(건조 후 식품의 무게) = (0.2/0.5)×100
  = 400g(40%)

∴ 감소 비율(%) = 100 - 40 = 60% 감소

13. 6% 주스원액 1,000kg을 감압 농축하여 55%의 농축 주스로 만들었을 때, 제거되는 물의 양과 농축된 주스의 양을 in put=out put을 이용하여 계산하시오. (농축 전 고형분의 양은 60kg, 물의 양은 940kg) 〈2004-3회〉

※ 문제의 내용을 정리하면 다음과 같다.

구 분	계	고형량	물
6%의 주스 원액	1,000kg	60kg	940kg

① 제거된 물의 양
　6% × 1,000kg = 55% × (1,000kg - x)
　x(제거된 물의 양) = 891kg
② 농축된 주스의 양 : 주스 원액 - 제거된 물의 양
　∴ 1,000kg - 891kg = 109kg

14. 7.08%의 오렌지주스를 58%의 농축주스로 만들기 위해 1,000kg/h의 유량으로 농축하였다. 이를 이용하여 아래 내용을 작성하시오. (증발된 수분량은 W kg/h, 농축된 오렌지주스량은 C kg/h로 나타내시오.) 〈2023-3회〉
1) 총괄물질수지식 :
2) (주스)성분수지식 :
3) 제거된 수분량 : (　　)kg/h
4) 농축 주스량 : (　　)kg/h

① 총괄물질수지식 : 모든 성분 물질 수지의 합이므로, '모든 성분투입량 = 모든 성분배출량 + 모든 성분의 제거(축적) 양
　7.08% × 1,000kg = 58% × (1,000kg - W)
② 성분수지식 : 주스와 물의 각 성분수지를 의미.
- 주스 성분수지식 : 투입주스량 = 배출 주스량
　7.08% × 1,000kg = 58% × C
③ 제거된 수분량 : ①번식을 이용하여 계산하면,
　W(제거된 물의 양) = 877.93kg/h
④ 농축된 주스의 양 : 주스 원액 - 제거된 물의 양
　∴ 1,000kg/h - 878.93kg/h = 122.07kg/h

■ 예상문제

1. 식품 건조 시, 열 손상을 방지하기 위해 주로 적용하는 건조 방법과 그 이유를 쓰시오.

- 적용 건조법 : 진공건조, 동결건조 등
- 이유 : 진공(감압)상태에서 건조하면, 낮은 온도에서 건조시킬 수 있어 식품의 열 손상 방지, 색, 맛, 향, 영양가 손실의 최소화 가능

2. 습량기준으로 수분함량이 80%인 경우, 건량기준의 수분함량은 얼마인지 계산하시오.
〈필기 기출〉

- 습량 기준 수분함량이 80%이면, 고형분의 함량은 100-80 = 20%가 됨
- 건량 기준 수분함량
  = (수분함량 ÷ 고형분 함량) × 100
  = (80 ÷ 20) × 100 = 400%

3-4. 증류, 농축

1. 증류

1) 액체 혼합물을 끓는점까지 가열하여 기화하는 물질을 냉각시켜 얻는 조작을 증류라고 한다. 증류를 통해 얻는 최종 산물은 액체이다. 증류는 화학성분의 변화 없이 순수한 액체 물질을 얻는 조작이다.

2) 증류 방법

  (1) **단순증류(단증류)** : 액체 혼합물을 끓여 발생하는 증기를 모두 모아 응축하는 방법이다. 위스키는 과일주를 가열하여 발생하는 증기를 액화시켜 만든 술이다.

  (2) **분별증류** : 두 종류 이상의 액체 혼합물을 끓는점 차이를 이용하여 분리하는 방법이다.

  (3) **공비 증류** : 공비혼합물이란 2종류 이상이 섞인 혼합물이 순수한 화합물처럼 거의 같은 온도에서 끓는 혼합물을 말한다. 공비혼합물에 제3성분을 혼합하면, 제3성분과 친화도가 높은 성분은 끓는점이 낮아지면서 비점의 차이가 발생하므로 두 성분을 분리할 수 있다.

  (4) **수증기 증류** : 서로 섞이지 않는 2가지 이상의 액체(물, 기름)를 가열할 때, 수증기를 가하면 압력이 낮아지면서 각각의 끓는점보다 훨씬 낮은 온도에서 끓기 시작하면서 증발(분리)된다. 분리하고자 하는 화합물이 열에 민감하거나 고온 조건에서 불안정한 물질에 유용하다.

2. 농축

1) **정의** : 수분함량이 많은 액상 식품의 수분을 제거하여 고형분의 농도를 높이는 조작을 말한다. 고형분의 함량은 농축 전이나 농축 후에도 변함이 없다.

2) **농축의 목적**[64]

  (1) 예비농축 : 건조나 냉동 등의 공정을 하기 전에 농축을 통하여 부피를 감소시켜 저장 및 유통비용을 줄일 수 있다. 과일 주스 농축액 등이 있다.

  (2) 저장성 향상 : 액상 식품에서 수분을 제거하면, 수분활성도가 낮아져 미생물의 증식 억제로 저장성이 향상된다.

  (3) 편리성 : 사용자들의 기호도에 적합한 식품을 만들 수 있다. 농축 과일주스 등

3. 농축방법

1) **증발농축** : 식품을 가열하여 식품 속에 있는 수분을 제거함으로써 용액의 농도를 증가시키는 방법이다. 농도가 높아지면서 점도도 높아진다.

---

[64] 한국식품과학회, 『식품과학기술대사전』, 광일문화사, 2008.4.10.

2) **동결농축** : 액상 식품 중에 있는 물을 동결시켜 용액의 농도를 높여 주는 방법이다. 수분을 함유한 식품을 빙결점 이하의 온도로 낮추어 물을 동결시키고, 생성된 얼음을 기계적으로 분리하여 용액의 농도를 높여 준다.

3) **막분리 농축** : 반투막을 이용하여 삼투압 이상의 압력을 가하면, 막을 통하여 물이 분리되어 용액의 농도를 높일 수 있다.

4. 가열농축 시 열전달 속도에 영향을 미치는 요인

1) **끓는점에 미치는 요인**

  (1) **압력의 영향** : 끓는점은 용기 내 액체의 증기압과 대기압과 같아졌을 때, 끓기 시작하는 온도를 말한다. 따라서 용기 내의 압력을 낮춰주면 끓는점도 낮출 수 있어 낮은 온도에서 증발시킬 수 있다. 감압농축은 이러한 원리를 이용하여 낮은 온도에서 수분을 증발시켜 농축하는 것이다.

  (2) **끓는점 오름** : 용액의 농도가 증가하면 분자량이 커지므로 더 높은 온도에서 끓게 된다. 이러한 현상을 끓는점 오름이라고 한다. 끓는점 오름이 발생하면 식품에서 열변성이 발생하므로, 열에 민감한 재료는 감압을 통하여 낮은 온도에서 농축하는 진공농축법을 주로 이용한다.

2) **열전달 속도에 미치는 요인**

  (1) **점도** : 가열에 의하여 용액의 수분이 증발하면, 용액의 농도가 높아지고 점도도 증가한다. 용액의 점도가 증가하면, 용액의 순환속도가 느려져 열전달 속도가 감소한다. 이를 방지하기 위해서는 강제순환 방식인 동력순환식 농축기를 사용하는 것이 좋다.

  (2) **관석의 발생** : 용액을 가열하면 열에 의하여 증발관 바닥에 고형분이 달라붙는데, 이를 관석이라 한다. 관석은 열전달 속도를 감소시키는 원인이 된다. 관석은 주로 펙틴, 섬유질, 당류, 단백질 등과 같은 고분자물질에 의해 생성되며, 이를 방지하기 위해 증발관 가열부를 해체하여 주기적으로 청소를 하는 것이 좋다.

3) **농축액의 손실 발생(비말 동반)** : 용액이 끓으면 기포나 거품이 생성되고, 이들이 터지면서 농축액과 함께 작은 방울로 증발기 밖으로 튀어 나가는 현상을 비말 동반이라 한다. 비말 동반은 농축액의 손실을 발생시키므로, 비말분리기를 설치하여 손실을 방지하도록 한다.

5. 동결농축(freeze concentration)

1) **정의** : 액상 식품 중에 있는 물을 동결시켜 용액의 농도를 높여 주는 방법이다. 수분을 함유한 식품을 빙결점 이하의 온도로 낮추면, 식품 내에 함유된 물이 먼저 동결된다. 이때 생성된 얼음 결정의 크기를 성장시켜 기계적으로 분리하면, 수분이 제거되어 용액의 농도는 높아진다.

2) **농축과정** : 냉각 - 얼음의 결정 석출 - 분리과정

  (1) 냉각과정 : 열교환기를 이용하여 식품을 동결시키면 수분이 먼저 얼음 결정으로 변한다.

  (2) 결정의 석출 과정 : 생성된 얼음 결정을 성장시켜 크게 만든다. 그 이유는 얼음 결정이 커지면 수분의 농도

가 감소하여 용질의 농축 농도가 증가되기 때문이다.

(3) 분리과정 : 얼음 분리기를 이용하여 얼음을 제거한다. 원심분리식, 세척탑식이 있다.

3) 장점

(1) 가열과정이 없어 식품의 색, 맛, 향, 영양분의 손실 최소화 가능, 비효소적 갈변 반응이나 산화 반응 등의 화학적 변화가 거의 없다.

(2) 어는점 이하에서 농축하여 미생물의 오염이 적고, 열에 민감한 액체식품의 농축에 효과적이다. 증발농축 방법에 비하여 에너지 소요가 적다.

4) 단점

(1) 농축기 설치비 등의 비용이 많이 소요되어, 주로 고가품 농축방법에 적용한다.

(2) 조작이 복잡하고, 운영비용도 많이 소요된다. 농축 농도의 한계가 있다.

3-5. 추출

1. 추출

1) 액체 또는 고체의 혼합물 중에서 목적하는 물질을 분리해 내기 위하여 그 성분을 녹이는 용제를 접촉시켜 혼합물 안의 특정한 물질을 용제하여 분리하는 조작을 말한다. 식품공업에서는 콩 속에 들어 있는 지방 등을 녹여 내는 방법에 적용된다.

2) 고체-액체 추출단계 : 용제가 고체 속으로 침투 및 가용성분을 녹임 → 용해된 물질이 농도 차이로 고체 내부에서 외부로 확산 → 표면의 막을 통과하여 용매로 확산 → 증류 등을 통하여 분리 및 정제

2. 초임계유체 추출 (Super Critical Extraction)

1) 정의 : 초임계유체란 임계점 이상의 온도와 압력 상태에 있는 유체를 말하며, 이 유체는 기체와 액체의 성질을 동시에 가지고 있다. 즉, 일반적인 기체보다는 용해력이 우수하고, 일반적인 액체보다는 확산 속도가 빨라 침투성이 좋다. 이산화탄소를 많이 이용한다.

2) 초임계유체의 특징[65]

(1) 분자의 밀도는 액체에 가깝지만, 점성도는 기체에 가까울 정도로 낮다.

(2) 유체이지만 확산 속도가 기체에 가까울 정도로 빠르다.

(3) 용해력이 기체보다 우수하며, 확산 속도는 액체보다 빨라 침투성이 우수하다.

(4) 초임계유체를 이용하여 추출한 다음, 용매는 기체로 방출하여 분리하므로 추출과 증류기술을 조합한 방법이다.

---

[65] 한국물리학회, 물리학 백과, http://www.kps.or.kr

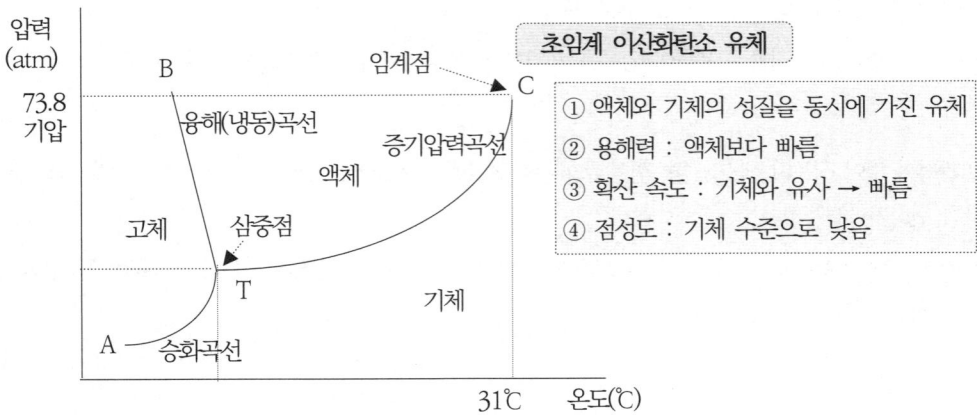

3) 장점

(1) 임계점 부근의 압력과 온도를 조절하여 특정 성분의 추출을 쉽게 조절할 수 있어 선택적 추출이 가능하다.

(2) 추출 후 용매는 기화되므로 잔류용매가 남지 않고, 최종제품에 이물질이 없다.

(3) 이산화탄소는 임계온도가 상온 부근(31℃)이므로 온도에 민감한 물질 또는 식품에서 특정 성분의 분리에 유용하다.

(4) 용매 회수장치를 설치하여, 용매를 재순환하여 이용할 수 있으므로 경제적이다.

(5) 추출 후 흡착법 등을 병용하면 고순도 천연성분을 얻을 수 있다.

4) 단점
: 고압을 사용하므로 이를 견딜 수 있는 설비 등이 필요하여, 초기 투자 비용이 많이 소요된다. 초임계 유체 가격이 비쌀 경우 재순환 장치가 필요하다.

5) 초임계유체 추출의 사용

(1) 혼합물질을 분리 : 커피 원두에서 카페인을 95% 이상 제거 가능

(2) 천연식물로부터 향기 성분을 선택하여 추출

(3) 식물에서 특정 색소의 추출 및 탈색에 이용

(4) 식품으로부터 농약 성분 추출 : 유독 성분을 선택적으로 분리 가능

(5) 맥주 호프의 쓴맛을 선택적으로 추출 가능

■ 기출문제

1. 식품 농축과정에서 나타나는 비말 동반에 대하여 설명하시오. 〈2014-2회, 2024-2회〉	• 용액이 끓게 되면 기포나 거품이 생성되고, 이들이 터지면서 농축액과 함께 작은 방울로 증발기 밖으로 튀어 나가는 현상 ※ 비말 동반은 농축액의 손실을 발생함
2. 초임계유체를 이용한 추출법이 종래의 추출법보다 좋은 이유 2가지를 쓰시오. 〈2020-1회〉	• 선택적 추출 가능, 잔류용매 및 이물질 없음, 경제적, 친환경적, 고순도 천연성분 추출 가능
3. 초임계유체의 정의, 특징과 이를 공업적으로 이용할 때의 장점, 활용 사례를 쓰시오. 〈2006-2회〉	• 초임계유체 : 임계점 이상의 온도와 압력 상태에 있는 유체 • 특징 : 기체와 액체의 장점을 가진 유체 ① 분자의 밀도는 액체에 가깝고, 점성도는 기체에 가까울 정도로 낮다. ② 확산속도가 기체에 가까울 정도로 빠르다. ③ 용해력이 기체보다 우수하며, 확산속도는 액체보다 빨라 침투성이 우수하다. ④ 초임계유체를 이용하여 추출한 다음, 용매는 기체로 방출하여 분리하므로 추출과 증류기술을 조합한 방법임 • 장점 : 선택적 추출 가능, 잔류용매 및 이물질 없음, 경제적, 친환경적, 고순도 천연성분 추출 가능 • 이용 : 커피 원두에서 카페인을 95% 이상 제거 가능, 천연식물로부터 향기 성분을 선택하여 추출, 식물색소의 추출 및 탈색에 이용, 식품으로부터 농약 성분 추출 가능, 맥주 호프의 쓴맛을 선택적으로 추출 가능

4. 증발기에서 5%의 소금물 10kg을 20% 농축시킬 때 증발시켜야 할 수분량을 구하시오.
〈2011-1회, 2013-2회, 2019-1회, 2022-1회〉

- 5% × 10kg = 20% × (10 - x)kg
- ⇨ 2.5 = 10 - x
∴ x(증발시킬 수분량) = 7.5kg

5. 5% 설탕 용액 1,000kg을 농축시켜 25% 설탕 용액으로 제조하려고 한다. 어느 정도로 증발시켜야 하는지 구하시오. 〈2013-1회〉

- 5% × 1,000kg = 25% × (1,000 - x)kg
- ⇨ 200 = 1,000 - x
∴ x (증발량) = 800kg

6. 식품공장에서 11ton을 가공하는데 batch 한대 당 200kg 수용이 가능하며 40분이 걸린다. 8시간 일을 할 때와 10시간 일을 할 때 필요한 기계는 몇 대인지 계산하시오.
〈2013-3회, 2018-1회, 2021-2회〉

- 8시간 일할 때,
  40분 : 200kg = 8시간(480분) : x
  ⇨ x(8시간 수용량) = 2,400kg
  11,000kg ÷ 2,400kg = 4.58대 ⇨ 5대
- 10시간 일할 때,
  40분 : 200kg = 10시간(600분) : x
  ⇨ x(10시간 수용량) = 3,000kg
  11,000kg ÷ 3,000kg = 3.67대 ⇨ 4대

■ 예상문제

1. 증발농축 시 끓는점 오름이 발생하면 식품의 열변성이 발생한다. 이럴 때 사용하는 농축방법과 이 농축법의 장점을 간단히 쓰시오.

- 농축방법 : 진공농축법
- 장점 : 감압을 통하여 낮은 온도에서 끓기 때문에 향미 손실을 최소화할 수 있다.

2. 초임계 이산화탄소를 이용한 추출에서 열에 민감한 물질의 분리에 적합한 이유와 식품의 특정 성분을 분리할 수 있는 이유를 간단히 쓰시오.

- 열에 민감한 식품에서 성분 분리 : 이산화탄소는 임계온도가 상온 부근(31℃)이므로 열에 민감한 물질을 분리하는 데 적합
- 특정 성분 분리 : 초임계유체로 임계점 부근의 온도와 압력을 조절하면서 특정 성분을 선택적으로 추출할 수 있다.

제4절 식물성 단백질 가공

4-1. 쌀 가공

1. 쌀

1) 쌀은 밀, 옥수수와 함께 세계 3대 작물의 하나로 벼 열매의 껍질을 벗긴 알맹이를 말한다. 쌀은 쌀겨층 5%, 배아 3%, 배유 91%로 구성되어 있다. 배유의 주성분은 전분이다.

2) 쌀의 영양성분

(1) 쌀은 탄수화물(전분)이 주 영양성분이며, 단백질은 약 7%, 소량의 지방, 비타민, 무기질 등이 함유되어 있다. 쌀의 단백가는 78로 영양가가 높은 편이나, 필수아미노산은 부족한 편이다.

(2) 쌀의 종류에는 멥쌀과 찹쌀이 있다. 멥쌀은 아밀로펙틴이 80%, 아밀로스는 20%이다. 찹쌀은 대부분이 아밀로펙틴으로 구성되어 있다.

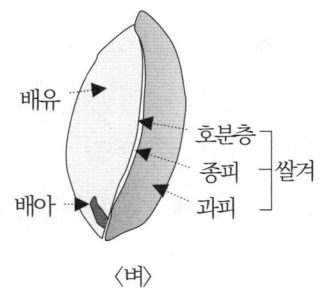

〈벼〉

2. 도정

1) 벼 열매의 껍질을 벗겨 낸 것을 현미라고 한다. 도정은 현미로부터 정미를 만드는 과정으로 배유를 얻기 위한 것이다. 쌀은 도정도에 따라서 현미, 5분도미, 7분도미, 백미 등으로 구분한다. 도정도란 쌀의 겨층을 제거하는 조작으로 쌀겨 층의 벗겨진 정도를 말한다. '도정률(%) = (도정미/현미)×100'이다.

구 분	내 용
현 미	• 나락에서 왕겨 층만 제거한 것. 겨의 함량은 8%(쌀겨층 5%, 배아 3%)
5분도미	• 겨층(8%)의 50%를 제거한 것. 도정률은 96%
7분도미	• 겨층(8%)의 70%를 제거한 것. 도정률은 94%
백 미	• 현미를 도정하여 쌀겨층, 배아를 제거한 것. 도정률 92%(겨층 8%를 모두 제거 → 92%)

2) **도정도 결정방법** : 백미의 색, 도정 시간, 도정 횟수, 전력의 소비량, M.G.염색법, 겨층의 박피 정도, 생성된 쌀겨량 등이 있다.

(1) M.G(May Grunwald) 염색법 : 전분과 친화력이 높은 eosin(홍색 시약), 셀룰로오즈와 친화력이 높은 methylene blue(청녹색 시약)를 시약을 사용하여 도정도를 판단한다.

(2) 시약에 의한 색의 변화 : 백미(홍청색), 5분도미(청색), 현미(녹색)

4-2. 밀가루 가공

1. 개요 및 정의

1) 밀은 껍질, 배유, 배아로 구성되어 있으며, 껍질층은 14%, 배유 83%, 배아 2~3%로 되어 있다. 밀에는 단백질, 전분, 당, 지방 성분이 포함되어 있다.

2) 밀의 껍질층은 식감이 좋지 않고, 소화도 잘 안되기 때문에 제분을 통하여 밀가루로 만들어 사용하며, 밀가루의 배유에 있는 글루텐 단백질의 특성을 이용하기 위하여 제분한다.

2. 밀가루의 특성

1) 밀 단백질(총 12% 함유) 성분의 90% 이상을 차지하는 것이 글루텐(글리아딘, 글루테닌)이다.

2) **글루텐 단백질** : 밀가루의 특성은 글루텐(글리아딘, 글루테닌)의 성질과 함량에 의해 좌우된다. 글리아딘(gliadin)은 점성과 연한 성질을, 글루테닌(glutenin)은 반죽 시 견고성과 신장성을 갖게 한다.

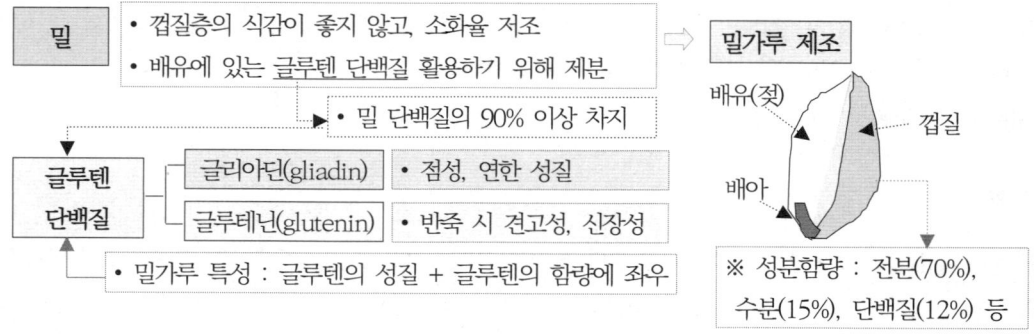

3. 밀가루의 품질 : 글루텐과 무기질(회분)의 함량에 따라 결정

1) 글루텐(gluten)의 함량에 따라 다음과 같이 3가지로 나눈다.

구 분	특 징	습부량(%)	건부량(%)	용도
강력분	• 경도 70% 이상의 경질밀을 제분 • 글루텐 함량이 높고, 점탄성 및 수분 흡수력이 양호하여, 반죽의 힘이 좋다.	35% 이상	13% 이상	제빵
중력분	• 중간 경도(70~30%)의 밀을 제분 • 탄력 있는 면발을 만드는 데 이용	30% 내외	10~13%	제면, 다목적
박력분	• 경도 30% 미만의 연질밀 이용 • 글루텐 함량이 낮고, 점탄성과 흡착력이 떨어져 반죽의 힘이 약함	25% 이하	10% 이하	스낵, 과자

2) 회분(무기질) 함량에 따른 분류 : 회분 함량이 높으면 글루텐 형성이 방해되며, 껍질에 있는 효소작용으로 빛깔, 외관, 소화율 등이 저하된다.

구 분	1등급	2등급	3등급	기타	영양강화 밀가루
회분(%)	0.6% 이하	0.9% 이하	1.6% 이하	2.0% 이하	
수분(%)	15.5% 이하				

4. 밀가루의 품질 시험

1) **습부량**(wet gluten, %) : 밀가루에 약간의 물을 첨가하여 덩어리로 만든 다음, 다량의 물속에서 주무르면 밀가루에 있는 전분은 녹으면서 제거되고, 점착성이 있는 덩어리만 남는데 이것이 글루텐의 습부량이다. 계산 방법은 '습부율 = (습부중량 ÷ 밀가루의 중량)×100'이다.

2) **건부량** : 습부량과 같은 방법을 적용하며, 물기가 없는 상태에서 측정한 것이다. 일반적으로 글루텐(gluten)의 함량은 건부량으로 표시한다. 건부율 = (건부중량 ÷ 밀가루 원료량)×100

3) **페커 시험**(Pekar test) : 밀가루의 색을 이용하여 밀기울의 혼합비율을 측정하는 방법이다. 회분 함량이 많을수록 검은색이 나타나며 품질이 떨어지는 밀가루이다.

  (1) 색도계를 이용하여 밀가루 색을 측정한다. 유리판 위에 표준 밀가루와 시료 밀가루를 주걱으로 눌러 색을 비교 평가한다. 상온 상태에 있을 때를 원색, 반죽을 만들었을 때의 색을 습색, 습색을 건조한 것을 건색으로 구분하여 비교한다.

  (2) 밀가루의 등급 평가 시, 비교적 간단하고 육안으로 쉽게 판별할 수 있는 장점이 있다.

5. 밀가루의 제빵 적성시험 (2차 가공 시험)

1) **Farinograph(파리노그래프)** : 밀가루 반죽 공정에서 제빵 적성에 가장 적합한 점도를 측정하고, 이를 이용하여 어느 정도의 수분함량이 되었을 때가 빵을 만드는 데 가장 적절한가를 판단하는 도구이다. 즉, 빵을 만들 때 어느 정도의 물을 넣어야 가장 적합한가를 알아보기 위한 시험기구이다.

  (1) 고속 믹서기 내에 밀가루와 물을 넣고 회전시키면서, 소요되는 힘을 자동으로 그래프로 나타내도록 설계한 기계이다. 믹서기 내에서 반죽 형성에 따라 점도가 달라지며, 제빵 적성에 가장 적합한 점도가 되었을 때의 그래프 곡선을 이용하여 평가한다.

  (2) 이상적인 강력분의 기준을 100, 박력분을 0으로 정하여 판단한다. 빵을 만드는 데 사용하는 밀가루의 경우, 강력분은 점수가 높을수록 좋고, 박력분은 반대이다.

2) **Extensograph(엑스텐소그래프)** : 발효공정에서 발생하는 밀가루 개량제인 이스트의 효과를 측정하기 위한 기계이다. 성형한 반죽이 일정 시간 경과할 때마다 신장도와 인장 항력을 측정하여 발효에 의한 밀가루의 경시적인 변화(시간의 흐름에 따른 변화)를 파악할 수 있다.

(1) 파리노그래프에서 만든 경도 500 B.U(브라밴더 유닛)인 반죽을 이용하여 원주형으로 성형한 다음, 45분 후에 신장도와 인장 항력을 측정 후 기록한다. 동일한 시료를 다시 원주형으로 성형하여 다시 45분 경과 후 신장도와 인장 항력을 측정 후 기록한다. (90분 경과)

(2) 동일한 시료를 또다시 원주형으로 성형하여 다시 45분 경과 후 신장도와 인장 항력을 측정 후 기록한다. (135분 경과)

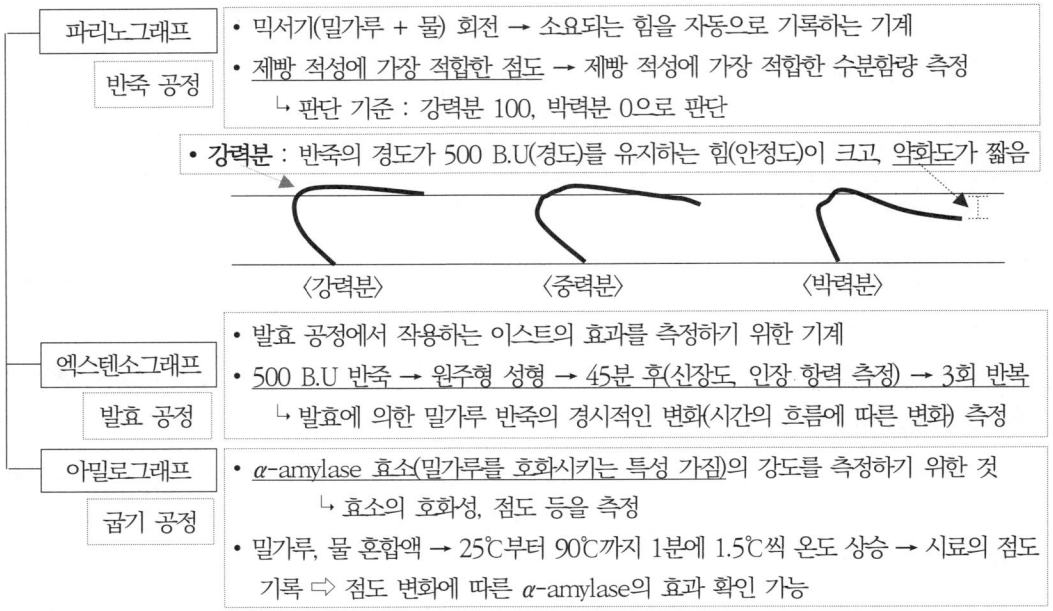

3) **Amylograph(아밀로그래프)** : 굽기 공정에서 밀가루에 발생하는 α-amylase 효소의 강도를 측정하기 위한 것이다. α-amylase는 밀가루를 호화시키는 특성이 있으므로, 빵을 굽는 과정에서 온도 변화에 따라 점도가 변하므로 이를 측정하면 α-amylase의 효과를 알 수 있다.

(1) 밀가루와 물을 혼합한 현탁액을 컴퓨터와 연결된 기기에 넣고 날짜, 물, 최초온도 등을 기록하고, 25℃부터 90℃까지 1분에 1.5℃씩 온도를 상승시키면서 시료의 점도를 자동적으로 기록되도록 한다. 점도 상태별 온도, 시간 등이 기록된 결과를 이용하여 판단한다.

(2) 점도의 변화에 따른 호화 개시온도, 최고 점도에 이르는 시간, 최고 점도의 온도 등을 알 수 있다. 점도의 높낮이를 이용하여 밀가루의 성질과 α-amylase 활성도를 알 수 있다.

6. 밀가루 제분

1) 밀가루를 제분하는 목적은 배유에 함유된 글루텐 단백질만을 얻기 위함이다. 밀알은 껍질층 조직이 견고하고 배유와 껍질이 밀착되어 있어 쌀을 도정하는 방법으로 밀 껍질을 제거하면 밀가루 수율이 저하된다.

2) 식품공전 상 제조공정 : 원료 → 정선 → 조질(템퍼링, 컨디셔닝) → 분쇄 → 사별(체질) → 충란 박멸 → 이물 제거 → 등급분류 → 포장

(1) **정선** : 밀에 섞여 있는 왕겨, 지푸라기, 돌, 표면에 있는 미세먼지 등을 제거하기 위한 공정이다.

(2) **가수(tempering)** : 제분하기 전에 가수하여 제분에 적합한 상태로 만드는 과정을 템퍼링이라 한다. 템퍼링의 목적은 껍질이 분쇄되는 것을 막고, 껍질과 배유의 분리를 쉽게 하여 배유의 수율을 최대한 높이기 위해 실시한다.

(3) **컨디셔닝(Conditioning)** : 밀에 수분흡수를 촉진하기 위해 온도를 높여 주는 것을 말한다. 20~30℃로 가온하면 밀 안에 수분 침투속도가 빨라지며, 이후 냉각시키면 껍질층과 배유를 쉽게 분리할 수 있다. 온도가 너무 높으면 글루텐 단백질이 변성될 수 있으므로 45℃를 넘지 않도록 한다.

(4) **조쇄 및 분쇄** : 조쇄란 분쇄기를 거치면서 표면에 자국을 내어 누르고 비벼서 배유 부분이 가루가 되도록 하는 것이다. 분쇄과정은 조쇄 공정을 거친 배유 입자를 다시 한번 누르고 비벼서 더욱 부드러운 입자로 만드는 과정이다.

(5) **사별** : 분쇄공정에서 분쇄된 밀가루를 비중과 입도 차이를 이용하여 입자별로 선별 및 분리하는 것이다. 밀가루를 체를 이용하여 거르는 과정이다.

(6) **포장** : 조쇄, 분쇄, 사별 과정을 거친 밀가루는 공기와 접촉하는 시간이 많아 흰색으로 변한다.
  ① 밀가루는 제분 후 2~3개월 저장되는 사이에 숙성되어 탄력성 있는 성질을 갖게 되며, 저장 중 산소와의 접촉으로 누런색의 카로티노이드의 색소가 산화되어 흰색을 띠게 된다.
  ② 표백 효과를 단기간에 얻기 위해서 또는 밀기울이 혼입된 검은 색깔의 밀가루에는 표백제를 사용하기도 한다. 표백제로는 과산화벤조일, 과황산암모늄, 이산화염소 등이 사용된다.

■ 기출문제

1. 다음 곡류를 미곡, 맥류, 잡곡으로 구분하시오. 〈2020-1회〉

   쌀, 보리, 밀, 조, 옥수수, 기장, 호밀, 피, 귀리, 율무, 메밀

   - 미곡 : 쌀
   - 잡곡 : 조, 옥수수, 기장, 피, 메밀, 율무
   - 맥류 : 보리, 밀, 호밀, 귀리

2. 현미의 도정 원리 4가지를 쓰시오. 〈2008-3회〉

   - 마찰작용, 절삭작용, 찰리작용, 충격작용
   ※ 찰리작용 : 벼 껍질 등이 미끄러짐이 발생되지 않도록 하여 상호 간 마찰이 잘되도록 함으로써 도정되는 원리

3. 아래와 같은 식품의 유형을 쓰시오. 〈2019-2회〉

   ① 밀가루 99.99%, 니코틴산, 환원철, 비타민 C 등이 첨가된 식품 유형
   ② 옥수수, 보리차 등 티백 포장된 형태의 식품 유형

   ① 영양강화 밀가루
   ② 침출차

4. 다음은 밀가루의 활용, 특성, 파리노그래프와 관련된 내용이다. 강력분, 중력분, 박력분 내용을 각각 1개씩 골라 쓰시오. 〈2023-3회〉

   〈활용〉
   ㉮ 과자   ㉯ 빵   ㉰ 라면
   〈특성〉
   ㉱ 점탄성이 크다.
   ㉲ 탄력 있고 끈기가 있다.
   ㉳ 입자가 고르고 반죽의 힘이 약하다.
   〈모형〉
   ㉴   ㉵   ㉶

구분	활용	특성	모형
강력분	나	라	자
중력분	다	마	아
박력분	가	바	사

5. 다음 Farinograph를 보고 강력분인 것을 찾고, 각 밀가루의 용도, 예시, 특성을 쓰시오. 〈2020-1회〉

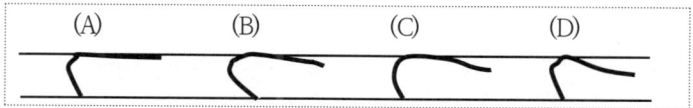

- 강력분 : A
- 밀가루의 용도 및 특성

구 분	특 징	습부량(%)	건부량(%)	용도
강력분	• 경도 70% 이상의 경질밀을 제분 • 글루텐 함량이 높고, 점탄성 및 수분 흡수력이 양호하여, 반죽의 힘이 좋다.	35% 이상	13% 이상	제빵
중력분	• 중간 경도(70~30%)의 밀을 제분 • 탄력 있는 면발을 만드는 데 이용	30% 내외	10~13%	제면, 다목적
박력분	• 경도 30% 미만의 연질밀 이용 • 글루텐 함량이 낮고, 점탄성과 흡착력이 떨어져 반죽의 힘이 약함	25% 이하	10% 이하	스낵, 과자

6. 밀가루를 분류하는 기준에 대하여 쓰시오 〈2019-2회〉
   ① 글루텐 함량에 따른 분류 : 위 내용 참조
   ② 회분(무기질) 함량에 따른 분류

구분	1등급	2등급	3등급	기타	영양강화 밀가루
회분(%)	0.6% 이하	0.9% 이하	1.6% 이하	2.0% 이하	
수분(%)	15.5% 이하				

7. Farinograph 중 강력분으로 보이는 것의 기호를 쓰고 반죽의 안정도를 계산하시오
〈2013-2회〉

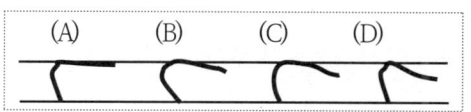

※ 조건 : 출발시간(2.5), 반죽시간(6.5), 도착시간(13.5), 파괴시간(14.0)

- 강력분 : A
- 안정도 : (도착시간)-(출발시간)
  = 13.5 - 2.5 = 11

※ 안정도 : 반죽이 일정 강도에 도달하였을 때, 강도를 유지하는 시간

8. 밀의 제분 과정에서 조질의 과정인 밀기울과 배젖을 분리하는 방법을 쓰시오. 〈2004-2회, 2014-1회〉	※ 조질공정 : 템퍼링, 컨디셔닝 • 템퍼링(Tempering) : 제분하기 전에 가수하여 제분에 적합한 상태로 만드는 과정. 템퍼링의 목적은 껍질이 분쇄되는 것을 막고, 껍질과 배유의 분리를 쉽게 하여 배유의 수율을 최대한 높이기 위해서 실시 • 컨디셔닝(Conditioning) : 밀에 수분흡수를 촉진하기 위해 온도를 높여 주는 것. 20~30℃로 가온하면 밀 안에 수분 침투속도가 빨라지며, 이후 냉각시키면 껍질층과 배유를 쉽게 분리할 수 있음
9. 밀가루 25g에 18ml의 물을 가하여 반죽하고 1시간 동안 물에 담근 후, 체에 올려 가볍게 문지르고 물로 씻어낸 다음, 남은 것을 회수하였다. 〈2024-2회〉 ① 회수한 물질이 무엇인지 쓰시오. ② 회수한 물질을 구성하는 주요 단백질 성분 2가지는 무엇인지 쓰시오. ③ 이 단백질 성분을 건조시킨 함량이 2.65g일 때, 이 단백질의 함량을 구하고, ④ 단백질의 함량에 따른 밀가루 종류를 판정하시오.	① 회수 물질 : 글루텐 ② 단백질 : 글리아딘(gliadin), 글루테닌(glutenin) ③ 단백질 함량 : (2.65g ÷ 25g) × 100 = 10.6% ④ 밀가루 판정 : 중력분 ※ 중력분 : 건부율이 10~13% 범위
10. 100g의 밀가루를 건조하여 15g의 글루텐을 얻었다. 이 밀가루의 건부율을 구하고, 이 밀가루가 제과용이나 튀김용에 적합한지 판정 여부를 건부율 기준에 따라 설명하시오. 〈2009-3회〉	• 건부율 = (건부중량 ÷ 밀가루 원료량)×100 = (15g÷100g)×100 = 15% • 건부율이 13% 이상이므로, 강력분이다. • 제과용 또는 튀김용 : 건부율 10% 이하의 박력분을 사용하므로 부적당
11. 밀가루 20g에 10mL의 물을 넣어 습부량(wet gluten)을 측정한 결과가 4g일 때, 습부율은 몇 %인지 계산하시오. 〈2008-1회, 2011-3회, 2018-1회, 2022-3회〉	• 습부율 = (습부중량 ÷ 밀가루의 중량)×100 = (4g÷20g)×100 = 20%

12. 100kg의 밀을 제분하기 위해 tempering을 한다. 밀의 수분함량은 12%인데 16%로 만들기 위해 첨가해야 할 수분량을 구하시오. 〈2007-3회〉

$$S = \frac{W(b-a)}{100-b}$$

$$= \frac{100(16\%-12\%)}{100-16\%} = 4.76\text{kg}$$

※ S(첨가할 물 무게), W(밀의 무게), a(처음 수분함량), b(목표 수분함량)

13. 아래의 밀가루 2차 가공 시험법은 밀가루 반죽의 어떤 특성을 측정하기 위한 것인지 쓰시오. 〈2008-1회〉
    ① Farinograph :
    ② Extensograph :
    ③ Amylograph :

① Farinograph : 점탄성
② Extensograph : 신장성
③ Amylograph : 전분의 호화특성

14. 밀가루로 빵을 만들기 위한 시험방법 및 그 특성을 쓰시오. 〈2008-3회〉

- Farinograph : 밀가루 반죽의 점탄성 측정
- Extensograph : 신장도와 인장 항력 측정
- Amylograph : 전분의 호화특성, 점도 변화 측정

15. 밀가루 품질측정 시 기준, 색도 측정 방법과 입자가 고울수록 색은 어떻게 변화되는지 쓰시오. 〈2006-3회〉

- 품질측정 기준 : 단백질(글루텐 함량), 회분, 색상, 입도, 점도, 제빵시험을 통한 흡수율, 숙성 등
- 색도 측정 방법 : Pekar test → 색도를 이용해서 밀기울의 혼입도를 조사하는 방법
- 입자에 따른 색상변화 : 회분 함량이 많을수록 입자가 검고 거칠며, 입자가 고울수록 흰색을 띤다.

16. 점탄성을 나타내는 밀가루의 2차 가공시험법에 대해 쓰고 (가), (라)의 그림이 강력분인지, 박력분인지 쓰시오. 〈2004-1회〉

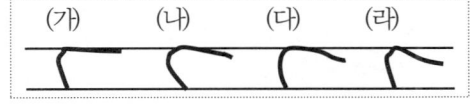

- 점탄성 가공시험법 : Farinograph - 고속 믹서기 내에 밀가루와 물을 넣고 회전시키면서, 소요되는 힘을 그래프로 나타낸 것
- (가) : 강력분 → 안정도가 길고, 약화도 짧음
  ※ 강력분은 500 B.U.를 유지하는 힘(안정도)이 크다.
- (라) : 박력분 → 안정도 짧고, 약화도가 길다.

■ 예상문제

1. 제면을 만들려고 한다. 적당한 밀가루를 선택하고 해당 밀가루의 건부량 기준을 쓰시오.
   - 밀가루 : 중력분 → 탄력 있는 면발을 만들 수 있다.
   - 건부량 : 10~13%

2. 밀가루를 가공하는 과정에서 밀기울이 혼입되어 색깔을 띠기도 한다. 이를 흰색으로 만들기 위해 사용하는 표백제 2종류를 쓰시오.
   - 과산화벤조일, 과황산암모늄, 이산화염소 등

3. 보기에서 주어진 도정미를 도정도가 작은 것에서 큰 순서로 나열하시오. 〈필기 기출〉
   〈보기〉 현미, 백미, 7분도미, 5분도미
   - 정답 : 현미 → 5분도미 → 7분도미 → 백미

4-3. 빵 제조공정

1. 크림빵 제조공정

1) 빵은 밀가루, 소금, 효모, 물을 주된 원료로 하여 유제품, 설탕, 식용유지, 계란 등을 배합하여 섞은 반죽을 구운 것이다. 즉, 빵은 밀가루 반죽이 효모에 의해 발효되면서, 가스를 수용할 수 있는 망상구조를 형성하는 것으로 밀가루의 단백질 함량과 질이 중요하다. 제빵에는 점탄성과 신장성이 좋은 강력분을 주로 사용한다.

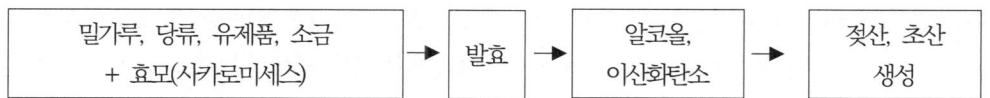

2) 제조공정[66]

   (1) **원료계량 및 배합** : 소규모 공장에서는 재료를 한꺼번에 넣고 반죽하는 직접 반죽법을 주로 사용하고, 대규모 공장에서는 원료 일부를 반죽하여 발효한 다음, 나머지 원료를 혼합하여 본 반죽을 수행하는 스펀지법을 주로 사용한다.

   (2) **1차 발효** : 밀가루에 첨가한 효모(사카로미세스 세레비시아, S.cerevisiae)는 설탕을 영양원으로 발효하면서 탄산가스를 생성한다. 또한, 발효과정에서 알코올과 산을 생성하며, 열을 발생시킨다. S.cerevisiae의 최적 생장 온도는 25~35℃이며, 60℃ 이상에서는 사멸한다.
   ① 발효과정에서 생성된 가스는 글루텐 반죽의 망상구조에 갇히면서 빵을 팽창하도록 하며, 발효 산물로 생성되는 알코올과 유기산은 빵에 풍미를 갖게 한다.
   ② 설탕은 효모발효에 필요한 영양 공급원이며, 발효 후에 잔존하는 설탕은 빵 껍질의 색과 향을 생성한다. 발효실의 습도는 70~80%, 온도는 25~27℃ 정도가 적당하다. 습도가 70% 이하로 되면 반죽 표면이 말라 껍질이 형성되면서 발효가 지연된다.

   (3) **정형** : 분할 – 둥글리기 – 휴지기(벤치타임) – 성형의 과정을 거친다.
   ① 분할 : 반죽에서 제품의 크기로 만들기 위해 정해진 양으로 나눈다.
   ② 둥글리기 : 반죽의 표면이 매끄러운 상태로 둥글게 만든다. 둥글리기 과정을 통해 글루텐의 구조가 재정비되고, 매끄러운 반죽 피막이 형성됨으로써 가스를 포집할 수 있게 된다.
   ③ 휴지기(벤치 타임) : 둥글리기가 끝난 반죽의 글루텐을 안정화하기 위해 10~20분 정도의 휴지기를 둔다. 분할한 반죽을 젖은 헝겊으로 덮어 글루텐 조직의 재정비 시간을 부여하는 것이다. 휴지기 없이 성형하면 반죽이 다시 수축하여 밀어 펴기가 어렵다.
   ④ 성형 : 반죽을 빵 모양으로 만드는 과정이다. 밀어 펴거나 모양을 잡아 준다.

   (4) **2차 발효** : 성형이 끝난 반죽을 다시 팽창시켜 빵의 모양이 되도록 하는 과정이다. 이 과정을 통하여 빵에 신장성이 생기고, 조직이 부드러워진다. 발효실의 습도는 80~85%, 온도 35~38℃에서 성형된 반죽보다

---

[66] 식약처, 『식품공전 해설서』, 2019.1.

3~4배 팽창할 때까지 30~60분 정도 발효시킨다.

(5) **굽기** : 오븐에 넣어 굽는 과정이다. 굽는 과정에서 반죽은 팽창하면서 호화된다. 온도와 시간은 빵의 종류와 재료에 따라 다르지만 일반적으로 190~230℃에서 15~40분간 실시한다. 굽는 과정에서 온도상승으로 물과 알코올 성분의 증발로 반죽의 부피가 커지며, 효소의 활성이 촉진되어 탄산가스, 알코올, 유기산 생성 및 전분의 호화, 단백질의 변성, 당의 캐러멜화 반응 등으로 빵 특유의 풍미가 생성된다.

① <u>오븐라이즈(Oven rise)</u> : 반죽이 오븐에 투입된 후 약 5분간 일어나는 현상이다. 오븐 온도가 60℃가 되기 전에는 효모의 활성이 촉진되어 탄산가스가 발생되고, 이에 따라 빵의 부피가 증가한다.

② <u>오븐스프링(Oven spring)</u> : 오븐라이즈가 지나고 반죽 내부 온도가 60℃에 도달되면 효모는 사멸한다. 고온 가열에 따라 단백질의 변성, 전분의 호화현상이 발생하면서 빵의 부피가 원래 크기보다 약 40% 팽창하는 것을 말한다.

(6) **디팬닝, 냉각** : 구운 빵을 틀에서 분리하고, 35~40℃까지 식힌다.

2. 제빵 반죽

1) 반죽은 밀가루에 물과 쇼트닝을 넣고 혼합하여, 효모의 발효에 의해 발생한 탄산가스를 포집할 수 있는 반죽의 망상구조를 만들기 위한 과정이다.

(1) 물은 빵의 물성과 안정성, 품질을 결정하는 주요 요인이다. 수분함량이 적으면 빵 반죽이 딱딱해지며 탄성과 신장성이 떨어지고, 수분이 너무 많으면 물같이 처지는 현상이 발생하여 원하는 반죽을 만들 수 없다.

(2) 반죽을 형성하는 과정으로 믹싱을 하며, 믹싱이 진행됨에 따라 반죽의 성질은 점차 변화된다. 반죽 단계는 픽업-클린업-발전단계-최종단계로 이루어진다. 빵을 제조할 때, 가장 적절한 반죽 단계는 글루텐이 결합하여 탄력성과 신장성이 가장 좋은 상태인 최종단계이다.

> ♣ **물의 경도(hardness)** : 물의 세기를 나타내는 것으로, 물에 녹아 있는 칼슘(Ca^{2+})과 마그네슘(Mg^{2+}) 이온의 함량을 탄산칼슘($CaCO_3$)으로 환산한 값을 말함
> 1. <u>EDTA 표준용액으로 적정</u> : 칼슘과 마그네슘 이온이 포함된 완충용액(pH 10.0±0.1)에 지시약을 첨가하여 색의 변화로 종말점을 결정한다.
> 2. 경도에 따른 분류
>
> | 연수 | 적정 경수 | 경수 | 강한 경수 |
> | --- | --- | --- | --- |
> | 0~75 | 75~150 | 150~300 | 300 이상 |

2) 반죽법의 종류

(1) **직접 반죽법** : 밀가루와 각종 부재료를 같이 넣고 한꺼번에 반죽하는 방법. 소규모 공장에서 주로 이용한다. 짧은 시간 내에 발효가 이루어지고 풍미 있는 제품을 만들 수 있다. 노화가 빨리 진행되는 단점도 있다.

(2) **스펀지법** : 2번에 걸쳐 반죽하는 방법. 일부 원료들을 반죽하여 발효시킨 다음, 나머지 원료를 투입하고 본 반죽을 하는 것이다. 시간과 노력은 많이 들지만, 조직감이 좋은 빵을 얻을 수 있다. 대규모 공장에서

주로 사용하는 방법이다.

(3) 노타임(no-time) 반죽법 : 1차 발효를 생략하고, 숙성이 되지 않은 반죽을 분할하여 성형하는 방법이다. 무발효 반죽법이라고도 한다. 1차 발효과정을 생략하여 시간이 절약된다.

(4) 냉동 반죽법 : 반죽을 급속동결하여 보관하는 것을 말한다. 보관된 반죽은 필요에 따라 해동하여 사용할 수 있다. 다음 빵을 만들 때 반죽 시간을 절약하기 위하여 사용한다.

3. 과자류

1) **정의** : 식품공전 상 과자류는 곡분, 설탕, 계란, 유제품 등을 주원료로 하여 가공한 과자를 말하며, 곡분 등을 주원료로 하여 굽기, 팽화, 유탕 등의 공정 또는 여기에 식품(또는 식품첨가물)을 첨가한 것으로 비스킷, 웨이퍼, 쿠키, 크래커, 한과류, 스낵과자 등이 포함된다.

2) **만드는 방법에 따른 분류**
   (1) 반죽형 반죽(Batter type) : 유지를 배합한 반죽에 베이킹파우더와 같은 팽창제에 의존하여 만든 과자
   (2) 거품형 반죽(Foam type) : 계란 단백질의 기포성, 신장성과 유화성 및 열에 대한 변성에 의한 제품. 유지를 함유하지 않은 과자

3) **반죽의 온도(Batter temperature)와 비중(Specific gravity)**
   (1) 반죽과 온도(Batter temperature) : 반죽의 온도는 반죽 물의 온도로 조절한다.

구 분	반죽의 온도가 낮을 때	반죽의 온도가 높을 때
비중	지방의 일부가 굳어 비중이 높음	지방이 과도하게 녹아 빵에서 공기를 함유하기 어렵다.
껍질	껍질은 두껍고 부피팽창 시 터짐 현상 발생	조직의 부드러운 질감 형성
향기	캐러멜화로 향기 형성	-

(2) 반죽과 비중(Specific gravity) : 과자에서의 '비중 = 반죽의 무게 ÷ 부피가 같은 물의 무게'

구 분	비중이 낮을 때	비중이 높을 때
무 게	적음	많음
반죽 속 공기	많이 함유	적게 함유
부 피	크다	작다
기 공	크다	조밀하다
조 직	거칠다(구운 후 수축현상)	무겁고, 식감이 나쁨

※ 비중이 낮다는 것은 반죽에 공기가 많이 포함되어 있음을 의미한다.

4-4. 제면[67]

1. 정의

1) 면류는 곡분 또는 전분 등의 주원료에 물, 소금을 넣고 반죽한 후 늘리거나 가늘게 절단 또는 압출, 선 모양으로 성형, 열처리, 건조 등을 한 것을 말한다. 면의 종류에는 생면, 숙면, 건면, 유탕면이 있으며, 생면의 제조공정은 '배합 → 압연 → 절출 → 제단 및 타분 → 포장' 순이다.

2) 수분함량이 많은 면은 보존성을 높이기 위해 주정 처리를 하기도 하는데, 주정 처리는 소비기한 연장을 위한 것이다.

2. 제조방법에 의한 분류

1) **생면 (wet noodle)** : 장기 숙성이나 익히지 않은 것으로, 밀가루 반죽을 하여 면을 데친 후 세척하여 포장한 것이다. 국수, 수제비류, 만두피류 등이 있다.

2) **숙면 (cooked noodle)** : 면발을 성형한 다음 익힌 것 또는 면발의 성형과정 중 익힌 것으로서 국수, 냉면, 당면, 수제비류가 있다. 숙면은 익힌 것으로 소비기한이 짧아 반드시 다시 끓여야 한다.

3) **건면(dried noodle)** : 생면 또는 숙면을 건조시킨 것으로 수분함량은 15% 이하이다. 말린 메밀국수, 말린 우동, 말린 평국수, 소면, 중국면 등이 있다. 건조과정에서는 면 표면의 수분 증발과 면 내부에서 표면으로의 수분 확산에 대한 균형을 유지하는 것이 중요하다. 이것이 적절하게 조절되지 않으면 면선의 응력 차이로 균열이 발생한다. 식염을 첨가하여 이를 방지할 수 있으므로, 건면은 다른 면(2~3%)보다 많은 양의 소금(3~5%)을 첨가한다.

4) **유탕면(fried noodle)** : 면발을 익힌 후 유탕 처리한 것이다. 즉 생면, 숙면, 건면을 유탕 처리한 것을 말한다. 대표적인 것이 라면이다.

  (1) 라면의 면은 유탕면 또는 호화시킨 건면이다. 국수를 만들어 고압 수증기로 익히고 기름에 튀겨 전분이 α-화 되는 동시에 탈수되며, α-전분이 고정된 면류이다.

  (2) 라면 제조공정 : 제면(원료 → 반죽 → 압연 → 절출) → 증숙 → 절단 → 유탕 → 냉각 → 스프 투입 → 이물검사 → 출하

  (3) 면을 꼬불꼬불하게 만드는 이유는 표면적을 넓혀 수화속도를 높이고, 부피를 감소하기 위함이다.

---

[67] 식약처, 『식품공전해설서』, 2019.1.

■ 기출문제

1. 발효 빵을 37℃에서 배양했을 때, 생균수가 낮은 이유를 쓰시오. 〈2005-1회〉

   - 제빵 발효 효모는 S.cerevisiae를 주로 사용하는데, 이 효모의 생육 적온은 25~35℃이다. 생육 적온보다 높은 37℃에서 배양을 했으므로 생균수가 적다.
   ※ 제빵 제조과정에 사용하는 사카로미세스 세레비시아(S.cerevisiae) 효모의 발효 적정온도는 25~35℃이다. 온도가 너무 낮으면 효모의 활동이 늦고, 온도가 너무 높으면 효모가 사멸될 수 있다. 효모는 60℃ 이상에서 사멸된다.

2. 제빵 중 굽기 과정에서 오븐라이즈와 오븐스프링이 무엇인지 설명하시오. 〈2010-2회, 2018-1회〉

   - 오븐라이즈(Oven rise) : 반죽이 오븐에 투입된 후 약 5분간 일어나는 현상을 말함. 오븐 온도가 60℃가 되기 전에는 효모의 활성이 촉진되어 탄산가스가 발생하면서 빵의 부피가 증가하는 현상
   - 오븐스프링(Oven spring) : 오븐라이즈가 지나면, 반죽 내부 온도가 60℃에 도달하면서 효모가 사멸하고 단백질 변성, 전분의 호화현상으로 빵의 부피가 원래 크기보다 약 40% 팽창하는 것

3. 빵의 제조공정에서는 물이 매우 중요하다. 물의 경도 측정 방법 중 (   )을 채우시오. 〈2007-3회〉

   물속의 (①)과 (②)의 양을 (③) ppm으로 환산하면 총 경도이다. 이를 측정하려면 pH를 (④)로 조절하고, (⑤) 표준용액으로 적정한다.

   - 물속의 (칼슘)과 (마그네슘)의 양을 (탄산칼슘) ppm으로 환산하면 총경도이다. 이를 측정하려면 pH를 (10±0.1)로 조절하고, (EDTA) 표준용액으로 적정한다.

4. 블루베리 롤빵의 성분표에서 저지방 마가린의 규격(%), 잼의 주석산 칼륨의 역할, 혼합제제의 정의, D-솔비톨의 역할과 맛에 대해 쓰시오 〈2015-2회〉

   - 저지방 마가린 : 조지방 10% 이상 80% 미만
   - 주석산 칼륨 : 산도조절제
   - 혼합제제 : 식품첨가물을 2종 이상 혼합하거나 1종 또는 2종 이상 혼합한 것을 희석제와 혼합 또는 희석한 것
   - D-솔비톨 : 감미료, 단맛을 낸다.

5. 아이스크림콘(cone) 과자 내부를 초콜릿으로 코팅하는 이유를 설명하시오. 〈2018-2회〉	• 아이스크림콘(cone) : 원추형의 과자류에 담은 아이스크림. 콘 과자는 바삭해야 식감과 맛이 있는데, 공기 중 또는 아이스크림에 있는 수분을 흡수하면, 눅눅해진다. 이를 방지하기 위해 초콜릿으로 내부를 코팅한다.
6. 과자를 반죽할 때 반죽 온도가 낮을 경우, 비중, 껍질, 향기에 미치는 영향에 대하여 쓰시오. 〈2008-3회〉	• 비중 : 반죽 시 지방의 일부가 굳어 가공이 조밀하고 비중도 높아진다. • 껍질 : 껍질은 두꺼워지고, 부피팽창 시 터짐 현상이 발생 • 향기 : 캐러멜화에 따라 향이 좋아짐
7. 라면 제조과정에서 빈칸을 채우시오. 〈2005-2회〉 • 배합 – 제면 – ( ) – 성형 – ( ) – ( ) – 포장	• 배합 – 제면 – (증숙) – 성형 – (유탕) – (냉각) – 포장

■ 예상문제

1. 제면 제조에서 소금을 사용하는 목적 3가지를 쓰시오. 〈필기 기출〉	• 조미효과, 밀가루의 점탄성 증진, 건조속도 조절, 미생물의 번식이나 발효 억제를 통하여 제품의 변질 방지 등

4-5. 두부 제조 및 대두단백 가공

1. 콩의 영양적 가치

1) 콩의 주성분은 단백질과 지방이다. 콩은 표피, 배축, 자엽으로 구성되어 있다. 자엽이란 콩에서 막 발아할 때 나오는 최초의 떡잎을 말한다. 콩의 영양성분은 이 자엽에 많이 함유되어 있다.

2) 콩에는 곡류에 부족한 라이신(lysine)의 함량은 많지만, 메티오닌(methionine), 트립토판(tryptophan) 등 황아미노산의 함량은 부족한 편이다.

단백질 (40%)			지방 (20%)				탄수화물	회분
글리시닌	알부민	기타	리놀레산	올레산	팔미트산	레시틴	35%	4%
84%	4%	12%	55%	34%	10%	1%		

(1) 글리시닌(glycinin, 글로불린) : 물에 잘 녹지 않는다. 염류에 용해되고, 열에 응고된다.

(2) 알부민 : 물에 잘 녹음. 산성에서 응고(침전)되지 않고, 50~60℃에서 변성되며 비가역적으로 응고된다.

3) 콩 함유물질

(1) 트립신 저해제(trypsin inhibitor) : 단백질 가수분해 효소인 트립신(trypsin)의 작용을 방해하여 소화작용을 억제한다. 가열을 통해 변성시키면 체내 단백질의 흡수율이 증가된다.

(2) 헤마글루티닌 : 콩에 존재하는 독성물질 → 적혈구 응고 작용 → 가열 시 분해되어 독성 상실

(3) 리폭시게나아제 : 콩의 비린내를 유발하는 데 관여하는 효소

2. 두부의 제조

1) 콩은 생으로 먹으면 소화율이 65% 정도로 낮고, 비린 냄새가 나기 때문에 익히거나 가공하여 섭취한다. 가공한 두부의 소화율은 95%, 된장은 80% 정도로 소화율이 높다.

2) 콩에는 단백질 함량이 40% 정도 함유되어 있어, 콩으로 만든 두부는 고단백질 식품이다. 두부는 콩을 불린 다음 갈아서 가용성분을 뜨거운 물로 용출시켜 두유를 만들고, 여기에 소량의 응고제를 넣어 만든 반고형식품(수분함량 80~85%, 고형분 15~20%)이다.

3) **제조과정** : 콩 - 수침 - 마쇄 - 두미(콩물) - 증자 - 여과 - 두유 - 응고 - 탈수 - 응고 - 정형 - 수침 - 절단

(1) **원료 및 침지** : 콩은 단백질의 함량이 많고 탄수화물(섬유소, 당류)이 적은 품종이 좋다. 원료 콩에서 이물을 제거하고 대두를 세척하여 물에 불린다. 콩은 4~5시간 불리며, 너무 많이 불리면 단백질이 용출되므로 적절하게 조절한다.

(2) **마쇄** : 마쇄는 콩을 갈아 단백질을 최대한 추출하기 위한 조작이다. 물은 콩 무게의 7~8배가 적당하며, 물은 많이 첨가할수록 추출률은 높아지나 작업소요가 증가한다.
  ① 마쇄가 충분하지 않으면 : 비지의 발생량이 증가하여 수율 감소
  ② 마쇄가 지나칠 경우 : 추출률 증가, 비지(콩의 고형물)가 스크린을 막아 비지의 분리 어려움 발생, 콩 껍질이나 섬유소 등이 제거되어 영양가 및 소화흡수율 감소

(3) **증자(가열)** : 가열을 통하여 고형물의 추출을 향상시키고, 미생물의 사멸, 각종 효소의 불활성화, 단백질 성분의 변성 및 응고가 이루어진다. 가열(증자)온도는 100℃, 3~5분(또는 10~15분)이 적당하며, 가열시간은 두부의 종류, 제조방법 등에 따라 약간 다르다. 가열 시 온도가 너무 높으면 단백질이 과도하게 변성되어 딱딱해지며 지방 성분이 산패하여 맛이 떨어진다. 가열과정에서 생기는 거품은 소포제를 이용하여 제거한다.

(4) **여과** : 두유와 비지로 분리한다. 여과는 압착여과법, 진공여과법, 원심분리법을 이용한다.

(5) **응고** : 두부 제조과정에서 가장 중요한 단계로 분리된 두유에 응고제를 첨가하여 응고시킨다. 응고제는 가열 후 분리한 두유가 70℃ 정도가 되었을 때 넣는다. 두부 응고제로는 황산칼슘($CaSO_4$), 염화마그네슘($MgCl_2$), 염화칼슘($CaCl_2$), G.D.L(글루코노델타락톤) 등이 사용되며, 응고제의 양이 너무 적으면 응고가 덜 되어 수율이 낮아지고, 너무 많으면 두부가 과도하게 응고되어 딱딱해진다. 황산칼슘을 첨가한 두부가 황산마그네슘을 첨가한 두부보다 더 연하고 맛이 좋다.[68]

(6) **성형, 압착 및 수침** : 응고된 두부를 성형 틀에 넣어 20~60분 정도 압착한다. 압착되어 모양을 유지한 두부는 응고제 제거와 냉각을 위해 3시간 정도 수침한다. 두부는 콩 투입량의 2배 정도의 양이 생산되며, 수분함량은 85%이다.

(7) **포장** : 절단 후 포장 용기에 투입하여 포장한다.

3. 대두단백 가공

1) 대두단백질 제품은 탈지 대두박에서 수용성 성분을 제거하여 단백질의 함량을 높인 가공품을 말한다.

2) **제조 및 특성** : 탈지대두는 콩에서 지방 성분을 제거한 것으로 단백질이 풍부하여 식용, 사료, 비료용으로 사용한다. 지방 성분을 제거한 콩 껍질(탈지대두박)은 된장, 간장 제조 용도로 많이 이용된다.

(1) **농축대두단백**(Soy Protein concentrate, SPC) : 탈지대두(지방질 제거 제품)에서 가용성(수용성) 비단백성 물질을 제거한 것으로 단백질의 함량은 70%

(2) **분리대두단백**(Isolated Soy Protein, ISP) : 탈지대두 단백에서 비단백질 성분을 제거하여 단백질 함량이 90% 이상 되도록 제조한 분말제품

(3) **조직화대두단백**(Textured Vegetable Protein, TVP) : 고기와 유사한 씹힘성을 갖도록 만든 식물성 고기

---

[68] 식약처, 『식품공전 해설서』, 2019.1.

| 대두단백질 제품 | ・탈지대두박에서 불용성 및 수용성 물질을 제거하여 단백질 함량을 높인 가공식품
※ 대표적 제품 : 탈지대두분, 농축대두단백(SPC), 분리대두단백(ISP), 조직화 대두단백(TVP)
・TVP 특징 : 유화성, 용해성, 겔 형성능, 조직화 성질 → 매끄러운 텍스처, 고기 같은 씹힘성
。동물성 고기보다 섬유질, 비타민 등 풍부, 식물성 지방 함유 → 콜레스테롤 저하
。주로 육류의 증량제나 단가를 낮추기 위해서 사용 |

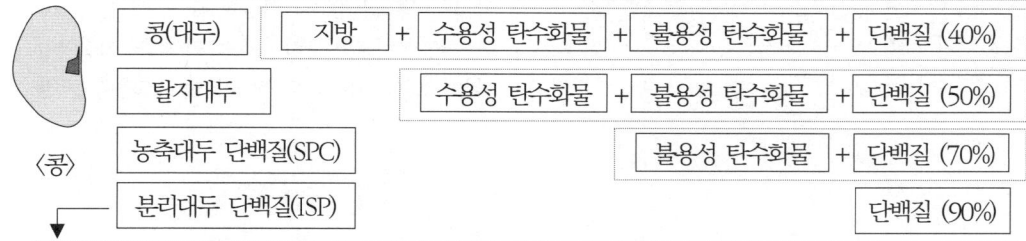

- **제조법** : 탈지대두 → 물 또는 약알칼리성 용액(pH8~9)에 분산 → 단백질 추출 → 여과, 원심분리 → 섬유질 성분(불용성 셀룰로스 등) 제거 → 단백질 성분의 등전점(pH 4~5)에서 침전 → 침전되지 않은 비단백질 성분을 원심분리법으로 제거 → 단백질 성분(90%)만 남음

■ 기출문제

1. 두부 제조 시 삶은 콩의 마쇄 정도에 따라 여러 가지 문제점이 발생한다. 마쇄가 덜 되었을 때와 마쇄가 너무 많이 되었을 때의 문제점을 기술하시오. 〈2004-2회〉

- 마쇄가 충분하지 않을 경우 : 비지의 발생이 많아 수율 감소
- 마쇄가 지나칠 경우 : 추출률 증가, 비지가 스크린을 막아 비지의 분리 어려움 발생, 콩 껍질이나 섬유소 등이 제거되어 영양가 및 소화흡수율 감소

2. 두부를 마쇄하면 두미(콩물)가 되는데, 이를 100℃에서 10~15분간 가열 살균한다. 온도와 시간에 따라 생길 수 있는 현상에 대해 각각 2가지씩 쓰시오. 〈2004-3회, 2014-1회, 2016-3회〉

- 온도가 낮을 경우 : 추출 수율이 낮아짐, 미생물의 살균 부족, 콩 비린내 발생, 트립신 저해제가 남아 영양상 문제
- 온도가 너무 높을 경우 : 단백질이 과도하게 변성되어 경화, 지방 성분의 산패로 맛 저하

3. 두부 제조 시 사용되는 원료 콩의 pH를 측정하였더니 5.5였다. 이 콩을 두부 제조 시 사용할 수 있는지에 대한 여부와 그 이유를 쓰시오. 〈2008-1회〉

- 콩 원료 : 두부 제조에 사용 불가
- 이유 : 단백질은 등전점인 pH 4.5에서 침전된다. 원료 콩의 pH가 5.5로 침전이 일어나지 않으므로 두부 원료로 사용하기 어렵다.

4. 두부 제조공정에서 ( ) 알맞은 용어를 채우고, 두부 응고제 3가지를 쓰시오. 〈2005-3회, 2014-1회〉
- 콩 - ( ) - 마쇄 - 두미 - 증자 - ( ) - ( ) - 응고 - ( ) - 응고 - 정형 - 절단 - 수침

- 콩 - (수침) - 마쇄 - 두미 - 증자 - (여과) - (두유) - 응고 - (탈수) - 응고 - 정형 - 절단 - 수침
- 응고제 : 황산칼슘($CaSO_4$), 염화마그네슘($MgCl_2$), 염화칼슘($CaCl_2$), 글루코노델타락톤(G.D.L)

5. 두부 제조 시 간수 말고 $CaCO_3$(탄산칼슘) 사용 시 두부에 생기는 변화와 그런 변화가 생기는 이유를 설명하시오. 〈2019-3회〉

- 두부에서 생기는 변화 : 두부가 응고되지 않음
- 이유 : $CaCO_3$(탄산칼슘)는 염기성이지만 온수에서는 녹지 않고, 초고온이 되어야 녹는다. 두부 제조공정에서는 초고온을 사용하기 어려워 탄산칼슘을 두부 응고제로 사용하기 어렵다.

6. 두유 제조 시, 포말(거품)이 형성될 때 이를 제거하기 위해 식용유 대신에 레시틴을 넣으면 어떻게 되는지 그 특징을 쓰시오. 〈2023-1회〉	• 식용유 : 두유 제조 시 소포제 용도로 사용함 • 레시틴은 유화제 역할(친수성기와 소수성기를 모두 함유한 성분)을 하는 식품첨가물로, 끓인 두유에 레시틴을 첨가하면 함유된 지방(소수성기)으로 인하여 기포가 발생한다. 따라서 소포제로 사용이 부적합하다.

■ 예상문제

1. 콩단백질 식품을 육가공 식품에 첨가하는 이유를 3가지 쓰시오.	① 육제품의 양을 증가시켜 단가를 저렴화 ② 식품의 유화력, 고기 입자들의 결착력, 수분 흡수능력 향상 ③ 단백질 성분 강화, 콜레스테롤 감소 효과
2. 두부 응고제로서 물에 잘 녹으며, 많은 양을 사용 시 신맛을 내는 응고제의 종류와 신맛이 나는 이유를 쓰시오 〈필기 기출〉	• 글루코노델타락톤(Glucono-δ-lacton) • 신맛이 나는 이유 : 수용성으로 물에 용해 시 가수분해로 산성화되어 pH를 낮추기 때문

4-6. 간장 제조법

1. 식품공전 상 간장의 분류[69]

1) **한식간장** : 메주를 주원료로 하여 식염수 등을 섞어 발효·숙성시킨 후, 그 여액을 가공한 것을 말한다. 재래식 간장이라고도 한다.

2) **양조간장** : 콩이나 탈지 대두와 쌀, 밀 등에 누룩곰팡이 균을 배양하여 식염수 등을 넣어 발효, 숙성시킨 뒤 가공한 간장이다. 개량식 간장이라 한다.

3) **아미노산 간장(산분해 간장)** : 단백질 원료를 염산으로 가수분해하여 NaOH(수산화나트륨) 또는 탄산나트륨으로 중화시켜 얻은 아미노산에 소금을 첨가하여 만든다.

4) **효소분해간장** : 단백질을 함유한 원료를 효소로 가수분해한 후 그 여액을 가공한 것이다.

5) **혼합간장** : 양조간장과 산분해 간장을 일정한 비율로 혼합하여 제조하며, 양조간장과 산분해간장의 장단점을 보완한 것이다.

2. 한식간장(재래식 간장) 제조법

1) 콩을 삶아서 메주로 만들고, 메주를 소금물에 담근 뒤 2개월 정도 발효시켜 건더기는 메주로, 액즙은 달여서 간장을 만든 것이다.

2) **메주 제조** : 콩이나 탈지 대두 또는 여기에 쌀, 보리, 밀 등의 전분을 섞어 누룩곰팡이를 접종한 메주를 삶아서 식기 전에 으깨서 덩어리를 만든다. 2~3일간 건조한 다음 28℃에서 2주간 두면, 세균과 곰팡이에 의하여 효소작용이 시작되며, 이를 햇볕에 건조하여 메주로 만든다.

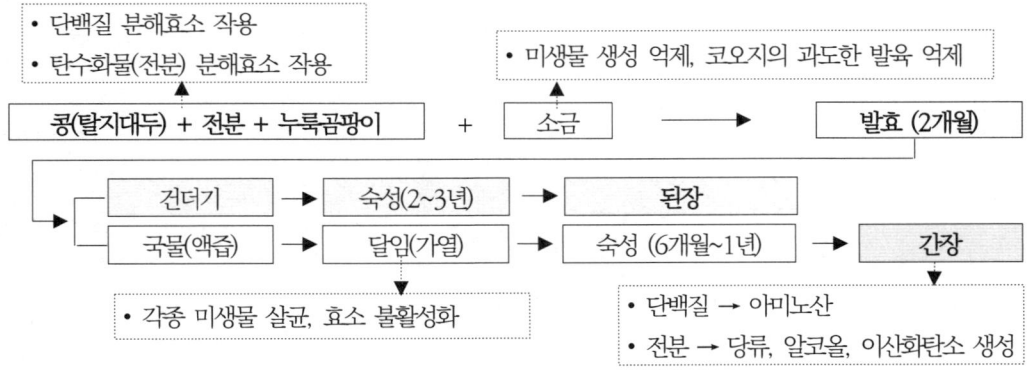

3) **발효** : 만들어진 메주를 물로 씻어 식염수를 넣고, 숯, 대추, 고추 등을 넣어 햇볕이 있는 곳에서 40~60일 정도 발효시킨다. 발효가 끝나면 메주 건더기와 액즙을 따로 모아 된장과 간장으로 분류한다. 여기서 건더기

---

69) 식약처, 『식품공전 해설서』, 2019.1.

는 된장을 만들고 액즙은 달여서 간장을 만든다.

  (1) 발효과정에서 단백질분해효소(protease)와 탄수화물분해효소(amylase) 작용에 의해 각종 아미노산, 유기산, 당 성분 등이 용출되어 독특한 맛과 향을 갖는다.
  (2) 소금은 미생물의 생육을 억제하는 효과가 있다. 소금의 농도가 낮으면 변질될 우려가 있고, 너무 많으면 발효가 억제되어 맛이 떨어진다. 숯은 흡습성이 있어 잡내를 제거하며, 고추는 살균 효과가 있다.

4) **즙액 달이기** : 액즙만을 여과하여 달여서 6개월~1년 숙성하면 한식간장이 된다. 발효가 끝난 액즙은 향이 미숙하고 각종 효소와 미생물이 생육하고 있어 맛과 저장성이 떨어진다. 따라서 미생물의 살균과 효소 불활성화를 위해 달임 과정을 진행한다. 달임 과정에서 간장은 농축되어 진한 맛을 낸다.

5) **된장** : 발효가 끝난 메주의 건더기를 2~3년간 숙성하면 된장(한식 된장)이 된다. 된장은 발효 및 숙성되는 동안 각종 미생물과 효소작용으로 특유한 맛이 생성된다.

  (1) 재래식 된장 : 메주를 만드는 데 관여하는 미생물은 세균(Bacillus subtilis, Staphyloccus aureus), 곰팡이(Aspergillus 속, Penicillium 속, Rhizopus 속 등), 효모(Rhodotorula, Saccharomyces 등) 등이다.
  (2) 개량식 된장 : 일반적으로 증자한 밀가루에 황국균(Apsergillus oryzae)을 접종 후 배양시켜 코지(koji)를 만든 다음, 증자시킨 대두와 소금 및 부재료를 혼합한 뒤 분쇄하고 약 30일간 발효시켜 만든다.

♣ **청국장** : 청국장은 삶아낸 콩을 고초균(Bacillus subtilis, B.natto)을 이용하여 띄워 만든 것으로 발효과정 중에 고초균이 생산하는 효소에 의해서 그 특유의 맛과 냄새를 내며, 원료 대두의 당질과 단백질에서 유래된 끈적끈적한 점질물이 생성된다.
1. 고초균(Bacillus subtilis) : 포자를 형성하는 호기성균으로 최적 온도는 40~42℃
2. 발효과정에서 D-글루타민산(D-glutamic acid)의 폴리펩티드(polypeptide)와 프랙턴(fractan)으로 이루어진 독특한 점질물과 특이한 냄새를 생성한다.

---

3. 양조(개량식)간장 제조법

1) 탈지 대두와 볶은 소맥을 혼합하고 황국균을 접종하여 소금물에 담가 탱크 내(38℃)에서 약 6개월간 발효 및 숙성 후, 압착 및 여과하여 제조한다. 메주를 만들지 않고 낟알로 된 메주콩에 곰팡이(황국균, A. oryzae)를 번식시킨 것으로 된장이 나오지 않는다. 왜간장이라고도 한다.

2) 산물로는 간장박과 간장액이 생성되며, 간장액을 생간장이라 한다. 생간장에 색소, 당류 등을 첨가한 다음, 열처리 및 살균, 여과하여 저장한다. 황국균이 만들어내는 단백질 분해효소의 작용으로 다량의 아미노산이 생성되어 발효 기간이 짧고 잡균의 번식도 억제된다.

3) 간장이 숙성되는 동안 아미노산, 당류, 알코올, 유기산 등이 생성되어 영양분이 풍부하다. 각종 무침, 소스 등으로 사용한다.

4. 아미노산 간장(산분해간장)의 제조법

1) 단백질 원료인 탈지대두를 염산으로 가수분해하여 아미노산을 만들고, 여기에 NaOH(수산화나트륨) 또는 탄산나트륨으로 중화한 것에 소금을 첨가한 간장이다. 산분해간장 또는 아미노산 간장이라고 한다.

2) 제조공정

　(1) 단백질(탈지대두)+염산 → 가수분해 → 아미노산 생성 → 수산화나트륨(NaOH)로 중화 → 소금 및 첨가물

　(2) 제조공정 : 원료 → 산분해 → 중화 → 여과 → 혼합(감미료, 착색료, 조미료 등) → 가열살균 → 여과 → 제품

　① 산분해 : 탈지대두에 염산을 이용하여 단백질을 가수분해시킨다.

　② 중화 및 여과 : 분해액을 중화조로 옮겨 수산화나트륨을 이용하여 단백질의 등전점에 가까운 pH 5 정도가 되도록 한다. 등전점에 가깝게 중화하는 이유는 침전량이 많아지고 제품의 빛깔도 좋기 때문이다.

　③ 혼합 (발효액, 착색제, 감미료, 조미료 등) : 산분해 과정에서 아미노산이 분해되어 멜라닌과 멜라노이딘 성분에 의해 갈색을 띠지만, 간장의 색이 옅으므로 양조간장과 유사한 색을 내고 단맛을 증가시키기 위해 캐러멜색소나 당 성분을 첨가한다. 아미노산의 분해취가 발생하므로 효모, 유산균 등을 첨가하여 발효 및 숙성시켜 냄새를 제거할 수 있다.

　④ 가열살균 및 여과 : 냄새 및 탈색 처리를 위해 가열과정을 거치며, 활성탄을 넣고 잘 교반하여 수 시간 후 여과하여 제품화한다.

3) 아미노산 간장의 특징

　(1) 양조간장이 제조에 6개월 이상 소요되는 것에 비하여, 아미노산 간장은 3~4일 정도면 만들 수 있다. 또한, 탈지대두의 가격이 저렴하여 경제적이다.

　(2) 단백질을 가수분해한 것으로 글루탐산이 풍부하나, 맛이 양조간장에 비해 떨어지기 때문에 각종 첨가제를 넣어 준다. 아미노산 특유의 냄새는 효모액이나 유산균을 첨가하여 제거하며, 이때 첨가된 성분에 의해 알코올, 유기산 등이 생성되어 간장 특유의 맛이 생성된다.

　(3) 3-MCPD(3-mono-chloro 1,2-propandiol) : 동물 독성실험 결과 암, 유전 및 생식 독성 등이 생성되는 것으로 알려져 있다. 염산의 농도를 저염산으로 하여 저온 또는 중온으로 분해하면 MCPD 생성을 저감화 할 수 있는 것으로 알려져 있다.

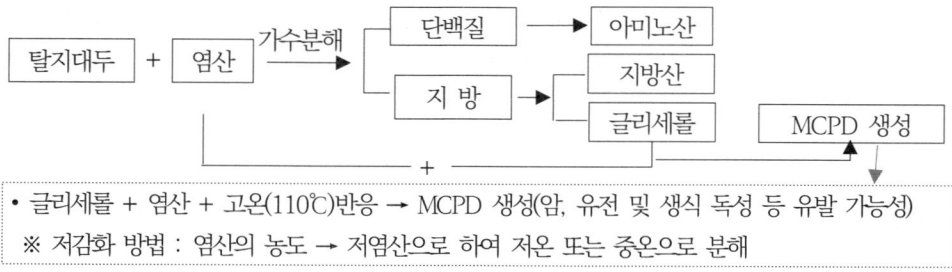

- 글리세롤 + 염산 + 고온(110℃)반응 → MCPD 생성(암, 유전 및 생식 독성 등 유발 가능성)
- ※ 저감화 방법 : 염산의 농도 → 저염산으로 하여 저온 또는 중온으로 분해

■ 기출문제

1. 식품공전에 나온 간장의 종류에 따른 정의를 쓰시오. 〈2009-3회, 2019-2회〉

   ① 한식간장 : 메주를 주원료로 하여 식염수 등을 섞어 발효·숙성시킨 후 그 여액을 가공한 것
   ② 양조간장 : 콩이나 탈지 대두와 쌀, 밀 등에 누룩곰팡이 균을 배양하여 식염수 등을 넣어 발효, 숙성시킨 뒤 가공한 간장
   ③ 아미노산 간장(산분해 간장) : 단백질 원료를 염산으로 가수분해하여 NaOH(수산화나트륨) 또는 탄산나트륨으로 중화시켜 얻은 아미노산에 소금을 첨가하여 제조한 것
   ④ 효소분해 간장 : 단백질을 함유한 원료를 효소로 가수분해한 후 그 여액을 가공한 것
   ⑤ 혼합간장 : 양조간장과 산분해 간장을 일정한 비율로 혼합하여 제조한 것

2. 장류에서 전분과 아미노산의 영향 및 역할을 쓰시오. 〈2010-3회〉

   - 전분 : 종국, 코지, 곰팡이 등에 의해 당으로 분해되어 단맛을 낸다.
   - 단백질 : 아미노산으로 분해되어 구수한 맛을 내며, 풍미를 제공한다.

3. 된장이 숙성된 뒤에 신맛이 나는 이유 3가지를 쓰시오. 〈2007-2회, 2011-1회〉

   ① 소금을 너무 적게 넣었을 때
   ② 물의 양이 많을 때
   ③ 콩이 덜 쑤어졌거나 원료의 혼합이 불충분하여 골고루 섞이지 않았을 때
   ④ 유기산에 의해
   ⑤ 숙성온도가 너무 높거나 낮을 때

4. 간장 제조 시 저장을 잘못하면 산막효모(흰색의 피막)가 발생한다. 산막효모가 발생하는 주요 원인 4가지를 쓰시오. 〈2004-2회, 2024-3회〉

   ① 간장의 농도가 희박할 때
   ② 제조 용기가 불결할 때
   ③ 숙성이 불충분한 것을 분리했을 때
   ④ 당분이 너무 많을 때
   ⑤ 소금이 적을 때
   ⑥ 간장 가열온도가 낮을 때

5. 청국장 제조에 많이 이용되는 고초균 이름과 생육 온도를 쓰시오. 〈2013-1회〉	• 고초균 : Bacillus subtilis(natto) • 생육 온도 : 40~42℃
6. 청국장의 끈적끈적한 성분 2가지를 쓰시오. 〈2005-2회〉	• D-글루타민산(D-glutamic acid)의 폴리펩티드(polypeptide), Fractan(프랙틴)
7. 된장 곰팡이, 청국장 세균 1개씩 쓰고, 제조효소 2개를 영어로 쓰시오. 〈2014-3회〉	• 된장 미생물 : Aspergillus oryzae • 청국장 미생물 : Bacillus subtilis(natto) • 제조 효소 : amylase, protease
8. 장류 제품에 쓰이는 쌀 코오지 2가지와 어떤 형태의 종국이 우수한 품질인지 그 특성을 쓰시오. 〈2005-3회〉	• 쌀 코오지 미생물 : Aspergillus Oryzae(황국균), Aspergillus Niger(흑국균), Aspergillus Shirousamii(백국균) • 우수한 품질 : 선황색을 나타낼 것, 포자가 가능한 많을 것, 코오지의 독특한 향기와 단맛이 있을 것, 코오지의 낱알이 단단할 것
9. 산 가수분해 간장을 발효 간장과 비교하여 장단점을 쓰시오. 〈2006-3회, 2016-2회〉	• 장점 : 단시간에 대량 생산이 가능하고, 탈지대두 가격이 저렴하여 경제적이다. • 단점 : 맛·향이 떨어짐. 유해물질인 MCPD 생성.
10. 산분해 간장에서 위해요소인 MCPD의 생성원인에 대하여 쓰시오. 〈2008-2회〉	• 산분해간장 제조공정 : 탈지대두를 염산으로 가수분해하면, 지방은 지방산과 글리세롤로 가수분해된다. 이 중에서 지방에서 분해된 글리세롤이 고온에서 염산과 반응하여 MCPD 생성

■ 예상문제

1. 코지 곰팡이가 생산하는 주된 효소 2가지와 쌀 코오지 제조용 종국 제조 시 재를 첨가하는 이유 3가지를 쓰시오. 〈필기 기출〉	• 효소 : amylase, protease • 재를 첨가하는 이유 : 코지균에 인산칼륨 같은 무기질의 영양원 공급, 다른 유해균의 증식 억제, 코지균이 생산하는 산성 물질의 중화 및 포자 형성이 잘되게 함

제5절 동물성 단백질 가공

5-1. 대사활동에 따른 근육의 변화

1. 대사활동을 통한 ATP 생성

1) 사람이나 미생물은 대사과정을 통하여 에너지를 획득하여 생명 활동을 유지해 간다. 동물이나 미생물들은 산소가 있는 환경 또는 없는 환경에서도 그 생명 활동을 유지하기 위해 에너지를 만드는 체내 시스템을 갖고 있다. 동물의 경우, 기본적으로 산소가 없으면 생명을 유지할 수 없다.

2) 동물은 에너지원으로는 우선 탄수화물을 포도당으로 분해하여 사용한다. 탄수화물(글리코겐)은 침샘에 있는 아밀라아제 효소에 의해 포도당으로 분해된다. 포도당은 고등동물의 혈액 내에서 순환하는 당으로 세포에 흡수, 산화되어 대사과정에 필요한 에너지원이 된다. 그러나 사용되지 않을 때는 다당류 형태인 글리코겐(Glycogen)으로 체내에 저장된다. 동물의 신체 활동을 위한 에너지는 근육에 저장되어 있던 글리코겐을 사용하여 얻는 것이다.

   (1) 산소가 있는 상태 : 포도당을 완전히 분해하는 산화적인산화 작용을 통해 다량의 에너지를 얻는다. 최종생성물은 이산화탄소와 물이다. 기본적으로 포도당 1분자에서 38ATP를 얻는다.
   - $C_6H_{12}O_6 + 6O_2 \rightarrow 6CO_2 + 6H_2O + 686kcal(38ATP)$

   (2) 혐기적 조건 : 동물은 젖산발효를 통해서, 미생물들은 포도당을 분해해서 알코올 발효를 통해 에너지를 얻는다. 이때 얻는 에너지는 2ATP로 산소호흡보다 적다.
   - $C_6H_{12}O_6 \rightarrow 2C_2H_5OH + 2CO_2 + 58kcal(2ATP)$

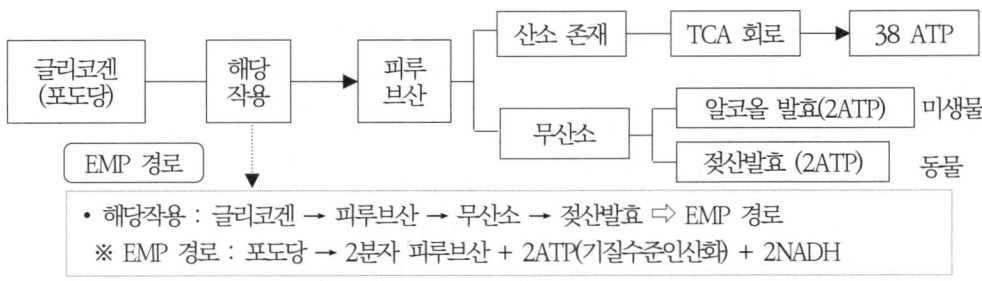

- 해당작용 : 글리코겐 → 피루브산 → 무산소 → 젖산발효 ⇨ EMP 경로
- ※ EMP 경로 : 포도당 → 2분자 피루브산 + 2ATP(기질수준인산화) + 2NADH

2. 해당과정의 경로

1) 해당과정 : 산소의 유무에 관계없이 세포질에서 발생한다. EMP(Embden-Meyerhof-Parnas pathway)경로, ED(Entner-Doudoroff pathway)경로, 5탄당 인산경로(hexose monophosphate shunt pathway, HMP) 등이 있다.

2) 해당과정의 경로

(1) EMP 경로 : 포유동물이 혐기적 조건에서 포도당(1분자)을 2분자의 피루브산으로 만드는 과정이다. 즉, 혐기적 조건에서 '포도당 → 2분자의 피루브산 + 2ATP(기질수준인산화) + 2NADH'를 생성하는 과정을 말한다.

(2) ED 경로 : 원핵생물과 진핵생물에서만 이루어지는 경로. 포도당 1분자 → 2분자 피루브산 + 1ATP + NADH, NADPH가 생성된다.

(3) HMP 경로 : 포도당을 호기적으로 분해할 때의 경로
  ① 글루코스 6-인산 이용 → 리보스 5-인산(오탄당) + NADPH를 합성하는 경로
  ② 포도당 1분자 → 1ATP, 2NADPH 생성

3. TCA회로(Tricarboxylic Acid cycle)의 정의

1) TCA회로는 산소가 있는 조건에서 동물이 세포호흡을 통하여 에너지를 얻는 과정으로 고등식물, 효모, 곰팡이 등의 미생물에도 존재한다.

(1) 사람과 미생물은 산소가 있는 환경에서 포도당을 분해하여 에너지원을 만들고, 이를 이용하여 활동한다. 고등동물, 미생물이 산소를 이용하여 생체 내에서 피루브산의 산화를 통해 ATP 생성하는 '효소 반응계'를 TCA회로(트리카르복시회로)라고 한다.

(2) 고등동물과 미생물이 에너지를 얻는 가장 일반적인 대사활동으로 미토콘드리아 안에서 이루어진다.

2) 산소 존재하에 ATP 생성은 여러 가지 성분이 이용될 수 있으나 가장 많이 사용되는 성분은 당으로부터 해당과정에서 생성된 피루브산이다. 포도당은 분해되어 피루브산이 되고, 피루브산은 TCA회로에 들어가 효소의 작용을 받아 산화한다. 포도당 1분자가 해당계, TCA회로, 호흡을 통해 산화적인산화 과정을 통해 이산화탄소와 물로 분해될 때마다 38ATP가 생성된다.

(1) TCA회로 순환 : 포도당 → 피루브산 → 미토콘드리아 기질 내 TCA회로 입장 → 아세틸 CoA(조효소) → 시트르산(구연산) → 옥살아세트산 → 이산화탄소 +물 +38ATP 생성

(2) 포도당에 의해 생성된 피루브산은 피루브산 탈수소효소 복합체에 의해 산화적탈카복실화(oxidative decarboxylation)되어 아세틸-CoA를 생성한다. 생성 반응은 다음과 같다.

피루브산 + CoA + NAD^+ → 아세틸-CoA + NADH + CO_2

(3) TCA회로에서 1분자의 포도당은 2분자의 아세틸-CoA를 생성(NADH)하므로, 포도당 1분자당 2번의 TCA회로가 진행된다. <u>1분자의 포도당은 1GTP(또는 ATP), 3NADH, 1FADH$_2$, 2CO$_2$가 생성된다. 2번의 TCA회로에서는 총 2GTP(또는 2ATP), 6NADH, 2FADH$_2$, 4CO$_2$가 생성된다.</u> TCA회로에 의해 생성된 NADH, FADH$_2$는 산화적 인산화에 의해 ATP를 생성하는 데 사용된다.[70]

---

[70] 이진원, 미생물학백과, 한국미생물학회, http://www.msk.or.kr

5-2. 육류의 구성 성분

1. 육류

1) 육류는 소, 돼지, 양, 염소 등의 수육류와 닭, 오리, 칠면조 등의 조류로 나눌 수 있다. 육류의 주요 성분은 수분, 단백질, 지질이고 탄수화물, 비타민, 무기질 등도 미량 함유되어 있다.

구 분	함유 비율(%)	내 용
수 분	65~80	• 보수력에 영향을 준다.
단백질	20	• 근원섬유 단백질, 결합조직 단백질, 근장단백질로 구성 • 근장 단백질 : 생리작용에 영향(효소, 색소 단백질 등)
지 방	3~5	• 축적지방, 조직지방
탄수화물	1	• 글리코겐 : 사후강직 시 젖산으로 변화하여 없어진다.
기 타	1	• 엑기스분

2) **단백질** : 근육 단백질은 <u>근원섬유 단백질, 결합조직 단백질, 근장 단백질로 구성되어 있다.</u>

   (1) 근원섬유 단백질 : 액틴과 미오신으로 구성된 섬유상 단백질로 근육 단백질의 50~60%를 차지한다. ATP를 분해하여 ADP + 인산기로 만들면서 에너지를 방출하여 생육 활동에 이용한다. <u>ATP가 생성되면 액틴과 미오신이 분리되어 근육이 이완 상태이고, ATP의 양이 적으면 액토미오신으로 결합되어 근육이 수축된다.</u> 육제품의 결착성이나 보수성에 중요한 영향을 미친다. 염류 용액에 녹는 성질이 있다.

   (2) 결합조직 단백질 : 근육이나 뼈, 혈관 등을 구성하는 단백질로 세포, 장기 기관의 결합이나 보호 역할을 한다. 콜라겐과 엘라스틴으로 구성되어 있다. 조직을 구성하는 단백질로 필수아미노산의 함량이 적어 영양 측면에서는 활용도가 높지 않고, 찬물이나 염류 용액에 녹지도 않는다.

   (3) 근장 단백질 : 근육 중에 약 30%를 차지하는 수용성 구상 단백질로 세포 중에 녹아 있다. 핵, 미토콘드리아, 미오글로빈, 헤모글로빈 등이 있다.

3) **지방질** : 3~5% 정도 함유되어 있다. 축적지방과 조직지방으로 나눈다.

   (1) 축적지방 : 피하나 장기 주변에 다량의 지방을 축적하여 체온 유지, 장기 보호, 영양분 저장 등의 역할을 하는 지방이다. 근육 내 지방의 축적은 고기의 맛과 부드러움에 영향을 준다.

   (2) 조직지방 : 지질 중에서 세포를 구성하는 물질이다. 생명현상에 관여하는 지질로 인지질, 콜레스테롤 등이 있다.

   (3) 축육의 수분함량은 지방함량과 반비례 관계가 있다. 지방함량이 많은 고기는 상대적으로 수분함량이 적다.

4) **탄수화물(당질)** : 당질은 근육 내에 있는 글리코겐이며 1% 미만이다. <u>도살 직후 사후강직(사후경직) 과정에서 혐기적 해당작용으로 젖산으로 변하며, pH를 낮추는 역할을 한다.</u> 그 외에 소량의 포도당, 과당 등은 조리 및 가열 시 아미노-카르보닐 반응으로 갈변되어 향미를 생성한다.

5) 기타 : 근장 단백질 내에 수용액 형태로 비단백태 질소화합물이 1.5% 정도 함유되어 있어, 육류를 가열 시 엑스분(extracts)이 되어 용출된다.

2. 소고기의 육질등급과 육량등급 판정기준

1) 육질등급 : 근내지방도, 육색, 지방색, 조직감, 성숙도에 따라 고기의 품질 정도를 나타내며, 소비자의 선택기준으로 5개 등급(1++, 1+, 1, 2, 3등급)으로 구분한다.

2) 육량등급 : 도체 중량, 등지방 두께, 등심 단면적을 종합적으로 고려하여 유통과정의 거래지표(육량지수)로 A, B, C 3등급으로 구분한다. 여기서 C등급은 지방을 많이 포함하고 있음을 나타낸다.

3) 3등급 : 일반적으로 a3, b3, c3로 분류되며 뒤에 숫자 3은 등급을 나타내며, a, b, c는 소고기에 있는 지방량이 적고 많음을 나타낸 것이다.

4) 1++등급 : 1++는 a1++(7)(8)(9), b1++(7)(8)(9), c1++(7)(8)(9) 등으로 구분된다. 여기서 (7)(8)(9)는 1++ 중에서 3단계로 나눈 것이다. 1++(7)은 1++중에 마블링이 적은 것, 1++(8)은 마블링이 보통, 1++(9)는 마블링이 많은 것을 의미한다.

■ 기출문제

1. 다음의 보기 중에서 (   )에 들어갈 적당한 말을 고르시오. 〈2021-2회〉

   동식물, 미생물 등에서 Glucose를 분해하는 과정은 혐기적 분해과정인 (①)경로에 의해 피루브산이 생성되며, 미생물의 호기적 분해에 의한 글루코스가 분해되는 과정은 (②)경로이다. 해당과정에서 생성된 피루브산은 호기적 대사경로인 (③)회로를 거쳐 ATP를 생성한다. 〈보기〉 EMP, HMP, TCA

   ① EMP
   ② HMP
   ③ TCA

2. 기능성, 용해성에 따른 근육단백질의 분류 3가지와 근육의 수축·이완에 가장 밀접한 근육이 무엇인지 쓰시오. 〈2018-2회〉

   - 근육단백질 : 근원섬유 단백질, 결합조직 단백질, 근장 단백질
   - 수축·이완 : 근원섬유단백질 → 액틴과 미오신에 의해 수축 및 이완

3. 근육 중 함유되어 있는 탄수화물의 형태는 주로 어떤 물질로 존재하며, 사후에는 어떤 물질로 변하는지 쓰시오. 〈2008-1회〉

   - 탄수화물 : glycogen(글리코겐) 형태로 존재
   - 사후변화 : 젖산으로 변하여, pH를 낮춰주는 역할을 한다.

4. 우리나라 소 도체의 육질등급과 육량등급 판정기준에 대해 서술하시오. 〈2013-1회〉

   - 육질등급 : 근내지방도, 육색, 지방색, 조직감, 성숙도에 따라 고기의 품질 정도를 나타내며, 소비자의 선택 기준으로 1++, 1+, 1, 2, 3의 5개 등급으로 구분한다.
   - 육량등급 : 도체 중량, 등지방 두께, 등심 단면적을 종합적으로 고려하여 유통과정의 거래지표(육량지수)로 A, B, C 3등급으로 구분한다. 여기서 C등급은 지방을 많이 포함하고 있음을 의미

   ※ 1++등급 : 1++는 a1++(7)(8)(9), b1++(7)(8)(9), c1++(7)(8)(9) 등으로 구분. 여기서 (7)(8)(9)는 1++중에서 3단계로 나눈 것으로 1++(7)은 1++중에 마블링이 적은 것을 의미

   ※ 3등급 : 일반적으로 a3, b3, c3로 분류되며 뒤에 숫자 3은 등급이고 a, b, c는 소고기에 있는 지방량이 적고 많음을 나타낸 것

5. Glucose 한 분자가 완전히 산화되었을 때 해당작용에서 ATP, NADH 생성 개수, 피루브산에서 acetyl-CoA까지의 NADH 생성 개수, acetyl-CoA에서부터 TCA회로까지 ATP, NADH, $FADH_2$ 생성 개수를 쓰시오.
〈2014-3회, 2020-3회〉

- 해당작용 : 2분자의 ATP, 2분자의 NADH생성
- 피루브산에서 acetyl-CoA : 2분자의 NADH 생성
- acetyl-CoA에서부터 TCA회로 : 2회 반복되므로 6NADH, $2FADH_2$, 2ATP 생성

■ 예상문제

1. 소고기의 마블링이 고기의 풍미를 좋게 하는 이유를 설명하시오.

- 마블링은 고기 표면에 막을 형성하여 수분 증발을 억제하여 소고기의 즙액을 보존하고, 고기를 씹을 때 부드러운 촉감이 들도록 하여 풍미 향상

5-3. 근육의 사후변화

1. 근육의 사후변화(육류의 사후변화)

1) 동물이 살아 있을 때는 산소를 통하여 필요한 ATP를 만들어 근육에 공급하지만, 도살 후에는 산소를 공급받지 못하므로 근육에 변화가 생긴다.

2) **근육의 사후변화 과정** : 해당작용 → 사후경직 → 경직해제 → 자가소화 → 부패과정

   (1) **해당작용(Glycolysis)** : 해당과정은 혐기적 조건에서 피루브산을 발효하여 젖산으로 만드는 것을 말한다. 즉, 혐기적 조건에서 '포도당 → 2분자 피루브산 + 2ATP(기질수준인산화) + 2NADH'를 생성하는데, 이러한 경로를 EMP 경로라고 한다. 따라서 동물은 도축 후에도 일정 기간 동안은 근육 내에서 젖산을 생성하면서 소량의 ATP가 생성된다. 동물 근육은 근육 내 ATP가 존재할 때는 부드럽고 연한 상태가 되지만, ATP가 소실되면 경화현상이 발생한다. 또한, 사후에는 젖산이 생성되어 근육의 pH는 저하된다.

   (2) **사후경직(Rigor mortis)** : 근육이 굳어지면서 유연성이 없어지는 현상. 육류의 근육은 사후 일정 기간이 지나면 근육 내 ATP가 없어지면서, 경화현상과 함께 육색이 흐려지는 기간이 일정 기간 계속된다. 이러한 기간을 사후경직 기간이라고 한다. 사후경직된 고기는 근절 길이가 단축되어 유연성과 보수력이 떨어진다.
   ① 사후경직의 발생원인 : 근육단백질인 액틴과 미오신의 작용에 의한다.

단 계	내 용
경직 전 단계	• 도축 후 일정 기간은 근육 내 ATP 수준이 높게 유지되며, 이 기간에는 근원섬유 단백질인 액틴과 미오신의 결합이 일어나지 않아 근육이 부드러운 상태로 존재.
경직개시	• 사후 일정 기간이 지나면, 글리코겐이 고갈되고, 인산기도 생성되지 않으므로 더 이상 ATP가 생성되지 않는다. 이 상태가 되면 근원섬유 단백질인 액틴과 미오신이 결합되면서 근육이 굳어지고 유연성은 떨어진다.
경직 완료 단계	• 글리코겐이 완전히 고갈되면, 액틴과 미오신은 더욱 강하게 결합되어 근육의 유연성이 완전히 사라지는 시기이다.

   ② 가축의 종류에 따라서 경직 완료시간은 다음과 같다.

구 분	닭	돼지	소양
사후경직	5분~1시간	15분~3시간	4~12시간

   (3) **경직해제(off-rigors, Release)** : 수축되었던 근육이 이완되는 현상. 사후경직 완료 후, 시간이 지나면 근육은 액토미오신(actomyosine)의 결합이 약화되면서 수축되었던 근절 길이가 늘어나게 되어 다시 부드러워진다. 이를 경직해제라 한다. 경직해제가 되면 보수력도 증가된다.

   (4) **자가소화(Autolysis, 숙성)** : 경직이 해제되면서 축육은 근육 내에 있는 효소작용에 의하여 분해되기 시작한다. 살아 있는 세포에서는 카텝신(Pro 효소) 가수분해효소가 작용하지 않다가, 세포가 죽으면 활성화되

면서 분해가 시작되는 것이다. 자가소화는 숙성이라고도 한다. 축육은 숙성과정을 통하여 부드러워진다. 고기는 숙성 중에 유연성, 보수력 등이 증가하면서 풍미가 생긴다. 축육의 육종별 숙성기간은 다음과 같다.

구 분	닭	돼지	소양
숙 성	8~16시간	24시간	7~14일(16℃, 2일)

(5) **부패(Putrefaction)** : 단백질을 주성분으로 하는 축육이 분해되어 저분자 물질(아미노산 등)이 생성되면 이것을 영양원으로 하는 미생물이 생육하기 시작한다. 미생물들이 저분자 물질을 분해하여 부패되기 시작하면 악취가 나면서 유해물질이 생성된다.

2. 육 조직의 변화

1) **저온단축(cold shortening)** : 동물 도살 후 5℃ 이하로 신속히 냉각할 때, 골격근이 현저히 수축하여 질겨지는 현상. 소와 양에서 심하게 일어나고, 돼지고기는 약하게 일어난다.

　(1) 원인 : 사후강직이 진행되는 과정에서 온도를 급격하게 낮추면 Ca^{2+}이온을 흡수하고 있는 근소포체나 미토콘드리아가 저온에서 기능 저하를 초래하여 근육이 심하게 수축되면서 발생한다.

　(2) 소고기의 경우, 도살 후 지육을 급속냉각하면 저온단축이 일어나기 때문에 질긴 정육으로 변한다. 이를 방지하기 위해 사후 전기자극 등으로 ATP를 소모 후 급속냉각을 한다.

2) **물돼지고기(PSE육, pale, soft, exudative)** : 육색이 창백하고, 탄력이 적으며, 육즙이 많이 흘러나와 물컹거리는 고기를 말한다.

　(1) 스트레스를 받으면서 도살된 돼지는 근육 내의 해당작용이 빠르게 진행되어 젖산 축적으로 pH가 저하되며, 이로 인하여 급속히 사후강직에 도달한다. 이러한 경우, 사후 1~2시간 이내에 pH 5.4~5.5까지 급격하게 저하되어 근육 단백질이 변성되면서 보수성이 떨어진다. PSE육은 품질이 크게 떨어진다.

　(2) PSE육 발생 방지 대책
　　① 돼지를 도축장으로 출하하기 12시간 전에는 절식하고, 물을 충분히 공급한다.
　　② 출하 차량에 상차할 때는 무리를 지어 상차시키고, 수송 시 햇볕 등을 막아주는 차광막 등을 설치하는 등 스트레스를 최소화해야 한다.

3) **DFD육(암적색육, Dark, Firm, Dry)** : 도축하기 전에 스트레스를 받은 소에서 색깔이 진하고, 고기가 단단하며, 건조한 상태인 고기를 말한다.

　(1) 일반적으로 소에서 많이 나타나며, 도축 전 근육 내의 글리코겐이 고갈되어 발생된다. 도축되기 전에 많은 스트레스로 글리코겐이 고갈되면, 도축 후 젖산 생성이 감소하여 근육의 pH가 6.0 이상으로 높아진다.

　(2) 특징 : 정상적인 육은 도살 후 pH 5.5 정도이지만, 암적색육은 일반적으로 pH 6.0 이상을 유지한다. pH가 6.0 이상으로 높아 보수력과 다즙성이 좋기는 하지만, 풍미는 저하되며 시간의 경과에 따라 고기는 질겨지고 쉽게 부패할 가능성이 많다.

4) **식육 연화제** : 고기를 연하게 만드는 데 쓰이는 것으로 트립신, 펩틴, 파파인 등 단백질 분자 내부의 펩티드결합을 분해하는 효소를 사용한다. 종류는 파파야(파파인), 파인애플(브로멜라인), 무화과(피신), 키위(액티니딘) 등이 있다.

3. 육색소의 변화

1) 육류의 색소

(1) 근육 : 미오글로빈(myoglobin)이라는 붉은 색소 단백질을 함유하고 있어 붉은색을 띠고 있다. 이 색소 단백질은 근육 내에서 산소를 저장하는 역할을 하며, 근육 내 미오글로빈 함유량이 많으면 적색을 띤다.

(2) 육류의 혈관 : 헤모글로빈이라는 적색 색소가 함유되어 있어 붉은색을 나타낸다. 이 색소 단백질은 혈액을 통하여 산소를 운반하는 역할을 하며, 근육 내 혈관이 많으면 적색을 띤다.

2) 육색소의 변화 : 미오글로빈이나 헤모글로빈은 붉은색을 띠지만, 공기 중에 계속 두면 철이 산화하여 갈색으로 변한다. 생고기를 가열해도 같은 반응이 일어난다.

(1) 산화에 의한 변화 : 공기 중 산소에 의해 선홍색의 oxymyoglobin(옥시미오글로빈)이 되고, 철이 계속 산화하면 갈색의 metmyoglobin(메트미오글로빈)이 된다.

(2) 가열에 의한 변화 : myoglobin(자주색) → oxymyoglobin(선홍색) → metmyoglobin(갈색)

(3) 육가공 또는 가열 조리할 때, 육색의 변화를 방지하기 위해 질산염이나 아질산염을 첨가한다. 질산염이나 아질산염은 미오글로빈이나 헤모글로빈의 산화를 방지하여 고기의 붉은색을 유지해 준다. 소금이나 아스코르브산도 같은 역할을 한다.

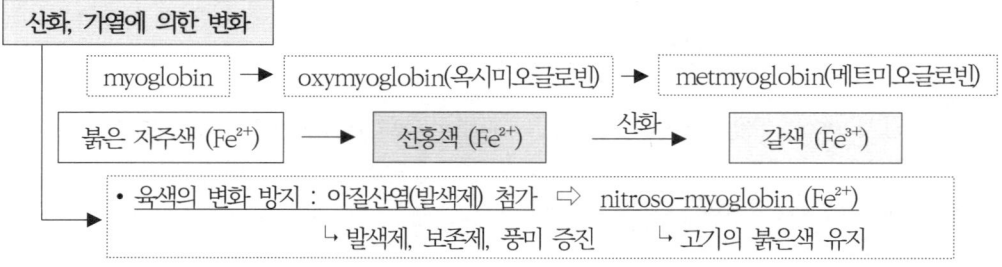

5-4. 어육류

1. 어육류의 구성 성분

1) **구성 성분** : 어육은 수분이 전체의 70~80%, 단백질이 15~20%로 구성되어 있다.

2) **단백질** : 어육 전체의 15~20%를 차지하며, 필수아미노산 함량이 많다. 근원섬유 단백질은 액틴과 미오신으로 구성되어 있으며, 염류 용액에 녹으면 액토미오신을 형성하여 단단해지면서 굳어 어묵을 만들 수 있

게 해 준다.

3) **지방질** : 어류는 대부분 온도가 낮은 바다의 생육환경에 적응하기 위해 불포화지방산을 많이 함유하고 있다. 특히, 등푸른생선인 고등어, 청어 등에는 ω-3 지방산인 EPA와 DHA가 많다.

4) **트리메틸아민(TMA)** : 휘발성 염기 질소를 구성하는 아민류로 어류의 비린내와 불쾌취를 유발하는 물질이다.

2. 어류의 사후변화 과정

1) **해당과정(Glycolysis) 및 사후경직** : 어류는 죽으면 근육이 수축하면서 경직된다. 혐기적 조건이 되면 젖산이 생성되고 소량의 ATP가 생성된다. 그러나 축육에 비해 근육섬유가 짧고 결합조직이 적어 1~4시간 정도면 경직이 완료된다. 최대 경직기가 지나고 나면 경직해제 및 자가분해가 이루어지기 시작하므로 어류는 최대 경직기 이전까지가 신선한 상태가 된다. 어육의 pH는 어획 직후 7.0~7.5 정도이고, 경직이 완료되면 pH 6.0~6.5 정도가 된다.

2) **경직해제, 자가소화** : 사후경직되었던 어육은 시간이 지나면 경직해제 및 자가소화가 시작된다. 자가소화는 가수분해효소인 카텝신의 작용에 의하며 발생한다. 자가소화는 근육, 내장 등에서도 발생하므로 살이 물러지면서 암모니아, 아세트알데히드 등의 불쾌한 냄새를 유발한다. 축육과 다르게 어육은 근육섬유가 작고 액틴과 미오신의 결합력도 약하기 때문에 자가소화가 빠르게 진행되면서 부패로 이어진다.

3) **부패** : 어육의 단백질은 부패과정을 통하여 암모니아 가스, 아민, 메탄가스 등을 생성하여 신맛 및 불쾌취를 유발한다. 어류에 많이 함유된 불포화지방산은 산화되기 쉽고, 산화가 발생하면 불쾌취를 유발하는 저급지방산, 알데히드, 케톤류 등을 생성한다. 트리메틸아민(TMA)은 휘발성염기질소를 구성하는 아민류로 어류의 비린내와 불쾌취를 유발하는 물질이다. 어패류에 함유되어 있는 Trimethylamine oxide가 환원되어 생성되는 물질로 사후 양이 증가하기 시작한다.

♣ **빙의(글레이징, glazing)** : 냉동 어육의 표면에 얇은 얼음 피막을 말하며, 이러한 저장법을 '글레이징'이라고 한다. 얼음 피막은 저장 중 수분의 증발을 억제하고, 산소와의 접촉을 차단하여 지방의 산화를 방지함으로써 신선도를 유지하는 방법이다. 글레이징 방법은 다음과 같다.
1. 침지법 : 냉동 어류를 10℃ 이하의 냉장실에서, 냉수(0~4℃)에 5~10초간 2~3회 담근 후 꺼내어 물기를 털면, 2~3mm 두께의 얼음 막이 형성된다.
2. 분무법 : 매달아 놓은 냉동 어류에 물을 분무하여 글레이즈를 만든다.

■ 기출문제

1. 돼지고기 전수분량이 69.6%이고, 유리수는 22.4%일 때 결합수의 함량(%)과 보수력(%)을 구하시오. 〈2006-3회, 2011-1회, 2021-1회〉

   - 총수분량 = (유리수의 양) + (결합수의 양), 총수분량(69.6%) = 유리수 양(22.4%) + x
     ⇨ x(결합수의 함량) = 47.2%
   - 보수력 = {[전체수분(%) − 유리수분(%)] ÷ 전체수분} × 100
     = [(69.6−22.4) ÷ 69.6] × 100 = 67.82%

2. 식육은 식용에 알맞도록 일정 기간 숙성을 시키는 것이 바람직한데, 그 숙성 중에 일어나는 주요 변화 3가지를 쓰고 설명하시오.
   〈2004-3회, 2006-1회〉

   ① 근육 내에 있는 카텝신(Pro 효소) 가수분해효소 작용에 의하여 분해 시작
   ② 유연성(부드러워 짐) 및 보수력 등 증가
   ③ ATP가 IMP, 이노신산, 하이포잔틴 등의 정미성분으로 분해되고, 지방과 단백질이 분해되면서 생성되는 암모니아, 아세트알데히드, 아세톤 등에 의해 풍미 형성

3. 냉장육과 냉동육의 육질 차이에 대하여 설명하시오. 〈2004-3회〉

   - 냉장육 : 동결되지 않는 온도인 0~10℃ 사이에서 저장하는 것. 냉장육은 저온에서 숙성과정을 거치므로 유연성, 보수력 등이 증가하면서 풍미가 생긴다.
   - 냉동육 : 빙결점 이하인 −18℃ 이하에서 급속동결한 것. 충분히 숙성되기 전에 동결시킴으로써 유연성, 보수력, 풍미 등이 떨어진다.

4. 사후근육에서 저온단축(cold shortening)이 무엇이며, 주로 어떤 고기에서 발생하는지 쓰시오.
   〈2004-2회, 2006-3회, 2018-3회, 2021-2회〉

   - 저온단축 : 도살 후 5℃ 이하로 급격하게 냉각할 때 골격근이 현저히 수축하여 질겨지는 현상
   - 발생 육류 : 쇠고기, 양고기

5. 돼지를 도축하기 전에 스트레스를 많이 받은 경우, 급속한 사후경직으로 PSE가 발생한다. 이 육류의 pH와 특징에 대해 쓰시오. (pH는 범위나 수치로 표시)
   〈2020-4회〉

   - pH : pH 5.4~5.5까지 급격하게 저하
   - 특징 : 육색이 창백하고, 탄력이 적으며, 육즙이 많이 흘러나와 물컹거리는 고기

6. 식육 연화제로 사용되는 4가지를 쓰시오. ⟨2014-3회⟩

- 파파야(파파인), 파인애플(브로멜라인), 무화과(피신), 키위(액티니딘)

7. 육제품 결착제 종류 2가지를 쓰고, 첨가하는 목적 및 장점을 쓰시오. ⟨2006-2회, 2017-2회⟩

- 종류 : 대두단백, 콜라겐, 전분, 카라기난
- 목적 및 장점
  ① 육제품의 양을 증가 → 단가 저하
  ② 식품의 유화력, 고기 입자들의 결착력 향상
  ③ 수분 흡수능력 향상, 단백질 성분 강화 및 콜레스테롤 감소 효과

8. 도정한 육류의 색소를 나타내는 성분, 철의 상태 및 육류의 색깔을 ( )안에 쓰시오. ⟨2020-4회⟩

육류의 색소 성분	철의 상태	육류의 색
( )	( )	( )
( )	( )	( )
( )	( )	( )

육류의 색소 성분	철의 상태	육류의 색
(미오글로빈)	(Fe^{2+})	(붉은 자주색, 적자색)
(옥시-미오글로빈)	(Fe^{2+})	(선홍색)
(메트-미오글로빈)	(Fe^{3+})	(갈색)

9. 식육가공품의 제조 시에 첨가하는 아질산나트륨의 기능(용도)을 3가지와 화학식을 쓰시오. ⟨2007-1회, 2023-3회⟩

- 기능 : 육색소 고정, 보존성 증대, 풍미 증진
- 화학식 : $NaNO_2$
- ※ 아질산나트륨 식품첨가물 용도 : 보존료, 발색제

■ 예상문제

1. 육류 가공 시 보수성에 영향을 미치는 요인을 3가지만 쓰시오. ⟨필기 기출⟩

- 육류의 pH, 이온 강도, 알칼리(알칼리염)
- ※ 이온 강도 : 칼슘, 아연은 육류의 수분 유지능력을 감소시키며, pH가 알칼리성(알칼리염)으로 되면 단백질의 펩티드결합이 풀리면서 수분의 흡수능력 증가

2. 어류를 빙의(Glazing)처리하는 방법을 설명하고, 장점 1가지를 쓰시오.

- 처리 방법 : 어류 등의 동결 식품을 0~10℃의 저온에서 물에 침수한 다음, 건지면 어류 표면에 얇은 수분 막이 형성되도록 하는 방법
- 장점 : 식품과 공기의 접촉을 차단하여 산화 방지, 식품의 건조 예방

5-5. 우유

1. 우유의 주요 성분

1) 우유는 물과 지방이 안정한 콜로이드 상태를 유지하고 있는 식품으로 단백질, 지방, 탄수화물, 비타민 등 필요한 영양소를 골고루 함유하고 있는 고품질 영양식품이다. 우유의 성분 중에는 수분이 87~88%, 고형분 함량은 12~13%이다.

2) **단백질** : 우유는 필수아미노산을 다량 함유하고 있는 단백질 식품이다. 우유의 총고형량(12%) 중에 단백질의 함량은 3%이다. 이러한 단백질 중에는 카세인이 80%, 유청 단백질이 20%를 차지하고 있다. <u>카세인 단백질은 안정한 콜로이드 상태를 유지한다.</u>

3) **지질** : 우유에는 지질이 3~4% 정도가 함유되어 있다. 우유 지방은 지방산과 글리세롤이 에스터 결합한 중성지방으로 지방산의 70% 정도는 포화지방산이며, 저급 및 중급지방산이 많다.

4) **탄수화물** : 우유에는 탄수화물이 약 5% 함유되어 있는데, 이중 <u>유당이 대부분을 차지한다.</u> 우유의 단맛은 유당에서 나오는 것으로, 유당은 유산균 접종 시 유산균의 영양소 역할을 한다.

2. <u>우유의 가열살균 방법</u>

1) **저온 장시간 살균법(Low temperature long time : LTLT)** : 우유를 재킷식 솥에 넣고 증기를 불어넣어, 63~65℃에서 30분간 살균 후 냉각시키는 방법이다. 이 살균법은 모든 병원성 미생물 및 대장균군을 사멸할 수 있다.

2) **고온 단시간 살균법(High temperature short time : HTST)** : 관형 또는 판형 열교환기를 이용하여 72~75℃에서 15초~20초간 가열하여 살균 후 냉각하는 방법이다. 저온 장시간 살균방법보다 더 짧은 시간에 미생물을 살균할 수 있어 우유의 살균을 효율적으로 할 수 있다.

3) **초고온 순간 살균법(Ultra high temperature method, UHT)** : 130~150℃에서 0.5~5초간 가열하여 멸균시키는 방법이다. 모든 미생물을 사멸시키면서 영양소의 파괴는 최소화할 수 있다. 상업적으로 멸균된 우유를 생산할 때 주로 사용한다.

> ♣ 상업적 살균 (Commercial Sterilization) : 식품의 맛, 색, 영양가 등의 손실을 최소화하면서, 통상적으로 비냉장의 정해진 소비기한 내에서 미생물의 발육에 의하여 식품의 부패를 일으키지 않을 정도의 온도로 가열살균 또는 멸균시키는 것을 말한다. 멸균우유를 생산할 때 주로 이용한다.

3. 우유의 표준화 및 균질 처리

1) **표준화** : 제품의 생산 목적에 알맞은 성분을 조성하는 과정으로 지방, 무지유고형분, 강화성분(비타민, 무기질 등)의 함량 조정이나 유음료의 원료 성분을 조성하는 것을 말한다.

(1) **지방함량에 따른 우유의 분류**

구 분	유지방 함량	제 조
일반 우유	3.4%	일반 우유
저지방 우유	0.6~2.6% 이하	우유 + 탈지유
무지방 우유	0.5% 이하	탈지유

(2) **원유의 지방 성분이 많을 때** : 유지방 함량이 적은 탈지유(0.5% 이하)를 첨가하여 조정한다. 탈지유 첨가량은 혼합식에 의거 'a(원유 중량) : b(탈지유 중량) = (r-B) : (A-r)'로 계산한다. 즉, '탈지유 첨가량 = 우유량 × [(원유지방-목표지방) ÷ (목표지방-탈지유지방)]'이 된다.

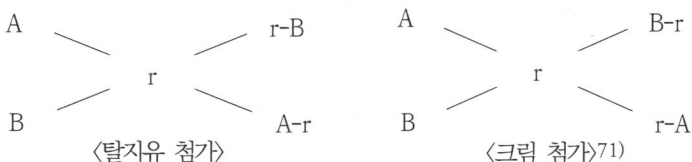

※ A(원유의 지방함량),   B(탈지유 또는 크림의 지방함량),   r(목표 지방함량),
   a(원유의 중량, kg),   b(탈지유 또는 크림의 중량, kg)

♣ 혼합식(피어슨 공식) : 위의 왼쪽 그림에서 탈지유 첨가량 계산은 r(목표 지방함량)을 기준으로 A, B값 중에서 큰 값에서 작은 값을 빼서 대각선 방향에 표시한다. 즉, A값이 r값보다 크기 때문에 'A-r'로 하여 A의 오른쪽 대각선 아래에 놓고, r값은 B값보다 크므로 'r-B'로 하여 B의 대각선 위쪽에 놓는다. 크림 첨가량을 계산할 때도 같은 원리로 계산한다.

(3) **원유의 지방 성분이 적을 때** : 유지방 함량이 많은 크림(18%)을 첨가하여 균질화한다. 크림의 첨가량은 위의 혼합식에 의거 'a(원유중량) : b(크림중량) = (B-r) : (r-A)'로 계산한다. 즉, ' 크림 첨가량 = 우유량 × [(목표지방-원유지방) ÷ (크림지방-목표지방)]'이 된다.

2) **균질 처리** : 우유를 균질 처리하는 목적은 안정된 유화 상태(콜로이드 상태)를 지속적으로 유지하기 위함이다. 살균된 우유를 실온에 방치하면, 비중이 작은 지방구들이 서로 뭉치면서 유청(우유 밀크)과 지방층이 분리되는 크리밍 현상이 발생한다. 따라서 지방층들이 서로 결합하지 못하도록 균일한 크기로 분산시켜 주는 작업이 필요하다.

(1) 우유의 균질 처리 : 지방구에 기계적 압력을 가하면서 작은 구멍으로 분출시켜 분자 크기를 1~2㎛로 균일하게 분산시키는 것이다.

(2) 지방 분자들은 균질화 처리를 통하여 크기가 더 작아진다. 따라서 지방 분자들의 표면적이 증가되어 유화 안정성이 향상되고, 균일한 점도와 부드러운 조직감, 지방의 산화를 억제하는 효과를 얻을 수 있다.

---

71) https://www.sangji.ac.kr

■ 기출문제

1. 다음 글을 읽고 빈칸을 채우시오. 〈2015-2회〉

> 우유의 구성요소인 지방, 단백질, 탄수화물 중 pH 4.6에서 응고되는 단백질은 (   )이고, 그 외는 유청단백질이다. 우유의 탄수화물은 주로 (   )으로 되어 있다.

① 카세인
② 유당

2. 우유의 성분 중 카세인, 유지방, 유당은 각각 우유 중에 어떤 상태로 존재하는지 쓰시오.
〈2006-1회〉

- 카세인 : 콜로이드 상태
- 유지방 : 유화 상태
- 유당 : 분자 용액

3. 탈지유에 산을 가하여 약 pH 4.6으로 조정하면 응고되는데, 이때 응고되는 주성분, 응고되는 원리, 이 원리를 이용하여 만들어지는 대표적인 유제품 한 가지를 쓰시오. 〈2007-1회, 2024-3회〉

- 주성분 : Casein
- 응고 원리 : 단백질(카세인)은 등전점(pH 4.6)에서 용해도가 최저가 되어 응고된다.
- 유제품 : 치즈

4. 우유의 살균방법 중 저온장시간살균법(LTLT법)과 고온단시간살균법(HTST법)의 살균조건과 완전하게 살균되었는지 검사하는 시험법은 무엇인지 쓰시오
〈2007-1회, 2008-1회, 2010-2회, 2019-2회〉

- 식품공전상 살균조건

방법 (조건)	살균 온도, 시간
저온장시간 살균법	63~65℃, 30분
고온단시간살균법	72~75℃, 15초~20초
초고온순간살균법	130~150℃, 0.5~5초

- 시험법 : phosphatase test
※ phosphatase : 63~65℃에서 30분간 가열 또는 72~75℃에서 15~20초간 가열 시 완전 불활성 된다. 따라서 phosphatase의 잔류 여부로 살균이 잘 되었는지를 판정할 수 있음

5. 저온살균, 고온살균, 상업적 살균방법과 특징을 쓰시오. 〈2019-3회〉	• 저온살균 : 일반적으로 100℃ 이하로 열처리하는 것, 미생물의 영양세포는 사멸, 포자는 살균 제한 • 고온살균 : 일반적으로 100℃ 이상의 고온으로 열처리하는 것, 대부분의 미생물 살균 가능 • 상업적 살균 : 식품의 맛, 색, 영양가 등의 손실을 최소화하면서, 통상적으로 비냉장의 정해진 소비기한 내에서 미생물의 발육에 의하여 식품의 부패를 일으키지 않을 정도의 온도로 가열살균 또는 멸균시키는 것
6. 지방율 3.5%인 원유 5,000kg을 지방율 0.1%인 탈지유와 혼합시켜 지방 3.0%의 표준화 우유로 만들 때 탈지유의 첨가량을 계산하시오. 답은 정수로 쓰시오. 〈2004-1회〉	• 원유의 지방이 높을 때는 탈지유를 첨가 $$\begin{array}{c} 3.5 \searrow \quad \nearrow 2.9 \\ \quad 3.0 \\ 0.1 \nearrow \quad \searrow 0.5 \end{array}$$ ※ 탈지유 첨가량 = 우유량 × [(원유지방 − 목표지방)÷(목표지방 − 탈지유 지방)] ⇨ 2.9 : 0.5 = 5,000 : x(탈지유 첨가량) ∴ x (탈지유 첨가량) = 862kg
7. 지방율 3.5%인 원유 2,000kg, 탈지유 지방율이 0.1%일 때, 목표 지방율 2.5%로 만들기 위한 탈지유 첨가량을 구하시오. 〈2005-2회, 2006-3회〉	• 탈지유 첨가량 = 우유량 × [(원유지방 − 목표지방)÷(목표지방 − 탈지유 지방)] $$= 2{,}000 \times \frac{(3.5-2.5)}{(2.5-0.1)} = 833.33\text{kg}$$ ※ 피어슨 공식으로 계산해도 결과는 같음 (위의 그림 참조) ⇨ 2.4 : 1.0 = 2000 : x(탈지유 첨가량)

■ 예상문제

1. 우유의 유지방 함량이다. ( )에 알맞은 내용을 쓰시오.

구 분	유지방 함량
일반 우유	( )%
저지방 우유	0.6~2.6% 이하
무지방 우유	( )% 이하

구 분	유지방 함량
일반 우유	3.4%
저지방 우유	0.6~2.6% 이하
무지방 우유	0.5% 이하

5-6. 우유 가공품

1. 연유

1) 우유를 농축시켜 수분함량(87~88% → ½ ~ ⅓수준, 20~40%)을 감소시킨 후, 고온 살균 또는 멸균한 제품을 말한다.

2) 설탕 첨가 여부에 따라 무당연유와 가당연유로 구분한다.

구 분	내 용
무당 연유	• 제조공정 : 원료 우유 → 100℃에서 예비 가열 → 농축 → 균질화 → 밀봉 후 115~120℃에서 10~20분간 가열살균(멸균) • 수분함량 : 73.9% → 고형분 함량이 높아 소화용이, 맛이 고소하며 장기저장 가능
가당 연유	• 원유 + 설탕(16~17%) 첨가 → 수분함량을 27% 이하로 농축한 것 • 우유+설탕 첨가로 삼투압 작용 : 미생물 증식억제, 보존성 향상, 점성 증가, 단맛 부여 • 진공농축법을 주로 이용 → 색, 맛, 향, 영양가 손실 최소화, 풍미 향상

3) **예비 가열(preheating)** : 농축하기 전에 가열살균하는 공정으로 80℃에서 10~15분간(또는 110~120℃에서 가열) 수행한다. 예비 가열의 목적은 미생물 살균, 효소 불활성화로 보존성 향상, 첨가한 당을 완전히 용해, 농축 시 가열 면에 우유가 들러붙는 것을 방지하여 증발 및 제품 농후화를 억제하기 위함이다.

2. 버터

1) 우유 중 지방을 분리하여 크림을 만들고 크림을 처닝하여 응고시킨 다음, 교반 및 연압하여 만든 제품이다. 식품공전 상에서는 버터의 규격을 유지방이 80% 이상(가공 버터는 30% 이상), 수분 18% 이하, 산가 2.8 이하로 정하고 있다.

2) 가공 버터의 제조공정 : 원유 → 크림 분리 → 중화 → 살균 → 크림 발효 및 숙성 → 처닝(churning) → 세척 → 가염 → 연압 → 성형 → 포장[72]

  (1) 크림의 분리 : 원심분리기로 우유를 탈지유와 우유 지방을 함유하는 크림으로 분리한다. 크림 중에는 유지방분이 30~40% 함유되어 있다.

  (2) 중화 : 크림의 산도 규격은 0.2%이다. 산도가 높으면 가열 시 카세인이 응고되어 유지방과 함께 '버터 우유(유청)'로 유출되어 버터 생산량이 적어질 수 있다. 따라서 산도가 0.2~0.3%인 것은 알칼리로 중화해 주어야 한다.

  (3) 살균 : HTST(72~75℃, 15~20초간) 방식으로 살균한다. 살균의 목적은 크림 중에 있는 미생물의 사멸과 지방분해효소를 불활성화시켜 자동산화를 방지하기 위함이다. 살균을 통하여 버터의 안전성과 품질 저하

---
[72] 식약처, 『식품공전해설서』, 2019.1.

를 방지할 수 있다. 살균된 크림은 지방 결정형성을 촉진하기 위해 급속냉각시키며, 40℃ 정도에서 지방 결정화가 시작된다.

(4) 발효 : 스타터로는 스트렙토코커스 락티스 등을 혼합한 종균을 사용한다.

(5) 숙성 : 살균된 크림을 냉각하고 교반할 때까지 10℃ 정도로 유지하는 것으로, 유지방을 결정화하기 위해서 보통 8~13시간 숙성을 한다.

(6) 처닝(churning, 교동) : '버터 천(butter churn)' 장치에 넣어 교반한다. 크림을 처닝하는 이유는 지방 방울과 단백질, 수분 등을 분리시켜 지방 방울들이 서로 뭉치도록 교반해 주는 것이다. 처닝이 끝나면 지방 방울들은 뭉쳐지고, 나머지 물질들은 버터밀크라고 하는 유청이 된다. 처닝이 끝나면 버터 입자와 버터밀크(유청)가 분리되도록 5분 정도 경과 후에 버터밀크는 배출시킨다.

(7) 세척 : 버터 조직에 카세인 응고물 등이 남아 있지 않도록 2회 세척한다. 세척은 버터의 강한 풍미를 약하게 해주며, 소량의 버터밀크만 남게 하여 수분을 조절하는 역할도 한다. 세척 후에는 적절한 양의 소금을 첨가한다.

(8) 연압 : 가염한 버터 덩어리를 롤러 등으로 압력을 가하여 짓이기고, 압착하는 작업이다. 연압을 통하여 버터 내 수분을 제거하고, 남아 있는 수분은 식염과 함께 조직으로 잘 분산되도록 하며, 지방의 결정형성을 억제해 준다. 또한, 조직 내에 있는 공기(기포)를 제거하는 역할도 한다.

3. 치즈

1) 치즈는 전지우유, 탈지유, 크림, 버터 등을 원료로 하여 젖산균, 레닌 효소, 산 등을 첨가해 카세인 단백질을 응고시키고 유청을 제거한 다음, 가열과 가압 등의 처리를 하여 만든 식품이다. 수분함량에 따라 다음과 같이 분류한다.

구 분	연질치즈	반연성 치즈	경질치즈	초경질 치즈
수분함량(%)	80	50~70	40~50	30~50
비 고	까망베르, 브리	고르곤졸라, 블루	체다, 고다, 에멘탈	로마노, 파르메산

2) 제조공정 : 우유 → 살균 → 커드 형성[유산균 접종 → 응유효소 첨가 → 응고(커드) → 커드 절단 → 커드 가열 → 유청 제거] → 가염 → 성형 → 압착 → 숙성(2~8℃) → 포장[73]

(1) 커드의 형성

① 스타터의 첨가 : 스타터는 유산균 종균을 말하는 것으로, 우유가 응고되기 전에 적당한 산을 생성하기 위해 첨가한다. 유산균 종균으로는 Streptococcus lactis(스트렙토코커스 락티스)와 S.cremoris(스트렙토코커스 크레모리스) 등을 혼합하여 사용한다. 유산발효 시간은 보통 20분~120분(2시간)이다.

② 레닌 효소의 첨가 : 카세인의 응고는 치즈 제조 중 가장 중요한 부분으로 주로 레닌 효소를 이용한다. 응유효소 투입 후 30분 정도 정치시켜 커드를 형성시킨다.

---

[73] 식약처, 『식품공전해설서』, 2019.1.

③ 커드의 절단 : 응고된 커드를 일정 크기로 자르면, 표면으로부터 유청이 배출되면서 수축된다. 연질치즈는 수분이 많으므로 크게 절단하고, 경질치즈는 작게 절단한다.

④ 커드의 열탕 가열 및 교반 : 절단된 커드는 가열 시 커드 입자가 서로 뭉치는 것을 방지하기 위해 교반기로 저어 준다. 가열은 일반적으로 40℃에서 한다. 가열 및 교반을 통하여 유청을 제거하고, 수분을 조절한다.

⑤ 유청 제거 : 커드로부터 분리된 유청은 치즈 뱃트 밑에 있는 배수구를 통해서 배출한다.

(2) 가염 : 가염의 목적은 치즈의 풍미 향상 및 보존성을 높이기 위한 것이다. 그 외에도 수분함량 조절, 과도한 유산발효 억제, 미생물에 의한 이상발효 억제 등의 효과도 있다. 가염방법에는 건식법과 습식법이 있다.

(3) 성형 및 압착 : 성형기에 넣고 원하는 크기와 모양으로 치즈를 만드는 과정이다. 수분함량이 적은 경질치즈는 압착하여 유청을 더 배출시킨다.

(4) 치즈의 숙성 및 발효 : 성형과 압착이 끝난 치즈는 딱딱하고 풍미가 없어 일정 기간 숙성시킨다. 치즈는 숙성과정을 통하여 단백질과 지방이 미생물과 효소의 작용으로 분해되어, 부드럽고 특유의 풍미를 갖는 조직으로 변한다. 치즈 숙성 및 발효 시에는 표면에 유해 미생물이 오염되지 않도록 숙성실의 온도 및 습도 관리를 철저히 해야 한다. 숙성 중에 치즈를 오염시키는 곰팡이는 주로 penicillium, aspergillus 속이며, 곰팡이 오염을 방지하기 위해서는 숙성실 내의 위생관리가 필요하다.

4. 아이스크림

1) 유지방 크림에 감미료(설탕), 향료, 유화제, 안정제 및 색소를 섞어 넣어 동결시킨 것으로 조직을 부드럽게 만들기 위하여 공기를 균일하게 혼입하여 제조한 것이다. 보통은 아이스크림 믹스를 얼려서 만든다.

2) **오버런** : 아이스크림의 냉동은 원료를 숙성온도에서 냉동온도까지 낮추면서 원료에 공기를 혼입시켜 아이스크림을 만들어 주는 과정이다.

(1) 아이스크림은 냉동 중에 혼입되는 공기로 인해 부피가 증가하고 중량은 감소한다. 이를 오버런(over-run)이라 한다. 오버런은 아이스크림의 부드러움에 결정적 역할을 하며, over run 수치가 높으면 빨리 녹는다. 오버런은 보통 80~100%가 적당하다.

(2) 냉동은 아이스크림의 부드러움에 많은 영향을 주며, 급속동결해야 얼음 결정의 크기가 작아져 식감이 부드러워진다. 원료 수분 33~67%가 냉동 중에, 나머지는 경화 중에 빙결정이 형성된다.

■ 기출문제

1. 우유 균질화의 정의와 목적 4가지를 쓰시오.
   〈2005-2회, 2006-3회, 2011-1회〉
   - 정의 : 지방구에 기계적 압력을 가하면서 작은 구멍으로 분출시켜 미세한 분자 크기로 균일하게 분산시키는 작업
   - 목적 : 지방 분리 방지, 유화안정성 향상, 균일한 점도, 부드러운 조직감, 지방의 산화 방지

2. 가당연유에 당을 첨가하는 목적과 진공 농축하는 이유를 2가지씩 쓰시오. 〈2013-1회〉
   - 당 첨가 : 미생물 억제 및 보존성 증대, 점성 증가, 단맛 부여
   - 진공 농축 : 낮은 온도에서 농축이 가능하여 영양성분 손실 최소화, 풍미 유지 가능

3. 치즈 제조 시 레닛을 첨가하기 전, 산 응고에 도움이 되는 무기질을 쓰시오. 〈2024-3회〉
   - 칼슘(Ca^{2+})
   ※ 우유의 카세인 단백질에는 칼슘과 인이 함유되어 있다. 단백질(카세인)은 칼슘이나 마그네슘과 같은 금속이온과 반응하면 변성이 촉진된다. 카세인에는 칼슘 이온(Ca^{2+})이 함유되어 있으므로 레닌 효소 첨가 전에 산 응고에 도움이 된다.

4. 치즈 제조 시 가염하는 목적과 방법을 쓰시오. 〈2006-2회〉
   - 가염 목적 : 치즈의 풍미 향상, 보존성 향상, 수분 함량 조절, 과도한 유산발효 억제, 미생물에 의한 이상 발효 억제 등
   - 식염 첨가 방법 : 건식법, 습식법

■ 예상문제

1. 버터의 제조공정 중 크림을 처닝(churning, 교동)하는 목적을 쓰시오.
   - 처닝(churning, 교동) : 지방 방울과 단백질, 수분 등을 분리하고, 분리된 지방 방울들이 서로 뭉치도록 만들어 주기 위한 것

2. 아이스크림 제조공정에서 오버런의 정의에 대하여 간단히 쓰시오.
   - 정의 : 아이스크림의 냉동과정에서 공기를 혼입시켜 부피는 증가하고 중량은 감소하는 현상

제6절 과채류 가공

6-1. 잼류의 가공

1. 당 절임에 의한 저장

1) **식품공전 상 절임류의 정의** : 동식물 원료인 채소류, 과실류, 향신료, 수산물 등의 식품 재료를 주원료로 하여 식염, 식초, 당류 등을 가하여 절이거나 가열한 것으로 그대로 또는 다른 식품을 첨가하여 가공한 식염 절임, 식초 절임, 당 절임 등을 말한다. 분말 제품은 제외된다.

2) **당 절임식품** : 과실 또는 채소를 당액에 넣고 가열하여 조직에 있는 수분을 탈수시키고, 삼투작용에 의해 당을 조직에 침투시킨 것이다. 당절임 식품은 당의 침투로 맛이 향상되며, 식품의 수분활성도 저하, 미생물의 원형질을 파괴시켜 저장성을 향상시킨 제품이다.

3) **특징**

 (1) 삼투압은 분자의 몰(mol)수에 비례하므로 당류의 방부효과는 분자량이 적을수록 높다. 따라서 포도당, 과당은 설탕보다 삼투압이 높다.

 (2) 설탕의 농도가 높아야 재료의 탈수 효과가 높다. 당 절임은 당 함량이 70% 이상이므로 저장성이 좋고, 소금 절임과 다르게 설탕 농도가 높더라도 그대로 식용할 수 있는 이점이 있다.

 (3) 미생물은 당 농도가 50% 이상이 되면 탈수 효과에 의해 생육이 억제되며, 여기에 pH를 낮추는 유기산이나 식초를 첨가하면 저장성은 더욱 좋아진다. 과일잼은 유기산 성분이 함유되어 있어 저장성이 좋은 제품이다.

4) **당 절임을 이용한 가공식품** : 젤리, 마멀레이드, 잼, 설탕 절임 등

 (1) 잼류 : 과일 조각에 설탕을 첨가하여 농축 및 응고시킨 것을 말한다.

 (2) 젤리류 : 과일 주스에 설탕을 첨가하여 농축 및 응고시킨 것으로써, 수분활성도를 낮추어 보존성을 높인 식품이다.

2. 펙틴질(Pectin)

1) 펙틴질은 과육을 구성하는 주요 난소화성 다당체로 펙틴질은 프로토펙틴(protopectin), 펙틴산(pectin acid), 펙트산(pectic acid)을 총칭하는 말이다. 식물 중에 존재하며 줄기, 잎, 뿌리, 과실 등에 많이 함유되어 있다.

 (1) **프로토펙틴** : 펙틴질의 모체를 이루며 물에 녹지 않는 불용성 펙틴질이다. 과실 등이 미숙할 때는 프로토펙틴이 많고, 숙성되면서 펙티나아제 효소에 의해 수용성 펙틴산, 펙트산으로 변하면서 조직이 부드러워진다.

 (2) **펙틴산** : 메틸에스테르(methyl ester)기를 일정 부분 함유하는 폴리갈락투론산을 말한다. 당, 유기산과 함께 젤리를 만들 수 있으며 메톡실기의 함량이 낮은 저메톡시 펙틴산은 금속염과 겔을 만든다.

(3) **펙트산** : 메틸에스테르(methyl ester)기를 포함하지 않는 폴리갈락투론산을 말한다. 칼슘, 마그네슘 등의 금속이온과 젤을 형성한다.

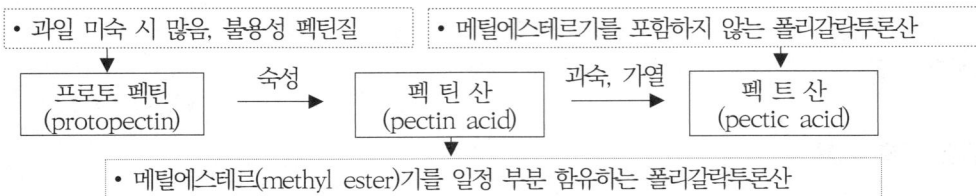

2) 펙틴의 주성분은 갈락투론산이며, D-갈락투론산의 α-1.4 글리코시드 결합으로 이루어진 폴리갈락투론산이다. 펙틴은 과육의 조직감을 유지하는 중요한 역할을 하며, 과일이 성숙해지면 펙티나아제 효소가 펙틴을 분해하여 과일 조직이 연화된다. 펙틴은 젤화제, 응고제, 증점제, 유화안정제 등으로 이용한다.

3. 젤리화(응고원리)

1) 젤리화가 되기 위해서는 <u>펙틴 1.0~1.5%, 유기산 0.3%(pH 3.2~3.4), 설탕 60~67%</u> 등의 조건이 갖춰져야 한다.

(1) Pectin : 젤리를 만들 수 있는 것은 카르복시기(carboxy, -COOH)를 가진 펙틴산이 메틸에스테르(methyl ester)화된 펙틴이다. 메톡실의 함량이 7% 이상인 고메톡실펙틴, 7% 이하인 저메톡실펙틴으로 분류된다.

① **고메톡실펙틴(high methoxyl Pectin)** : 적당한 조건에서 당, 유기산과 함께 젤리를 만들 수 있다. 고메톡실펙틴은 산성 조건인 pH 3.2~3.5에서 50% 이상의 당이 존재하면 펙틴 분자 사이에 수소결합을 통해 젤을 형성한다.

② **저메톡실펙틴 또는 비에스터화된 펙틴** : 해리된 카르복실기와 금속염(Ca^{2+}, Mg^{2+})과 정전기적 상호작용으로 입체적 망상구조를 가진 젤을 형성하려는 성질이 강하다. 이들은 당을 가하지 않아도 금속이온에 의해 젤을 만들 수 있다.

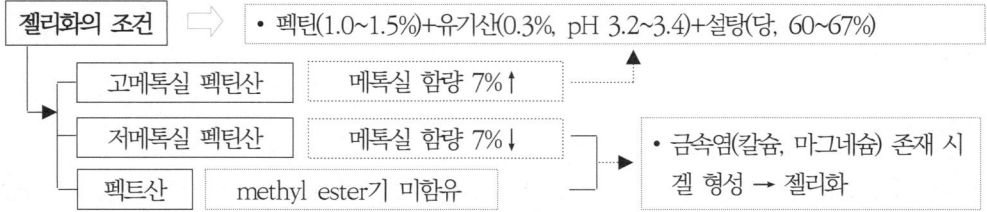

(2) **유기산** : 과일 중에는 사과산, 구연산, 유산 등의 유기산이 들어 있어 더 첨가할 필요는 없지만, 부족하면 첨가해 준다. 젤리화에 가장 적당한 유기산의 함량은 0.3%이며, pH 3.2~3.4 정도가 적당하다. 유기산의 함량보다는 pH가 젤리화에 큰 영향을 미친다. 유기산이 너무 많으면 pH가 낮아지며, pH가 2.8 이하가 되면 펙틴이 변하면서 수분분리현상(syneresis)이 일어난다.

(3) **설탕(당분)** : 젤리화가 되기 위해서는 당의 농도가 60~67% 정도 되어야 한다. 일반적으로 과일에는 포도

당, 맥아당, 설탕, 과당 등 12% 정도의 당 성분이 함유되어 있지만, 이것만으로는 부족하기 때문에 당을 첨가해 준다. 당은 설탕이나 포도당을 이용한다. 당 농도가 과도하게 높으면 젤리화는 잘 되지만, 캐러멜화 등의 현상으로 변색될 수 있고, 당 농도가 50% 이하가 되면 젤리의 품질 및 저장성이 저하된다.

2) **Jelly point (점도측정 방법)** : 젤리나 잼을 농축할 때 겔 상태가 가장 적절한 시점을 말한다. 젤리화에서 젤리 포인트는 매우 중요한데, 젤리화 시점보다 더 가열하면 당 성분이 캐러멜화되어 갈변되고, 젤리나 잼의 색깔 및 맛도 저하된다. 젤리 측정법은 다음과 같다.

(1) 온도계법 : 끓고 있는 농축액에 온도계를 넣어 온도가 105~106℃가 될 때가 적당하다.

(2) 굴절당도계법(Brix meter) : 굴절당도계(브릭스미터)로 농축액의 당도 측정 시 60~65% 정도일 때가 적당한 것이다.

(3) cup test : 농축된 액을 떠서 찬물이 들어 있는 컵 속에 소량 떨어뜨려 밑바닥까지 굳은 채로 떨어지면 젤리화가 적당한 것이다.

(4) spoon test : 스푼으로 농축액을 떠서 들어 올릴 때 젤리 모양으로 은근히 늘어질 때가 적당한 것이다.

4. 젤리의 제조

1) 젤리는 과일류에 함유된 펙틴 등의 성분을 이용하여 만든 당절임 식품이다. 젤리는 과일 주스를 투명하게 만드는 것으로 입자가 부유하지 않도록 청징해야 한다.

2) 제조공정 : 원료 → 조제 → 가열 → 압착(착즙) → 청징 → 첨가(산, 펙틴, 설탕) → 농축 → 담기, 살균, 냉각 → 제품

(1) 가열 및 압착 : 복숭아, 사과 등의 과일을 제핵, 제심, 박피하여 물로 끓인다. 가열은 원료 중에 프로토 펙틴을 분해하여 펙틴을 추출하기 위함이다. 펙틴을 과도하게 가열하면 펙트산으로 변하여 겔화 성질이 저하되고, 청징 조작도 어려워진다.

(2) 청징 : 착즙액이 흐리면 젤리가 투명하지 못하므로, 투명한 과즙을 만들기 위해 청징을 한다. 청징 작업에는 filter press를 주로 이용한다.

(3) 산, 당 및 펙틴의 첨가 : 산이 부족한 경우에는 유기산을 첨가한다. 산의 pH는 3.2~3.4가 적당하다. 펙틴 양이 많으면 당을 적게 첨가해도 젤리화가 가능하지만, 펙틴양이 부족하면 설탕을 많이 첨가해도 젤리화되지 않는다.

(4) 농축 : 젤리는 가용성 고체 성분이 65% 이상 되도록 농축한다. 가열 농축시간이 길어지면 색깔, 향미 손실, 갈변반응, 캐러멜화가 발생하므로 낮은 온도에서 가열하는 진공농축방법을 주로 이용한다.

(5) 담기, 살균 및 냉각 : Jelly point에 도달한 농축액은 살균한 용기에 담아 밀봉하면 가열살균이 불필요하지만, 안전성 측면에서 80~90℃의 온도에서 7~8분간 살균한다.

■ 기출문제

1. 저메톡실 펙틴을 정의하고, 저메톡실 펙틴으로 젤리를 제조하기 위해 필요한 첨가물과 사용 목적을 설명하시오. 〈2019-2회〉

   - 정의 : 메톡실의 함량이 7% 이하인 펙틴
   - 첨가물 : 금속염(Ca^{2+}, Mg^{2+})
   - 목적 : 저메톡실 펙틴은 해리된 펙틴의 카르복실기(-COOH) 분자와 정전기적 상호작용으로 겔을 형성하므로 금속염을 첨가해 준다.

2. 펙틴겔을 형성할 때 설탕을 첨가하여 pH를 낮춰 제조하기도 하지만, pH 높여 제조하는 가공법도 있다. salt bridge를 형성하면서 gel을 형성하는 물질은 무엇인지 고르시오. 〈2023-1회〉

   탄산수소나트륨, 칼슘, 니켈, 수소, 소금

   - 칼슘(Ca^{2+})

3. 최근 비만이 각종 성인병의 원인이 됨이 밝혀짐에 따라 칼로리를 낮춘 식품개발에 관심이 모아지고 있다. 통상 잼은 50% 이상의 당을 첨가하여 제조하는 고칼로리 식품이므로 소비를 기피한다. 복숭아를 사용하여 열량이 낮은 저칼로리 잼을 만들 때 꼭 필요한 부재료 2가지를 쓰시오. 〈2009-1회〉

   - 저메톡실펙틴, 금속염(Ca^{2+}, Mg^{2+})

4. 잼 제조에서 젤리화에 필요한 3가지 요소와 당도계 측정법 이외에 젤리점(젤리화의 완성점)을 확인하는 방법 3가지를 쓰시오. 〈2021-3회〉

   - 젤리화 요소 : 펙틴(1.0~1.5%), 유기산(0.3%, pH 3.2~3.4), 설탕(60~67%)
   - 젤리점 확인방법 : 컵법, 스푼법, 온도계법

■ 예상문제

1. 젤리 제조 시 농축을 실시한다. 이때 농축시간이 길어지면 식품에 미치는 영향은 무엇이며, 이를 방지하기 위한 농축방법이 무엇인지 쓰시오.

   - 영향 : 제품의 색깔, 향미 손실, 갈변반응, 캐러멜화가 발생
   - 농축법 : 진공농축방법

6-2. 과일음료(주스, 농축주스)

1. 정의 및 종류

1) 과일음료는 과일을 압착하여 착즙한 것으로, 식품공전에서는 '과일을 주원료로 하여 가공한 것으로 직접 또는 희석하여 음용하는 주스, 농축액'으로 정의하고 있다.[74]

종 류	내 용	함량 비율(%)
천연과일주스	천연에서 착즙한 그대로의 농도를 갖는 주스	95% 이상
농축과일주스	천연 과즙 주스를 농축한 것	50% 이하로 농축
분말과일주스	농축 과일주스를 건조하여 분말 상태로 한 것	농축주스 분말화
과일 음료	과일주스에 당분이나 향료 등의 첨가물을 넣어 가공한 것	10% 이상

2) 천연과실주스 : 청징 주스(사과, 배, 포도 주스 등), 청징하지 않은 주스(오렌지, 파인애플, 토마토주스 등)

3) 농축과실주스 : 농축은 향미 손실을 최소화하기 위하여 진공농축 또는 동결농축법을 이용한다.

2. 과일주스

1) 주스류는 젤리 제조공정과 다르게 가열 후 착즙하지 않고, 원료로부터 바로 착즙한다. 또한, 과일 주스는 향미, 색상, 비타민 C의 손실을 최소화하기 위해 반드시 공기 제거 공정이 필요하다.

2) **제조공정** : 원료 → 세척 및 선별 → 착즙 → 청징 → 탈기 → 저온살균 → 담기, 밀봉, 냉각

　(1) 원료 : 과일주스는 과일 특유의 향기, 색상 유지와 비타민 C가 풍부해야 하므로, 적당히 성숙하고 신선도가 좋은 과일을 선택한다.

　(2) 세척 및 선별 후 과즙 추출 : 세척하여 이물을 제거하며, 추출률 향상을 위해 절단하여 착즙하며, 착즙은 압착기 또는 스크루프레스를 이용한다.

　(3) **청징** : 현탁액의 침전물이나 콜로이드 입자를 제거하여 맑은 용액을 얻기 위해 실시하는 공정이다. 여과포, 플라스틱 여과재를 사용하여 압착하거나 마이크로필터를 사용하여 정밀 여과한다.

　　① 사과, 포도, 배 주스 등은 여과하더라도 펙틴이나 콜로이드성 고분자물질 등으로 인하여 혼탁한 경우가 많아 중화시켜야 깨끗한 액을 얻을 수 있다. 이들을 제거하기 위해 콜로이드 입자와 반대 부호를 가진 전해질을 사용하여 중화 및 응고시키거나, 70~80℃ 정도로 가열하여 단백질을 응고시켜 여과하는 방법, 탈수에 의한 콜로이드 파괴 등의 방법이 사용된다.

　　② 청징제로는 난백, 젤라틴, 탄닌, 카세인, pectinase, 규조토, 산성백토, 활성탄소 등을 이용한다.[75]

　　③ 과일 주스류 제조 시 금속이온은 비타민 C 산화를 촉진하여 손실시키거나 폴리페놀계, 안토시아닌계 색

---

74) 식약처, 『식품공전 해설서』, 2019.1.
75) 한국식품과학회, 『식품과학기술대사전』, 광일문화사, 2008.4.10.

소와 접촉 시 변색되므로 플라스틱 용기나 스테인리스 용기를 사용한다.

(4) **탈기** : 착즙한 과일에는 많은 공기가 함유되어 있어 주스의 품질을 저하시키므로 이를 제거해 주어야 한다. 탈기의 목적은 다음과 같다.
① 비타민 C의 손실 방지, 향미 성분 및 색소 성분의 산화 방지로 품질 유지
② 호기성 세균의 증식억제를 통한 저장성 향상
③ 용기에 충전 시 거품 생성 방지
④ 통조림 주스 제조 시, 관 내부의 부식방지

(5) **살균** : 탈기한 과일 주스는 보존성을 높이기 위하여 가열 살균한다.
① 가열살균은 살균온도가 높고 살균시간이 길수록 미생물의 사멸에 유리하지만, 온도가 높을수록 주스의 영양분 손실도 발생하므로 가열온도와 시간은 과일주스의 pH에 따라 적절한 살균방법을 선택한다.
② 가열살균 온도 : 과일주스의 pH가 4.6 이하이면 100℃ 이하로 살균하고, pH가 4.6 이상의 저산성 주스일 경우에는 100℃ 이상으로 살균하여야 한다.
③ 과일주스의 가열살균은 향미, 색깔, 비타민 C의 손실 최소화를 위해 일반적으로 85~95℃의 온도에서 10~60초간 살균하는 순간살균법을 적용한다.

(6) **담기, 밀봉 및 냉각** : 살균과정이 종료되면, 용기에 담아 밀봉 후 냉각하여 제품화한다. 살균, 담기, 밀봉과정은 무균실에서 무균 포장하는 것이 보존성에 유리하다.

3. 농축과실주스

1) **농축과일주스** : 천연주스를 진공 또는 동결 농축하여 50% 수준까지 고농도로 만든 것

(1) 농축이란 수분함량이 많은 액상 식품의 수분을 제거하여 고형분의 농도를 높이는 것을 말한다. 농축의 목적은 수분을 제거하여 보존성 향상하기 위함이다.

(2) **제조공정** : 원료 → 세척 및 선별 → 착즙 → 청징 → 탈기 → 농축(진공 농축, 동결농축) → 향 첨가(진공 및 동결농축 후 얻은 향기 첨가) → 밀봉, 냉각, 포장

(3) 농축방법은 진공농축 또는 동결농축방법을 사용하는데, 이것은 향미, 색깔의 변화, 비타민 C의 손실을 최소화하기 위한 것이다.

2) **과일주스의 향미손실 방지**

(1) **진공농축법** : 농축기 안의 압력을 740mmHg 정도로 낮추면, 30~40℃의 낮은 온도에서도 가열 증발이 가능하므로 품질의 변화를 최소화시킬 수 있다. 진공상태에서 주스를 가열하면 물과 함께 향기가 가장 먼저 증발되면서 농축된다. 이 증발된 증기 안에는 방향성 물질이 함유되어 있으므로, 이를 회수하여 응축기로 응축하여 방향성 액체로 만들어준다. 이를 다시 원액에 첨가하면 향미의 손실을 최소화할 수 있다.

(2) **동결농축** : 과일주스를 얼리면, 주스 내에 있는 물이 먼저 빙결되기 시작하면서 용질의 농축이 이루어진다. 여기서 얼음 결정을 제거하면 농축된 액을 얻을 수 있다. 빙결점 이하의 낮은 온도에서 농축되므로 향기 성분, 비타민 C의 손실을 최소화할 수 있다.

4. 청징하지 않은 주스

1) **제조공정** : 원료 → 세척 및 선별 → 착즙 → 혼합 및 가당 → 공기 제거 → 껍질의 방향유 제거, 살균 → 담기, 밀봉 및 저장

2) **오렌지주스** : 오렌지, 파인애플, 토마토주스 등은 색소 안에 향미도 포함되어 있으므로 청징하지 않은 주스로 만들어 섭취한다. 착즙 후에는 당도를 맞추기 위해 여러 가지 주스를 혼합하거나 설탕과 같은 첨가물을 혼합한다.

3) **감귤주스** : 감귤에는 플라보노이드 색소인 헤스피리딘(hesperidin)이 껍질의 과육과 하얀 부분에 1.5~3% 포함되어 있으며, 미숙과에 많고 녹색 채소에도 포함되어 있다. 비타민 P인 헤스피리딘은 동맥경화와 고혈압 예방, 폐출혈과 동상, 치질, 감기 치료에 효과가 있다.

(1) 주스를 만들기 위해 외피는 85~90℃에서 1~2분 또는 끓는 물에서 10초 처리하면 쉽게 박피된다. 속껍질은 산알칼리 박피법으로 1~3%의 염산액에서 1~2시간 침지 후 물로 세척한 다음, 1%의 NaOH 용액에 15~20분 침지한 후, 물로 세척한다.

(2) 감귤을 이용한 통조림을 만들 때, 혼탁되는 원인은 헤스피리딘(hesperidin)이 결정화되어 석출되기 때문이다. 이를 방지하기 위해서는 hesperidinase 첨가, 헤스피리딘 함량이 적은 품종 선택, 잘 익은 감귤 선택, 물로 완전 세척(6~16시간), 내용물이 변질되지 않을 만큼 가열, 당도 높은 당액을 사용하는 것이 좋다.

6-3. 허들 테크놀로지, 최소가공

1. 허들 테크놀로지(Hurdle Technology)

1) **정의** : 허들테크놀로지는 식품 안전에 영향을 미치는 요소에 대하여 열을 가하지 않고, 미생물이 생육할 수 없도록 여러 가지 제어 기술을 적용하는 것을 말한다.

(1) 식품에 존재하는 세균이나 미생물을 직접 사멸시키는 것이 아니라, 미생물의 생육조건인 영양분, 온도, 수분, pH 등을 여러 가지 물리적, 화학적, 비가열처리 기술 등을 조합하여 저해하는 환경을 만드는 것이다. 비가열처리기술, 항균성 물질 등이 주로 활용된다.

(2) 장점 : 식품 중에는 가열처리를 할 경우 영양분의 손실, 텍스처 등의 손상으로 식품의 가치가 저하되는 것이 있다. 이러한 것을 보완하기 위하여 허들테크놀로지 방법을 적용한다.

2) **허들 테크놀로지 적용 기술**

(1) 고전압 펄스 자기장 : 고전압을 이용한 자기장 형성을 통해 살균하는 방법
(2) 방사선 조사법 : 일정량의 방사선을 조사하여 미생물을 사멸하는 방법
(3) 광 펄스 살균 : 자외선 등으로 유기물을 분해하거나 살균 등의 효과를 나타낸다.

(4) 오존 살균법 : 오존을 이용하여 미생물을 살균하는 방법

(5) 천연항균물질 : 박테리오신(미생물이 만들어 내는 항균물질) 등으로 살균하는 방법

2. 최소가공(minimal processing)

1) **최소가공식품** : 수확 당시의 신선도를 최대한 유지한 상태로 하나 또는 그 이상의 작물을 최소한의 수준에서 가공하여 소비자에게 유통되는 식품이다. 편의식품 중에서 신선편의식품인 새싹 채소, 야채 샐러드 등이 대표적이다.

2) **편의식품** : 소비자가 별도의 조리과정 없이 섭취할 수 있도록 제조, 가공, 포장한 식품을 말한다. 즉석섭취식품, 신선편의식품, 즉석조리식품, 간편조리세트 등이 있다.

   (1) **신선편의식품** : 신선한 농산물을 단순 가공(세척, 박피, 절단)하여 그대로 섭취할 수 있도록 포장하여 판매하는 식품을 말한다. 샐러드, 새싹류 등이 있다.

   (2) **간편조리세트** : 조리되지 않은 손질된 농축수산물과 가공식품 등 조리에 필요한 정량의 식재료와 양념, 조리법으로 구성되어 있으며, 제공되는 조리법에 따라 소비자가 가정에서 간편하게 조리하여 섭취할 수 있도록 제조한 제품을 말한다. 밀키트라고도 한다.

3) **최소가공식품의 장점** : 소비자의 이용 편리성, 균일하고 일정한 품질의 농산물 공급, 신선한 식품의 구매 및 섭취 편리성, 전처리를 통한 손실의 최소화, 쓰레기 발생량 감소 등

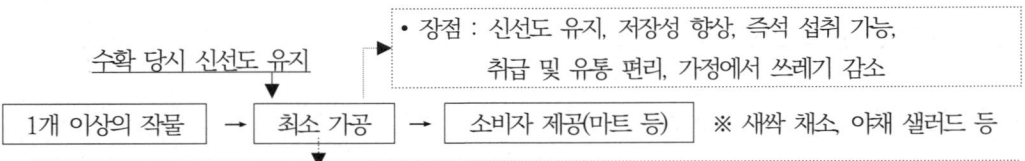

♣ 토마토 가공
1. 토마토 퓌레 : 토마토를 으깨어 껍질, 씨 등을 제거한 과육과 액즙을 졸인 것
2. 솔리드팩(solid pack) : 토마토 가공 시 토마토의 꼭지만 제거하고 통조림을 만든 것
   1) 퓌레 농축 공정 : 농축은 저온 단시간 하는 것이 좋고, 농축 초기에 거품이 발생하기 쉬우므로 면실유, 올리브유, 물 등을 첨가하여 거품을 제거해 준다.
   2) 토마토 가공 시 염화칼슘 첨가 이유 : 성숙한 토마토는 통조림 제조 시 육질이 연하여 뭉개지기 쉬우므로 이를 방지하기 위하여 소금을 첨가한다. 소금에 함유된 칼슘은 펙틴산과 반응하면 겔을 형성하여 토마토의 단단함을 유지해 준다.

■ 기출문제

1. 과일주스의 청징제 4가지를 쓰시오. 〈2005-3회〉
   - 난백, 젤라틴, 탄닌, 카세인, 규조토, 산성백토, 펙틴분해효소(pectinase), 활성탄소 등

2. 사과주스 제조공정에서 여과와 청징을 목적으로 80℃로 가열하고, 펙틴 분해를 하기 위하여 pectinase를 첨가하였으나 청징 효과를 얻지 못하였다. 공정상의 원인을 쓰시오
   〈2007-2회, 2022-1회〉
   - 청징 효소인 pectinase는 80℃의 온도에서 불활성화되므로, 청징 효과를 얻기 어렵다.
   ※ pectinase는 40℃ 정도에서 활성화를 나타냄

3. 감귤 통조림 제조 시 발생되는 혼탁의 원인물질과 방지법 2가지를 쓰시오. 〈2006-1회〉
   - 원인물질 : 헤스피리딘(hesperidin)
   - 방지 방법 : hesperidinase 첨가, 헤스피리딘 함량이 적은 품종 선택, 완전히 익은 제품 선택, 물로 완전 세척(6~16시간), 내용물이 변질되지 않을 만큼 가열, 당 농도가 높은 당액 사용

4. 토마토 퓌레의 정의와 제조공정 중 열법에 대해 설명하시오. 〈2011-2회〉
   - 정의 : 선별한 토마토를 거칠게 분쇄한 과육과 즙액인 토마토펄프를 농축시킨 것
   - 퓌레 제조공정
     ① 열법 : 토마토를 삶아서 껍질과 씨를 제거하고 농축시킨 것. 가열에 의해 산화효소, 펙틴분해효소가 파괴되고 프로토펙틴이 펙틴으로 변하며, 펙틴질과 검질 등이 용출되어 점조도를 높여 주어 좋은 펄프를 얻을 수 있다.
     ② 냉법 : 토마토를 씻어서 꼭지를 제거하고 열처리 없이 주스 추출기를 이용하여 추출하는 방법. 씨를 이용할 수 있고, 향이 있는 펄프를 얻을 수 있으나 비타민 C의 파괴, 펙틴의 분해로 품질 좋은 펄프를 얻기 어렵다.

5. Hurdle technology(combined technology)의 정의와 장점, 그리고 예를 2가지 쓰시오
 〈2012-2회, 2016-3회, 2020-2회, 2024-1회〉

- 정의 : 식품에 존재하는 세균이나 미생물을 직접 사멸시키는 것이 아니라, 미생물의 생육조건인 영양분, 온도, 수분, pH 등을 여러 가지 물리적, 화학적, 비가열처리 기술 등을 조합하여 저해하는 환경을 만드는 것
- 장점 : 영양분 손실 최소화, 텍스처 보존, 비가열 처리, 이용의 편리성
- 예 : 고전압 펄스전기장, 방사선 조사법, 광펄스 살균, 박테리오신 활용, 오존살균 등

6. 당도가 12Brix인 복숭아 시럽 5,000kg에 75Brix 시럽을 첨가해 12.4Brix 복숭아 시럽으로 만들려고 한다. 75Brix 시럽을 얼마나 추가해야 하며, 12.4Brix로 맞춰서 240mL 캔을 매분 당 200캔 생산할 때 소요되는 시간을 구하시오. (단, 비중은 1.0408)〈2012-2회, 2019-2회〉

- $(5{,}000\text{kg} \times 0.12) + (x \times 0.75) = (5{,}000\text{kg} + x) \times 0.124$

  $\Rightarrow 600 + 0.75x = 620 + 0.124x \quad \Rightarrow \quad x(\text{시럽 추가량}) = 31.95\text{kg}$

- 소요 시간은

  $(5{,}000+31.95)\text{kg} \times \dfrac{1캔}{(240 \times 1.0408)\text{g}} \times \dfrac{1분}{200캔}$ ※ 중량(무게) = 부피(체적) × 비중

  $\Rightarrow 5{,}031.95\text{kg} \times \left(\dfrac{1캔}{249.792\text{g}} \times \dfrac{1{,}000\text{g}}{1\text{kg}} \right) \times \dfrac{1분}{200캔} = 100.7분$

■ 예상문제

1. 과일주스의 향미 손실을 방지하기 위한 농축방법 2가지를 쓰시오

- 진공농축법, 동결농축법

2. 토마토의 solid pack 가공 시 칼슘염을 첨가하는 주된 이유를 쓰시오 〈필기 기출〉

- 성숙한 토마토는 통조림 제조 시 육질이 연하여 뭉개지기 쉬우므로 이를 방지하기 위하여 소금을 첨가한다. 소금에 함유된 칼슘은 펙틴산과 반응하면 겔을 형성하여 토마토의 단단함을 유지해 준다.

제7절 유산균, 발효식품

7-1. 발효와 효모의 특성

1. 발효

1) 사람이나 미생물은 대사과정을 통하여 에너지를 획득하여 생명 활동을 유지해 간다. 발효는 산소가 없는 환경에서 에너지를 만드는 대사과정으로 포유동물, 모든 생물에서 일어나는 공통적인 대사방식이다.

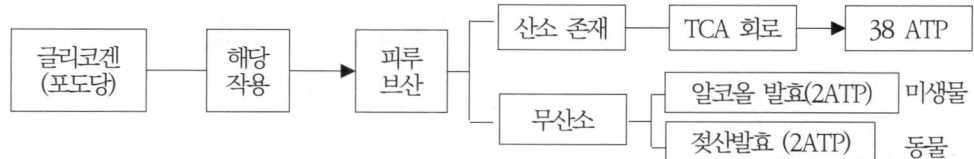

2) **발효와 부패** : 2가지 모두 미생물(효모나 세균)이 유기물을 분해하는 것이다.

   (1) 발효 : 미생물이 유기물을 분해하여 사람에게 유용한 산물을 생산하는 것을 말한다.

   (2) 부패 : 미생물에 의해 식품과 같은 유기물이 썩는 것으로 미생물이 인체에 해로운 물질을 만들어 내는 것을 말한다.

3) **발효에 이용되는 미생물** : 식품의 발효는 인간이 섭취하더라도 해롭지 않은 미생물들이 사용되며, 주로 유산균, 효모, 황국균, 바실러스 세균 등이 있다. 호기적 발효와 혐기적 발효가 있다.

   (1) 호기적 발효 : 유기산 발효(곰팡이, A. niger 등), 초산 발효(초산균), 유기화합물 + 산소 → 불완전 산화를 받는 반응

   (2) 혐기적 발효 : 알코올 발효(효모), 젖산(유산)발효 : 에너지를 공급하는 산화환원반응

2. 효모(Yeast)의 특징

1) 진핵세포로 된 고등 미생물로서 주로 출아법에 의해 증식하는 진균류를 총칭한다. 효모는 통성혐기성균으로 산소와 관계없이 생육이 가능하지만, 산소가 있으면 더 잘 생육한다.

   (1) 야생효모(wild yeast) : 자연계에서 분리한 그대로의 효모

   (2) 배양효모(culture yeast) : 효모를 순수 분리하여 목적에 맞게 배양한 효모

2) 특징

   (1) 혐기적 조건에서 당액에 효모를 배양하면 발효대사를 통하여 알코올과 탄산가스를 생성한다. 이와 같이 효모는 발효력이 강하여 술, 빵, 된장, 김치 등의 제조에 널리 이용된다.

   (2) 효모의 알코올 발효 반응식 : $C_6H_{12}O_6$(포도당) → $2C_2H_5OH + 2CO_2 + 58kcal(2ATP)$

(3) Saccharomyces 속 효모는 발효력이 강하여, 맥주 양조에 활용된다. 상면효모인 사카로미세스 세리비시아(Saccharomyces cerevisiae)와 하면효모인 Saccharomyces calsbergensis(사카로미세스 칼스버겐시스)가 있다.

3. 맥주효모

구 분	상면효모	하면효모
내 용	• 맥주가 발효 시 발생하는 이산화탄소에 의해 발효액 표면 거품 위에 생성되는 효모	• 당액을 알코올 발효할 때, 거의 가라앉거나 초기의 왕성한 발효가 끝나면 용기 바닥에 침전하는 효모
배 양	• 액면 위에 부상하여 발효액이 혼탁함 • 균체가 균막을 형성함	• 바닥에 침전하여 발효액이 투명 • 균체가 균막을 형성하지 않음
발효온도	• 10~25℃	• 5~10℃
발효속도	• 빠름, 상온	• 완만함, 저온
이산화탄소	• 많음	• 적음
저장 기간	• 단기간	• 장기간
균주	Saccharomyces cerevisiae (1) 영국의 에딘베르 맥주 공장에서 분리된 효모 (2) 세포는 구형 또는 난형. (3) 포도당, 맥아당, 갈락토스, 설탕은 발효하지만, 유당 발효는 못함 (4) 맥주, 포도주, 탁주, 제빵 등에 이용	Saccharomyces calsbergensis (1) 덴마크 칼스버그 맥주 공장에서 분리된 효모 (2) 비타민 B6, 판토텐산을 정량하는 미생물로 이용 (3) 독일, 미국, 일본, 한국 등의 맥주 양조에 사용

7-2. 유산균의 종류 및 특성

1. 정의 및 유산균의 분류

1) 발효는 혐기적 조건에서 당을 분해해서 에너지를 얻는 대사과정으로 발효과정에서 생성물은 유기산, 탄산가스 또는 알코올 등이 생긴다. 발효는 효모와 세균에 의해 일어난다. 유산발효는 가장 간단한 형태의 발효로서 세균이나 미생물이 유당을 분해하여 다량의 유산을 생성하는 것을 말한다.

2) <u>유산균(Lactic acid bacteria, LAB)의 분류</u>

  (1) 정상(동종)발효 유산균 : 포도당을 발효하여 유산만을 생성하는 발효를 말한다. 연쇄상구균(Streptococcus)과 Pediococcus 속 등이 있다.

  (2) 이상(이종)발효 유산균 : 포도당을 발효하여 유산, 알코올, 탄산가스 등을 생성하는 발효를 말한다.

Leuconostoc 속, Lactobacillus 속(락토바실러스 속), 비피도박테리움 속 등이 있다.

3) 식품에서 유산균의 역할 및 활용

(1) 식품에서 유산이 생성되면 pH가 낮아져, 유해 미생물의 생육이 억제되어 보존성이 높아진다.

(2) 생성된 유기산은 식품에서 신맛을 나게 하며, 간장 등에서는 풍미를 주고 유제품(치즈 등)에서는 diacetyl (디-아세틸) 등의 방향 물질을 생성한다.

(3) 발효 시에는 생육이 빠른 구균(스트렙토코커스, 류코노스톡 등)이 먼저 증식하여 유산을 생성하고, 이후에 간균(락토바실러스 등)이 증식하여 충분한 산을 생성한다.

(4) 유산균은 장내에서 유해균을 억제하는 프로바이오틱스의 역할을 한다.

(5) 유산균을 이용한 식품에는 치즈, 버터, 요구르트, 유산균 음료, 술, 간장, 김치 등으로 매우 다양하게 활용되고 있다. 일부 유산균은 육류, 소시지, 햄 등의 표면에 점질물을 생성하고 악취의 원인이 되기도 한다.

2. 유산균의 종류 및 특성

유산균 종류		내 용
Streptococcus thermophilus (스트렙토코커스 써모필러스)	특성	(1) 그람양성, 미호기성 (2) 연쇄상구균 (3) 자연계에 널리 분포, 사람, 동물의 피부, 구강에 존재
	발효형식	(1) 정상발효 (유산만 생성)
	생육적온	(1) 40~45℃
	이용	(1) 발효유 제조(+Lactobacillus bulgaricus) : 디-아세틸을 생성하여 향미 부여 (2) 치즈 제조(+Lactobacillus bulgaricus) : 점질물 생성하여 점성 증진
Leuconostoc mesenteroides (류코노스톡 메센테로이드)	특성	(1) 그람양성 (2) 구균 (3) 식물 외피에 분포
	발효형식	(1) 이상발효 (유산+알코올+탄산가스 생성)
	생육적온	(1) 21~25℃
	이용	(1) 김치제조 : Leuconostoc mesenteroides가 초기 발효 주도 → Lactobacillus plantarum는 나중에 발효 (2) Dextran 제조(혈장 대용품), 파이프를 막는 유해균으로 작용
Lactobacillus bulgaricus (락토바실러스 불가리쿠스)	특성	(1) 그람양성, 미호기성 (2) 생육조건 까다로워 비타민, 아미노산 요구성이 있음
	발효형식	(1) 포도당, 유당을 가장 잘 발효 (2) 유산균 중 산의 생성이 가장 빠름
	생육적온	(1) 40~45℃
	이용	(1) 발효유 제조(+Streptococcus thermophilus) (2) 치즈 제조(+Streptococcus thermophilus)

3. 스타터(starter)

1) 발효 유제품 : 스타터란 유제품(치즈, 버터, 발효유 등)에서 산을 생성하거나 신맛을 내기 위해 사용되는 미생물을 배양(종균)한 것을 말한다.

　(1) **발효유용 스타터** : 대부분 유산균(락트산균)이며, 보통 탈지유로 배양하여 우유 또는 크림에 접종해서 번식시킨다. 사용하는 락트산균은 Lactobacillus bulgaricus, Streptococcus lactis, S. thermophilus 등이다.

　(2) **치즈 스타터** : Streptococcus lactis(스트렙토코커스 락티스)와 S.cremoris(크레모리스) 등이 사용된다.

2) 알코올 공업 : 알코올 공업에서 스타터는 발효의 촉진을 위해 순수하게 배양한 효모를 말한다. 쌀코오지 스타터는 Aspergillus oryzae, Aspergillus niger 등이 주로 사용된다.

■ 기출문제

1. 포도주 발효 방법 2가지를 쓰시오 〈2006-2회〉

   - 과실에 부착된 야생효모를 이용하는 방법
   - 과실 원료를 멸균시킨 뒤 순수 배양한 배양효모(스타터)를 사용하는 방법

2. 치즈 스타터(starter)의 개념과 대표적인 스타터 유산균 2가지를 쓰시오. 〈2006-1회〉

   - 개념 : 유제품(치즈, 버터, 발효유 등)의 제조과정에서 산을 생성하거나 맛을 내기 위해 사용되는 미생물을 배양(종균)한 것
   - 치즈 스타터 : Streptococcus lactis(스트렙토코커스 락티스)와 S.cremoris(크레모리스) 등
   - 발효유용 스타터 : Lactobacillus bulgaricus, Streptococcus lactis, S. thermophilus 등

3. 다음에 해당하는 Starter를 2가지씩 쓰시오. 〈2011-1회〉
   1) 요구르트 :
   2) 쌀 코오지 :

   ① 요구르트 : Lactobacillus bulgaricus, Lactobacillus casei
   ② 쌀 코오지 : Aspergillus oryzae, Aspergillus niger

4. 전통적인 미생물 발효조에서는 교반과 통기가 필요하다. 발효조의 필수장치 3가지를 쓰시오 〈2005-1회〉

   - 발효조 : 미생물을 배양하여 목적하는 미생물 균체, 단백질, 효소 등을 대량 생산하기 위한 장비
   - 필수장치
     ① 교반기(agitator) : 주입된 공기를 효과적으로 혼합하는 장치
     ② 공기분사장치(air sparger) : 공기주입을 위한 장치
     ③ 방해판(baffle plate) : 유입된 공기의 효율 증대를 위한 장치
     ④ 냉각 및 가열 장치

5. 정상젖산발효와 이상젖산발효의 차이점을 생산물 위주로 적고, 김치 포장의 팽창 현상을 일으키는 미생물과 원인물질을 쓰시오. 〈2017-2회〉

- 정상(동종)발효 유산균 : 포도당을 발효하여 유산만 생성
- 이상(이종)발효 유산균 : 포도당을 발효하여 유산, 알코올, 탄산가스 등을 생성
- 김치 포장의 팽창 미생물 : Leuconostoc mesenteroides
- 원인물질 : CO_2

■ 예상문제

1. 식품에서 유산균의 역할 2가지와 대표적인 발효식품 2가지를 쓰시오.

- 역할 : pH를 낮춰줌으로써 유해 미생물의 생육을 억제하여 보존성 향상, 신맛 생성, 간장 등에서는 풍미, 치즈에서는 방향 물질 생성
- 대표적 식품 : 치즈, 버터, 요구르트, 유산균 음료, 술, 간장, 김치 등

2. 맥주효모와 관련된 내용 중 ( )에 알맞은 내용을 쓰시오. 〈필기 기출〉

(①)	(②)
• 맥주가 발효 시 발생하는 이산화탄소에 의해 발효액 표면 거품 위에 생성되는 효모	• 당액을 알코올 발효할 때, 거의 가라앉거나 초기의 왕성한 발효가 끝나면 용기 바닥에 침전하는 효모
발효온도 (③)	발효온도 (④)

① 상면효모
② 하면효모
③ 10~25℃
④ 5~10℃

7-3. 술의 발효 및 제조

1. 개요 및 정의

1) 술은 곡류 또는 과일류를 발효시켜 만든 것으로 곡류인 쌀, 보리, 밀 등에 있는 전분 성분을 발효시키는 것이고, 과일류는 과일에 함유된 당질을 효모로 발효시켜 알코올로 만드는 것이다.

2) 당 성분의 발효과정은 다음과 같다.

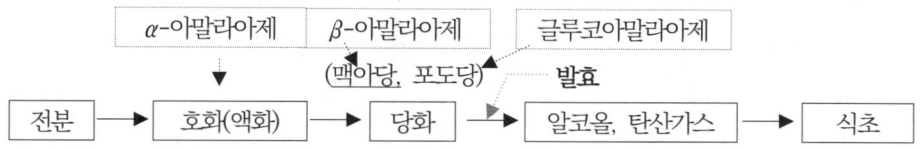

3) **단발효** : 당분을 다량 함유하고 있어 별도의 당화과정 없이 발효로만 술이 되는 발효를 말한다.

4) **복발효** : 곡물, 탄수화물 등을 이용하여 당화를 시킨 다음, 발효하여 술을 만드는 것을 말한다.
   (1) 단행 복발효 : 당화과정 → 알코올 발효를 순서대로 진행하는 발효. 맥주 제조 시 이용된다.
   (2) 병행 복발효 : '당화과정 + 알코올 발효'가 동시에 일어나는 발효. 탁주 제조 시 이용된다.

2. 술의 종류 (제법 상에 따른 분류)

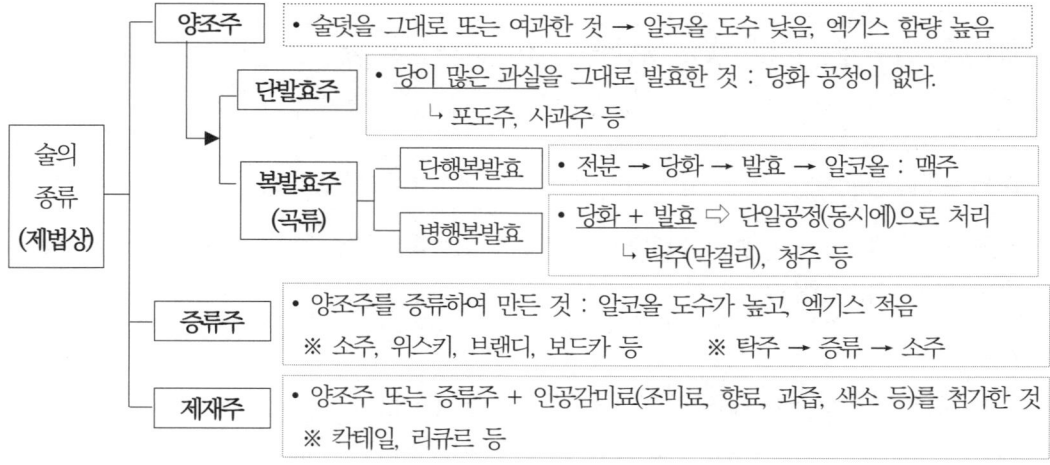

3. 알코올 발효의 수율 계산

1) 당(전분) 발효 시에는 에탄올(95%), 메틸알코올(4%), 퓨젤유(0.5%)가 생성된다. fusel oil(퓨젤유)란 알코올 발효 시 에탄올에 수반하여 생기는 고급알코올을 주성분으로 하는 혼합물(주성분 : 이소아밀알코올, 프로필알코올, 이소부탄올)을 말한다. 술의 향기, 과음 후 두통, 현기증 원인물질로 알려져 있다.

2) 포도당을 원료로 주정 발효를 할 때, 화학식은 다음과 같다.

(1) 포도당($C_6H_{12}O_6$) → 에탄올($2C_2H_5OH$) + 이산화탄소($2CO_2$)

(2) 포도당 → 알코올의 수율은 분자량 계산을 통해서 산출한다. 즉, '포도당 분자량(180.16) → 에탄올 분자량(2 × 46.07 = 92.14) + 이산화탄소 분자량(2× 44.01 = 88.02)'이 생성된다.

3) 수율

(1) 발효과정에서 수율 : 수율이란 합성, 정제, 회수 등의 공정에서 최종적으로 나온 물질의 양을 말하며, 발효공정에 투입된 단위 원료량에 대한 생산물량을 말한다.

(2) 수율 계산 : <u>180.16 (100%) → 92.14 (51.14%) + 88.02 (48.86%)</u> ⇨ 포도당에서 생성되는 알코올의 이론적 수율은 <u>51.14%</u>이다.

4. 포도주의 품질특성(품질 결정 요소)

1) 포도주의 품질은 원료인 포도의 품질특성과 양조방법에 따라 많은 차이가 발생한다. 즉, 포도의 품질은 포도가 재배되는 자연조건인 토양, 기온, 강수량, 일조시간 등과 재배 방법, 양조방법에 따라서 포도주의 품질이 결정된다. 여기서 <u>포도 재배 및 포도주 생산지역의 토양, 기후, 강우량, 바람, 지형 등과 같은 자연적 요소들을 통칭하여 '떼루아(Terroir)'</u>라고 한다.

2) **와인의 품질특성** : 좋은 품질의 포도주를 생산하기 위해서는 포도의 당도가 높아야 하고, 향기와 산도가 높아야 한다.

3) **인적 요소** : 자연적인 조건과 더불어 제조하고자 하는 포도주의 특성에 따라 포도 종류의 선택, 수확 시기, 수확량, 숙성 정도, 양조기법 등을 잘 적용해야 양질의 포도주를 만들 수 있다.

5. 적포도주 제조공정

1) <u>포도주 제조공정</u> : 포도 - 제경 - 파쇄 - 아황산 첨가 및 과즙 조정 - 주발효 - 압착 - 즙액 - 후발효 - 앙금 제거 - 저장 - 제품

2) 주요 공정

(1) 제경 : 포도송이에서 줄기와 포도알을 분리하는 과정을 말한다.

(2) 파쇄 : 포도알은 가볍게 압착하여 포도주에 쓴맛이 나지 않도록 파쇄한다.

(3) **아황산 첨가, 과즙조정**

① **아황산 첨가 이유** : 자연 발효는 유해 세균에 의하여 포도주의 품질을 저하시키므로, <u>아황산을 100~200ppm을 첨가한다. 식품공전의 아황산 첨가 기준은 350ppm 이하이다. 아황산은 유해 세균을 억제하고, 화이트와인의 갈변 방지, 레드와인의 안토시아닌 색소(적색) 안정화, 과피로부터 색소 용출 촉진, 술덧의 pH를 저하시켜 산도를 유지시켜 준다.</u>

② **첨가된 아황산** : 공기 중으로 소실되거나 술덧 또는 용존 산소 등에 의해서 산화되어 없어지거나 발효가 진행되는 동안 당이나 알데히드(aldehyde)와 결합하여 소실된다.

③ **첨가제** : 아황산, 아황산나트륨, 아황산칼륨, 이성중아황산칼륨 등을 사용한다.

④ **설탕 첨가(과즙조정)** : 아황산의 농도가 묽어지면 설탕을 첨가하여 당 농도가 21~22% 정도가 되도록 당도를 맞춘 후, 효모를 첨가한다.

(4) 주발효 : 알코올을 생성하는 과정으로 껍질을 포함해서 포도를 발효통에 넣어 준다. 발효는 20~25℃에서 7~10일 정도 유지하며, 발효 중에는 과피에서 색소가 용출되면서 발효가 진행된다. 발효과정에서 껍질이 떠오르지 않게 격자로 된 덮개를 이용하여 덮어둔다. 껍질이 떠오르면 표면이 건조되어 초산균에 의해 산화될 수 있기 때문이다.

(5) 압착 : 색소와 탄닌이 용출된 술덧은 압착하여 과피 등의 껍질을 분리한다. 찌꺼기를 분리한 액즙에는 당분이 1~2% 남아 있기 때문에 후발효를 시켜 준다.

(6) 후발효 : 후발효는 남은 당분을 없애는 과정이다. 주발효가 끝난 액체 부분과 과피를 압착한 액즙을 합하여 다시 발효시키는 것이다. 주발효 이후, 후발효, 청징, 숙성 등의 작업을 거쳐 제품화된다.

(7) 앙금 제거 : 포도주 후발효 과정에서 생긴 부유물, 이스트 잔여물, 단백질 및 탄닌 찌꺼기, 기타 침전물을 제거하는 공정이다.

(8) 저장 및 제품화 : 청징화한 포도주는 저장실에서 1~5년 이상 숙성한다.

6. 맥주

1) 보리를 싹 틔워 만든 맥아로 즙을 만들어 여과한 후 홉을 첨가하고 효모로 발효시켜 만든 알코올음료이다. 맥류의 사용 중량은 10% 이상이어야 한다.

   (1) 맥주 제조에는 보리와 홉(hop)이 사용된다. 보리는 두줄보리를 주로 사용하며, 수분함량이 11~13%인 것이 적당하다. 홉(hop)은 맥주 양조에 필수적인 재료로서 맥주의 향기와 씁쓸한 맛을 내게 한다.

   (2) <u>**Alpha acid(알파산)**</u> : 맥주의 쓴맛을 만드는 화학물질을 말한다.

   ① Humulone(휴물론) : 맥주에서 부드러운 쓴맛을 준다.

   ② Cohumulone(코휴물론) : 거칠고 유쾌하지 않은 쓴맛을 준다.

   ③ Adhumulone(애드휴물론) : 홉에 미량만 포함되어 있다.

2) **제조공정** : 원료 → 맥아 → 분쇄 → 당화 → 맥아즙 여과 → 자비(끓임) → 침전 및 냉각 → 발효(효모 이용) → 숙성 → 여과 → 충전 및 밀봉 → 포장(캔, 병 등)

   (1) **맥아 제조공정** : 맥아란 겉보리에 수분, 온도, 산소를 작용시켜 발아시킨 보리의 낟알이다.

   ① 맥아를 만드는 이유는 수확한 보리가 발아력을 가질 수 있도록 6~8주의 저장기간 동안 싹이 나도록 하여 아밀라아제 효소가 생성되도록 하는 것이다. 이 저장기간을 '휴면기간'이라고 한다.

   ② 휴면기간이 끝난 보리는 5~8일간 발아시키는데, 발아가 완료된 것을 '녹맥아'라고 한다. 녹맥아는 수분

이 많아, 이를 가열 및 건조하여 녹맥아를 중지시킨다. 이 과정을 '배조'라고 한다.

(2) 맥아즙 제조 : 맥주의 원료인 맥아, 전분, 호프 및 양조 용수를 이용하여 맥아즙을 만든다. 이를 담금과정이라 한다. 담금과정은 분쇄-당화-여과-끓임-냉각의 5가지 과정을 거친다.

① 분쇄 및 당화, 여과 : 분쇄는 맥아가 효소의 작용을 쉽게 받도록 부수는 과정이다. 분쇄 후 맥아 가루에 물을 첨가하여 당화시킨다. 당화과정을 통해 전분이 당으로 바뀌며, 단백질은 질소화합물로 분해되어 맥주 특유의 향과 맛을 갖도록 한다. 당화가 끝나면 여과한다.

② 끓임 공정 : 여과 이후 맥아즙에 호프를 첨가하여 끓이는 공정이다. 맥아즙을 끓이면 <u>호프로부터 맥주 특유의 쌉쌀한 맛이 추출되고, 항균성 및 거품의 지속성, 맥아즙의 살균 효과, 효소의 불활성화 및 불안정한 단백질의 청징과 함께 안정화가 이루어진다.</u>

③ 냉각 : 끓인 후 hop 찌꺼기를 제거하고 냉각한다. 냉각온도는 상면발효는 10~15℃까지, 하면발효는 5℃까지 냉각한다.

(3) 발효 및 저장(후발효) : 발효는 맥아즙에 효모를 첨가하여 발효시킴으로써 알코올과 탄산가스로 만드는 과정이다. 상면발효 효모는 사카로미세스 세레비시아(Saccharomyces cerevisiae), 하면발효는 사카로미세스 칼스버겐시스(Saccharomyces calsbergensis)가 사용된다. 주 발효와 후발효가 있다.

① 주 발효 : 당류를 발효시켜 알코올을 만드는 공정이다. 상면효모는 10~25℃에서 4~5일간 발효하고, 하면효모는 5~10℃에서 10~12일간 발효한다.

② 후발효 : 주 발효가 끝난 다음, 1~2개월 저장하는 것이다. 따라서 '저장기간'이라고도 한다. 후발효의 목적은 엑기스분의 완전 발효, 탄산가스 용해 및 여분의 탄산가스 배출, 향미 부여, 혼탁 물질인 탄닌과 단백질 등을 침전, 석출 및 분리하기 위해서이다. 탄닌과 단백질 등에 의한 혼탁을 방지하기 위해서는 파파인 등의 protease 효소를 이용한다.

(4) 여과 : 저장 탱크에서 숙성된 맥주를 여과하여 투명한 맥주로 만든다.

(5) 제품화 공정 : 여과한 맥주는 병이나 나무통 등에 담아 제품화한다. 여과된 맥주를 가열처리 하지 않은 것은 생맥주라 한다. 신선미는 있지만 보존성이 떨어진다. 보통 맥주는 63~65℃에서 20분 정도 가열 살균하므로 6개월~1년 정도 보존할 수 있다.

■ 기출문제

1. 300kg의 녹말($C_6H_{10}O_5$)을 산분해할 때 이론적으로 생성되는 포도당의 양을 구하시오.
   〈2007-3회, 2024-3회〉

   - 전분($C_6H_{10}O_5$) + H_2O → 포도당($C_6H_{12}O_6$)
   - ※ 전분 분자량(162), 포도당 분자량(180)
     → 수율 111.1%
   - 포도당의 양 = 300kg × 1.111 = 333.33kg
   - ※ 162kg : 180kg = 300kg : x
     ⇨ x = 333.33kg

2. 효모에 의한 알코올 발효의 반응식(Gay-Lussac)을 쓰고, 포도당 100kg으로부터 이론상 몇 kg의 에틸알코올이 생성되는지 계산하시오.
   〈2009-1회, 2021-2회〉

   - 포도당($C_6H_{12}O_6$)
     → 에탄올($2C_2H_5OH$) + 이산화탄소($2CO_2$)
   - ※ 수율 : 분자량을 이용하여 계산
   - 포도당(180.16) → 에탄올(2×46.07=92.14) + 이산화탄소(2×44.01=88.02)
   - 계산 : 이론적 수율이 51.14%이므로,
     포도당(100kg)×51.14% = 51.14kg

3. 술을 제법 상으로 분류하여 쓰시오. 〈2007-3회〉

   - 양조주(발효주) : 곡류, 과일 등에 함유된 전분 또는 당 성분을 효모 발효를 통해 알코올로 만든 술. 탁주, 맥주, 포도주 등
   - 증류주 : 발효주(양조주)를 증류하여 알코올 도수를 높인 술. 위스키, 브랜디
   - 제재주(혼성주) : 발효주, 증류주 등에 인공감미료(조미료, 향료, 색소 등)를 첨가 후 가공하여 만든 술. 칵테일

4. 적포도주 제조공정 과정의 빈칸을 채우시오.
   〈2004-2회〉
   - 포도 - (　) - (　) - (　) - 주발효 - (　) - 즙액 - 후발효 - (　) - 저장 - 제품

   - 포도 - (제경) - (파쇄) - (아황산첨가 및 과즙조정) - 주발효 - (압착) - 즙액 - 후발효 - (앙금제거) - 저장 - 제품

5. 포도주 제조에서 유해 미생물의 증식에 따른 품질 변화를 막기 위해 사용되는 처리법과 약제명 그리고 사용량을 쓰시오. 〈2007-3회〉	• 처리법 : 아황산처리법 • 약제명 : 아황산나트륨, 아황산 칼륨 • 사용량 : 100~200ppm ※ 식품공전의 사용기준 : 350ppm 이하
6. 와인의 제조공정에서 포도의 파쇄 시 아황산을 첨가하는 목적과 최종제품의 와인에서 아황산이 소실되는 이유를 쓰시오. 〈2009-1회, 2011-1회〉	• 첨가 목적 : 유해 세균을 억제하고, 화이트와인의 갈변 방지, 레드와인의 안토시아닌 색소(적색) 안정화, 과피로부터 색소 용출 촉진, 술덧의 pH를 저하시켜 산도를 유지 • 소실되는 이유 ① 공기 중으로 소실 ② 술덧, 용존 산소 등에 의해서 산화되어 소실 ③ 발효가 진행되는 동안 당, 알데히드와 결합하여 소실
7. 포도주의 와인 품질 결정 요소인 떼루아 3가지를 쓰시오. 〈2009-2회, 2015-1회〉	• 토양 : 자갈이 많은 경사진 지역 • 기후조건 : 일조량이 많고, 온화한 기후 • 햇볕 : 태양 빛을 잘 받는 남향이나 남동향 • 온도 : 포도의 생육 적온은 25~30℃ ※ 떼루아 : 포도가 자라는 데 영향을 주는 자연적인 요소를 통칭하는 말
8. 맥주의 쓴맛을 내는 α-산의 주성분 3가지를 쓰시오. 〈2014-1회〉	• Humulone(휴물론) : 부드러운 쓴맛 부여 • Cohumulone(코휴물론) : 거칠고 유쾌하지 않은 쓴맛을 냄 • Adhumulone(애드휴물론) : 미량 포함
9. 맥주 제조 시 '맥아즙'을 끓이는 이유 4가지를 쓰시오. 〈2010-1회〉	• 호프로부터 맥주 특유의 씁쓸한 맛 추출 • 맥아즙의 살균 효과 • 효소 불활성화 • 단백질 성분의 응고·침전 및 제거

10. 맥주를 제조할 때 hop의 기능(또는 첨가 이유) 4가지를 쓰시오. 〈2005-3회, 2012-3회〉	• 향기와 씁쓸한 맛을 내게 함, 항균작용 • 거품의 지속 발생 • 홉의 탄닌이 단백질의 침전물 제거 • 맥주의 청징, 안정화에 도움

■ 예상문제

1. 발효의 종류 중 복발효의 개념, 종류 2가지를 쓰시오.	• 복발효 : 곡물, 탄수화물 등을 이용하여 당화를 시킨 다음, 발효하여 술을 만드는 것 • 종류 : 단행 복발효, 병행 복발효
2. 포도당(glucose) 100g/L를 사용하여 빵효모를 생산하려고 한다. 발효 후에 에탄올(ethanol)이 부산물로 10g/L이 생산되었다면, 이때 생산된 균체의 양은 얼마인가? (단, 균체 생산수율은 0.5g cell/g glucose이다.) 〈필기 기출〉	• [포도당(100g/L) × 균체 생산수율(0.5)] - 부산물(10g/L) = 50g/L - 10g/L = 40g/L

3. 주정 발효 시 술덧에 존재하는 성분으로 불순물인 fusel oil의 성분을 2가지 쓰시오. 〈필기 기출〉	• n-propyl alcohol(프로필알코올),
	  isobutyl alcohol(이소부탄올),
	  isoamyl alcohol(이소아밀알코올)

4. 맥아 제조공정 중 녹맥아와 배조에 대하여 설명하시오.	• 녹맥아 : 휴면기간이 끝난 보리를 5~8일간 발아시키는 데, 발아가 완료된 것 • 배조 : 녹맥아는 수분이 많아, 이를 가열 및 건조하여 녹맥아를 중지시키는 과정

7-4. 식초, 김치의 발효

1. 식초

1) 정의 : 당류나 전분질이 풍부한 곡류, 과실류, 주류 등의 주원료에 미생물을 이용하여 발효시켜 제조한 것을 말한다. 즉, 알코올에 초산균을 접종 및 산화시켜 식초산을 만든 것이다.

 (1) 에탄올 생성 : $C_6H_{12}O_6$(포도당) → $2C_2H_5OH + 2CO_2 + 58kcal$

 (2) 초산 생성과정 : $2C_2H_5OH$(에탄올) $+ 2O_2$ → $2CH_3COOH + 2H_2O + 114kcal$

 (3) <u>수율 : 포도당 → 알코올(51.14%) → 초산 생성(130.4%)</u>

2) 식품공전에서 식초는 알코올성 곡류 음료나 과실류 등을 원료로 하여 발효시킨 발효식초와 빙초산(또는 초산)을 원료로 하여 만든 합성식초로 구분한다. 식초는 소스류, 카레, 향신료, 식염 등과 함께 조미식품으로 분류된다.

 (1) 발효식초(양조식초) : 당류나 전분 함유 원료에 효모를 이용하여 발효(알코올, 초산)를 통해 제조되는 식초를 말한다.

  ① 쌀, 보리, 사과, 포도 등의 당질에 효모를 가하여 알코올 발효한 후, 다시 초산균을 접종하여 초산발효 시키거나 산소 존재하에 원료 알코올에 초산균을 이용하여 산화시켜 만든다.

  ② 발효식초 제조공정 : 원료(과일, 곡물) → 알코올 발효(효모 이용, 포도당 → 알코올 생성) → 초산발효(초산균 이용, 알코올을 초산으로 변화) → 숙성 → 여과 → 발효식초

 (2) 합성식초(희석초산) : 빙초산(또는 초산)을 먹는 물로 희석하여 만든 것이다.

  ① 빙초산이란 아세트산을 말하는 것으로, 16℃ 이하에서 빙결하여 붙여진 이름이다.

  ② 빙초산은 포도당에서 만들어진 알코올에 아세트산균을 첨가하면 물과 아세트산이 만들어진다. 초산 성분 이외에 영양성분, 향기 등이 거의 없어 잘 사용하지 않는다.

3) 초산균(acetic acid bacteria) : 초산균은 에탄올을 발효하여 초산을 만드는 세균을 총칭한 것이다. 초산균은 그람음성, 호기성, 간균으로 산소가 있는 환경에서 발효된다. 발효과정에서 에틸알코올로부터 아세트알데히드가 생성되며, 최종적으로 1분자의 아세트산이 생성된다. 식초 양조에는 Acetobacter aceti를 이용한다.

2. 김치의 제조공정

1) 김치는 전통적인 발효식품으로 배추를 절인 다음 고춧가루, 마늘, 생강, 파, 무 등 여러 가지의 양념류를 혼합한 것에 젖산균(유산균)이 증식하여 발효된 식품이다.

2) 김치 제조공정 : 원재료 → 절임 → 탈염 → 버무리기 → 발효 및 숙성

 (1) 김치는 절임 과정에서 소금의 삼투압 작용에 의해 세포의 원형질이 분리되고, 각종 재료에 포함된 효소에 의하여 단백질 및 탄수화물이 분해되어 아미노산 및 당류와 같은 맛 성분이 생성된다.

⑵ 숙성과정에서는 효모와 유산균의 발효로 유해균의 증식을 억제하고 유기산, 알코올, 탄산가스, 에테르 등을 생성하여 시원하고 상큼한 맛을 낸다. 발효 및 숙성은 5℃ 정도에서 약 3개월(10℃에서 약 2주)이 적당하고, 김치는 산도 pH 4.0~4.2의 것이 가장 맛이 좋다.

3) 발효 중의 변화

⑴ **발효 초기** : pH 5.5~5.8 정도 되는 김치를 이상발효 유산균인 류코노스톡 메센테로이드가 유기산을 생성하여 김치의 산도를 pH 4.2~4.5 정도까지 빠르게 낮춰 준다. 산도가 낮아지면서 유해균의 생장이 억제된다. 류코노스톡 메센테로이드는 포도당으로부터 유기산, 이산화탄소, 알코올을 생성하는 유산균으로 김치 발효 시 탄산가스를 생성하여 시원한 맛이 나도록 해 준다.

⑵ **숙성기 이후** : 김치가 숙성되면 pH가 4.0 정도가 되며, pH가 더 낮아지면 류코노스톡 메센테로이드는 사멸한다. 이후 포도당으로부터 젖산을 다량 생성하는 락토바실러스 플랜타럼, 락토바실러스 브레비스 등이 증식하면서 김치가 산패하기 시작한다.

⑶ **발효 말기 및 연부현상** : 산막효모가 유산을 소모하면서 김치 표면에 피막을 형성하게 된다.
  ① 산막효모는 발효 종료 시점에 당이 거의 없는 상태에서 알코올 성분에 호기적으로 증식하여 피막을 형성한다. 산막효모가 증식하면 김치가 물러지기 시작한다.
  ② 산막효모는 호기성 증식을 하므로 김치 저장 시에는 표면을 필름 등으로 밀착하고, 혐기 조건을 유지하면서 10℃ 이하로 저장하면 연부현상 발생을 지연시킬 수 있다.

4) 김치의 연부 현상
: 배추의 세포벽 구성 성분에 있는 펙틴이 분해되어 발생하는 현상이다. 김치 숙성 후반기에 나타나는 산막효모가 폴리갈락투로나아제(PG) 효소를 생산하여 연부현상이 가속화된다. 산막효모는 pichia 속 효모가 대표적으로 질산염은 자화하지 않고 에탄올을 소비하며 당의 발효성은 거의 없다.

⑴ **영향 요인** : 원료의 생육 상태가 좋지 않거나 질소비료를 과다 사용 시, 배추를 오래 절이면 수분의 유출로 완제품 김치가 물러진다. 설탕은 미생물의 영양원으로 김치가 빨리 숙성되며, 김치에 과일을 첨가하면 펙틴 분해효소의 작용으로 쉽게 물러진다. 김치 저장온도가 높을 경우에도 연부현상이 가속화된다.

⑵ **연부현상 예방법** : 배추절임 시 천일염의 칼슘과 마그네슘은 배추의 섬유조직을 단단하게 해 주며, 완제품 김치 보관 시 온도변화가 적어야 한다. 따라서 김치냉장고에 보관하는 것이 좋다.

♣ 식품 가공 시 금속이온(칼슘, 마그네슘 등)의 첨가 효과
1. 배추절임 : 천일염에 함유된 칼슘, 마그네슘 이온 → 배추의 섬유조직을 단단하게 해준다.
2. 젤리 제조공정 : 젤리화 조건은 '고메톡실 펙틴 + 당 + 유기산'이고, 저메톡실 펙틴은 칼슘(마그네슘) 이온을 첨가해 주면 젤리화가 가능하다.
3. 토마토 가공 : 성숙한 토마토는 통조림 제조 시 육질이 연하여 뭉개지기 쉬우므로 이를 방지하기 위하여 소금을 첨가한다. 소금에 함유된 칼슘은 펙틴산과 반응하면 겔을 형성하여 토마토의 단단함을 유지해 준다.
4. 우유에 함유된 칼슘 이온 → 레닌 효소 첨가 전, 응고(치즈 제조 시)에 도움을 준다.

■ 기출문제

1. 식품공전상 식초의 정의, 종류를 쓰시오. 〈2014-2회〉

   - 발효식초(양조식초) : 곡류, 과실류, 주류 등을 주원료로 하여 발효시켜 제조한 것
   - 희석초산(합성식초) : 빙초산 또는 초산을 먹는 물로 희석하여 만든 것

2. 다음 글을 읽고 빈칸을 채우시오. 〈2016-3회〉

   > 김치의 연부현상은 (①)이 분해되어 발생한다. 배추절임 시 (②), (③)의 함량이 높은 천일염을 사용하면 연부 현상을 막을 수 있다.

   ① 펙틴
   ② 칼슘
   ③ 마그네슘

3. 정상젖산발효와 이상젖산발효의 차이점을 생성물 위주로 적고, 김치 포장의 팽창 현상을 일으키는 미생물과 원인물질을 쓰시오. 〈2017-2회〉

   - 정상(동종)발효 유산균 : 포도당을 발효하여 유산만 생성
   - 이상(이종)발효 유산균 : 포도당을 발효하여 유산, 알코올, 탄산가스 등을 생성
   - 가스생성 균 : Leuconostoc mesenteroides
   - 원인물질 : CO_2

4. 3000L 포도당에서 초산의 생성기작은 다음과 같다. 초산 발효공정에서 주의해야 할 일, 당이 1kg일 때 생성되는 에탄올과 초산의 양을 구하시오. 〈2005-2회, 2015-2회〉

- 주의점 : 초산발효 시 Acetobacter 균 이용, 초산균은 호기성균으로 산소가 필요하므로 발효 간 지속적으로 산소를 공급해 주어야 함

> ※ 초산발효 화학식
> (1) 에탄올 생성 : $C_6H_{12}O_6$(포도당) → $2C_2H_5OH + 2CO_2$ + 58kcal
> (2) 초산 생성과정 : $2C_2H_5OH$(에탄올) + $2O_2$ → $2CH_3COOH + 2H_2O$ + 114kcal
> (3) 수율 : 포도당 → 알코올(51.14%) → 초산 생성(130.4%)

- 포도당 1kg으로부터 생성되는 에탄올 및 초산의 양 : 분자량을 이용하여 계산
  ① 에탄올 생성량은 '180 : (46.07×2) = 1kg : x' ⇨ x = 0.5114kg
  ② 초산 생성량은 '180 : (60×2) = 1kg : y' ⇨ y = 0.667kg
  ※ 또는 수율을 이용하여 계산 시, 포도당 → 에탄올(51.14%) → 식초(130.4%)
  ① 에탄올 생성량 : 1kg×0.5114 = 0.5114kg ② 초산 생성량 : 0.5114kg×1.304 = 0.667kg

5. 침채류인 김치 발효(숙성)에 관여하는 젖산균 3가지를 쓰시오. 〈2008-3회, 2019-1회〉

• Leuconostoc mesenteroides,
  Lactobacillus plantarum,
  Lactobacillus kimchii, Lactobacillus brevis

6. 김치를 만들기 위해 원료 배추 20kg을 전처리하였더니 배추의 폐기율은 20%(w/w)였다. 전처리된 배추를 일정한 조건하에 절임한 다음 세척·탈수하여 얻어진 절임 배추의 무게는 12kg이었고, 이때 절임 배추의 염 함량도는 2%(w/w)였다. 절임 공정 중 절임 수율과 원료 배추의 수득률을 계산하시오. (단, 절임 수율은 절임 공정에서 투입된 원료 배추에 대한 절임 배추의 비율이며, 원료 배추의 수득률은 다듬기 전 원료에서 세척·탈수된 절임 배추까지의 순수한 배추만의 변화율을 의미한다.) 〈2008-1회, 2010-2회, 2015-2회〉

• 전처리된 배추의 양은 20kg × 80% = 16kg
  ∴ 절임 수율 ⇨ (12÷16)kg × 100 = 75(%)
• 순수한 배추의 무게는 (절임 배추 12kg) × 98% = 11.76kg이므로,
  수득률 = (11.76÷20)kg × 100 = 58.8(%)

7. 공장에서 김치 제조 시 염도가 2.0%인 절임 김치가 1,000kg일 때, 김치 양념의 양은 100kg으로 가정한다. 최종 염도가 2.5%인 김치 10,000kg을 만들기 위해 필요한 절임 배추의 양, 김치속 양념의 양, 소금의 첨가량을 구하시오. 〈2013-1회〉

• 절임 배추의 무게를 x, 소금의 첨가량을 y라 하면, 김치속 양념의 무게는 절임 배추 무게의 1/10이라고 했으므로 $0.1x$가 된다.

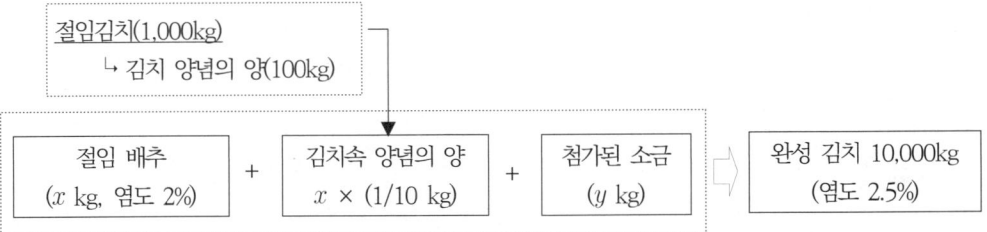

① 전체 배추의 무게 : $x + 0.1x + y = 10,000$ ⇨ (1)번식 $1.1x + y = 10,000$kg
② 총소금량 = 절임 배추의 소금량 + 소금 첨가량

   $0.025(2.5\%) × 10,000$kg $= (0.02 × x) + y$ ⇨ (2)번식 $250 = 0.02x + y$

• 위의 (1), (2)번의 식을 연립해서 풀면,
  ① 절임 배추의 양 : $x = 9027.78$kg   ② 양념의 양 : $(1/10)x$이므로 902.78kg
  ③ 소금의 첨가량 : $y = 69.44$kg

■ 예상문제

1. 술덧의 전분 함량 16%에서 얻을 수 있는 탁주의 알코올 도수를 계산하시오.
   〈필기 기출〉

   - 전분(당)에서 이론적으로 얻을 수 있는 알코올 수율은 51.14%임
   - 전분 함량 16% × 0.5114 = 8.18%

2. 포도당(glucose) 1kg을 사용하여 알코올 발효와 초산발효를 동시에 진행시켰다. 알코올과 초산의 실제 생산수율은 각각의 이론적 수율의 90%와 85%라고 가정할 때, 실제 생산될 수 있는 초산의 양을 구하시오. 〈필기 기출〉

   ※ 에탄올의 이론적 수율(51.14%), 초산의 수율(130.4%)
   - 알코올 이론적 수율의 90%라고 했으므로,
     에탄올 생산량 = 1kg × 51.14% × 0.9
                  = 0.46kg
   - 초산의 이론적 수율(약 130.4%)의 85%이므로,
     초산 생산량 = 0.46kg × 1.304 × 0.85
                = 0.51kg

3. 초산발효균으로서 Acetobacter의 장점(특징) 3가지를 쓰시오. 〈필기 기출〉

   - 발효 수율 높음, 호기적으로 배양, 고농도의 초산을 얻을 수 있음, 과산화가 일어나지 않음

4. 김치를 담근 후 숙성기가 지나면 김치가 숙성되면서 pH가 4.0 정도가 된다. 그 이후 시간이 지나면서 산패하기 시작한다. 이때 사멸하는 유산균이 무엇인지 쓰시오.

   - 류코노스톡 메센테로이드 : 김치가 숙성되면서 pH가 4.0 이하가 되면 사멸

제8절 염지 및 훈연식품

8-1. 염장 및 염지 식품

1. 개요 및 정의

1) **염장** : 소금을 이용하여 채소류, 어류, 육류 등의 식품에 대한 보존성을 높이는 방법이다. 소금 절임으로 낮출 수 있는 수분활성도가 0.75까지이므로 일부 유산균이나 효소 등은 생육이 가능하여 김치 절임 등에서 효과적으로 이용된다.

2) **염지** : 소금을 이용하여 보존성을 높이는 방법에는 염장과 염지가 있다. 염지란 소금에 질산염, 설탕, 중합인산염 등의 염지제를 첨가하여 만든 염지액에 일정 기간 담가 두거나 식품 속에 염지액을 투입하는 것으로, '큐어링'이라고도 한다. 야채류 염지 제품으로는 오이 절임, 단무지 절임 등이 있다. 햄, 베이컨은 염지한 다음, 추가적으로 훈연하여 방부성과 특유의 향미를 갖게 하므로 염지는 훈제품 가공에 필수적인 공정이다.

2. 염장법 및 염지방법의 종류

구분	구분	내용
염장법	살염법 (건염법)	• 식품에 직접 소금을 뿌려서 염장하는 방법이다. 소금은 식품 표면의 물에 녹아 포화상태고 되고, 삼투압 차이로 식품 내부의 수분이 유출된다.
	입염법 (액염법)	• 식염수를 만들어 식품을 담그는 방법이다. 식품의 수분이 용출되어 식염 농도가 낮아지므로 소금을 추가하거나 지속적으로 교반해 주어야 한다.
	개량염지법	• 용기에 식품을 한 층씩 놓으면서 소금을 뿌려 주고, 누름돌을 넣은 다음 뚜껑을 덮어 액염법과 같은 원리에 의해 염장이 된다.
	기타	• 주사법, 압착법 등의 염지 촉진 방법이 있다. 염장보다는 염지법에서 이용.
염지 방법	건염법	• 식품 위에 소금을 뿌려서 염지시킨다.
	습염법	• 염지액에 식품을 넣어 염지액이 침투되도록 하는 방법이다.
	염지 촉진법	• 염지 시간을 단축하기 위해 사용한다. 염지액 주사법(stitch pumping), 압착염장법, 가온염지법, 텀블링을 이용한 방법 등이 있다.

※ 육류의 염지 : 2~4℃의 낮은 온도에서 원료육 1kg에 5일 전후로 한다.

3. 염장의 목적 및 효과

1) <u>염장의 목적 및 효과</u>

   (1) 소금의 첨가로 식품에 짠맛이 생성되어 식품의 맛을 조성해 준다.

   (2) 삼투압 작용으로 미생물의 생육 억제 : 식품과 소금 성분은 삼투압 차이로 식품 내 수분을 유출시킴으로써

수분활성도를 낮춰 준다. 따라서 미생물의 생육을 억제할 수 있어 저장성이 향상된다.

(3) 염용액은 근육 내 액토미오신을 용출시켜 망상구조를 갖는 겔을 형성하여 보수성과 결착력이 향상된다.

(4) 호기성균의 생육 억제 : 소금 용액의 농도가 증가하면 산소의 용해도 저하로 호기성균의 발육이 억제된다.

2) **염지 효과** : 염장효과에 더하여 염지의 추가적인 효과는 다음과 같다.

(1) 큐어링(curing)의 효과 : 야채류의 경우 수확 시 발생한 상처를 염지액에 담가 둠으로써 상처를 치유(cure)하여 본 저장 시 미생물에 의한 부패를 방지한다.

(2) 염지에 사용하는 아질산염의 효과
① 제품의 발색 및 보존성 향상 : 아질산염은 햄, 베이컨 등에서 발색이나 보존성을 좋게 한다.
② 염지육에서 보툴리늄균의 생성을 억제하며, 지질의 산화 방지와 특유의 풍미를 갖게 한다.

4. 염장 시 식품의 변화

1) 무게의 변화 : 식품에 식염의 침투로 수분이 증가하며, 액토미오신이 녹아 용출하므로 무게가 감소한다. 소금의 농도가 높을수록 감량은 늘어난다.

2) 육질의 변화 : 근육의 액토미오신 단백질은 염용성으로 2% 이상의 염용액에서는 용출된다. 근섬유인 액토미오신이 용출되면 망상구조를 갖는 겔을 형성하여 보수성과 결착력이 향상된다.

3) 육색소의 변화 : 염지 또는 염장한 육류에 첨가한 아질산염은 염장(염지)육 특유의 색깔을 내며, 변색을 방지하는 역할도 한다.

4) 풍미 생성 : 염지 성분이 육류 내부에 침투하면 대부분 미생물은 억제된다. 그러나 일부 유산균, 효모 등은 생육이 가능하여 이들에 의한 발효작용으로 풍미가 생성된다.

5. 수산가공품의 종류

구 분		내 용
건제품	소건품	수산물을 그대로 또는 적당한 크기로 잘라 건조한 것. 마른오징어·미역
	자건품	가열하여 찐 다음 건조한 것. 마른 멸치, 마른 전복 등
	염건품	소금에 절인 다음 건조한 것. 굴비, 염건정어리 등
	배건품	숯불에 구워서 말린 것. 배건 오징어
	동건품	동결, 융해를 반복하여 건조한 것. 마른 명태, 한천 등
	조미건품	조미하여 맛을 붙여서 말린 것. 조미오징어, 조미어포
	자배건품	어육을 가열하여 찐 다음, 배건하여 말린 것
	훈연 마른치	소금에 절이거나 조미한 것을 훈연하여 건조한 것. 훈제오징어/연어 등
냉동품		세미드레스, 드레스, 필레, 청크, 빙의 등
수산 연제품		어육에 소금과 향신료를 첨가하여 갈아서 연육을 성형 및 겔화시킨 것. 어묵, 맛살 등

■ 기출문제

1. 식염(염장)을 통한 부패 미생물의 생육 억제 원리를 3가지 쓰시오. 〈2015-1회, 2020-1회, 2023-2회〉	① 소금의 삼투작용에 의해 식품이 탈수되어 세균이 생육에 필요한 수분 감소로 저장성 향상 ② 식품에 붙어 있던 세균이 삼투압에 의해 원형질 분리되어 생육 제한 ③ 산소 용해도 감소 : 호기성 미생물 생육 억제 ④ 미생물의 단백질 분해효소 작용을 억제 ⑤ 식염 해리로 염소이온 발생 : 세균의 발육 억제
2. 염장의 원리에 대해 쓰시오. 〈2010-3회〉	• 원리 : 삼투압 작용으로 미생물의 생육 억제
3. 염장의 효과 3가지를 쓰시오. 〈2015-3회〉	① 소금의 첨가로 식품에 짠맛이 생성되어 식품의 맛을 조성 ② 삼투압 작용으로 미생물의 생육 억제 ③ 염용액은 근육 내 액토미오신을 용출시켜 망상 구조를 갖는 겔을 형성하여 보수성과 결착력 향상 ④ 소금 용액의 농도가 높아지면 산소의 용해도 저하로 호기성균의 발육 억제
4. 염지의 재료 2가지와 목적에 대해 쓰시오. 〈2004-3회〉	• 염지 재료 : 소금, 아질산염, 질산염, 중합인산염 • 염지의 목적 : 식품의 맛 조성, 미생물의 생육 억제로 저장성 향상, 보수력 및 결착력 증대, 제품의 발색, 식품 특유의 풍미
5. 소건품, 자건품, 염건품에 대해 쓰시오. 〈2010-3회〉	• 소건품 : 수산물을 그대로 또는 적당한 크기로 잘라 건조한 것. 마른오징어, 마른미역 등 • 자건품 : 가열하여 찐 다음 건조한 것. 마른 멸치, 마른 전복 등 • 염건품 : 소금에 절인 다음 건조한 것. 굴비, 염건 정어리 등

8-2. 훈연

1. 개요 및 정의

1) 목재를 불완전연소시켜 발생한 연기를 식품에 부착시키는 것이다. 연기에서 발생하는 페놀류나 유기산 등은 특유의 향미와 항균성이 있어, 식품의 기호성과 보존성을 높여 준다.

2) 훈연 재료 : 수지(resin) 성분이 적고, 방부성 물질이 많은 것이 좋다. 수지(resin, 송진)가 많으면 그을음이 많아 제품이 검게 변색된다. 주로 매화나무, 벗나무, 밤나무, 단풍나무, 왕겨 등이 사용된다.

2. <u>훈연(Smoking)의 목적 및 효과</u>

1) **제품의 풍미와 색 향상** : 목재를 불완전 연소시켜 발생하는 연기 속에는 페놀류, 카르보닐화합물, 유기산 성분 등이 함유되어 있다. 이들 성분은 훈제품에 향미를 부여하며, 염지육의 색을 고정시켜 준다.

2) **저장성 향상** : 페놀류와 알데히드의 축합으로 형성된 식품 표면의 피막은 미생물의 침입을 방지하여 저장성이 향상된다.

3) **살균작용** : 연기 속에 있는 페놀성 화합물, 유기산 등은 항균성이 있어 세균의 증식을 억제한다.

4) **산화 방지 효과** : 연기 속의 페놀성 화합물 등은 식품 표면에 피막을 형성하여 산소 접촉을 차단해 줌으로써 지방 성분이 많은 햄, 베이컨, 소시지의 산화를 방지해 준다.

3. 훈연 방법

1) **냉훈연법(Cold smoking)** : 염분 농도를 높인 원료육에 단백질 성분이 열 변성되지 않는 15~25℃ 이하에서 3~4주 훈연과 건조를 반복하는 방법이다. 15℃ 이하로 실시하면 건조속도가 느리고, 25℃ 이상이 되면 부패하기 쉽다. 청어를 이용하여 과메기를 제조할 때 적용한다.

2) **온훈연법(Warm smoking)** : 30~50℃에서 3~8시간 훈연을 하는 방법이다. 이 훈연법에 의한 식품은 부드럽고 풍미가 우수하여 훈연법 중에 가장 맛이 좋다. 최종제품의 수분함량은 50~65% 정도로 많아 냉장 저장해야 하며, 4~5일 정도 저장이 가능하다.

3) **열훈연법(Hot smoking)** : 120~140℃에서 가열하는 방법으로 단백질인 고기가 변성되어 보존성이 저하된다. 저장보다는 바로 식용을 하기 위해 실시한다. 저온저장이나 진공포장을 해야 한다.

4) **액체훈연법(Liquid smoke method)** : 목초액에 소금, 색소, 향신료 등을 첨가한 염지액을 만들어 원재료를 담근 후, 꺼내서 건조시키는 방법이다. 염지와 훈연을 동시에 하는 방법으로 염지 후 건조과정에서 착색 및 착향이 이루어진다.

5) **전기훈연법(electric smoking)** : 기체 중에서 두 전극 간의 전압을 상승시키면, 불꽃방전이 발생하면서 전

류가 흐른다. 이를 코로나 방전이라 하는데, 코로나 방전 속에 훈연을 통과시켜 이온화된 연기 입자들이 고기 표면에 달라붙게 하는 것이다. 수분의 증발이 적어 보존성과 맛이 떨어진다.

4. 햄의 가공

1) 햄은 일반적으로 식육을 정형하여 염지한 다음, 형태를 만들어서 훈연 또는 가열 처리하여 냉각 후 포장하여 만든다. 햄은 원래 돼지 뒷다리(햄)살과 그 가공품을 말하지만, 다른 부위 고기로 만든 것도 햄이라 한다.

2) **햄의 종류**

   (1) 본인 햄 : 뼈를 포함한 뒷다리 부위 고기를 정형 후 염지한 다음, 훈연 또는 열처리하여 제조한다. 제품 속에 뼈가 들어 있고 두꺼운 상태이기 때문에 중심 부위까지 충분히 가열되었는지 확인 후 열처리를 종료해야 한다. 레귤러 햄이라고도 한다.

   (2) 본리스 햄 : 뒷다리 부위 고기를 이용한 제품이다. 넓적다리 부위에서 뼈를 제거하고 정형하여 염지한 다음, 케이싱 등에 포장 후 훈연(또는 비훈연) 후 열처리(삶은 것)한 것이다. 제조공정은 원료 → 정형 → 염지(인젝터, 텀블러) → 케이싱 → 훈연 또는 가열처리 → 건조 → 냉각 → 포장 순이다.

   (3) 로인 햄(loin ham, 등심) : 등심(loin) 부위의 원료를 정형하여 조미료, 향신료 등으로 염지하고 케이싱에 담거나 롤링하여 훈연(또는 비훈연) 및 가열 처리한 것이다. 등심(loin)으로 만든 햄만을 지칭한다.

   (4) 숄더햄 : 돈육의 어깨 부위를 정형하여 만든 제품이다.

   (5) 락스 햄(lachs ham) : 등심, 어깨, 넓적다리 등을 훈연 과정만 거치고, 가열하지 않은 생햄으로 연어색이 특징이다.

   (6) 프레스 햄 : 일본에서 처음 제조되었으며, 고기를 갈고 조미료, 향신료, 녹말 등을 첨가하여 성형한 다음, 훈연 또는 가열하여 만든 햄을 말한다. 비싼 햄 대용품으로 가격이 저렴하고 다양한 맛을 가진 제품이다. 스모크 햄, 불고기 햄, 김밥 햄 등이 있다.

5. 소시지의 가공

1) 소시지는 원료가 매우 다양하고, 만드는 방법도 햄이나 베이컨처럼 일정하지 않다. 원료는 주로 햄이나 베이컨으로 사용하고 남은 육류를 사용한다. 소시지의 품질은 고기의 결착력과 보수성에 의해 결정된다.

2) **도메스틱 소시지(domestic sausage)** : 여러 가지 부위 고기를 작게 썰어서 소금, 질산염, 향신료 등을 첨가 후, 유화시켜 케이싱한 다음, 훈연 또는 가열 처리(삶은 것)한 것이다. 후랑크 소시지, 비엔나 소시지 등 일반적인 가열 소시지, 가열하지 않은 후레쉬 소시지(생 소시지), 건조 소시지 등이 있다.

3) **발효소시지** : 식육을 저온에서 훈연(또는 미훈연)한 다음, 발효 후 건조시킨 것으로, 유산균이나 곰팡이에 의해 발효시킨 소시지를 말한다. 발효소시지는 적색 입자와 흰색 지방 입자가 명확히 구분되어 절단면이 미려하며, 새콤하면서도 발효 및 숙성취가 특징이다. 대표적으로 살라미 소시지가 있다.

■ 기출문제

1. 훈연의 저장성 원리를 연기의 식품의 저장효과와 연관하여 설명하시오. 〈2005-3회〉
   - 저장성 원리 : 목재를 불완전 연소시켜 발생하는 연기 속에는 페놀류, 카르보닐화합물, 유기산 성분 등이 있다. 이들은 항균성이 있어 세균의 번식을 막아 주며, 페놀성 화합물은 산화 방지 효과가 있어 저장성이 향상된다.

2. 햄류 중 로인 햄, 숄더 햄 부위에 대해 설명하시오. 〈2007-3회〉
   - 로인햄 : 등심(loin) 부위의 원료를 정형한 것
   - 숄더햄 : 어깨 부위 육을 원료로 가공한 것

3. 햄이나 소시지 제조과정에서 가열하는 목적(또는 효과) 3가지와 급냉의 목적 2가지를 쓰시오. 〈2013-2회〉
   - 가열 : 미생물 억제를 통한 저장성 향상, 살균작용, 보호피막 형성, 제품의 풍미와 색 향상
   - 급냉의 목적 : 표면의 수분 증발 억제, 제품 표면의 주름 방지, 케이싱과 식품 분리 용이

■ 예상문제

1. 훈연을 하기 전에 염지를 하는 목적에 대하여 쓰시오.
   - 훈연은 발생한 연기가 식품 내부까지 침투하기 어렵다. 따라서 건조 또는 염지를 통하여 내부의 미생물 등을 억제한 다음, 훈연을 통하여 표면의 미생물 등을 억제하기 위해서

2. 훈연방법 3가지만 쓰시오.
   - 냉훈연법, 온훈연법, 열훈연법, 액체훈연법, 전기훈연법

제9절 식품의 저장

9-1. 식품의 저장

1. 개요 및 정의

1) 농산물, 축산물, 수산물 등의 천연재료는 수확 및 도축 후 그 품질이 저하되기 시작하며, 이러한 천연재료는 지리적, 계절적으로 그 생산량도 다르다. 따라서 천연의 식품 재료에 대하여 적절한 가공이나 저장을 통하여 원하는 시간과 장소에서 먹을 수 있도록 하는 것이 필요하다.

2) 식품의 저장은 천연의 농축수산물 원료 및 가공식품을 소비자들이 섭취할 때까지 식품의 품질변화가 최소화되도록 안전하게 저장함으로써 식품 본래의 가치를 유지시키는 것을 말한다.

2. 저장의 필요성 및 장점

1) **식품의 손실 방지** : 천연식품 또는 가공식품은 시간이 경과함에 따라 주변 환경이나 식품 자체의 반응으로 품질변화가 발생한다. 저장은 이러한 변화를 최소화시켜 식품 본래의 영양적 가치나 소비자의 기호성을 유지하는 역할을 한다.

2) **생산과 분배** : 농축수산물은 특정 생산지역에서만 생산되는 것뿐만 아니라 계절적으로도 한정된 경우가 많다. 따라서 풍작일 때 이를 저장하거나 부족한 지역 또는 계절에 공급하는 역할을 한다.

3) **유통과 적재 유리** : 식품의 저장성을 향상하기 위해 일정 규격으로 만들면, 저장기간의 연장, 취급, 유통의 편리성이 부여된다.

4) **가격의 안정** : 농·축·수산물 등의 천연재료는 지리적, 계절적으로 그 생산량이 다르기 때문에 이런 식품들을 적절하게 저장했다가 부족할 때 공급함으로써 가격을 조절하는 역할을 한다.

9-2. 과채류의 특성 및 저장 방법

1. 개요 및 정의

1) 과채류란 오이, 수박, 딸기 등과 같이 과실을 이용할 목적으로 재배하는 식물을 말한다.

2) 과채류는 신선도가 매우 중요한 식품이다. 따라서 신선하고 가장 맛있는 상태로 소비자에게 전달될 수 있도록 저장하는 것이 과채류 저장의 핵심이라고 할 수 있다. 다른 식품과 다르게 과채류는 수확 후에도 호흡작용, 증산작용, 생장작용, 후숙작용 등의 생리적 특성을 가지기 때문에 품질이 지속적으로 변한다. 따라서 과채류 저장에서는 이러한 과채류의 생리적 특성을 이해하고, 이를 저장방법에 적절하게 적용하는 것이 중요하다.

2. 과채류의 수확 후 생리적 특성

1) 과채류는 육류와 다르게 수확한 후에도 공기 중에 있는 산소를 이용하여 호흡, 생장, 증산, 추숙 등의 활동이 계속 이루어져 다음과 같은 식품의 품질변화가 일어난다.

   (1) **호흡작용** : 산소를 이용하여 과채류 자체 내에 저장된 영양분을 소모하면서 수분의 탈수, 이산화탄소 방출, 에틸렌 가스의 발생 등으로 선도 및 품질 저하를 일으키는 현상이다. 과채류의 종류에 따라 수확 후에 호흡작용을 하는 것도 있고, 호흡작용을 하지 않는 것도 있다.

   ① Climacteric rise(호흡급상승) 과채류 : 수확 후 호흡작용이 높아지는 과채류를 말한다. 이러한 과채류는 미숙과를 수확하여 후숙하여 섭취한다. 사과, 바나나, 토마토 등이 해당된다.

   ② non-Climacteric rise(비호흡급상승) 과채류 : 수확 후 호흡작용이 거의 없는 것을 말한다. 이러한 과채류들은 수확 이후부터 맛이 저하되어, 생산지에서 예냉하는 것이 좋다. 포도, 감귤, 딸기 등이 대표적이다.

   (2) 증산작용에 의해 탈수현상 발생 → 선도 저하

   (3) 생장작용에 의해 발아, 발근 현상으로 품질 저하

   (4) 후숙작용에 의해 숙도가 높아지면서 맛이 좋거나 나쁘게 변한다.

   (5) 휴면작용 : 어떤 식물이 자신의 생존에 불리한 환경에 놓이면 자신을 보호하기 위하여 발육이나 성장을 일시적으로 멈추는 것을 말한다.

2) 과채류 저장 중 가장 많은 영향을 미치는 요인은 온도, 수분(수분활성도), 산소이다. 과채류의 저장은 이러한 요인을 조절함으로써 보존성을 높일 수 있다.

   (1) 온도 : 대부분의 미생물은 온도가 증가하면 생육이 활발해지며, 이로 인하여 식품의 품질은 저하된다. 특히, 과채류는 온도에 민감하게 반응하여 10℃ 상승할 때(Q_{10})마다 호흡량은 약 2.5배 증가하면서 품질이 빠르게 저하된다.

   (2) 습도(수분활성도) : 미생물은 일정 수준 이상의 수분활성도에서만 생육할 수 있다. 과채류와 같이 수분활성도가 높은 식품은 미생물 생육에 유리하여 저장성이 떨어진다.

   (3) 산소(공기) : 과채류의 저장에 가장 큰 영향을 미치는 요소이다. 과채류는 특성상 수확 후에도 산소에 의한 호흡작용을 지속하므로 저장성 향상을 위해서는 산소의 양을 감소시켜 주어야 한다.

3. 과채류의 저장 방법

1) **저온저장** : 15℃ 이하의 낮은 온도에서 과채류를 저장하는 방법이다.

2) **기체 조절에 의한 저장법**

   (1) <u>CA 저장(Controlled atmosphere storage)</u> : 과채류의 호흡작용 억제를 통하여 보존성을 높이는 방법으로 과채류 저장 창고의 공기 조성, 온도, 습도를 인위적으로 조절하여 저장하는 방법이다.

   ① 가스 농도 조절 : 저장고 안의 공기 조성을 인위적인 방법으로 <u>질소 96%, 산소 1~10%, 이산화탄소</u>

2~10%의 농도로 조절하여 호흡작용을 억제하는 방법이다. 과일에 따라 가스 조성은 다르지만, 저장 중에는 조절된 가스 농도를 맞추기 위해 수시로 탄산가스와 에틸렌 가스의 발생량을 제거해 주어야 한다.

구 분	공기의 구성(%)	CA 저장고 기체 조성(%)
질 소	78	90~96
산 소	21	1~10
이산화탄소	0.03	2~10

② **저장고의 온도 및 습도** : 온도는 0~2℃로 유지한다. 저온으로 저장하면 증산작용에 효과적이나, 0℃ 이하에서는 건조나 냉해를 유발할 수 있다. 습도는 85~95%가 되도록 조절한다.

③ **활용** : 저장 중 호흡이 증가하는 사과, 배, 토마토, 채소류 등의 저장에 활용한다.

④ **장점** : 추숙 억제 가능, 과일의 연화 및 맛의 변화 지연 가능, 변색 방지, 발아 억제, 방충 및 방서효과 등

⑤ **단점** : 밀폐된 저장실, 많은 부수 설비(산소 흡수장치, 질소 가스 배출 장치, 온도조절 장치 등)가 필요하여 설치 및 유지관리비 증가, 0℃ 이하에서 저장 시 냉해 우려 등

(2) **MA 저장(Modified atmosphere storage)** : plastic film 등으로 과일을 포장하여 저장하면, 시간의 경과에 따라 포장지 내부에 탄산가스가 증가하여 과실류의 호흡작용이 억제되는 원리를 이용하여 저장하는 방법이다.

① 공기 조성은 산소 농도 1~10%, 이산화탄소 농도 2~20%를 유지하나, 정확하게 조절하기는 어렵다. 주로 20kg 이하의 소포장 단위 등에 단기간 저장법으로 이용된다.

② 장점 : 과채류의 호흡 억제, 에틸렌 생성 감소, 색깔과 조직의 연화 지연, 미생물 오염 감소 등의 효과가 있다.

③ 단점 : 처음 가스 주입 후, 내용물 자체에서 발생하는 가스를 조절하지 않는다. 따라서 숙성을 촉진하는 에틸렌 가스가 발생함으로써 저장성이 떨어질 수 있다.

3) **방사선을 이용한 저장 방법** : 청과물 저장에는 감마선, 전자선 등이 이용되고 있다. 방사선 조사를 통하여 발아 및 발근 억제, 바나나 등의 숙도 조절 등에 이용한다.

♣ Q_{10} Value(온도계수) : 단위 온도의 변화에 따른 어떤 현상의 변화 비율을 의미

1. 온도계수 : 온도가 10℃ 변화하였을 때 화학반응의 증가 배수. 식품의 화학반응, 미생물의 생육이나 사멸, 과채류의 호흡량 변화 등이 온도의 변화에 반응하는 정도를 말한다.
2. 'Q_{10} = 2'의 의미 ⇨ 온도가 10℃ 상승(또는 하락)하였을 때, 화학반응이 2배 발생함을 의미한다.

■ 기출문제

1. 채소류 등은 수확 후에도 호흡작용을 한다. 이러한 농산물의 저장을 위한 저장방법, 저장고 내 기체 조절 및 온도조절 방법에 대하여 설명하시오. 〈2018-3회, 2022-3회〉

   - CA 저장법 : 과채류 저장창고의 공기 조성, 온도, 습도를 조절하여 저장하는 방법
   - 저장고 내 기체 : 저장고 내 공기 조성을 이산화탄소(2~10%)가 많아지도록 인위적으로 조절 → 과채류의 호흡 억제
   - 온도 조절 : 저장고의 온도는 0~2℃로 유지
   - ※ 기체와 온도 조절 방법 : 질소발생기, 산소 조절 장치, 에틸렌가스 제거장치, 냉각장치 이용 인위적으로 조절

2. 고추를 1년 동안 저장해도 색을 유지되게 하려면 어떤 방법을 사용하는지 설명하시오. 〈2009-2회〉

   - ※ 과채류의 저장 중 가장 많은 영향을 미치는 요인 : 온도, 수분(수분활성도), 산소
   - 고추 장기저장 시 저장 방법 : 저온 저습의 조건에서 방투습 포장재료를 이용하여 분말로 저장하는 것이 가장 좋다. 온도는 8~10℃, 습도는 95%를 유지해 준다.

3. 과일·채소의 품온이 30℃이고 이때의 호흡량, 즉 CO_2 생성량은 154mg/kcal/h 이며, Q_{10}값은 1.8이다. 다음의 호흡량을 구하고, 이러한 저장법을 사용하는 과일·채소의 생체저장법과 원리를 설명하시오. 〈2004-1회, 2024-2회〉

   ① 20℃에서 상온 저장 시 호흡량 계산
   ② 10℃에서 저온 저장 시 호흡량 계산
   ③ 위의 호흡작용을 이용하는 과일·채소의 생체저장법과 원리

   ① 20℃에서 상온 저장 시 호흡량 계산 : 30℃에서 20℃로 온도가 10℃ 내려감
   ⇨ (154 ÷ 1.8) = 85.6(mg/kcal/h)
   ② 10℃에서 저온저장 시 호흡량 :
   30℃ → 20℃ → 10℃로 2번의 변화
   ⇨ [154 ÷ (1.8 × 1.8)] = 47.5(mg/kcal/h)
   ③ 과일·채소의 생체저장법과 원리 : CA 저장법 → 과채류 저장 창고의 공기 조성과 온도를 조절하여 저장하는 방법

■ 예상문제

1. 호흡급상승(Climacteric rise)과 비호흡급상승(non-Climactericrise) 과채류를 설명하고, 해당하는 과채류 각 2가지씩 쓰시오.

   - Climacteric rise : 수확 후 호흡작용을 하는 과채류. 사과, 바나나, 토마토 등
   - non-Climacteric rise : 수확 후 호흡작용이 거의 없는 과채류. 포도, 감귤, 딸기 등

2. CA 저장(Controlled atmosphere storage)과 MA 저장(Modified atmosphere storage)에 대하여 간단히 설명하시오.

   - CA 저장(Controlled atmosphere storage) : 과채류의 호흡작용 억제를 통하여 보존성을 높이기 위한 방법으로 과채류 저장창고의 공기 조성, 온도, 습도를 인위적으로 조절하여 저장하는 방법
   - MA 저장(Modified atmosphere storage) : plastic film 등으로 과일을 포장하여 저장하면, 시간의 경과에 따라 포장지 내부의 탄산가스가 증가하여 과실류의 호흡작용이 억제되는 원리를 이용하여 저장하는 방법

3. 과채류를 저장하는 방법 3가지를 쓰시오.

   - 저온저장법, CA 저장법, MA 저장법, 방사선 조사를 이용한 저장법

9-3. 식품의 변질 원인 및 판정방법

1. 변질과 부패

1) 부패·변질 : 미생물 등에 의해 단백질, 지방 등이 분해되어 악취와 유해성 물질이 생성되거나, 식품 고유의 냄새, 빛깔, 외관 또는 조직이 변하는 것을 말한다.

2) 변패(변질) : 식품이 시간의 경과에 따라 냄새, 빛깔, 외관 또는 조직 등에 바람직하지 못한 변화가 발생하는 것을 총칭하는 것이다. 즉, 열, 빛, 산소, 미생물 등에 의하여 식품의 물리적, 화학적, 생물학적 성질이 변하는 것을 말한다. 단백질에 의한 것은 부패라고 한다.

3) 부패(Putrefaction) : 단백질이 미생물에 의해 분해되어 아민, 암모니아와 같이 악취 또는 유독물질과 같은 분해생성물을 만드는 현상을 말한다. 단백질이나 아미노산의 경우 미생물에 의해 분해되어 황화수소나 암모니아 등을 생성하며 섭취에 부적절한 물질로 변한다. 식품의 부패 세균은 주로 세균, 효모, 곰팡이 등이다.

4) 산패(Rancidity) : 유지나 유지 식품이 미생물의 작용, 산소, 빛, 열, 수분 등에 의하여 산을 생성하며 불쾌한 냄새가 나고 맛, 색의 변화 등 품질 저하가 발생하는 것을 말한다.

5) 발효(Fermentation) : 미생물에 의하여 유기물이 분해되는 것은 부패와 같지만, 부패와 다르게 그 변화가 인체에 유익한 물질이 생성되는 것을 발효라고 한다. 발효식품은 안전하며 빵, 술, 간장, 된장 등은 모두 발효에 의해 만들어진 것이다.

> 【기출문제】 육류와 어류의 신선도가 떨어질수록 나는 냄새의 주성분을 각각 쓰시오.
> 1. 육류 : 암모니아, 아민류(니트로소아민)
> 2. 어류 : 트리메틸아민

2. 부패 판정 방법

1) **관능검사** : 식품이 부패하기 시작하면 각종 아민류, 암모니아, 황화수소 등의 냄새가 발생하며, 색깔의 변화, 조직의 성분이 응고되거나 연화 등의 현상이 발생한다. 이것을 인간의 감각(시각, 촉각, 미각, 후각 등)으로 검사 및 판정하는 방법이다.

2) **물리적 검사** : 부패로 인한 조직의 성분이 응고, 연화된 것을 측정(점성, 탄성)하여 판정하는 방법이다.

3) **생균수 검사** : 식품이 부패하기 시작하면 세균의 숫자가 증가하므로 식품에 존재하는 세균수를 측정하여 부패 여부를 판정하는 것이다. 식품 1g당 생균수가 $10^8 \sim 10^9$이면 부패한 것으로 판정한다.

4) **pH** : 일반적으로 식품의 선도가 저하되면 pH는 떨어진다. 신선어의 경우, pH가 7.5 정도지만 부패하면 pH가 6.2~6.5로 낮아진다. 반면, 탄수화물(당류)을 포함하고 있는 식품은 미생물의 발효에 의해 유기산을

생성하면서 식품의 pH를 낮춰 준다. 발효에 의한 pH 저하는 부패가 아니기 때문에, pH 측정만으로 부패를 측정하는 것에는 한계가 있어 일반적으로 생균수 검사와 병행한다.

5) **화학적 검사** : 동물성 식품의 경우에는 부패하면 아민류나 암모니아(NH_3)를 생성한다. 이렇게 생성되는 양을 측정하여 부패를 판정하는 방법이다.

(1) <u>휘발성염기질소(VBN, volatile base nitrogen)</u> : 동물성 식품의 단백질은 단백질 분해효소에 의하여 저분자인 아미노산으로 분해되며, 부패 세균들은 이 아미노산을 이용하여 증식하면서 각종 아민류, 암모니아 등을 생성한다. 이들 아민류(디메틸아민, 트리메틸아민 등)와 암모니아 등 휘발성 아민류를 총칭하여 휘발성 염기 질소(VBN)라고 한다.

① 휘발성염기질소는 사후 초기 육질에는 적지만, 신선도가 저하되면서 그 양이 증가하므로 동물성 식품의 신선도를 나타내는 지표로 이용된다. VBN의 양이 많아질수록 선도가 저하된 식품이다. 동물성 식품 100g 중에 20mg 이하를 기준으로 신선도를 판단한다.

② 동물성 식품 100g 중에 함유되어 있는 VBN량에 따른 부패 정도는 다음과 같다.

신선육	초기 부패 육	부패 육
10~25mg%	30~40mg%	50mg% 이상

※ 'mg% = (mg/mL)×100'로 농도를 표시할 때 사용한다. '용액 100mL 중 용질의 mg수'이다. 'mg/100mL'로 표현할 수 있다.

(2) <u>트리메틸아민(TMA)</u> : 휘발성염기질소(VBN) 성분 중 가장 많은 비율을 차지하는 아민류로 생선의 비린내 및 썩는 냄새를 유발하는 물질이다.

① <u>어류에는 비단백성 질소 성분 중에 Trimethylamine oxide(TMA 산화물)가 많이 존재하며, 사후 세균의 환원효소에 의해 트리메틸아민으로 변한다.</u> 신선어는 트리메틸아민을 거의 함유하고 있지 않으며, 신선도가 저하되면서 양이 증가되기 때문에 부패의 진행 정도를 알 수 있다.

② 어종에 따라 차이가 많지만, 일반적으로 <u>어류는 트리메틸아민 함량이 3~4mg/100g 이상이 되면 초기 부패로 본다.</u> 육류는 식품공전 시험법에서 4~6mg/100g으로 정하고 있다.

신선 어패류	어류의 초기 부패	비 고
3mg% 이하	3~4mg%	육류의 초기 부패(4~6mg%)

■ 기출문제

1. 부패, 변패, 산패, 발효의 정의를 쓰시오. 〈2011-2회〉

- 변패(변질) : 식품이 시간의 경과에 따라 냄새, 빛깔, 외관 또는 조직 등에 바람직하지 못한 변화가 발생하는 것을 총칭
- 부패 : 단백질이 미생물에 의해 분해되어 아민, 암모니아와 같이 악취 또는 유독물질과 같은 분해생성물을 만드는 현상
- 산패 : 유지나 유지 식품이 미생물 작용, 산소, 빛, 열, 수분 등의 작용에 의하여 산을 생성하면서 불쾌한 냄새가 나고, 맛, 색의 변화 등으로 품질이 저하되는 현상
- 발효 : 미생물에 의하여 유기물이 분해되는 것은 부패와 같지만, 부패와 다르게 그 변화가 인체에 유익한 물질이 생성되는 것

2. 육류와 어류의 신선도가 떨어질수록 나는 냄새의 주성분을 각각 쓰시오. 〈2014-2회〉

- 육류 : 암모니아, 아민류(니트로소아민)
- 어류 : 트리메틸아민

3. 어류의 선도 판정기준인 트리메틸아민(TMA)의 유도물질과 초기 부패판정의 기준치를 쓰시오. 〈2016-3회〉

- Trimethylamine oxide(산화트리메틸아민)
- 어류의 초기 부패 : 3~4 mg%

■ 예상문제

1. 식품공전 상 원료의 '부패·변질'의 정의를 쓰시오.

- 원료의 '부패·변질' : 미생물 등에 의해 단백질, 지방 등이 분해되어 악취와 유해성 물질이 생성되거나, 식품 고유의 냄새, 빛깔, 외관 또는 조직이 변하는 것

제10절 통조림, 레토르트식품

10-1. 통조림, 병조림 제조공정

1. 정의[76]

1) 정의 : 제조가공 또는 위생처리된 식품을 12개월을 초과하여 실온에서 보존 및 유통할 목적으로 식품을 통 또는 병에 넣어 탈기와 밀봉 및 살균 또는 멸균한 것을 말한다.

　(1) 제조·가공기준

　　① 멸균은 제품의 중심온도가 120℃에서 4분간 또는 이와 동등 이상의 효력을 갖는 방법으로 열처리하여야 한다.

　　② pH 4.6을 초과하는 저산성식품(low acid food)은 제품의 내용물, 가공장소, 제조 일자를 확인할 수 있는 기호를 표시하고 멸균공정 작업에 대한 기록을 보관하여야 한다.

　　③ pH가 4.6 이하인 산성식품은 가열 등의 방법으로 살균 처리할 수 있다.

　　④ 제품은 저장성을 가질 수 있도록 그 특성에 따라 적절한 방법으로 살균 또는 멸균 처리하여야 하며, 내용물의 변색이 방지되고 호열성 세균의 증식이 억제될 수 있도록 적절한 방법으로 냉각하여야 한다.

　(2) 규격

　　① 성상 : 관 또는 병뚜껑이 팽창 또는 변형되지 않고, 내용물은 고유의 색택을 가지고 이미·이취가 없어야 한다.

　　② 주석(mg/kg) : 150 이하(알루미늄 캔을 제외한 캔 제품에 한하며, 산성 통조림은 200 이하이어야 한다.)

　　③ 세균 : 세균발육이 음성이어야 한다.

2) 통조림 식품의 장점

　(1) 장기간 저장 및 보존 가능
　(2) 휴대 및 운반, 수송 편리
　(3) 그대로 섭취 가능하여 식생활의 편리 제공
　(4) 가격이 저렴하다.
　(5) 풍미가 좋고 가공 중 영양가 손실이 적다.

2. '냉점' 및 Come-up-Time (CUT)

1) 냉점 : 레토르트 안에서 통조림을 가열살균 할 때, 가장 늦게 가열되는 부분을 냉점이라고 한다. 통조림 식품의 살균 정도는 이 냉점을 기준으로 평가한다.

　(1) 통조림을 레토르트 안에 넣고 살균할 때, 내용물이 액체인 경우는 대류에 의해 열전달이 되므로 냉점의 위치는 1/3지점이 된다.

---

[76] 식약처, 식품의 기준 및 규격, 식약처 고시 제2024-71호, 2024.11.14.

(2) 반고체 식품인 경우에는 열전달이 전도에 의해 이루어지므로, 냉점은 1/2지점이 된다.

2) Come-up-Time(CUT) : 레토르트 안에 들어 있는 통조림의 가열을 시작한 후, 가장 늦게 가열되는 부분인 냉점이 살균온도에 도달하기까지 소요되는 시간을 말한다. 통조림 식품의 실제 살균시간은 냉각이 시작되기 전까지의 소요 시간에서 CUT 시간을 제외한 시간이 된다.

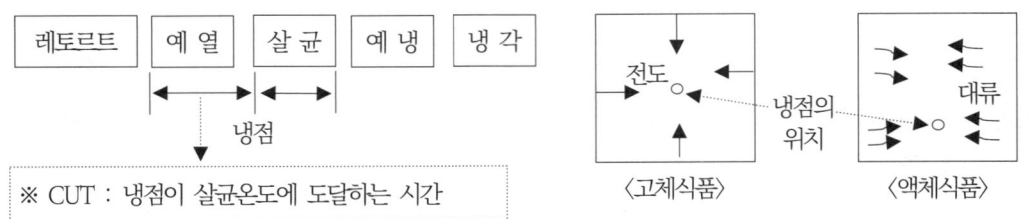

3. 통조림 가열살균과 pH 4.6의 관계

1) 통조림의 가열지표세균인 Cl. botulinum의 영양세포는 100℃ 정도에서 사멸하지만, 포자는 내열성이 강하여 100℃에서 사멸되지 않는다. 이러한 포자의 내열성에 크게 영향을 주는 것이 식품의 pH(수소이온농도) 이다. 미생물 포자의 내열성은 중성 부근의 pH에서 가장 크게 나타난다. 그러나 pH가 낮아지면(산성이 되면) 세포막이 손상되어 생육이 억제된다.

2) 통조림 식품은 pH에 따라 저산성식품(pH 4.6 이상)과 산성식품(pH 4.6 이하)으로 나눌 수 있다. pH가 낮은 산성식품에서는 식중독균뿐만 아니라 포자의 발아도 억제되므로 식품을 고온으로 살균할 필요가 없다.

4. 제조공정(과채류 통조림)

1) **제조공정** : 원료(선별, 세척) → 조리 → 담기 → 주액(염수, 시럽) → 탈기 → 밀봉 → 가열살균 → 냉각 → 제품

2) **선별 및 세척** : 과채류의 크기, 색깔, 숙도 등을 고려하여 선별하며, 세척을 통하여 이물을 제거한다. 사과, 복숭아 등은 씨앗을 제거하고 껍질을 벗긴다.

3) **조리(데치기, Blanching)** : 끓는 물에 식품을 잠깐 넣어서 표면을 가볍게 익히는 것을 말한다. 데치기는 냉동, 건조, 통조림 가공 등을 하기 위한 전처리 공정에 주로 활용한다. 데치기는 보통 75~100℃에서 1~10분간 실시하며, 데친 후에는 찬물에 담가 냉각시킨다.

4) **담기(충전)** : 통에 식품을 담는 방법에는 고온 충전, 냉각 주입, 무균주입 방법 등이 있다. 고온 충전법을 가장 많이 사용한다. 고온 충전은 산성이 강하고 100℃ 이하의 온도로 살균 가능하며, 열에 민감하지 않은 식품인 과즙, 넥타, 퓨레, 케첩 등에 이용한다.

5) **주액(시럽과 염수)** : 통조림의 맛 향상, 식품 사이의 빈 공간을 채워 주고, 살균 시 열전달 속도를 증가시키기 위해 과일류에는 시럽, 채소류에는 소금 용액을 첨가한다.

6) **탈기** : 밀봉 전에 용기 내부의 공기를 제거하여 진공상태로 만드는 과정이다.

   (1) **탈기(공기 제거) 목적**

   ① 내부 산소를 제거하여 통조림 관 내면의 부식 억제

   ② 내부 압력에 의한 밀봉 부위의 파손 방지

   ③ 호기성 세균의 발육억제, 살균 시 열전도 저하 방지

   ④ 잔존 공기로 인한 향미, 색, 영양가 손실 방지

   (2) **탈기 방법**

   ① 가열 탈기법 : 통조림과 병조림의 제조에 많이 사용된다. 가열한 85~90℃의 고온 제품을 캔 또는 병에 충전하여 5~8분간 기다렸다가 권체하거나 밀봉한다.

   ② 진공탈기법 : 챔버 내부에 식품을 넣은 다음, 챔버 내부를 감압하고 밀봉하는 방법이다. 식품에 공기가 많은 채소 통조림이나 가열하기 어려운 통조림에 사용된다.

   ③ 스팀분사법 : 통조림의 Headspace 부분에 스팀을 불어 넣어 탈기 및 밀봉하는 방법이다. 공기가 적은 고체 식품에 이용한다.

7) **밀봉** : 용기 내에 내용물을 넣고 탈기한 다음, 밀봉하여 부패를 방지한다. 캔의 밀봉은 이중권체법을 주로 사용한다.

8) **가열살균** : 살균은 저온에서 장시간 가열하는 것보다 고온에서 단시간 살균하는 것이 식품의 색, 맛, 향, 영양가의 손실이 적다. 따라서 통조림 살균 시 pH 4.6 이하인 식품은 100℃ 이하로 살균하고, pH 4.6 이상인 저산성 식품은 120℃에서 4분간 가열 살균한다.

9) **냉각** : 열처리가 끝나면 중심온도가 40℃가 될 때까지 냉각하며, 냉각의 목적은 다음과 같다.

   (1) 열에 의한 식품의 조직 연화 억제   (2) 황화수소 가스 발생에 의한 통조림 변색 방지

   (3) 호기성 세균(50~55℃)의 발육 억제   (4) 육류 및 수산물 통조림은 스트루바이트 생성 방지

♣ 스트루바이트 : 마그네슘(Mg) 함수 인산암모늄염 광물로 통조림의 내용물에 유리 조각 모양의 회백색 결정이 나타나는 현상

1. 원료육 중의 마그네슘 + 암모니아(육류가 분해되어 생성)가 고온 살균 과정에서 화합하여, 완만하게 냉각하면 고기 표면에 회백색으로 석출
2. 물 또는 약알칼리성(pH 6.2~7.5) 용액에는 잘 녹지 않으므로 통조림 표면에 석출된다.
3. 방지법 : ① 통조림 제조 시에 가열살균 후 급랭   ② 헥사메타인산나트륨[$(NaPO_3)_6$] 첨가

10-2. 레토르트식품

1. 개요 및 정의[77]

1) **정의** : 제조가공 또는 위생처리된 식품을 12개월을 초과하여 실온에서 보존 및 유통할 목적으로 <u>단층 플라스틱 필름이나 금속박 또는 이를 여러 층으로 접착하여, 파우치와 기타 모양으로 성형한 용기에 제조·가공 또는 조리한 식품을 충전하고 밀봉하여 가열살균 또는 멸균한 것</u>을 말한다.

2) **레토르트식품(retort food)의 기준 및 규격**

(1) 제조·가공기준

① 멸균은 제품의 <u>중심온도가 120℃ 4분간</u> 또는 이와 같은 수준 이상의 효력을 갖는 방법으로 열처리하여야 한다. <u>pH 4.6을 초과하는 저산성식품(low acid food)</u>은 제품의 내용물, 가공장소, 제조 일자를 확인할 수 있는 기호를 표시하고 멸균공정 작업에 대한 기록을 보관하여야 한다. <u>pH가 4.6 이하인 산성식품</u>은 가열 등의 방법으로 살균 처리할 수 있다.

② 제품은 저장성을 가질 수 있도록 그 특성에 따라 적절한 방법으로 살균 또는 멸균 처리하여야 하며, 내용물의 변색이 방지되고 호열성 세균의 증식이 억제될 수 있도록 적절한 방법으로 냉각시켜야 한다.

③ <u>보존료는 일절 사용하여서는 아니 된다.</u>

(2) 규격

① 성상 : 외형이 팽창, 변형되지 않고, 내용물은 고유의 향미, 색택, 물성을 가지고 이미·이취가 없어야 한다.

② 세균 : 세균발육이 음성이어야 한다.

③ <u>타르색소 : 검출되어서는 아니 된다.</u>

2. 장단점

1) **장점**

(1) 레토르트식품은 공기와 세균을 완전히 제거하여 장기저장이 가능하다. 통조림과 다르게 보존료가 불필요하며, 상온 유통조건에서 장기 보존성이 있다. 투명 파우치는 1~5개월(20℃), 불투명 파우치는 2년 정도 저장이 가능하다.

(2) 캔 식품에 비해 부드럽고 가벼워 휴대하기 편하여, 유통비용이 적게 든다.

(3) 레토르트 포장이 두껍지 않고 표면적이 넓어 가열 시 열전달이 빠르다. 따라서 조리시간이 단축됨으로써 색과 향미가 좋은 제품을 얻을 수 있다.

(4) 즉각 개봉 및 취식이 용이하며, 제조과정에서 소모되는 에너지가 통조림의 1/4 정도이다.

---

[77] 식약처, 식품의 기준 및 규격, 식약처 고시 제2024-71호, 2024.11.14.

⑸ 포장재의 우수성 : 가격이 저렴하고, 알루미늄 포일(foil)의 광택, 우수한 인쇄 적성, 미려한 외관, 다양한 포장 단위는 구매력을 향상시킬 수 있다.

2) 단점

⑴ 통·병조림 식품보다 충진 속도가 느리다.   ⑵ 직화 취식이 불가하다.

⑶ 포장지가 불투명하여 변질된 식품의 식별이 곤란하며, 날카로운 물체에 포장재가 쉽게 손상될 수 있다.

3. 제조공정

1) 제조공정 : 원료 → 선별 → 세척 → 데치기 → 담기 → 탈기 → 밀봉 → 살균 → 냉각 → 검사 → 제품

2) 원료, 선별, 세척, 데치기 : 통조림 공정과 동일하다.

3) 담기 및 탈기, 밀봉

⑴ **담기 및 탈기** : 식품을 파우치에 담을 때 잔존 공기를 최대한 제거하여야 한다. 공기가 존재할 경우 여러 가지 문제가 발생한다.

① 내압에 의해 파우치가 파열될 수 있다.   ② 열전도도의 저하로 살균 효과가 떨어진다.

③ 식품의 산패, 맛, 색, 향의 손실이 발생할 수 있다.

⑵ **밀봉(실링, Sealing)** : 열 가열(140~240℃)하여 밀봉하는 방법과 전류를 흘려서 밀봉하는 임펄스 방식이 있다.

⑶ **탈기 및 밀봉 방법**

① Counter pressure 방식(기계압착식) : 기계로 파우치를 눌러 내부를 탈기하고 밀봉하는 방법이다. 카레, 비프스튜 등에 이용한다.

② Schnochel(슈노겔, 노즐탈기식) 방식 : 봉지 내부의 공기를 노즐로 탈기한 다음, 밀봉하는 방식이다.

③ 진공포장(Chamber 방식) : 챔버 내부에 식품을 넣고, 챔버 내부를 5~10torr 정도로 감압하여 탈기하고 밀봉하는 방법이다. 식품공장에서 많이 사용된다.

④ Steam pressure(스팀프레셔) 방식 : 레토르트의 Headspace 부분에 스팀을 불어 넣어 탈기 및 밀봉하는 방법이다.

4) 살균 : 레토르트식품의 살균온도와 시간은 식품의 종류, 모양 등에 따라 다르지만, 100~125℃에서 4~30분 정도 실시한다.

5) 냉각, 검사, 제품화 : 통조림과 동일한 공정을 거친다.

■ 기출문제

1. 레토르트식품의 제조 및 가공기준을 쓰시오.
   〈2017-3회, 2019-2회, 2021-3회〉

   ① 멸균은 제품의 중심온도가 120℃, 4분간 또는 이와 같은 수준 이상의 효력을 갖는 방법으로 열처리하여야 한다.
   ② pH 4.6을 초과하는 저산성식품은 제품의 내용물, 가공장소, 제조 일자를 확인할 수 있는 기호를 표시하여야 한다.
   ③ 보존료는 일절 사용하지 않아야 한다.

2. 레토르트식품의 기준 및 규격 중 아래 항목에 대하여 쓰시오. 〈2008-1회〉
   ① 보존료 사용기준 ② 타르색소 사용기준

   ① 보존료 사용기준 : 일절 사용하여서는 안 된다.
   ② 타르색소 사용기준 : 검출되어서는 안 된다.

3. 통조림의 저온살균(100℃ 이하)이 가능한 한계 pH를 적고, 저온살균이 가능한 이유를 설명하시오. 〈2014-1회〉

   - 한계 기준 : pH 4.6
   - 저온살균 가능 이유 : pH 4.6 이하의 산성 통조림의 경우, Cl. botulinum균 등의 세균이 증식할 수 없다. 따라서 효모나 곰팡이 등만 살균하면 되므로 100℃ 이하의 저온살균이 가능하다.

4. Clostridium botulinum이 통조림 살균 지표로 이용되는 이유를 쓰시오. 〈2024-1회〉

   - 통조림은 밀봉 식품(혐기적 상태)이다. 이러한 혐기적 조건에서 생육이 가능한 대표적인 균은 Clostridium botulinum이다. 따라서 일반적으로 pH4.6 이상 저산성식품(통조림)의 살균 공정에서 Cl. botulinum의 초기 균수를 10^{-12}만큼 감소시키는 것을 통조림의 살균 기준으로 정하고 있다.

5. 아래 문제에서 ( )를 채우시오. 〈2014-1회〉

   통조림 살균 시 내용물이 고체식품일 때, 냉점의 위치는 (①)이고, 그 이유는 (②)이다. 액체식품일 때 냉점의 위치는 (③)이고, 그 이유는 (④)이다.

   ① 1/2 지점
   ② 전도에 의해 열전달이 이루어지기 때문
   ③ 1/3지점
   ④ 대류에 의해 열전달이 이루어지기 때문

6. 통조림 살균 시 가장 늦게 열전달이 되는 곳이 냉점이다. 내용물이 액체일 때와 반고체일 때의 냉점을 비교하여 설명하시오. 〈2004-2회, 2018-1회〉	• 반고체식품 : 전도에 의한 열전달로 1/2지점 • 액체식품 : 대류에 의한 열전달로 1/3지점
7. 통조림 살균지표 균 이름과 살균지표 효소를 쓰시오. 〈2013-1회〉	• 살균지표 균 : Clostridium botulinum • 살균지표 효소 : peroxidase ※ peroxidase(식물조직에 함유) ⇨ 저온살균 시 활성 유지, 80~100℃ 살균 시 불활성화
8. 통조림 제조 시 탈기의 목적 및 효과 4가지를 쓰시오. 〈2005-3회, 2011-2회〉	① 내부 산소를 제거하여 통조림 관 내면 부식 억제 ② 내부 압력에 의한 밀봉 부위의 파손 방지 ③ 호기성 세균의 발육억제, 살균 시 열전도 저하 방지 ④ 잔존 공기로 인한 색, 맛, 향, 영양가 손실 방지
9. 통조림의 탈기 방법 3가지를 쓰시오. 〈2005-2회, 2006-3회〉	• 가열탈기법, 진공탈기법, 스팀(증기)분사법
10. 플라스틱 필름 및 알루미늄 포일을 적층한 필름 용기에 조리·가공한 식품을 충진·밀봉한 후 가압·가열·살균 냉각한 파우치 식품을 무엇이라 하는지 쓰시오. 〈2007-1회〉	• 레토르트식품
11. 메타인산염을 육류, 과실 및 면류에 사용하였을 때의 효과를 쓰시오. 〈2008-3회〉	• 육류 : 단백질의 변성방지, 식육의 보수성, 결착력 증대, 갈변방지, 산화방지 등 • 과실 : 펙틴 추출 촉진, 떫은맛 중화, 토마토주스의 점성 상승 효과 • 면류 : 촉감 향상

■ 예상문제

1. 통조림에서 '냉점'의 정의를 쓰시오.	• 냉점 : 레토르트 안에서 통조림을 가열 살균할 때, 가장 늦게 가열되는 부분

10-3. 통조림 식품의 저장 중 변패

1. 내용물의 변화

1) **평면 산패(Flat sour)** : 가스가 생성되지 않아 뚜껑이나 밑바닥의 변형이 없음에도 불구하고 내용물이 산패되어 신맛이 나는 것을 말한다. 외관상으로는 확인이 어렵고 개관하여 pH 측정이나 세균검사를 통하여 판별할 수 있다.
   - (1) 살균 부족에 따라 호열성 세균인 Bacillus속에 의해 유산이 생성되어 시큼한 맛이 나는 것으로 저장온도가 40℃ 이상이면 평면산패가 발생할 수 있다.
   - (2) 주로 채소류나 육류 통조림에서 많이 나타나며, 평면 산패가 발생한 식품은 섭취해도 인체에 무해하다.

2) **H_2S(황화수소) 등의 가스 발생으로 인한 흑변**
   - (1) 통조림을 만들기 위해 육류, 어패류를 가열 살균하면, 육단백질 중에 있는 cysteine, cystine 등이 환원되어 황화수소(H_2S)가 발생한다. 이 황화수소가 통조림 용기에서 용출한 금속(철, 주석, 구리 등)과 화합하여 황화철, 황화주석 등을 만들어 흑변한다.
   - (2) 황화수소에 의한 흑변은 주로 육류, 수산물 등에서 발생하며, 과일이나 야채 통조림에서는 탄닌 성분이 철 이온과 반응하여 흑변이 발생하기도 한다.
   - (3) 방지법 : 에나멜 관, 합성수지 내면 도장관 등을 사용하여 금속의 접촉을 방지하거나 통조림 제조 시 염수에 시트르산이나 아세트산을 첨가하여 산성으로 유지하면 방지할 수 있다.

3) **주석의 용출** : 오렌지주스나 토마토주스 등을 주석 도금한 통조림 관 안에 넣을 경우, 주스에 함유된 질산이온(NHO_3) 또는 용기 내 용존 산소에 의해 표면의 주석이 용출된다. 주석은 독성이 강하지 않으나 과량 섭취하면 호흡곤란, 피로, 구토 등의 증상을 일으킨다.

2. 외형의 변화

1) **Swell (팽창)** : 통조림 내에서 발생한 수소가스에 의해서 관이 팽창하는 것을 말한다. <u>수소가스 발생으로 팽창</u>되어 hydrogen swell(수소팽창)이라고도 한다. 통조림 용기의 주석이 식품과 반응하여 부식되어 수소가스가 발생하며, 이런 반응이 계속되면 변색 및 냄새가 생성된다.

2) **Flipper(플리퍼), Springer(스프링거 현상)**
   - (1) Flipper(플리퍼, 딸깍 소리) : 캔의 뚜껑이나 바닥의 어느 한 편이 약간 부풀어 올라 있고 이것을 손가락으로 누르면 딸깍 소리를 내며 정상인 외관으로 되돌아가는 것을 말한다.
   - (2) Springer : 캔의 뚜껑이나 바닥의 어느 한 편이 약간 부풀어 올라 있고, 이것을 손가락으로 누르면 정상인 외관으로 되돌아가면서 반대쪽이 부푸는 것을 말한다. 스프링거보다 팽창이 더 진행되면 스웰(swell)이라고 한다.
   - (3) <u>Flipper와 Springer 발생원인</u> : 과다 충전, 탈기 부족, 미생물에 의한 가스 발생

3) **패널 캔(panelled can)** : 살균공정 시 레토르트의 압력이 통조림 캔 내부의 압력보다 과도하게 높을 경우, 캔이 안으로 찌그러지는 현상을 말한다. <u>살균이나 냉각 공정에서 레토르트에 과도한 압력을 가하면 발생한다.</u> 버클 캔과 반대 현상이 일어나는 것을 말한다.

4) **버클 캔(buckled can)** : 살균공정 중에는 기체의 팽창, 증기 발생 등으로 캔의 내압이 레토르트의 압력(외압)보다 커져 있다. 이때 살균이 종료되어 레토르트 압력을 내리면 통조림 안의 내압으로 인하여 관의 상하면이 탄성한계를 넘어 팽창되면서 영구적으로 변형되는 현상이다. 돌출 변형 캔이라고도 한다.

5) **Leaker (누출 현상)** : 내부 부식이나 외부의 충격 등에 의해 통조림 관에 상처가 발생하여 내용물이 외부로 유출되는 현상을 말한다.

> 【기출문제】 통조림에서 팽창관이 생기거나 외관이 변하는 원인을 4가지 적으시오.
> • 살균 부족, 과다 충전, 탈기 부족, 수소팽창, 과도한 압력

3. 통조림 식품의 검사 방법

1) **외관검사** : 통조림을 개관하지 않고 외부에서 관찰하여 판정하는 방법이다.

  (1) 외관검사 : 외형의 변형, 녹이 슨 것, 구멍의 생성 여부 등을 검사한다.

  (2) 타검봉에 의한 검사 : 통조림의 뚜껑 또는 밑바닥을 철제 타검봉으로 가볍게 두드려 나는 소리로 판별하는 방법이다. 일반적으로 맑은소리가 나면 정상적인 것이고, 탁한 소리가 나면 불량한 경우가 많다. 개관하지 않고 통조림의 진공도, 내용물의 상태, 양 등을 선별할 수 있다.

2) **진공도 및 개관검사** : 진공도 측정기를 이용하여 헤드 스페이스의 압력을 측정한 다음, 관능검사를 실시한다. 진공도는 300~380mmHg 정도면 적당하며, 관능검사는 색깔, 냄새, 액즙의 상태, 고형물의 양 등을 검사한다. 가열살균이 충분하더라도 헤드 스페이스 내 진공도가 불량하면 품질 저하를 초래할 수 있다.

3) **가온검사** : 통조림 관내에 잔존하는 균 여부를 검사하기 위해 균이 발육하기 좋은 조건으로 가온하여 검사하는 방법이다. 시료를 항온기에 넣고 온도를 조절하여 관찰한다.

4) **세균학적 검사** : <u>가온검사에 이어서 수행하는 검사로, 미생물 시험 중 세균발육시험을 말한다. 통병조림식품, 레토르트식품과 같은 장기보존식품에서 관내에 잔존하는 균 여부를 검사하기 위해 균이 발육하기 좋은 조건으로 가온하여 검사한 다음, 가온시험에서 음성인 것은 세균 시험을 한다.</u> 호기성 및 호열성 세균, 편성혐기성세균 등을 검사한다.

  (1) 세균발육시험 : 통병조림식품, 레토르트식품에서 세균의 발육 유무를 확인하기 위한 것이다.

  (2) 가온보존시험 : <u>시료 5개를 개봉하지 않은 용기·포장 그대로 배양기에서 35~37℃에서 10일간 보존한 후, 상온에서 1일간 추가로 방치한 후 관찰하여 용기·포장이 팽창 또는 새는 것은 세균발육 양성으로 하고, 가온보존시험에서 음성인 것은 세균시험을 한다.</u>

가온검사	• 통조림식품 등의 관내에 잔존하는 세균 여부를 검사하기 위한 방법
	↳ 세균이 발육하기 좋은 조건으로 가온하여 관찰

pH	가온 온도	가온 시간	
산성식품 통조림	30℃, 37℃, 55℃	14~28일(2~4주)	
약산, 알칼리성 통조림	30℃, 37℃, 45℃, 55℃	반고형 통조림	7~14일(1~2주)
		조미통조림	14~21일(2~3주)
		고형물	14~28일(2~4주)

⟨시험 방법⟩

- 시험법 : 미개봉 시료 5개 → 35~37℃(10일간 보존) → 상온(1주일간 방치)
  - ↳ ① 팽창 : 세균발육 → 양성으로 판정
  - ↳ ② 음성 → 추가로 세균학적 검사 수행

⟨세균학적 검사법⟩

(1) 가온 시료 5개 → 검체 채취(25g) → 10배로 희석 및 균질화 → 1mL 채취 + 9mL 희석액 혼합
   ↳ 균체가 과도하게 많아 10~1,000배로 희석하여 사용
(2) 시험용액(5개) → 배지에 접종 → 35~37℃, 48±3시간 배양 → 1개 시료라도 세균 증식
   ↳ 모두 양성으로 판정

5) **화학적 검사** : 통조림 내용물의 변패 여부를 판정하기 위하여 화학적 검사를 실시하는 것이다. 주요 검사항목은 다음과 같다.

   (1) 통조림 내용물 : 변패 미생물의 정량(VBN, 히스타민 생성량 등)
   (2) 용출 금속량 : 식품 중에 중금속(주석, 철, 구리 등)의 함량 조사
   (3) 통조림 내부의 가스 성분, 식품첨가물(방부제, 색소 등)의 함량 조사

6) **물리적 검사** : X-ray를 사용하여 용기의 상태, 헤드 스페이스의 크기와 상태, 내용물의 상태 등을 검사한다.

■ 기출문제

1. 통조림에서 팽창관이 생기거나 외관이 변하는 원인을 4가지 적으시오
   〈2004-1회, 2007-2회, 2010-2회, 2011-1회, 2013-3회, 2018-2회〉

   • 살균 부족, 과다 충전, 탈기 부족, 수소팽창, 과도한 압력

2. 일반시험법 중 세균 발육시험 검사는 어떤 식품에 적용하는지 쓰시오. 〈2023-1회〉

   • 세균 발육시험 : 장기보존식품 중 통·병조림, 레토르트식품에서 세균의 발육 여부를 확인하기 위해 수행함

3. 아래 보기에서 ( )에 알맞은 내용을 골라 쓰시오. 〈2023-3회〉

   ① 양성
   ② 음성

   > 세균발육시험은 장기보존식품 중 통·병조림식품, 레토르트식품에서 세균의 발육 유무를 확인하기 위한 것이다. 가온보존시험은 시료 5개를 개봉하지 않은 용기·포장 그대로 배양기에서 35~37℃에서 10일간 보존한 후, 상온에서 1일간 추가로 방치한 후 관찰하여 용기·포장이 팽창 또는 새는 것은 세균 발육 (①)으로 하고, 가온보존시험에서 (②)인 것은 세균시험을 한다.
   > 〈보기〉 양성, 음성

■ 예상문제

1. 육류, 어패류 통조림 식품을 만들기 위해 가열하면 생성되는 가스의 종류와 이 가스로 인해 흑변이 발생하는 이유를 쓰시오.

   • 황화수소(H_2S)
   • 황화수소(H_2S)가 통조림 용기에서 용출한 금속(철, 주석, 구리 등)과 반응하여 흑변이 발생한다.

제11절 냉장, 냉동식품

11-1. 상의 변화, 물의 상평형 곡선

1. 상(Phase)의 변화

1) 모든 물질은 기체, 액체, 고체의 상을 가진다. 물도 온도에 따라 고체(얼음), 액체(물), 기체(수증기)의 3가지 상을 갖는다. 대기압에서 물은 0℃ 이하에서는 얼음(고체상)으로 존재하며, 100℃ 이상에서는 수증기(기체 상)로 존재한다. 식품 중에 존재하는 수분도 온도의 변화에 따라 고체, 액체, 기체상을 가진다.

2) 상태의 변화와 에너지 : 어떤 물질의 상이 변하기 위해서는 에너지가 가해지거나 방출되어야 한다.

2. 현열과 잠열

1) **현열** : 어떤 물질을 가열하거나 냉각할 때 온도의 변화로 나타나는 열량을 말한다. 이 열은 온도계로 측정할 수 있다. 예를 들면 10℃의 물 30kg을 30℃로 만드는 데 필요한 열량은 600kcal이다. 열량(kcal) = 질량 × 비열 × 온도 차이 = 30×1×(30-10) = 600kcal

2) **잠열** : 어떤 물질을 가열하거나 냉각하여도 온도의 변화는 나타나지 않으며, 물질의 상이 변하는 데 소비되는 열량을 말한다. 온도계로 측정할 수 없다. 표준대기압(1기압)에서 물을 가열하면 100℃에서 물은 끓는다. 물이 끓는 동안 물의 온도는 계속 100℃로 유지된다. 이때 가해진 열량은 온도는 변화시키지 않고 물질의 상변화(액체→기체)를 위해 사용된다. 고체 → 액체(용해열), 액체 → 기체(기화열) 등으로 표현한다.

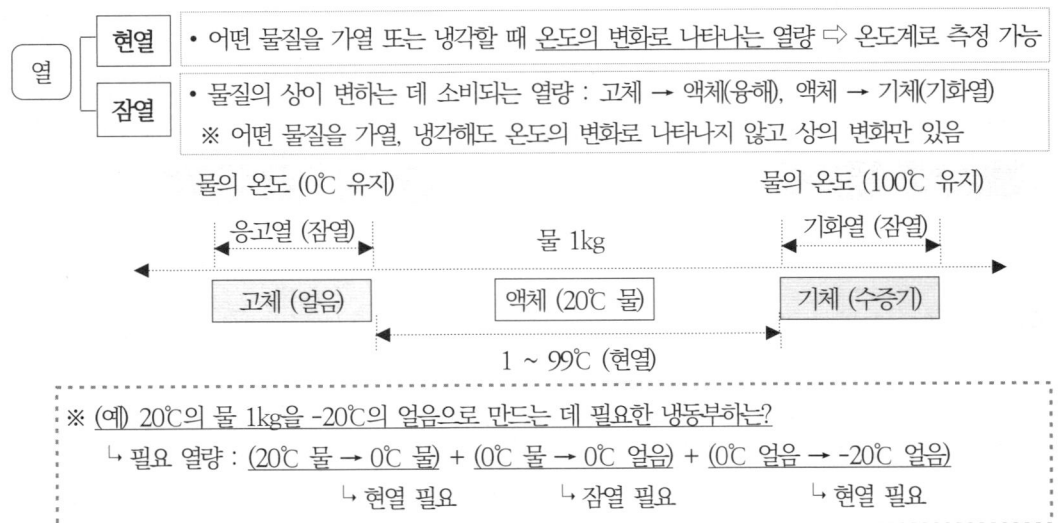

3. 물의 상변화에 미치는 영향 요소 : 온도, 압력

1) 상변화에서 고체가 액체로 변하는 것은 '용융' 또는 '용해'라고 하며, 액체가 기체로 변하는 것은 '증발 또는 기화'라고 한다. 또한, 고체가 바로 기체로 되는 것도 있고, 기체가 액체를 거치지 않고 곧바로 고체로 되는 것도 있는데 이를 '승화'라고 한다.

2) **증기압 (물의 끓는점)** : 대기압과 증기압이 같아질 때를 '물이 끓는다'고 표현한다. 대기압(1기압)에서 물의 어는점은 0℃이고, 끓는점은 100℃이다. 증기압과 대기압이 같을 때 물은 끓기 때문에 압력을 낮추면 끓는점도 낮아진다. 이러한 원리를 이용하여 식품 공업에서는 압력을 낮추어(감압) 낮은 온도에서 식품을 가열하거나 건조시키는 방법을 적용한다. 이를 통해 식품의 열화 방지와 가열에 의한 색, 맛, 향의 변화를 최소화할 수 있다.

  (1) **대기압** : 공기 무게에 의해 생기는 대기의 압력을 말한다. 1기압은 760mmHg이며, '760torr 또는 1atm'이라고도 표현한다.

  (2) **감압** : 기체의 압력이 대기압보다 낮은 상태를 말한다. 물은 760mmHg가 되었을 때 100℃에서 끓지만, 기압이 낮은 상태에서는 더 낮은 온도에서 끓는다.

4. 물의 상평형 곡선

1) 상평형 그림이란 특정 온도와 압력에서 물질의 상변화를 그래프로 그린 것을 말한다. 즉, 물의 상이 온도와 압력의 변화에 따라 기체-액체, 액체-고체, 고체-기체로 변화하는 모습을 그린 것이다. 물의 상평형곡선은 아래와 같다.

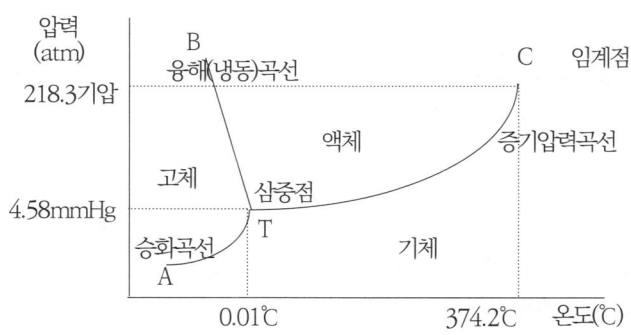

2) 가로축에는 온도, 세로축에는 압력을 나타내며, 특정 온도와 압력 상태에서 물질이 어떤 상을 갖는지 나타낸 것이다. 그림에는 융해곡선, 증기압력곡선, 승화곡선, 삼중점, 임계점이 표시되어 있다.

  (1) **승화곡선(A-T)** : 일정 온도와 압력에서 물이 고체상이 되는 것을 나타낸 그래프이다. 곡선상에서 물은 고체와 기체가 공존한다. 승화곡선은 삼중점 이하에서만 존재한다. 압력을 매우 낮은 수준으로 유지하면, 영하의 온도에서도 고체 상태인 얼음을 기화시킬 수 있음을 알 수 있다. 이러한 원리를 이용한 것이 동결건조방법이다.

(2) **융해곡선(B-T, 용해도곡선)** : 일정 온도와 압력하에서 물의 녹는점을 표시한 그래프이다. 곡선상에서 물은 고체와 액체가 공존한다.

(3) **증기압력곡선(C-T)** : 일정 온도와 압력에서 물의 끓는점을 나타낸 그래프이다. 곡선상에서 물은 액체와 기체가 공존한다. 증기압력곡선은 상한점이 있으며, 이를 임계점이라 한다. 임계점 이상의 온도와 압력에서는 물이 액체와 기체의 특성을 가지는 초임계유체 상태로 존재하게 된다.

3) 삼중점(Triple point), 임계점

(1) **삼중점(T 지점)** : 승화곡선, 융해곡선, 증기압력곡선이 만나는 지점을 말하며, 이 지점(T점)에서 물은 고체, 액체, 기체의 상을 모두 가지게 된다. 물은 0.01℃, 압력 4.58mmHg 되는 지점에서 삼중점을 가진다.

(2) **임계점(C 지점)** : 물은 대기압(1기압) 상태에서 100℃로 가열하면 수증기(기체상)로 변한다. 그러나 대기압, 온도 100℃ 이상에서도 압력을 높여 주면 물은 액체 상태로 유지할 수 있다. 그렇지만, 물은 218.3기압(atm)에 도달하면, 끓는점 온도가 374.2℃가 되면서 더 이상 액체상을 유지하지 않는다. 이를 물의 임계점이라고 하며, 임계점 이상에서 물은 초임계유체의 성질을 갖는다.

11-2. 냉동 및 냉동 사이클

1. 냉동의 정의

1) **정의** : 냉동은 일정한 공간이나 물체의 온도를 주위의 온도보다 인공적으로 낮추어 주는 열 제거 조작이다.

2) **냉동사이클 (Refrigeration cycle)** : 냉동은 '증발 → 압축 → 응축 → 팽창'의 4개 과정을 거치면서 이루어진다. 이를 냉동사이클이라 한다. 냉매(암모니아, 프레온가스)는 4개의 기기를 순환하면서 액체에서 기체로, 기체에서 액체로 상태 변화를 반복하면서 주변의 온도를 낮추거나 주변으로 열을 방출한다. 냉동장치의 4대 요소는 압축기, 응축기, 팽창밸브, 증발기이다.

2. 냉동능력 및 냉동톤

1) **냉동톤(ton of refrigeration, R/T)** : 1냉동톤은 0℃의 물 1,000kg을 24시간 동안 0℃의 얼음으로 만드는 데 필요한 열량으로, 1냉동톤은 시간당 3,320Kcal이다.

※ 1냉동톤 = [융해열×질량(kg)]÷24hr = [79.68kcal/kg×1,000kg]÷24hr = 3,320kcal/h

2) **냉동부하(freezing load)** : 식품을 냉각 또는 동결할 때, 식품 1kg으로부터 제거해야 하는 현열 및 잠열의 합계량. 즉, 식품을 냉동시키기 위해 제거되어야 할 열량을 의미한다. 단위는 kcal/h 또는 냉동톤

(1) 열에너지(열량), 냉동부하 산출식 → $Q = c \cdot m \Delta t$ ※ c(비열), m(질량), Δt(온도 차이)

(2) 비열 : 어떤 물질 1kg을 1℃ 올리는 데 필요한 열량. '비열 = 열량(Q)÷(질량×온도변화)'

(3) 와트(watt) : 1W(와트)는 1s(초)에 1J(주울)의 일을 하는 일률을 말한다. '1W = 1J/s'이다.

■ 기출문제

1. 135g의 물을 11℃에서 41℃로 올리는 데 필요한 열량을 구하시오. 〈2008-3회〉

   - ※ $Q = c \cdot m \Delta t$
     c(비열), m(질량), △t(온도 차이)
   - 1kcal/kg·℃(물의 비열) × 0.135kg × (41-11)℃
     = 4.05kcal

2. 냉동 부하의 의미를 간략히 쓰고, 5℃에서 저장된 양배추 2,000kg의 호흡열 방출에 의한 냉장고 안의 냉동부하(w)를 계산하시오. (단, 5℃에서 양배추 저장을 위한 열 방출은 1ton당 63w로 계산한다) 〈2007-1회〉

   - 냉동부하 : 식품을 냉동시키기 위해 제거되어야 할 열량
   - 1톤(ton)에서 열 방출은 63w이므로,
     ⇨ 2톤(ton)에서는 126w
   - ※ w = J/s이고, 1시간 = 3,600초이므로,

     ∴ w = $126(J/s) \times \dfrac{3,600s}{1h}$

     = 453,600J/h = 453.6kJ/h

3. 20℃ 물 1kg을 -20℃ 얼음으로 냉각할 때 필요한 냉동부하(KJ)량을 계산하시오. (단, 잠열은 79.6 kcal/kg로, 얼음의 비열(비중)은 0.505 kcal/kg으로 계산) 〈2021-1회〉

   - ※ $Q = c \cdot m \Delta t$ 공식 이용
     c(비열), m(질량), △t(온도 차이)
   - 20℃ 물 → 0℃ 물로 만드는 데 필요한 열량(현열)
     ⇨ 1kcal/kg·℃(물의 비열) × 1kg × 20℃
     = 20kcal
   - 0℃의 물 → 0℃의 얼음으로 만드는 데 필요한 열량(잠열) ⇨ 79.6 kcal/kg × 1kg = 79.6kcal
   - 0℃의 얼음 → -20℃의 얼음으로 만드는 데 필요한 열량(현열)
     ⇨ 0.505kcal/kg·℃(얼음의 비열) × 1kg × 20℃
     = 10.1kcal
   - 현열+잠열+현열 = (20 + 79.6 + 10.1)
     = 109.7kcal   ※ 1kcal = 4.184 kJ이므로,
   ∴ 냉동부하 = 109.7kcal × 4.184 = 458.98kJ

4. 25℃, 1톤 제품을 24시간 내에 -10℃로 동결하고자 할 때, 냉동능력(냉동톤, R/T)은 얼마인지 계산식을 포함하여 쓰시오. (1냉동톤 3,320kcal/hr, 잠열 79.68kcal/kg) 〈2010-2회, 2020-1회〉

※ $Q = c \cdot m \triangle t$ 공식 이용
　c(비열), m(질량), △t(온도 차이)
※ 1냉동톤 : 0℃의 물 1,000kg을 24시간 동안 0℃의 얼음으로 만드는 데 필요한 열량
　→ 3,320kcal/h
※ 물의 비열 1kcal/kg·℃, 얼음의 비열 0.5kcal/kg·℃

- 25℃의 물 → 0℃ 물(필요한 열량, 현열)
  ⇨ 1,000kg×1kcal/kg·℃×25℃×1/24시간
  　= 1041.67kcal/h
- 0℃의 물 → 0℃의 얼음(필요한 열량, 잠열)
  ⇨ 1,000kg×76.68kcal/kg×1/24시간
  　= 3,320kcal/h
- 0℃의 얼음 → -10℃의 얼음(필요한 열량, 현열)
  ⇨ 1,000kg×0.5kcal/kg·℃×10℃×1/24시간
  　= 208.33kcal/h

※ '3,320kcal/h = 1냉동톤'이므로 단위 환산.
∴ (현열 + 잠열 + 현열) ÷ 3,320
　= (1041.67 + 3,320 + 208.33) ÷ 3,320
　= 1.38 (냉동톤, R/T)

5. 수분함량 75%인 소고기 10kg이 있다. 처음 온도 5℃, 최종온도 -20℃에서 동결률이 0.90이고 냉동잠열이 334kJ/kg일 때, 잠열은 몇 kJ인지 계산하시오. 〈2019-1회, 2023-1회〉

※ 문제를 정리하면 다음과 같다.

수분함량	75%
냉각효율	90%
도체중량	10kg
최초온도	5℃
냉각 후 온도	-20℃
냉동잠열	334kJ/kg

- 잠열 = 도체중량×수분함량×냉각효율×냉동잠열
  = 10kg×0.75×0.9×334kJ/kg = 2254.5kJ

6. -10℃의 500g 얼음을 100℃ 수증기로 바꿀 때, 필요한 열량은 얼마인지 계산하시오. (단, 물의 비열은 1kcal/kg·℃, 얼음의 비열은 0.5kcal/kg·℃, 기화열은 540kcal/kg, 얼음 열량은 80kcal/kg) 〈2015-1회〉

※ $Q = c \cdot m \triangle t$
  c(비열), m(질량), △t(온도 차이)
- -10℃의 얼음 → 0℃의 얼음(필요한 열량, 현열)
  ⇨ 0.5 kcal/kg·℃(얼음 비열) × 0.5kg × 10℃
    = 2.5kcal
- 0℃의 얼음 → 0℃의 물(필요한 열량, 잠열)
  ⇨ 80kcal/kg × 0.5kg = 40kcal
- 0℃의 물 → 100℃의 물(필요한 열량, 현열)
  ⇨ 1kcal/kg·℃(물의 비열) × 0.5kg × 100℃
    = 50kcal
- 100℃ 물 → 100℃ 수증기(필요한 열량, 잠열)
  ⇨ 540kcal/kg × 0.5kg = 270kcal
∴ (2.5 + 40 + 50 + 270) = 362.5kcal

■ 예상문제

1. 삼중점이란 승화곡선, 융해곡선, 증기압력곡선이 만나는 지점을 말하며, 이 지점(T점)에서 물은 고체, 액체, 기체의 상을 모두 가지게 된다. 물은 온도 (①)℃와 (②)mmHg의 압력 지점에서 삼중점을 가진다.

① 0.01℃
② 4.58mmHg

2. 냉동장치의 4대 요소가 무엇인지 쓰시오.
 〈필기 기출〉

- 압축기, 응축기, 팽창기, 증발기

11-3. 식품의 동결과정

1. 동결곡선(냉동곡선) 및 빙결정의 생성

1) **빙결점(freezing point)** : 식품을 냉각시키면 어느 일정 온도에서 식품 중의 물이 얼음결정으로 변하기 시작한다. 이 온도를 어는점(빙결점)이라고 한다. 순수한 물의 빙결점은 0℃이다.

2) **동결곡선** : 식품을 동결시키기 위해 온도를 낮추면, 식품의 품온은 시간이 경과하면서 내려간다. 이러한 변화를 기록한 곡선 그래프를 동결곡선이라 한다. 동결곡선은 빙결점 이상의 냉각곡선, 빙결점 이하의 냉동곡선으로 나누어진다.

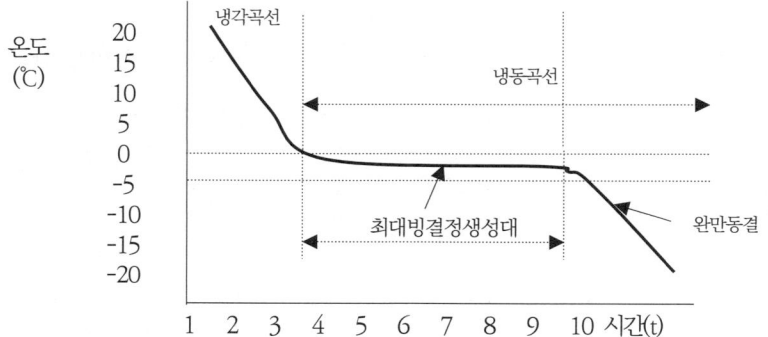

출처 : 한국식품과학회, 『식품과학기술대사전』, 광일문화사, 2008.4.10.

(1) **냉각곡선** : 식품을 냉각시키면 식품의 품온이 저하되면서, 어느 온도가 되면 식품 중의 물이 얼기 시작하면서 얼음결정이 석출된다. 이 온도를 어는점(빙결점)이라고 한다.

(2) **동결곡선**
① **최대빙결정생성대** : 빙결점 이후 냉각을 계속해도 일정 기간 동안, 식품의 온도는 더 이상 내려가지 않고 냉동곡선은 수평 상태를 유지한다. 온도가 내려가지 않는 이유는 이 기간 동안에 가해지는 냉각력은 식품 중의 수분을 얼음으로 동결시키는 상변화에 이용되기 때문이다. 이때의 온도 폭은 −1~−5℃이며, 최대빙결정생성대라고 한다. 이 온도 범위에서 식품 중의 수분은 80~85% 정도가 동결된다. 최대빙결정생성대를 빠르게 통과할수록 얼음결정의 크기가 작아, 식품의 조직파괴가 최소화될 뿐만 아니라 해동 시에 드립의 양도 최소화될 수 있다.

② **동결률** : 식품을 빙결점 이하로 온도를 내리면, 얼음결정의 양이 점차로 증가한다. 동결률이란 식품에 최초 함유된 수분량 대비 얼음결정으로 변화된 비율을 말한다.

※ 동결률 = [1−(식품의 빙결점÷식품의 온도)]×100

2. 급속동결, 완만동결

1) **급속동결** : 식품의 대부분이 동결되는 온도인 최대빙결정생성대를 35분 이내로 짧게 통과시키면서 동결시키는 방법이다. 식품을 동결할 때 식품의 품질저하를 최소화시키기 위해서는 빙결정의 크기가 작으면서 얼음결정의 수가 많고, 얼음결정이 균일하게 분포하도록 동결시켜야 한다. 그 이유는 얼음결정의 크기가 크면 조직 세포나 단백질 구조가 파괴되어 해동 시 드립의 양이 많아지기 때문이다. 급속동결은 최대빙결정생성대를 짧게 통과시키면서 얼리는 방법으로 식품의 품질저하를 최소화할 수 있는 동결법이다.

2) **완만동결** : 식품을 동결시킬 때, 최대빙결정생성대를 수 시간 정도로 완만하게 통과시키면서 동결하는 방법이다. 완만동결법은 식품 중에 함유된 수분이 천천히 동결됨으로써 처음에 생성된 얼음 입자를 중심으로 수분이 응결하면서 점점 얼음 입자가 성장하게 된다. 이렇게 얼음 입자가 커지면 식품의 조직 세포 및 단백질의 구조가 파괴되어 동결변성이 발생하면서 식품의 품질이 저하되므로 좋지 않다. 완만동결한 식품을 장기 저장하면, 얼음결정이 승화되면서 식품의 표면이 건조하게 되어 산패되고, 단백질 조직의 파괴로 인하여 해동 시 드립 양이 많아진다.

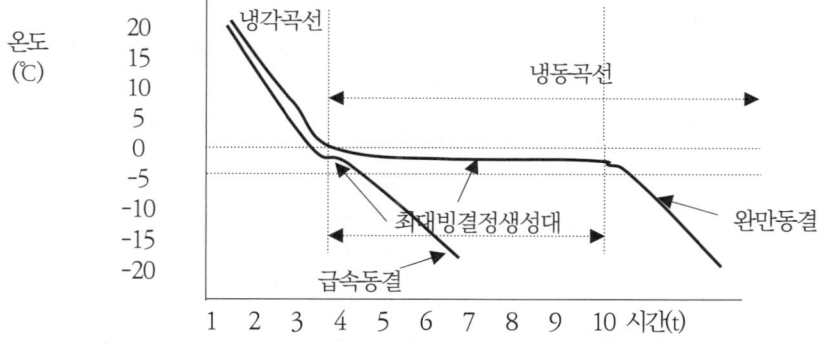

■ 기출문제

1. 식육을 냉동할 때 나타나는 빙결정 성장의 모식도를 그리고, 각 A-B, B-C, C-D지점의 명칭과 이를 설명하시오. 〈2006-1회, 2010-1회〉

- 모식도

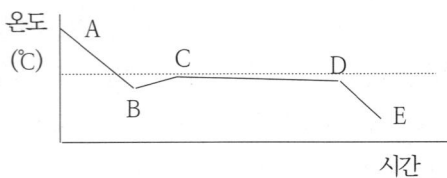

- A-B : 예비 냉각기간. 식육을 냉장하기 시작하면 식육의 온도가 서서히 내려가는 구간
- B-C : 과냉각 기간. 물의 어는점 이하로 온도를 내렸음에도 빙결정이 생성되지 않는 구간
※ 상의 변화가 일어나기 위해서는 분자들이 상변화에 대응할 수 있어야 함. 갑작스럽게 온도를 하강시키면, 물의 상변화가 일어나지 못하고 있는 불안정한 상태로 여기에 충격을 가하면 빙결되기 시작함
※ C : 빙결점 → 얼음결정이 생성되기 시작함
- C-D : 최대빙결정생성대. 이 구간에서 식품 중의 수분 80~85%가 얼음으로 변함

2. 아래 주어진 기본 그림(세로축은 온도, 가로축은 시간)을 이용하여 급속동결과 완만동결 곡선을 그리고, 각 동결곡선에서 최대빙결정생성대를 표시하시오. 단, 가로축의 시간 표시는 10시간 이상까지 되도록 그리시오. 〈2024-3회〉

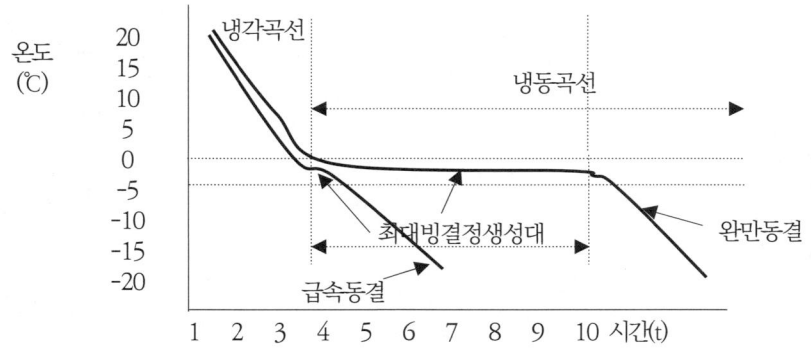

3. 아래 그림의 얼음 결정을 기준으로 급속동결과 완만동결을 구분하여 쓰시오.
   〈2004-2회, 2016-2회, 2020-2회, 2023-3회〉

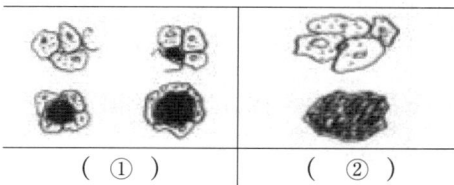

① : 완만동결
   → 가운데 빙결정 생성이 크게 있음
② : 급속동결
   → 빙결정 생성이 미세하거나 거의 없음

4. 급속동결과 완만동결의 차이점(빙결정생성대 통과 시간, 얼음결정의 크기, 조직 세포의 파괴 유무)을 설명하시오. 〈2004-3회, 2013-3회〉

구 분	급속동결	완만동결
빙결정 통과 시간	• 35분 이내로 짧게 통과	• 수 시간 동안 통과
얼음 결정의 크기	• 얼음결정의 크기 작음	• 얼음결정의 크기 커짐
조직세포 파괴 유무	• 파괴 억제로 품질변화 최소화	• 조직세포 파괴로 품질 저하

5. 냉동속도와 식품의 품질 관계를 쓰시오.
   〈2020-3회〉

- 냉동속도 : 최대빙결정생성대 통과 시간 기준 → 급속동결(35분 이내), 완만동결(수 시간)
- 급속동결 : 최대빙결정생성대를 짧은 시간(35분)에 통과하는 동결법. 얼음 결정의 크기가 작아 식품의 구조 변화 및 단백질 변성이 적게 발생하여 해동 시 드립양이 적다.
- 완만동결 : 최대빙결정생성대를 수 시간 동안 통과시키면서 동결시키는 방법. 빙결정이 커져 식품 구조 변화 및 세포파괴. 해동 시 드립의 양이 많아 품질저하의 원인이 됨

■ 예상문제

1. 동결점이 −1.6℃인 축육을 동결하여 최종 품온을 −20℃까지 냉각하였다면 제품의 동결률은 얼마인지 계산하시오. 〈필기 기출〉

- 동결률 : 식품의 최초함유 수분량 대비 얼음 결정으로 변화된 비율
- 동결률
  = [1−(식품의 빙결점÷식품의 온도)] ×100
  = [1−(−1.6/−20)]×100 = 92%

2. 식품의 동결곡선에서 최대빙결정생성대의 정의, 생성되는 온도 범위, 최대빙결정대에서 온도가 내려가지 않는 이유를 설명하시오.

- 정의 : 빙결점 이후 냉각을 계속해도 일정 기간 동안 식품의 온도는 더 이상 하강하지 않는 기간
- 생성온도 범위 : −1~−5℃
- 이유 : 최대빙결정생성대 기간 동안에는 냉각력의 대부분이 수분을 얼음으로 동결시키는 상변화에 이용되기 때문에 온도는 내려가지 않는다.

11-4. 냉동식품

1. 개요 및 정의[78]

1) **냉동식품** : 제조 가공 또는 조리한 식품을 장기 보존할 목적으로 냉동처리, 냉동 보관하는 것으로서 용기, 포장에 넣은 식품을 말한다.

  (1) **가열하지 않고 섭취하는 냉동식품** : 별도의 가열과정 없이 그대로 섭취할 수 있는 냉동식품을 말한다. 빙과류가 해당된다.

  (2) **가열하여 섭취하는 냉동식품** : 섭취 시 별도의 가열과정을 거쳐야 하는 냉동식품을 말한다. 냉동 전 가열식품(만두류, 피자류 등)과 냉동 전 비가열식품(육류, 어류 등)으로 구분된다.

2) **제조가공기준** : 살균제품은 그 중심부의 온도를 63℃ 이상에서 30분 가열하거나 이와 동등 수준 이상의 효력이 있는 방법으로 가열 살균하여야 한다.

2. 냉동식품의 종류

1) 냉동식품은 원료를 조리(불가식 부분 제거 또는 가공 및 전처리)한 식품을 조직, 맛, 신선도, 영양성분 등이 변화하지 않게 급속동결한 다음, -18℃ 이하의 품온이 유지되도록 용기에 포장한 식품을 말한다.

2) **냉동식품의 종류** : 과실류 냉동식품, 채소류 냉동식품, 수산냉동식품, 축산냉동식품, 조리냉동식품 등

3) **냉동식품의 장점** : 저장성, 편리성, 안전성, 가격의 안정성, 유통의 합리화

11-5. 저온에 의한 식품저장방법

1. 빙장법(0℃ 부근 저장)

1) **정의** : 얼음의 냉각력을 이용하여 식품의 온도를 낮추는 저장법이다. 식품에 얼음을 넣는 방법과 얼음물에 식품을 침지하여 저장하는 방법이 있다. 주로 어류의 저장에 이용된다. 빙장법은 간편하고 냉각 속도도 빠르기는 하지만, 식품 내 효소에 의한 자가소화 및 세균작용을 완전히 억제할 수 없으므로 주로 단기간 저장법으로 이용된다.

2) **빙장법의 종류**

  (1) **쇄빙법** : 식품이 담겨 있는 용기 내에 얼음을 채우는 방법이다. 얼음과 식품이 직접 접촉함으로써 식품의 조직에 손상 및 냉동화상이 있을 수 있으며, 얼음이 식품과 균등하게 접촉되지 않음으로써 고른 냉각이 제한된다.

---

[78] 식약처, 식품의 기준 및 규격, 식약처 고시 제2024-71호, 2024.11.14.

(2) **수빙법** : 얼음을 넣은 해수에 식품을 침지하여 온도를 낮추는 방법이다. 액즙 등이 용출되는 것은 포장하여야 하며, 식품 표면의 이물 등을 미리 제거한 다음 물에 넣는다. 냉각하는데 특별한 기구가 필요 없고, 냉각 속도가 빠르며, 식품 전체가 물에 담겨 있어 공기와의 접촉도 거의 없다.

2. 냉장 저장법

1) **정의** : 0~10℃ 정도의 낮은 온도에서 식품을 동결시키지 않고 저장하는 방법이다. 식품 내 효소의 자가소화 및 세균작용을 완전히 억제할 수 없으므로 주로 단기간 저장법으로 이용된다. 냉장법은 동결되지 않아 조직은 파괴되지 않는다.

2) **저온저장법의 장점**

   (1) 온도를 낮게 유지하여 미생물의 생육 억제
   (2) 식품 중의 효소작용을 억제시켜 지방의 산화, 갈변, 자가소화, 영양성분의 손실 방지를 통한 저장성 향상
   (3) 수확된 과채류의 호흡작용 억제
   (4) 저온저장 및 습도조절을 통한 식품의 수분 손실 방지

3. 냉동저장법(frozen storage)

1) **정의** : 식품에 함유된 수분의 80% 이상을 빙결시킨 후, -18℃ 이하에서 저장하는 방법이다. 냉동저장은 미생물의 생육 및 효소작용을 억제시키고, 식품 성분의 화학반응을 최소화시켜 장기저장에 적합한 저장법이다.

2) **냉동방법**

   (1) **공기냉동법(sharp freezing)** : -25~-30℃로 조절된 공기 냉동실 내부의 선반에 식품을 얹고, 동결하는 방식이다. 선반 내부에는 냉매가 흐른다. 장치가 간단하고, 모양과 크기에 관계없이 모든 식품의 냉동에 이용할 수 있으나, 자연순환에 의한 공기 이동으로 열용량 및 열 이동이 적어 완만동결이 이루어지므로 품질이 좋지 않다.

   (2) **송풍 냉동법 (air blast freezing)** : 식품을 바구니형 운반 도구 내의 트레이(tray)에 넣고 레일을 따라 냉동실 안에서 이동되면서 강제 순환되는 공기에 의해 급속동결시키는 방법이다. 공기의 순환에 따라 공기냉동법보다 열전달 효율이 좋다.

   (3) **접촉식 냉동법 (contact freezing)** : -30~-40℃로 냉각된 금속판 사이에 식품을 넣고 금속판과 식품을 직접 접촉 및 두 금속판을 압착시켜 동결하는 방법이다. 판형 냉동기가 대표적이다.

   (4) **침지식 냉동법(immersion freezing)** : 식품을 컨베이어 얹어 -30~-40℃로 냉각된 소금물 탱크를 통과하도록 하여 동결하는 방법이다. 방수성 밀착포장지로 식품을 포장하여 염수에 냉동하는 것으로 식품과 냉매의 직접 접촉으로 열효율이 좋고, 불규칙한 모양의 식품 냉동에 적합한 방식이다.

   (5) **액체질소 냉동법 (Liquid nitrogen spray freezing)** : 질소를 액화한 액체질소는 -196℃에서 기화하는

성질이 있으며, 무색, 무취, 무독하다. 액체질소를 식품 표면에 직접 살포하면 수분이 급속하게 미세한 얼음결정으로 바뀌면서 동결이 이루어진다. 세포 조직의 파괴, 산소의 접촉을 억제할 수 있어 양질의 동결식품을 만들 수 있다. 양송이, 토마토, 옥수수 등과 같은 식품의 개별급속동결 시 주로 사용된다.

(6) **초냉각(super chilling)** : 식품을 -2~-3℃의 냉장고에 저장하는 방법. 식품 내 수분의 일부만 동결되기 때문에 해동 시 품질이 완전 냉동한 식품에 비해 양호하다. 단기간 저장에 이용된다.

11-6. 냉장, 냉동 중 식품의 품질변화

1. 물리적, 생물학적 변화

1) **물리적 변화** : 식품을 동결하면 수분이 증발되면서 표면의 수축, 연화, 갈변현상이 발생한다.

2) **생물학적인 변화** : 식품의 세포는 원형질이 동결되지 않으면 저온장해를 받지 않는다. 과채류는 각각의 생육에 알맞은 적온이 있으며, 저온에 의해 원형질이 파괴될 정도가 되면 저온장해(chilling injury)를 받아 변질된다. 바나나 껍질의 흑색 변화, 토마토의 지나친 연화 등이 대표적이다.

2. 화학적 변화

1) **건조** : 저온 저장환경에서 식품은 냉장실 내의 습도에 영향을 받아 평형수분함량에 도달하게 되므로 냉장실 내의 습도가 낮으면 식품의 수분이 증발하여 건조해지면서 딱딱해진다.

2) **냉동화상(freeze burn)** : 동결식품을 장기간 저장하면, 표면에 있는 수분이 과도하게 건조되면서 진한 갈색으로 변하는 현상을 말한다.

 (1) 영향 : 빙결과정에서 생긴 얼음결정이 승화되면서 일어나는 것으로 얼음결정이 승화된 자리는 미세한 구멍(다공질 현상)이 발생된다. 이로 인하여 식품 내부까지 공기가 접촉할 수 있는 조건이 형성되어, 지방질 식품의 산패로 이어지기 때문에 식품의 품질에 매우 좋지 않다.

 (2) 냉동화상을 방지하기 위해서는 폴리에틸렌(PE)과 같은 밀착 포장재료를 이용하거나 당용액 등에 침지하여 수분의 증발을 최대한 억제해야 한다.

3) **단백질의 변성** : 어류 단백질은 동결되면 얼음결정에 의해 폴리펩티드 사슬의 수소결합이 파괴되면서 변성이 일어난다. 단백질이 변성되면 물과 친수성이 약해지면서 보수성이 저하된다.

4) **지질의 산패** : 냉동식품의 저장고는 식품의 수분 증발과 냉동과정에서 발생한 얼음결정이 승화되므로 건조되기 쉽다. 식품이 건조하게 되면 산패가 발생하기 시작한다. 저온저장에서 유지의 산패는 지방가수분해효소 또는 공기의 접촉에 의해 발생한다.

5) **비타민의 감소** : 과채류의 비타민 C는 냉장 온도가 높거나, 포장 불량으로 공기와 접촉하면 산화되어 손실된다.

6) **색의 변화** : 냉동 중 식품의 변색은 수분이 증발하면서 색소 성분의 농축으로 일어난다. 녹색식물의 경우 효소에 의해 가수분해되어 갈색의 pheophytin(페오피틴)으로 변한다. 데치기를 통하여 방지할 수 있다.

7) **드립(drip)** : 동결식품을 해동할 때, 얼음결정이 녹으면서 생성된 수분이 육질에 흡수되지 못하고 유출되는 현상을 말한다.

3. 동결저장 중 식품의 품질변화 억제 방법

> 1) 데치기(Blanching) 2) 가당 처리 3) 가염처리 4) 중합인산염 첨가
> 5) 산화방지제 처리 6) Glazing 처리 7) 급속동결

4. 드립(Drip)

1) **정의** : 동결식품을 해동할 경우, 얼음결정이 녹으면서 생성된 수분이 육질에 흡수되지 못하고 유출되는 현상을 말한다.

2) **발생 원리** : 식품 동결 시 수분의 빙결정 생성 → 생성된 빙결정은 세포 조직이나 식품 내 단백질의 구조를 손상시키는 원인으로 작용 → 세포 조직 및 단백질의 변성은 수분 흡수능력을 저하시킴 → 해동 시 수분 유출 발생 → 급속동결(빙결정이 작게 만들어지는 동결법)이 드립 발생을 최소화시키는 방법이다.

3) **발생원인** : (1) 냉동과정에서 얼음 결정에 의한 세포 조직 및 단백질의 구조가 파괴된 경우 (2) 체액이 빙결되어 분리된 경우 (3) 해동 경직(thaw rigor)에 의한 수축

> ♣ 해동 경직(thaw rigor)에 의한 수축 : 육류 도살 후 사후강직 전 동결 → 근육 중에 다량의 ATP가 존재 → ATP가 해동 중에 분해되면서 근육의 급격한 수축현상 발생 → 드립 발생
> ※ 예방법 : 육류의 냉동은 사후강직이 완료 후 수행

4) **식품에 미치는 영향**
   (1) 수분 유출로 식품의 중량 손실 발생 : 식품의 가치 저하
   (2) 보수력 저하 : 세포 및 단백질 구조 파괴로 수분의 유출 발생
   (3) 기호성 및 영양성분 손실 : 단백질, 무기질, 식품의 풍미, 식미, 영양분의 손실

5) **발생량 최소화 및 방지법**
   (1) 신선한 원료를 동결 및 해동   (2) 완만동결보다 급속동결을 한다.
   (3) 드립방지제(당류, 식염, 축합인산염, 글리세린 등) 첨가
   (4) -18℃ 이하로 저장하여 빙결정 성장 방지   (5) 저장 중 온도의 변화를 최대한 억제
   (6) 육류는 5~10℃에서 완만 해동할 때, 채소류는 급속 해동할 때 드립 발생이 적다.

■ 기출문제

1. 냉동식품 분류 3종류를 쓰시오.
   〈2011-2회, 2019-1회, 2021-1회〉

   - 비가열 섭취 냉동식품 : 빙과류 등
   - 가열 후 섭취 냉동식품
     ① 냉동 전 가열제품 : 만두류, 피자류 등
     ② 냉동 전 비가열제품 : 식육, 어육 등

2. 지육 상태인 돼지고기의 품온을 낮추기 위해 냉장고에 보관하려고 한다. 냉장고 A는 공기 흐름이 0이고, 냉장고 B는 공기 흐름이 0보다 빠르다. 고기 도체를 어디에 저장해야 하는지를 선택하고, 그 이유를 적으시오. 〈2020-3회, 2024-2회〉

   - B 냉장고
   - 이유 : 공기의 순환이 빠를수록 열전달이 잘된다. 따라서 공기의 흐름이 없는 냉장고보다 공기의 흐름이 있는 냉장고에 저장하는 것이 품온을 더 빨리 낮출 수 있다. 또한, 공기의 흐름이 없으면 완만한 동결이 이루어져 품질이 좋지 않을 수 있다.

3. 냉동화상(Freeze burn) 시 식품 표면에 다공질 형태의 건조층이 생기는 이유를 쓰시오.
   〈2021-1회〉

   - 냉동화상 : 동결식품을 장기간 저장할 때, 표면에 있는 수분이 과도하게 건조되면서 진한 갈색으로 변하는 현상
   - 이유 : 식품의 빙결과정에서 생긴 얼음결정이 승화되면서 식품표면에 다공질 구조 생성
   ※ 식품을 냉동저장하는 과정에서 시간이 지나면서, 얼음결정이 승화된다. 이 자리는 미세한 구멍(다공질 현상)이 발생되고, 이로 인하여 식품 내부까지 공기가 접촉하게 되어 지방의 산패로 이어짐

4. drip의 정의, 발생 원리, 정상육의 동결방법 2가지를 쓰시오. 〈2004-1회〉

   - 정의 : 동결 식품을 해동할 경우 얼음결정이 녹으면서 생성된 수분이 육질에 흡수되지 못하고 유출되는 현상
   - 발생 원리 : 식품 동결 시 수분의 빙결정 생성 → 생성된 빙결정은 세포 조직이나 식품 내 단백질의 구조를 손상시키는 원인으로 작용 → 세포 조직이나 단백질의 변성은 수분의 흡수력이 저하됨 → 해동 시 수분 유출 발생
   - 동결방법 : 급속동결, 완만동결

5. Drip의 발생 원인과 식품에 미치는 영향, 발생 최소화 방법을 설명하시오. 〈2004-3회, 2005-1회〉

- 발생원인
  ① 냉동과정에서 얼음결정에 의한 세포 조직 및 단백질의 구조가 파괴된 경우
  ② 체액이 빙결되어 분리된 경우
  ③ 해동 경직(thaw rigor)에 의한 수축
- 식품에 미치는 영향
  ① 수분의 유출로 식품의 중량 손실 발생 : 식품의 가치 저하
  ② 보수력 저하 : 세포 및 단백질 구조 파괴로 수분의 유출 발생
  ③ 기호성 및 영양성분 손실 : 단백질, 무기질, 식품의 풍미, 식미, 영양분의 손실
- 발생 최소화 방법
  ① 신선한 원료로 동결 및 해동
  ② 완만동결보다 급속동결을 한다.
  ③ 드립방지제 첨가
  ④ -18℃ 이하로 저장하여 빙결정 성장 방지
  ⑤ 저장 중 온도의 변화를 최대한 억제

■ 예상문제

1. 동결저장 중 식품의 품질변화를 위해 첨가하는 물질 또는 방법 4가지를 쓰시오.

  ① 데치기(Blanching)   ② 가당 처리
  ③ 가염처리   ④ 중합인산염 첨가
  ⑤ 산화방지제 처리   ⑥ Glazing 처리
  ⑦ 급속동결(Quick Freezing)

2. 식품을 저온에서 저장하는 방법 3가지와 해당 저장법의 온도를 쓰시오.

- 빙장법 : 0℃ 부근
- 냉장법 : 0~10℃
- 냉동법 : -18℃ 이하

11-7. 저온유통체계, 식품의 해동

1. 저온유통체계와 TTT의 상호관계

1) 생산 당시의 품질을 최대로 유지한 상태에서 소비자에게까지 전달하기 위해서는 수확, 저장, 수송 등의 유통과정을 저온으로 유지시켜야 한다. 식품은 저장 중에도 저장온도와 저장기간에 따른 물성의 변화, 화학적 변화 등이 발생하여 지속적으로 품질은 변화된다. 이를 수학적으로 계산한 것이 TTT(시간온도 허용한도, Time Temperature Tolerance)이다.

2) **저온유통체계 (Cold Chain system)** : 농수축산물을 수확한 다음 저장, 수송, 유통 등의 과정을 저온으로 유지시킴으로써 최종 소비자에게 신선하고 및 최상의 품질을 유지한 상태로 전달하기 위한 시스템을 말한다. 콜드체인시스템(Cold Chain system)이라고도 한다.

3) **TTT(Time Temperature Tolerance : 시간-온도 허용한도)**
   (1) 정의 : 냉동식품의 품질이 저장기간과 저장온도에 따라 변하는 관계를 산출한 것을 '시간-온도 허용한도(TTT)'라고 한다.
   (2) 냉동식품의 초기 품질 상태를 1.0이라고 할 때, 저장온도 및 저장기간에 따라 품질 수준은 언젠가는 섭취가 제한되는 0으로 변할 것이다. 즉, 저장기간과 온도에 따라서 식품의 품질은 조금씩 저하된다. 따라서 식품의 1일당 품질저하량 값은 다음과 같이 구할 수 있다.
   ① 식품의 1일당 품질저하량 = 1.0(초기 품질 값) ÷ 실용적 저장기간
   ② 예를 들면, 닭고기를 -20℃에서 저장할 때 500일을 저장할 수 있고, -10℃에서는 10일간 저장할 수 있다면, 1일당 품질저하량은 다음과 같다. -20℃에서 품질저하량은 1/500=0.002가 되고, -1℃에서는 1/10=0.1이 된다.
   ③ 품질저하량 값이 크다는 것은 해당 식품의 변화가 크다는 것을 의미한다. 품질저하 값의 누적값이 1.0 이상이 되면, 품질이 저하된 식품으로 섭취가 제한된다.

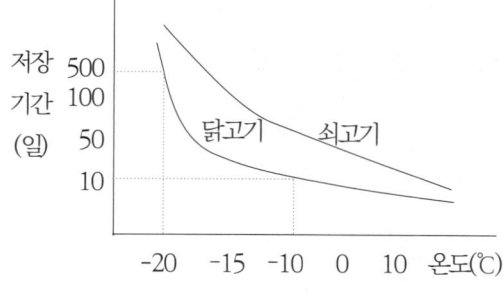

- 닭고기를 -20℃에서 저장할 때 500일 저장할 수 있고, -10℃에서 10일간 저장 가능하다면,

※ **1일당 품질저하량**
   -20℃에서 품질저하량(1/500 = 0.002),
   -10℃에서 품질저하량(1/10 = 0.1)
   ⇨ 누적값 1.0 이상이면, 품질이 저하된 식품

4) **품질유지특성 곡선** : 온도변화에 따른 품질유지기간을 가로축과 세로축으로 하여 그래프를 그리면 식품마다 각각의 곡선이 그려진다. 이를 품질유지특성 곡선이라고 한다. 각 냉동식품의 온도에 따른 품질유지기한을 알 수 있다.

5) 최초 품질이 확보된 이후, 냉동식품의 품질에 영향을 미치는 요소는 그 식품의 저장온도와 저장기간이다. 따라서 식품이 생산, 처리, 포장된 이후의 수송, 저장, 유통과정에서 중요한 요소는 저장온도와 저장기간에 많은 영향을 받으므로 저온유통체계는 냉동식품의 저장성 향상을 위한 중요한 시스템이라고 할 수 있다.

2. 냉동 및 해동(thawing)의 열전도도

1) **정의** : 냉동된 식품을 가온하여 녹임으로써 동결되어 있지 않은 상태로 만드는 조작을 해동이라 한다. 냉동과 해동은 모두 열전달에 의해 액체 → 고체, 고체 → 액체로 상이 변화되지만 몇 가지 차이점이 있다.

   (1) **냉동과정** : 식품을 냉각하기 시작하면 식품 표면이 얼기 시작하면서 고체인 얼음의 전도에 의해 식품 내부로 열이 전달된다.

   (2) **해동과정** : 냉동식품을 해동하기 위해 가열하면 식품의 표면부터 녹으면서 액체인 물에 의해 열의 전달이 이루어진다.

2) 열전도도 및 열확산도

   (1) **열전도도** : 열의 전도능력으로 물은 0.6, 얼음은 2.2이다. 얼음이 약 4배 정도 높다.

   (2) **열확산도** : 열이 재질로 얼마나 빨리 확산되는가를 나타내는 것으로 물이 14, 얼음이 104이다. 얼음이 8배 정도 높다.

3) 물과 얼음의 열전도도와 열확산도를 볼 때, 식품을 냉동할 때보다 해동할 때가 훨씬 더 많은 시간이 소요됨을 알 수 있다. 그렇다고 해동 시간을 단축하기 위하여 식품을 과도하게 가열하면 식품 조직의 손상 및 급격한 해동으로 드립의 양이 많아져 품질 저하의 원인이 된다.

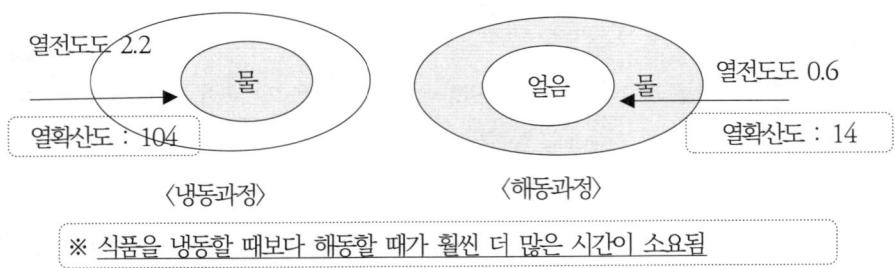

〈냉동과정〉 〈해동과정〉

※ 식품을 냉동할 때보다 해동할 때가 훨씬 더 많은 시간이 소요됨

■ 기출문제

1. 냉동 대구를 -20℃에서 240일, -15℃에서 90일, -10℃에서 40일, -5℃에서 15일 보관할 수 있는데, 현재 -20℃에서 50일, -10℃에서 15일, -5℃에서 2일이 경과 되었을 때, 얼마나 더 보관할 수 있는지 최대 판매 가능기한을 작성하시오. 〈2019-2회〉

※ 문제를 정리하면, 다음과 같다.

구 분	저장 가능일	현 저장일
-20℃	240일	50일
-15℃	90일	x
-10℃	40일	15일
-5℃	15일	2일

- $(50/240)+(x/90)+(15/40)+(2/15) = 1.0$
  ⇨ $(x/90) = 0.284$
  ⇨ $x = 0.284 \times 90 = 25.5$일

2. 지육의 온도가 20℃이고, 자연대류 상태인 냉각실의 온도가 -20℃라고 가정한다. 이때 동결속도를 수정한 후 지육의 온도가 -20℃에서 자연대류 상태인 해동실(20℃)에서 해동시킬 때 해동속도를 측정하였더니 동결속도보다 상당히 느리다는 것을 알 수 있었다. 동일한 외부 환경조건에서도 동결속도와 해동속도가 다른 이유를 쓰시오. 〈2009-2회〉

- 냉동과정 : 식품을 냉각하면 식품 표면이 얼기 시작하면서 얼음(고체)에 의해 식품 내부로 열이 전달된다. 얼음의 열전도도 2.2, 열확산도 104
- 해동과정 : 냉동식품의 해동을 위해 가열하면 식품의 표면부터 녹으면서 물(액체)에 의해 열이 전달된다. 물의 열전도도 0.6, 열확산도 14
- 시간 소요 : 물과 얼음의 열전도도, 열확산도의 차이에 따라 식품의 냉동속도가 해동속도보다 빠르다.

3. 해동속도와 냉동속도는 일치하지 않는다. 아래 보기에서 맞는 것에 ○ 치고, 그 이유를 물과 얼음으로 설명하시오. (열전도도, 열확산도 포함 설명) 〈2013-1회, 2019-3회, 2023-2회〉

> 냉동 속도가 해동 속도보다(빠르다, 느리다)

- 냉동속도가 해동속도보다 빠르다.
※ 세부 내용 : 위 내용 참조

■ 예상문제

1. TTT(Time Temperature Tolerance)란 식품의 (①)와 (②)에 따른 물성의 변화, 화학적 변화 등이 발생하여 품질이 저하되는 것을 수치로 표현한 것이다. ( )를 채우시오.

① 저장온도
② 저장기간

제12절 식품의 포장

12-1. 식품의 포장

1. 주요 식품포장재

1) 종이, 골판지

2) 플라스틱 재료 : 플라스틱 필름, 플라스틱 시트, 압출성형용기 등

3) 금속제 포장 용기 : 스테인리스, 금속제 용기, 알루미늄박, 드럼관 등

4) 유리 용기 : 음료수병, 조미료 용기 등

2. 식품 포장의 기능 및 역할

1) **내용물의 보호, 보전성** : 제품의 수송, 보관, 취급, 판매, 사용 등의 과정에서 식품의 변화를 방지하고 수분, 빛, 충격 등으로부터 보호 및 보전하는 기능을 한다.

2) **취급 및 사용의 용이성** : 식품은 포장을 통하여 취급이나 운반, 사용의 편리성을 제공한다.

3) **상품성 및 판매 촉진** : 포장의 디자인, 외관 등을 아름답게 만들어 상품의 가치를 상승시키며, 구매를 촉진한다.

4) **정보의 전달** : 소비자에게 필요한 정확한 정보(용도, 중량 등)를 제공하는 기능이 있다.

5) **공익적 사회성과 환경친화성** : 적정포장을 통하여 안전성, 폐기 처리의 용이성과 친환경 포장재 사용 및 포장재의 재활용 등 환경적인 요소를 고려한다.

6) **유통합리화와 경제성** : 포장을 규격화하여 유통비용을 절감하며, 포장재료의 가격, 자원 절약 등을 통하여 경제적인 포장이 되도록 한다.

12-2. 포장재의 종류

1. 포장의 종류

1) **종류** : 일반적으로 10kg을 기준으로 중포장과 경포장으로 구분한다.

2) **중포장** : 10kg 이상의 포장으로 주로 곡류 포장, 업소용 포장에 이용한다.

  (1) **대형 드럼 또는 통** : 금속, 플라스틱, 나무로 만든 대형 용기를 말한다. 주로 업소용에 많이 활용되는 통으로 맥주 통, 간장 용기, 18ℓ 캔, 플라스틱 대형 용기 등이 있다.

  (2) **대(袋)포장** : 종이, 포대, 박 따위의 재료로 만들어 자유롭게 접었다 폈다 할 수 있는 포장을 말한다. 쌀, 보리 등을 플라스틱 포대에 넣어 활용한다.

(3) 백인박스 포장(Bag-in-box packing) : 박스 안에 주머니(bag)가 있는 포장을 말한다. 액체 또는 유동형 식품 포장에 주로 이용된다. 외측 포장재는 골판지 상자를 이용하여 수송이나 유통 중의 충격으로부터 내부 포장재 및 식품의 유출을 보호해 준다. 일반적으로 18 l 를 표준으로 적용한다.

(4) 팔레트 포장 : 팔레트 위에 식품이나 배송 물건 등을 쌓고 수축 필름으로 좌우를 둘러쌓아 열로 수축시켜 포장하거나 골판지를 이용하여 흐트러지지 않도록 묶은 포장을 말한다.

3) 경포장 : 가정용으로 사용하는 중량이 가벼운 포장을 말한다.

(1) 소규모 봉지 포장 : 작은 봉지 내에 커피, 설탕 등을 넣어 포장한 것이다.

(2) 포션팩(1회용 팩) : 1회용 커피, 1회용 잼 등 낱개로 포장된 것이다.

(3) 트레이 팩 : 플라스틱, 종이, 알루미늄박 등의 용기(트레이)에 신선식품이나 가공식품을 넣고 플라스틱 필름으로 위를 덮어 포장하는 방법이다. 햇반 등

(4) 파우치 포장 : 레토르트 파우치 등에 사용하는 포장재. 차단성 및 인쇄 적성이 우수하다.

(5) 클립 포장 : 일반적인 비닐 안에 빵이나 과자를 넣고 덮개 부위를 끈 또는 천 테이프 등으로 클립하여 포장하는 방법이다.

2. 종이 포장재의 특성

1) 종이 양면에 폴리에틸렌을 적층한 것을 주로 사용한다.

(1) 종이는 용기의 형상을 유지해 주는 역할을 한다.

(2) PE(폴리에틸렌)은 용기 내외의 온도 차이에 따른 응축수가 종이에 흡수되는 것을 방지하는 역할을 한다.

2) 액체 식품의 포장 용기 구성 : PE-종이-PE 등을 기본으로 한다. 멸균우유 팩은 기체, 광선 등의 차단을 위해 포장재 가운데 알루미늄을 사용한다.

3. 플라스틱 포장재의 종류

1) 플라스틱 필름 : 단층 또는 라미네이트 필름 이용

(1) 플라스틱 봉지 포장 : 과자, 분말식품 등의 포장에 많이 사용된다. 봉지의 모양을 만들면서 내부를 탈기 후 포장하는 방법이 많이 사용된다.

(2) 스트레치(stretch)포장 : 래핑기를 이용하여 비닐 랩을 씌우는 포장을 말한다. 트레이 등에 담긴 야채, 생선, 고기 등을 비닐 랩을 이용하여 포장하는 방법이다. PVC, 폴리에틸렌 등이 사용된다. 상품이 신선하게 보이는 장점이 있다.

(3) 수축포장(Shrink) : 식품 위에 열가소성 필름을 얹고, 열을 가하여 수축시켜 제품 표면에 밀착시키는 포장법이다. 플라스틱 필름에 열을 가하면 연신(연하고 늘어나는 성질)되는 원리를 이용한 방법으로 용도에 따라 종, 횡, Unblance 연신을 자유롭게 할 수 있다. 소시지 포장 등에 이용한다.

(4) 스트립(strip) 포장 : 약국에서 비닐 포장지에 약을 1일분씩 연속적으로 포장해 주는 방법을 말한다. 분말

식품 등을 연속된 띠 모양의 필름 안에 일정량씩 구획하여 포장하는 방법이다.

2) **플라스틱 시트** : 플라스틱 시트로 용기를 성형해서 포장하는 것이다.
   (1) Blister packing (블리스터 포장) : 플라스틱 시트를 가열하여 움푹한 공간이 생기도록 성형한 다음, 그 공간에 특정 식품을 1개 또는 여러 개 넣고, 개구부를 종이, 플라스틱 필름이나 시트, 알루미늄박 등으로 덮고 기재와 접착하여 포장한 것이다.
   (2) PTP (press through packing)포장 : Blister 포장의 일종이다. 블리스터 포장과 같은 방법으로 포장하되 개구부를 알루미늄박 등 비교적 뚫어지기 쉬운 재질을 사용하여 반대쪽에서 눌러 주면 내용물이 쉽게 나올 수 있도록 포장하는 방법이다. 식품 포장에서는 추잉껌, 엿, 커피 정 등에 활용하고 있다.
   (3) TFFS(서모폼필실팩, Thermo-form-fill-sealed pack) : 공압출 다층포장지에 식품을 넣고 가스치환에 의해 진공으로 포장한 식품. 프랑크 소시지, 슬라이스 햄, 식육가공품 등에 주로 이용한다.

> ♣ 라미네이트(laminate, 적층) : 플라스틱 필름, 알루미늄박, 종이, 천 등의 2가지 이상의 소재를 이들에 알맞은 여러 가지의 접착제 또는 압출기를 사용하여 붙이는 것

3) **성형품** : 유동성이 있는 식품이나 액체식품은 플라스틱 성형 용기를 많이 사용한다.
   (1) 플라스틱병(bottle) : 청량음료, 간장, 된장, 마요네즈, 케첩 등과 같은 식품 포장에 이용된다. 플라스틱병은 경질 플라스틱병, 연질 플라스틱병 포장이 있다.
   (2) 컵 포장 : 아이스크림, 인스턴트식품 용기 포장 등에 이용한다.
   (3) 콘투어(contour) 포장 : 폴리스티렌(PS) 시트나 염화비닐 시트 등으로 식품의 모양을 성형하여, 성형된 모양에 식품을 포장하는 방법이다. 계란 포장이나 과일 포장이 대표적이다.

> ♣ 폴리에틸렌 포장(packaging by polyethylene) : 에틸렌을 중합하여 만든 열가소성 수지. 내약품성·전기 절연성·방습성·내한성·가공성이 뛰어나다. 인체에 해가 없는 플라스틱 재질로 일회용 잡화, 병, 포장재, 전기 절연체로 많이 사용되며, 가볍고 냄새와 맛이 없다. 페트병이 대표적인 제품이다.
> 1) 고밀도 폴리에틸렌(HDPE, high-density polyethylene) : 높은 밀도의 폴리에틸렌. 비중은 0.965 이상. 단단한 특성, 내충격성 등이 양호하여 수도관, 보관함 등에 활용
> 2) 중밀도 폴리에틸렌(MDPE) : 비중 0.926~0.94, 내충격성이 있고, 저항력이 떨어진다. 가스관, 부속품, 자루, 캐리어, 축소 필름 등에 사용
> 3) 저밀도 폴리에틸렌(LDPE, low-density polyethylene) : 비중 0.925 이하. 인장강도가 낮고, 연질성이 있어 내열성이 불필요한 포장재료로 사용(식품 포장재 등)

12-3. 식품의 포장방법

1. 개요

1) 식품은 포장을 통하여 식품 보호 및 보전, 상품 및 판매성, 취급 편리성, 정보전달, 유통합리화 등의 목적을 달성할 수 있다. 따라서 식품의 포장을 위해서는 식품 특성에 맞는 포장재료와 포장기법을 적용하는 것이 중요하다.

2) 포장 특성과 기법 등에 따라 진공포장, 가스충전 포장, 탈산소제 봉입 포장, 레토르트 포장, 무균포장, 기능성 포장 등으로 분류한다.

2. 진공포장

1) 진공포장이란 포장 용기에 식품을 넣고 용기 내의 압력을 진공상태(5~10Torr)로 만들어 공기를 제거 후, 밀봉하는 포장방법을 말한다. 제품 용기(봉지) 내에 산소가 존재하면 호기성 미생물이나 곰팡이의 생성, 식품의 색이나 냄새 성분의 휘발, 지방 성분의 산화, 비타민류의 산화 등이 발생한다. 따라서 포장지 내부의 산소를 제거(진공)함으로써 식품의 보존성을 향상시키는 포장법이다.

2) 진공포장 방법

(1) **기계 압착법** : 기계로 파우치를 눌러 내부를 탈기하고 밀봉하는 방법이다. counter pressure(카운터 프레셔)방식이라고도 한다.

(2) **스팀 플래쉬법** : 봉지의 헤드 스페이스(head space) 부분에 스팀을 불어 넣어 탈기 후 밀봉하는 방법이다.

(3) **노즐식탈기법(슈노겔 방식)** : 봉지 내부의 공기를 노즐로 탈기 후 밀봉하는 방식이다.

(4) **챔버식 탈기법** : 챔버 내부에 식품을 넣고, 챔버 내부를 5~10torr 정도로 감압하여 봉지 내부를 탈기 후, 밀봉하는 방법이다. 식품공장에서 많이 사용된다.

3. 가스충전 포장

1) **가스충전 포장(gas flush packing)** : 포장 용기에 식품을 넣고 용기 내에 있는 공기를 질소나 이산화탄소와 같은 불활성가스로 치환하여 식품의 보존성을 높이는 포장방법을 말한다. 즉, 포장지 내부의 산소(공기)를 감소시켜 주는 원리를 이용한 포장법이다.

2) **식품별 가스 조성**

(1) **탄산가스** : 혐기성 조건 및 산성 성분 조성을 통하여 미생물의 증식을 억제

(2) **질소가스** : 향기의 휘발 방지

(3) **산소 제거** : 산소와의 접촉을 감소시킴으로써 맛과 색의 변화 방지, 산소와 접촉하여 산화하는 비타민 A, C의 손실을 방지

구 분	내 용
질소 충전	• 산소가 제거되어 산화방지 효과가 있다. • 커피, 홍차, 가다랭이포 포장 등에 활용한다.
산소 + 탄산가스	• 산소에 의해 고기 색상 유지 + 탄산가스에 의한 미생물 억제 • 가정용 생육 팩 포장에 활용한다.
질소 + 탄산가스	• 지방 및 고기 색소의 산화 방지, 세균의 발육 억제 • 업소용 육류, 슬라이스 치즈, 카스텔라, 땅콩 등의 포장에 활용

3) 가스충전 방법

(1) **노즐식 가스충전법** : 식품 포장 용기 내의 공기를 탈기한 다음, 노즐을 이용하여 질소 또는 탄산가스를 충전하는 방법

(2) **가스 플래쉬 충전법** : 플라스틱 필름이나 시트를 이용하여 포장기로 제대(봉지를 만드는 것)하면서 제품을 넣고, 질소나 탄산가스를 충전 후 밀봉하는 방법

(3) **챔버식 가스치환법** : 제품을 용기(봉지)에 넣어 챔버 내에 위치시키고, 진공펌프를 이용하여 봉지 안에 있는 공기를 탈기 한 다음, 봉지 내로 질소나 탄산가스를 충전 후 밀봉하는 방법

4. 탈산소제 봉입 포장

1) **정의** : 식품을 포장한 내부의 산소를 제거하기 위해 포장지 내에 탈산소제를 넣은 것을 말한다. 탈산소제의 철분 성분은 공기 중의 산소와 접촉 및 결합하여 포장 용기 내 산소를 제거한다. 대기 중에 산소는 21%이다. 탈산소제를 이용하면 용기 내에 있는 공기 중의 산소를 0.1%까지 감소시킬 수 있다.

2) **탈산소제 봉입 효과**

(1) 호기성 미생물 증식 억제
(2) 지방 성분, 색소의 산화방지
(3) 향, 맛 성분의 휘발 방지
(4) 비타민류의 소실 방지
(5) 곰팡이, 벌레의 생성 방지

> ♣ 건조식품의 포장법
> 1. 흡습방지 포장 : 건조식품은 수분 또는 산소와 접촉하게 되면 변색, 향미 손실, 산패 등이 발생한다. 따라서 진공포장, 가스치환포장, 탈산소제 봉입 포장 등을 통하여 산화와 흡습이 되지 않도록 포장하여야 한다.
> 2. 훈증처리 : 과일이나 채소는 훈증처리를 통하여 산화를 방지하고 해충, 미생물, 곰팡이 등으로부터 손상되지 않도록 한다.

5. 무균가공 및 무균포장

1) **무균포장** : 상업적으로 살균한 제품을 무균포장재를 이용하여 무균실에서 포장하여 만든 제품으로 저장성 향상을 위해서 제조한다. 상업적 살균이란 소비기한 내에서 상온유통을 하더라도 식품 속의 미생물이나 병

원성균으로 인하여 부패가 발생하지 않을 정도로 살균(멸균)된 제품을 말한다.

2) 무균가공 식품의 종류

(1) **고형식품의 무균포장** : 비프, 스튜, 햇반, 포장 떡 등이 있다.

(2) **액상식품의 무균포장** : 멸균우유, 과즙음료, 차, 청량음료 등이 있다.

3) 무균가공 공정 : 3개의 공정으로 이루어진다.

(1) **식품의 상업적 살균** : 열교환기를 이용하여 식품을 초고온 순간살균(UHT)하고, 무균실까지 이동시키는 공정이다.

(2) **포장재의 멸균** : 식품을 포장하는 재료인 컵, 플라스틱 시트 등을 살균하는 것이다. 가열 또는 과산화수소를 이용하여 살균한 다음, 무균실로 이동시킨다.

(3) **무균실에서의 포장** : 무균실(클린룸)에서 살균된 식품과 멸균된 포장재료를 이용하여 무균충전포장기를 이용하여 충진 및 밀봉하는 것을 말한다.

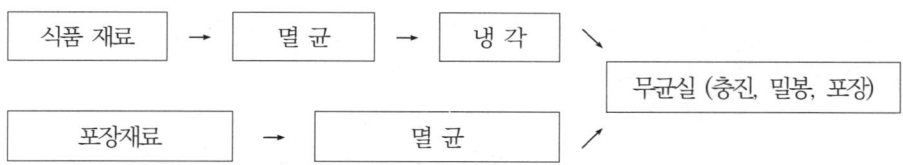

4) 무균포장의 장단점

장 점	단 점
• UHT 살균법을 적용하여 단시간 열처리함으로써 식품의 풍미, 색, 영양가, 조직감 등의 손실 최소화, 제품 장기간 보존 가능(멸균 처리제품) • 열에 민감한 제품 포장에 적합 • 균일한 제품의 생산 가능 • 에너지가 적게 소요	• 클린룸 설치 등 초기비용 및 관리 유지비용이 많이 소요됨 • 제품이 오염된 경우, 시스템 전체를 다시 살균해야 함

■ 기출문제

1. 저밀도, 중밀도, 고밀도 폴리에틸렌 포장 특성을 쓰시오. 〈2006-2회〉
   - 고밀도 폴리에틸렌(HDPE) : 높은 밀도의 폴리에틸렌. 비중은 0.965 이상. 단단한 특성, 내충격성 등이 양호하여 수도관, 보관함 등에 활용
   - 중밀도 폴리에틸렌(MDPE) : 비중 0.926 ~ 0.94, 내충격성이 있고, 저항력이 떨어진다. 가스관, 부속품, 캐리어, 축소 필름 등에 사용
   - 저밀도 폴리에틸렌(LDPE,) : 비중 0.925 이하. 인장강도가 낮고, 연질성이 있어 내열성이 불필요한 포장재로 사용(식품 포장재, 지퍼백 등)

2. 알루미늄박 식품 포장재로 버터를 포장할 때, 장점과 단점을 쓰시오. 〈2011-3회〉
   - 장점 : 가볍고 녹슬지 않음, 개관이 용이, 독성이 적음, 차광성 및 인쇄 적성 우수
   - 단점 : 강도 약함, 산이나 식염에 대한 내식성이 떨어져 도장하여 사용 필요, 가격 고가, 날카로운 물체에 포장재료가 손상될 수 있음

3. 가스치환법에 사용되는 기체 2가지와 역할을 쓰시오 〈2016-2회〉
   - CO_2 : 혐기성 조건, 산성 성분 조성을 통하여 미생물의 증식 억제. 과채류의 호흡 지연
   - N_2 : 산소가 제거되어 식품의 색 및 향기 유지, 산화 방지

4. 편의점에서 냉동식품을 전자레인지에 넣어 해동하는데, 이러한 냉동식품의 포장지 구비조건 4가지를 쓰시오
   〈2004-1회, 2005-1회, 2006-3회, 2016-3회〉
   ① 방습성이 크고 유연성이 있어야 한다.
   ② 가열수축성이 없어야 한다.
   ③ 저온에서 경화되지 않아야 한다.
   ④ 가스 투과성이 낮아야 한다.
   ※ 전자레인지 포장재 : PP, PE를 사용함. 이들 재료는 전자레인지로 가열 시 변형이 발생되지 않음(가열수축성이 없어야 전자레인지에서 이용할 수 있음)

5. 건조 포장 시 산소 차단 포장방법 4가지를 쓰시오. 〈2005-2회〉	• 진공포장, 가스치환포장, 탈산소제 봉입 포장, 포장 전 훈증처리
6. 무균포장의 정의 및 사례를 들고, 무균포장법의 장점을 설명하시오. 〈2024-3회〉	• 정의 : 상업적으로 살균한 제품을 무균포장재를 이용하여 무균실에서 포장하여 만든 제품 • 사례 : 비프, 스튜, 햇반, 포장 떡 등 • 장점 ① UHT 살균법을 적용하여 단시간 열처리함으로써 식품의 풍미, 색, 영양가, 조직감 등의 손실 최소화, 제품 장기간 보존 가능(멸균 처리제품) ② 열에 민감한 제품 포장에 적합 ③ 균일한 제품의 생산 가능 ④ 에너지가 적게 소요

■ **예상문제**

1. 식품 포장재료에 요구되는 성질 3가지를 쓰시오.	• 식품의 보호, 위생적 안전성, 물리적 강도, 편의성, 상품성, 경제성 등
2. (　　) 포장은 Blister 포장의 일종으로 개구부를 알루미늄박 등 비교적 뚫어지기 쉬운 재질을 사용하여 반대쪽에서 눌러 주면 내용물이 쉽게 나올 수 있도록 포장하는 방법이다. 식품 포장에서는 추잉껌, 엿, 커피 정 등에 활용하고 있다.	• PTP(press through packing) 포장
3. 식품의 진공포장 방법 4가지를 쓰시오. 〈필기 기출〉	• 기계 압착법, 스팀 플래쉬법, 노즐식탈기법(슈노겔 방식), 챔버식 탈기법
4. 식품의 저장성을 높이기 위해 포장지 내의 산소를 감소시키는 원리를 적용한 포장방법 3가지를 쓰시오	• 진공포장, 가스치환 포장, 탈산소제 봉입 포장

제4장
식품의 연구개발 및 품질관리

제1절 식품의 연구개발

1-1. 식품산업 트렌드

1. 식품산업의 트렌드

1) **트렌드의 정의** : 어떤 현상의 전체적인 대세가 특정 방향으로 지향하고 있는 의미로써 계절이나 경기순환 등 단기간의 변동에 관계 없이 지속적으로 장기간에 걸쳐 나타나는 경향을 뜻한다.

2) **식품산업의 트렌드**

   (1) 고령화 식품 : 세계의 많은 국가들이 고령사회로 진입하면서 고령화 식품군이 발전하고 있다.

   (2) 지구온난화와 식량자원 : 지구온난화는 지구의 온도를 상승시킴으로써 커피, 옥수수 등 많은 식물의 재배량 감소 등의 문제가 생기고 있다. 이에 따라 공급의 안정을 위해 식품의 저장, 가공, 공급에 새로운 기술과 연관된 산업이 출현하고 있다.

   (3) 편의 추구(1인 가구의 증가) : 낮은 결혼율, 높은 이혼율, 고령화 등의 이유로 1인 가구가 증가함에 따라 편의식품과 반가공식품, 소량 조리 세트의 소요가 증가하고 있다.

   (4) 친환경 및 지속가능성(LOHAS) : 로하스는 개인의 정신적·육체적 건강을 생각하는 웰빙(Well-being)뿐만 아니라 환경을 고려한 친환경적인 소비 형태를 보이며, 후손에게 미치는 영향 등 지속성을 고려하여 소비하는 생활방식 또는 식품의 생산, 가공, 소비를 추구하는 것을 말한다.

   (5) 식품의 기호성, 기능성 활용의 확대 : 식품의 섭취를 통해 건강을 유지하고 질병 예방의 효과적인 기능성 식품의 개발 및 섭취가 증가하고 있다.

   (6) 식품위생과 안전성 추구 : 식품은 생산, 제조, 가공, 저장 및 유통과정에서 미생물이나 위해요인에 의한 오염으로 인체에 유해한 물질이 생성될 수도 있다. 따라서 식품산업에서는 식품안전관리인증(HACCP), ISO 22000, FSSC 22000 등의 인증 규격 적용을 통해 안전한 식품을 공급하기 위한 노력을 하고 있다.

2. 다른 산업과 융합되고 있는 식품산업(Food Tech)

1) **Food Tech** : 음식(Food)과 기술(Technology)의 합성어로, 식품과 기술이 융합된 신산업을 말한다. 즉, 식품 등의 산업에 4차 산업기술을 적용하여 새로운 형태의 산업과 부가가치를 창출하는 기술이다.

2) **푸드테크에 사용되는 대표적인 기술**

   (1) ICT 기술을 접목한 식품산업 : 스마트 팜, 스마트팩토리, 각종 식품가공기술에 IoT의 활용 등

   (2) 새로운 식품개발 : 동물세포 조직을 배양한 인조고기 제조 등

   (3) 영양유전체학과 연계한 식품개발 : 건강기능식품 등 개인의 유전자 분석(휴먼마이크로바이옴)을 통한 질병

예방 및 건강에 도움을 주는 식품개발, 3D 프린트를 이용한 식품개발 등

⑷ 서비스 분야 : 언택트 주문 기술, 로봇이 요리하는 기술, 공유주방 등

⑸ 플랫폼 기술 : 식료품 판매와 관련된 빅데이터의 활용, 스마트폰 결재 시스템, 배달플랫폼 등

3. HMR(Home Meal Replacement, 가정식 대체식품)

1) **정의** : 가정 외에서 판매되는 가정식 스타일의 완전 조리 또는 반조리된 식품을 집에서 단순 조리 또는 별도의 조리 과정 없이 섭취할 수 있도록 제조·가공·포장된 즉석조리식품, 신선편의식품, 즉석섭취식품, 간편조리세트를 말한다.

2) **종류**

구 분	내 용
RTE (Ready to Eat)	• 즉석섭취식품. 포장 제거 후 바로 섭취 가능한 음식. 편의점 등에서 판매하는 샌드위치, 김밥, 도시락, 햄버거, 초밥 등.
RTH (Ready to Heat)	• 즉석조리식품. 가열 후 바로 섭취할 수 있는 음식. 편의점에서 많이 판매하며, 전자레인지 등을 이용하여 바로 가열 및 섭취 가능한 제품. 냉동만두, 냉동 피자, 햇반, 레토르트 국 등.
RTC (Ready to Cook)	• 간편조리식품. 기본적인 식재료에 추가 재료를 넣은 다음, 간단히 조리 후 먹을 수 있는 식품. 추가적인 재료를 넣어서 조리하는 점에서 RTP(Ready to Prepare)와 차이가 있다.
RTP (Ready to Prepare)	• 간편조리세트. 식재료를 세척, 절단, 가공을 하여 바로 조리할 수 있도록 세트화시킨 제품과 함께 조리법이 제공된다. 추가적인 부재료가 필요 없고, 제공된 조리법에 따라 조리 후 섭취할 수 있는 밀키트(Meal - Kit)가 대표적이다.

4. 식품산업의 주요 용어

1) **슈링크플레이션(shrinkflation)** : '줄어들다(shrink) + 인플레이션(inflation)'의 합성어로 제품의 가격은 그대로 유지하되, 제품의 크기나 중량을 감소시켜 간접적으로 가격을 인상하는 것을 의미한다. 인플레이션 상황에서 간접적으로 가격을 인상하는 효과를 얻기 위한 기업 전략으로 활용하고 있다.

2) **애그플레이션(Agflation)** : 농업을 뜻하는 agriculture와 물가 상승을 의미하는 inflation의 합성어로 농산물의 가격이 오르면서 일반 물가가 상승하는 현상을 뜻한다. 지구온난화 및 이상 기후 현상으로 농작물이 감소하는 등의 영향으로 곡물값이 급등하면서 만들어진 신조어이다.[79]

3) **스케일업(scale-up)** : 규모(scale)를 확대(up)하는 것을 말한다. 식품학에서는 실험실 규모를 공장 정도의 규모로 전환하여 산업적 생산이 이루어질 수 있도록 하는 것을 의미한다. 일반적으로 기존보다 10배 이상

---

[79] 기획재정부, 『시사경제용어사전』, 2020.11.3.

의 규모가 증가된 것을 말한다.

4) **Food Bank** : 푸드뱅크는 식품 제조기업 또는 개인, 단체급식소로부터 식품을 기부받아 소외계층에게 무상으로 전달하는 제도이다. 기부된 식품은 생활이 어려운 복지시설이나 개인에게 무료로 급식을 지원한다. '식품 은행'이라고도 한다.

5) **코셔식품** : 코셔 식품은 유대교 율법에 따라 허용된 식품을 말한다. 소, 염소, 과채류 등이 있다.

6) **할랄식품 및 하람식품** : 할랄식품은 이슬람 율법에 어긋나지 않고 무슬림에게 허용된 식품을 말한다. 반면, 하람식품은 이슬람 율법상 금지된 음식을 말하며 이슬람 율법에 따라 도축되지 않은 식육, 돼지고기, 알코올류, 동물의 피를 이용한 식품, 죽은 고기, 썩은 고기 등이 있다.

7) **스마트팜** : 사물인터넷(IoT : Internet of Things)을 이용하여 농작물 재배시설의 온도, 습도, 일조량, 이산화탄소, 토양 등을 측정 및 분석하고, 이 결과에 따라 제어장치를 가동하여 작물 성장에 적절한 상태로 유지시키는 정보통신기술(ICT)을 접목한 지능화된 농장이다. 스마트폰 등의 모바일 기기를 통해 원격관리를 할 수 있다.

8) **스마트팩토리** : 제품의 기획, 설계, 개발, 제조 및 유통, 물류 등 모든 생산과정을 디지털 자동화 솔루션이 결합된 정보통신기술(ICT)을 적용하여 생산성, 품질, 고객만족도를 향상시키는 지능형 생산공장을 말한다.[80]

9) **농업의 6차산업** : 1차산업인 농수산업과 2차산업인 제조업, 그리고 3차산업인 서비스업이 융복합된 산업을 말한다. 즉, 농촌에 존재하는 모든 유무형의 자원을 바탕으로 농업(1차산업)과 식품, 특산품 제조가공(2차산업) 및 유통 판매, 문화, 체험, 관광, 서비스(3차산업) 등을 연계하여 새로운 부가가치를 창출함으로써 지역경제 활성화를 촉진하는 활동을 의미한다. 화천의 산천어 축제, 무주 와인산업 등이 대표적이다.

10) **국가식품클러스터** : 식품 클러스터란 농축산물을 가공하는 식품회사와 패키징, 마케팅 등을 맡는 전문지원기관, 대학 등 연구기관, 정부의 지원기관이 네트워크를 형성하고 고부가가치를 창출해 내는 최적의 식품산업 집적지대를 말한다. 한국은 전북 익산에 위치하고 있다.

11) **채식주의자(vegetarian)** : 동물성 원료 또는 동물성 유래 원료로 만든 식품의 섭취를 피하고 식물성 식품만을 먹는 것을 말한다. 동물성 원료는 육류, 조류, 어류 등이며, 동물성 유래 원료는 우유, 버터와 같은 유제품, 동물의 알(계란) 등으로 구분할 수 있다.

> ♣ 대체식품으로 표시하여 판매하는 식품 : 동물성 원료 대신 식물성 원료, 미생물, 식용곤충, 세포배양물 등을 주원료로 사용해 식용유지류(식물성 유지류는 제외), 식육가공품 및 포장육, 알가공품류, 유가공품류, 수산가공식품류, 기타 식육 또는 기타 알제품 등과 유사한 형태, 맛, 조직감 등을 가지도록 제조했다는 것을 표시하여 판매하는 식품을 말한다.

---

[80] 기획재정부, 시사경제용어사전, 2017.11, http://www.korea.go.kr

1-2. 식품의 연구개발

1. 신제품 개발

1) 고객들의 제품에 대한 욕구와 기호는 시대 및 기술의 발전, 기업 간의 경쟁에 의해 계속 변하게 된다. 기업이 치열한 경쟁 속에서 생존하기 위해서는 항상 신제품의 개발이나 품질개선을 위한 노력을 해야 한다.

2) **신제품 개발 목적**

   (1) 기존 제품의 품질개선   (2) 소비자의 요구 충족

   (3) 기업의 수익성 유지 및 개선   (4) 기업의 지속적 성장 및 이미지 개선

3) **신제품 개발 전략** : 신제품을 개발하기 위해서는 가장 먼저 시장을 선점할 것인가, 아니면 상대 기업의 공격에 대한 방어(대응)를 할 것인가를 결정하는 것이 중요하다. 선제전략과 대응전략이 있다.

구 분	내 용
선제전략	① 연구개발 전략 : 기술 우위의 제품을 개발하는 것 ② 마케팅 전략 : 소비자 욕구를 확인하고, 욕구에 맞는 신제품을 개발하는 것 ③ 기업가전략 : 회사 대표나 내부 인원 등의 아이디어를 통하여 신제품을 개발하는 것 ④ 매입 전략 : 신제품 보유 기업 또는 라이센스 매수 등을 통해 시장에 진입하는 것
대응전략	① 방어 전략 : 기존 제품을 변경하여 경쟁사 신제품과 대응할 수 있는 신제품 출시 전략 ② 모방전략 : 경쟁사의 신제품을 모방하여 바로 신제품을 출시하는 것 ③ 더 좋은 2위 전략 : 경쟁사의 신제품 출시 이후, 그 제품에 대한 소비자들의 불만 등을 개선하여 신제품을 출시하는 전략 ④ 반응전략 : 규모상으로 대기업 진입이 어려운 틈새시장에 필요한 신제품을 개발하는 것

> ♣ 신제품 개발 5단계
> 1. 기초연구, 아이디어 수집 및 선별
> 2. 대상 제품의 결정 : 아이디어를 바탕으로 최종제품 결정, 비용, 기술적으로 달성 가능 여부 등 판단
> 3. 연구개발 : 제품에 대한 설계 및 개발 과정
> 4. 상품화 추진 : 예상 매출, 원가/손익 분석, 판매계획 등 조사하여 사업성 판단, 설비 발주, 시제품 제작 등
> 5. 생산 및 판매 : 테스트 마케팅, 본격적인 생산 및 판매, 소비자 반응에 대한 지속적인 피드백

2. 자체 브랜드(PB), 내셔널 브랜드(NB)

1) **자체 브랜드 상품(PB : Private Brand)** : 백화점, 슈퍼마켓 등 제조설비를 갖추지 않은 대형 유통업체가 독자적으로 상품을 기획한 후, 생산만 제조업체에 의뢰하여 판매하는 상품을 말한다. 브랜드는 제조업체 브랜드가 아닌 유통업체 브랜드를 붙여 판매한다. 오리지널 브랜드라고도 한다. 대표적인 PB는 신세계백

화점의 '피코크', 롯데백화점의 '샤롯데', 현대백화점의 '시그너스' 등이다.

2) **내셔널 브랜드(NB, National Brand) 상품** : 전국적인 브랜드 인지도 및 유통능력을 가진 메이커 또는 제조업자가 생산 및 판매까지 하는 제조업자 브랜드를 말한다. 마케팅 협회는 '통상 넓은 지역에 걸쳐 그 직영을 확보하고 있는 제조업자 혹은 생산자의 브랜드'라고 정의하고 있다. 대형 유통업체의 프라이빗 브랜드(PB)에 대응되는 용어이다.

3. OEM, ODM, OBM

1) **주문자 상표 부착(OEM, Original Equipment Manufacturing)** : 주문자가 만들어 준 설계도에 따라 제조업체는 단지 생산만 해서 납품하는 단순 하청 생산방식. OEM은 유통망을 갖고 있는 주문업체에서 생산능력을 가진 제조업체에게 주문업체가 요구하는 상품을 제조하도록 위탁하여 생산하되, 완성된 상품의 브랜드는 주문자 브랜드를 붙여 판매하는 방식이다.

   (1) 장점 : 제품을 공급받는 업체는 초기 투자 비용 감소와 리스크를 줄일 수 있으며, 영업력이 약한 제조사는 OEM 사의 이미지를 이용하여 판매할 수 있다.

   (2) 단점 : 대형 메이커의 자사 상표(PB) 또는 소매업들의 과도한 가격경쟁, 시중의 이중 가격 형성 등 불공정 거래로 품질의 저하를 초래할 수 있다. 제조업체는 상품값을 제대로 받지 못할 가능성이 있고, 주문자(상표권자)의 하청생산기지로 전락할 가능성이 있다.

2) **제조자 설계 생산(ODM, Original Design Manufacturing)** : 제조사가 독자적 기술력을 바탕으로 하여 상품기획, 연구개발, 제조 및 생산, 품질관리에 이르기까지 전 과정을 맡아서 하는 방식이다. '제조자 개발 생산 또는 제조자 설계 생산'이라고도 한다.

   (1) OEM과 달리 주문자의 요구에 따라 제조업자가 주도적으로 제품을 생산하는 방식이다.

   (2) 주문자는 제조업체에 생산을 의뢰하고, 제조업체는 자체적으로 개발 및 생산하되, 주문자의 상표를 부착하여 주문자에게 납품한다. 주문한 유통업체는 납품받은 제품을 판매하는 방식이다.

3) **제조업자 브랜드 개발 제조 생산(OBM, Original Brand Manufacturer)** : 제조사의 역할이 매우 중요한 제조 방식으로 개발, 생산, 유통 등의 모든 단계를 같은 업체에서 하는 것을 말한다. 제조사에서 기획, 제조 기술, 마케팅, 유통 등의 능력을 보유하고 있는 경우에 가능하며, 브랜드 가치를 높이 평가받아야 판매가 촉진된다. 일반적으로 ODM에서 OBM으로 확장하는 사례가 많다.

1-3. 품목제조보고서 작성

1. 품목제조보고의 업무 처리 절차

1) **식품 품목 신고(보고) 업무 흐름** : 품목 제조보고서 작성 → 신청(식품안전나라) → 검토 → 승인 및 전산 등록 완료[81]

(1) 영업자 : 다음의 사항을 작성하여 방문 또는 전산시스템을 이용하여 제출한다.
  ① 품목 제조(변경)보고서　　　　　② 제조 방법 설명서
  ③ 식품 등의 한시적 기준 및 규격 검토서　④ 소비기한의 설정사유서
  ⑤ 제품명(변경 신고에 한함)　　　⑥ 원재료명 또는 성분명 및 배합비율(변경 신고에 한함)
(2) 식약처 : 다음의 사항을 검토한 다음, 전산 처리한다.
  ① 구비서류 제출 여부
  ② 기입 내역의 적정성 여부 : 식품 및 식품첨가물 기준 및 규격, 위탁생산 내역 기입, 제품명 또는 품목제조보고번호, 포장방법, 단위 등 생산제품별 작성
  ③ 전산 처리 완료

2) **품목제조보고 대상** : 가공식품, 식품첨가물

2. 품목제조보고서 작성 시 첨부 서류

1) **식품 품목 제조보고 시 첨부 서류** : 제조 방법 설명서, 식품 등의 한시적 기준 및 규격 검토서, 소비기한 설정사유서

2) **소비기한 설정사유서 작성** : 소비기한 설정은 제조 방법, 사용원료의 배합 비율 등 제품의 특성, 포장 재질과 냉장 또는 냉동보존 등 고유의 유통실정을 고려한 보존조건 등을 고려하여 위해 방지와 품질을 보장할 수 있도록 설정한다. 소비기한은 과학적인 근거를 바탕으로 설정하며, 실측실험, 가속실험, 타제품과의 소비기한 비교 등의 방법이 이용되고 있다.

3) **제출 시기** : 제품 생산의 개시 전이나 개시 후 7일 이내에 제출

---

81) 식약처, 「알기 쉬운 식품 등의 품목제조보고 요령」, 2020.7.30.

■ 예상문제

1. 신제품의 개발 목적을 3가지만 쓰시오.

• 기존 제품의 품질개선, 소비자의 요구 충족, 기업의 수익성 유지 및 개선, 기업의 지속적 성장 및 이미지 개선

2. 신제품을 개발하기 위한 5단계 내용 중 ( )에 알맞은 내용을 쓰시오.

• 기초연구, 아이디어 수집 및 선별 - (①) - (②) - 상품화 추진 - 생산 및 판매

① 대상 제품의 결정
② 연구개발

3. ( )에 알맞은 내용을 보기에서 골라 쓰시오.

(①)식품으로 표시하여 판매하는 식품은 동물성 원료 대신 식물성 원료, (②), (③), 세포배양물 등을 주원료로 사용해 식용유지류(식물성 유지류는 제외), 식육가공품 및 포장육, 알가공품류, 유가공품류, 수산가공식품류, 기타 식육 또는 기타 알제품 등과 유사한 형태, 맛, 조직감 등을 가지도록 제조했다는 것을 표시하여 판매하는 식품을 말한다.

① 대체식품
② 미생물
③ 식용곤충

4. 다음의 ( )에 알맞은 용어를 쓰시오.

• (①) 브랜드 상품이란 백화점, 슈퍼마켓 등 제조설비를 갖추지 않은 대형 유통업체가 독자적으로 상품을 기획한 후, 생산만 제조업체에 의뢰하여 판매하는 상품을 말한다.
• (②) 브랜드 상품이란 전국적인 브랜드 인지도 및 유통 능력을 가진 메이커 또는 제조업자가 생산 및 판매까지 하는 제조업자 브랜드를 말한다.

① 자체 브랜드 상품 (PB : Private Brand)
② 내셔널 브랜드(NB, National Brand) 상품

5. 제품을 생산하는 방법 중에서 다음에 설명하는 생산방식과 장점 1가지를 쓰시오. 주문자가 만들어 준 설계도에 따라 제조업체는 단지 생산만 해서 납품하는 단순하청 생산방식.	• 생산방식 : 주문자 상표 부착(OEM) • 장점 : 초기 투자 비용 감소, 리스크 감소, 주문자 회사의 이미지를 이용하여 판매 가능
6. 동물성 원료 또는 동물성 유래 원료로 만든 식품의 섭취를 피하고 식물성 식품만을 먹는 사람을 무엇이라 하는지 쓰시오.	• 비건(채식주의자)
7. HMR(Home Meal Replacement, 가정식 대체식품)의 종류 중 다음에서 설명하는 대표적인 식품의 종류 2가지만 쓰시오. RTH(Ready to Heat)란 가열 후 바로 섭취할 수 있는 음식. 편의점에서 많이 판매하며, 전자레인지 등을 이용하여 바로 가열 및 섭취 가능한 제품을 말한다.	• 냉동만두, 냉동 피자, 햇반, 레토르트 국 등
8. Food Tech에 대하여 간단히 설명하고 대표적인 사례 3가지만 쓰시오.	• Food Tech : 식품과 기술이 융합된 신산업으로 식품 등의 산업에 4차 산업기술을 적용하여 새로운 형태의 산업과 부가가치를 창출하는 기술이다. • 사례 : 스마트 팜, 스마트 팩토리, 인조고기 제조, 3D 프린트를 이용한 식품개발, 언택트 주문 기술, 공유주방 등
9. 식품 품목 제조보고서를 작성한 다음, 식약처(식품안전나라)에 제출할 때 첨부해야 하는 서류 3가지 중에서 '식품 등의 한시적 기준 및 규격 검토서' 이외에 나머지 2가지를 쓰시오.	• 제조 방법 설명서, 소비기한 설정사유서

제2절 식품의 품질 및 위생관리

2-1. 식품의 품질관리

1. 식품의 품질요소 및 분류

1) 품질이란 제품이 어떤 목적 또는 사용자의 요구를 만족시키고 있는지에 대한 평가를 말하며, 평가의 대상이 되는 제품의 성질이나 모양, 기능, 성능, 효능 등을 말한다. 식품의 품질은 양적인 요소, 영양 및 위생적인 요소, 관능적 요소에 의해 평가된다.

2) 식품의 품질 요소

구 분	내 용
양적 요소	• 무게, 부피, 수량 등 양적으로 측정 및 평가할 수 있는 요소로 양적 품질이라고도 한다.
영양 위생적 요소	• 외부적으로 나타나지 않는 내면적인 요소로 소비자의 건강과 안전에 영향을 미치는 요소. 제품의 영양성분, 기능성 성분, 이물질 혼입, 독성물질 및 유해미생물, 식품첨가물, 화학물질 여부 등이 있다. 내면적 품질이라고도 한다.
관능적 요소	• 사람의 오감에 의해서 평가하는 요소로서 색, 냄새, 미각, 풍미, 촉감 등이 있다. 소비자들은 제품을 선택할 때 느끼는 감각(오감)을 기준으로 판단하므로, 관능적 요소는 소비자가 품질을 평가하는 기준이 된다.

3) 품질의 분류

구 분	내 용
설계품질	• 설계품질은 소비자의 요구, 기업의 품질관리 정책, 회사의 여러 가지 능력(생산, 비용, 공정, 기술 수준 등)을 고려하여 실제로 제조할 수 있을 정도의 범위에서 생산할 규격을 정하는 것을 말한다.
제조품질 (적합품질)	• 설계품질을 반영하여 정해진 표준공정서에 따라 실제로 제조한 결과로 얻어진 제품의 실제 품질을 말한다. 즉, 설계품질을 기준으로 정해진 공정에 따라 생산된 제품의 품질 수준을 말한다.
시장품질 (사용품질)	• 시장에 출시된 제품은 설계품질을 반영하여 표준공정서에 따라 제조한 품질기준에 합격한 제품이다. 시장품질은 시장에 출시된 상품을 고객이 실제로 구매 후 사용함으로써 평가되는 품질을 말한다. 이 품질의 평가 결과는 다시 설계 및 제조품질로 피드백되어야 지속적인 성장을 할 수 있다.

2. 품질관리

1) **품질관리의 정의** : 품질관리란 사용 목적에 맞는 제품을 생산하기 위하여 제품의 수준에 대한 기준을 정하고, 이를 달성하기 위하여 계획(Plan)을 수립하고, 이행(Do)하며, 작동 여부를 점검(Check)하고, 적절한 조치(Act)를 통하여 가장 경제적인 방법으로 상품을 설계, 제조, 판매하는 모든 활동을 말한다.

2) **품질관리 시스템의 종류**

구 분	내 용
검사 중심의 품질관리 시스템	• 최종 생산 단계에서 제품에 대한 검사를 중심으로 품질을 관리하는 방식이다. 검사를 통하여 합격한 제품만 고객에게 전달하는 품질보증 활동이다.
공정관리 중심의 품질관리 시스템	• 공정상에서 불량품 발생 예방 활동을 중심으로 하는 품질관리 활동. 공정 중 검사를 통하여 품질변동의 원인을 조사하고, 이를 조치하여 품질을 관리하는 방법
종합적 품질관리(TQC : Total Quality Control)	• 품질관리 및 품질향상을 위하여 기업 내 모든 부서와 모든 조직원의 노력을 통합시키고자 하는 방식. 생산공정에 있는 조직원뿐만 아니라 기획, 인사, 총무, 영업 부문 등 모든 조직원이 품질개발 및 유지, 품질향상에 대하여 관심을 갖고 노력해야만 품질향상이 가능하다는 생각을 가지고, 모든 조직원의 노력을 통합시키는 것으로, 전사적 품질관리라고도 한다.
종합적 품질경영(TQM, Total Quality Management)	• 종합적 품질관리(TQC)의 한계점을 극복하고자 도입한 생산방식으로 종합적 품질관리(TQC)기법에 먼저 최고경영자 층의 품질관리에 대한 목적, 목표 및 방향, 추진 중점 등을 정하여 정신적인 측면에서 품질에 대한 기업문화를 조성한 다음, 품질관리를 위한 조직별 구성원의 배치, 각 분야별 권한 및 책임, 행동양식, 품질관리기법, 품질보증 활동 등을 통하여 실천 및 행동의 변화를 지향하는 품질관리시스템을 말한다.

3. 자가품질검사 대상 식품, 검사항목, 규격 기준

1) **정의** : 자가품질검사란 식품을 제조, 가공하는 영업자가 자신이 제조, 가공한 식품이 '**식품의 기준 및 규격**'**에 적합한지 여부**를 출하 전후에 주기적으로 검사하는 것을 말한다.

   (1) 식품위생법에서는 '식품, 건강기능식품, 식품첨가물, 기구 또는 용기나 포장을 제조, 가공하거나 즉석판매 제조 및 가공업을 하는 영업자는 생산제품에 대하여 정기적으로 기준 및 규격에 적합한지를 검사하여야 한다고 규정하고 있다.

   (2) **검사주기 적용 시점** : 제품제조일을 기준으로 한다. 수입한 반가공 원료식품, 용기, 포장은 세관장이 신고필증을 발급한 날을 기준으로 하며, 검사결과서는 2년간 보관해야 한다.

2) **검사 대상 업종** : 식품, 건강기능식품, 식품첨가물, 기구, 용기, 포장

3) 검사 규격 및 주기[82]

구 분	대상 식품	검사주기	검사 항목
(1) 식품제조, 가공업	과자 및 떡류, 가공식품(농산물, 수산물), 동물성가공식품(추출성), 즉석식품류, 조미식품	3개월마다 1회 이상	식품유형별 검사항목
(2) <u>식품 제조, 가공업</u>	동물성 가공식품(식육 등), 음료류, 식용유류, 빵류 등	<u>2개월 1회</u>	식품유형별 검사항목
(3) 식품 제조 가공업자가 자신이 제품을 만들기 위해 수입한 경우	반가공 및 원료식품	6개월 1회	식품유형별 검사항목
	용기 및 포장	6개월 1회	재질별 성분규격
(4) 기타	(1)~(3) 이외 식품	1개월 1회	식품유형별 검사항목
	전년도 조사평가 결과 90% 이상 식품	6개월 1회	식품유형별 검사항목
(5) 식중독 발생위험이 높은 기간	(1), (2) 식품	1개월 1회	-
	(3) 식품	15일 1회	-
	(4) 식품	1주 1회	-
(6) <u>즉석판매제조 및 가공업</u>	<u>크림빵</u>, 빙과류, 식육 및 어육제품, 당류, 두부 및 묵류, 즉석섭취식품, 즉석조리식품(순대)	<u>9개월 1회</u>	식품유형별 성분규격
(7) 식품첨가물	살균소독제	6개월 1회	살균소독력
	살균소독제 외의 용기 및 포장		동일재질별 성분규격
(8) 기구 또는 용기, 포장			동일재질별 성분규격

2-2. 제조물책임법, Recall 제도

1. 제조물 책임법 (PL : Product Liability)

1) **정의** : PL은 소비자가 제품 구입 후 제조물 결함으로 인한 손해를 입은 경우, 제조자에게 손해배상을 청구할 수 있는 제도이다. PL법에서는 제품에 결함이 있다는 사실만 입증하면 손해배상 청구가 가능하므로 소비자의 권익을 대폭 강화한 법이다.

2) **PL 제도의 적용 대상** : 제조물로서 제조 또는 가공된 동산으로 제조상의 결함, 설계상의 결함, 표시상의 결함 등이 해당된다.

---

[82] 식약처, 식품위생법 시행규칙, 총리령 제1992호, 2024.11.15.

2. Recall 제도(회수 명령)

1) **정의** : 물품에 신체재산상의 위해가 발생하거나 발생할 우려가 있는 결함이 발견된 경우, 해당 물품에 대하여 수리·교환·환급 등의 방법으로 소비자의 피해를 예방하기 위한 제도이다.

2) 행정당국의 명령 또는 생산업자나 유통업자가 자발적으로 식품위생상 위해 발생 또는 위해 우려 시 해당 제품을 신문, 방송 등을 통해서 알리고 회수, 폐기토록 함으로써 식품 제조 및 유통업자의 사후관리 책임을 강화하는 제도이다.

   (1) **일반회수명령** : 판매를 목적으로 하는 식품의 제조업자나 유통업자(수입업자)가 위해 우려가 있다고 판단되었을 때, 그 내용을 알리고 유통 중인 식품을 회수하는 제도이다.

   (2) **긴급회수명령** : 식품 등에 병원성 미생물, 유독 및 유해물질이 포함되어 있어 인체에 위해 또는 사망자가 발생하거나 발생할 가능성이 있을 때, 식약처장, 시도지사, 시장, 군수, 구청장 등이 긴급회수명령을 내릴 수 있다.

> ♣ 식약처의 '위해식품 회수지침' : 식품 화수등급은 <u>위해요소의 종류, 인체 건강에 영향을 미치는 위해의 정도, 위반행위의 경중</u> 등을 고려하여 1, 2, 3등급으로 분류한다. 다만, 위해물질 등이 기준을 초과한 정도, 사회적 여건 등을 종합적으로 고려하여 필요하다고 판단되는 경우에는 화수등급을 조정할 수 있다.
> 1. 1등급 : 식품의 섭취 또는 사용으로 인해 인체 건강에 미치는 위해 영향이 매우 크거나 중대한 위반행위
> 2. 2등급 : 식품의 섭취 또는 사용으로 인해 인체 건강에 미치는 위해 영향이 크거나 일시적인 경우
> 3. 3등급 : 식품의 섭취 또는 사용으로 인해 인체의 건강에 미치는 위해 영향이 비교적 적은 경우

3. 식품위생법의 회수 대상이 되는 식품[83]

1) **위해식품 등의 회수**

   (1) 판매의 목적으로 식품 등을 제조·가공·소분·수입 또는 판매한 영업자는 해당 식품 등이 식품 등의 위해와 관련이 있는 위반사항을 알게 된 경우에는 지체없이 유통 중인 해당 식품 등을 회수하거나 회수하는 데에 필요한 조치를 하여야 한다.

   (2) 영업자는 회수계획을 식품의약품안전처장, 시·도지사 또는 시장·군수·구청장에게 미리 보고하여야 하며, 회수 결과를 보고받은 시·도지사 또는 시장·군수·구청장은 이를 지체없이 식품의약품안전처장에게 통보하여야 한다.

2) **식품·식품첨가물**

   (1) 비소·카드뮴·납·수은·중금속·메탄올 및 시안화물의 기준을 위반한 경우

   (2) 바륨, 포름알데히드, o-톨루엔설폰아미드, 다이옥신 또는 폴리옥시에틸렌 기준을 위반한 경우

---

[83] 식약처, 식품위생법 시행규칙, 총리령 제1992호, 2024.11.15.

⑶ 방사능 기준을 위반한 경우

⑷ 농산물의 농약잔류허용기준을 초과한 경우

⑸ 곰팡이독소 기준을 초과한 경우

⑹ 패류 독소 기준을 위반한 경우

⑺ 항생물질 등의 잔류허용기준(항생물질 · 합성항균제, 합성호르몬제)을 초과한 것을 원료로 사용한 경우

⑻ <u>식중독균(살모넬라, 대장균 O157:H7, 리스테리아 모노사이토제네스, 캠필로박터 제주니, 클로스트리디움 보툴리눔) 검출 기준을 위반한 경우</u>

⑼ 허용한 식품첨가물 외의 인체에 위해한 공업용 첨가물을 사용한 경우

⑽ 주석 · 포스파타제 · 암모니아성질소 · 아질산이온 또는 형광증백제시험에서 부적합하다고 판정된 경우

⑾ 식품조사처리기준을 위반한 경우

⑿ 식품 등에서 유리 · 금속 등 섭취 과정에서 인체에 직접적인 위해나 손상을 줄 수 있는 재질이나 크기의 이물 또는 심한 혐오감을 줄 수 있는 이물이 발견된 경우. 다만, 이물의 혼입 원인이 객관적으로 밝혀져 다른 제품에서 더 이상 동일한 이물이 발견될 가능성이 없다고 식품의약품안전처장이 인정하는 경우에는 제외한다.

⒀ 자가품질검사 결과 허용된 첨가물 외의 첨가물이 검출된 경우

⒁ 대장균 검출 기준을 위반한 사실이 확인된 경우

⒂ 그 밖에 식품 등을 제조 · 가공 · 조리 · 소분 · 유통 또는 판매하는 과정에서 혼입되어 인체의 건강을 해칠 우려가 있거나 섭취하기에 부적합한 물질로서 식약처장이 인정하는 경우

2) 기구 또는 용기 · 포장 : 유독 · 유해물질이 검출된 경우

3) 국제기구, 외국 정부에서 위생상 위해 우려를 제기하여 식약처장이 사용 금지한 원료 · 성분이 검출된 경우

4) 그 밖에 회수 대상이 되는 경우는 섭취함으로써 인체의 건강을 해치거나 해칠 우려가 있다고 인정하는 경우

■ 기출문제

1. 식품제조가공의 빵류(떡류 등 제외한 것), 즉석판매 및 제조가공(크림빵) 자가품질검사 주기를 쓰시오. 〈2019-1회〉

   - 빵류(떡류 등 제외한 것) : 2개월
   - 크림빵 : 9개월

2. 관리 지자체에서 식품회수명령 시 고려해야 할 3가지 요소에 대해 쓰시오. 〈2008-2회〉

   - 위해요소의 종류, 건강에 미치는 영향, 위반행위의 경중

3. 식품위생법령 상 「회수 대상이 되는 식품 등의 기준」에서 회수 대상이 되는 식중독균 4가지를 쓰시오. 〈2009-1회, 2011-2회〉

   - 살모넬라, 대장균 O157:H7, 리스테리아 모노사이토제네스, 캠필로박터 제주니, 클로스트리디움 보툴리눔

4. 어느 공장에서 물건을 만들 때 불량품일 확률은 5%라 한다. 이때 5개를 생산할 때 1개만 불량품일 확률을 구하시오. 〈2016-2회, 2020-1회〉

   - 5개 × $(0.05)^1$ × $(0.95)^4$ = 0.2036 ⇨ 20.36%

5. 식품 제조공장 기계의 torque와 power의 차이점에 대하여 쓰시오. 〈2010-2회〉

   - Torque : 물체를 회전시키는 원인이 되는 힘. 단위는 N·m(뉴턴미터)를 사용. Torque를 이용하는 대표적 사례는 지레, 도르래 등
   - 파워(power) : 일률. 단위 시간당 작업의 양
     'P = (작업량÷시간) = 힘×속도'
     단위는 kg·m/s. 마력(Horse Power, H.P.), 와트(Watt, W)를 사용함

6. 어떤 물건의 도소매 마진이 30%(소비자 판매가 기준), 부가가치세 10%(공장 출하 판매가 기준), 생산자 매출이익이 40%이다. 이 물건의 소비자 가격이 1,000원일 때 제조원가를 구하시오. 〈2005-1회〉

   - 소비자 판매가격이 1,000원이고, 도소매 마진이 소비자 판매가의 30%(300원)이므로 공장에서 출하되는 판매가는 1,000원 - 300원 = 700원
   - 공장 출하 판매가(700원) 기준, 부가가치세가 10%(70원) ⇨ 부가가치세 포함 이전 가격은 700원 - 70원 = 630원
   - 생산자 매출이익이 40%이므로, 원가+(원가의 40%)=630원. 계산하면 원가는 450원

■ 예상문제

1. 식품의 품질요소 3가지가 무엇인지 쓰시오.
   - 양적요소, 영양 위생적요소, 관능적 요소

2. 다음의 ( )에 알맞은 용어를 쓰시오.
   - 식품의 품질분류는 설계품질, (①)품질, (②)품질로 구분할 수 있다.

   • 제조품질(적합품질), 시장품질(사용품질)

3. 품질관리시스템의 종류 중 다음에서 설명하는 품질관리 방법은 무엇인지 쓰시오.

   품질관리 및 품질향상을 위하여 기업 내 모든 부서와 모든 조직원의 노력을 통합시키고자 하는 방식으로 생산공정에 있는 조직원뿐만 아니라 기획, 인사, 총무, 영업 부문 등 모든 조직원이 품질개발, 품질 유지, 품질향상에 대하여 관심을 갖고 노력하는 품질관리시스템

   • 종합적품질관리(TQC, 전사적품질관리 시스템)

4. 식품위생법규에 따른 자가품질검사 기준에 관하여, A와 B에 들어갈 내용을 쓰시오. 〈필기 기출〉
   - 자가품질검사에 관한 기록서는 (A)년 간 보관하여야 한다.
   - 자가품질검사 주기의 적용 시점은 (B)을 기준으로 산정한다.

   • A : 2년간
   • B : 제품제조일

5. 품질관리 PDCA 사이클의 'PDCA'에 대하여 설명하시오.
   - 계획(Plan) : 목표 달성에 필요한 계획을 설정. 품질의 등급, 설계품질을 결정
   - 실시(Do) : 계획대로 실시. 제조품질을 소기의 목적대로 시행 및 제조하고 개선
   - 점검(Check) : 실시되는 과정이나 결과를 측정하고, 검토하여 평가. 작업자 자신에 의한 자기점검 및 관리를 확인하기 위한 검사
   - 처리(조치, Act) : 평가한 결과가 계획 대비 차이가 발생하면 필요한 수정조치 및 개선하는 것

2-3. 식품공장의 위생관리

1. 식품의 이물질 혼입

1) **이물의 정의** : 식품 등의 제조, 가공, 조리, 유통과정에서 정상적으로 사용된 원료 또는 재료가 아닌 것으로서 섭취할 때 위생상 위해가 발생할 우려가 있거나 섭취하기에 부적합한 물질을 말한다.

   ※ 이물의 종류 : 동물성(손톱, 파리 등), 식물성(나뭇조각, 곰팡이 등), 광물성(못, 유리 등)

2) **이물의 혼입 방지법**

구 분	내 용
원료에 들어 있는 이물 제거	(1) 자석에 의한 제거 : 철편, 철분　(2) 풍력에 의해 선별 : 돌, 가벼운 이물 (3) 정전기식 선별법 : 먼지, 머리카락　(4) X선 선별법: 광물질 이물
제조공정에서 이물 혼입 방지	(1) 배관 내 여과망 설치　(2) 작업 후 청소 : 철편, 공구 (3) 금속탐지기를 활용한 금속 이물 제거 : 철편, 스테인리스
작업자에서 유래하는 이물 혼입 방지	(1) 출입구에 에어 샤워기 설치 : 먼지, 머리카락 (2) 머리 망 착용 : 머리카락 (3) 작업 시 장신구, 손목시계 등 착용 금지 : 반지, 목걸이 (4) 두발, 복장을 단정히 하고 손을 깨끗이 씻음 : 기름, 화장품
환경 불량에서 유래하는 이물 제거	(1) 작업장의 입구 자동개폐식 2중문 설치 : 배합실, 포장실 (2) 전격 살충기의 설치 : 작업장 및 통로 (3) 원료 출입구에 에어 커튼 설치 : 작업장

2. 식품공장에서 발생하는 해충의 종류와 예방법[84]

1) **해충의 종류**

구 분	내 용
보행해충	• 날개 유무에 상관없이 일반적으로 기어다니는 해충. 바퀴류와 개미 등
비래해충	• 날아다니는 곤충이 실내로 들어오는 것. 나방류, 파리류 등
저곡해충	• 저장 중인 쌀, 밀가루, 곡류 등에 주로 발생하는 해충으로 화랑곡나방이 대표적이다. 식품 내부에 서식하므로 약제를 이용한 제어가 어렵다.
쥐	• 번식력이 뛰어나고, 원료나 포장재를 가해하며, 전선 등을 가해하여 화재 위험도 있다.

---

[84] 식약처, 「식품 제조업장의 효율적인 해충 및 쥐 방제 방법」, 2012.6.

2) 식품공장의 해충방제 대책

① 수목 관리   ② 원료 보관 관리   ③ 원부자재의 입고 점검
④ 틈새 관리   ⑤ 조명관리   ⑥ 출입문 및 창문 관리
⑦ 분진 제거   ⑧ 트랜치 관리   ⑨ 쓰레기 관리
⑩ 청소관리   ⑪ 작업자 위생관리   ⑫ 전문적인 해충방제 관리

3. 식품공장의 오폐수 처리 방법

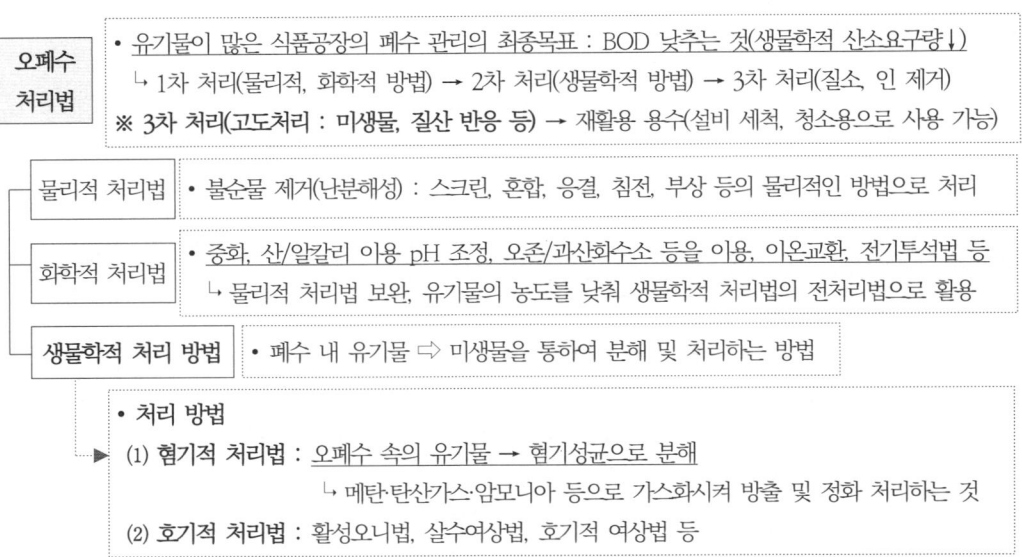

1) 활성오니법

적당한 조건에서 유기물이 포함된 폐수에 공기를 공급하면 시간이 지나면서 그 폐수의 기질에 적합한 호기성 미생물이 번식하여 흡착성이 풍부한 floc(면상침전물, 활성오니)을 형성한다. 생성된 활성오니에 콜로이드상의 유기물이 침전 또는 흡착되어 폐수가 정화된다.[85]

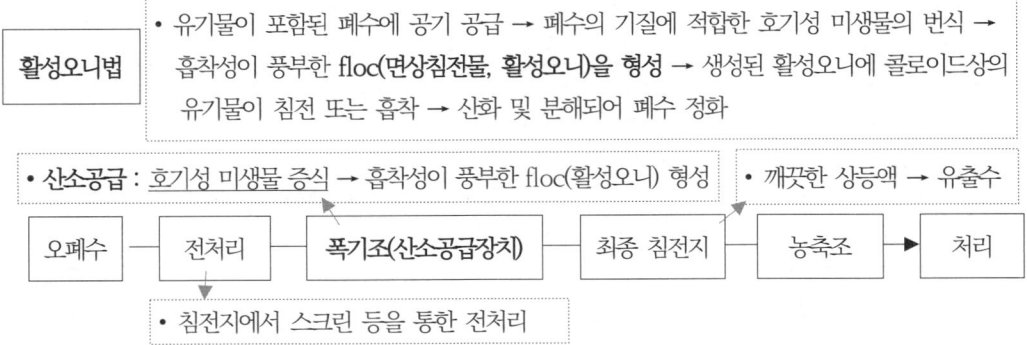

---

[85] 환경용어연구회, 『환경공학 용어사전』, 성안당, 1996.4.

2) **살수여상법** : 폐수를 미생물 막(biofilm)이 구성된 자갈, 쇄석, 기타 여재 위에 살수하고, 폐수는 여재 사이를 흘러내리면서 여재 표면에 형성된 미생물 막에 흡착되거나 미생물이 분해하여 제거하는 방법이다.

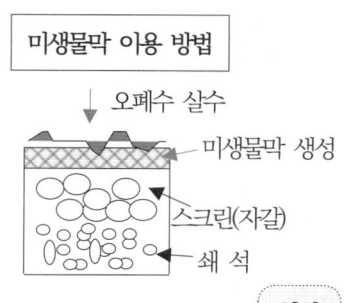

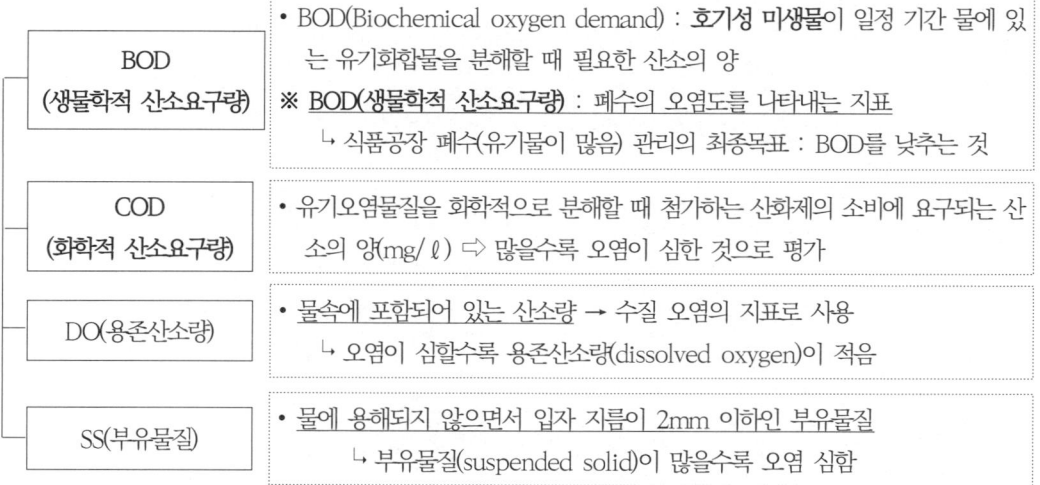

〈특징〉
- 유기물 제거 : 상부에서 가장 높고, 하부층으로 갈수록 제거율 감소
- **폐수처리** : 표면(호기성 처리), 내부(혐기성 처리)
- <u>저농도의 유기질 폐수에 주로 사용</u>
  ↳ 처리 효율이 높고, 슬러지 생성량이 적음

처리 방법
- **살수여상법** : 자갈 등에 형성된 미생물 막 → 폐수 살수 → 정화 처리
- 호기적 여상법 : 충전 매체(물에 잠긴 형태), 산소공급(포기조)
- 회전원판법 : 디스크 원판(일부만 오폐수에 잠김) + 회전(산소공급)

4. 수질오염지표

BOD (생물학적 산소요구량)
- BOD(Biochemical oxygen demand) : **호기성 미생물**이 일정 기간 물에 있는 유기화합물을 분해할 때 필요한 산소의 양
- ※ <u>**BOD(생물학적 산소요구량)**</u> : 폐수의 오염도를 나타내는 지표
  ↳ 식품공장 폐수(유기물이 많음) 관리의 최종목표 : BOD를 낮추는 것

COD (화학적 산소요구량)
- 유기오염물질을 화학적으로 분해할 때 첨가하는 산화제의 소비에 요구되는 산소의 양(mg/ℓ) ⇨ 많을수록 오염이 심한 것으로 평가

DO(용존산소량)
- <u>물속에 포함되어 있는 산소량 → 수질 오염의 지표로 사용</u>
  ↳ 오염이 심할수록 용존산소량(dissolved oxygen)이 적음

SS(부유물질)
- <u>물에 용해되지 않으면서 입자 지름이 2mm 이하인 부유물질</u>
  ↳ 부유물질(suspended solid)이 많을수록 오염 심함

5. 식품위생 감시(food sanitation inspection system)[86]

1) **정의** : 식품, 식품첨가물, 기구 및 용기·포장의 채취, 제조·가공, 조리, 저장, 운반, 보존, 진열, 사용, 소비자의 섭취에 이르기까지의 전 과정에 대하여 안전성 및 적법성을 확인하는 것을 말한다.

2) **식품위생감시원의 운영** : 식약처, 특별시, 광역시, 도 또는 시·군·구

---

[86] 식약처, 식품위생법, 법률 제20347호, 2024.2.20.

3) 직무

① 식품 등의 위생적 취급 기준에 관한 기준의 이행지도
② 수입, 판매 또는 사용 등이 금지된 식품 등의 취급에 관한 단속
③ 「식품 등의 표시·광고에 관한 법률」에 따른 표시 또는 광고 기준의 위반 여부에 관한 단속
④ 출입·검사 및 검사에 필요한 식품 등의 수거
⑤ 시설기준 적합 여부의 확인·검사
⑥ 영업자 및 종업원의 건강진단 및 위생교육의 이행 여부의 확인·지도 등

■ 예상문제

1. 식품 제조공정에서 원료에 들어있는 이물을 제거하기 위한 방법이다. ( )에 알맞은 방법을 쓰시오.

   ① ( )에 의한 제거 : 철분, 철편
   ② ( )에 의해 선별 : 돌, 가벼운 이물
   ③ ( ) 선별 : 먼지, 머리카락
   ④ X선 선별 : 광물질 이물

   ① 자석
   ② 풍력
   ③ 정전기식

2. 식품 오폐수를 처리하는 방법 중 다음에서 설명하는 처리 방법이 무엇인지 쓰시오.

   폐수를 미생물 막(biofilm)이 구성된 자갈이나 쇄석, 기타 여재 위에 살수하고, 폐수는 여재 사이를 흘러내리면서 여재 표면에 형성된 미생물 막에 흡착되거나 미생물이 분해하여 제거하는 방법을 말한다.

   • 살수여상법

3. 식품의 오폐수 정화방법 중에서 호기적 처리 방법의 원리를 쓰고, 대표적인 방법 2가지를 쓰시오. 〈필기 기출〉

   • 호기적 처리법 : 오폐수에 산소를 공급하여 미생물 번식으로 오염물질을 분해하는 것
   • 활성오니법, 살수여상법, 호기적 여상법

4. 식품공장에서 발생하는 해충의 종류에 대하여 간단히 설명하고, 대표적 사례 1가지만 쓰시오.
   ① 보행해충 :
   ② 비래해충 :
   ③ 저곡해충 :

   ① 보행해충 : 날개 유무에 상관없이 일반적으로 기어다니는 해충. 바퀴류와 개미 등
   ② 비래해충 : 날아다니는 곤충이 실내로 들어오는 것. 나방류, 파리류 등
   ③ 저곡해충 : 저장 중인 쌀, 밀가루, 곡류 등에 주로 발생하는 해충. 화랑곡나방 등

5. 물의 오염된 정도를 표시하는 지표인 BOD에 대하여 간단히 설명하시오. 〈필기 기출〉

   • BOD(Biochemical oxygen demand) : 호기성 미생물이 일정 기간 물에 있는 유기화합물을 분해할 때 필요한 산소의 양. 폐수의 오염도를 나타내는 지표로 사용

제5장
식품의 시험법

제1절 시험의 일반원칙

1-1. 시험의 일반원칙[87]

1. 식품공전의 적용

1) 고시에 정하여진 기준 및 규격에 대한 적·부 판정은 이 고시에서 규정한 시험방법으로 실시하여 판정하는 것을 원칙으로 한다. 다만, 이 고시에서 규정한 시험방법보다 더 정밀·정확하다고 인정된 방법을 사용할 수 있다. 미생물 및 독소 등에 대한 시험에는 상품화된 키트(kit) 또는 장비를 사용할 수 있으나, 그 결과에 대하여 의문이 있다고 인정될 때에는 규정한 방법에 의하여 시험하고 판정하여야 한다.

2) 이 고시에서 기준 및 규격이 정해지지 않은 것은 잠정적으로 식품의약품안전처장이 해당 물질에 대한 국제식품규격위원회(CAC) 규정 또는 주요 외국의 기준·규격과 일일섭취허용량(Acceptable Daily Intake, ADI), 해당 식품의 섭취량 등 해당 물질별 관련 자료를 종합적으로 검토하여 적·부를 판정할 수 있다.

3) **계량 등의 단위는 국제단위계를 사용한 아래의 약호를 쓴다.**
   (1) 길이 : m, cm, mm, μm, nm
   (2) 용량 : L, mL, μL
   (3) 중량 : kg, g, mg, μg, ng, pg
   (4) 넓이 : cm^2
   (5) 열량 : kcal, kJ
   (6) 압착 강도 : N(Newton)
   (7) 온도 : ℃

4) <u>표준온도는 20℃, 상온은 15~25℃, 실온은 1~35℃, 미온은 30~40℃</u>

2. 가공식품의 분류 : 대분류, 중분류, 소분류

1) **식품군(대분류)** : '제5. 식품별 기준 및 규격'에서 대분류하고 있는 음료류, 조미식품 등을 말한다.
2) **식품종(중분류)** : 식품군에서 분류하고 있는 다류, 과일·채소류 음료, 식초, 햄류 등을 말한다.
3) **식품유형(소분류)** : 식품종에서 분류하고 있는 농축 과·채즙, 과·채주스, 발효식초, 희석초산 등을 말한다.

2. 시험의 원칙

1) 이 고시에서 정하여진 시험은 별도의 규정이 없는 경우 다음의 원칙을 따른다.
   (1) **찬물은 15℃ 이하, 온탕 60~70℃, 열탕은 약 100℃의 물을 말한다.**
   (2) "물 또는 물속에서 가열한다."라 함은 따로 규정이 없는 한 그 가열온도를 약 100℃로 하되, 물 대신 약 100℃ 증기를 사용할 수 있다. 시험에 쓰는 물은 따로 규정이 없는 한 증류수 또는 정제수로 한다.
   (3) 용액이라 기재하고 그 용매를 표시하지 아니하는 것은 물에 녹인 것을 말한다.

---
[87] 식약처, 식품의 기준 및 규격, 식약처 고시 제2024-71호, 2024.11.14.

⑷ 감압은 따로 규정이 없는 한 15mmHg 이하로 한다. ※ 참고 : 1기압은 760mmHg

⑸ pH를 산성, 알칼리성 또는 중성으로 표시한 것은 따로 규정이 없는 한 리트머스지 또는 pH 미터기(유리전극)를 써서 시험한다. 강산성은 pH 3.0 미만, 중성은 pH 6.5~7.5, 약알칼리성은 pH 9.0~11.0, 강알칼리성은 pH 11.0 이상이다.

⑹ 용액의 농도를 (1 → 5), (1 → 10), (1 → 100) 등으로 나타낸 것은 고체시약 1g 또는 액체시약 1mL를 용매에 녹여 전량을 각각 5mL, 10mL, 100mL 등으로 하는 것을 말한다. 또한 (1+1), (1+5) 등으로 기재한 것은 고체시약 1g 또는 액체시약 1mL에 용매 1mL 또는 5mL 혼합하는 비율을 나타낸다. 용매는 따로 표시되어 있지 않으면 물을 써서 희석한다.

⑺ 혼합액을 (1 : 1), (4 : 2 : 1) 등으로 나타낸 것은 액체시약의 혼합용량비 또는 고체시약의 혼합중량비를 말한다.

⑻ 방울수를 측정할 때는 20℃에서 증류수 20방울을 떨어뜨릴 때, 그 무게가 0.90~1.10g이 되는 기구를 쓴다.

⑼ 네슬러관은 안지름 20mm, 바깥지름 24mm, 밑에서부터 마개의 밑까지의 길이가 20cm의 무색유리로 만든 바닥이 평평한 시험관으로서 50mL의 것을 쓴다. 또한, 각 관 눈금의 높이 차이는 2mm 이하로 한다.

⑽ 데시케이터의 건조제는 따로 규정이 없는 한 실리카겔(이산화규소)로 한다.

⑾ 시험은 따로 규정이 없는 한 상온에서 실시하고 조작 후 30초 이내에 관찰한다. 다만, 온도의 영향이 있는 것에 대하여는 표준온도에서 행한다.

⑿ 무게를 "정밀히 단다"라 함은 달아야 할 최소단위를 고려하여 0.1mg, 0.01mg 또는 0.001mg까지 다는 것을 말한다. 또 무게를 "정확히 단다"라 함은 규정된 수치의 무게를 그 자리 수까지 다는 것을 말한다.

⒀ 검체를 취하는 양에 "약~"이라고 한 것은 따로 규정이 없는 한 기재량의 90~110%의 범위 내에서 취하는 것을 말한다.

⒁ 이 고시의 '제7. 검체의 채취 및 취급방법'에 따라 같은 조건에서 여러 개의 시험검체가 의뢰된 경우, 그중 하나 이상 부적합이면 검사 대상 전체를 부적합으로 처리한다.

⒂ 건조 또는 강열할 때 "항량"이라고 기재한 것은 다시 계속하여 1시간 더 건조 혹은 강열할 때에 전후의 칭량차가 이전에 측정한 무게의 0.1% 이하임을 말한다.

> ♣ 항량(Constant Weight) : 화학분석에서 건조 또는 가열을 반복하여도 중량이 거의 변하지 않았을 때의 중량으로 시료를 계속 1시간 강열 또는 건조했을 때, 전후의 무게차가 0.1% 이하 정도로 거의 변화가 없는 것.

3. 농도 표시, 방사선 검사

1) 중량백분율을 표시할 때는 % 기호를 쓴다. 다만, 용액 100mL 중의 물질 함량(g)을 표시할 때는 w/v%로, 용액 100mL 중의 물질 함량(mL)을 표시할 때는 v/v%의 기호를 쓴다. 중량백만분율을 표시할 때는 mg/kg(= ppm = mg/L)의 약호를 사용한다. 중량 10억분율을 표시할 때는 μg/kg(= ppb =μg/L)의 약호를 사용한다.

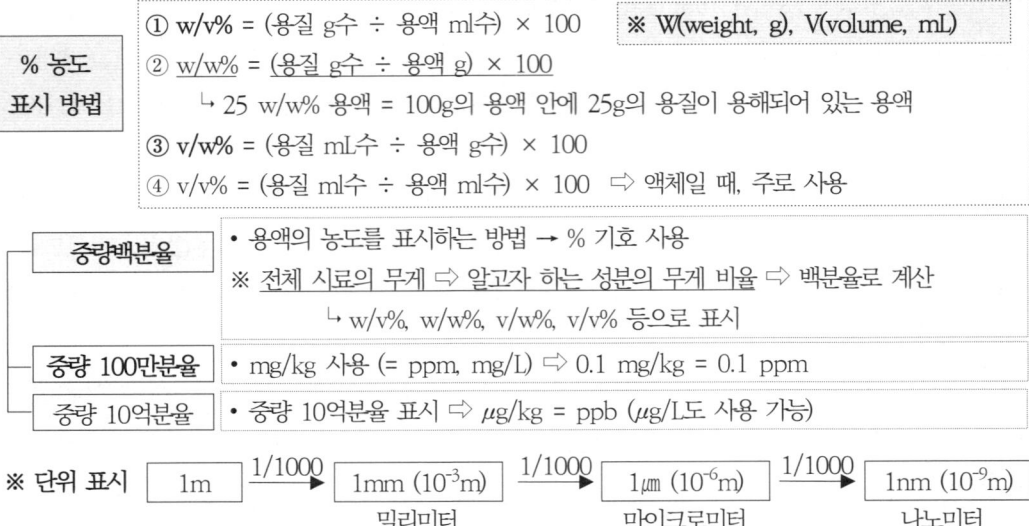

2) 방사성물질 누출 사고 발생 시 관리해야 할 방사성 핵종은 다음의 원칙에 따라 선정한다.

(1) 대표적 오염 지표 물질인 **방사성 요오드와 세슘에 대하여 우선 선정**하고, 방사능 방출 사고의 유형에 따라 방출된 핵종을 선정한다. 방사성 요오드나 세슘이 검출될 경우 플루토늄, 스트론튬 등 그 밖의 기타 핵종에 의한 오염 여부를 추가적으로 확인할 수 있으며, 기타 핵종은 환경 등에 방출 여부, 반감기, 인체 유해성 등을 종합 검토하여 전부 또는 일부 핵종을 선별하여 적용할 수 있다.

(2) 기타 핵종에 대한 기준은 해당 사고로 인한 방사성물질 누출이 더 이상 되지 않는 사고 종료 시점으로부터 1년이 경과할 때까지 적용한다. 기타 핵종에 대한 정밀검사가 어려운 경우에는 방사성물질 누출 사고 발생 국가의 비오염 증명서로 갈음할 수 있다.

3) 유해오염물질의 기준 설정은 식품 중 유해오염물질의 오염도와 섭취량에 따른 인체 노출량, 위해수준, 노출 점유율을 고려하여 최소량의 원칙(As Low As Reasonably Achievable, ALARA)에 따라 설정함을 원칙으로 한다.

♣ 식품의 위해요소 : 화학적 위해요소에서 기준·규격 설정의 ALARA 원칙

1. ALARA : 'As Low As Reasonably Achievable'의 약자로 국제방사선방호위원회에서 방사선 피폭에 의한 암 발생 등의 위험에는 역치 값이 없다는 가정하에 원자력이나 방사선 피폭을 수반하는 행위에 대하여 불필요한 피폭은 피하고, 피폭선량은 합리적으로 달성할 수 있는 한 낮게 유지(ALARA)하며, 개인의 피폭선량은 선량당량 한도를 넘지 말 것(선량 제한)을 권고하고 있다.[88] 즉 ALARA는 방사선 피폭은 사회경제적 요인을 고려하여 합리적으로 달성 가능한 범위 내에서 가능한 한 낮게 유지되어야 한다는 개념이다.

2. 식품에서 적용하는 ALARA는 화학적 위해요소(곰팡이 독, 중금속 등)와 같이 비의도적으로 노출된 위해인자에 대하여 사회적 및 경제적, 기술적, 공공 정책적 이득과 손실을 고려하여 합리적으로 달성 가능한 수준까지 노출량을 낮게 유지하여야 한다는 개념이다.

■ 기출문제

1. 식품첨가물 공전 상 표준온도, 상온, 실온, 미온의 수치 또는 범위를 쓰시오.
〈2007-2회, 2012-1회〉

- 표준온도(20℃), 상온(15~25℃), 실온(1~35℃), 미온(30~40℃)

2. 식품의 기준 및 규격에서 가공식품에 대하여 아래와 같은 것들을 대분류, 중분류, 소분류로 나타냈을 때 괄호 안에 알맞은 말을 쓰시오.
〈2020-4회, 2021-3회〉

① 식품군
② 식품종
③ 식품유형

- (①) : '제5. 식품별 기준 및 규격'에서 대분류하고 있는 음료류, 조미식품 등을 말한다.
- (②) : 식품군에서 분류하고 있는 다류, 과일·채소류 음료, 식초, 햄류 등을 말한다.
- (③) : 식품종에서 분류하고 있는 농축과·채즙, 과·채주스, 발효식초, 희석초산 등을 말한다.

3. 무게를 달 때의 정의에 대하여 쓰시오.
〈2020-2회〉
① 무게를 정밀하게 단다. :
② 무게를 정확히 단다 :
③ 검체를 취하는 양에 "약~"이라고 한 것 :
④ 건조 또는 강열할 때 항량이라고 기재한 것 :

① 무게를 정밀하게 단다. : 달아야 할 최소단위를 고려하여 0.1mg, 0.01mg 또는 0.001mg까지 다는 것
② 무게를 정확히 단다 : 규정된 수치의 무게를 그 자리수까지 다는 것
③ 검체를 취하는 양에 "약~"이라고 한 것 : 따로 규정이 없는 한 기재량의 90~110% 범위 내에서 취하는 것
④ 건조 또는 강열할 때 항량이라고 기재한 것 : 다시 계속하여 1시간 더 건조 혹은 강열할 때에 전후의 칭량차가 이전에 측정한 무게의 0.1% 이하

4. 우리나라 식품의 방사선 기준에서 검사하는 방사선 핵종 2가지와 방사선 유발 급성질환 2가지를 쓰시오. 〈2013-3회〉

- 방사선 핵종 : 세슘, 요오드
- 증상 : 구토, 골수암, 출혈, 불임증, 전신 마비, 탈모

---
88) 한기수, 비파괴검사 용어사전, 도서출판노드, 2008.1.20..

5. 다음의 빈칸을 채우시오. 〈2020-1회, 2022-2회〉

> 건조 또는 강열할 때 항량이라고 기재한 것은 다시 계속하여 (①) 더 건조 혹은 강열할 때에 전후의 (②)가 이전에 측정한 무게의 (③) 이하임을 말한다.

① 1시간
② 칭량차
③ 0.1% 이하

6. 0.04 M NaOH 500mL를 이용하여 w/v% 농도와 mg% 농도를 구하시오. 〈2023-2회〉

- w/v% = (용질 g수 ÷ 용액 ml수) × 100
  몰농도(M) = 용질의 몰수 ÷ 용액의 부피(1L)
  따라서, 0.04M = (0.04mol÷1,000mL)이므로, 500mL에는 0.02mol의 NaOH(분자량 40)가 함유되어 있음
  ※ 몰(mol) = (질량 ÷ 분자량)이므로,
    질량 = 몰(mol) × 분자량 = 0.02×40 = 0.8g
  ∴ w/v% = (용질 g수 ÷ 용액 ml수) × 100
    = (0.8g ÷ 500mL) × 100 = 0.16(w/v%)
- mg% = mg/100mL를 의미한다. 단위를 맞추기 위해 환산을 하면,
  0.8g = 800mg이고, 문제에서 500mL를 이용한다고 했으므로, 800mg÷500mL이 됨
  ⇨ 'mg% = mg/100mL'로 변환하면,
  ∴ 160mg/100mL ⇨ 160 mg%

■ 예상문제

1. 유해오염물질의 기준 설정은 식품 중 유해오염물질의 오염도와 섭취량에 따른 인체노출량, 위해수준, 노출점유율을 고려하여 (   )의 원칙에 따라 설정함을 원칙으로 한다.

- 최소량의 원칙

1-2. 검체의 채취 및 취급 방법[89]

1. 검체채취 및 용어의 정의

1) **의의** : 검체의 채취는 검사 대상으로부터 일부의 검체를 채취하는 것을 의미하며, 식품에서 채취된 검체의 기준·규격 적합 여부, 오염물질 등에 대한 안전성 검사를 실시하기 위해서 채취한다. 채취된 검체를 검사한 결과 부적합하면, 행정조치를 취한다.

2) **용어의 정의**
   (1) 검체 : 검사 대상으로부터 채취된 시료를 말한다.
   (2) 검사 대상 : 같은 조건에서 생산·제조·가공·포장되어 그 유형이 같은 식품 등으로 검체가 채취되는 하나의 대상을 말한다.
   (3) 벌크(Bulk) : 최종 소비자에게 그대로 유통 판매하도록 포장되지 않은 검사 대상을 말한다.

2. 검체 채취의 일반원칙

1) 인가된 검체 채취자가 수행하며, 검체 채취 시에는 난수표를 사용한다.

2) 검체 채취는 검사 대상 전체를 대표할 수 있는 최소한도의 양으로 하며, 다음의 결정표에 따라 채취한다.
   (1) 25,000kg 이상 100,000kg 미만인 검사 대상 : 4곳 이상에서 채취·혼합하여 1개로 하는 방법으로 총 2개의 검체를 채취 및 검사 의뢰
   (2) 100,000kg 이상 1,000,000kg 미만인 검사 대상 : 5곳 이상에서 채취·혼합하여 1개로 하는 방법으로 총 2개의 검체를 채취 및 검사 의뢰

3) 냉동검체, 대포장 검체 및 유통 중인 식품 등 검체채취결정표에 따라 채취하기 어려운 경우 : 검체채취자가 판단하여 수거량 안에서 대표성 있게 검체를 채취할 수 있다.

4) 일반적으로 검체는 제조번호, 제조연월일, 소비기한이 동일한 것을 하나의 검사 대상으로 하고 이와 같은 표시가 없는 것은 품종, 식품유형, 제조회사, 기호, 수출국, 수출연월일, 도착연월일, 적재선, 수송차량, 화차, 포장형태 및 외관 등의 상태를 잘 파악하여 그 식품의 특성 및 검사목적을 고려하여 채취하도록 한다.

5) 채취된 검체는 검사 대상이 손상되지 않도록 주의하여야 하고, 식품을 포장하기 전 또는 포장된 것을 개봉하여 검체로 채취하는 경우에는 이물질의 혼입, 미생물의 오염 등이 되지 않도록 주의하여야 한다.

6) 채취한 검체는 봉인하여야 하며 파손하지 않고는 봉인을 열 수 없도록 하여야 한다.

7) 기구 또는 용기·포장으로서 재질 및 바탕 색상이 같으나 단순히 용도·모양·크기 또는 제품명 등이 서로 다

---

[89] 식약처, 식품의 기준 및 규격, 식약처 고시 제2024-71호, 2024.11.14.

른 경우에는 그중 대표성이 있는 것을 검체로 할 수 있다. 단, 재질 및 바탕색이 같지 않은 세트의 경우에는 판매 단위인 세트별로 검체를 채취할 수 있다.

8) 검체채취자는 검사 대상 식품 중 곰팡이독소, 방사능오염 등이 의심되는 부분을 우선 채취할 수 있으며, 추가적으로 의심되는 물질이 있을 경우 검사항목을 추가하여 검사를 의뢰할 수 있다.

9) 미생물 검사를 위한 시료 채취는 검체채취결정표에 따르지 않고, 식품공전 상 기준 및 규격에서 정하여진 시료수(n)에 해당하는 검체를 채취한다.

10) 위험물질에 대한 검사강화, 부적합 이력, 위해정보 등의 사유로 인해 식품의약품안전처장이 검사강화가 필요하다고 판단하는 경우 검체를 추가로 채취하여 검사를 의뢰할 수 있다.

3. 검체의 채취 및 취급요령

1) **검체의 채취 요령** : 검체채취 시에는 검사목적, 대상 식품의 종류와 물량, 오염 가능성, 균질 여부 등 검체의 물리·화학·생물학적 상태를 고려해야 한다.

   (1) **검사 대상식품 등이 불균질할 때** : 검체가 불균질할 때는 일반적으로 다량의 검체가 필요하나 검사의 효율성, 경제성 등으로 부득이 소량의 검체를 채취할 수밖에 없는 경우에는 외관, 보관상태 등을 종합적으로 판단하여 의심스러운 것을 대상으로 검체를 채취할 수 있다. 식품 등의 특성상 침전·부유 등으로 균질하지 않은 제품(예, 식품첨가물 중 향신료 올레오레진류 등)은 전체를 가능한 한 균일 하게 처리한 후 대표성이 있도록 채취하여야 한다.

   (2) **검사항목에 따른 균질 여부 판단** : 검체의 균질 여부는 검사항목에 따라 달라질 수 있다. 어떤 검사 대상 식품의 선도판정에 있어서 그 식품이 불균질하더라도 이에 함유된 중금속, 식품첨가물 등의 성분은 균질한 것으로 보아 검체를 채취할 수 있다.

   (3) **포장된 검체의 채취** : 깡통, 병, 상자 등 용기·포장에 넣어 유통되는 식품 등은 가능한 한 개봉하지 않고 그대로 채취한다. 대형 용기·포장에 넣은 식품 등은 검사 대상 전체를 대표할 수 있는 일부를 채취할 수 있다.

   (4) **선박의 벌크 검체 채취** : 검체채취는 선상에서 하거나 보세장치장의 사일로(silo)에 투입하기 전에 하여야 한다. 같은 선박에 선적된 같은 품명의 농·임·축·수산물이 여러 장소에 분산되어 선적된 경우에는 전체를 하나의 검사 대상으로 간주하여 난수표를 이용하여 무작위로 장소를 선정하여 검체를 채취한다. 같은 선박 벌크 제품의 대표성이 있도록 5곳 이상에서 채취 혼합하여 1개로 하는 방법으로 총 5개의 검체를 채취하여 검사 의뢰한다.

   (5) **냉장, 냉동 검체의 채취** : 냉장 또는 냉동식품을 검체로 채취하는 경우에는 그 상태를 유지하면서 채취하여야 한다.

   (6) **미생물 검사를 하는 검체의 채취** : 검체를 채취·운송·보관하는 때에는 채취 당시의 상태를 유지할 수 있도록 밀폐되는 용기·포장 등을 사용하여야 한다. 미생물학적 검사를 위한 검체는 가능한 미생물에 오염되지 않도록 단위 포장상태 그대로 수거하도록 하며, 검체를 소분 채취할 경우에는 멸균된 기구·용기 등을 사용

하여 무균적으로 행하여야 한다. 검체는 부득이한 경우를 제외하고는 정상적인 방법으로 보관·유통 중에 있는 것을 채취하여야 한다. 검체는 관련 정보 및 특별수거계획에 따른 경우와 식품접객업소의 조리식품 등을 제외하고는 완전포장된 것에서 채취하여야 한다.

(7) **기체를 발생하는 검체의 채취** : 검체가 상온에서 쉽게 기체를 발산하여 검사결과에 영향을 미치는 경우는 포장을 개봉하지 않고 하나의 포장을 그대로 검체 단위로 채취하여야 한다. 다만, 소분 채취하여야 하는 경우에는 가능한 한 채취된 검체를 즉시 밀봉·냉각시키는 등 검사결과에 영향을 미치지 않는 방법으로 채취하여야 한다.

(8) **페이스트상 또는 시럽상 식품 등** : 검체의 점도가 높아 채취하기 어려운 경우에는 검사결과에 영향을 미치지 않는 범위 내에서 가온 등 적절한 방법으로 점도를 낮추어 채취할 수 있다. 검체의 점도가 높고 불균질하여 일상적인 방법으로 균질하게 만들 수 없을 경우에는 검사결과에 영향을 주지 않는 방법으로 균질하게 처리할 수 있는 기구 등을 이용하여 처리한 후 검체를 채취할 수 있다.

(9) **검사항목에 따른 검체채취 주의점**
  ① 수분 : 증발 또는 흡습 등에 의한 수분함량 변화를 방지하기 위하여 검체를 밀폐 용기에 넣고 가능한 한 온도변화를 최소화하여야 한다.
  ② 산가 및 과산화물가 : 빛 또는 온도 등에 의한 지방 산화의 촉진을 방지하기 위하여 검체를 빛이 차단되는 밀폐 용기에 넣고 채취 용기 내의 공간 체적과 가능한 한 온도변화를 최소화하여야 한다.

2) **검체채취내역서의 기재** : 검체채취자는 검체채취 시 당해 검체와 함께 검체채취 내역서를 첨부하여야 한다. 다만, 검체채취 내역서를 생략하여도 기준·규격검사에 지장이 없다고 인정되는 때에는 그러지 않을 수 있다.

3) **식별표의 부착** : 수입식품검사(유통수거 검사는 제외한다)의 경우 검체채취 후 검체를 수거하였음을 나타내는 식별표를 보세창고 등의 해당 식품에 부착한다.

4) **검체의 운반 요령**
  (1) 채취된 검체는 오염, 파손, 손상, 해동, 변형 등이 되지 않도록 주의하여 검사실로 운반하여야 한다.
  (2) 검체가 장거리로 운송되거나 대중교통으로 운송되는 경우에는 손상되지 않도록 특히 주의하여 포장한다.
  (3) 냉동 검체의 운반 : 냉동 검체는 냉동 상태에서 운반하여야 한다. 냉동 장비를 이용할 수 없는 경우에는 드라이아이스 등으로 냉동 상태를 유지하여 운반할 수 있다.
  (4) 냉장 검체의 운반 : 냉장 검체는 온도를 유지하면서 운반하여야 한다. 얼음 등을 사용하여 냉장온도를 유지하는 때에는 얼음 녹은 물이 검체에 오염되지 않도록 주의하여야 하며, <u>드라이아이스 사용 시 검체가 냉동되지 않도록 주의하여야 한다.</u>
  (5) 미생물 검사용 검체의 운반
    ① **부패·변질 우려가 있는 검체** : 미생물학적인 검사를 하는 검체는 멸균 용기에 무균적으로 채취하여 저온(<u>5℃± 3 이하</u>)을 유지시키면서 24시간 이내에 검사기관에 운반하여야 한다. 부득이한 사정으로 이 규정에 따라 검체를 운반하지 못한 경우에는 재수거하거나 채취일시 및 그 상태를 기록하여 식품 등 시험·검

사기관 또는 축산물 시험·검사기관에 검사 의뢰한다.

② **부패·변질의 우려가 없는 검체** : 미생물 검사용 검체라도 운반과정 중 부패·변질 우려가 없는 검체는 반드시 냉장 온도에서 운반할 필요는 없으나 오염, 검체 및 포장의 파손 등에 주의하여야 한다.

③ **얼음 등을 사용할 때의 주의사항** : 얼음 등을 사용할 때는 얼음 녹은 물이 검체에 오염되지 않도록 주의하여야 한다.

(6) **기체를 발생하는 검체의 운반** : 소분 채취한 검체의 경우에는 적절하게 냉장 또는 냉동한 상태로 운반하여야 한다.

1-3. 식품의 일반시험법[90]

1. 식품의 관능시험법

1) **성상(관능시험)** : 성상을 검사하고자 하는 모든 식품에 적용한다. 성상시험은 식품의 특성을 <u>시각, 후각, 미각, 촉각 및 청각</u>으로 감지되는 반응을 측정하여 시험한다.

2) **시험조작** : 식품 고유의 <u>색깔, 풍미, 조직감 및 외관</u>을 다음의 성상 채점 기준에 따라 <u>채점한 결과가 평균 3점 이상이고 1점 항목이 없어야 한다.</u>

항 목	채점 기준
색 깔	1. 색깔이 양호한 것은 5점으로 한다. 2. 색깔이 대체로 양호한 것은 그 정도에 따라 4점 또는 3점으로 한다. 3. 색깔이 나쁜 것은 2점으로 한다. 4. 색깔이 현저히 나쁜 것은 1점으로 한다.
풍 미	1. 풍미가 양호한 것은 5점으로 한다. 2. 풍미가 대체로 양호한 것은 그 정도에 따라 4점 또는 3점으로 한다. 3. 풍미가 나쁜 것은 2점으로 한다. 4. 풍미가 현저히 나쁘거나 이미이취가 있는 것은 1점으로 한다.
조직감	1. 조직감이 양호한 것은 5점으로 한다. 2. 조직감이 대체로 양호한 것은 그 정도에 따라 4점 또는 3점으로 한다. 3. 조직감이 나쁜 것은 2점으로 한다. 4. 조직감이 현저히 나쁜 것은 1점으로 한다.
외 관	1. 병충해를 입은 흔적 및 불가식부분 제거, 제품의 균질 및 성형상태와 포장상태 등 외형이 양호한 것은 5점으로 한다. 2. 제품의 제조가공상태 및 외형이 비교적 양호한 것은 정도에 따라 4점 또는 3점으로 한다. 3. 제품의 제조가공상태 및 외형이 나쁜 것은 2점으로 한다. 4. 제품의 제조가공상태 및 외형이 현저히 나쁜 것은 1점으로 한다.

---

[90] 식약처, 식품의 기준 및 규격, 식약처 고시 제2024-71호, 2024.11.14.

2. 이물 시험법

1) **체 분별법** : 검체가 미세한 분말일 때, 비교적 큰 이물을 체로 포집하여 육안으로 검사한다. 필요에 따라 이물의 종류를 확인하고자 할 때는 현미경으로 약 40배 정도의 저배율로 본다.

2) **여과법** : 검체가 액체일 때 또는 용액으로 할 수 있을 때 그 용액을 신속여과지로 여과하여 여과지상의 이물을 검사한다.

3) **침강법** : 쥐똥, 토사 등의 비교적 무거운 이물의 검사에 적용한다. 검체에 비중이 큰 액체(클로로포름 등)를 가하여 교반한 후 그 액체보다 비중이 큰 것은 바닥에 가라앉고, 이보다 비중이 작은 식품의 조직 등은 위에 떠오르므로 상층액을 버린 후 바닥의 이물을 검사한다.

4) **와일드만 플라스크법 (Wildeman flask)** : 곤충 및 동물의 털과 같이 물에 잘 젖지 아니하는 가벼운 이물 검출에 적용한다. 식품의 용액에 소량의 휘발유나 피마자유 등 물과 섞이지 않는 포집액을 넣고 세게 교반 후 방치해 놓으면 물에 잘 젖지 않는 가벼운 이물이 유기용매 층에 떠오르는 성질을 이용하여 이물을 분리, 포집 후 검사한다.

5) **금속성 이물(쇳가루)** : 금속탐지기(또는 봉자석)를 이용한 이물 제거법이다.

   (1) 분말제품, 환제품, 액상 및 페이스트 제품, 코코아 가공품류 및 초콜릿류 중 혼입된 쇳가루 검출에 적용한다. (분쇄공정을 거친 원료를 사용하거나 분쇄공정을 거친 제품에 한한다.)

   (2) 분석원리 : 쇳가루가 자석에 붙는 성질을 이용하여 식품 중 쇳가루를 검사한다. 비닐을 씌운 봉자석(10,000가우스 자력)을 넣고 10분간 저은 후 세척병, 분무기 등으로 증류수를 분사하여 봉자석에 단순 부착되어 있는 쇳가루 외의 입자를 제거한다.

■ 기출문제

1. 식품공전에서 규정하고 있는 이물 검출법 3가지 이상 쓰시오. 〈2014-2회, 2022-3회〉
   - 체 분별법, 여과법, 침강법, 와일드만 플라스크법, 금속탐지기(금속 이물)

2. 미생물 검체 채취 시 드라이아이스 사용하면 안 되는 이유를 쓰시오. 〈2018-3회, 2021-1회〉
   - 드라이아이스를 사용 시에는 검체가 동결될 수 있기 때문에

3. 다음을 읽고 빈칸을 채우시오. 〈2010-3회〉

   > 부패나 변패가 의심되는 식품을 검사하기 위해 멸균한 다음 저온 (①)℃에 저장해야 하며, (②) 시간 내 검사를 해야 한다.

   ① 5℃±3
   ② 24시간

4. 식품의 기준 및 규격에 의하여 성상(관능평가)의 분석 시 이용되는 감각 5가지, 시험조작 항목 4가지를 쓰고, 조작 항목별 공통으로 적용되는 기준을 쓰시오. 〈2017-3회, 2020-3회〉
   - 감각 : 시각, 후각, 미각, 촉각, 청각
   - 시험조작 : 색깔, 풍미, 조직감, 외관
   - 공통 기준 : 채점한 결과가 평균 3점 이상이고, 1점 항목이 없어야 한다.

제2절 식품성분 시험법

2-1. 식품성분 시험법[91]

1. 일반성분 시험법

1) **일반성분시험법** : 식품 중에 일반적으로 함유되어 있는 성분에 관한 시험법으로서 식품의 규격, 순도의 검사 및 영양가를 평가하기 위한 시험방법과 열량 계산법에 대하여 기재한 것이다.

2) 일반시험으로는 **외관, 취미, 수분, 회분, 조단백질, 조지방 및 조섬유**에 대하여 시험하고, 특별한 경우에는 비중, 아미노산성 질소, 각종 당류 및 지질 등에 대하여 시험할 필요가 있다.

3) **당질** : 검체 100g 중에서 <u>수분, 조단백질, 조지방 및 회분의 양을 제외하고 얻은 양</u>으로 표시하고 음식물 중의 일반성분의 시험 결과는 보통 백분율로 표시한다.

2. 시험법의 용어

1) **표준용액** : 적정에서 사용되는 농도가 정확하게 알려진 용액으로 정량분석의 기준용액으로 사용된다.

2) **표정** : 표준용액의 농도를 정확하게 결정하는 조작

3) **종말점** : 용액의 물리적 성질이 갑자기 변하는 지점. 즉, 적정할 물질의 당량점에 도달하여 적정을 멈추는 지점을 말한다.

4) **역가(factor, 보정계수, 농도계수)** : 적정에 사용되는 표준용액의 세기 또는 농도를 말한다. 즉, 역가 측정은 표준용액이 얼마나 정확한 농도로 제조되었는가를 확인하는 것이라 할 수 있다. 표준용액의 농도를 보정하기 위한 계수로 기호는 f(또는 F)로 표시한다.

> ♣ **역가(factor)** : 표준용액 속의 적정 시약의 농도 ⇨ 농도계수, 보정계수라고도 함
> 1. 역가 측정 : 표준용액이 얼마나 정확한 농도로 제조되었는가를 확인하는 것
> 2. 화학실험에서 어떤 농도의 용액 사용 시 정확성이 필요함
>   ↳ 100% 정확하게 제조 어려움 ⇨ 정확한 농도에 대한 계수를 적용하여 보정
> 3. 역가 : 1.000 → 용액 1,000mL 중에 정확하게 1몰(mol)이 존재한다는 것
>   ↳ 역가의 범위 : 0.9~1.1 사이에 존재
> 4. 중화적정에서 역가 계산식 : $NVF = N'V'F'$
>   ↳ NaOH의 (노르말농도 × 부피 × 역가) = HCl의 (노르말농도 × 부피 × 역가)

5) **지시약** : 화학작용을 통해 용액의 성질을 알 수 있게 첨가하는 시약으로, 당량점 부근에서 물리적 특성이 갑자기 변하는 화합물이다.

---

[91] 식약처, 식품의 기준 및 규격, 식약처 고시 제2024-71호, 2024.11.14.

6) 역적정 : 간접분석을 하는 적정법

(1) 분석하고자 하는 식품의 성분이 한 번에 적정되지 않을 때, 시료에 대하여 표준용액을 과량이 되도록 반응시킨 후, 반응 후 남아 있는 표준용액을 다른 표준용액으로 적정하여 구하고자 하는 성분량을 간접적으로 적정(정량)하는 방법이다.

(2) 즉, <u>산염기 적정에서 약산이나 약산의 염, 또는 약염기나 약염기의 염을 정량하고자 할 때 직접적정으로는 종말점이 명확하지 않기 때문에 선명한 종말점을 얻기 위해 중화한 다음, 과량으로 넣어준 양을 다른 표준액으로 재적정하여 성분량을 정량하는 방법이다.</u>

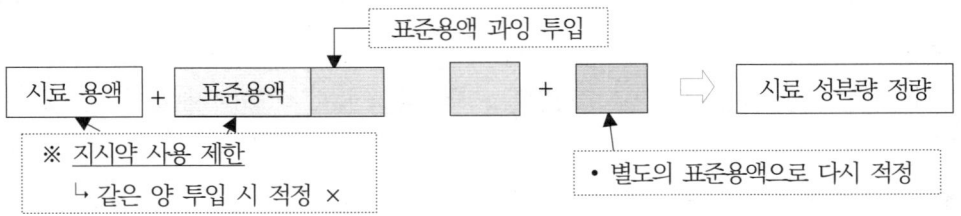

■ 기출문제

1. 일반성분 시험법의 외관, 취미를 제외한 나머지 5가지를 쓰시오. 〈2020-2회〉

- 수분, 회분, 조단백질, 조지방, 조섬유

2. 중화적정의 정의에 의한 표준용액, 종말점, 지시약을 설명하고, 표준용액, 지시약은 각 예시를 2개씩 쓰시오. 〈2012-3회〉
   - 표준용액 :
   - 종말점 :
   - 지시약 :

- 표준용액 : 적정에서 사용되는 농도가 정확하게 알려진 용액으로 정량분석의 기준용액으로 사용. 염산, 황산, 수산화나트륨 등이 있음
- 종말점 : 용액의 물리적 성질이 갑자기 변하는 지점
- 지시약 : 화학작용을 통해 용액의 성질을 알 수 있게 첨가하는 시약. 페놀프탈레인, 메틸오렌지 등 사용

3. 다음의 정의를 쓰시오. 〈2008-3회〉
   - 표준용액 :
   - 표정 :
   - 역가 :

- 표준용액 : 적정에서 사용되는 농도가 정확하게 알려진 용액으로 정량분석의 기준용액으로 사용됨
- 표정 : 표준용액의 농도를 정확하게 결정하는 조작
- 역가 : 적정에 사용되는 표준용액의 세기 또는 농도, 즉, 역가 측정은 표준용액이 얼마나 정확한 농도로 제조되었는가를 확인하는 것임

4. '역적정'의 정의와 예를 2가지 쓰시오. 〈2008-2회〉

- 역적정 : 산 염기 적정에서 약산을 정량 시, 직접 적정으로는 종말점 불명확함. 따라서 시료에 대하여 표준용액을 과잉 첨가하여 중화시킨 후, 반응 후 남아 있는 표준용액을 다른 표준용액으로 적정하여 구하고자 하는 성분량을 간접적으로 적정(정량)하는 방법
- 사례 : 조단백정량, 산가측정, 우유 속 칼슘 정량

2-2. 수분, 조단백질, 탄수화물 시험법

1. 수분 정량법 : 건조감량법, 증류법, 칼피셔법

1) 건조감량법

(1) **상압가열건조법** : 검체를 물의 끓는점(비점)보다 약간 높은 105℃에서 상압건조시켜, 감소되는 양을 수분량으로 계산하는 방법이다.

① 이 시험법은 식품의 종류, 성질에 따라서 가열 온도를 ㉮ 동물성 식품과 단백질 함량이 많은 식품은 98~100℃ ㉯ 자당, 당분을 많이 함유한 식품은 100~103℃ ㉰ 식물성 식품은 105℃ 전후(100~110℃) ㉱ 곡류는 110℃ 이상으로 한다.

② 분석원리 : 검체를 물의 끓는점보다 약간 높은 온도인 105℃에서 상압건조시켜 그 감소되는 양을 수분량으로 하는 방법(다른 유기물들이 탄화되어 무게 값에 오차가 생기기 때문에 105℃를 적용)이다. 가열에 불안정한 성분과 휘발성분을 많이 함유한 식품에 있어서는 정확도가 낮은 결점이 있으나 측정원리가 간단하여 여러 가지 식품에 많이 이용된다.

③ 장치

구 분	시험 기구
칭량 접시	• 상부 직경 55mm, 하부 직경 50mm, 높이 25mm 또는 상부 직경 75 mm, 하부 직경 70mm, 높이 35mm로서 뚜껑이 있으며 중량은 전자가 약 25g, 후자가 약 35g의 알루미늄으로 만들어진 것을 사용한다.
유리봉	• 해사(정제) 20g을 칭량 접시에 옆으로 삽입했을 때 적어도 1.5cm 이상 해사로부터 나와 있어야 하며, 뚜껑을 닫을 수 있을 정도의 길이일 것 ※ **해사 사용 이유** : 수분이 많은 시료를 가열하면 표면이 말라 피막이 형성되어 내부 수분의 증발을 방해한다. 따라서 건조 표면적을 넓혀 주기 위해서 해사를 첨가한다.
건조기	• 자동조절기가 달린 건조기는 적어도 ±1℃ 이내의 온도조절이 가능해야 함

④ 시험방법 : 미리 가열하여 항량으로 한 칭량 접시에 검체 3~5g을 정밀히 달아(건조가 어려운 검체인 경우에는 20메쉬(mesh) 정제 해사 20g과 유리봉을 넣어 항량이 되게 하고 이에 검체를 넣어 잘 섞은 후 유리봉은 그대로 넣어 둔다), 뚜껑을 약간 열어 넣고 각 식품마다 규정된 온도의 건조기에 넣어 3~5시간 건조한 후 데시케이터 중에서 약 30분간 식히고 질량을 측정한다. 다시 칭량 접시를 1~2시간 건조하여 항량이 될 때까지 같은 조작을 반복한다.

⑤ 계산방법

$$수분(\%) = \frac{b-c}{b-a} \times 100$$

a(칭량접시의 질량, g), b(칭량접시와 검체의 질량, g), c(건조 후 항량이 되었을 때의 질량, g)

(2) **감압가열건조법** : 열에 약한 식품 등은 감압하여 100℃ 이하에서 가열하여 건조시켜 수분함량을 측정하는 방법이다.
  ① 자동조절기가 붙은 감압건조기 또는 감압농축기 사용
  ② 시험방법 : 100~110℃로 건조하여 항량으로 한 칭량병에 검체 2~5g을 정밀히 달아 넣고, 일정 온도로 조절하여(일반적으로 98~100℃) 감압건조기에 넣어 감압하여 약 5시간 건조한다. 다음 세기병(황산)을 통하여 습기를 제거한 공기를 건조기 중에 조용히 넣어 기내가 상압으로 되었을 때 칭량병을 꺼내어 데시케이터에서 식힌 다음 질량을 측정한다. 다시 칭량병을 감압건조기에 넣고 한 시간 건조하여 항량이 될 때까지 같은 조작을 반복한다. 다만, 국수, 식빵 등은 미리 건조하여 가루로 한 다음 실시한다. 연유, 생달걀 등은 해사와 유리봉을 넣은 칭량병을 미리 건조한 다음 실시한다. 유지류는 120~125℃에서 건조시간은 1시간으로 하여 전후 2회의 칭량에 있어서 중량의 차가 3mg 이하가 되었을 때 항량이 된 것으로 한다.

2) **증류법** : 검체를 수분과 혼합되지 않은 유기용매 중에서 가열하면 검체 중의 수분 또는 수분과 용매의 혼합증기가 증류된다. 이것을 냉각시켜서 눈금이 있는 냉각관에 모아서 유출된 수분의 양으로 한다. 계산 방법은 다음과 같이 한다.

$$\text{검체 중의 수분의 양} = \frac{V}{S} \times 100$$

V : 눈금이 있는 관에 든 물의 양(mL)
S : 검체의 채취량(g)

3) **칼피셔(Karl-Fisher)법** : 칼피셔(Karl Fisher)법에 의한 수분 정량은 피리딘 및 메탄올의 존재하에 물이 요오드 및 이황산가스와 정량적으로 반응하는 것을 이용하여 칼피셔시액으로 검체의 수분을 정량하는 방법이다.

> ♣ 칼-피셔 시약 : 요오드, 이산화황, 피리딘을 무수 메탄올 용액으로 만든 시약
> 1. 유기화합물 속의 수분함량 : 칼-피셔 시약(물과 정량적으로 반응함)을 이용하여 정량한다. 시료 중의 수분함량만 선택적으로 측정하는 방법이다.
> 2. 수분 + 칼-피셔 시약 반응 → 당량점 도달 → 색깔의 변화 → 투입된 칼피셔 시약을 정량

(1) **적정 장치** : 자동뷰렛 2개, 적정플라스크, 교반기 및 정전압 전류적정장치로 되어 있다. 칼피셔 시액은 흡수성이 매우 강하므로 장치는 외부로부터 흡수되지 않도록 만들어져야 한다. 방습제는 실리카겔 또는 염화칼슘(수분 측정용) 등을 사용한다.

(2) **시험방법** : 칼피셔 시액에 의한 적정은 습기를 피해야 하며, 원칙적으로 이것을 표정했을 때의 온도와 같은 온도에서 적정하여야 한다. 칼피셔 시액에 의한 적정은 따로 규정이 없는 한 다음의 어느 방법을 따라도 무방하다. 적정의 종말점은 보통 역적정을 할 때 명확하게 판별할 수 있다.
  ① **직접적정** : 칼피셔용 메탄올 25mL를 건조 적정플라스크에 취하여 미리 칼피셔 시액으로 종말점까지 적정하여 플라스크 안을 무수상태로 한다. 다음에 수분 10~50mg에 해당하는 검체를 정밀하게 달아 빨리 적정플라스크에 옮겨 넣고 세게 흔들어 섞으면서 칼피셔 시액으로 종말점까지 적정한다. 검체가 용매에

녹지 않을 경우에는 재빨리 가루로 하여 무게를 정밀하게 달아 신속하게 적정플라스크에 옮겨 습기를 피하면서 30분간 저은 다음 세게 흔들어 섞으면서 적정한다.

$$수분(\%) = \frac{검체의\ 적정에\ 소비된\ 칼피셔시액의\ 양(mL) \times f}{검체의\ 양(mg)} \times 100$$

f : 시약의 역가

② **역적정** : 칼피셔용 메탄올 20mL를 건조적정플라스크에 취하여 미리 칼피셔 시액으로 종말점까지 적정하여 플라스크 안을 무수상태로 한다. 다음에 수분 10~50mg에 해당하는 검체(Smg)를 정밀하게 달아 빨리 적정플라스크에 넣고 과량의 칼피셔 시액 일정량(d mL)을 넣은 다음 세게 흔들어 섞으면서 물메탄올표준액으로 종말점까지 적정한다(소비량 e mL). 검체가 용매에 녹지 않을 경우에는 재빨리 가루로 하고 무게를 정밀하게 달아 신속하게 적정플라스크에 옮겨 과량의 칼피셔 시액 일정량을 넣고 습기를 피하면서 30분간 저은 다음 세게 흔들어 섞으면서 적정한다.

$$수분(\%) = \frac{df - ef'}{S} \times 100 \qquad f,\ f' : 시약의\ 역가$$

2. 회분

1) 시험법 적용 범위
고춧가루 또는 실고추, 전분, 밀가루, 수산물, 가공치즈, 조제유류 등 식품에 적용한다.

2) 분석 원리

(1) 검체를 도가니에 넣고 직접 550~600℃의 온도에서 완전히 회화처리 하였을 때의 회분의 양을 말한다. 즉, 식품을 550~600℃로 가열하면 유기물은 산화, 분해되어 많은 가스를 발생하고 타르(tar) 모양으로 되며 점차 탄화한다.

(2) 탄소는 더욱 산화되어 탄산가스(CO_2)로 되어 방출되지만, 인산이 많은 검체에서는 강열하면 양이온과 결합하지 않고 용융상태로 되며, 또한 산소의 공급이 불충분하게 되어 오히려 회화의 진행이 어렵게 된다.

(3) 일부의 식품에서는 무기질의 염소이온(Cl^-) 등 휘발성 무기물은 휘산되기도 하고, 양이온의 일부는 공존하는 음이온과 반응하여 인산염, 황산염 등으로 되기도 하며, 유기물 기원의 탄산염으로 되기 때문에 조회분(crude ash)이라고 한다.

3) 시험방법

(1) **도가니의 항량** : 깨끗한 도가니를 전기로 또는 가스버너에서 600℃ 이상으로 수 시간 강하게 가열한 후 데시케이터에 옮겨 실온으로 식힌 다음 질량을 측정한다. 다시 2시간 강하게 가열하여 건조 칭량하고 이 조작을 항량이 될 때까지 반복한다.

(2) **검체의 전처리** : 검체를 도가니에 정밀히 달아 넣고 필요하면 회화에 앞서 다음의 전처리를 한다.

① **전처리가 필요하지 않은 검체** : 곡류, 두류 등 전처리가 불필요한 것

② **미리 건조하여야 하는 검체** : 수분함량이 많은 동물성 식품은 건조기 내에서 될 수 있는 대로 건조시킨다. 액상식품과 액상음료는 수욕상에서 증발 건조시킨다.

③ **예비 탄화시켜야 할 검체** : 회화할 때 팽창하는 검체로서 당류 및 당 함량이 많은 식품, 정제 전분, 달걀의 흰자위 및 일부의 어육이 속한다. 이들 검체는 버너의 약한 불로 주의하면서 탄화하든가 또는 열판상에서 적외선 램프를 조사하면서 **300℃ 이하에서 탄화**한다. **예비 탄화를 하는 이유는** 내부는 타지 않고 외부만 탄화되는 것 방지, 갑작스러운 시료의 팽창 방지, 수분이 도가니 주위를 둘러싸서 열전달 방해하는 것 방지, 연기와 회분이 흩날리는 것 방지하기 위해서이다.

④ **연소시켜야 할 검체** : 유지류는 가급적 수분을 제거하고 이것을 과열 또는 점화하여 불꽃이 약해질 때까지 연소시키고 적당한 마개를 덮어 불을 끈다.

(3) **회화** : 위와 같이 전처리가 끝나면 용기를 그대로 **회화로에 옮겨 550~600℃에서 2~3시간 가열하여 백색~회백색의 회분이 얻어질 때까지** 계속한다. 회화 종료 후, 가열을 그치고 그대로 식혀 온도가 **약 200℃로 되었을 때 데시케이터에 옮겨 식힌 후 칭량**한다. 만일, 회화에 있어서 대량의 탄소가 남아 회백색의 회분을 얻을 수 없는 검체일 경우에는 얻은 흑회색의 회분을 식힌 다음 약 15mL의 물을 가하여 탄 덩어리를 유리봉으로 부수어 수욕 상에서 잘 가온하여 가용분을 침출하여 정량 여과지로 작은 비커에 여과하고, 잔류물은 다시 물로 씻어, 씻은 액은 비커에 넣는다. 여과지상의 잔류물은 여과지와 같이 먼저의 도가니에 옮겨 건조 후 550~600℃에서 회화시킨다. 비커의 액은 수욕상에서 농축하여 잔류물을 회화한 먼저의 도가니에 옮기고 소량의 물로 비커를 씻고, 씻은 액도 도가니에 넣는다. 다시 도가니를 수욕상에서 증발 건조하고, **500~600℃에서 2시간 가열**하면 탄소가 함유되지 않은 회분을 얻는다.

4) **계산방법** : 회화한 다음 데시케이터에 옮겨 식히고 실온으로 되면 곧 칭량하여 검체의 회분량(%)을 다음식에 따라 산출한다.

$$회분(\%) = \frac{W_1 - W_0}{S} \times 100$$

W_0 : 항량이 된 도가니의 질량(g), W_1 : 회화 후의 도가니와 회분의 질량(g),
S : 검체의 채취량(g)

3. 질소화합물 (총질소 및 조단백질)

1) **세미마이크로 킬달법** : 질소를 함유한 유기물을 촉매의 존재하에서 황산으로 가열 분해하면, 질소는 황산암모늄으로 변한다(분해). 황산암모늄에 NaOH를 가하여 알칼리성으로 하고, 유리된 NH_3를 수증기 증류하여 희황산으로 포집한다(증류). 이 포집액을 NaOH로 적정하여 질소의 양을 구하고(적정), 이에 질소 계수를 곱하여 조단백의 양을 산출한다.

♣ 조단백질 함량 산출 : 단백질 성분에는 지방이나 탄수화물과 다르게 질소(N) 성분 함유
1. 식품 성분 중에서 질소의 함량을 구하여 단백질의 함량이 얼마인가를 구하는 것을 말함
2. 조단백질 : '조'의 의미는 순수하게 단백질뿐만 아니라 다른 성분들도 미량 함유되어 있어 오차값이 있을 수 있음을 의미함. 조지방, 조회분 등도 같은 의미를 가짐

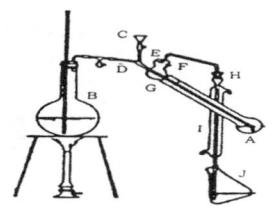

A	: 킬달플라스크
B	: 수증기 발생기로서 황산 2~3방울을 넣은 물을 넣고 갑자기 끓는 것을 피하기 위하여 비등석을 넣는다.
C	: 알칼리용액을 넣는 깔때기
D	: 수증기 유도관
E	: 내용물이 튀어 올라오는 것을 막는다.
F	: 작은 구멍(관의 안지름과 거의 같다.)
G, H	: 갈아 맞춘 접속 부위
I	: 냉각기(바깥지름 200mm, 안지름 350mm, 아래 끝은 약 5mm)
J	: 흡수용 플라스크

〈세미마이크로 킬달 장치〉

(1) 계산 방법 : 0.05 N 황산 1mL = 0.7003mgN

$$총질소(\%) = 0.7003 \times (a-b) \times \frac{100}{검체의\ 채취량(mg)}$$

a : 공시험에서 중화에 소요된 0.05 N 수산화나트륨액의 mL수
b : 본시험에서 중화에 소요된 0.05 N 수산화나트륨액의 mL수

(2) 계산식은 검체의 분해액을 전부 사용해서 적정했을 때의 식이므로 분해액의 일부를 사용할 때는 그 계수를 곱한다. 여기서 얻은 질소량에 다음 표에 의한 질소계수를 곱하여 조단백질의 양으로 한다.

(3) **조단백질(%) = N(질소함량, %) × 질소계수**

〈조단백질을 산출하는 질소 계수〉

식품 명	질소계수
소맥분(중등질·경질·연질·수득률(100~94%))	5.83
소맥분(중등질수득률(93~83%) 또는 그 이해	5.70
쌀	5.95
보리·호밀·귀리	5.83
메밀	6.31
국수·마카로니·스파게티	5.70
콩 및 콩제품	5.71
밤·호도·깨	5.30
원유, 유가공품, 마가린	6.38
식육, 식육가공품, 알가공품 및 위 이외의 모든 식품	6.25

♣ 질소-단백질 환산계수 : 식품의 질소함량에서 단백질의 함량을 계산하는 계수
1. 질소 계수(6.25 = 100 ÷ 16) 이용 → 단백질의 질소함량은 평균적으로 16%를 의미
2. 질소 계수가 낮을수록 아미노산의 함량이 높은 것으로 판단한다.

2) **단백질 분석기를 이용하는 방법** : 단백질 분석기를 이용하여 검체를 황산으로 분해하고 증류하여 질소를 유리시킨 후 염산 용액으로 적정한다. 계산 방법은 다음과 같다.

$$총질소(\%) = \frac{(HCl\ 소비\ mL - 공시험\ mL) \times M \times 14.01}{검체량\ (mg)} \times 100$$

$$조단백질(\%) = \frac{(HCl\ 소비\ mL - 공시험\ mL) \times M \times 14.01}{검체량\ (mg)} \times F \times 100$$

14.01 : 질소의 원자량,　M : HCl의 몰농도,　F : 질소계수

4. 탄수화물 및 당류

1) **탄수화물** : 일반적으로 탄수화물은 <u>검체 100g 중에서 수분, 조단백질, 조지방 및 회분의 양을 감하여 얻은 양</u>으로서 표시하고 식품 중의 일반성분의 시험 결과는 백분율(%)로 표시한다.

2) **환원당** : 포도당 등 환원당이 주요 당으로 존재하는 식품에 적용한다.

♣ 펠링반응(Fehling reaction) : 펠링용액($CuSO_4$)에 의하여 환원당(-CHO기 함유)이 적색의 산화구리(Cu_2O) 침전을 만드는 반응. 환원당의 정성검출반응이다.
1. 환원당 : 유리 알데히드기(-CHO) 또는 유리 케톤기(-CO)를 가지고 있어 환원제로 작용할 수 있는 당
2. 펠링용액($CuSO_4$의 알칼리용액) + 알데히드(-CHO) 첨가 → 가열 → 펠링용액 속의 구리이온($CuSO_4$)이 환원 → 붉은색 생성
3. $R-CHO + 2Cu(OH)_2^+ → R-COOH + Cu_2O(적색) + 2H_2O$

5. 조섬유

1) 헨네베르크·스토만개량법에 의한 정량법과 쾨니히(König)법에 의한 정량법이 있다.
2) **헨네베르크·스토만개량법(Henneberg-Stohmann method)에 의한 정량**
  (1) **분석원리** : 식품을 묽은 산, 묽은 알칼리, 알코올 및 에테르로 처리한 후 남은 불용성 잔사(residue)의 양에서 불용성 잔사(residue)의 회분량을 빼서 조섬유량을 구한다.
  (2) **장치** : 여과관 → 여과면에 구리망을 씌운 다음 그 위에 린넨(linnen)을 평평하게 덮고 끈으로 묶어 여과관을 만든다.
  (3) **시험방법** : 검체 2~5g을 정밀히 달아 에테르로 5~6회 씻어 탈지하고(조지방 정량 후의 탈지 검체를 이 시험에 사용하여도 무방하다) 500mL의 플라스크에 넣고 석면 약 0.5g을 가한다. 뜨거운 1.25% 황산

200mL를 넣고 즉시 환류냉각기를 달아 1분 이내에 끓기 시작하도록 가열한다.
① 끓기 시작하면 조용히 끓도록 버너를 조절한다. 때때로 플라스크를 흔들고 기포가 심하게 일어나면 **아밀 알코올(amyl alcohol) 0.5mL**를 냉각기의 상부로부터 가한다.
② 정확히 30분간 끓인 다음 냉각기를 떼어 내고 플라스크에 여과관을 넣어 흡인 여과한다. 열탕으로 세액이 산성을 나타내지 않을 때까지 플라스크와 잔류물을 4~5회 씻는다.
③ 뜨거운 1.25% 수산화나트륨용액 200mL를 사용하여 잔류물을 500mL의 플라스크에 씻어 넣고 3분 후에 끓기 시작하도록 가열한다. 끓기 시작하면 조용히 끓도록 버너를 조절하고 정확히 30분이 되면 유리여과기(1G-3)를 사용하여 흡인 여과한다.
④ 세액이 알칼리성을 나타내지 아니할 때까지 4~5회 열탕으로 씻은 다음 에탄올 15mL로 씻고 110℃의 건조기에서 건조하여 에테르로 씻은 다음 항량이 될 때까지 다시 건조하여(약 1시간) 데시케이터에서 식히고 칭량한다.
⑤ 450~500℃의 전기로 중에서 항량이 될 때까지 가열하고(약 1시간) 식힌 후 칭량하여 다음 식에 따라 조섬유의 양을 구한다.

(4) 계산 방법

$$조섬유(\%) = \frac{W_1 - W_2}{S} \times 100$$

W_1 : 유리여과기를 110℃로 건조하여 항량이 되었을 때의 무게(g)

W_2 : 전기로에서 가열하여 항량이 되었을 때의 무게(g)

S : 검체의 채취량(g)

■ 기출문제

1. 상압건조 시 액체 시료에 해사(정제)를 사용하는 이유와 고체 시료를 분쇄하는 이유를 쓰시오.
〈2021-1회〉

- 해사 사용 이유 : 수분이 많은 시료를 가열하면 표면이 말라 피막이 형성되어 내부 수분의 증발을 방해한다. 따라서 건조 표면적을 넓혀 주기 위해서 해사를 첨가한다.
- 고체시료 분쇄 이유 : 표면적을 넓혀 주기 위해서

2. 밀가루 2g을 채취하여 세미마이크로 킬달법을 통해 질소함량을 구했더니 40mg이었다. 이때 단백질의 함량을 구하시오. (질소계수는 6.25로 한다.)
〈2020-4회〉

※ 단백질 함량(%) = 질소함량(%) × 질소 계수
- 질소함량(%) = (40mg ÷ 2000mg) × 100 = 2%
- 단백질 함량(%) = 2% × 6.25 = 12.5%

3. 쌀, 메밀, 밤 등 시료 3가지가 있을 때, 총질소함량을 이용하여 조단백을 구하는 식을 적고, 각 질소 계수가 5.95, 6.31, 5.30일 때 어떤 시료가 질소 함량(아미노산)을 많이 함유하고 있는지 쓰고, 그 이유를 적으시오
〈2011-3회, 2018-1회〉

- 조단백질량 = (질소함량) % × 6.25
- 질소 함유량 많은 것 : 밤(질소 계수 5.30)
- 질소 계수가 낮을수록 아미노산이 함량이 높다.

4. 킬달법에 의한 조단백질 정량분석 원리를 쓰시오.
〈2024-1회〉
① 분해 :
② 증류 :
③ 적정 :
④ 산출 :

① 분해 : 질소를 함유한 유기물을 촉매의 존재하에서 황산으로 가열 분해하면, 질소는 황산암모늄으로 변한다.
② 증류 : 황산암모늄에 NaOH를 가하여 알칼리성으로 하고, 유리된 NH_3를 수증기 증류하여 희황산으로 포집한다.
③ 적정 : 이 포집액을 NaOH로 적정하여 질소의 양을 구한다.
④ 산출 : 적정한 양에 질소 계수를 곱하여 조단백의 양을 산출한다.

5. 킬달 질소정량법은 분해, 증류, 중화, 적정의 단계를 거친다. 다음은 증류 화학식을 나타낸 것이다. 빈칸을 채우시오. 〈2014-3회〉

$(NH_4)_2SO_4 + (\ )$
$\rightarrow (\ ) + (\ ) + 2H_2O$

① 2NaOH
② 2NH$_3$
③ Na$_2$SO$_4$

6. 조단백질 세미마이크로 킬달법 분석원리이다. ( )에 알맞은 내용을 쓰시오. 〈2020-3회〉

- 질소를 함유한 유기물을 촉매의 존재하에서 (①)으로 가열 분해하면, 질소는 (②)으로 변한다(분해). (③)에 NaOH를 가하여 알카리성으로 하고, 유리된 (④)를 수증기 증류하여 희황산으로 포집한다(증류). 이 포집액을 NaOH로 적정하여 질소의 양을 구하고(적정), 이에 (⑤)를 곱하여 조단백의 양을 산출한다.
- 총질소(%) = 0.7003×(a-b)×(100/검체 채취량)
  ※ a : (⑥)에서 중화에 소요된 0.05 N 수산화나트륨액의 mL수
  ※ b : (⑦)에서 중화에 소요된 0.05 N 수산화나트륨액의 mL수
- 계산식은 검체의 분해액을 전부 사용해서 적정했을 때의 식이므로 분해액 일부를 사용할 때는 그 계수를 곱한다. 여기서 얻은 질소량에 (⑧)를 곱하여 조단백질의 양으로 한다.
- 조단백질(%) = N(%) × (⑨)

① H$_2$SO$_4$(황산)
② (NH$_4$)$_2$SO$_4$ (황산암모늄)
③ (NH$_4$)$_2$SO$_4$ (황산암모늄)
④ NH$_3$(암모늄)
⑤ 질소계수
⑥ 공시험
⑦ 본시험
⑧ 질소계수
⑨ 질소계수

7. Fehling 당의 환원작용으로 적색 침전이 생기는데, 그 명칭과 화학식을 쓰시오. 〈2008-3회〉

- 적색 침전 : 산화구리(Cu$_2$O)
- R-CHO + 2Cu(OH)$_2^+$
  $\rightarrow$ R-COOH + Cu$_2$O(적색) + 2H$_2$O

8. R-CHO + 2Cu(OH)$_2^+$

   → R-COOH + Cu$_2$O(적색) + 2H$_2$O

   위 식의 분석법과 분석의 원리는 무엇인지 쓰시오.
   〈2024-3회〉

- 분석법 : Fehling 반응
- 펠링반응(Fehling reaction) : 환원당의 정성적 검출을 위한 반응실험으로, 펠링용액(CuSO$_4$)에 의하여 환원당(-CHO기 함유)이 적색의 산화구리(Cu$_2$O) 침전을 만드는 반응

9. 다음의 보기 중에서 틀린 실험방법을 1가지 고르시오. 〈2021-2회〉

   ① 몰농도는 용액 1리터에 녹아 있는 용질의 몰수로 나타내는 농도이며, 몰랄농도는 용매 1kg에 녹아 있는 용질의 몰수로 나타낸 농도이다.
   ② 킬달정량법에서 조단백질량은 총질소함량을 질소계수로 나눈 값이다.
   ③ 칼피셔법에 의한 수분정량법은 메탄올을 사용하여 정량하는 방법이다.
   ④ 소모기법은 환원당 정량 시 구리 시약을 사용하는 분석법이다.
   ⑤ 산가는 유리지방산의 양을 측정하는 것이고, 요오드가는 유지의 불포화도를 측정하는 것이다.

- 정답 : ②번
※ 조단백질량 = 질소함량 × 질소계수(6.25)

10. 어떤 식품의 성분이 탄수화물 30%, 단백질 15%, 조섬유 6%, 수분 및 기타 14%로 구성되어 있다. 다음의 질문에 맞는 내용을 쓰시오. 〈2011-3회〉

    ① 조섬유 분석 전 어떤 성분을 별도 분리하고 어떻게 분해하는지 쓰시오
    ② 조섬유 분해 시 사용하는 불용성 잔사 시약 3가지를 쓰시오
    ③ 거품이 많이 발생할 때 어떤 처리를 해야 하는지를 쓰시오

① 탄수화물, 단백질, 수분 등의 가용성 물질을 묽은 산과 묽은 알칼리로 처리하여 분리한다.
② 잔사 시약 : H$_2$SO$_4$, NaOH, ethyl alcohol
③ 거품 발생 : 아밀알코올(Amyl alcohol) 0.5ml를 냉각기의 상부로부터 가한다.

11. 탄수화물 관련 실험 중 몰리슈 반응에 대한 빈칸을 채우시오. 〈2018-2회〉

> 단당류가 황산과 반응하면 (①)로 된다. 그리고 (②)로 인해 자색으로 착색된다. 올리고당과 같은 다당류는 (③)결합이 끊어짐으로써 단당류로 분해된 다음, 단당류와 같은 반응이 진행된다.

① furfural ② α-naphthol ③ glycoside

※ 몰리슈 시험(Molisch test) : 탄수화물 검출법의 하나. 발색 원리는 당이 산의 작용을 받아 푸르푸랄 또는 5-히드록시메틸푸르푸랄이 되며, 이것이 α-나프톨(α-naphthol)과 축합해서 디-α-나프톨히드록시메틸푸르푸릴메탄을 생성하고 이들이 착색된다.

12. 시료의 양이 5.00g, 용해 후 여과기 항량이 10.80g, 건조 후 여과기 항량이 10.40g일 때 조섬유 함량을 계산하시오. 〈2012-3회〉

- 조섬유(%) = $\dfrac{W_1 - W_2}{S} \times 100$

  = $\dfrac{10.8-10.4}{5} \times 100$ = 8%

■ 예상문제

1. 상압가열건조법이란 검체를 물의 (①)보다 약간 높은 (②)℃에서 (③)시켜, 감소되는 양을 (④)으로 계산하는 방법이다. ( )에 알맞은 용어를 쓰시오. 〈시험법 기출〉

① 끓는점(비점)
② 105℃
③ 상압건조
④ 수분량

2. 조회분 직접회화법에서 예비 탄화시켜야 할 검체를 예비 탄화시키는 이유를 2가지 쓰시오. 〈시험법 기출〉

- 내부는 타지 않고 외부만 탄화되는 것 방지
- 갑작스러운 시료의 팽창 방지
- 수분이 도가니 주위를 둘러싸서 열전달을 방해하는 것 방지
- 연기와 회분이 흩날리는 것을 방지

2-3. 지질 시험법[92]

1. 조지방 시험법

1) 에테르추출법

(1) **일반법(속슬렛법)** : 이 법은 식용유 등 주로 중성지질로 구성된 식품 및 식육에 적용한다. 속슬렛 추출장치로 에테르를 순환시켜 검체 중의 지방을 추출하여 정량한다.

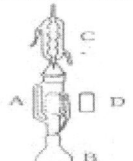

A : 지방추출관	• 용매 가열(플라스크) → 에테르 먼저 기화 → 냉각기에서 냉각 → 싸이폰(시료가 들어 있는 장소)으로 떨어짐 → 시료와 에탄올 접촉 → 시료 중의 지방질 추출 → 에테르 휘발 → 조지방 정량
B : 증류 플라스크	
C : 냉각관	
D : 원통여과지	

〈속슬렛(Soxhlet) 추출장치〉

♣ **속슬렛 추출법(Soxhlet extraction method)** : 지방을 추출할 때 사용하는 유리 기구
1. 추출 용매(무수에테르)를 이용하여 고체성분에서 지방을 추출하는 기구
2. 추출 절차는 다음과 같다.
   1) 추출관에 시료를 넣고 냉각기와 용제를 넣은 플라스크를 연결하고 가열
   2) 증기 상태의 에테르가 냉각관에서 응축 및 액체로 되어 시료 위에 떨어짐
   3) 지방을 녹인 에테르는 사이펀(거꾸로 된 U자 모양의 관) 원리에 의해 플라스크로 흘러내림
   4) 추출을 끝내면 플라스크 중의 용제(에테르)를 증류시켜 비휘발성의 지방을 추출

(2) 조지방(%) = $\dfrac{W_1 - W_0}{S} \times 100$

※ W_0 : 추출 플라스크의 무게(g), W_1 : 조지방을 추출하여 건조시킨 추출 플라스크의 무게(g)
　 S : 검체의 채취량(g)

♣ 트랜스지방 함량(g/100g 식품) = 조지방 함량 × 트랜스지방산(총량)

2) **산 분해법** : 이 법은 물에 녹지 않고 산분해에 의해서 액상으로 되는 식육, 어육 및 수산식품, 소맥분 빵류, 마카로니 등 곡류 가공품과 기타 다른 방법에 적용되지 않는 식품에 적용한다.

3) **뢰제·고트리브(Roese-Gottlieb)법** : 이 방법은 유제품, 유가공품, 비교적 지방질의 함량이 많은 액상 및 우유류와 같은 식품 또는 물을 가하여 액상 및 우유와 같은 모양으로 할 수 있는 식품, 축산물에 적용한다.

---

[92] 식약처, 식품의 기준 및 규격, 식약처 고시 제2024-71호, 2024.11.14.

4) **바브콕(Babcock)법** : 우유에 진한 황산을 첨가하면, 단백질 등이 용해된다. 이를 원심분리하면 지방을 분리할 수 있다. 지방 분리 및 함량 측정에 이용한다.

2. 물리적 시험

1) **비중** : 어떤 물질이 물에 비하여 상대적으로 무거운지 가벼운지를 판단하기 위한 척도로 사용한다. 즉, 어떤 물질이 물에 뜨는지, 가라앉는지 판단하기 위해 사용한다.

   (1) 비중 = [어떤 물질 밀도(g/ml) ÷ 물(4℃)의 밀도(1g/ml)]

   (2) 비중의 단위는 없으며, 비중이 1보다 크면 물에 가라앉고, 1보다 적으면 물에 뜬다.

> ♣ 비중계 측정원리 : 용액의 농도가 높으면, 비중계가 더 많이 떠오름
>   ↳ 측정 : 비중계가 액체에 떠 있을 때, 액체에 접하는 부분의 눈금으로 측정
> 1. 순수한 물에 비중계가 떠 있는 경우 : 1.000
> 2. 물 + 용질 첨가 ⇨ 밀도 증가 : 비중계는 더 많이 떠올라 1.000보다 큰 값이 됨
> 3. <u>우유의 비중 측정</u> : 정상 우유 여부를 판정하기 위해 사용(물 첨가 우유 판별)
>   ↳ 물을 첨가한 우유는 비점과 점도↓, 빙결점↑
> 4. 신선한 우유의 비중(15℃ 기준) : 1.028~1.034

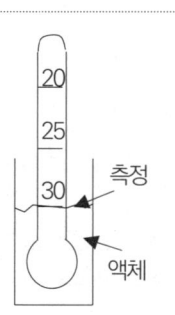

2) **액체지방** : 비중병(용량 10~100mL의 병으로서 온도계를 붙이는 갈아 맞춘 마개와 눈금 및 갈아 맞춘 뚜껑을 가진 측관이 있는 것)을 미리 깨끗하게 씻고 건조하여 그 무게(W)를 단 다음, 마개와 뚜껑을 빼고 검체를 가득 넣은 후 따로 규정이 없는 한 규정온도(25℃)보다 1~3℃ 낮게 하고 거품이 남지 않도록 주의하여 마개를 막는다. 다음 천천히 온도를 올려 온도계가 표준온도를 나타낼 때 눈금보다 상부의 검체를 측관으로부터 제거하고 측관에 뚜껑을 하여 외부를 잘 닦은 다음 무게(W_1)를 단다. 다시 같은 비중병으로 증류수를 사용하여 위와 같이 조작하고 그 무게(W_2)를 달아 다음 식에 따라 비중(d)을 구한다.

$$d = \frac{W_1 - W}{W_2 - W}$$

※ 비중병의 무게 측정(W), 증류수를 가득 채워 증류수 무게 측정(W_2), 액체지방을 같은 비중병에 가득 채우고 무게 측정(W_1)

> 【기출문제】 200mL 우유를 40℃에서 가열 후 15℃로 냉각시켰다. 이 우유를 비중계에 담았더니 31이었다. 우유의 비중을 계산하시오.
> • 비중 = 1 + [눈금 + (식품 온도 - 15℃) × 0.2] ÷ 1000 = 1 + (31/1000) = 1.031
> ※ 우유의 비중 측정 기준 온도 : 15℃

3. 화학적 시험

1) **산가** : 지질 1g을 중화하는 데 필요한 수산화칼륨의 **mg수**를 말하며, 산가는 지방산이 glyceride로서 결합 형태로 있지 않은 **유리지방산의 양**이다.

(1) **추출** : 유지추출이 필요한 검체의 경우, 분쇄 또는 세절하여 필요한 양의 유지가 얻어질 수 있도록 적당량을 삼각플라스크에 취하여 검체가 잠길 정도의 정제 에테르를 넣고 때때로 흔들면서 약 2시간 방치한 후, 검체의 고형물이 유출되지 않도록 건조 여과지로 여과하고 다시 삼각플라스크 중의 검체에 정제 에테르(앞의 절반 정도량)를 넣어 흔들어 섞은 후 동일 여과지에 반복 여과한다. 여액을 분액깔때기에 옮기고, 이 여액의 약 1/2~1/3 용량에 해당하는 물을 넣어 잘 흔들어 씻고 물 층을 버린다. 이 조작을 2회 되풀이하고 에테르층은 분취하여 무수황산나트륨으로 탈수한 후, 질소가스 또는 이산화탄소를 통과하면서 40℃의 수욕 상에서 감압하여 에테르를 완전히 날려 보내고 남은 유지를 검체로 한다.

(2) **시험방법** : 검체 5~10g을 정밀히 달아 마개 달린 삼각플라스크에 넣고 중성의 에탄올·에테르혼액(1 : 2) 100mL를 넣어 녹인다. 이를 페놀프탈레인시액을 지시약으로 하여 엷은 홍색이 30초간 지속할 때까지 0.1 N 에탄올성 수산화칼륨용액으로 적정한다.

$$산가(mg/g) = \frac{5.611 \times (a-b) \times f}{S}$$

S : 검체의 채취량(g)

a : 검체에 대한 0.1 N 수산화칼륨용액(KOH)의 소비량(mL)

b : 공시험(에탄올·에테르혼액(1:2) 100mL)에 대한 0.1 N 수산화칼륨용액(KOH)의 소비량(mL)

f : 0.1 N 수산화칼륨용액(KOH)의 역가

2) **비누화가** : 비누화가라 함은 지질 1g 중에 함유된 유리산의 중화 및 에스테르의 검화에 필요한 수산화칼륨의 **mg수**이다. 검체 1~2g을 200mL의 플라스크에 정밀히 달아 넣고 0.5 N 수산화칼륨·에탄올용액 25mL를 정확히 가하고 이에 갈아 맞춘 작은 환류냉각기 또는 공기 냉각기(길이 약 75㎝, 내경 7㎜의 유리관)를 달고 수욕 중에서 때때로 흔들어 저으면서 30분간 가열한다. 다음 페놀프탈레인시액을 지시약으로 하여 즉시 0.5 N 염산으로 과잉의 수산화칼륨을 적정한다. 따로 검체를 사용하지 않고 같은 방법으로 공시험을 한다.

$$비누화가(mg/g) = \frac{28.05 \times (b-a) \times f}{S}$$

a : 검체를 사용했을 때의 0.5 N 염산의 소비량(mL)

b : 공시험에 있어서의 0.5 N 염산의 소비량(mL)

S : 검체의 채취량(g),   f : 0.5 N 염산의 역가

3) **과산화물가** : 유지 1kg에 의하여 **요오드화칼륨(KI)**에서 **유리되는 요오드의 밀리당량수**이다. 시험방법은 검체 약 1~5g을 달아 초산클로로포름(3 : 2) 25mL에 필요하면 약간 가온하여 녹이고, 사용할 때 만든 포화요

오드화칼륨용액 1mL를 가볍게 흔들어 섞은 다음 어두운 곳에 10분간 방치하고, 물 30mL를 가하여 세게 흔들어 섞은 다음 전분시액 1mL를 지시약으로 하여 0.01 N 티오황산나트륨액으로 적정한다. 따로 공시험을 하여 보정한다.

♣ 과산화물가 : 유지 1kg에 함유된 과산화물의 mg당량수 → 요오드화칼륨(KI)을 이용하여 적정
1. 생성(자동산화) : 불포화지방산 + 공기 중의 산소 → 과산화물 생성 → 카르보닐화합물(알데히드, 케톤류) 생성 → 불쾌취, 산패 발생
2. 과산화물 생성 : 초기에 생성 속도↑ ⇨ 과산화물이 증가되므로, 초기 산패측정에 신뢰성이 높다.
  ↳ 산화 진행 시 과산화물이 축적되면, 생성속도보다 분해속도가 증가하여 감소한다.

$$과산화물가(meq/kg) = \frac{(a-b) \times f}{검체의\ 채취량(g)} \times 10$$

a : 0.01 N 티오황산나트륨액의 적정 수(mL)
b : 공시험에서의 0.01 N 티오황산나트륨액의 소비량(mL)
f : 0.01 N 티오황산나트륨액의 역가

♣ 위 식에서 '10'의 의미 : 유지 시료 1kg에 함유된 과산화물의 mg당량수 ⇨ 단위 : meq/kg
  ↳ 0.01N 티오황산나트륨 1mL = 과산화물 0.01meq, 시료 채취량 단위 g → kg

■ 기출문제

1. soxhlet 추출법은 무엇을 분석하기 위한 것이며, 지방을 녹이기 위한 추출 용매로 사용하는 용매는 무엇인지 쓰시오. 〈2009-2회〉

   • 용도 : 유기용매에 녹는 지방을 추출한 후, 유기용매와 시료 잔여물을 제거(휘발)하여 조지방의 정량을 하는 방법
   • 지방 추출 용매 : 무수에테르(ether 또는 diethyl ether) 사용

2. soxhlet(속슬렛) 추출기로 조지방을 정량하는 원리 중 ( )에 알맞은 내용을 쓰시오. 〈2014-1회〉

   지질은 물에 녹지 않고 유기용매에 녹는다. 따라서 플라스크 등의 기구 내에서 시료와 유기용매를 반응시켜 시료 중의 지질을 추출할 수 있다. 그 후에 기구로부터 유기용매와 시료의 잔여물을 제거하면 (①)의 무게만큼 그 기구의 무게가 증가한다. 즉 지질 정량법은 (②) 분석법이며, 지질을 정량할 때 유기용매로 (③)를 주로 사용한다. 속슬렛 추출법에서는 지질을 정량할 때, 시료로부터 지질을 추출하기 전에 (④)의 무게와 시료로부터 지질을 추출하고 유기용매를 제거한 후 지질이 남아 있는 (④)의 무게를 측정하여 계산한다.

   ① 지질
   ② 무게
   ③ 에테르(ether)
   ④ 추출플라스크

3. 다음 보기 중 지방 정량법을 4가지를 골라 기호를 쓰시오. 〈2023-2회〉

   ㉠ 에테르 추출법 ㉡ 산분해법
   ㉢ 뢰제-고트리브법 ㉣ 바브콕법
   ㉤ 세미마이크로 킬달법 ㉥ 반슬라이크법
   ㉦ 벨트란법

   • ㉠, ㉡, ㉢, ㉣

4. Soxhlet 추출법을 이용하여 조지방 함량을 구하는 공식을 쓰시오. 〈2018-3회, 2021-3회〉
   ※ W_0 : 플라스크의 무게(g),
   W_1 : 조지방을 추출하여 농축한 플라스크 무게(g),
   S : 시료의 채취량(g)

   • 조지방 함량(g) = $(W_1 - W_0) \div S$
   ※ 조지방(%) = $\dfrac{W_1 - W_0}{S} \times 100$

5. 시료의 채취량이 4.1020g이고, 플라스크의 무게가 29.0522g, 조지방을 추출하여 농축한 플라스크 무게가 30.0325g일 때, Soxhlet 추출법을 이용하여 조지방 함량(%)을 구하시오. 〈2024-3회〉

- 조지방 함량(g) = (W_1 - W_0) ÷ S

∴ 조지방(%) = $\dfrac{30.0325 - 29.0522}{4.1020}$ × 100

= 23.9(%)

6. 트랜스지방 함량(g/100g)을 구하는 공식을 아래 단어를 이용하여 쓰시오. 〈2009-3회, 2018-2회〉
  A : 조지방 함량(g/100g)
  B : 트랜스지방산 함량(g/100g)

- (A × B) ÷ 100

7. 식품 100g 중 트랜스지방의 함량을 계산하라. 단, 지방 4.0g (식품 100g 중), 트랜스지방산 함량은 0.3g (g/지방산 100g)이다. 〈2013-2회〉

- (조지방 × 트랜스지방산) ÷ 100
  = (4g × 0.3g) ÷ 100 = 0.012g
※ 트랜스지방 함량(g/100g 식품)
  = 조지방 함량 × 트랜스지방산(총량)

8. 200mL 우유를 40℃에서 가열 후 15℃로 냉각시켰다. 이 우유를 비중계에 담았더니 31이었다. 우유의 비중을 계산하시오. 〈2009-3회, 2017-3회〉

- 비중
  = 1+[눈금+(식품 온도 - 15℃)×0.2] ÷ 1000
  = 1 + (31/1000) = 1.031
※ 우유의 비중 측정 기준 온도 : 15℃

9. 유지 시료 5.6g의 산가를 측정할 때 0.1 N KOH 소비량은 1.1 mL, 대조구 소비량은 1.0 mL이다. 이때 0.1 N KOH를 표정하기 위해 안식향산 0.244g을 취해 에테르에탄올에 녹여 적정하는 데 20mL가 소비되었다. 0.1 N KOH의 factor값을 구하고, 산가를 계산하시오. (안식향산 분자량 122.13) 〈2007-3회, 2021-2회〉

※ 역가(factor) ⇨ NVF = N'V'F' 공식 적용
※ 중화반응 : 산과 염기는 당량 대 당량으로 반응
- 안식향산 분자량은 122.13이므로
  → 안식향산 1N : (122.13g/1L) = 0.1N : x
  x = 12.213g/L ⇨ 20mL에는 0.244g/20mL
    ↳ 0.1N, 1L에 함유된 안식향산의 양
∴ 역가 = 시험치(0.244g)÷이론치(0.244g)
       = 1.000
- 산가(mg/g) = [5.611×(a-b)×f / S]

  = $\dfrac{5.611×(1.1-1.0)×1}{5.6}$

  = 0.1002 KOH/mg당량수

10. 시료 0.816g, 0.01 N 티오황산나트륨 용액(역가 : 1.02)의 본시험 소비량이 14.7mL, 공시험 소비량이 0.18mL인 경우 과산화물가를 계산하시오. 〈2014-1회, 2023-1회〉

• 과산화물가(meq/kg) = [(a-b)×f] ÷ 검체의 채취량(g)]×10

$$= \frac{(14.7-0.18) \times 1.02}{0.816} \times 10 = 181.5 (meq/kg)$$

11. 트리스테아르산(Tristearin, 분자량 890g/mol)의 비누화가를 구하시오.
    (단, KOH의 분자량은 56.11g/mol이다.) 〈2024-1회〉

※ 비누화가 : 지질 1g 중에 함유된 유리산(지방산)의 중화 및 에스테르의 검화에 필요한 수산화칼륨의 mg수로, 단위는 (mg/g)이 된다. 이를 그림으로 표현하면 아래와 같다.

〈비누화 반응〉
중성지방 = 글리세롤(1분자) + 지방산(3분자)
알칼리 3분자(mol) 필요 → 알칼리(KOH, NaOH)로 중화

• 트리스테아르산(중성지방) 1몰을 비누화하기 위해서는 KOH 3mol이 필요하므로,
  3 × 56.11(g/mol) = 168.33(g/mol)이 되고,
  이를 비누화가 단위(mg/g)로 맞추기 위해 단위를 변환하면, 168,330(mg/mol)이 된다.
  트리스테아르산 분자량이 890g/mol이므로,

$$\therefore \frac{168,330 \text{ (mg/mol)}}{890 \text{ (g/mol)}} = 189.13 \text{ (mg/g)}$$

2-4. 원유 및 우유 시험법[93]

1. 원유의 시험법

1) **관능검사** : 원유에 대한 관능검사는 원유를 충분히 잘 교반한 후 청결한 시험관에 10mL 정도의 시료를 취하여, 밝고 냄새가 없는 장소에서 실시한다. 검사결과 우유 고유의 색이 아닌 적색·청색·황색 등의 이상 원유이거나 이상한 맛·냄새·색택 등이 나타난 경우에는 부적합한 원유로 판정한다.

2) **이화학적 시험법**

 (1) 수분 측정법 : 시료 약 5mL를 정밀히 취하여 식품성분시험법의 수분 측정법에 따라 시험한다.

 (2) 지방 정량법 : 유지방(Gerber법), 뢰제·고트리브(Roese-Gottlieb)법, 바브콕(Babcock)법 중에 하나로 시험한다.

 (3) 신선도 시험법

  ① 알코올법 : 시료 2mL를 시험관 또는 알코올 시험관에 취하고 70%(v/v) 에탄올 동량을 가하여 수회 잘 혼합한 후 응고 여부를 관찰한다. 이때 응고물이 생성되면 신선하지 않은 것으로 판정한다.

  ② 자비법 : 시료 10~20mL를 시험관에 취하여 끓인 후 동량의 증류수를 가하여 희석하였을 때 응고물의 생성 여부를 검사한다. 이때 응고물이 생성되면 신선하지 않은 것으로 판정한다.

 (4) 산도 시험법 : 우유류 산도측정법에 따라 시험한다. 우유 및 가공품의 신선도를 확인하기 위하여 산도를 측정함으로써 알아내는 방법으로 중화시키는 데 소요되는 알칼리양을 검사하게 된다. 우유의 산도는 0.135~0.175%이며, 0.18% 이상인 경우는 부적합 우유로 규정하고 있다.

 (5) 비중 측정법 : 우유류의 비중시험에 따라 시험한다. 우유 비중을 측정하는 것으로 우유 중 전체 고형성분 및 무지고형성분을 산출할 수 있다.

 (6) 진애 시험법(Sediment test) : 진애검사기(Sediment tester)에 소정의 진애 시험용 여과지를 부착하여 시료 500mL를 여과한 후 식품의약품안전처장이 지정한 표준판과 비교한다. 생유의 경우는 진애량이 2.0㎎ 이하이어야 한다. 상기의 진애검사기 외에 진애시험용 여과지의 크기에 적합한 초자 여과기에 여과지를 넣고 흡인 여과하여 시험할 수 있다.

> ♣ 원유의 수유검사 : 원유를 유제품 공장에 들여올 때 실시하는 품질 검사로, 색·풍미·온도·비중·산도·지방율·무지유 고형분·세균 수·항생물질·이상유 검사, 알코올 시험·진애검사 등을 한다.

3) **세균학적 시험법**

 (1) 시료채취 및 방법 : 멸균 교반용기로서 거품이 생기지 않게 주의하면서 충분히 시료를 교반하고 멸균시료 채취관(50mL)을 삽입하여 밑바닥까지 도달하게 하여 표면까지 끌어 올린다. 이 조작을 2~3회 반복하여

---

[93] 식약처, 식품의 기준 및 규격, 식약처 고시 제2024-71호, 2024.11.14.

시료(25mL 이상)를 멸균 시료병에 옮겨 4.4℃ 이하로 유지하면서 실험실로 운반한다.

(2) **시험용액의 준비** : 채취된 시료를 강하게 진탕하여 혼합한 것을 시험용액으로 하며, 멸균생리식염수 등의 희석액을 이용하여 필요에 따라 10배, 100배, 1,000배… 등 희석액을 만들어 사용한다.

(3) **일반세균수** : 원유 중의 일반세균수는 30±1℃에서 72시간(또는 35±1℃에서 48시간) 배양한 후 계수한다. 시험방법은 미생물시험법의 일반세균수 시험법에 따라 시험한다. 다만, 이 방법과 95% 이상의 상관관계를 나타내는 기기이용법을 적용할 수도 있다.

2. 우유류

1) **비중** : 검사시료를 잘 섞어 실린더에 넣고 잠시 정치하여 기포가 없어졌을 때, 부평비중계로 측정한다. 15℃ 이외의 온도(10~20℃)에서 측정했을 때는 우유 비중보정표와 탈지우유 비중보정표에 따라 보정한다.

2) **산도** : 검사시료 10mL에 탄산가스를 함유하지 않은 물 10mL를 가하고 페놀프탈레인시액 0.5mL를 가하여 0.1 N 수산화나트륨액으로 30초간 홍색이 지속할 때까지 적정한다.

$$산도(젖산 \%) = \frac{a \times f \times 0.009}{10 \times 검사시료의\ 비중} \times 100$$

a : 0.1N 수산화나트륨액의 소비량(mL),   f : 0.1N 수산화나트륨액의 역가

♣ **원유 및 우유 시험법 (요약)**

1. 세균수 검사 : 총균계수법에서 0.1% Methylene blue로 염색하면 사멸 세포만 청색으로 나타남
2. 자비법 : 시료 10~20mL를 채취 → 끓인 후 → 같은 양의 증류수 첨가 및 희석 → 응고물 생성 여부 검사(산도 0.25 이상이면, 응고)
3. 알코올 테스트 : 우유에 같은 양의 에탄올(70%)을 섞어 우유 단백질인 카세인의 응고 상태를 판정하는 방법. 오래된 우유(산도↑) + 알코올 첨가 → 탈수작용 ⇨ 우유 단백질(카세인) 응고
4. 산도 테스트 : 우유에 지시약을 첨가하여 중화점이 될 때까지 알칼리 용액으로 적정한 다음, 소비된 알칼리 용액의 양을 젖산의 양으로 간주 및 환산한다. 우유의 신선도 측정에 사용
5. 레자주린환원시험(Resazurin reduction test) : 우유의 신선도 판정법. 산화환원지시약 레자주린용액 일정량을 10mL의 시료 우유에 첨가하고 37℃에서 암 방치한 후 30분마다 색의 변화를 통해 오염균의 양을 판정
6. 진애검사 : 토사 또는 먼지 ⇨ 생유의 기준(진애량 2.0mg 이하)
   ↳ 시료 → 여과지로 여과 → 광전비색계 이용 → 표준판과 비교 → 진애 농도 판정
7. Babcock test(배브콕 측정법) : 우유·크림 속의 지방함량 측정법. 우유 + 진한 황산 첨가 → 단백질 등 용해 → 원심분리 → 지방 분리 및 함량 측정
8. 비중테스트(물을 첨가한 우유) : 물 첨가 우유에 대한 확인법. 우유 + 물 첨가 → 비점과 점도↓, 빙결점↑
9. 포스파타아제 테스트 : 생유에는 포스파타아제가 있는데, 이 효소는 내열성이 작고, 63℃에서 30분 살균처리 시 비활성화됨. 따라서 저온살균이 정상적으로 잘 되었는지를 포스파타아제의 존재 여부로 판단할 수 있음

■ 기출문제

1. 다음 글을 읽고 빈칸을 채우시오. 〈2016-3회〉

   우유 알코올 실험은 알코올의 (①)작용으로 인해 (②)가 높은 우유는 카제인이 (③)된다.

   ① 탈수작용
   ② 산도
   ③ 응고

2. 원유의 수유검사 방법 4가지를 쓰시오. 〈2019-3회〉

   • 관능검사, 비중검사, 산도검사, 알코올 검사, 진애검사 등

3. 우유 신선도 판정 시험 중 산도 측정을 하는 이유를 쓰시오. 〈2008-3회〉

   • 우유의 보존기간 중 나타나는 산성은 우유가 처음으로 가지고 있는 산성 물질과 발효되어 생기는 젖산에 의하여 주로 나타난다. 따라서 우유의 산도를 측정하면 우유의 신선도를 알 수 있다.

4. 우유의 품질관리 시험법 중 phosphatase 검사의 목적과 원리를 쓰시오. 〈2020-3회〉

   • 목적 : 살균 여부 검사
   • 원리 : phosphatase는 63~65℃에서 30분간 가열 또는 72~75℃에서 15~20초간 가열 시 완전 불활성 된다. 따라서 phosphatase의 잔류 여부로 살균이 잘 되었는지를 판정한다.

■ 예상문제

1. 우유에 물을 첨가하면 (①)과 (②)는 낮아지고, 빙결점은 높아진다. 〈필기 기출〉

   ① 비점
   ② 점도

2-5. 미량 영양성분 시험법[94]

1. 식염

1) 회화법 : 전처리한 검체 용액을 비커에 넣고 크롬산칼륨(K_2CrO_4)시액 몇 방울을 가한 후 뷰렛 등으로 질산은($AgNO_3$) 표준용액을 적하하면 Cl^-은 전부 AgCl의 백색 침전으로 되고 또 K_2CrO_4와 반응하여 크롬산은(Ag_2CrO_4)의 적갈색 침전이 생기기 시작하므로 완전히 적갈색으로 변하는 데 소비되는 $AgNO_3$액의 양으로 정량하는 방법이다.

(1) **시험방법** : 식염 약 1g을 함유하는 양의 검체를 취하여 필요한 경우 수욕 상에서 증발 건조한 후 회화시켜 이를 물에 녹이고 다시 물을 가하여 500mL로 한 후 여과하고 여액 10mL에 크롬산칼륨시액 2~3방울을 가하고 0.02 N 질산은 액으로 적정한다.

(2) **계산방법**

① 식염(%) = $\dfrac{b}{a}$ × f × 5.85(w/w%, w/v%)

    a : 검체 채취량(g, mL)   b : 적정에 소비된 0.02N 질산은 액의 양(mL)

    f : 0.02 N 질산은 액의 역가

② 식염(%) = $\dfrac{0.00117 \times b \times f \times D}{a}$ × 100

    a : 검체시료의 채취량(g)   b : 0.02N $AgNO_3$ 용액의 적정 소비량(ml)

    f : 0.02N $AgNO_3$ 용액의 역가   D : 희석배수

    0.00117 : 0.02N $AgNO_3$ 용액 1ml에 상당하는 NaCl의 양(mg)

2) 직접법 : 회화법에 따라 취하여 물로 희석하여 500mL로 한 후 그 10mL를 취하여 회화법에 따라 적정한다.

2. 비타민 C

1) 인도페놀(Indophenol) 적정법에 의한 정량 : 식품 중 비타민 C가 산성 수용액 중에서 DCP를 환원시켜 탈색하는 것에 기초한 환원형 비타민 C 정량법이다.

2) 2,4-디니트로페닐하이드라진(Dinitrophenyl hydrazine, DNPH)에 의한 정량법 : 식품 중의 비타민 C를 메타인산용액으로 추출한 환원형 비타민 C를 2,6-dichlorophenol -indophenol(DCP)로 산화시켜 산화형(DHAA)으로 만든 다음 2,4-DNPH(dinitrophenyl hydrazine)를 가해 적색 오사존(osazone)을 형성시킨 후 황산(H_2SO_4)을 가해 탈수시키면 등적색의 무수물 bis-2,4-dintrophenylhydrazine으로 전환되어 안정된 정색반응을 나타낸다. 이를 파장 520nm에서 표준용액과 흡광도를 측정하여 정량하는 방법이다.

---

[94] 식약처, 식품의 기준 및 규격, 식약처 고시 제2024-71호, 2024.11.14.

■ 기출문제

1. 식염은 Mohr법으로 측정한다. 전처리한 검체 용액을 비커에 넣고 크롬산칼륨(K_2CrO_4)시액 몇 방울 가한 후 뷰렛 등으로 질산은($AgNO_3$) 표준용액을 적하하면 Cl^-은 전부 AgCl의 백색 침전으로 되고 또 K_2CrO_4와 반응하여 크롬산은(Ag_2CrO_4)의 적갈색 침전이 생기기 시작하므로 완전히 적갈색으로 변하는 데 소비되는 $AgNO_3$액의 양으로 정량하는 방법이다. 식염 약 1g을 함유하는 양의 검체를 취하여 필요한 경우 수욕 상에서 증발 건조한 후 회화시켜 이를 물에 녹이고 다시 물을 가하여 500mL로 한 후 여과하고 여액 10mL에 크롬산칼륨시액 2~3방울을 가하고 0.02 N 질산은 액으로 적정한다. 계산 방법은 아래와 같다. 이때 5.85가 어떻게 나왔는지 서술하시오. (단, $AgNO_3$ 분자량 = 169.87, NaCl 분자량 58.5). 〈2022-2회〉

$$식염(\%) = \frac{b}{a} \times f \times 5.85 (w/w\%, w/v\%)$$

a : 검체 채취량(g, mL),　　b : 적정에 소비된 0.02 N 질산은 액의 양(mL)
f : 0.02 N 질산은 액의 역가

※ 해설 : 실험방법에 의해 질산은 용액을 적정하면 계산 방법은 2가지로 나타낼 수 있다.

(1) $식염(\%) = \dfrac{0.00117 \times b \times f \times D}{a} \times 100$

　　a : 검체시료의 채취량(g)　　　　b : 0.02N $AgNO_3$ 용액의 적정 소비량(ml)
　　f : 0.02N $AgNO_3$ 용액의 역가 (1.0)
　　D : 희석배수 50배 → 시료 500ml로 한 다음, 여액 10ml 사용함
　　0.00117 : 0.02N $AgNO_3$ 용액 1ml에 상당하는 NaCl의 양(mg)

(2) $식염(\%) = \dfrac{b}{a} \times f \times 5.85 (w/w\%, w/v\%)$

　　a : 검체 채취량(g, mL),　　b : 적정에 소비된 0.02 N 질산은 액의 양(mL)
　　f : 0.02 N 질산은 액의 역가

• 5.85의 의미 해설

① 1N $AgNO_3$ 1ml = NaCl 0.0585　⇨　0.1N $AgNO_3$ 1ml = NaCl 0.00585
　실험에서는 0.02N $AgNO_3$로 적정했으므로, 0.00117이 됨
　따라서 계산식 (1)의 0.00117 의미 : 0.02N $AgNO_3$ 용액 1ml에 상당하는 NaCl의 양(mg)

② 계산식 (1)에서 단위를 w/w%로 맞추기 위해서는 희석배수(D)와 100(%)을 곱해 준다.

∴ 5.85의 의미는 다음과 같다.
　⇨ 0.00117 [0.02N $AgNO_3$ 용액 1ml에 상당하는 NaCl의 양(mg)] × D(희석배수 50) × 100
　　= 5.85

2. 칼슘은 과망간산칼륨(KMnO₄) 용량법으로 정량한다. 과망간산칼륨 용량법은 Ca를 함유하는 용액에 수산염을 첨가해 두고, 물에 매우 난용성인 수산칼슘 $CaC_2O_4 \cdot H_2O$로서 침전시키고 이 침전을 H_2SO_4에 녹여 용액 내의 수산을 0.02 N KMnO₄ 용액으로 적정하여 정량한 결과, 아래와 같은 정량식이 나왔다. 여기서 0.4008이 무엇을 의미하는지 쓰시오. (단, 칼슘의 원자량은 40.08이다.) 〈2021-3회〉

$$칼슘(mg/100g) = \frac{(b-a) \times 0.4008 \times F \times V \times 100}{S}$$

a : 공시험에 대한 0.02 N 과망간산칼륨용액의 소비 mL 수
b : 검액에 대한 0.02 N 과망간산칼륨용액의 소비 mL 수
F : 0.02 N 과망간산칼륨용액의 역가
V : 시험용액의 희석배수   S : 검체의 채취량(g)

- 정답 : 0.4008이 의미하는 것 ⇨ 0.02 N KMnO₄ 1mL에 반응하는 칼슘의 질량 mg

3. 다음을 읽고 빈칸을 채우시오.
〈2014-3회, 2018-1회〉

| 비타민 C 정량 시 환원형인 (①)와 산화형인 (②)를 함께 정량, 탈수제로 (③)를 넣으면 적색이 되어서 520nm에서 확인이 가능하다. |

① Ascorbic acid
② Dehydroascorbic acid
③ H_2SO_4

4. Indophenol 적정법에 의한 환원형 비타민 C의 정량 원리를 설명하시오. 〈2007-1회〉

- 산성 수용액 중에서 적색을 나타내는 인도페놀 용액에 환원형 비타민 C를 반응시키면, 비타민 C의 환원력에 의해 인도페놀 용액이 백색으로 변한다. 여기서 적색이 소멸되는 지점을 적정하여 환원형 비타민 C를 정량하는 방법

제3절 미생물 시험법

3-1. 미생물 시험법[95]

1. 일반사항

1) **미생물학적 검사** : 모든 과정이 무균적으로 수행되어야 하며, 동시에 시험 과정 중의 교차오염을 방지하기 위해 실험실 내는 항상 청결을 유지하여야 한다.

2) **검체의 채취**

   (1) 검체 채취기구는 미리 핀셋, 시약 스푼 등을 몇 개씩 건열 및 화염멸균을 한 다음 검체 1건마다 바꾸어 가면서 사용하여야 한다.

   (2) 검체가 균질한 상태일 때에는 어느 일부분을 채취하여도 무방하나 불균질한 상태일 때에는 여러 부위에서 일반적으로 많은 양의 검체를 채취하여야 한다.

   (3) 미생물학적 검사를 하는 검체는 잘 섞어도 균질하게 되지 않을 수 있기 때문에 실제와는 다른 검사 결과를 가져올 경우가 많다.

   (4) 미생물학적 검사를 위한 검체의 채취는 반드시 무균적으로 행하여야 한다.

   (5) 미생물 규격이 n, c, m, M으로 표현된 경우, 정하여진 시료수(n) 만큼 검체를 채취하여 각각을 시험한다.

   (6) 소, 돼지의 도체 표면에서 시료 채취 시는 금속, 알루미늄 호일 또는 골판지 등으로 된 시료 채취틀이 필요하다. 금속틀을 재사용할 경우 소독수에 담근 후 증류수로 세척 및 건조시켜 사용하고 알루미늄 호일, 골판지 등은 종이로 포장하여 멸균한 후 1회용으로 사용한다.

   (7) 소 및 돼지 등의 도체는 표면(10cm × 10cm)의 3개 부위에서 채취하여 검사하는 것을 원칙으로 하고, 부득이한 경우에 1개 부위(흉부 표면)에서 채취하여 검사할 수도 있으며, 닭의 도체는 1마리 전체를 세척하여 검사함을 원칙으로 한다.

2. 시험용액의 제조

1) 미생물 검사용 시료는 25g(mL)을 대상으로 검사함을 원칙으로 한다. 다만, 시료량이 적어 불가피한 경우 그 이하의 양으로 검사할 수도 있다.

2) 미생물 정성시험에서 5개 시료를 검사하는 경우, 5개 시료에서 25g(mL)씩 채취하여 각각 검사한다. 다만, 시료에 직접 증균배지를 가하여 배양하는 경우는 5개 시료에서 25g(mL)씩 채취하여 섞은(pooling) 125g(mL)을 검사할 수 있다.

---

[95] 식약처, 식품의 기준 및 규격, 식약처 고시 제2024-71호, 2024.11.14.

3) 채취한 검체는 희석액을 이용하여 필요에 따라 10배, 100배, 1,000배 등 단계별 희석용액을 만들어 사용할 수 있다. 다만, 제조된 시험용액과 단계별 희석액은 즉시 실험에 사용하여야 한다.

4) 희석액은 멸균생리식염수, 멸균인산완충액 등을 사용할 수 있다.

5) 검체를 용기 포장한 대로 채취할 때는 그 외부를 물로 씻고 자연 건조시킨 다음 마개 및 그 하부 5~10cm의 부근까지 70% 알코올 탈지면으로 닦고, 멸균한 기구로 개봉, 또는 개관하여 2차 오염을 방지하여야 한다.

6) 지방분이 많은 검체의 경우는 Tween 80과 같은 세균에 독성이 없는 계면활성제를 첨가할 수 있다.

7) 실험을 하기 직전에 잘 균질화하고, 다음과 같이 시험용액을 제조한다.

 (1) 액상검체 : 채취된 검체를 강하게 진탕하여 혼합한 것을 시험용액으로 한다.

 (2) 반유동상검체 : 채취된 검체를 멸균 유리봉 또는 시약스푼 등으로 잘 혼합한 후 그 일정량(10~25mL)을 멸균 용기에 취해 9배 양의 희석액과 혼합한 것을 시험용액으로 한다.

 (3) **고체검체** : 채취된 검체의 일정량(10~25g)을 멸균된 가위와 칼 등으로 잘게 자른 후 희석액을 가해 균질기를 이용해서 가능한 한 저온으로 균질화한다. 여기에 희석액을 가해서 일정량(100~250mL)으로 한 것을 시험용액으로 한다.

 (4) **고체표면 검체** : 검체 표면의 일정 면적(보통 100cm^2)을 일정량(1~5mL)의 희석액으로 적신 멸균 거즈와 면봉 등으로 닦아내어 일정량(10~100mL)의 희석액을 넣고 강하게 진탕하여 부착균의 현탁액을 조제하여 시험용액으로 한다.

 (5) 분말상 검체 : 검체를 멸균 유리봉과 멸균 시약 스푼 등으로 잘 혼합한 후 그 일정량(10~25g)을 멸균 용기에 취해 9배 양의 희석액과 혼합한 것을 시험용액으로 한다.

 (6) 버터와 아이스크림류 : 검체 일정량(10~25g)을 멸균 용기에 취해 40℃ 이하의 온탕에서 15분 내에 용해시킨 후 희석액을 가하여 100~250mL로 한 것을 시험용액으로 한다.

 (7) 냉동식품류 : 냉동상태의 검체를 포장된 상태 그대로 40℃ 이하에서 될 수 있는 대로 단시간에 녹여 용기, 포장의 표면을 70% 알코올 솜으로 잘 닦은 후 위와 같은 방법으로 시험용액을 조제한다.

3. 배지 및 시액

1) **배지** : 미생물 시험을 위한 배지 조제 시 이미 상품화된 배지의 사용이 가능하다.

2) **시액**

 (1) **멸균인산완충희석액(Butterfield's Phosphate Buffered Dilution Water)** : 인산이수소칼륨(KH_2PO_4) 34g을 증류수 500mL에 용해하고 1N 수산화나트륨 175mL를 가해 pH를 7.2로 조정하고 여기에 증류수를 가하여 1,000mL로 하여 인산완충용액으로 한다. 이것을 121℃에서 15분간 멸균한 다음 냉장고에 보존한다. 사용 시에는 이 원액 1mL를 취하여 멸균증류수 800mL에 가하여 희석하고 이것을 멸균인산완충희석액으로 한다.

(2) **멸균생리식염수(Saline)** : Sodium Chloride 8.5g에 증류수를 가하여 1,000mL로 하고 121℃로 15분간 멸균한다.

(3) **뉴-만 염색액** : 테트라클로로에탄(Tetrachloroethane) 40mL와 에탄올(Ethanol)을 삼각플라스크에 취하고 70℃까지 가온한 후 여기에 메틸렌블루(Methylene blue) 1.0~2.0g을 가하여 진탕 혼합하여 색소를 용해시킨 다음 냉각시킨다. 여기에 빙초산(glacial acetic acid) 6mL를 천천히 가한 후 여과시켜 냉암소에 밀봉 저장한다. 염색액을 조제하여 시일 경과한 것이나 침전물이 생성된 것은 사용해서는 안 된다.

4. 미생물의 균수 측정법

1) 생균수 측정법 : 생균수만을 측정하는 방법

(1) 검체 배양(표준한천배지)하여 발생한 콜로니(집락수)를 형성한 세균수를 계산하여 측정

(2) 세균은 세포분열을 하므로 2~3일 정도의 시간 소요.

(3) 식품이 병원성 세균에 오염된 정도, 유용한 미생물의 존재를 확인할 때 이용

(4) 방법 : 최확수법, 표면도말법, 표준평판법, 박막여과법, 형광염색법 등

(5) '예' 최확수법 : 연속한 3단계 이상의 희석시료(10, 1, 0.1 또는 1, 0.1, 0.01 등) → 각각 5개씩(또는 3개씩) 발효관에서 배양 → 가스가 발생한 발효관 수로부터 확률적으로 대장균군의 수 산출 → mL(g)당 존재하는 대장균군의 수로 판단 ⇨ 대장균군 수 : 1mL 중(또는 1g 중)에 존재하는 대장균군 수를 표시

2) 총균수 측정법 : 사멸균과 생균을 모두 측정하는 것으로 가열 살균한 제품에 대한 위생 상태를 알고자 할 때 적용한다. 주로 원유 중 오염된 세균을 측정하기 위하여 일정량의 원유를 슬라이드 글라스 위에 일정 면적으로 도말하고 건조시켜 염색한 후 현미경으로 검경하고 염색된 세균수를 측정한다. 측정된 세균수를 현미경 시야 면적과의 관계에 따라 검체 중에 존재하는 세균수를 측정하는 방법이다.

(1) 원료의 오염정도(우유의 가열살균 정도 확인 등)를 확인할 때 사용 : 가열식품 등에서는 사멸균수가 생균수보다 많음

(2) 방법 : 직접현미경 계수법(Breed method), 비탁법, 건조 균체량 측정법 등

(3) '예' 총균계수법 : 0.1% Methylene blue로 염색 → 사멸 세포만 청색 발현

■ 기출문제

1. 미생물 실험에서 희석할 때 쓰는 용액 2가지와 시료에 지방이 많을 경우 첨가해 주는 화학첨가물을 쓰시오. 〈2014-2회, 2018-1회〉
   - 희석액 : 멸균인산완충액, 멸균생리식염수
   - 지방이 많을 경우 : Tween 80

2. 미생물 시험방법 중 고체검체의 시험용액 제조 방법을 쓰시오. 〈2008-3회〉
   - 채취된 검체의 일정량(10~25g)을 멸균된 가위와 칼 등으로 잘게 자른 후 희석액을 가하고 균질기를 이용해서 가능한 한 저온으로 균질화하고, 여기에 희석액을 가해서 일정량(100~250mL)으로 제조한 것을 사용

3. 식품의 미생물 시험법 중 swab법을 실시할 때, 멸균생리식염수를 묻힌 멸균 면봉으로 조리기구, 용기를 일반적으로 몇 ㎠까지 채취해야 하는지 쓰시오. 〈2014-3회, 2024-1회〉
   - 100㎠
   ※ 고체표면 검체는 보통 100㎠를 채취함.

4. 식품의 생물학적 검사방법 4가지를 쓰시오. 〈2007-3회〉
   - 세균수(생균수, 총균수), 세균성 식중독, 대장균군, 전염성 병원균

5. 소시지 미생물 검사 시 시험용액 제조 방법을 검체 채취량 및 사용 시액 이름을 포함하여 쓰시오. 〈2019-1회〉
   - ※ 소시지 : 식육가공품에 해당 → 고체검체
   - 시험용액의 제조 방법 : 고체검체는 채취된 검체의 일정량(10~25g)을 멸균된 가위와 칼 등으로 잘게 자른 후 희석액을 가해 균질기를 이용해서 가능한 한 저온으로 균질화한다. 여기에 희석액을 가해서 일정량(100~250mL)으로 한 것을 시험용액으로 한다.
   - 사용 시액 : 채취한 검체는 희석액(멸균생리식염수, 멸균인산완충액 등)을 이용하여 10배, 100배, 1,000배 등 단계별 희석용액을 만들어 사용. 지방분이 많은 검체의 경우는 Tween 80(계면활성제)을 첨가한다.

6. 식품오염 미생물 검사 중 총균수와 생균수를 분류하여 검사할 때, 총균수와 생균수의 차이를 설명하시오. 〈2010-1회〉

- 총균수 : 현미경을 이용하여 검체 중에 존재하는 사멸균, 생균 등을 모두 관찰해서 계수하는 것. 주로 원유 중 오염된 세균을 측정하기 위해 실시 (가열식품에서는 사멸균수가 많음)
- 생균수 : 생균수만을 측정하는 방법. 세균을 배양하여 콜로니(집락)를 만드는 세균수를 계수하여 측정. 세균은 세포분열을 하므로 2~3일 정도의 시간이 걸리며, 식품의 병원성 세균에 오염정도, 유용한 미생물 존재 확인에 이용

■ 기출문제

1. 미생물의 균수 측정법에서 생균수를 측정하는 방법 3가지를 쓰시오.

- 최확수법, 표면도말법, 표준평판법, 박막여과법, 형광염색법 등

3-2. 세균 시험법[96]

1. 일반세균수 : 표준평판법, 건조필름법, 자동화된 최확수법(Automated MPN)

1) **표준평판법** : 표준한천배지에 검체를 혼합 응고시켜 배양 후 발생한 세균 집락수를 계수하여 검체 중의 생균수(중온균 수)를 산출하는 방법이다. 생균만 측정하는 것으로 시험법으로 현재 오염도나 부패의 진행도를 확인할 수 있다.

   (1) **시험조작** : 시험용액 1mL와 10배 단계 희석액 1mL씩을 멸균 페트리접시 2매 이상씩에 무균적으로 취하여 약 43~45℃로 유지한 표준한천배지(배지 1) 약 15mL를 무균적으로 분주하고 페트리접시 뚜껑에 부착하지 않도록 주의하면서 조용히 회전하여 좌우로 기울이면서 검체와 배지를 잘 혼합하여 응고시킨다. 확산집락의 발생을 억제하기 위하여 다시 **표준한천배지 3~5mL를 가하여 중첩**시킨다. 이 경우 검체를 취하여 배지를 가할 때까지의 시간은 20분 이상 경과해서는 안 된다. **응고시킨 페트리접시는 뒤집어 35±1℃에서 48±2시간(시료에 따라서 30±1℃ 또는 35±1℃에서 72±3시간) 배양한다.** 검액을 가하지 아니한 동일 희석액 1mL를 대조시험액으로 하여 시험조작의 무균 여부를 확인한다.

   (2) **집락수 산정** : 배양 후 생성된 집락수를 신속히 계산한다. 부득이할 경우에는 5℃에 보존시켜 24시간 이내에 산정한다. 집락수의 계산은 확산집락이 없고(전면의 1/2 이하일 때는 지장이 없음) 1개의 평판당 15~300개의 집락을 생성한 평판을 택하여 집락수를 계산하는 것을 원칙으로 한다. 전 평판에 300개 초과 집락이 발생한 경우 300에 가까운 평판에 대하여 밀집평판 측정법에 따라 계산한다. 전 평판에 15개 미만의 집락만을 얻었을 경우에는 가장 희석배수가 낮은 것을 측정한다.

   (3) **세균수의 기재 보고** : 표준평판법에 있어서 검체 1mL 중의 세균수를 기재 또는 보고할 경우에 그것이 어떤 제한된 것에서 발육한 집락을 측정한 수치인 것을 명확히 하기 위하여 1평판에 있어서의 집락수는 상당 희석배수로 곱하고 그 수치가 표준평판법에 있어서 1mL 중(1g 중)의 세균수 몇 개라고 기재 보고하며 동시에 배양온도를 기록한다. 숫자는 높은 단위로부터 3단계에서 반올림하여 유효숫자를 2단계로 끊어 이하를 0으로 한다.

   (4) **식육의 세균수 산출 방법** : 소 및 돼지 도체의 경우 균수는 도체 표면적당 집락수(CFU/cm^2)로 환산되어야 한다. 희석배수 × 10(배지 접종량이 0.1 mL일 경우) × 집락수 × 40(재료 채취 용량)/10cm × 10cm(1개 부위 채취인 경우, 단 3개 부위를 채취할 경우는 300cm^2로 나누어 준다)로 산출한다. 닭의 경우는 mL당으로 집락수를 환산한다. 기타 시료는 집락수 × 희석배수로 mL당 또는 g당 세균수를 산출한다.

2) **건조필름법** : 시험용액 1mL와 각 10배 단계 희석액 1mL를 세균수 건조필름배지에 각 2매 이상씩 접종한 후 잘 흡수시키고 35±1℃에서 48±2시간 배양한 후 생성된 붉은 집락수를 계산하고 그 평균집락수에 희석배수를 곱하여 일반세균수로 한다. 균수 산출 및 기재 보고는 일반세균수에 따라 한다.

---

[96] 식약처, 식품의 기준 및 규격, 식약처 고시 제2024-71호, 2024.11.14.

① 15 - 300CFU/plate인 경우

$$N = \frac{\Sigma C}{[(1 \times n1) + (0.1 \times n2)] \times (d)}$$

N = 식육 g 또는 mL 당 세균 집락수   ΣC = 모든 평판에 계산된 집락수의 합
n1 = 첫 번째 희석배수에서 계산된 평판수   n2 = 두 번째 희석배수에서 계산된 평판수
d = 첫 번째 희석배수에서 계산된 평판의 희석배수

구 분	희석 배수		CFU/g(mL)
	1:100	1:1,000	
집락수	232	33	24,000
	244	28	

$$N = \frac{(232+244+33+28)}{[(1 \times 2) + (0.1 \times 2)] \times 10^{-2}} = 537 \div 0.022 = 24,409 = 24,000$$

※ 일반세균 수 계산 : 사사오입법 적용. 세 번째 유효숫자에서 4 이하는 버리고, 5 이상은 올림 적용

② 15CFU/plate 미만인 경우

구 분	희석 배수		CFU/g(mL)
	1:10	1:100	
집락수	14	2	120
	10	1	

$$N = \frac{(14+10)}{(1 \times 2) \times 10^{-1}} = (24 \div 0.2) = 120$$

3) **자동화된 최확수법(Automated MPN)** : 우유류, 유당분해우유, 가공유(무지유고형분 5.5% 미만인 제품 제외), 조제유류, 분유류, 소 도체, 돼지 도체, 닭 도체, 오리 도체에 한한다.

♣ 플라크(plaque) : 배양 접시에 빽빽하게 자란 숙주의 세포층에서 파지(세균의 경우) 또는 동물 바이러스(동물 세포의 경우)에 의해 파괴되어 투명하게 된 부위

1. Plaque와 Colony : 플라크는 바이러스에 감염된 세포가 용해된 것이고, Colony는 미생물이 증식하여 눈으로 관찰할 수 있을 만큼의 집락을 형성한 것
2. 플라크 계수법 : 파지 감염의 마지막 단계는 세포 용해이며, 세포 용해의 결과는 박테리아 층(lawn) 위에 plaque로 나타난다. 이에 대한 농도를 측정하는 것

♣ 현적배양(hanging-drop culture) : 현미경의 덮개 유리면에 재료를 놓고 배양액을 소량 떨어뜨린 후 호올슬라이드 글라스(hole slideglass)의 오목한 공간 내에서 현적하도록 고정해서 배양하는 방법. 세균, 미생물을 배양하는 중에 살아 있는 상태로 발육 상황, 구조, 크기 등을 관찰하기 위한 것임

■ 기출문제

1. 다음은 colony 수를 측정한 값이다. g당 균수를 계산하시오. 〈2007-1회, 2014-1회, 2021-3회〉

100배	1000배
250	30
256	40

※ 15 ~ 300CFU/plate인 경우는 아래와 같이 적용한다.

$$N = \frac{\Sigma C}{\{(1 \times n1) + (0.1 \times n2)\} \times (d)}$$

N = 식육 g 또는 mL당 세균 집락수
ΣC = 모든 평판에 계산된 집락수의 합
n1 = 첫 번째 희석배수에서 계산된 평판수
n2 = 두 번째 희석배수에서 계산된 평판수
d = 첫 번째 희석배수에서 계산된 평판의 희석배수

• 공식에 대입하면,

$$(CFU/g) = \frac{250+256+30+40}{[(1 \times 2) + (0.1 \times 2)] \times 10^{-2}}$$

$$= 26,181 \Rightarrow 26,000(CFU/g)$$

※ 식품공전의 세균수 기재 보고 : 유효숫자 3째자리에서 4 이하 버림, 5 이상 올림

2. 다음은 colony의 수를 측정한 값이다. g당 균수를 계산하시오. 〈2024-1회〉

구 분	희석배수	
	1:100	1:1,000
집락수	232	33
	244	28

• 해설 : 15~300(CFU/g)이므로,

$$N = \frac{(232 + 244 + 33 + 28)}{[(1 \times 2) + (0.1 \times 2)] \times 10^{-2}}$$

$$= 537 \div 0.022 = 24,409 = 24,000(CFU/g)$$

3. 다음은 콜로니의 수를 측정한 값이다. g당 균수를 계산하시오. 〈2021-2회〉

1:10	1:100
14	2
10	1

• 15 CFU/plate 이하이므로, 희석배수가 낮은 평판만 계산한다.

$$(CFU/g) = \frac{14 + 10}{(1 \times 2) \times 10^{-1}}$$

$$= (24 \div 0.2) = 120(CFU/g)$$

4. 김밥에 오염된 균을 표준평판배양법으로 희석하여 배양한 결과 colony 수가 다음과 같을 때, g당 균수를 계산하시오. 〈2007-2회, 2009-1회〉

구 분	1회	2회	3회
1,000배	2500	3500	3000
10,000배	200	250	300

- 해설 : 15~300(CFU/g)이므로, 이 사이의 균수만 계산에 포함한다.

$$(CFU/g) = \frac{200 + 250 + 300}{(0.1 \times 3) \times 10^{-3}}$$

$$= 2{,}500{,}000 \ (CFU/g)$$

5. 다음은 식품공전의 미생물 시험법에서 황색포도상구균 시험 결과이다. 시험용액 1mL에는 황색포도상구균의 수가 얼마나 되는가를 계산하시오. 〈2022-3회〉

식품 중 황색포도상구균수를 정량하기 위해 시료 25g과 멸균식염수 225mL을 혼합하고 균질화한 시험액 1mL을 취하여 3장의 선택배지에 0.3, 0.4, 0.3mL로 나누어 도말배양하였더니, 평판에서 100개의 전형적인 집락이 확인되었다. 이 중에서 5개의 표본집락을 취한 결과, 황색포도상구균으로 확인된 집락은 3개였다.

※ 해설 : 100개의 집락 중에서 황색포도상구균 집락수 5개의 표본집락을 선택한 결과 3개의 양성을 확인하였음
- '황색포도상구균 = 집락수 × 희석배수'
- 집락수 = [3개(양성)÷5개(표본집락)] × 100집락
   = 60개
- 희석배수 : [(225mL+25g)÷25g]이므로,
  → 10배로 희석함
∴ 균수 = 60개 × 10배 = 600CFU/mL

※ CFU/mL : mL당 집락수를 의미함

6. Phage 측정 방법 중 한천중층법을 사용한 플라크 계수법에서 plaque의 정의와 플라크계수법으로 phage 측정하는 방법을 쓰시오. 〈2018-3회〉

- 플라크(plaque) : 배양 접시에 빽빽하게 자란 숙주의 세포층에서 파지(세균의 경우)에 의해 파괴되어 투명하게 된 부위
- 플라크계수법 : 파아지 감염의 마지막 단계는 세포 용해이다. 세포 용해의 결과는 박테리아 층(lawn) 위에 plaque로 나타난다. 이에 대한 농도를 측정한다.
※ 플라크 계수법 단위 : PFU/g(또는 mL) 사용함

7. 호올 슬라이드 글라스 사용 시 실험 명칭과 목적에 대하여 쓰시오 〈2016-2회, 2021-1회〉

- 실험 명칭 : 현적배양(hanging-drop culture) → 배양액을 소량 떨어뜨린 후 홀슬라이드 글라스(hole slideglass)의 오목한 공간 내에서 현적하도록 고정해서 배양하는 방법
- 목적 : 세균, 미생물을 배양하는 중에 살아 있는 상태로 발육 상황, 구조, 크기 등 관찰하기 위함

■ 예상문제

1. 식품공전에 의거, 일반세균수를 측정할 때 10,000배 희석한 시료 1mL를 평판에 분주하여 균수를 측정한 결과 237개의 집락이 형성되었다면 시료 1g에 존재하는 세균수를 계산하시오. 〈필기 기출〉

※ 세균수(g당) = 집락수 × 희석배수
- 237개 집락×10,000배 희석 = 2,370,000
  ⇨ 2,370,000 → 2,400,000(CFU/g),
  　　　　　　또는 2.4×10^6(CFU/g)
※ 식품공전상 일반세균수 계산
　　↳ 세 번째 유효숫자에서 사사오입법 적용

3-3. 대장균군 시험법[97]

1. 대장균군

1) 대장균군은 Gram 음성, 무아포성 간균으로서 <u>유당을 분해하여 가스를 발생하는 모든 호기성 또는 통성 혐기성세균</u>을 말한다. 대장균군 시험에는 대장균군의 유무를 검사하는 정성시험과 대장균군의 수를 산출하는 정량시험이 있다.

2) 정성시험

 (1) **유당배지법** : <u>유당배지를 이용한 대장균군의 정성시험은 추정시험, 확정시험, 완전시험의 3단계로 나눈다.</u> 제조법에 따른 시험용액 10mL를 2배 농도의 유당배지(배지 2)에, 시험용액 1mL 및 0.1mL를 유당배지(배지 2)에 각각 3개 이상씩 가한다.

  ① **추정시험** : 시험용액을 접종한 <u>유당배지를 35~37℃에서 24±2시간 배양한 후, 발효관 내에 가스가 발생하면 추정시험 양성이다. 24±2시간</u> 내에 가스가 발생하지 않았을 때는 배양을 계속하여 48±3시간까지 관찰한다. 이때까지 가스가 발생하지 않았을 때는 추정시험 음성이고 가스 발생이 있을 때는 추정시험 양성이며 다음의 확정시험을 실시한다.

  ② **확정시험** : 추정시험에서 가스 발생한 유당배지 발효관으로부터 **BGLB 배지**에 접종하여 35~37℃에서 <u>24±2시간 동안 배양한 후 가스 발생 여부를 확인하고 가스가 발생하지 아니하였을 때는 배양을 계속하여 48±3시간까지 관찰한다. 가스 발생을 보인 BGLB 배지로부터 **Endo 한천배지 또는 EMB 한천배지**에 분리 배양한다.</u> 35~37℃에서 24±2시간 배양 후 전형적인 집락이 발생되면 확정시험 양성으로 한다. BGLB 배지에서 35~37℃로 48±3시간 동안 배양하였을 때 배지의 색이 갈색으로 되었을 때는 반드시 완전시험을 실시한다.

  ③ **완전시험** : 확정시험의 Endo 한천배지나 EMB 한천배지에서 전형적인 집락 1개 또는 비전형적인 집락 2개 이상을 **보통한천배지**에 접종하여 35~37℃에서 24±2시간 동안 배양한다. **보통한천배지**의 집락에 대하여 그람음성, 무아포성 간균이 증명되면 완전시험은 양성이며 대장균군 양성으로 판정한다.

 (2) **BGLB 배지법** : 제조법에 따른 시험용액 1mL와 0.1mL를 2개씩 BGLB 배지(배지 3)에 가한다. 대량의 시험용액을 가할 필요가 있을 때에는 대량의 배지를 넣은 발효관을 사용한다. 시험용액을 넣은 BGLB 배지(배지 3)를 35~37℃에서 48±3시간 배양한 후 가스 발생을 인정하였을 때에는(배지를 흔들 때 거품 모양의 가스 존재를 인정하였을 때에도) Endo 한천배지(배지 5) 또는 EMB 한천배지(배지 6)에 분리 배양한다. 이하의 조작은 유당배지법의 확정시험 또는 완전시험 때와 같이 행하여 대장균군의 유무를 확인한다.

3) 정량시험

 (1) **최확수법** : 최확수란 이론상 가장 가능한 수치를 말하여 동일 희석배수의 시험용액을 배지에 접종하여 대

---

[97] 식약처, 식품의 기준 및 규격, 식약처 고시 제2024-71호, 2024.11.14.

장균군의 존재 여부를 시험하고 그 결과로부터 확률론적인 대장균군의 수치를 산출하여 이것을 최확수(MPN)로 표시하는 방법이다. 최확수는 연속한 3단계 이상의 희석시료(10, 1, 0.1 또는 1, 0.1, 0.01 또는 0.1, 0.01, 0.001)를 각각 5개씩 또는 3개씩 발효관에 가하여 배양 후 얻은 결과에 의하여 **검체 1mL 중 또는 1g 중에 존재하는 대장균군수를 표시**하는 것이다. 유당배지법과 BGLB배지법이 있다.

(2) 건조필름법 : 제조법에 따른 시험용액 1mL와 각 10배 단계 희석액 1mL를 2매 이상씩 대장균군 건조필름배지Ⅰ(배지 54) 또는 대장균군 건조필름배지Ⅱ(배지 70)에 접종한 후, 35±1℃에서 24±2시간 배양한다. 대장균군 건조필름배지Ⅰ에서는 붉은 집락 중 주위에 기포를 형성한 집락수를 계산하고, 대장균군 건조필름배지Ⅱ에서는 청색 및 청녹색의 집락수를 계산하여 그 평균집락수에 희석배수를 곱하여 대장균군 수를 산출한다.

(3) 자동화된 **최확수법(Automated MPN)** : 우유류, 유당분해우유, 가공유(무지유고형분 5.5% 미만인 제품 제외), 발효유류, 가공치즈, 조제유류, 분유류, 건조저장육류, 식육추출가공품, 알가열제품 검사에 한한다.

2. 대장균

1) 대장균의 시험법에는 최확수법 및 건조필름법에 의한 정량시험과 일정한 한도까지 균수를 정성으로 측정하는 한도시험법이 있다.

2) **유가공품, 식육가공품, 알가공품의 대장균 정량시험**

(1) 최확수법 : 최확수법(3개 또는 5개 시험관을 이용한 MPN법)으로 대장균군수 검사에서 사용한 BGLB 배지에서 가스 생성 양성인 시험관으로부터 EC-MUG 배지(또는 BGLB-MUG, LST-MUG)에 접종하여 44±1℃에서 24±2시간 배양한 후 자외선 조사하에 푸른 형광이 관찰되는 시험관을 대장균 양성으로 판정하고 최확수표에 근거하여 대장균수를 산출한다.

(2) 대장균 확인시험 : 최확수법에서 가스 생성과 형광이 관찰된 것은 대장균 추정시험 양성으로 판정하고, 대장균의 확인시험은 추정시험 양성으로 판정된 시험관으로부터 EMB 배지(또는 MacConkey Agar)에 이식하여 37℃에서 24시간 배양하여 전형적인 집락을 관찰하고 그람염색, MUG시험, IMViC시험, 유당으로부터 가스 생성시험 등을 검사하여 최종확인한다. 대장균은 MUG시험에서 형광이 관찰되며, 가스 생성, 그람음성의 무아포간균이며, IMViC 시험에서 " + + - - "의 결과를 나타내는 것은 대장균(*E. coli*) biotype 1로 규정한다.

3-4. 식중독균 시험법

1. 살모넬라(Salmonella spp.)

1) 증균배양 : 식품 및 식육의 증균배양은 시료 25mL(g)에 225mL의 펩톤 식염완충액(Buffered Peptone Water)을 첨가하여 36±1℃에서 18~24시간 배양한 후 이 배양액을 2종류의 증균배지, 즉 10mL의 Tetrathionate 배지(배지 88)에 1mL를 첨가함과 동시에 10mL의 RV 배지(배지 57) 또는 RVS 배지(배지

89)에 0.1mL를 첨가하여 각각 36±1℃(Tetrathionate 배지) 및 41.5±1℃(RV 배지 또는 RVS 배지)에서 20~24시간 동안 증균배양한다.

2) **분리배양** : 각각의 증균배양액을 XLD Agar 및 BG Sulfa 한천배지(배지 90)에 도말한 후 36±1℃에서 20~24시간 배양한다. 의심 집락은 5개 이상 취하여 확인시험을 실시한다.

3) **확인시험**

(1) **생화학적 확인시험** : 의심스러운 집락에 대해 TSI Agar(배지 32) 또는 LIA 사면배지(배지 93)에 천자하여 37±1℃에서 20~24시간 배양한다. TSI 및 LIA 검사결과 **살모넬라균으로 추정되는 균에 대해서는 그람음성의 간균임을 확인**하고, Indol(-), MR(+), VP(-), Citrate(+), Urease(-), Lysine(+), KCN(-), malonate(-) 시험 등의 생화학적 검사를 실시하여 살모넬라 양성 유무를 판정한다.

(2) **응집시험** : 균종 확인이 필요한 경우 살모넬라진단용 항혈청을 사용한 응집반응 결과에 따라 균종을 결정한다. 먼저 살모넬라 O혼합혈청 시험으로써 다가 O항혈청을 사용하여 슬라이드 응집반응검사를 실시한 후 살모넬라 O인자 혈청시험, 즉 A, B, C, D, E군 등의 인자 항혈청으로 슬라이드 응집반응을 실시하여 O혈청형을 결정한다.

♣ TSI(Triple Sugar Iron Agar) 사면배지 : lactose(유당), sucrose(자당), glucose(포도당)를 함유하고 있음
1. 배지 사면에는 lactose와 sucrose, 배지 하단에는 glucose가 분포되어 있음
2. 배지에 들어 있는 phenol red 지시약으로 당 분해에 따른 배지색의 변화 관찰을 하여 살모넬라균의 존재 여부를 확인할 수 있다.
3. 살모넬라균 : lactose, sucrose는 분해하지 못하고 glucose만 분해하여 붉은색을 띤다.

---

2. 장염비브리오(Vibrio parahaemolyticus)의 정성시험

1) **증균배양** : 검체 25g 또는 25mL를 취하여 225mL의 Alkaline 펩톤수(배지 16)를 가한 후 35~37℃에서 18~24시간 증균배양한다. 검체를 가하지 않은 동일 Alkaline 펩톤수를 대조시험액으로 하여 시험조작의 무균 여부를 확인한다.

2) **분리배양** : 증균배양액을 TCBS 한천배지(배지 17)에 접종하여 35~37℃에서 18~24시간 배양한다. 배양 결과 직경 2~4mm인 청록색의 서당(sucrose) 비분해 집락에 대하여 확인시험을 실시한다.

3) **확인시험** : 분리배양된 평판배지상의 집락을 LIM 반유동배지(배지 18), 2% NaCl을 첨가한 보통한천배지(배지 8) 또는 Tryptic Soy 한천배지(배지 40)에 각각 접종한 후 35~37℃에서 18~24시간 배양한다. 장염비브리오는 LIM 배지에서 Lysine Decarboxylase 양성, Indole 생성, 운동성 양성, Oxidase시험 양성이다. 장염비브리오로 추정된 균은 0, 6, 및 10% NaCl을 포함한 Alkaline 펩톤수(배지 16)에 의한 내염성 시험, Arginine 분해 시험(배지 21, 1% Arginine 첨가), ONPG(배지 22)시험을 실시한다. 장염비브리오는 0% 및 10% NaCl 포함한 배지에서 발육 음성, 6% NaCl을 포함한 배지에서는 발육 양성, Arginine

분해 음성, ONPG 시험 음성이다.

3. 장출혈성 대장균

1) 대장균 O157:H7과 대장균 O157:H7이 아닌 베로독소 생성 대장균(VTEC, Verotoxin- producing E. coli)을 모두 검출하는 시험법이다. 장출혈성대장균의 낮은 최소감염량을 고려하여 검출 민감도 증가와 신속 검사를 위한 스크리닝 목적으로 증균배양 후 배양액(1~2mL)에서 베로독소 유전자 확인시험을 우선 실시한다. 베로독소(VT1 그리고/또는 VT2) 유전자가 확인되지 않을 경우 불검출로 판정할 수 있다. 다만, 베로독소 유전자가 확인된 경우에는 반드시 순수 분리하여 분리된 균의 베로독소 유전자 보유 유무를 재확인한다. 베로독소가 확인된 집락에 대하여 생화학적 검사를 통하여 대장균으로 동정된 경우 장출혈성대장균으로 판정한다.

2) 시험 순서

  (1) 증균배양 : 검체 25g(25mL)을 취하여 225mL mTSB(배지 74)를 가한 후 35~37℃에서 24시간 증균배양한다.

  (2) 분리배양 : 장출혈성대장균의 분리를 위해 TC-SMAC 배지와 BCIG 한천배지(배지 73)에 각각 접종하여 35~37℃에서 18~24시간 배양한다.

  (3) 확인시험 : TC-SMAC 배지에서는 sorbitol을 분해하지 않은 무색집락을, BCIG 한천배지에서는 청록색 집락 각 5개 이상을 취하여 보통한천배지에 옮겨 35~37℃에서 18~24시간 배양한다. 전형적인 집락이 5개 이하일 경우 취할 수 있는 모든 집락에 대하여 확인시험을 실시한다. 배양 후 집락에 대하여 다음의 베로독소 유전자 PCR 확인시험을 수행한 후 베로독소 양성 집락을 대상으로 그람음성간균을 확인하고 생화학시험을 실시하여 대장균으로 확인된 경우 장출혈성대장균으로 판정한다.

3) 결과 확인 : 최종산물의 반응액 5μL를 취하여 2.0% agarose gel로 100V에서 25분간 전기영동하고 에티디움 브로마이드(EtBr)(1μL/mL) 또는 동등한 기능의 염색 시약으로 염색한 후 UV를 이용하여 반응생성물을 확인한다. 이때, DNA 크기를 알 수 있도록 100bp Ladder를 동시에 전기영동 한다. VT1 유전자는 180bp, VT2 유전자는 255bp에서 반응생성물을 확인할 수 있다. VT1 또는 VT2 유전자가 확인된 것은 장출혈성 대장균이 검출된 것으로 판정한다.

4) 장출혈성대장균 중 대장균 O157:H7의 확정이 필요할 경우 분리배양 시 TC-SMAC 배지를 사용하여 sorbitol을 분해하지 않는 무색집락에 대하여 최종적으로 베로독소 보유 및 대장균의 동정을 확인한다. 양성균주에 대하여 O157과 H7 혈청형의 결정은 제조사가 제시하는 방법에 따라 시험한다. 최종적으로 베로독소 유전자(VT1 또는/그리고 VT2) 양성, O157 및 H7 혈청 확인, 대장균으로 확인되었을 때 O157:H7으로 판정한다.

4. 황색포도상구균(Staphylococcus aureus)의 정성시험

1) 증균배양 : 검체 25g 또는 25mL를 취하여 225mL의 10% NaCl을 첨가한 TSB 배지(배지 23)에 가한 후

35~37℃에서 18~24시간 증균배양한다. 검체를 가하지 아니한 10% NaCl을 첨가한 동일 TSB 배지를 대조시험액으로 하여 시험조작의 무균 여부를 확인한다.

2) **분리배양** : 증균 배양액을 난황 첨가 만니톨 식염한천배지 또는 Baird-Parker 한천배지에 접종하여 35~37℃에서 18~24시간 배양한다. 배양결과 난황 첨가 만니톨 식염한천배지에서 황색불투명 집락을 나타내고 주변에 혼탁한 백색환이 있는 집락 또는 Baird-Parker 한천배지에서 투명한 띠로 둘러싸인 광택이 있는 검정색 집락 또는 Baird-Parker(RPF) 한천배지에서 불투명한 환으로 둘러싸인 검정색 집락은 확인시험을 실시한다.

3) **확인시험** : 분리배양된 평판배지상의 집락을 보통한천배지에 옮겨 35~37℃에서 18~24시간 배양한 후 그 람염색을 실시하여 포도상의 배열을 갖는 그람양성 구균을 확인한 후 coagulase 시험을 실시하며 24시간 이내에 응고 유무를 판정한다. Baird-Parker(RPF) 한천배지에서 전형적인 집락으로 확인된 것은 coagulase 시험을 생략할 수 있다. Coagulase 양성으로 확인된 것은 생화학시험을 실시하여 판정한다.

> ♣ 혈장응고효소(coagulase) : 포도상구균에 존재하는 내열성 효소. 황색포도상구균과 그 이외의 포도구균을 감별하는 데 사용. 이 효소는 혈장(단백질)과 작용하여 응집을 형성한다.

5. 클로스트리디움 보툴리눔(Clostridium botulinum)

1) **증균배양** : 고형 또는 반고형물 검체는 동량의 젤라틴 인산완충액(시액 5)을 첨가하고 균질화하여 시험용액으로 하며, 액상 검체는 그대로 사용한다. 1~2g 또는 1~2mL의 검체를 2개의 Cooked Meat 배지(배지 33) 15mL에 접종하여 35~37℃에서 7일간 혐기배양하고 또 2개의 TPGY배지(배지 50)에 같은 방법으로 접종하여 26℃에서 7일간 혐기배양한다. 검체를 가하지 아니한 동일 젤라틴 인산완충액을 대조시험액으로 하여 시험조작의 무균 여부를 확인한다. (검체를 그대로 사용하는 액상 검체는 검체를 가하지 아니한 동일 Cook Meat 배지와 TPGY배지로 무균 여부를 확인) 다만, 접종 전 각 배지는 10~15분간 중탕하여 탈산소한 후 신속히 냉각하여 사용하며, 검체는 배지 아래 부분에 천천히 접종하고 교반하지 않는다. 배양 7일 후 검경하여 전형적인 클로스트리디움이 관찰되면 다음의 분리배양을 실시하고, 관찰되지 않는 경우에는 추가적으로 10일간 더 배양한다.

2) **분리배양** : 증균배양액 1~2mL와 동량의 여과 제균한 알코올을 잘 혼합하여 실온에서 1시간 방치한 후, Liver-Veal 난황한천배지(배지 51) 또는 혐기성 난황한천배지(배지 52)에 접종하여 35~37℃에서 48±3시간 혐기적으로 배양한다. 배양 후 융기되거나 평평하며, 표면이 매끈하거나 거친 집락으로, 약간 퍼져 있거나 불규칙한 것을 선택하여 약 10개를 취한다. 경우에 따라서는 집락 주위에 혼탁한 환이 생긴다.

3) **확인시험** : 분리균에 대하여 Gram 양성의 간균과 균체 말단에 아포가 형성되는 것을 관찰하고, 호기 조건으로 35~37℃에서 2~3일간 배양하였을 경우 균이 발육되지 않는 것을 확인한다. 0.1%의 glucose를 첨가한 GAM 배지(배지 34)에 접종하여 35~37℃에서 1~4일간 배양하여 운동성이 있는 것을 양성으로 판

정하며, 질산염 환원능이 없으므로 glucose 0.1%, KNO3 0.3%를 가한 GAM 배지(배지 34)에 접종하여 35~37℃에서 2일간 배양한 후 Nitrite 지시약(시액 6)을 가하였을 경우 색의 변화가 없어야 한다. 우유를 pH 6.8이 되도록 조정하여, $FeSO_4$ 0.05~0.1g을 첨가한 배지에 균을 접종하여 35~37℃에서 배양한 후 우유를 분해하는 것을 양성으로 판정(각 독소 type에 따라 분해능이 다름)한다.

6. 바실러스 세레우스(Bacillus cereus)

1) **분리배양** : 검체 25g 또는 25mL를 취하여 225mL의 희석액을 가하여 균질화한 시험용액을 MYP 한천배지(배지 46)에 접종하여 30℃, 24시간 배양하거나 PEMBA 한천배지(배지 98)에 접종하여 37℃에서 24시간 배양한다. 검체를 가하지 아니한 동일 희석액을 대조시험액으로 하여 시험조작의 무균여부를 확인한다. 배양 후 MYP 한천배지에서는 혼탁한 환을 갖는 분홍색 집락 또는 PEMBA 한천배지에서는 혼탁한 환을 갖는 청녹색 집락을 선별한다. 이때 명확하지 않을 경우 24시간 더 배양하여 관찰한다.

2) **확인시험** : 배지에서 전형적인 집락을 선별하여 보통한천배지(배지 8) 또는 Tryptic Soy 한천배지(배지 40)에 접종하고 30℃에서 24시간 배양한다. 배양 후 그람염색을 실시하여 포자를 갖는 그람양성 간균을 확인하고, 확인된 균은 nitrate 환원능, VP, β-hemolysis, tyrosine 분해능, 혐기배양 시의 포도당 이용 등의 생화학 시험을 실시하며, 추가로 30℃, 24시간 그리고 상온, 2~3일 추가 배양하여 곤충독소 단백질(Insecticidal crystal protein) 생성 확인시험도 실시한다.

■ 기출문제

1. 대장균군 정량시험의 최확수법과 표시 방법을 쓰시오. 〈2020-4회, 2023-3회〉

※ 2023-3회 출제 : 최확수법의 정의를 제시하고, 시험방법의 명칭을 쓰는 문제가 출제됨

- 최확수법 : 연속한 3단계 이상의 희석시료(10, 1, 0.1 또는 1, 0.1, 0.01 등) → 각각 5개씩(또는 3개씩) 발효관에서 배양 → 가스가 발생한 발효관 수로부터 확률적으로 대장균군의 수 산출
- 표시 방법 : 검체 1mL 중 또는 1g 중에 존재하는 대장균군 수를 표시

2. 대장균군 시험에서 정성시험의 유당배지 시험방법 순서와 각 해당 배지를 쓰시오. 〈2006-3회, 2023-3회〉

- 시험방법 순서 : 추정시험 - 확정시험 - 완전시험
① 추정시험 : 유당배지
② 확정시험 : BGLB 배지, Endo 한천배지, EMB 한천배지
③ 완전시험 : 보통(표준)한천배지

3. 유가공품, 식육가공품, 알 가공품의 대장균 확인시험에서 다음 빈칸에 양성, 음성 반응을 (+), (-)로 쓰시오. 〈2023-2회〉

최확수법에서 가스 생성과 형광이 관찰된 것은 대장균 추정시험 양성으로 판정하고, 대장균의 확인시험은 추정시험 양성으로 판정된 시험관으로부터 EMB 배지에 이식하여 37℃에서 24시간 배양하여 전형적인 집락을 관찰하고 그람염색, MUG 시험, IMMC 시험, 유당으로부터 가스생성시험 등을 검사하여 최종 확인한다. 대장균은 MUG시험에서 형광이 관찰되며, 가스 생성, 그람음성의 무아포 간균이며, IMViC시험에서 "①, ②, ③, ④"의 결과를 나타내면 대장균(E. coli) biotype Ⅰ로 규정한다.

- ①, ②, ③, ④ : + + - -
※ 임빅 시험(IMViC test)이란 indole 생산능(I), methyl red 시험(M), Voges-Proskauer 반응(V), 구연산염(C)을 이용한 시험을 말한다.
※ 대장균 최종 확인시험 : 인돌 생산능 시험과 메틸레드 시험에서는 양성(+), 보게스-프로스카우어 반응시험과 구연산염을 이용한 시험에서는 음성(-)을 나타내면 대장균이 있는 것으로 규정한다.

4. 살모넬라균을 TSI 사면배지에 접종 시 붉은색의 결과가 나오는 이유를 쓰시오. 〈2016-1회〉

- 유당, 자당을 분해하지 못하기 때문

5. 혐기성 세균 배양 방법 3가지를 쓰시오. 〈2015-3회〉

- gas-pak법, 혐기성 chamber법, 질소가스유입법, 포도당 한천배양법, 진공배양법

6. 다음은 식품공전 중 장출혈성 대장균 시험법에 대한 내용이다. 빈칸에 들어갈 단어를 쓰시오 〈2020-2회〉

① O157:H7
② O157:H7
③ 베로독소

> 본 시험법은 대장균 (①)과 대장균 (②)이 아닌 (③)생성 대장균(Verotoxin-producing E. coli, VTEC)을 모두 검출하는 시험법이다. 장출혈성 대장균의 낮은 최소감염량을 고려하여 검출 민감도 증가와 신속 검사를 위한 스크리닝 목적으로 증균배양 후 배양액(1~2mL)에서 (③)유전자 확인시험을 우선 실시한다. (③)(VT1 그리고/또는 VT2) 유전자가 확인되지 않을 경우 불검출로 판정할 수 있다. 다만, (③)유전자가 확인된 경우에는 반드시 순수 분리하여 분리된 균의 (③)유전자 보유 유무를 재확인한다. (③)가 확인된 집락에 대하여 생화학적 검사를 통하여 대장균으로 동정된 경우 장출혈성 대장균으로 판정한다.

7. 황색포도상구균 정성시험과 정량시험 중 확인시험 방법에 대하여 쓰시오. 〈2024-3회〉

- coagulase 시험을 통하여 24시간 이내에 응고 유무를 확인한다.
- ※ 황색포도상구균 확인시험 : 분리 배양된 평판배지상의 집락을 보통한천배지에 옮겨 35~37℃에서 18~24시간 배양한 후, 그람염색을 실시하여 포도상의 배열을 갖는 그람양성 구균을 확인한 후 coagulase 시험을 실시하며, 24시간 이내에 응고 유무를 판정한다.
- ※ 혈장응고효소(coagulase) : 포도상구균에 존재하는 내열성 효소 이 효소는 혈장(단백질)과 작용하여 응집을 형성한다.

8. 다음은 어느 식중독 세균에 대한 시험이다. 이를 보고 식중독균 이름, 가열 시 특성(균, 독소 포함해 작성), 예방대책 1가지를 쓰시오. 〈2022-2회〉

> 분리 배양된 평판배지 상의 집락을 보통한천배지에 옮겨 35~37℃에서 18~24시간 배양한 후 그람염색을 실시하여 포도상의 배열을 갖는 그람양성 구균을 확인한 후 coagulase 시험을 실시하며 24시간 이내에 응고 유무를 판정한다. Baird-Parker(RPF) 한천배지에서 전형적인 집락으로 확인된 것은 coagulase 시험을 생략할 수 있다. Coagulase 양성으로 확인된 것은 생화학 시험을 실시하여 판정한다.

- 세균명: 황색포도상구균
- 가열 특징(균/독소 포함)
  ① 균 : 64℃에서 10분간 가열 시 사멸
  ② 독소 : 내열성이 강하여 100℃에서 60분 가열해야 파괴됨
- 예방대책
  ① 식품취급자 손 청결, 화농성 질환자 식품 취급 금지
  ② 조리된 식품은 모두 섭취하고, 보존 시에는 5℃ 이하 냉장 보관
  ③ 황색포도상구균은 일반적인 살균온도에서 가열해도 장독소가 파괴되지 않으므로, 이 균의 증식이 의심되면 가열 섭취하는 것도 금지

9. 바실러스 세레우스 정성시험의 내용이다. ( )안에 알맞은 내용을 적으시오. 〈2024-1회〉

> 검체 25g 또는 25mL를 취하여 225mL의 희석액을 가하여 균질화한 시험 용액을 (①)에 접종하여 30℃, 24시간 배양한다. 검체를 가하지 아니한 동일 희석액을 대조 시험액으로 하여 시험조작의 무균 여부를 확인한다. 배양 후 MYP 한천배지에서는 혼탁한 환을 갖는 (②)색 집락을 선별한다. 이때 명확하지 않을 경우 24시간 더 배양하여 관찰한다.

① MYP 한천배지
② 분홍

■ 예상문제

1. 확인시험 : 분리배양된 평판배지 상의 집락을 LIM 반유동배지, 2% NaCl을 첨가한 보통한천배지 또는 Tryptic Soy 한천배지에 각각 접종한 후 35~37℃에서 18~24시간 배양한다. ( )는 LIM 배지에서 Lysine Decarboxylase 양성, Indole 생성, 운동성 양성, Oxidase시험 양성이다.

- 장염비브리오

3-5. 식품 중 유해물질 시험법[98]

1) **중금속** : 시험 시료는 검체에서 가식 부위를 사용함을 원칙으로 한다. 건조 버섯류, 건조 해조류, 조제분유 등 일반적으로 수분을 원상태로 복원하여 섭취하는 제품은 섭취 시의 상태와 동일한 상태가 되도록 처리한 것을 시료로 한다.

2) **납(Pb)** : 모든 식품에 적용한다. 다만, 원유 및 우유류, 과일채소류 음료, 조제 유류, 특수영양식품은 질산분해법 또는 마이크로웨이브법으로 시험용액을 조제하여 유도결합플라즈마-질량분석법에 따라 시험한다.

 (1) **습식분해법(질산분해법)** : 시료 1~20g(건조물 1~5g, 생물 20g)을 플라스크 등에 취해 질산 50~100mL를 넣고 충분히 습윤되도록 한다. 가열판에서 서서히 가열하면서 격렬한 반응이 끝나고 암색이 되면 내용물이 줄지 않도록 질산 2~3mL씩 넣으며 가열을 계속한다. 과산화수소를 5~10mL 천천히 주입하며 가열을 계속하고 내용물이 미황색~무색이 되었을 때 분해가 끝난 것으로 한다. 분해물을 가열판에서 최소량으로 휘산·농축시킨 후 물을 넣어 적절하게 희석하여 시험용액으로 한다. 이때, 최종 시험용액의 질산농도는 10% 이하가 되게 한다. 공시험용액에 대해서도 같은 조작을 하여 시험용액을 보정한다.

 (2) **건식회화법** : 시료(5~20g)를 도가니, 백금접시에 취해 건조하여 탄화시킨 다음 450℃에서 회화한다. 회화가 잘되지 않으면 일단 식혀 질산(1+1) 또는 50% 질산마그네슘용액 또는 질산알루미늄 40g 및 질산칼륨 20g을 물 100mL에 녹인 액 2~5mL로 적시고 건조한 다음 회화를 계속한다. 회화가 불충분할 때는 위의 조작을 1회 되풀이하고 필요하면 마지막으로 질산(1+1) 2~5mL를 가하여 완전하게 회화를 한다. 회화가 끝나면 회분을 희석된 질산을 일정량으로 하여 시험용액으로 한다.

 (3) 측정

  ① **유도결합플라즈마-질량분석법(Inductively Coupled Plasma Mass Spectrometry, ICP-MS)**
  - 아르곤 가스에 고주파를 유도결합방법으로 걸어 방전되어 얻어진 아르곤 플라즈마에 시험용액을 주입하여 분석 원소의 질량값에 대한 분석 강도를 측정하여 시험용액 중의 분석 원소의 농도를 구하는 방법이다.

  ② **유도결합플라즈마-발광광도법(Inductively Coupled Plasma Optical Emission Spectrometry, ICP-OES)** : 아르곤 가스에 고주파를 유도결합방법으로 걸어 방전되어 얻어진 아르곤 플라즈마에 시험용액을 주입하여 분석 원소의 **원자선 및 이온선의 발광 광도를 측정**하여 시험용액 중의 분석 원소의 농도를 구하는 방법이다.

  ③ **원자흡광광도법(Atomic Absorption Spectrometry, AAS)** : 시험용액 중의 금속원소를 적당한 방법으로 해리시켜 원자 증기화하여 생성한 기저상태의 원자가 그 원자 증기를 통과하는 **빛으로부터 측정 파장의 빛을 흡수하는 현상을 이용하여 광전측정** 등에 따라 목적 원소의 특정 파장에 있어서 흡광도를 측정하고 시험용액 중의 목적 원소의 농도를 구하는 방법이다.

---

[98] 식약처, 식품의 기준 및 규격, 식약처 고시 제2024-71호, 2024.11.14.

■ 기출문제

1. 유해 중금속(납, 카드뮴) 검출 방법 (시험 분석법) 2가지를 쓰시오. 〈2020-1회〉

   • 습식분해법, 건식회화법, 용매추출법, 원자흡광도법, ICP

2. 식품 중 중금속 성분의 정량분석 과정이다. 괄호를 채우고 중금속 시험법을 5가지 쓰시오. 〈2015-1회〉

   분석 시료의 매질 고려 - 분석대상 원소를 고려 (　) - 시험용액의 조제 - 기기분석

   • 분석매질 결정
   • 중금속 시험법 5가지
     ① 시험용액의 조제법에 따른 시험법 : 습식분해법(질산분해법, 마이크로웨이브법), 건식회화법, 용매추출법
     ② 기기분석법에 따른 시험법 : ICP-MS, ICP-OES, AAS(원자흡광광도법)

3. 다음은 건식회화법에 대한 설명이다. ( )를 채우시오. 〈2020-4회〉

   시료(5~20g)를 도가니, 백금접시에 취해 건조하여 (①)시킨 다음 450℃에서 (②)한다. (②)가 잘되지 않으면 일단 식혀 질산 또는 50% 질산마그네슘용액 또는 질산알루미늄 40g 및 질산칼륨 20g을 물 100mL에 녹인 액 2~5mL로 적시고 건조한 다음 (②)를 계속한다. 회화가 불충분할 때는 위의 조작을 1회 되풀이하고 필요하면 마지막으로 질산 2~5mL를 가하여 완전하게 (②)를 한다. (②)가 끝나면 (③)을 희석된 (④)을 일정량으로 하여 시험용액으로 한다.

   ① 탄화
   ② 회화
   ③ 회분
   ④ 질산

4. 납(Pb)의 정성시험 중 시험용액에 크롬산칼륨 몇 방울을 가하였다. 이때 납이 용출되면 어떤 반응이 일어나는지 쓰시오. 〈2017-1회〉

   • 화학반응 : 황색 침전 또는 혼탁 현상
   ※ 크롬산칼륨(강 산화제) : 수용액에 Hg^{2+}, Pb^{2+}를 가하면 황색 침전한다.

제4절 화학 계산의 기초이론

4-1. 화학 계산의 기초이론

1. 무게, 질량

1) **무게** : 물체에 작용하는 중력의 크기로, 지구가 물체를 끌어당기는 힘을 말한다. 따라서 장소가 바뀌면 무게는 달라진다. 몸무게를 측정할 때 지구에서와 달(지구 중력의 1/6)에서의 몸무게는 달라진다.

   (1) 무게는 질량에 비례하며, 질량이 크면 무게가 큰 것을 의미한다. 무게의 단위는 힘의 단위인 N(뉴턴)을 사용한다. '무게(중량) = 부피 × 비중'으로 계산한다.

   (2) 지표면에서 무게를 표시할 때, 킬로그램중(kgf) 단위를 쓰기도 한다. 1kgf = 9.81 N으로 질량 1kg인 물체가 지표면에서 중력가속도 크기인 $9.81m/s^2$로 가속할 때 받는 중력의 크기를 말한다.

2) **질량** : 물체가 가지고 있는 물체 고유의 양으로 장소와 관계없이 항상 일정하다. 단위는 킬로그램(kg)을 사용한다.

   (1) 물체가 힘을 받아 얻는 가속도와 관련된 특성으로 관성의 크기로써 질량은 'm = F/a (a : 물질량의 가속도, F : 힘)'로 나타낸다.

   (2) 질량(m) = 힘(F) ÷ 물질량의 가속도(a) = 밀도 × 부피

3) **부피** : 물질이 차지하는 공간의 크기. 단위는 cm^3, m^3, mL, L 등을 사용. 부피 = 질량 ÷ 밀도

4) **밀도** : 어떤 물질의 질량을 부피로 나눈 값으로 단위 부피당 질량을 말한다. 단위는 g/mL, g/cm^3, kg/m^3 등을 사용한다.

   (1) 순수한 물질은 고유한 밀도를 가지며, 혼합물은 구성하는 성분들의 조성에 따라 밀도가 달라진다. 4℃ 물의 밀도는 1g/mL이다.

   (2) 밀도 = (질량 ÷ 부피)

5) **비중** : 어떤 온도에서 어떤 물질의 밀도를 표준물질의 밀도로 나눈 값이다. 비중은 단위가 없으며, 대부분 비중과 밀도의 값은 같다.

   (1) 액체의 경우 1기압하에서 4℃ 물을 기준으로 한다. 따라서 4℃, 1기압에서 '비중 = 밀도'가 된다. 모든 물체는 온도 및 압력에 따라 밀도가 변하므로 비중도 변한다. 비중은 온도에 영향을 받기 때문에 온도보정을 해 주어야 한다.

   (2) 비중계가 순수한 물에 떠 있는 경우, 측정치는 1.000이다. 물에 용질을 넣어 밀도를 증가시키면 비중계는 더 많이 떠오르게 되어 1.000보다 큰 값이 된다.

6) **분자량** : 한 분자 안에 있는 모든 원자의 원자량을 합한 것을 말한다. 원자량은 수소 1, 탄소 12, 질소 14, 산소 16이다. 물(H_2O) 분자량은 수소(2) +산소(16)이므로 18이 된다.

7) **몰(mol)** : 물질의 질량을 측정하는 단위로 원자, 분자, 이온과 같이 물질의 기본단위 입자를 묶어 그 개수를 세는 것이다.

  (1) 분자량과 같은 g수의 물질량을 1몰(mol)이라 한다. 기호로는 mol을 사용한다.

  (2) 분자 1몰도 분자량에 g 단위를 붙인 양 속에 포함된 분자의 개수를 1몰이라 한다. 산소(O_2, 분자량 32)의 1몰(mol)은 32g이다. 물(분자량 18) 18g은 1몰이며, 9g은 0.5몰이 되는 것이다.

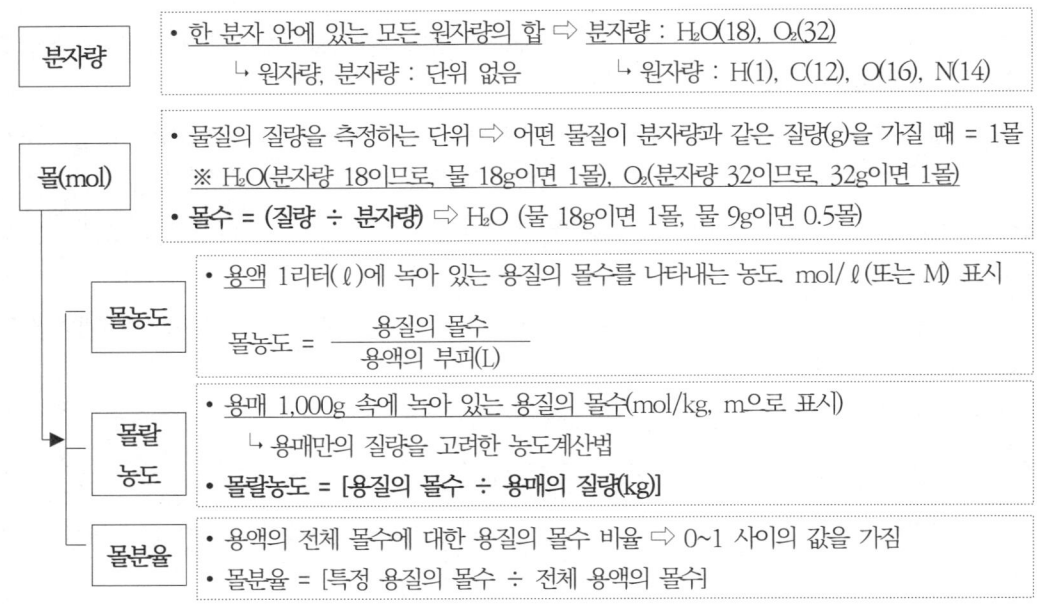

2. 농도

1) **농도(concentration)** : 일정한 영역 내에 존재하는 물질의 양으로 일반적으로 용액에 존재하는 용질의 상대적인 양을 의미한다.

2) **몰농도(Molarity)** : 용액 1리터(ℓ)에 녹아 있는 용질의 몰수를 나타내는 농도로 mol/ℓ 또는 M으로 표시한다. 계산식은 다음과 같다.

$$몰농도 = \frac{용질의\ 몰수(mol)}{용액의\ 부피(L)}$$

3) **몰랄농도(molality)**

  (1) 용매 1,000g 속에 녹아 있는 용질의 몰수를 말하며, mol/kg 또는 m으로 표시한다. 삼투압 측정 등에 이용된다.

⑵ 용액의 질량이 아닌 용매만의 질량을 고려한 농도 계산법이며, 질량을 이용하여 계산하므로 온도나 압력에 의한 영향을 받지 않는다.

$$몰랄농도 = \frac{용질의\ 몰수}{용매의\ 질량(kg)}$$

4) **몰분율(mole fraction)** : 혼합물을 구성하는 한 성분이 전체 몰수에서 차지하는 몰수의 비를 나타낼 때 사용한다. 용액의 전체 몰수에 대한 용질의 몰수 비율로, 몰분율은 보통 0~1 사이의 값을 갖는다.

$$몰분율 = \frac{특정\ 용질의\ 몰수}{전체\ 용액의\ 몰수}$$

5) **퍼센트 농도(weight percent)** : 용액 100g 속에 녹아 있는 용질의 그램(g)수로 %로 나타낸다. 물 95g에 소금 5g을 녹인 용액은, 용액 100g에 소금 5g이 녹아 있으므로 5%의 소금 수용액이 되는 것이다.

6) **노르말농도(normality)** : 용액 1ℓ 속에 녹아 있는 용질의 g당량수를 나타낸 농도를 말한다. 당량농도라고도 하며, 기호는 N으로 표시한다. 산·알칼리의 중화반응 또는 산화제와 환원제의 산화환원반응 계산 등에 이용된다. 노르말농도(N) = (몰농도, mol/L) × (당량수, eq/mol)

7) **당량(Equivalent, eq)** : 산-염기 반응에서 필요한 몰수(mol)로 수소이온(H^+) 1몰(mol)과 반응하는 양으로 볼 수 있다. 따라서 HCl(1가산)은 H^+ 1몰(mol)과 반응하므로 1당량, H_2SO_4(2가산)은 H^+ 2몰(mol)과 반응하므로 2당량이 된다. 산염기 반응에서 당량수(eq/mol)는 H^+ 개수와 같으므로 HCl(1가산)의 당량수는 1, H_2SO_4(2가산)의 당량수는 2가 된다.

⑴ **g당량(Gram Equivalent)** : 반응 단위 1mol의 무게이며, 1몰의 질량(g/mol)과 같다.

⑵ 'g당량수(g/eq) = 몰 질량(g/mol) ÷ 당량수(eq/mol) = 몰질량(g/mol) ÷ 수소이온 개수'로 표현할 수 있다. 따라서 H_2SO_4가 1M일 때, '노르말농도(N) = 몰농도 × 당량수(2) = 2N'가 된다. 이는 1N H_2SO_4 시료 1L에는 H_2SO_4(분자량 98) 49g이 용해되어 있다는 것으로 해석할 수 있다.

3. 산-염기 중화반응 계산식

1) **희석식** : 진한 용액의 용질 몰수 = 묽은 용액의 용질 몰수

MV = M'V' (M 진한 용액의 농도, V 진한 용액의 양)

2) **중화적정을 통한 시료의 농도(또는 부피) 계산**

⑴ 몰농도 : MV = M'V' (M 산 농도, V 산 부피, M' 염기 농도, V' 염기 부피)

⑵ 노르말농도 : NV = N'V' (N 산 농도, V 산 부피, N' 염기 농도, V' 염기 부피)

⑶ 중화적정에서 역가 계산식 : NVF = N'V'F'

> ♣ 단위(unit), 차원(dimension), 원 단위(basic unit)
> 1. 단위(unit) : 측정된 값을 나타내는 데 사용하며, 물리량의 크기를 표현할 때 사용한다. 길이는 m, 시간은 초, 분 등이다. 10m에서 10은 물리량의 크기(수치)이고, m은 단위이다.
> 2. 차원(dimension) : 물리량의 성질로 길이, 시간, 질량 등과 같은 물리량을 표시하는 성질을 말한다. 이들은 독립적으로 각각 별개의 차원(성질)을 갖는다.
> 3. 원 단위(basic unit) : 제조업에서 일정량의 생산물을 만들기 위해 소요되는 원·부재료, 연료, 노동력, 비용, 소요 시간 등의 수량을 말한다. 금액으로 표시하지 않고 t, kg, 시간 등의 물리량 단위로 표시한다.

4. 일과 에너지

1) **J(주울)** : 에너지와 일의 단위. 1J은 1N(뉴턴, 1kg의 물체에 $1m/s^2$의 가속도를 생기게 하는 힘. 1N = 1 $kg·m/s^2$)의 힘으로 물체를 힘의 방향으로 1m 움직이는 동안 하는 일 또는 필요한 에너지이다.

   $1J = 1N·m = 1kg·m^2/s^2$ ※ 1kcal = 4.184 kJ

2) **운동량 보존 법칙** : 외부에서 힘이 작용하지 않을 때, 물체 또는 계의 전체 운동량의 합이 보존된다는 법칙을 말한다. 외부에서 가해진 힘이 없으면 운동량은 보존된다. F=ma   ※ a(물질량의 가속도), m(질량)

3) **중력가속도** : 지구 중력에 의해 지구상의 물체에 가해지는 가속도. 중력의 크기는 물체의 질량에 비례하므로 중력의 작용만 받아 높은 곳에서 떨어지는 물체는 질량의 크기와 관계없이 일정한 가속도(약 9.81 m/s^2)가 가해진다. 이 가속도를 중력가속도(기호는 g, 단위 m/s^2)라고 한다.

5. 베르누이 방정식

1) **베르누이의 법칙(Bernoulli's theorem)** : 운동하고 있는 유체(공기, 액체) 내에서의 압력과 유속, 임의의 수평면에 대한 높이 사이의 관계를 나타내는 유체역학의 정리를 말한다.

2) 유체의 위치에너지와 운동에너지의 합이 항상 일정하다는 성질을 이용한 것이다. 유체의 운동에 관한 에너지 보존의 법칙을 나타내는 것이다.

6. 섭씨(℃)를 화씨(℉)온도로 변환

1) ℃ = (℉ - 32)/1.8
2) ℉ = ℃ × 1.8 + 32

■ 기출문제

1. 무게 6860.0N인 동결된 딸기의 질량을 kg으로 구하시오. (단, 중력가속도는 9.8 m/s²) 〈2007-1회〉

   ※ 1N = 1 kg·m/s²,
   　　F = ma이므로 (m : 질량, a : 가속도)
   - 6,860N(kg·m/s²) = m × 9.8 m/s²
   ∴ m(질량) = 6,860 kg·m/s² ÷ 9.8 m/s²
   　　　　　 = 700(kg)

2. 용액 A가 4℃에서 비중이 1.150이다. 4℃에서 용액 A의 밀도를 계산하시오. 〈2017-3회, 2022-2회〉

   - 비중 = (물질의 밀도 ÷ 4℃에서 물의 밀도)이므로, 1.15 = (질량÷부피)이다. 따라서 용액 100mL일 때 질량 115g이 된다.
   - 밀도는 g/mL이므로 ⇨ 밀도 = 1.15 g/mL
   ※ 같은 원리에 의해,
   　 4℃에서의 물의 밀도가 1,000kg/m³이라면,
   - 1.15 = 물질의 밀도 ÷ 1,000kg/m³이므로,
   　 용액 A의 밀도 = 1,150kg/m³

3. 어떤 물질의 비중은 0.950이다. 이때의 밀도, 비용적, 부피(용질 18g)를 구하시오. 밀도 단위(g/cm³), 비용적 (cm³/g), 부피(cm³). 〈2024-2회〉

   ① 밀도 : 0.95 = (물질의 밀도) ÷ (4℃ 물의 밀도)
   ※ '비중 = 식품의 밀도 ÷ 물의 밀도'이므로 물의 밀도 = 1(g/cm³)이고, 어떤 용액의 밀도 x라 하면, 0.95 = x ÷ 1(g/cm³)이 된다.
   　 ∴ x(용액의 밀도) = 0.95(g/cm³)
   ② '비용적(비중의 역수) = 1 ÷ 비중'이므로,
   　 ∴ 비용적 = 1 ÷ 0.95g/cm³ = 1.05(cm³/g)
   ③ 부피(용질 18g) : '밀도 = 질량 ÷ 부피'이므로,
   　 ∴ 부피 = 질량 ÷ 밀도 = 18g ÷ 0.95(g/cm³)
   　　　　　 = 18.95cm³

4. 포도당 20g을 물 80g에 녹였을 때 포도당의 몰분율을 구하시오. 〈2007-1회, 2010-3회, 2016-3회, 2022-2회〉

※ 몰분율 = $\dfrac{\text{해당 성분의 몰수}}{\text{혼합물의 총몰수}}$ ※ 몰수 = $\dfrac{\text{질량}}{\text{분자량}}$

- 포도당($C_6H_{12}O_6$)의 몰수 = $\dfrac{20g}{180g/mol}$ = 0.111 mol

- 물(H_2O)의 몰수 = $\dfrac{80g}{18g/mol}$ = 4.444 mol

∴ 포도당의 몰분율 = $\dfrac{0.111}{0.111 + 4.444}$ = 0.024

5. 설탕 25kg을 물 75kg에 녹였다. 이 설탕 용액의 당도, %, 몰분율을 구하시오. 〈2008-3회〉

- 당도 = 용질÷(용매+용질)×100 = 25÷(25/75)×100 = 25%(°Bx)
- % : [25/(25 + 75)] × 100 = 25%
※ '몰분율 = (특정 용질의 몰수÷전체용액의 몰수)', '몰수 = (질량÷분자량)'
  ① 설탕 분자량 342 ⇨ 설탕의 몰수 = (25/342) = 0.0730
  ② 물 분자량 18 ⇨ 물의 몰수 = (75/18) = 4.1666
- 설탕의 몰분율 = 0.0730 ÷ (0.0730+4.1666) = 0.017

6. 소금물로 수분활성도 0.6의 상태를 얻고자 할 때, 소금 용액의 몰농도를 계산하시오.
   (단, 분자량은 물 18, 소금 58.5, 소금의 밀도 2.165) 〈2009-1회, 2024-3회〉

- 수분활성도가 0.6이 되려면, 수분활성도 = 물의 몰수÷(소금의 몰수+물의 몰수) = 6÷(4+6) = 0.6
  ∴ 소금의 몰수는 4mol, 물의 몰수는 6mol
※ 소금의 분자량(58.5g/mol), 물의 분자량(18g/mol), 물질의 질량(g) = (분자량×몰수)이므로
- 소금의 질량(g) = 58.5×4 = 234g, 물의 질량(g) = 18×6 = 108g이고,
  소금의 밀도는 2.165(g/mL)로 주어졌고, 물의 밀도는 1(g/mL)이므로

소금 용액의 부피 = $\dfrac{\text{소금의 질량}}{\text{소금의 밀도}} + \dfrac{\text{물의 질량}}{\text{물의 밀도}} = \dfrac{234}{2.165} + \dfrac{108}{1}$ = 216mL

∴ 소금 용액의 몰농도(M) = $\dfrac{\text{소금의 몰수(mol)}}{\text{소금 용액의 부피(L)}} = \dfrac{4몰}{0.216\ell}$ = 18.52M

7. 비중이 1.11인 22% 염산(분자량 36.46)의 노르말농도를 구하시오. 〈2015-1회, 2023-1회〉

※ 염산(HCl)은 1당량이므로, 몰농도 = 노르말농도

※ 몰농도 = $\dfrac{\text{용질의 몰수}}{\text{용액의 부피(L)}}$

- 염산의 밀도(1.11) = (질량 ÷ 부피) = 1.11kg/1L
  ⇨ 순수한 염산의 양은 22%이므로, 1L에는 244.2g이 함유되어 있다.

  몰농도 = $\dfrac{\text{용질의 몰수}}{1L}$ = $\dfrac{\text{질량}}{\text{분자량}} \times \dfrac{1}{1L}$

- 몰농도 = $\dfrac{244.2g}{36.46(g/mol)} \times \dfrac{1}{1L}$ = 6.698 M

∴ 노르말농도 = 6.698M × 당량수(1) = 6.7 N

8. 황산수소 9.8g을 250mL에 희석하였을 때 노르말농도와 몰농도를 구하시오. 〈2017-3회, 2024-2회〉

※ 몰농도 = $\dfrac{\text{용질의 몰수}}{\text{용액의 부피(L)}}$

※ 1당량일 때, 몰농도 = 노르말농도 ⇨ 2당량(황산수소)이면, 몰농도 × 당량수 = 노르말농도

- 9.8g H_2SO_4 몰수 = $\dfrac{9.8g}{98(g/mol)}$ = 0.1 mol

  ∴ 몰농도 = $\dfrac{\text{몰수}}{\text{부피}}$ = $\dfrac{0.1 \text{ mol}}{0.25 \text{ L}}$ = 0.4 M

- '노르말농도(N) = 몰농도 × 당량수'이므로, 0.4M × 2 = 0.8 N

  또는 H_2SO_4 당량수 = $\dfrac{98 \text{ g/mol}}{2 \text{ eq/mol}}$ = 49(g/eq)

  ∴ 노르말농도 = $\dfrac{\text{g당량수(g/eq)}}{\text{부피 (L)}}$ = $\dfrac{\text{질량(g)}}{\text{g당량수(g/eq)}} \times \dfrac{1}{\text{부피 (L)}}$

  ⇨ $\dfrac{9.8 \text{ (g)}}{49 \text{ (g/eq)}} \times \dfrac{1}{0.25 \text{ (L)}}$ = 0.8 N

9. 1N oxalic acid(옥살산, $H_2C_2O_4$) 500mL를 만드는 데 필요한 oxalic acid 양과 만드는 방법을 간단히 쓰시오. (Oxalic acid의 분자량 126.07g/mol, 원자가 2) 〈2013-1회, 2020-3회〉

- Oxalic acid의 1g당량수 = 분자량 ÷ 원자가
  ⇨ (126.07 ÷ 2) = 63.035
- 1N 옥살산(g당량수/1L) = 63.035g÷용액(1L)
  ⇨ 용액 500mL 제조에는 31.517g 필요
- 제조 방법
  ① 순수한 oxalic acid 31.5175g을 비커에 넣는다.
  ② 소량의 증류수로 용해한다.
  ③ 500mL 메스플라스크에 넣고 정용하여 혼합한다.
  ④ 표준물질(1N NaOH)로 표정하여 factor(역가)를 구한다.

10. 35% 소금물 100 mL을 5%의 소금물로 희석하려면, 첨가해야 하는 물의 양은 몇 mL인지 계산하시오. 〈2014-1회, 2016-3회〉

- ※ 희석공식 : $MV = M'V'$
- (35%×100mL) = 5% × (100 + x)
  ⇨ x(첨가해야 할 물의 양) = 600(mL)
- 또는 (35%×100mL) = 5% × x(희석 후, 물의 양)
  ⇨ x = 700(mL)
- ∴ 첨가해야 할 물의 양 = 700mL(희석된 물의 양) - 100mL(소금물의 양) = 600mL

11. 30% 용액 A와 15% 용액 B를 혼합하여 25% 용액을 만들었을 때의 혼합비를 쓰시오. 〈2011-3회〉

- A : 30%, x(g)   B : 15%, y(g)
  C : 25%, $x+y$(g)
- 계산식 : $30x + 15y = 25(x+y)$
  ⇨ $5x = 10y$ ⇨ $x : y = 2 : 1$

12. 수분함량이 15.5%인 원맥 300kg을 수분함량이 19.5%로 만들 때 첨가할 물의 양을 계산하시오. 〈2014-3회, 2023-3회〉

$$S = \frac{W(b-a)}{100-b}$$

$$= \frac{300 \times (19.5-15.5)}{100-19.5} = 14.9 \text{ kg}$$

※ W(현재 중량), a(현재 농도), b(목표 농도)

13. 당도 14%인 포도당 과즙 10kg을 24%의 당 농도로 하기 위한 첨가 설탕량을 구하시오. 〈2006-3회, 2024-3회〉

$$S = \frac{W(b-a)}{100 - b}$$

$$= \frac{10 \times (24-14)}{100 - 24} = 1.3 \text{kg}$$

※ 2024-3회 : 당도 5%인 포도당 과즙 10kg을 11%의 당 농도로 하기 위한 첨가 설탕량을 g으로 계산.

$$S = \frac{W(b-a)}{100 - b}$$

$$= \frac{10 \times (11-5)}{100 - 11} = 674.16 \text{g}$$

14. 3% 설탕물 100kg에 다른 설탕을 혼합하여 15% 설탕물을 만들고자 한다. 첨가해야 할 설탕량은 몇 kg인지 계산하시오. (단, 첨가하는 설탕은 무수설탕이고, 물질수지식을 이용하여 계산하시오) 〈2006-1회, 2014-2회〉

$$S = \frac{W(b-a)}{100 - b}$$

$$= \frac{100 \times (15-3)}{100 - 15} = 14.2 \text{kg}$$

15. 100kg의 밀을 제분하기 위해 tempering한다. 밀의 수분함량은 12%인데 16%로 만들기 위해 첨가해야 할 수분량을 구하시오. 〈2007-3회〉

$$S = \frac{W(b-a)}{100 - b}$$

$$= \frac{100 \times (16-12)}{100 - 16} = 4.76 \text{kg}$$

※ W(현재 중량), a(현재 농도), b(목표 농도)

16. 0.1N NaOH(F=1.010) 20mL를 0.1 N HCl로 적정하였더니 사용량이 20.20mL였다. 이때 HCl의 factor 값을 구하시오. 〈2020-1회〉

※ 역가(factor) 계산 공식 : NVF=N'V'F' 적용

- (NaOH 노르말농도)×(적정에 사용된 NaOH 부피)×(NaOH 역가) = (HCl 노르말농도)×(적정에 사용된 HCl 부피)×(HCl 역가)

⇨ 0.1N × 20mL × 1.010 = 0.1N × 20.20mL × (HCl의 역가, x)

∴ x(HCl의 역가) = 1.000

17. 0.1 N NaOH (F=1.0039) 9.98 mL를 0.1 N HCl로 적정하였더니 사용량이 10mL였다. 이때 HCl의 factor 값을 구하시오. (답은 소수 넷째 자리에서 버림) 〈2020-2회, 2023-2회〉

※ 역가(factor) 계산 공식 : NVF=N'V'F' 적용

- 0.1N × 9.98mL × 1.0039 = 0.1N × 10mL × (HCl의 역가, x)

∴ x(HCl의 역가) = 1.001

18. 0.01 N KOH 2 mL이 반응하였을 때 KOH의 mg수를 구하시오. 〈2011-2회〉

- KOH(분자량) = 38+16+1 = 55(g/mol)
- 0.01 N = 0.01 mol/L
- 2mL = (2/1,000L)

$$KOH(mg) = 55\text{g/mol} \times 0.01 \text{ mol/L} \times 0.002 \text{ L} \times \frac{1,000\text{mg}}{1\text{g}}$$

※ mg으로 단위 환산을 위해 (1,000mg/1g)을 곱해 준다.

⇨ 55 × 0.01 × 0.002 × 1,000 = 1.1mg

19. 25% NaCl-수용액 1,000mL를 만들기 위한 NaCl과 물의 양을 구하시오. 〈2012-3회〉

- 25% NaCl-수용액 1,000mL가 되려면, NaCl 25%, 물 75%를 혼합한다.
  ⇨ NaCl 250g(25%), 물 750g

20. 2N HCl 200mL를 만들 때, 10N HCl이 몇 mL 필요한지 계산하시오. 〈2021-3회, 2024-1회〉

※ MV=M'V' 계산식을 이용, HCl은 1당량이므로 '노르말농도 = 몰농도'
- 2N × 200mL = 10N × x mL ⇨ x = 40mL

21. 1M NaCl, 0.4M KCl, 0.2M HCl 시약을 이용하여 0.2 M NaCl, 0.2 M KCl, 0.05 M HCl 농도의 총부피 500ml 시료를 제조하려고 한다. 각각 필요한 시약 용액의 사용량 및 물 첨가량을 계산하시오. 〈2010-1회, 2019-1회〉

- 혼합수용액 500mL를 제조하려면, 3개 수용액을 혼합하여 500mL가 되어야 함
※ MV = M'V'이용하여 계산
① 1M NaCl : 500mL = 0.2M NaCl : x (부피)
  ⇨ x = 100mL
② 0.4M KCl : 500mL = 0.2M KCl : x (부피)
  ⇨ x = 250mL
③ 0.2M HCl : 500mL = 0.05M HCl : x (부피)
  ⇨ x = 125mL
- 현재 농도 = 1M NaCl(100mL) + 0.4M KCl(250mL) + 0.2M HCl(125mL) = 475mL
∴ 제조 시료(500mL) - 475mL = 물 25mL

22. 0.03mm 두께의 필름에 대한 투습도를 측정하였다. 온도 40±1℃, 상대습도 90±2%, 풍속 1m/s인 항온항습실에서 실험할 때, 투습 면적 28.2㎠, 24시간 동안의 투습량이 26.8mg일 때, 투습도는 몇(g/㎡×24h)인지 계산하시오. 〈2023-3회〉

   ※ P [투습도, (g/㎡×24h)]) = $\dfrac{(a2-a1)}{S}$

   (a2-a1) : 1시간 경과 후 질량의 변화(g/h),   S : 투습 면적(㎡)

- 단위를 맞추기 위해 환산이 필요

   26.8mg = 0.0268g이고,

   28.2㎠ = 0.00282㎡이므로,

   P = $\dfrac{26.8mg/24h}{28.2㎠}$ = $\dfrac{0.0268g/24h}{0.00282㎡}$ = 9.5 (g/㎡×24h)

23. 소시지 제조공정에서 아래 표의 3가지 원료를 이용하여 프랑크소시지를 제조하려고 한다. 목표 지방함량은 25%이며, 전체육의 30%는 쇠고기로 구성하려고 한다. 이때 각 육원료의 사용량을 구하시오. (원료 전체육은 1,000kg이다) 〈2024-1회〉

육원료	수분(%)	지방(%)	단백질(%)	사용량(kg)
ⓐ 쇠고기(beef trim)	70	10	19	(①)
ⓑ 50:50 regular pork(돈육)	40	50	9	(②)
ⓒ pork loin trim(돈육)	65	20	14	(③)

- 전체육의 30%는 쇠고기이므로,

   [①번 쇠고기 사용량 = 1,000kg × 30%(0.3) = 300kg

- '전체육(1,000kg) - 쇠고기(300kg) = 700kg'이 되며, 이는 '돈육 ⓑ + 돈육 ⓒ' 사용량이다. 전체육 중에서 지방의 무게는,

   [전체육(1,000kg)×25%(목표지방)] - 30kg(쇠고기 지방 300kg의 10%) = 220kg

   '220kg = 50% 돈육(ⓑ) + 20% 돈육(ⓒ)'가 되며, ⇨ 220kg = 0.5 돈육(ⓑ) + 0.2 돈육(ⓒ)

   '700kg = 돈육(ⓑ) + 돈육(ⓒ)'이다.   ⇨ 700kg = 돈육(ⓑ) + 돈육(ⓒ)

- 위의 2개 방정식을 이용하여 계산하면,

   [②번 돈육(ⓑ) 사용량 = 800kg ÷ 3[돈육(ⓑ)] = 266.67kg

   [③번 돈육(ⓒ) 사용량 = 700kg - 266.67kg = 433.33kg

∴ ①번 쇠고기 사용량 300kg ②번 돈육 사용량 266.67kg ③번 돈육 사용량 433.33kg

24. 우유 공장에서 지상에 위치한 집유탱크로부터 지상 12m에 위치한 저장탱크로 내경 5cm인 관을 통하여 0.45m³/min의 속도로 원유를 수송하고자 한다. 마찰에 의한 에너지 손실은 무시할 수 있고, 우유의 밀도는 1.030kg/m³, 펌프의 효율이 75%일 때, 필요한 펌프의 마력이 얼마인지 계산하시오. (단, 중력가속도는 9.8 m/s², 1마력 = 745.7W/HP) 〈2016-1회〉

- 베르누이공식 적용 ⇨ 단위 환산 적용 필요 : 1min = 60sec, 1마력(HP) = 745.7W

- P(펌프마력) = $\dfrac{\text{밀도} \times \text{중력가속도} \times \text{높이} \times \text{유속}}{\eta}$

  P = $\dfrac{1.030\text{kg/m}^3 \times 9.8\text{ m/s}^2 \times 12\text{m} \times 0.45\text{m}^3/\text{min}}{0.75(\text{효율}) \times 60(\text{sec/min}) \times 745.7(\text{W/HP})}$ = 0.001626

  ⇨ 1.62×10^{-3}(HP)

■ 예상문제

1. 지방함량 20%인 쇠고기 20kg과 지방함량 30%인 돼지고기를 혼합하여 지방함량 22%의 혼합육을 만들고자 할 때, 필요한 돼지고기의 양을 구하시오. 〈필기 기출〉

    - 쇠고기 20kg의 지방함량 20% → 4kg
    - 돼지고기 함량(x)의 지방함량 30% → $0.3x$
    - 혼합육 = (쇠고기 20kg + 돼지고기 양 x) × 지방함량 22%(0.22)
    - $4\text{kg} + 0.3x = (20\text{kg} + x) \times 0.22$가 되므로, ∴ x = 5kg

2. 35%의 HCl을 희석하여 10% HCl 500ml를 제조하고자 할 때, 필요한 증류수의 양은 약 얼마인지 계산하시오. 〈필기 기출〉

    - 35% HCl 500ml를 증류수로 희석 → 10% HCl 500 ml을 제조
    - 증류수의 양을 x라 하면,
      $35(500 - x) = 10 \times 500$
      ∴ x = 357.14(ml)

참 고 문 헌

■ 책자, 논문, 연구문

1. 강길진, 『식품위해관리 개론』, 광문각, 2017.6.13.
2. 구난숙외 3인, 『식품관능검사』, 교문사, 2013.
3. 권미라 외, 『식품의 감각평가와 기호적 품질관리』, 수학사, 2018.8.30.
4. 권중호외 5인, 『식품화학』, 신광출판사, 2017.8.15.
5. 김공환, 『식품공학』, ㈜라이프사이언스, 2015.9.1.
6. 김청, 『식품포장의 기초와 응용』, 도서출판 ㈜포장산업, 2013.7.20.
7. 민찬규, 『식품인의 식품기술사』, 시간의 물레, 2020.6.
8. 변유량외, 『식품공학』, 지구문화사, 2016.3.15.
9. 이정훈외 2인, 『완벽 제과제빵 실무』, 형설출판사, 2000.2.28.
10. 장학길, 『식품가공저장학』, ㈜라이프사이언스, 2015.9.1.
11. 정갑택, 『식품유통의 국제화와 GFSI의 역할』, 한국과학기술정보연구원, 2015.
12. 한국식품기술사협회 교육교재편찬위원회, 『최신 식품기술사』, 석학당, 2012.7.17.
13. 황인경 외, 『식품품질관리 및 관능검사』, 교문사, 2015.8.17.

■ 사전류

1. 강영희, 『생명과학대사전』, 도서출판 여초, 개정판, 2014.
2. 네이버 지식백과, terms.naver.com
3. 농업용어사전, 농촌진흥청, http://www.rda.go.kr
4. 대한화학회, 화학백과, http://www.kcsnet.or.kr
5. 물 백과사전, My Water, http://www.water.or.kr
6. 생화학분자생물학회, 생화학백과, http://ksbmb.or.kr
7. 세화편집부, 『화학대사전』, 세화, 2001.5.20.
8. 위키백과, https://en.wikipedia.org/wiki/
9. 채범석 외1인, 『영양학사전』, 아카데미서적, 1998.3.15.
10. 한국기상학회, 기상학백과, http://www.komes.or.kr/
11. 한국물리학회, 물리학 백과, http://www.kps.or.kr
12. 한국미생물학회, 미생물학 백과, http://www.msk.or.kr
13. 한국분자 세포생물학회, 분자 세포생물학백과, http://www.ksmcb.or.kr/
14. 한국식품과학회, 『식품과학기술대사전』, 광일문화사, 2008.4.10.
15. 한국통합생물학회, 동물학백과, http://www.ksib.or.kr/
16. 한국학 중앙연구원, 한국민족문화대백과, http://encykorea.aks.ac.kr/
17. 환경용어연구회, 『환경공학용어사전』, 성안당, 1996.4.

■ 법률, 시행령, 시행규칙, 고시, 식약처 자료

1. 식약처, 기구 및 용기·포장 공전, 식약처 고시 제2024-29호, 2024.6.21.
2. 건강기능식품 기능성 원료 및 기준·규격 인정에 관한 규정, 식약처 고시 제2021-66호, 2021.7.29.
3. 대한민국약전, 기체크로마토그래프 일반시험법, 식약처 고시 제2023-75호, 2023.12.13.
4. 식약처, 『2011 위해평가 지침서』, 2011.4.
5. 식약처, 메틸수은, 『유해물질총서』, 2016.
6. 식약처, 『미생물 위해 기술서 Ⅰ』, 식약처, 2015.11.
7. 식약처, 『미생물 위해 기술서 Ⅱ』, 식약처, 2016.10.
8. 식약처, 『방사선 조사식품 관련 궁금증을 풀어봅시다』, 2004.11.
9. 식약처, 『생체시료분석법 밸리데이션 가이드라인』, 2013.12.
10. 식약처, 『식품공전해설서』, 2019.1.
11. 식약처, 『식품 등의 기준 설정 원칙』, 2017.10.
12. 식약처, 『식품 제조업장의 효율적인 해충 및 쥐 방제 방법』, 2012.6.

13. 식약처, 『식품, 축산물 및 건강기능식품의 소비기한 설정실험 가이드라인』, 2023.7.
14. 식약처, 『안전한 탁약주 생산을 위한 첫걸음』, 2012.4.
15. 식약처, 『알기 쉬운 HACCP관리』, 2018.
16. 식약처, 『알고 싶은 식품첨가물의 이모저모』, 2012.7.31.
17. 식약처, 『유해물질총서』, 2017.
18. 식약처, 『위해분석 용어해설집 제2판』, 2011.10.
19. 식약처, 『집단급식소 급식안전관리 매뉴얼』, 23.7.25.
20. 식품 등의 부당한 표시 또는 광고의 내용 기준, 식약처 고시 제2024-23호, 2024.6.11.
21. 식품 등의 표시·광고에 관한 법률, 법률 제19916호, 2024.7.3.
22. 식품 등의 표시기준, 식약처 고시 제2024-41호, 2024.7.24.
23. 식품 및 축산물 안전관리인증기준, 식약처 고시 제2023-26호, 2023.4.6.
24. 식품산업진흥법, 법률 제19118호, 2023.6.28.
25. 식품산업진흥법 시행규칙(농림부소관), 농림축산식품부령 제643호, 2024.3.26.
26. 식품위생법, 법률 제20347호, 2024.2.20.
27. 식품위생법 시행규칙, 총리령 제1992호, 2024.11.15.
28. 식품위생법 시행령, 대통령령 제34756호, 2024.7.23.
29. 식품의 기준 및 규격, 식약처 고시 제2024-71호, 2024.11.14.
30. 식품첨가물의 기준 및 규격, 식약처 고시 제2024-56호, 2024.10.2.
31. 식품, 축산물 및 건강기능식품 소비기한 설정기준, 식약처 고시 제2022-31호, 2022.4.20.
32. 우수건강기능식품 제조기준, 식약처 고시 제2024-1호, 2022.1.9.
33. 친환경농어업 육성 및 유기식품 등의 관리·지원에 관한 법률 시행규칙(농림축산식품부 소관), 농림축산식품부령 제689호, 20224.11.12.

■ 기타 자료

1. 국립농산물품질관리원, http://www.gap.go.kr/
2. 농림축산식품부, http://www.mafra.go.kr/FMD-AI/
3. 식품안전나라, http://www.foodsaftykorea.go.kr
4. 식품의약품안전처, http://www.mfds.go.kr
5. 여인형, 화학산책, https://terms.naver.com/entry.naver?docId=3576268&cid=58949&categoryId=58983, 2013.3.25.
6. 한국PL센터, https://www.kplc.or.kr/category/pl-insurance/pl-insurance2/
7. 질병관리본부, http://www.cdc.go.kr/
8. 한국식품연구원, http://foodcert.kfri.re.kr
9. https://blog.naver.com/flsqkfcoddl
10. https://m.blog.naver.com/hswdb/220785933947
11. https://blog.naver.com/septemberchoiyj0920/222723653366
12. https://cafe.naver.com/foodbbo
13. http://rtocare.tistory.com/817
14. http://www.cdc.go.kr/
15. https://www.sangji.ac.kr

아보카도 2025년
식품안전기사 실기
─────── 필답형

아보카도 **2025년 식품안전기사 실기** ─── 필답형